电气工程、自动化专业规划教材

传感器与检测技术
（第4版）

徐科军　主　编
马修水　李晓林　李文涛　李　莲　副主编
王化祥　主　审

電子工業出版社
Publishing House of Electronics Industry
北京 · BEIJING

内 容 简 介

本书包括自动检测技术的基础知识、传感器原理与应用、过程检测仪表和自动检测中的共性技术及新进展四个部分的内容。第一部分介绍传感器与检测技术的基本概念、测量误差与数据处理以及传感器的静动态特性和标定方法。第二部分介绍电阻式传感器、变电抗式传感器、光电式传感器和电动势式传感器的工作原理与应用。第三部分介绍温度检测、流量检测、物位检测和成分检测。第四部分介绍误差修正技术、MEMS技术与微型传感器、虚拟仪器、无线传感器网络、多传感器数据融合和软测量技术。

本书是普通高等教育"十一五"国家级规划教材、2009年普通高等教育国家精品教材和"十二五"普通高等教育本科国家级规划教材，可以作为自动化、电气工程及其自动化、测控技术与仪器等专业本科生的教材，也可供相关领域的工程技术人员参考。

图书在版编目(CIP)数据

传感器与检测技术 / 徐科军主编. —4版. — 北京：电子工业出版社，2016.5
电气工程、自动化专业规划教材
ISBN 978-7-121-28627-8

Ⅰ. ①传… Ⅱ. ①徐… Ⅲ. ①传感器－检测－高等学校－教材 Ⅳ. ①TP212

中国版本图书馆CIP数据核字(2016)第083174号

策划编辑：凌　毅　　责任编辑：凌　毅
印　　刷：三河市鑫金马印装有限公司
装　　订：三河市鑫金马印装有限公司
出版发行：电子工业出版社
　　　　　北京市海淀区万寿路173信箱　邮编100036
开　　本：787×1 092　1/16　印张：20.25　字数：545千字
版　　次：2004年9月第1版
　　　　　2016年5月第4版
印　　次：2020年1月第8次印刷
定　　价：39.80元

凡所购买电子工业出版社图书有缺损问题，请向购买书店调换。若书店售缺，请与本社发行部联系。联系及邮购电话：(010)88254888，88258888。

质量投诉请发邮件至zlts@phei.com.cn，盗版侵权举报请发邮件至dbqq@phei.com.cn。

本书咨询联系方式：(010)88254528，lingyi@phei.com.cn。

第 4 版前言

在工农业生产、科学研究、国防建设和日常生活中，人们需要测量外部世界的一些非电量，例如，位移、速度、加速度、力、力矩、温度、压力、流量和成分等，以便及时、准确地获得信息，这就必须合理选择和善于应用各种传感器和检测仪表。对于电气信息类专业和自动化类专业，信息是基础，而传感器是获取信息的器件；控制是核心，而自动检测是实现控制的前提和条件；立足于系统，而检测系统是系统的反馈环节。在过程控制中，需要检测温度、压力、物位、流量和成分；在运动控制中，需要检测位置、转速和力矩；所以，有“无传感器，就无控制”之说。本书是普通高等教育“十一五”国家级规划教材、2009 年普通高等教育国家精品教材和“十二五”普通高等教育本科国家级规划教材，是作者在多年从事传感器及仪器仪表教学和科学研究的基础上编写的。本书在讲清基本概念、基本理论的基础上，强调工程的概念，从工程的角度出发来编写教材，而不仅仅作为知识点的介绍，同时注重近年来本领域理论和技术的发展，根据本科教学的需要，有选择性地将部分新方法和新技术编入本教材中。

全书内容分为四个部分。第一部分介绍自动检测技术的基本知识，包括测量误差和数据处理的基本知识、传感器静动态特性及标定知识；第二部分系统地介绍各种传感器的原理、结构和应用，目的在于培养学生使用各类传感器的能力；第三部分介绍传感器在工程检测中的应用，将传感器和工程检测方面的知识有机地结合起来，以温度检测、流量检测、物位检测和成分检测为例，使学生能够进一步应用传感器方面的知识去解决工程检测中的具体问题；第四部分介绍自动检测中的共性技术和新发展。

本书由合肥工业大学徐科军担任主编，浙江大学宁波理工学院马修水、太原理工大学李晓林、内蒙古科技大学李文涛和天津理工大学李莲担任副主编。马修水编写 1.1～1.3 节、3.1～3.2 节、3.4 节和第 9 章；李晓林编写第 5 章、6.3 节、7.1～7.3 节、7.5～7.7 节和 8.2 节；李文涛编写 1.4～1.5 节、第 2 章、6.2 节和 10.2 节；李莲编写 3.3 节和第 4 章；徐科军编写 6.1 节、6.4 节，7.4 节、8.1 节、8.3 节、10.1 节和 10.3～10.6 节。全书由合肥工业大学徐科军统稿。

本书的第 1 版作为“新编电气与电子信息类本科规划教材”之一于 2004 年出版。天津大学检测技术与自动化装置国家重点学科带头人、博士生导师王化祥教授担任主审。王化祥教授仔细审阅了书稿，并提出了许多宝贵的指导意见。在第 1 版编写中，合肥工业大学陈荣保副教授和王文博讲师以及安徽大学孙伟副教授对本书提出了许多好的建议。本书第 1 版和第 2 版出版后，被国内很多高校选作教材，使用情况及效果良好，受到同行和专家好评。为了适应传感器与检测技术发展形势的需要，以及适应新形势下本科教育的需求，我们对第 2 版进行了修订，从有利于学生系统地掌握传感器与检测技术的理论知识和提高实际动手能力出发，较大篇幅地修改了“电荷耦合器件”、“热电偶传感器”、“超声流量计”、“质量流量计”部分，使其内容更加准确和更容易理解；删除了“压磁传感器”和“磁性氧量分析仪”部分；增加了“测量不确定度”；将“变阻抗式传感器”改为“变电抗式传感器”，考虑到电涡流传感器也是基于变互感原理的，所以，将电涡流传感器放在电感式传感器后面介绍。在第 2 版的修订中，合肥工业大学鲁照权教授和内蒙古科技大学杨立清副教授提出了许多宝贵的建议和意见。在此次修订中，修改了 1.5.2 节传感器的动态标定部分（李文涛执笔）；修改了 3.4.6 节电容传感器的应用（马修水执笔)；修改了 5.1 节磁电式传感器和 5.3 节压电式传感器的部分图(李晓林执笔)；在 7.3 节电磁流量计中，增加了当前应用广泛的矩形波励磁方式和信号处理方法的介绍(徐科军执笔)，以反映当前检测技术的发展；在 7.6 节超声流量计中，修改了流量方程式(徐科军执笔)，给出了两种流速计算公式，不仅适用于液体超声流量计，而且适用于气体超声流量计；在 7.7.1 节直接式质量流量计部分，调整和补充了科里奥利质量流量计的介绍(徐科军执笔)，以便老师讲授和学生自学；增加了第 8 章物位检测(徐科军和李晓林执笔)，使本教材较为完整地介绍了流程工业五大被测量(温度、压力、流量、物位和成分)的检测技术；修改了原 8.4.2 节中红外线气体分析仪结构图(徐科军执笔)；修改了原 10.2 节中微型氧传感器部分(李文涛执笔)；增加了每章的思考题与习题(徐科军、马修水和李晓林执笔)，以弥补有些章节题目数量偏少和有些章节定性题目偏多的不足。

在本书编写的过程中，参阅了许多专家的教材、著作和论文，还得到国内外有关企业和同行的支持，在此一并表示衷心的感谢。

本书提供配套的电子课件，可登录电子工业出版社的华信教育资源网：www.hxedu.com.cn，注册后免费下载；**本书提供配套的 MOOC**，由徐科军和杨双龙讲授，可登录华信教育资源网：www.hxedu.com.cn 下载或扫二维码观看。

对于本版中存在的错误和不妥之处，继续恳请广大读者批评指正。

编者
2016 年 3 月

目　录

第1章　绪　论

本章简要介绍自动检测技术和传感器的基本知识，重点介绍误差分析和数据处理、传感器静动态特性和标定方法。

1.1　自动检测技术概述

1.1.1　自动检测技术的重要性

在科学研究过程中，一些研究成果，必须要通过实验证实，这就需要一定的测试手段完成；在工农业生产中，为了保证能正常、高效地生产，要有一定的测试手段进行生产过程的检查和监视。这些测试手段就是仪器仪表。

关于仪器仪表，最早得到广泛应用的是机械式仪器仪表，以后发展到光学的、电学的仪器仪表等。仪器仪表也是随着科学技术的发展而发展的，每当科学技术前进一步，就要求能够提供新的测试手段，从而促进了仪器仪表的发展，而科学技术的成果也为发展新型的仪器仪表提供了条件。

由于微电了技术、计算机技术、通信技术及网络技术的迅速发展，对电量的测量技术相应地得到提高，如准确度高、灵敏度高、反应速度快、能够连续进行测量、自动记录、远距离传输和组成测控网络等。可是，在工程上所要测量的参数大多数为非电量，如机械量（位移、尺寸、力、振动、速度等）、热工量（温度、压力、流量、物位等）、成分量（化学成分、浓度等）和状态量（颜色、透明度、磨损量等），因而促使人们用电测的方法研究非电量，即研究用电测的方法测量非电量的仪器仪表，研究如何能正确和快速地测得非电量的技术。

非电量电测量技术具有测量精度高、反应速度快、能自动连续地进行测量、可进行遥测、便于自动记录、可与计算机连接进行数据处理、可采用微处理器做成智能仪表、能实现自动检测与转换等优点，在国民经济各部门得到广泛应用。

在机械制造业中，需要测量位移、尺寸、力、振动、速度、加速度等机械量参数，利用非电量电测仪器，监视刀具的磨损和工件表面质量的变化，防止机床过载，控制加工过程的稳定性。此外，还可用非电量电测单元部件作为自动控制系统中测量反馈量的敏感元件（如光栅尺、容栅尺等）控制机床的行程、启动、停止和换向。在化工行业需要在线检测生产过程的温度、压力、流量、物位等热工量参数，实现对工艺过程的有效控制，确保生产过程能正常高效地进行，确保生产安全，防止事故发生。在烟草行业，如卷烟包装等自动化生产线，利用非电量电测技术监控产品质量，剔除废品，并在线统计产品的产量、合格率等管理信息，为生产自动化、管理现代化提供可靠的技术保障。在环境保护等部门需要检测物质的化学成分、浓度等成分量。在现代物流行业，如在控制搬运机器人作业过程中，需要实时地检测工件安放的位置参数，以便准确地控制执行机构工作，可靠地安放货物。在科学研究和产品开发中，将非电量电测技术应用于逆向设计和逆向加工，可缩短产品设计和开发的周期。甚至在文物保护领域，研究人员已开始用非电量电测技术进行文物的保护和修复。

综上所述，自动检测技术与人们的生产、生活密切相关，它是自动化领域的重要组成部分，尤其在自动控制中，如果对控制参数不能有效准确地检测，控制就成为无源之水、无本之木。

1.1.2　自动检测系统的组成

在自动检测系统中，各组成部分常以信息流的过程来划分，一般可分为：信息的获取、转换、处理和输出几部分。它首先要获取被检测的信息，把它变换成电量，然后把已转换成电量的信息进行放大、整形等转换处理，再通过输出单元（如指示仪和记录仪）把信息显示出来，或者通过输出单元把已处理的信息送到控制系统其他单元使用，成为控制系统的一部分等，其组成框图如图 1.1.1 所示。

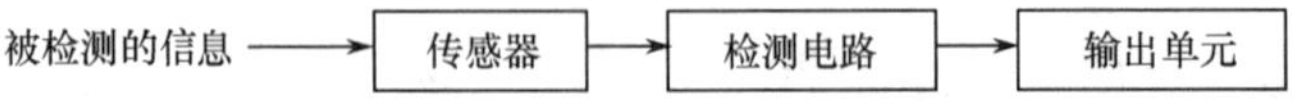

图 1.1.1　检测系统的组成

在检测系统中，传感器是把被测非电量转换成为与之有确定对应关系，且便于应用的某些物理量（通常为电量）的检测装置。传感器获得信息的正确与否，关系到整个检测系统的精度，如果传感器的误差很大，即使后续检测电路等环节精度很高，也难以提高检测系统的精度。

检测电路的作用是把传感器输出的变量变换成电压或电流信号，使之能在输出单元的指示仪上指示或记录仪上记录；或者能够作为控制系统的检测或反馈信号。检测电路的种类通常由传感器类型而定，如电阻式传感器需用一个电桥电路把电阻值变换成电流或电压输出，由于电桥输出信号一般比较微弱，常常要将电桥输出信号加以放大，所以在测量电路中一般还带有放大器。

输出单元可以是指示仪、记录仪、累加器、报警器、数据处理电路等。若输出单元是显示器或记录器，则该测试系统为自动检测系统；若输出单元是计数器或累加器，则该测试系统为自动计量系统；若输出单元是报警器，则该测试系统为自动保护系统或自动诊断系统；若输出单元是数据处理电路，则该测试系统为部分数据分析系统，或部分自动管理系统或部分自动控制系统。

1.1.3　自动检测技术的发展趋势

随着微电子技术、通信技术、计算机网络技术的发展，对自动检测技术也提出了越来越高的要求，并进一步推动了自动检测技术的发展，其发展趋势主要有以下几个方面。

① 不断提高仪器的性能、可靠性，扩大应用范围。随着科学技术的发展，对仪器仪表的性能要求也相应地提高，如提高其分辨率、测量精度，提高系统的线性度、增大测量范围等，使其技术性能指标不断提高，应用领域不断扩大。

② 开发新型传感器。开发新型传感器主要包括：利用新的物理效应、化学反应和生物功能研发新型传感器，采用新技术、新工艺填补传感器空白，开发微型传感器，仿照生物的感觉功能研究仿生传感器等。

③ 开发传感器的新型敏感元件材料和采用新的加工工艺。新型敏感元件材料的开发和应用是非电量电测技术中的一项重要任务，其发展趋势为：从单晶体到多晶体、非晶体，从单一型材料到复合型材料、原子（分子）型材料的人工合成。其中，半导体敏感材料在传感器技术中具有较大的技术优势，陶瓷敏感材料具有较大的技术潜力，磁性材料向非晶体化、薄膜化方向发展，智能材料的探索在不断地深入。智能材料指具备对环境的判断和自适应功能、自诊断功能、自修复功能和自增强功能的材料，如形状记忆合金、形状记忆陶瓷等。

在开发新型传感器时，离不开新工艺的采用。如把集成电路制造工艺技术应用于微机电系统中微型传感器的制造。

④ 微电子技术、微型计算机技术、现场总线技术与仪器仪表和传感器的结合，构成新一代智能化测试系统，使测量精度、自动化水平进一步提高。

⑤ 研究集成化、多功能和智能化传感器或测试系统。传感器集成化主要有两层含义，一是同一功能的多元件并列化，即将同一类型的单个传感元件在同一平面上排列起来，排成一维构成线型传感器，排成二维构成面型传感器(如 CCD)。另一层含义是功能一体化，即将传感器与放大、运算及误差补偿、信号输出等环节一体化，组装成一个器件(如容栅传感器动栅数显单元)。

传感器多功能化是指一器多能，即用一个传感器可以检测两个或两个以上的参数。多功能化不仅可以降低生产成本、减小体积，而且可以有效地提高传感器的稳定性、可靠性等性能指标。

传感器的智能化就是把传感器与微处理器相结合，使之不仅具有检测功能，还具有信息处理、逻辑判断、自动诊断等功能。

1.2 传感器概述

1.2.1 传感器的定义

传感器是一种以一定精确度把被测量(主要是非电量)转换为与之有确定关系、便于应用的某种物理量(主要是电量)的测量装置。这一定义包含了以下几方面的含义：① 传感器是测量装置，能完成检测任务；② 它的输入量是某一被测量，如物理量、化学量、生物量等；③ 它的输出是某种物理量，这种量要便于传输、转换、处理、显示等，这种量可以是气、光、电量，但主要是电量；④ 输出与输入间有对应关系，且有一定的精确度。

在有些学科领域，传感器又称为敏感元件、检测器、转换器、发讯器等。这些不同提法，反映了在不同的技术领域中，只是根据器件的用途，对同一类型的器件使用着不同的术语而已，它们的内含是相同或相似的。

1.2.2 传感器的组成

传感器一般由敏感元件、转换元件、转换电路 3 部分组成，组成框图如图 1.2.1 所示。

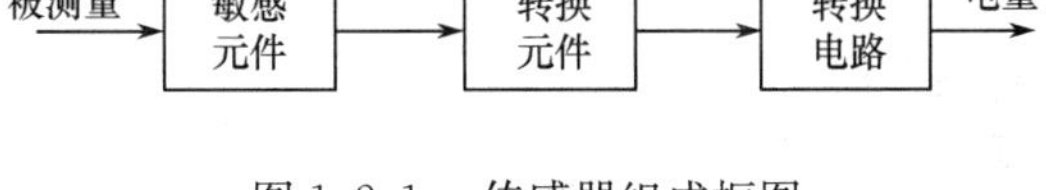

图 1.2.1　传感器组成框图

① 敏感元件，它是直接感受被测量，并输出与被测量成确定关系的某一物理量的元件。

② 转换元件，敏感元件的输出就是它的输入，它把输入转换成电路参数。

③ 转换电路，将上述电路参数接入转换电路，便可转换成电量输出。

实际上，有些传感器很简单，有些则较为复杂，大多数是开环系统，也有些是带反馈的闭环系统。最简单的传感器由一个敏感元件(兼转换元件)组成，它感受被测量时直接输出电量，如热电偶传感器。有些传感器由敏感元件和转换元件组成，没有转换电路，如压电式加速度传感器。有些传感器，转换元件不止一个，需要经过若干次转换。

1.2.3 传感器的分类

传感器是一门知识密集型技术。传感器的原理各种各样，它与许多学科有关，种类繁多，分类方法也很多，目前广泛采用的分类方法有以下几种。

① 按照传感器的工作机理，可分为物理型、化学型、生物型等。

② 按构成原理，可分为结构型和物性型两大类。

结构型传感器是利用物理学中场的定律构成的，包括力场的运动定律、电磁场的电磁定律等。这类传感器的特点是传感器的性能与它的结构材料没有多大关系，如差动变压器。

物性型传感器是利用物质定律构成的，如欧姆定律等。物性型传感器的性能随材料的不同而异，如光电管、半导体传感器等。

③ 按传感器的能量转换情况，可分为能量控制型传感器和能量转换型传感器。

能量控制型传感器在信息变换过程中，其能量需外电源供给。如电阻、电感、电容等电路参量传感器都属于这一类传感器。

能量转换型传感器，主要是由能量变换元件构成，它不需要外电源。如基于压电效应、热电效应、光电效应、霍尔效应等原理构成的传感器属于此类传感器。

④ 按照物理原理分类，可分为电参量式传感器（包括电阻式、电感式、电容式等基本形式）、磁电式传感器（包括磁电感应式、霍尔式、磁栅式等）、压电式传感器、光电式传感器、气电式传感器、波式传感器（包括超声波式、微波式等）、射线式传感器、半导体式传感器、其他原理的传感器（如振弦式和振筒式传感器等）。

⑤ 按照传感器的使用分类，可分为位移传感器、压力传感器、振动传感器、温度传感器等。

1.3 测量误差与数据处理

1.3.1 测量误差的概念和分类

1. 有关测量技术中的部分名词

① 等精度测量，在同一条件下所进行的一系列重复测量称为等精度测量。

② 非等精度测量，在多次测量中，如对测量结果精确度有影响的一切条件不能完全维持不变的测量称为非等精度测量。

③ 真值，被测量本身所具有的真正值称为真值。真值是一个理想的概念，一般是不知道的，但在某些特定情况下，真值又是可知的，如一个整圆圆周角为360°等。

④ 实际值，误差理论指出，在排除系统误差的前提下，对于精密测量，当测量次数无限多时，测量结果的算术平均值极接近于真值，因而可将它视为被测量的真值。但是测量次数是有限的，故按有限测量次数得到的算术平均值，只是统计平均值的近似值，而且由于系统误差不可能完全被排除，因此通常只能把精度更高一级的标准器具所测得的值作为真值。为了强调它并非是真正的真值，故把它称为实际值。

⑤ 标称值，测量器具上所标出来的数值。

⑥ 示值，由测量器具读数装置所指示出来的被测量的数值。

⑦ 测量误差，用测量器具进行测量时，所测量出来的数值与被测量的实际值（或真值）之间的差值。

2. 误差的分类

按照误差出现的规律，可把误差分为系统误差、随机误差（也称为偶然误差）和粗大误差3类。

（1）系统误差

在同一条件下，多次测量同一量值时绝对值和符号保持不变，或在条件改变时按一定规律变化的误差称为系统误差，简称系差。

引起系统误差的主要因素有：材料、零部件及工艺的缺陷，标准量值、仪器刻度的不准确，环境温度、压力的变化，其他外界干扰。

（2）随机误差

在同一测量条件下，多次测量同一量值时，绝对值和符号以不可预定的方式变化的误差称为随机误差。

随机误差是由很多复杂因素的微小变化的总和引起的，如仪表中传动部件的间隙和摩擦、连接件的弹性变形、电子元器件的老化等。随机误差具有随机变量的一切特点，在一定条件下服从统计规律，可以用统计规律描述，从理论上估计对测量结果的影响。

（3）粗大误差

超出规定条件下预期的误差称为粗大误差，简称粗差，或称寄生误差。

粗大误差值明显歪曲测量结果。在测量或数据处理中，如果发现某次测量结果所对应的误差特别大或特别小时，应判断是否属于粗大误差，如属粗差，此值应舍去不用。

1.3.2 精度

反映测量结果与真值接近程度的量，称为精度。精度可分为：

① 准确度，反映测量结果中系统误差的影响程度；

② 精密度，反映测量结果中随机误差的影响程度；

③ 精确度，反映测量结果中系统误差和随机误差综合的影响程度，其定量特征可用测量的不确定度（或极限误差）表示。

对于具体的测量，精密度高的准确度不一定高，准确度高的精密度不一定高，但精确度高，则精密度和准确度都高。

1.3.3 测量误差的表示方法

测量误差的表示方法有以下几种。

1. 绝对误差

绝对误差是示值与被测量真值之间的差值。设被测量的真值为 A_0，器具的标称值或示值为 x，则绝对误差为

$$\Delta x = x - A_0 \tag{1.3.1}$$

由于一般无法求得真值 A_0，在实际应用时，常用精度高一级的标准器具的示值，即实际值 A 代替真值 A_0。x 与 A 之差称为测量器具的示值误差，记为

$$\Delta x = x - A \tag{1.3.2}$$

通常以此值代表绝对误差。

在实际工作中，经常使用修正值。为了消除系统误差用代数法加到测量结果上的值称为修正值，常用 C 表示。将测得示值加上修正值后可得到真值的近似值，即

$$A_0 = x + C \tag{1.3.3}$$

由此得

$$C = A_0 - x \tag{1.3.4}$$

在实际工作中，可以用实际值 A 近似真值 A_0，则式(1.3.4) 变为

$$C = A - x = -\Delta x \tag{1.3.5}$$

修正值与误差值大小相等、符号相反，测得值加修正值可以消除该误差的影响，但必须注意，一般情况下难以得到真值，而用实际值 A 近似真值 A_0，因此，修正值本身也有误差，修正后只能得到较测量值更为准确的结果。

修正值给出的方式不一定是具体的数值，也可以是曲线、公式或数表。

2. 相对误差

相对误差是绝对误差 Δx 与被测量的约定值之比。相对误差有以下几种表现形式。

(1) 实际相对误差

实际相对误差 γ_A 是用绝对误差 Δx 与被测量的实际值 A 的百分比表示的相对误差。记为

$$\gamma_A = \frac{\Delta x}{A} \times 100\% \tag{1.3.6}$$

(2) 示值相对误差

示值相对误差 γ_x 是用绝对误差 Δx 与被测量的示值 x 的百分比表示的相对误差。记为

$$\gamma_x = \frac{\Delta x}{x} \times 100\% \tag{1.3.7}$$

(3) 满度(引用) 相对误差

相对误差可用以说明测量的准确度，但不能评价指示仪表的准确度。对一个指示仪表的某一量限来说，标尺上各点的绝对误差相近，指针指在不同刻度上读数不同，所以各指示值的示值相对误差差异很大，无法用示值相对误差评价该仪表。为了划分指示仪表的准确度级别，选择仪表的测量上限，即满度值作为基准，由满度相对误差评价指示仪表的准确度。

满度相对误差 γ_n 又称满度误差或引用误差，是用绝对误差 Δx 与器具的满度值 x_n 的百分比值表示的相对误差。记为

$$\gamma_n = \frac{\Delta x}{x_n} \times 100\% \tag{1.3.8}$$

由于仪表各指示值的绝对误差大小不等，其值有正有负，因此，国家标准规定仪表的准确度等级 a 是用最大允许误差确定的。指示仪表的最大满度误差不准超过该仪表准确度等级的百分数，即

$$\gamma_{nm} = \frac{\Delta x_m}{x_n} \times 100\% \leqslant a\% \tag{1.3.9}$$

式中，γ_{nm} 为仪表的最大满度误差(最大引用误差)；Δx_m 为仪表示值中的最大绝对误差的绝对值；x_n 为仪表的测量上限；a 为准确度的等级指数。式(1.3.9) 是判别指示仪表是否超差，以及应属于哪个准确度级别的主要依据。

从使用仪表的角度出发，只有仪表示值恰好为仪表上限时，测量结果的准确度才等于该仪表准确度等级的百分数。在其他示值时，测量结果的准确度均低于仪表准确度等级的百分数，因为

$$\Delta x_m \leqslant a\% x_n \tag{1.3.10}$$

当示值为 x 时，可能产生的最大相对误差为

$$\gamma_m = \frac{\Delta x_m}{x} \leqslant a\% \frac{x_n}{x} \tag{1.3.11}$$

式(1.3.11) 表明，用仪表测量示值为 x 的被测量时，比值 x_n/x 越大，测量结果的相对误差越大。由此可见，选用仪表时要考虑被测量的大小越接近仪表上限越好。为了充分利用仪表的准确度，选用仪表前要对被测量有所了解，其被测量的值应大于其测量上限的 2/3。

1.3.4 随机误差

1. 正态分布

随机误差是以不可预定的方式变化着的误差，但在一定条件下服从统计规律，可以用统计规律描述。对随机误差做概率统计处理，是在完全排除系统误差的前提下进行的。在实际工作中，随机误差大部分是按正态分布的，其正态分布的概率密度 $f(\delta)$ 曲线如图 1.3.1 所示，其数学表达式为

$$y = f(\delta) = \frac{1}{\sigma\sqrt{2\pi}} e^{-\frac{\delta^2}{2\sigma^2}} \tag{1.3.12}$$

式中，y 为概率密度，δ 为随机误差，σ 为标准差（均方根误差），e 为自然对数的底。

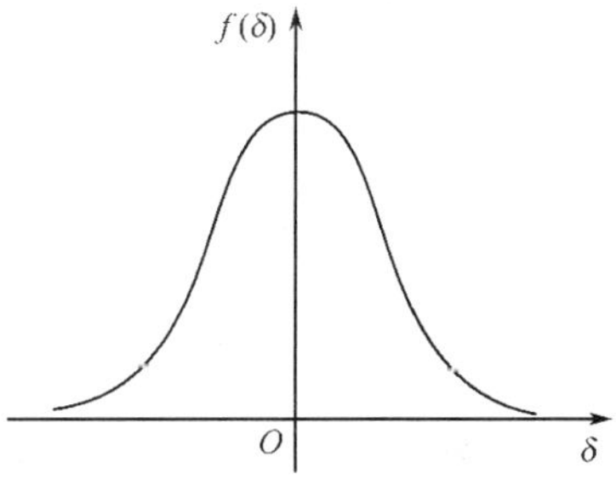

图 1.3.1　正态分布概率密度曲线

其累积分布函数 $F(\delta)$ 为

$$F(\delta) = \frac{1}{\sigma\sqrt{2\pi}}\int_{-\infty}^{\delta} e^{-\frac{\delta^2}{2\sigma^2}} d\delta \tag{1.3.13}$$

数学期望为

$$E = \int_{-\infty}^{+\infty} \delta f(\delta) d\delta = 0 \tag{1.3.14}$$

方差为

$$\sigma^2 = \int_{-\infty}^{+\infty} \delta^2 f(\delta) d\delta \tag{1.3.15}$$

分析图 1.3.1 所示的曲线，可以发现正态分布的随机误差分布规律具有以下特点：

① 对称性，绝对值相等的正误差和负误差出现的次数相等；

② 单峰性，绝对值小的误差比绝对值大的误差出现的次数多；

③ 有界性，在一定的测量条件下，随机误差的绝对值不会超过一定界限；

④ 抵偿性，随着测量次数的增加，随机误差的算术平均值趋于零。

2. 随机误差的评价指标

由于随机误差大部分是按正态分布规律出现的，具有统计意义，故通常以正态分布曲线的两个参数算术平均值 $\bar{x}$ 和均方根误差 σ 作为评价指标。

(1) 算术平均值 $\bar{x}$

对某一量进行一系列等精度测量，由于存在随机误差，其测量值皆不相同，应以全部测得值的算术平均值作为最后测量结果。

设对某一量做一系列等精度测量，得到一系列不同的测量值 $x_1,x_2,\cdots,x_n$，这些测量值的算术平均值 $\bar{x}$ 定义为

$$\bar{x}=\frac{x_1+x_2+\cdots+x_n}{n}=\sum_{i=1}^{n}\frac{x_i}{n} \tag{1.3.16}$$

并设各测量值与真值的随机误差为 $\delta_1,\delta_2,\cdots,\delta_n$，则

$$\delta_1=x_1-A_0,\delta_2=x_2-A_0,\cdots,\delta_n=x_n-A_0$$

即

$$\sum_{i=1}^{n}\delta_i=\sum_{i=1}^{n}x_i-nA_0$$

由随机误差的对称性规律可以推出，当 $n\to\infty$ 时，有

$$\sum_{i=1}^{n}\delta_i=0$$

所以

$$\sum_{i=1}^{n}x_i=nA_0$$

即

$$A_0=\frac{\sum_{i=1}^{n}x_i}{n}=\bar{x} \tag{1.3.17}$$

式(1.3.17)表明，当测量次数为无限次时，所有测量值的算术平均值即等于真值，事实上不可能达到无限次测量，即真值难以达到。但是，随着测量次数的增加，算术平均值也就越接近真值。因此，以算术平均值作为真值是既可靠又合理的。

(2) 标准差 σ

① 测量列中单次测量的标准差。由于随机误差的存在，等精度测量列中各个测量值一般不相同，它们围绕着该测量列的算术平均值有一定的分散，此分散度说明了测量列中单次测量值的不可靠性，必须用一个数值作为其不可靠性的评定标准。

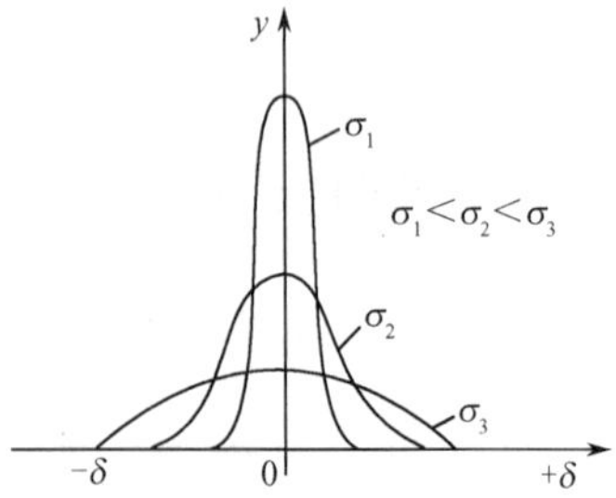

图 1.3.2　3 种不同 σ 值的正态分布曲线

由式(1.3.12)可知，正态分布的概率密度函数是一个指数方程式，它是随着随机误差 δ 和标准差 σ 的变化而变化的。图 1.3.2 表示标准差和正态分布曲线的关系。从图中可以明显地看出 σ 与表示的分布曲线的形状和分散度有关。σ 值越小，曲线形状越陡，随机误差的分布越集中，测量精密度越高；反之，σ 值越大，曲线形状越平坦，随机误差分布越分散，测量精密度越低。因此，单次测量的标准差 σ 是表征同一被测量的 n 次测量的测量值分散性的参数，可作为测量列中单次测量不可靠性的评定标准。

在等精度测量列中，单次测量的标准差可按下式计算

$$\sigma=\sqrt{\frac{\delta_1^2+\delta_2^2+\cdots+\delta_n^2}{n}}=\sqrt{\frac{\sum_{i=1}^{n}\delta_i^2}{n}} \tag{1.3.18}$$

式中，n 为测量次数；δ_i 为每次测量中相应各测量值的随机误差，且

$$\delta_i = x_i - A_0$$

式中，x_i 为各测得值；A_0 为被测量真值。

在实际工作中，一般情况下，被测量的真值为未知，这时可用被测量的算术平均值代替被测量的真值进行计算，则有

$$v_i = x_i - \bar{x}$$

式中，x_i 为第 i 个测量值；$\bar{x}$ 为测量列的算术平均值；v_i 为 x_i 的残余误差（简称残差），即用残差来近似代替随机误差求标准差的估计值，则式(1.3.18)变为

$$\sigma = \sqrt{\frac{v_1^2 + v_2^2 + \cdots + v_n^2}{n-1}} = \sqrt{\frac{\sum_{i=1}^{n} v_i^2}{n-1}} \tag{1.3.19}$$

式(1.3.19)称为贝塞尔(Bessel)公式，根据此式可由残余误差求得单次测量列标准差的估计值。

② 测量列算术平均值的标准差。在多次测量的测量列中，通常以算术平均值作为测量结果，因此，必须研究算术平均值不可靠的评定标准。而算术平均值的标准差 $\sigma_{\bar{x}}$ 可作为算术平均值不可靠性的评定标准

$$\sigma_{\bar{x}} = \frac{\sigma}{\sqrt{n}} \tag{1.3.20}$$

式中，$\sigma_{\bar{x}}$ 为算术平均值标准差（均方根误差）；σ 为测量列中单次测量的标准差；n 为测量次数。

由式(1.3.20)可知，在 n 次等精度测量中，算术平均值的标准差为单次测量的$\frac{1}{\sqrt{n}}$，当测量次数 n 越大时，算术平均值越接近被测量的真值，测量精度也越高。

3. 测量的极限误差

测量的极限误差是极端误差，检测量结果的误差不超过该极端误差的概率 P，并使出现超过的概率为 $1-P$，误差超过该极端误差的检测量的测量结果可以忽略。

(1) 单次测量的极限误差

测量列的测量次数足够多和单次测量误差为正态分布时，随机误差正态分布曲线下的全部面积相当于全部误差出现的概率，即

$$\frac{1}{\sigma\sqrt{2\pi}}\int_{-\infty}^{+\infty} \mathrm{e}^{-\frac{\delta^2}{2\sigma^2}}\,\mathrm{d}\delta = 1 \tag{1.3.21}$$

而随机误差在 $-\delta$ 至 δ 范围内的概率为

$$P(\pm\delta) = \frac{1}{\sigma\sqrt{2\pi}}\int_{-\delta}^{\delta} \mathrm{e}^{-\frac{\delta^2}{2\sigma^2}}\,\mathrm{d}\delta = \frac{2}{\sigma\sqrt{2\pi}}\int_{0}^{\delta} \mathrm{e}^{-\frac{\delta^2}{2\sigma^2}}\,\mathrm{d}\delta \tag{1.3.22}$$

引入新的变量 t

$$t = \frac{\delta}{\sigma}, \delta = t\sigma$$

经变换，式(1.3.22)变为

$$P(\pm t\sigma) = \frac{2}{\sqrt{2\pi}}\int_0^{t\sigma} \mathrm{e}^{-\frac{t^2}{2}} \mathrm{d}t = 2\Phi(t)$$

$$\Phi(t) = \frac{1}{\sqrt{2\pi}}\int_0^{t\sigma} \mathrm{e}^{-\frac{t^2}{2}} \mathrm{d}t \tag{1.3.23}$$

函数 $\Phi(t)$ 称为概率积分。

若某随机误差在 $\pm t\sigma$ 范围内出现的概率为 $2\Phi(t)$，则超出该误差范围的概率为

$$\alpha = 1 - 2\Phi(t)$$

表 1.3.1 给出了几个典型的 t 值及其相应的超出或不超出 $|\delta|$ 的概率(见图 1.3.3)。

表 1.3.1　几个典型 t 值的概率情况分析

t	$\lvert\delta\rvert = t\sigma$	不超出 $\lvert\delta\rvert$ 的概率 $2\Phi(t)$	超出 $\lvert\delta\rvert$ 的概率 $1-2\Phi(t)$
0.67	0.67σ	0.4972	0.5028
1	1σ	0.6826	0.3174
2	2σ	0.9544	0.0456
3	3σ	0.9973	0.0027
4	4σ	0.9999	0.0001

由表 1.3.1 可见，随着 t 的增大，超出 $|\delta|$ 的概率减小得很快。当 $t=2$，即 $|\delta| = 2\sigma$ 时，误差不超出 $|\delta|$ 的概率为 95.44%。当 $t=3$ 时，即 $|\delta| = 3\sigma$ 时，误差不超过 $|\delta|$ 的概率为 99.73%，通常把这个误差称为单次测量的极限误差 $\delta_{\lim x}$，即

$$\delta_{\lim x} = \pm 3\sigma \tag{1.3.24}$$

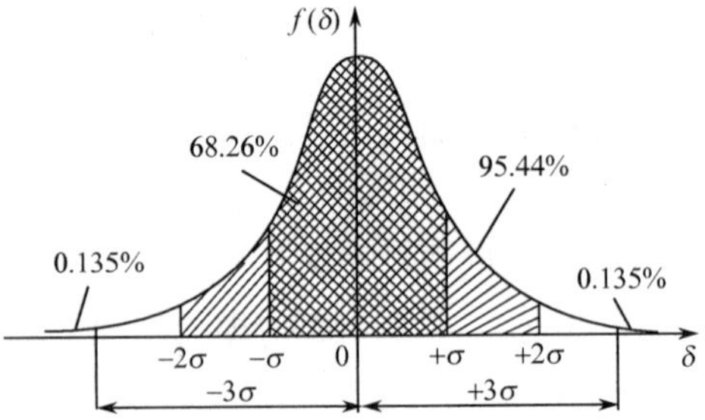

图 1.3.3　单次测量极限误差

(2) 算术平均值的极限误差

测量列的算术平均值与被测量的真值之差称为算术平均值误差 $\delta_{\bar{x}}$，即

$$\delta_{\bar{x}} = \bar{x} - A_0 \tag{1.3.25}$$

当多个测量列算术平均值误差 $\delta_{\bar{x}}(i=1,2,\cdots,n)$ 为正态分布时，根据概率论知识，同样得到测量列算术平均值的极限误差表达式为

$$\delta_{\lim \bar{x}} = \pm t\sigma_{\bar{x}} \tag{1.3.26}$$

式中，t 为置信系数；$\sigma_{\bar{x}}$ 为算术平均值的标准差。

通常取 $t=3$，则

$$\delta_{\lim \bar{x}} = \pm 3\sigma_{\bar{x}} \tag{1.3.27}$$

1.3.5 系统误差

1. 系统误差的发现

(1) 理论分析及计算

因测量原理或使用方法不当引入系统误差时,可以通过理论分析和计算的方法加以修正。

(2) 实验对比法

实验对比法是改变产生系统误差的条件进行不同条件的测量,以发现系统误差,这种方法适用于发现恒定的系统误差。在实际工作中,生产现场使用的量块等计量器具需要定期送法定的计量部门进行检定,即可发现恒定系统误差,并给出校准后的修正值(数值、曲线、表格或公式等),利用修正值在相当程度上消除恒定系统误差的影响。

(3) 残余误差观察法

残余误差观察法是根据测量列的各个残余误差的大小和符号变化规律,直接由误差数据或误差曲线图形判断有无系统误差,这种方法主要适用于发现有规律变化的系统误差。

(4) 残余误差校核法

① 用于发现累进性系统误差。当累进性系统误差不比随机误差大很多时,可用马利科夫(M. Φ. МАЛИКОВ) 准则进行判断。

马利科夫准则:设对某一被测量进行 n 次等精度测量,按测量先后顺序得到测量值 $x_1, x_2, \cdots, x_n$,相应的残差为 $v_1, v_2, \cdots, v_n$。把前面一半和后面一半数据的残差分别求和,然后取其差值

$$M = \sum_{i=1}^{k} v_i - \sum_{i=k+1}^{n} v_i \tag{1.3.28}$$

式中,当 n 为偶数时,取 $k = n/2$;当 n 为奇数时,取 $k = (n+1)/2$。

如果 M 近似为零,则说明测量列中不含累进性系统误差;如果 M 与 v_i 相当或更大,则说明测量列中存在累进性系统误差。

② 用于发现周期性系统误差。如果随机误差很显著,误差周期性规律不易被发现,可用阿贝-赫尔默特(Abbe-Helmert) 准则进行判断。

阿贝-赫尔默特准则:设

$$A = \left| \sum_{i=1}^{n-1} v_i v_{i+1} \right| \tag{1.3.29}$$

当存在

$$A > \sqrt{n+1}\sigma^2 \tag{1.3.30}$$

则认为测量列中含有周期性系统误差。

(5) 计算数据比较法

若对同一量独立测得 m 组结果,并知它们的算术平均值和标准差为

$$\bar{x}_1, \sigma_1; \bar{x}_2, \sigma_2; \cdots; \bar{x}_m, \sigma_m$$

而任意两组结果之差为

$$\Delta = \bar{x}_i - \bar{x}_j$$

其标准差为

$$\sigma = \sqrt{\sigma_i^2 + \sigma_j^2}$$

则任意两组结果 $\bar{x}_i$ 与 $\bar{x}_j$ 间不存在系统误差的标志是

$$|\bar{x}_i - \bar{x}_j| < 2\sqrt{\sigma_i^2 + \sigma_j^2} \tag{1.3.31}$$

2. 系统误差的削弱和消除

(1) 从产生误差源上消除系统误差

从产生误差源上消除误差是最根本的方法，它要求在产品设计阶段从硬件和软件方面采取必要的补偿和修正措施，或者采取合适的使用方法将误差从产生根源上加以消除。

(2) 引入修正值法

这种方法预先将被测量器具的系统误差检定或计算出来，做出误差表或误差曲线，然后取与误差数据大小相同而符号相反的值作为修正值，将实际测得值加上相应的修正值，即可得到不包含该系统误差的测量结果。

(3) 零位式测量法

零位式测量法是标准量与被测量相比较的测量方法，其优点是测量误差主要取决于参加比较的标准器具的误差，而标准器具的误差可以做得很小。零位式测量要求检测系统有足够的灵敏度，在自动检测系统中广泛使用的自动平衡显示仪表就属零位式测量。

(4) 补偿法

下面结合实例说明补偿法原理。图 1.3.4 为用补偿法测量高频小电容的电路原理图。图中，E 为恒压源；L 为电感线圈；C_s 为标准可变电容；V 为高内阻电压表。图中 C_0' 是电感线圈自身分布电容，可以把它等效看做与电容 C_s 并联，这时为 C_0。测量时，先不接入待测电容 C_x，调节标准电容，通过电压表来观察电路谐振点，此时标准电容读数为 C_{s1}；然后，把 C_x 接入 A，B 端，此时电路将失谐，调节标准电容，使电路仍处于谐振，此时标准电容读数为 C_{s2}。显然，两次谐振回路的电容应相等，即

$$C_{s1} + C_0 = C_{s2} + C_0 + C_x \tag{1.3.32}$$

于是可得

$$C_x = C_{s1} - C_{s2} \tag{1.3.33}$$

由此可见，消除了恒定系统误差 C_0 的影响。

(5) 对照法

在一个检测系统中，改变一下测量安排，测出两个结果。将这两个测量结果互相对照，并通过适当的数据处理，可对测量结果进行改正，这种方法称为对照法，也称交换法。

下面以电桥为例说明如何消除系统误差，如图 1.3.5 所示，用一个比较电桥和一个可调标准电阻 R_3 测量电阻 R_x，设该电桥为等臂电桥，即 $R_1/R_2 = 1$。先按图 1.3.5(a) 安排，当电桥平衡时，有

$$R_x = \frac{R_1}{R_2}R_3 \tag{1.3.34}$$

然后按图 1.3.5(b) 安排，设此时电桥不平衡，重新调节 R_3，使其值为 R_3'，使电桥又重新平衡，此时

$$R_x = \frac{R_2}{R_1}R_3' \tag{1.3.35}$$

将式(1.3.34)与式(1.3.35)相乘再开方，可得

$$R_x = \sqrt{R_3 R_3'}$$

由此可见，采用对照法可以消除 R_1 与 R_2 的系统误差，仅含有标准器具的误差。

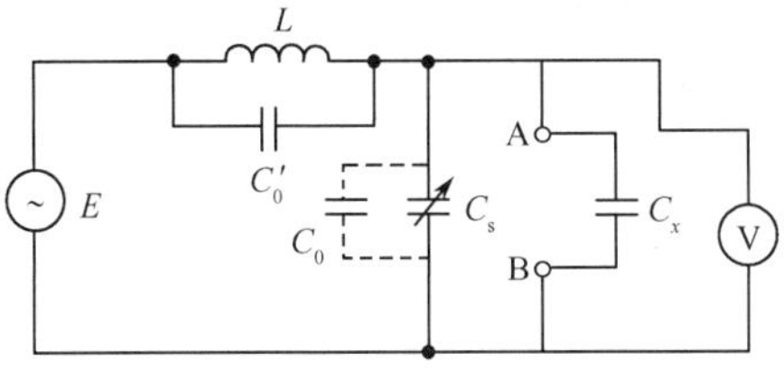

图 1.3.4　补偿法测量高频小电容

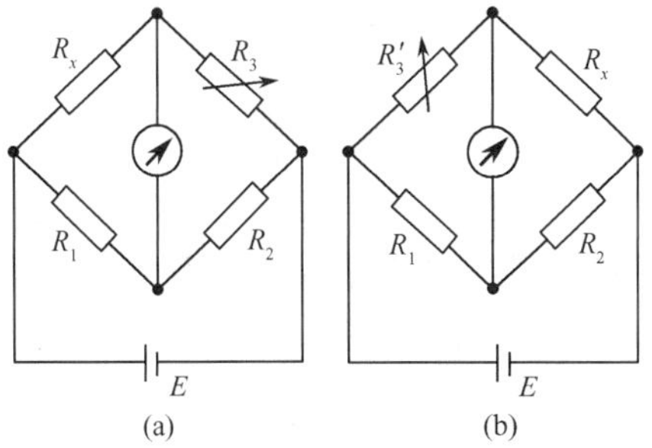

图 1.3.5　对照法消除系统误差

1.3.6　粗大误差

判别粗大误差最常用的统计判别法是 3σ 准则：如果对某被测量进行多次重复等精度测量的测量数据为

$$x_1, x_2, \cdots, x_d, \cdots, x_n$$

其标准差为 σ，如果其中某一项残差 v_d 大于 3 倍标准差，即

$$|v_d| > 3\sigma \tag{1.3.36}$$

则认为 v_d 是粗大误差，与其对应的测量数据 x_d 是坏值，应从测量列测量数据中剔除。

需要指出的是，剔除坏值后，还要对剩下的测量数据重新计算算术平均值和标准差，再按式(1.3.36)判别是否还存在粗大误差，若存在粗大误差，剔除相应的坏值，再重新计算，直到产生粗大误差的坏值全部剔除为止。

1.3.7　测量不确定度

由于测量误差的存在，被测量的真值难以确定，测量结果带有不确定性。长期以来，人们不断追求以最佳方式估计被测量的值，以最科学的方法评估测量结果的质量高低。测量不确定度就是评定测量结果质量高低的一个重要指标。

1. 测量不确定度的定义与分类

(1) 测量不确定度的定义

测量不确定度表示测量结果(测量值)不能肯定的程度，是可定量地用于表达被测量测量结果分散程度的参数。这个参数可以用标准偏差表示，也可以用标准偏差的倍数或置信区间的半宽度来表示。

(2) 测量不确定度的分类

测量不确定度可以分为标准不确定度 u、合成不确定度 u_c 和扩展不确定度 U 或 U_p。

2. 测量不确定度与误差

测量不确定度和误差是误差理论中两个重要概念，它们具有相同点，都是评价测量结果质量高低的重要指标，都可以作为测量结果的精度评定参数，但它们又有明显的区别。

误差是测量结果与真值之差，它以真值或约定真值为中心。测量不确定度是以被测量的估计值为中心。因此误差是一个理想的概念，一般不能准确知道，难以定量；而测量不确定度是反映人们对测量认识不足的程度，是可以定量评定的。

在分类上，误差按自身特征和性质分为系统误差、随机误差和粗大误差，并可采取不同措施来减小或消除各类误差对测量的影响。但是由于各类误差之间并不存在绝对界限，故在分类判别和误差计算时不易准确掌握。测量不确定度不按误差性质分类，而是按评定方法分为A类评定和B类评定，按实际情况的可能性加以选用，从而简化了分类，便于评定与计算。

不确定度与误差既有区别，也有联系。误差是不确定度的基础，研究不确定度首先需要研究误差，只有对误差的性质、分布规律、互相联系及对测量结果的误差传递关系等有充分的认识和了解，才能更好地估计各不确定度分量，正确地得到测量结果的不确定度。用测量不确定度代替误差表示测量结果，易于理解，便于评定，具有合理性和实用性。

3. 标准不确定度的定义与评定

(1) 标准不确定度 u

以标准偏差表示的不确定度就称为标准不确定度，用符号 u 表示。测量结果通常由多个测量数据子样组成，对表示各个测量数据子样不确定度的偏差，称为标准不确定度分量，用 u_{i} 表述。标准不确定度有A类和B类两类评定方法。

A类标准不确定度是指用统计方法得到的不确定度，用符号 u_{A} 表示。

B类标准不确定度是指用非统计方法得到的不确定度，即根据资料或假定的概率分布的标准偏差表示的不确定度，用符号 u_{B} 表示。

(2) A类标准不确定度的评定方法

A类标准不确定度的评定通常可以采用下述统计与计算方法。在同一条件下，对被测参量 x 进行 n 次等精度测量，测量值为 $x_i(i=1,2,\cdots,n)$。该样本数据算术平均值 $\bar{x}=\dfrac{1}{n}\sum\limits_{i=1}^{n}x_i$，进而可以算出算术平均值标准偏差 $S(\bar{x})=\sqrt{\dfrac{\sum\limits_{i=1}^{n}(x_i-\bar{x})^2}{n(n-1)}}$，取 $u_{\mathrm{A}}=S(\bar{x})$。

(3)B类标准不确定度的评定方法

B类标准不确定度评定方法是根据有关的信息来评定的，即通过一个假定的概率密度函数得到的。它通常不是利用直接测量获得数据，而是依次查证已有的信息获得，如仪器校准报告等。

B类标准不确定度的评定：

$$u_{\mathrm{B}}(x_i)=U(x_i)/k$$

式中，$u_{\mathrm{B}}(x_i)$ 为 x_i 分量B类标准不确定度；$U(x_i)$ 为第 x_i 分量技术文件给出的不确定度；k 为技术文件给出的不确定度与标准偏差的倍数或指明的包含因子，其值与测量值 x_i 的统计分布有关，详见有关参考文献。

4. 合成标准不确定度的定义与评定

(1) 合成标准不确定度定义

由各不确定分量合成的标准不确定度，称为合成标准不确定度。当间接测量时，即测量结果是由若干其他量求得的情况下，测量结果的标准不确定度等于其他各量的方差和协方差相应和的平方根，用符号 u_{c} 表示。

(2) 合成标准不确定度的评定方法

设测量模型方程为：$y=f(x_1+x_2+\cdots+x_n)=f(x_i)$，它是一个多变量函数。若每个自变

量彼此独立，且互不相关，则

$$u_c(y)=\sqrt{\sum_{i=1}^{n}\left(\frac{\partial f}{\partial x_i}\right)^2 u^2(x_i)} \tag{1.3.37}$$

式(1.3.37)称为不确定度传播率。合成标准不确定度仍然是标准差，表示测量结果的分散性。

5. 扩展不确定度 U 或 U_p 的定义与评定

(1) 扩展不确定度 U 或 U_p 的定义

扩展不确定度是确定测量区间的量，合理赋予被测量之值的分布，大部分可包含在此区间内。

(2) 扩展不确定度 U 或 U_p 的评定

① 采用乘以给定包含因子 k 的评定。在合成标准不确定度 $u_c(y)$ 确定以后，乘以一个包含因子 k，即得扩展不确定度 U 为

$$U=ku_c(y) \tag{1.3.38}$$

式中，U 为扩展不确定度；$u_c(y)$ 为合成标准不确定度；k 为包含因子，$k=2\sim3$。

② 乘以给定概率 p 的包含因子 k_p 的评定。在合成标准不确定度 $u_c(y)$ 确定之后，乘以给定概率 p 的包含因子 k_p，即得扩展不确定度 U_p 为

$$U_p=k_pu_c(y) \tag{1.3.39}$$

式中，U_p 是概率为 p 时的扩展不确定度，一般用 U_{95} 或 U_{99} 表示；k_p 为给定概率 p 的包含因子。

6. 测量结果与测量不确定度的表示

测量结果是由测量所得到的赋予被测量的值，测量结果仅是被测量的估计值。在等精度测量的情况下得到一组测量值，首先修正系统误差，然后计算出算术平均值 $\bar{x}$，如果测量仪器的检定证书上提供了修正值 b，则完整的测量结果应该为算术平均值经过修正后的值，即 $\bar{x}+b$。

当给出完整的测量结果时，一般应报告其不确定度。报告应尽可能详细，以便使用者能正确地利用测量结果。测量不确定度的表示形式有合成标准不确定度 $u_c(y)$，扩展不确定度 $U=ku_c(y)$ 或 $U_p=k_pu_c(y)$。因为涉及的内容较多，限于篇幅，在实际应用时可参阅有关文献。

1.3.8 数据处理的基本方法

所谓数据处理是从获得数据起到得出结论为止的整个数据加工过程。常用的数据处理方法有列表法、作图法和最小二乘法拟合，本节主要讨论最小二乘法线性拟合。

在科学实验和统计研究中，常常要从一组测量数据求得变量间的最佳函数关系，如从 n 对 (x_i,y_i) 的测量值去求得变量 x 和 y 间的最佳函数关系式 $y=f(x)$。从图形上来看，这个问题就是在平面直角坐标上，从给定的 n 个点 $(x_i,y_i)(i=1,2,\cdots,n)$ 求一条最接近这一组数据点的曲线，以显示这些点的总趋向，这一过程称为曲线拟合，该曲线的方程称为回归方程。

所谓最小二乘法原理，是指测量结果的最可信赖值应在残余误差平方和为最小的条件下求出。在自动检测系统中，两个变量间的线性关系是一种最简单也是最理想的函数关系。

设有 n 组实测数据 $(x_i,y_i)(i=1,2,\cdots,n)$，其最佳拟合方程（回归方程）为

$$Y=A+Bx \tag{1.3.40}$$

式中，A 为直线的截距，B 为直线的斜率。令

$$\varphi = \sum_{i=1}^{n} v_i^2 = \sum_{i=1}^{n}(y_i - Y_i)^2 = \sum_{i=1}^{n}(y_i - A - Bx_i)^2 \tag{1.3.41}$$

根据最小二乘法原理，要使 $\varphi = \sum_{i=1}^{n} v_i^2$ 为最小，取其对 A 和 B 的偏导数，并令其为零，可得两个方程，联立两个方程可求出 A 和 B 的唯一解。即

$$\left.\begin{aligned}\frac{\partial \varphi}{\partial A} &= \sum_{i=1}^{n}[-2(y_i - A - Bx_i)] = 0\\ \frac{\partial \varphi}{\partial B} &= \sum_{i=1}^{n}[-2x_i(y_i - A - Bx_i)] = 0\end{aligned}\right\} \tag{1.3.42}$$

则得到下列正则方程组

$$\left.\begin{aligned}\sum_{i=1}^{n} y_i &= nA + B\sum_{i=1}^{n} x_i\\ \sum_{i=1}^{n} x_i y_i &= A\sum_{i=1}^{n} x_i + B\sum_{i=1}^{n} x_i^2\end{aligned}\right\} \tag{1.3.43}$$

解得

$$\left.\begin{aligned}A &= \frac{\sum_{i=1}^{n} y_i \sum_{i=1}^{n} x_i^2 - \sum_{i=1}^{n} x_i y_i \sum_{i=1}^{n} x_i}{n\sum_{i=1}^{n} x_i^2 - \left(\sum_{i=1}^{n} x_i\right)^2}\\ B &= \frac{n\left(\sum_{i=1}^{n} x_i y_i\right) - \sum_{i=1}^{n} x_i \sum_{i=1}^{n} y_i}{n\left(\sum_{i=1}^{n} x_i^2\right) - \left(\sum_{i=1}^{n} x_i\right)^2}\end{aligned}\right\} \tag{1.3.44}$$

1.4 传感器的一般特性

在科学实验和生产过程中，需要对各种各样的参数进行检测和控制，这就要求传感器能感受被测非电量的变化，并将其转换成与被测量成一定函数关系的电量。传感器所测量的非电量可分为静态量和动态量两类。静态量是指不随时间变化的信号或变化极其缓慢的信号（准静态）；动态量通常是指周期信号、瞬变信号或随机信号。传感器能否将被测非电量的变化不失真地变换成相应的电量，取决于传感器的基本特性，即输出 - 输入特性，它是与传感器的内部结构参数有关的外部特性。传感器的基本特性可用静态特性和动态特性描述。

1.4.1 传感器的静态特性

传感器的静态特性是指输入被测量不随时间变化，或随时间变化很缓慢时，传感器的输出与输入的关系。如果不考虑传感器的迟滞和蠕变等因素，其静态特性可用以下多项式表示

$$y = a_0 + a_1 x + a_2 x^2 + \cdots + a_n x^n \tag{1.4.1}$$

式中，x 为输入量（被测量）；y 为输出量；a_0 为零位输出；a_1 为传感器的灵敏度；$a_2, a_3, \cdots, a_n$ 为非线性项的待定常数。

衡量传感器静态特性的重要指标是线性度、灵敏度、迟滞、重复性和精度等。

1. 线性度

传感器的线性度(又称非线性误差)是指传感器的输出与输入之间的线性程度。通常,为了方便标定和数据处理,理想的输出-输入关系应该是线性的。但实际遇到的传感器的特性大多是非线性的,如式(1.4.1)所示。各项系数不同,决定了特性曲线的具体形状各不相同。理想特性方程为 $y=a_1x$,是一条经过原点的直线,传感器的灵敏度为一常数。当特性方程中仅含有奇次非线性项,即 $y=a_1x+a_3x^3+a_5x^5+\cdots$ 时,特性曲线关于坐标原点对称,且在输入量 x 相当大的范围内具有较宽的准线性。当非线性传感器以差动方式工作时,可以消除电气元件中的偶次分量,显著地改善线性范围,并可使灵敏度提高一倍。

传感器的静态特性曲线可通过实际测试获得。在实际应用中,为了得到线性关系,往往引入各种非线性补偿环节。如采用非线性补偿电路或计算机软件进行线性化处理,或采用差动结构,使传感器的输出-输入关系为线性或接近线性。但如果非线性项的方次不高,在输入量变化范围不大的条件下,可以用一条直线(切线或割线)近似代表实际曲线的一段,如图1.4.1所示,这种方法称为传感器非线性特性的线性化。所采用的直线称为拟合直线。实际特性曲线与拟合直线之间的偏差称为传感器的非线性误差,如图中 ΔL 值,取其中最大值与输出满度值之比作为评价非线性误差(或线性度)的指标,即

$$\gamma_{\mathrm{L}}=\pm\frac{\Delta L_{\max}}{Y_{\mathrm{FS}}}\times100\% \tag{1.4.2}$$

式中,γ_{L} 为线性度;$\Delta L_{\max}$ 为最大非线性绝对误差;$Y_{\mathrm{FS}}=y_{\max}-y_{\min}$,为满量程输出。

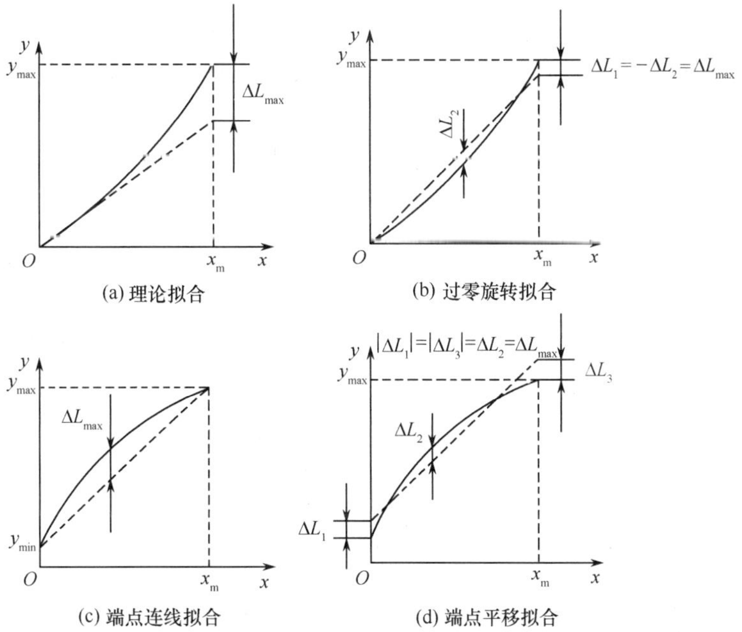

图1.4.1　几种直线拟合方法

x—传感器的输入量　y—传感器的输出量　x_{m}—输入最大值

由图1.4.1可见,非线性误差是以一定的拟合直线或理想直线为基准直线计算得出的。因而,即使是同类传感器,基准直线不同,所得线性度也不同。选取拟合直线的方法很多,用最小二乘法求取的拟合直线的拟合精度最高。

2. **灵敏度**

灵敏度是指传感器在稳态下的输出变化量 Δy 与引起此变化的输入变化量 Δx 之比，用 k 表示，即

$$k = \frac{\Delta y}{\Delta x} \tag{1.4.3}$$

它表征传感器对输入量变化的反应能力。对于线性传感器，灵敏度就是其静态特性的斜率，即 $k = y/x$ 为常数，而非线性传感器的灵敏度为一变量，用 $k = \mathrm{d}y / \mathrm{d}x$ 表示。传感器的灵敏度如图 1.4.2 所示。一般希望传感器的灵敏度高，在满量程范围内是恒定的，即传感器的输出 - 输入特性为直线。

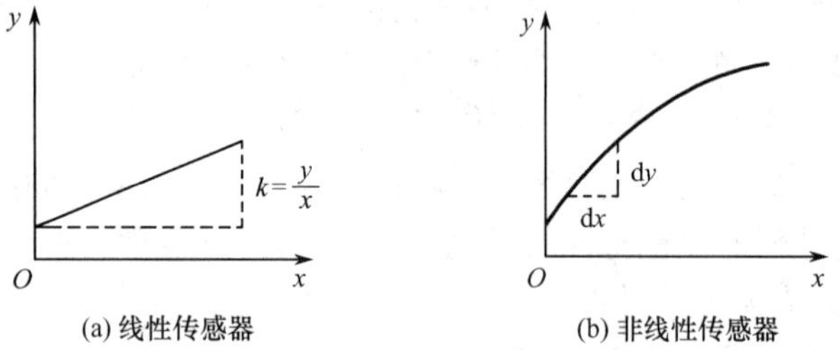

图 1.4.2　传感器的灵敏度

3. **迟滞**

传感器在正（输入量增大）反（输入量减小）行程期间，其输出 - 输入特性曲线不重合的现象称为迟滞，如图 1.4.3 所示。也就是说，对于同一大小的输入信号，传感器的正反行程输出信号大小不相等。产生这种现象的主要原因是传感器敏感元件材料的物理性质和机械零部件的缺陷，例如弹性敏感元件的弹性滞后、运动部件的摩擦、传动机构的间隙、紧固件松动等。

迟滞 γ_H 的大小一般要由实验方法确定。用正反行程最大输出差值 ΔH_{max} 或其一半对满量程输出 Y_{FS} 的百分比表示，即

$$\gamma_H = \pm \frac{\Delta H_{max}}{Y_{FS}} \times 100\% \tag{1.4.4}$$

或

$$\gamma_H = \pm \frac{\Delta H_{max}}{2Y_{FS}} \times 100\% \tag{1.4.5}$$

式中，ΔH_{max} 为正反行程输出值间的最大差值。

4. **重复性**

重复性 γ_R 指在同一工作条件下，输入量按同一方向做全量程连续多次变化时，所得特性曲线不一致的程度，如图 1.4.4 所示。重复性误差属于随机误差，常用标准偏差表示，也可用正反行程中的最大偏差表示，即

$$\gamma_R = \pm \frac{(2 \sim 3)\sigma}{Y_{FS}} \times 100\% \tag{1.4.6}$$

或

$$\gamma_R = \pm \frac{\Delta R_{max}}{2Y_{FS}} \times 100\% \tag{1.4.7}$$

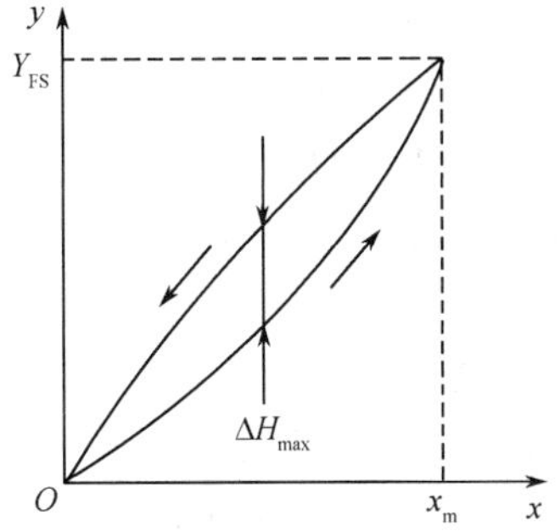

图 1.4.3　迟滞特性

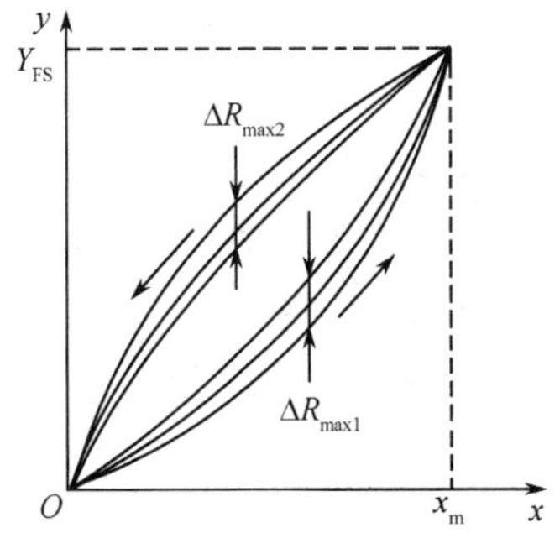

图 1.4.4　重复性

5. 精度

精度是反映系统误差和随机误差的综合误差指标，一般用方和根法或代数和法计算。用线性度、重复性和迟滞三项的方和根或简单代数和表示为

$$\gamma = \sqrt{\gamma_L^2 + \gamma_R^2 + \gamma_H^2} \tag{1.4.8}$$

或

$$\gamma = \gamma_L + \gamma_R + \gamma_H \tag{1.4.9}$$

其中，方和根用得较多。

6. 零点漂移

传感器无输入时，每隔一段时间进行读数，其输出偏离零值，即为零点漂移，其值为

$$\frac{\Delta Y_0}{Y_{FS}} \times 100\%$$

式中，ΔY_0 为最大零点偏差；Y_{FS} 为满量程输出。　(1.4.10)

7. 温度漂移

温度漂移表示温度变化时，传感器输出值的偏离程度。一般以温度变化 1℃，输出最人偏差与满量程的百分比表示，即

$$\frac{\Delta_{max}}{Y_{FS} \cdot \Delta T} \times 100\% \tag{1.4.11}$$

式中，Δ_{max} 为输出最大偏差；ΔT 为温度变化值；Y_{FS} 为满量程输出。

1.4.2　传感器的动态特性

在实际测量中，大量的被测量是随时间变化的动态信号，这就要求传感器的输出不仅能精确地反映被测量的大小，还要正确地再现被测量随时间变化的规律。

传感器的动态特性是指传感器的输出对随时间变化的输入量的响应特性，反映输出值真实再现变化着的输入量的能力。对于线性系统，其数学模型可以用常系数线性微分方程表示，即

$$a_n \frac{d^n y}{dt^n} + a_{n-1} \frac{d^{n-1} y}{dt^{n-1}} + \cdots + a_1 \frac{dy}{dt} + a_0 y = b_m \frac{d^m x}{dt^m} + b_{m-1} \frac{d^{m-1} x}{dt^{m-1}} + \cdots + b_1 \frac{dx}{dt} + b_0 x \tag{1.4.12}$$

式中，x 为传感器的输入量，y 为输出量，$a_i(i=1,2,\cdots,n)$，$b_j(j=1,2,\cdots,m)$ 为常数。

相应的传递函数为

$$H(s)=\frac{Y(s)}{X(s)}=\frac{b_m s^m+b_{m-1}s^{m-1}+\cdots+b_1 s+b_0}{a_n s^n+a_{n-1}s^{n-1}+\cdots+a_1 s+a_0} \tag{1.4.13}$$

一个动态特性好的传感器，其输出将再现输入量的变化规律，即具有相同的时间函数。实际上除了具有理想的比例特性的环节外，由于传感器固有因素的影响，输出信号将不会与输入信号具有相同的时间函数，这种输出与输入之间的差异就是所谓的动态误差。研究传感器的动态特性主要是从测量误差角度分析产生动态误差的原因及改善措施。

由于绝大多数传感器都可以简化为一阶或二阶系统，因此一阶和二阶传感器是最基本的。研究传感器的动态特性可以从时域和频域两个方面，采用瞬态响应法和频率响应法分析。

1. 瞬态响应特性

在时域内研究传感器的动态特性时，常用的激励信号有阶跃函数、脉冲函数和斜坡函数等。传感器对所加激励信号的响应称为瞬态响应。一般认为，阶跃输入信号对于一个传感器来说是最严峻的工作状态。如果在阶跃函数的作用下，传感器能满足动态性能指标，那么在其他函数作用下，其动态性能指标也必定会令人满意。在理想情况下，阶跃输入信号的大小对过渡过程的曲线形状是没有影响的。但在实际做过渡过程实验时，应保持阶跃输入信号在传感器特性曲线的线性范围内。下面以传感器的单位阶跃响应评价传感器的动态性能。

(1) 一阶传感器的单位阶跃响应

设 $x(t)$ 和 $y(t)$ 分别为传感器的输入量和输出量，均是时间的函数，则一阶传感器的传递函数为

$$H(s)=\frac{Y(s)}{X(s)}=\frac{k}{\tau s+1} \tag{1.4.14}$$

式中，τ 为时间常数；k 为静态灵敏度。

由于在线性传感器中灵敏度 k 为常数，在动态特性分析中，k 只起使输出量增加 k 倍的作用。因此，为方便起见，在讨论时采用 $k=1$。

对于初始状态为零的传感器，当输入为单位阶跃信号时，$X(s)=1/s$，传感器输出的拉氏变换为

$$Y(s)=H(s)X(s)=\frac{1}{\tau s+1}\cdot\frac{1}{s} \tag{1.4.15}$$

则一阶传感器的单位阶跃响应为

$$y(t)=L^{-1}[Y(s)]=1-e^{-\frac{t}{\tau}} \tag{1.4.16}$$

响应曲线如图 1.4.5 所示。由图可见，传感器存在惯性，输出的初始上升斜率为 $1/\tau$，若传感器保持初始响应速度不变，则在 τ 时刻输出将达到稳态值。但实际的响应速率随时间的增加而减慢。理论上传感器的响应在 t 趋于无穷时才达到稳态值，但实际上当 $t=4\tau$ 时，其输出已达到稳态值的 98.2%，可以认为已达到稳态。τ 越小，响应曲线越接近于输入阶跃曲线，因此，一阶传感器的时间常数 τ 越小越好。不带保护套管的热电偶是典型的一阶传感器。

(2) 二阶传感器的单位阶跃响应

二阶传感器的传递函数为

$$H(s)=\frac{Y(s)}{X(s)}=\frac{\omega_n^2}{s^2+2\zeta\omega_n s+\omega_n^2} \tag{1.4.17}$$

式中,ω_n 为传感器的固有频率;ζ 为传感器的阻尼比。

在单位阶跃信号作用下,传感器输出的拉氏变换为

$$Y(s)=H(s)X(s)=\frac{\omega_n^2}{s(s^2+2\zeta\omega_n s+\omega_n^2)} \tag{1.4.18}$$

对 $Y(s)$ 进行拉氏反变换,即可得到单位阶跃响应。图 1.4.6 为二阶传感器的单位阶跃响应曲线。由图可知,传感器的响应在很大程度上取决于阻尼比 ζ 和固有频率 ω_n。ω_n 取决于传感器的主要结构参数,ω_n 越高,传感器的响应越快。阻尼比直接影响超调量和振荡次数。$\zeta=0$,为临界阻尼,超调量为 100%,产生等幅振荡,达不到稳态;$\zeta>1$,为过阻尼,无超调也无振荡,但反应迟钝,动作缓慢,达到稳态所需时间较长;$\zeta<1$,为欠阻尼,衰减振荡,达到稳态值所需时间随 ζ 的减小而加长。$\zeta=1$ 时响应时间最短。在实际使用中,为了兼顾有短的上升时间和小的超调量,一般传感器都设计成欠阻尼式的,阻尼比 ζ 一般取为 0.6～0.8。带保护套管的热电偶是一个典型的二阶传感器。

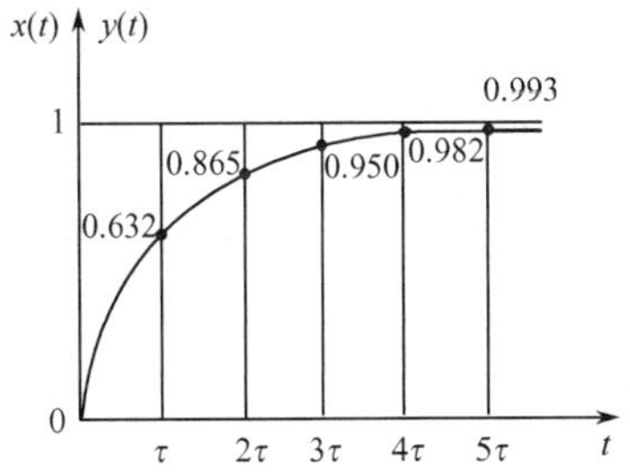

图 1.4.5 一阶传感器单位阶跃响应

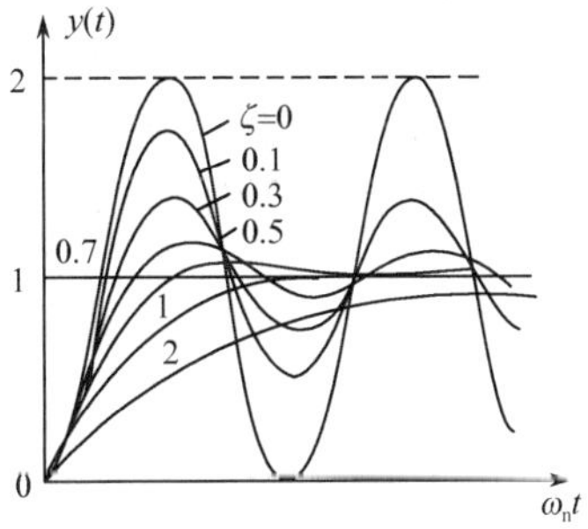

图 1.4.6 二阶传感器单位阶跃响应

(3) 瞬态响应特性指标

时间常数 τ 是描述一阶传感器动态特性的重要参数,τ 越小,响应速度越快。

二阶传感器阶跃响应的典型性能指标如图 1.4.7 所示,各指标定义如下:

① 上升时间 t_r,输出由稳态值的 10% 变化到稳态值的 90% 所用的时间;

② 响应时间 t_s,系统从阶跃输入开始到输出值进入稳态值所规定的范围内所需的时间;

③ 峰值时间 t_p,阶跃响应曲线达到第一个峰值所需的时间;

④ 超调量 σ,传感器输出超过稳态值的最大值 ΔA,常用相对于稳态值的百分比 σ 表示。即

$$\sigma=\frac{y(t_p)-y(\infty)}{y(\infty)}\times 100\% \tag{1.4.19}$$

2. 频率响应特性

传感器对正弦输入信号的响应特性称为频率响应特性。频率响应法是从传感器的频率特性出发研究传感器的动态特性的方法。

(1) 零阶传感器的频率特性

零阶传感器的传递函数为

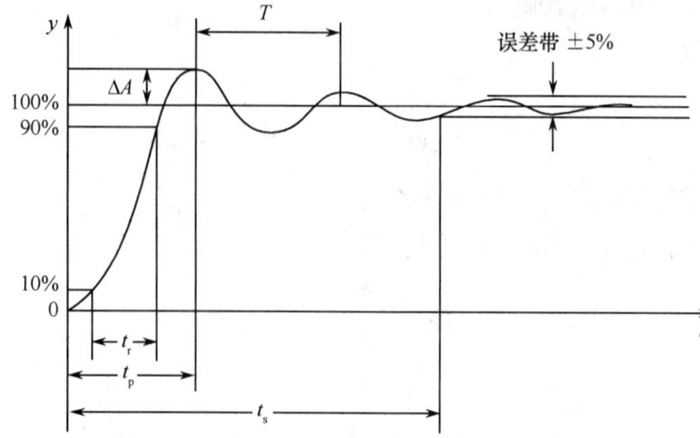

图 1.4.7　二阶传感器的动态性能指标

$$H(s)=\frac{Y(s)}{X(s)}=k \tag{1.4.20}$$

频率特性为

$$H(\mathrm{j}\omega)=k \tag{1.4.21}$$

由此可知，零阶传感器的输出和输入成正比，并且与信号频率无关。因此，无幅值和相位失真问题，具有理想的动态特性。电位器式传感器是零阶系统的一个例子。在实际应用中，许多高阶系统在变化缓慢、频率不高时，都可以近似当做零阶系统处理。

(2) 一阶传感器的频率特性

将一阶传感器传递函数中的 s 用 $\mathrm{j}\omega$ 代替，即可得到频率特性表达式

$$H(\mathrm{j}\omega)=\frac{1}{\tau(\mathrm{j}\omega)+1} \tag{1.4.22}$$

幅频特性

$$A(\omega)=\frac{1}{\sqrt{1+(\omega\tau)^2}} \tag{1.4.23}$$

相频特性

$$\varphi(\omega)=-\arctan(\omega\tau) \tag{1.4.24}$$

图 1.4.8 所示为一阶传感器的频率响应特性曲线。

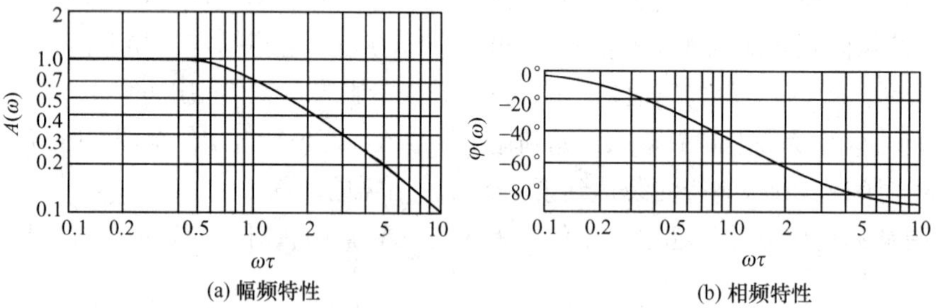

图 1.4.8　一阶传感器的对数频率特性

从式(1.4.23)、式(1.4.24)和图 1.4.8 可以看出，时间常数 τ 越小，频率响应特性越好。当 $\omega\tau \ll 1$ 时，$A(\omega)\approx 1$，$\varphi(\omega)\approx -\omega\tau$，表明传感器的输出与输入为线性关系，相位差与频率 ω 成线性关系，输出 $y(t)$ 比较真实地反映了输入 $x(t)$ 的变化规律。因此，减小 τ 可以改善传感器的频率特性。

(3) 二阶传感器的频率特性

二阶传感器的频率特性表达式、幅频特性、相频特性分别为

$$H(j\omega) = \left[1 - \left(\frac{\omega}{\omega_n}\right)^2 + 2j\zeta\frac{\omega}{\omega_n}\right]^{-1} \tag{1.4.25}$$

$$A(\omega) = \left\{\left[1 - \left(\frac{\omega}{\omega_n}\right)^2\right]^2 + \left(2\zeta\frac{\omega}{\omega_n}\right)^2\right\}^{-\frac{1}{2}} \tag{1.4.26}$$

$$\varphi(\omega) = -\arctan\left[\frac{2\zeta\frac{\omega}{\omega_n}}{1 - \left(\frac{\omega}{\omega_n}\right)^2}\right] \tag{1.4.27}$$

图 1.4.9 所示为二阶传感器的频率响应特性曲线。从式(1.4.26)、式(1.4.27)和图 1.4.9 可以看出，传感器频率特性的好坏主要取决于传感器的固有频率 ω_n 和阻尼比 ζ。当 $\zeta < 1$，$\omega_n \gg \omega$ 时，$A(\omega) \approx 1$，$\varphi(\omega)$ 很小，此时，传感器的输出 $y(t)$ 再现输入 $x(t)$ 的波形。通常固有频率 ω_n 至少应大于被测信号频率 ω 的 3～5 倍，即 $\omega_n \geqslant (3 \sim 5)\omega$。

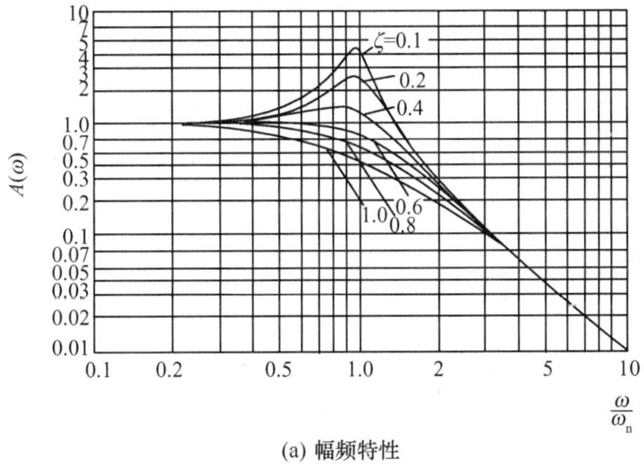

(a) 幅频特性

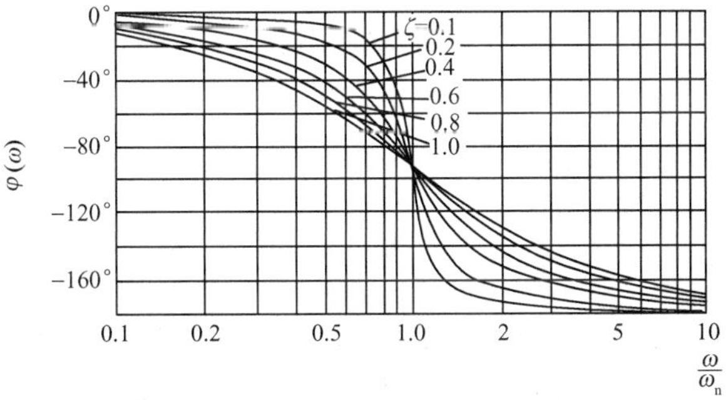

(b)相频特性

图 1.4.9 二阶传感器的对数频率特性

由以上分析可知，为了减小动态误差和扩大频率响应范围，一般是提高传感器的固有频率 ω_n，但可能会使其他指标变差。因此，在实际应用中，应综合考虑各种因素来确定传感器的各个特征参数。

(4) 频率响应特性指标

① 频带，传感器增益保持在一定值内的频率范围，即对数幅频特性曲线上幅值衰减 3dB 时所对应的频率范围，称为传感器的频带或通频带，对应有上、下截止频率。

② 时间常数 τ，用时间常数 τ 表征一阶传感器的动态特性，τ 越小，频带越宽。

③ 固有频率 ω_n，二阶传感器的固有频率 ω_n 表征了其动态特性。

1.5 传感器的标定和校准

任何一种新研制或生产的传感器在制造、装配完毕后都必须进行一系列试验，对其技术性能进行全面的检定，以确定传感器的实际性能。经过一段时间储存或使用的传感器也需对其性能进行复测。通常，在明确输入－输出变换对应关系的前提下，利用某种标准或标准器具对传感器进行标度称为标定；将传感器在使用中或存储后进行的性能复测称为校准。由于标定与校准的本质相同，本节以标定进行叙述。

传感器的标定是通过实验以建立传感器输入量与输出量之间的关系，同时确定出不同使用条件下的误差关系。

标定的基本方法是利用一种标准设备产生的已知非电量（如标准力、压力、位移等）作为输入量，输入待标定的传感器，得到传感器的输出量。然后将传感器的输出量与输入的标准量进行比较，从而获得一系列校准数据或标定曲线。有时输入的标准量利用标准传感器检测而得，这时的标定实质上是待标定传感器与标准传感器之间的比较。

传感器的标定工作可分为如下几个方面：其一是新研制的传感器需进行全面技术性能的检定，用检定数据进行量值传递，同时检定数据也是改进传感器设计的重要依据；其二是经过一段时间的存储或使用后对传感器的复测工作。这种再次标定可以检测传感器的基本性能是否发生变化，判断其是否可以继续使用。对可以继续使用的传感器，若某些指标（如灵敏度）发生了变化，应通过再次标定对原数据进行修正或校准。

为了保证各种量值的准确一致，标定应按计量部门规定的检定规程和管理办法进行。工程测试所用传感器的标定应在与其使用条件相似的环境下进行。有时为了获得较高的标定精度，可将传感器与配用的电缆、滤波器、放大器等测试系统一起标定。有些传感器标定时还应十分注意规定的安装技术条件。

传感器的标定分为静态标定和动态标定两种。静态标定的目的是确定传感器的静态特性指标，如线性度、灵敏度、迟滞和重复性等。动态标定的目的是确定传感器的动态特性参数，如频率响应、时间常数、固有频率和阻尼比等。

1.5.1 传感器的静态标定

1. 静态标准条件

传感器的静态特性是在静态标准条件下进行标定的。所谓静态标准条件是指没有加速度、振动、冲击（除非这些参数本身就是被测物理量）及环境温度一般为室温 20 ± 5℃，相对湿度不大于 85%，大气压力为 101 ± 7kPa 的情况。

2. 标定仪器设备精度等级的确定

对传感器进行标定，是根据试验数据确定传感器的各项性能指标，实际上也是确定传感器的测量精度。所以在标定传感器时，所用的测量仪器的精度至少要比被标定的传感器的精度高一个等级。这样，通过标定确定的传感器的静态性能指标才是可靠的，所确定的精度才是可信的。

3. 静态特性标定的方法

对传感器进行静态特性标定，首先要创造一个静态标准条件，其次要选择与被标定传感器的精度要求相适应的一定精度等级的标准设备，最后才能对传感器进行静态特性标定。

标定步骤如下：

① 将传感器全量程(测量范围) 分成若干等间距点；

② 根据传感器量程分点情况，由小到大一点一点地输入标准量值，并记录与各输入值相对应的输出值；

③ 将输入值由大到小一点一点减小，同时记录与各输入值相对应的输出值；

④ 按 ②、③ 所述过程，对传感器进行正、反行程往复循环多次测试，将得到的输出 - 输入测试数据用表格列出或作出曲线；

⑤ 对测试数据进行必要的处理，根据处理结果就可以确定传感器的线性度、灵敏度、迟滞和重复性等静态特性指标。

由于各种传感器的结构原理不同，所以标定方法也不相同，下面以压力传感器为例说明传感器的静态标定方法。

4. 压力传感器的静态标定

用于动态测量的压力传感器，首先要进行静态标定。目前，常用的标定装置有：活塞压力计、杠杆式和弹簧测力计式压力标定机。

图 1.5.1 是用活塞压力计对压力传感器进行标定的示意图。活塞压力计由校验泵(压力发生系统) 和活塞部分(压力测量系统) 组成。

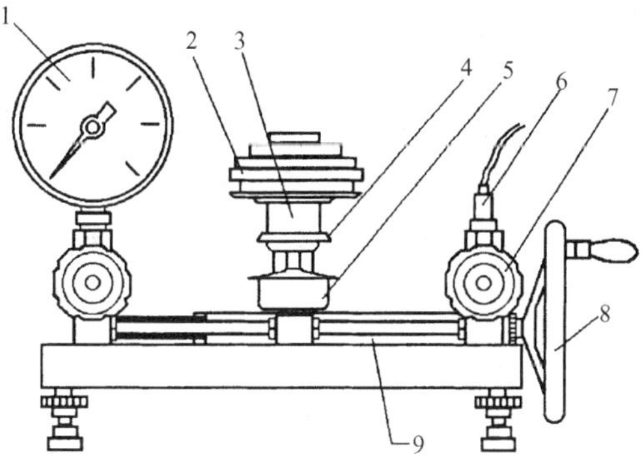

图 1.5.1　活塞压力计标定压力传感器示意图

1— 标准压力表　2— 砝码　3— 活塞　4— 进油阀　5— 油杯
6— 被标定传感器　7— 针形阀　8— 手轮　9— 手摇压力泵

活塞压力计是利用活塞和加在活塞上的砝码重量所产生的压力与手摇压力泵所产生的压力相平衡的原理进行标定工作的，其精度可达 ±0.05% 以上。

标定时，把传感器装在连接螺帽上。然后按照活塞压力计的操作规程，转动压力泵的手轮，使托盘上升到规定的刻线位置。按所要求的压力间隔，逐点增加砝码重量，使压力计产生所需的压力，同时用数字电压表记下传感器在相应压力下的输出值。这样就可以得出被标定传感器或测压系统的输出特性曲线，根据这条曲线可确定出所需要的各静态特性指标。

在实际测试中，为了确定整个测压系统的输出特性，往往需要进行现场标定。为了操作方便，可以不用砝码加载，而直接用标准压力表读取所加的压力。测出整个测试系统在各压力下的输出电压值或示波器上的光点位移量 h，就可得到如图 1.5.2 所示的压力标定曲线。

上述标定方法不适合压电式压力测量系统，因为活塞压力计的加载过程时间太长，致使传感器产生的电荷有泄漏，严重影响其标定精度。所以对压电式测压系统，一般采用杠杆式压力标定机或弹簧测力计式压力标定机。

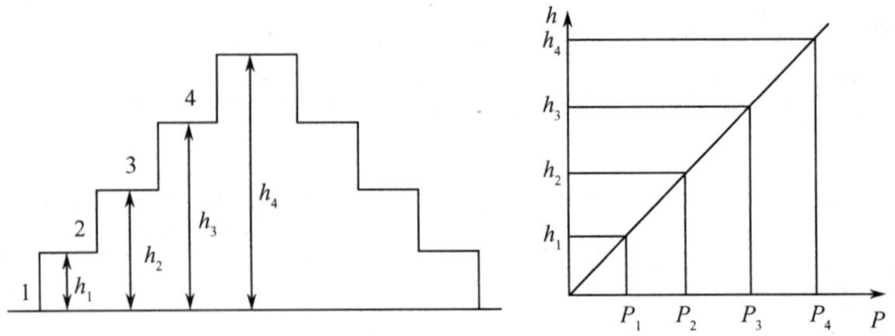

图 1.5.2　压力标定曲线

为了保证压力传感器的测量准确度，需定期检定，检定周期最长不超过一年。

1.5.2　传感器的动态标定

1. 动态标定的一般方法

传感器的动态标定主要是研究传感器的动态响应，而与动态响应有关的参数：一阶传感器只有一个时间常数 τ，二阶传感器则有固有频率 ω_n 和阻尼比 ζ 两个参数。

对传感器进行动态标定，需要对它输入一标准激励信号。为了便于比较和评价，常常采用阶跃变化和正弦变化的输入信号，即以一个已知的阶跃信号激励传感器，使传感器按自身的固有频率振荡，并记录下运动状态，从而确定其动态参量；或者以一个振幅和频率均为已知、可调的正弦信号激励传感器，根据记录的运动状态，确定传感器的动态特性。

对于一阶传感器，外加阶跃信号，测得阶跃响应之后，取输出值达到最终值的 63.2% 所经历的时间作为时间常数 τ。但这样确定的时间常数实际上没有涉及响应的全过程，测量结果仅取决于某些个别的瞬时值，可靠性较差。如果用下述方法确定时间常数，可以获得较可靠的结果。

一阶传感器的单位阶跃响应函数为

$$y(t) = 1 - e^{-\frac{t}{\tau}} \tag{1.5.1}$$

令 $z = \ln[1 - y(t)]$，则上式可变为

$$z = -\frac{t}{\tau} \tag{1.5.2}$$

式(1.5.2)表明 z 和时间 t 为线性关系，并且有 $\tau = -\Delta t / \Delta z$（见图 1.5.3）。因此，可以根据测得的 $y(t)$ 值作出 z-t 曲线，并根据 $\Delta t / \Delta z$ 的值获得时间常数 τ，这种方法考虑了瞬态响应的全过程。

二阶传感器($\zeta < 1$)的单位阶跃响应为

$$y(t) = 1 - \left[\frac{e^{-\zeta\omega_n t}}{\sqrt{1-\zeta^2}}\right]\sin(\sqrt{1-\zeta^2}\,\omega_n t + \arcsin\sqrt{1-\zeta^2}) \tag{1.5.3}$$

相应的响应曲线如图 1.5.4 所示，其中

$$M = e^{-\left(\frac{\zeta\pi}{\sqrt{1-\zeta^2}}\right)} \tag{1.5.4}$$

或

$$\zeta = \frac{1}{\sqrt{\left(\frac{\pi}{\ln M}\right)^2 + 1}} \tag{1.5.5}$$

因此，测得 M 之后，便可按式(1.5.5)求得阻尼比 ζ。

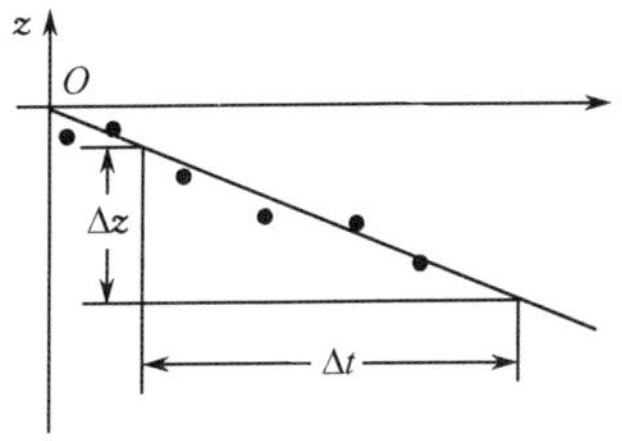

图 1.5.3　一阶传感器时间常数的求法

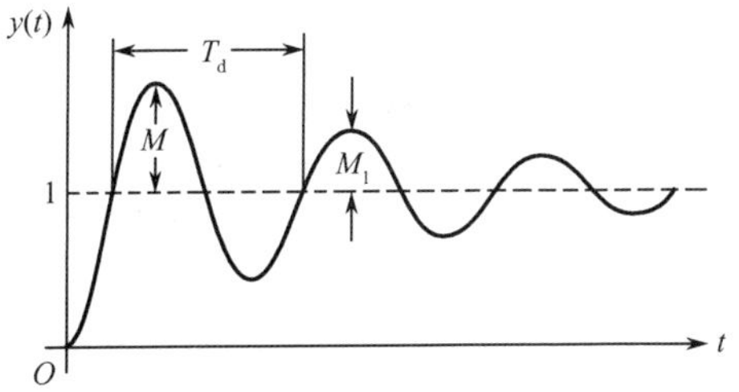

图 1.5.4　二阶传感器($\zeta<1$) 的阶跃响应

如果测得阶跃响应的较长瞬变过程，则可利用任意两个过冲量 M_i 和 M_{i+n} 按式(1.5.6) 求得阻尼比 ζ，式中，n 是该两峰值相隔的周期数(整数)。

$$\zeta=\frac{\delta_n}{\sqrt{\delta_n^2+4\pi^2n^2}} \tag{1.5.6}$$

式中

$$\delta_n=\ln\frac{M_i}{M_{i+n}} \tag{1.5.7}$$

当 $\zeta<0.1$ 时，若考虑以 1 代替 $\sqrt{1-\zeta^2}$，此时不会产生过大的误差(不大于 0.6%)，则根据式(1.5.6) 可得

$$\sqrt{1-\zeta^2}=\sqrt{1-\frac{\delta_n^2}{\delta_n^2+4\pi^2n^2}}=\frac{2\pi n}{\sqrt{\delta_n^2+4\pi^2n^2}}\approx 1 \tag{1.5.8}$$

由此可见 $\delta_n^2\approx 0$，此时可用式(1.5.9) 计算 ζ，即

$$\zeta=\frac{\ln\dfrac{M_i}{M_{i+n}}}{2n\pi} \tag{1.5.9}$$

若传感器是精确的二阶传感器，则 n 值采用任意正整数所得的 ζ 值不会有差别。反之，若 n 取不同值获得不同的 ζ 值，则表明该传感器不是线性二阶系统。

根据响应曲线，不难测出振荡周期 T_d，于是有阻尼的固有频率 ω_d 为

$$\omega_\mathrm{d}=2\pi\frac{1}{T_\mathrm{d}} \tag{1.5.10}$$

则无阻尼固有频率 ω_n 为

$$\omega_\mathrm{n}=\frac{\omega_\mathrm{d}}{\sqrt{1-\zeta^2}} \tag{1.5.11}$$

当然，还可以通过给传感器施加一个振幅和频率均为已知且可调的正弦激励信号，测定不同激励频率下输出和输入的幅值比和相位差，以确定传感器的幅频特性和相频特性。然后按照图 1.5.5 所示，根据对数幅频特性衰减 3dB(分贝) 所对应的频率 ω，求得一阶传感器的时间常数 τ；按照图 1.5.6 所示的幅频特性，求得欠阻尼二阶传感器的固有频率 ω_n 和阻尼比 ζ。

下面仍以压力传感器为例说明传感器的动态标定方法。

2. 压力传感器的动态标定

压力传感器除进行静态标定外，还要进行某种形式的动态标定。对压力传感器进行动态标

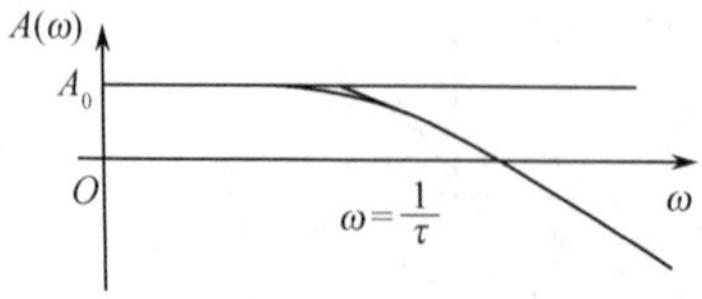

图 1.5.5　由幅频特性求时间常数 τ

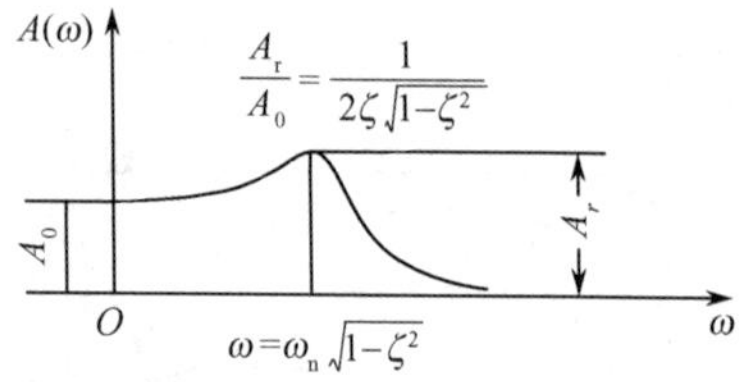

图 1.5.6　欠阻尼二阶传感器的 ω_n 和 ζ

定，必须给传感器加一个特性已知的校准动压信号作为激励源，从而得到传感器的输出信号，经计算分析、数据处理，即可确定传感器的频率特性。

下面只介绍利用阶跃压力源进行动态标定的方法。产生阶跃压力有许多方法，其中激波管法是比较常用的方法。因为它能产生前沿很陡接近理想阶跃函数的压力信号，所以压力传感器在标定时广泛采用此方法。

激波管法具有以下 3 大特点：

- 压力幅度范围宽，便于改变压力值；
- 频率范围宽（2kHz ～ 2.5MHz）；
- 便于分析研究和数据处理。

此外，激波管结构简单，使用方便可靠，标定精度可达 4% ～ 5%。下面将分别介绍激波管工作原理、阶跃压力波的性质及标定方法。

（1）激波管标定装置工作原理

激波管标定装置系统原理如图 1.5.7 所示。它由激波管、入射激波测速系统、标定测量系统及气源等 4 部分组成。

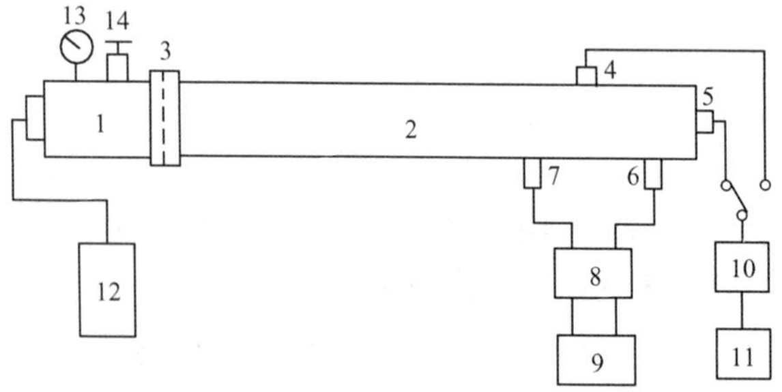

图 1.5.7　激波管标定装置系统原理框图

1— 高压室　2— 低压室　3— 膜片　4— 侧面被标定的传感器　5— 底面被标定的传感器
6,7— 测速压力传感器　8— 测速前置级　9— 数字频率计　10— 测压前置级
11— 记忆示波器　12— 气源　13— 气压表　14— 泄气门

① 激波管。激波管是产生激波的核心部分，由高压室 1 和低压室 2 组成。1 与 2 之间由铝和塑料膜片 3 隔开，激波压力的大小由膜片的厚度决定。标定时根据要求对高、低压室充以不同的压缩空气，低压室一般为一个大气压，高压室充以高压气体。当高、低压室的压力差达到一定程度时膜片破裂，高压气体迅速膨胀冲入低压室，从而形成激波。这个激波的波阵面压力保持恒定，接近理想的阶跃波，并以超音速冲向被标定的传感器。传感器在激波的激励下按固有频率产生一个衰减振荡，如图 1.5.8 所示，其波形由采集系统记录下来用以确定传感器的动态特性。

激波管中压力波动情况如图 1.5.9 所示。图 1.5.9(a) 为膜片爆破前的情况，P_4 为高压室的压力，P_1 为低压室的压力。图 1.5.9(b) 为膜片爆破后稀疏波反射前的情况，P_2 为膜片爆破后产生的激波压力，P_3 为高压室爆破后形成的压力，P_2 与 P_3 的接触面称为温度分界面，P_2 与 P_3 所在区域的温度不同，但其压力值相等。稀疏波就是在高压室内膜片破碎时形成的波。图 1.5.9(c) 为稀疏波反射后的情况，当稀疏波波头达到高压室端面时便产生稀疏波的反射，称为反射稀疏波，其压力减小为 P_6。图 1.5.9(d) 为反射激波的波动情况，当 P_2 到达低压室端面时也产生反射，压力增大为 P_5，称为反射激波。P_2 与 P_5 都是在标定传感器时要用到的参数，视传感器安装位置而定，当被标定的传感器安装在侧面时要用 P_2，当装在端面时要用 P_5，二者不同之处在于 $P_5 > P_2$，但维持恒压时间 τ_5 略小于 τ_2。

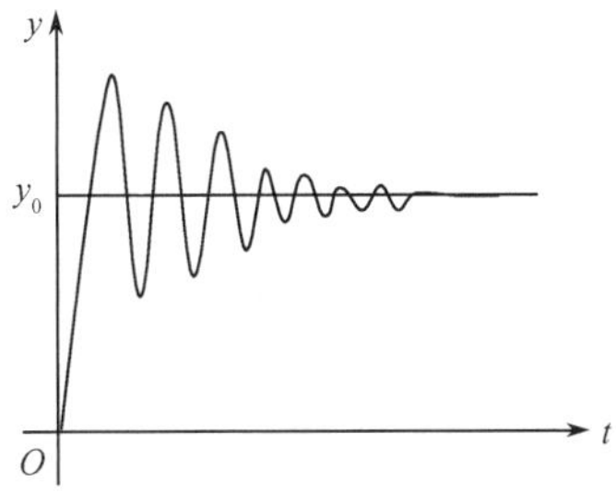

图 1.5.8　被标定传感器的输出波形

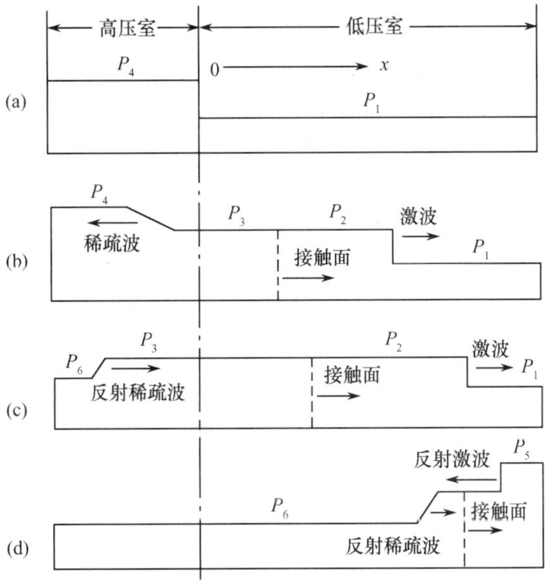

图 1.5.9　激波管中压力与波动情况

(a) 膜片爆破前的情况　(b) 膜片爆破后稀疏波反射前的情况

(c) 稀疏波反射后的情况　(d) 反射激波的波动情况

计算压力的基本关系式为

$$P_{41} = \frac{P_4}{P_1} = \frac{1}{6}(7Ma - 1)\left[1 - \frac{1}{6}\left(Ma - \frac{1}{Ma}\right)\right]^{-7} \tag{1.5.12}$$

$$P_{21} = \frac{P_2}{P_1} = \frac{1}{6}(7Ma^2 - 1) \tag{1.5.13}$$

$$P_{51} = \frac{P_5}{P_1} = \frac{1}{3}(7Ma^2 - 1)\frac{4Ma^2 - 1}{Ma^2 + 5} \tag{1.5.14}$$

$$P_{52} = \frac{P_5}{P_2} = 2\,\frac{4Ma^2 - 1}{Ma^2 + 5} \tag{1.5.15}$$

入射激波的阶跃压力为

$$\Delta P_2 = P_2 - P_1 = \frac{7}{6}(Ma^2 - 1)P_1 \tag{1.5.16}$$

反射激波的阶跃压力为

$$\Delta P_5 = P_5 - P_1 = \frac{14}{3}(Ma^2 - 1)\,\frac{2Ma^2 + 1}{Ma^2 + 5}P_1 \tag{1.5.17}$$

式中，Ma 为激波的马赫数，由测速系统决定。

以上基本关系式可参考有关资料。P_1 可预先给定，一般采用当地的大气压，可根据公式准确地计算出来。因此，上列各式中只要 P_1 及 Ma 给定，各压力值便可计算出来。

② 入射激波的测速系统。入射激波的测速系统(见图 1.5.7) 由压电式压力传感器 6 和 7、前置放大器 8 及数字频率计 9 组成。若测得激波的前进速度，便可确定马赫数 Ma。对测速用压力传感器 6 和 7 的要求是一致性好，尽量小型化。传感器的受压面应与管的内壁面一致，以免影响激波管内表面的形状。测速前置级 8 通常采用电荷放大器和限幅器以给出幅值基本恒定的脉冲信号，数字频率计若给出 0.1μs 的时标即可满足要求。由两个脉冲信号去控制频率计 9 的开、关门时间。入射激波的速度为

$$v = \frac{l}{t}\ (\mathrm{m/s}) \tag{1.5.18}$$

式中，l 为两个测速传感器之间的距离；t 为激波通过两个传感器间距所需的时间($t = \Delta t \cdot n$，Δt 为计数器的时标；n 为频率计显示的脉冲数)。

激波通常以马赫数表示，其定义为

$$Ma = \frac{v}{v_T} \tag{1.5.19}$$

式中，v 为激波速度；v_T 为低压室在 T(℃) 时的声速，可用下式表示

$$v_T = v_0\sqrt{1 + \beta T} \tag{1.5.20}$$

式中，v_0 为0℃时的声速(331.36m/s)；β为常数，$\beta = 0.00366$ 或 $1/273$；T 为试验时低压室的温度(室温一般为 25℃)。

③ 标定测量系统。标定测量系统由被标定的传感器 4 和 5、测压前置级 10 及记忆示波器 11 等组成。被标定传感器可以放在侧面位置上，也可以放在底端面上。从被标定传感器来的信号通过电荷放大器加到记忆示波器上记录下来，以备分析计算，或通过计算机进行数据处理，直接求得幅频特性及动态灵敏度等。

④ 气源系统。气源系统由气源(包括控制台)12、气压表 13 及泄气门 14 等组成。它是高压气体的产生源，通常采用压缩空气(也可以采用氮气)。压力大小可通过控制台控制，由气压表监视。完成测量后开启泄气门，以便管内气体泄掉，然后对管内进行清理，更换膜片，以备下次再用。

(2) 传感器动态参数的确定方法

传感器对阶跃压力的响应曲线是输出压力与时间的关系曲线，所以又称为时域曲线。若传感器振荡周期 T_d 是稳定的，而且振荡幅度有规律地单调减小，则传感器（或测压系统）可以近似地看成二阶系统。在这种情况下，可以根据试验获得的阶跃响应曲线，按照本节前述方法确定传感器的固有频率 ω_n 和阻尼比 ζ，可求得压力传感器的幅频特性和相频特性分别为

$$A(\omega)=\left\{\left[1-\left(\frac{\omega}{\omega_n}\right)^2\right]^2+\left(2\zeta\frac{\omega}{\omega_n}\right)^2\right\}^{-\frac{1}{2}} \tag{1.5.21}$$

$$\varphi(\omega)=-\arctan\left[\frac{2\zeta\frac{\omega}{\omega_n}}{1-\left(\frac{\omega}{\omega_n}\right)^2}\right] \tag{1.5.22}$$

必须指出，上面仅通过压力传感器介绍了静态标定与动态标定的基本概念和方法。由于传感器种类繁多，标定设备与方法各不相同，各种传感器的标定项目也远不止上述几项。此外，随着技术的不断进步，不仅标准发生器与标准测试系统在不断改进，利用微型计算机进行数据处理、自动绘制特性曲线及自动控制标定过程的系统也已在各种传感器的标定中出现。

思考题与习题 1

1. 自动检测技术是自动化技术中的关键技术之一，传感器是自动化系统的重要组成。请问：传感器处于自动化系统的哪个环节？为什么说没有传感器，就没有控制？

2. 何为准确度、精密度、精确度？并阐述其与系统误差和随机误差的关系。

3. 正态分布的随机误差有何特点？

4. 检定 2.5 级（即满度误差为 2.5%）的全量程为 100V 的电压表，发现 50V 刻度点的示值误差 2V 为最大误差，问该电压表是否合格？

5. 为什么在使用各种指针式仪表时，总希望指针偏转在全量程的 2/3 以上范围内使用？

6. 测量某电路电流共 5 次，测得数据（单位为 mA）分别为 168.41，168.54，168.59，168.40，168.50。试求算术平均值和标准差。

7. 测量某物质中铁的含量为：1.52，1.46，1.61，1.54，1.55，1.49，1.68，1.46，1.83，1.50，1.56（单位略），试用 3σ 准则检查测量值中是否有坏值。

8. 在生产现场对某工序某加工零件进行检验，其检验结果的误差分布如图 1.1(a)、(b) 所示，试对图 1.1(a)、(b) 情况进行分析，并就提高该道工序加工质量提出工艺改进意见（说明：此题为应用误差理论解决工程实际问题，请查阅相关文献解答）。

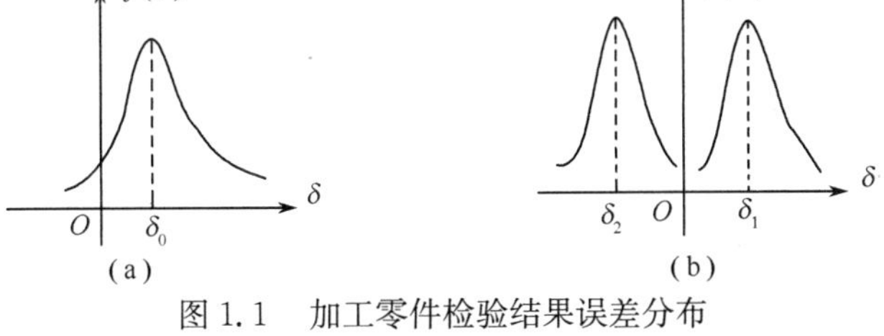

图 1.1　加工零件检验结果误差分布

9. 什么是传感器的静态特性？它有哪些性能指标？如何用公式表征这些性能指标？

10. 什么是传感器的动态特性？其分析方法有哪几种？

11. 已知某一位移传感器的测量范围为 0 ～ 30mm，静态测量时，输入值与输出值的关系如表 1.1 所示，试求该传感器的线性度和灵敏度。

表 1.1　输入值与输出值的关系

输入值(mm)	0	1	5	10	15	20	25	30
输出值(mV)	0.75	1.50	3.51	6.02	8.53	11.04	13.47	15.98

12. 某压力传感器的校验数据如表 1.2 所示，试用最小二乘法求非线性误差，并计算迟滞和重复性误差。

表 1.2　校验数据列表

压力(MPa)	输出值(mV)					
	第 1 循环		第 2 循环		第 3 循环	
	正行程	反行程	正行程	反行程	正行程	反行程
0	−2.73	−2.71	−2.71	−2.68	−2.68	−2.69
0.02	0.56	0.66	0.61	0.68	0.64	0.69
0.04	3.96	4.06	3.99	4.09	4.03	4.11
0.06	7.40	7.49	7.43	7.53	7.45	7.52
0.08	10.88	10.95	10.89	10.93	10.94	10.99
0.10	14.42	14.42	14.47	14.47	14.46	14.46

13. 在传感器动态特性标定中，为什么常常选择阶跃形式的标准非电量作为传感器的输入信号？

14. 用一个一阶系统测量 100Hz 的正弦信号，如幅值误差限制在 5% 以内，则时间常数应取多少？若用该系统测试 50Hz 的正弦信号，问此时的幅值误差和相位差为多少？

15. 设某力传感器可作为二阶振荡系统处理，已知传感器的固有频率为 800Hz，阻尼比 $\zeta = 0.14$，问使用该传感器测试 400Hz 的正弦力时，其幅值比 $A(\omega)$ 和相差 $\varphi(\omega)$ 各为多少？若该传感器的阻尼比改为 $\zeta = 0.7$，问 $A(\omega)$ 和 $\varphi(\omega)$ 又将如何变化？

16. 什么叫传感器的标定？为什么要标定？

17. 何谓传感器的静态标定和动态标定？试述传感器的静态标定过程。

18. 传感器的线性度能否直接定为传感器的精度？并简述其理由。

19. 在传感器动态实验中，用数字存储示波器采集传感器的输入和输出信号，试用 MATLAB 语言编制程序，计算传感器的幅频特性、模型参数和性能指标。

第2章　电阻式传感器原理与应用

电阻式传感器的基本原理是将被测非电量的变化转变成电阻值的变化，通过测量电阻值达到测量非电量的目的。按其工作原理可分为变阻器式(电位器式)、电阻应变式、压阻式和热电阻式传感器。利用电阻式传感器可以测量形变、压力、力、位移、加速度和温度等非电量。本章介绍电阻应变片和压阻式传感器的原理和应用，热电阻式传感器在温度检测部分介绍。

2.1　应变式传感器

电阻应变式传感器具有悠久的历史。由于它具有结构简单、体积小、使用方便、性能稳定、可靠、灵敏度高、动态响应快、适合静态及动态测量、测量精度高等诸多优点，因此是目前应用最广泛的传感器之一。电阻应变式传感器由弹性元件和电阻应变片构成。当弹性元件感受被测物理量时，其表面产生应变，粘贴在弹性元件表面的电阻应变片的电阻值将随着弹性元件的应变而相应变化。通过测量电阻应变片的电阻值变化，可以用来测量位移、加速度、力、力矩、压力等各种参数。

2.1.1　金属电阻应变片的工作原理

1. 金属的应变效应

电阻应变片的工作原理是基于金属的应变效应。金属丝的电阻随着它所受的机械形变(拉伸或压缩)的大小而发生相应变化的现象称为金属的电阻应变效应。

现有如图2.1.1所示的一根金属电阻丝，其电阻值设为R，电阻率为ρ，截面积为S，长度为l，则电阻值的表达式为

$$R=\rho\frac{l}{S} \tag{2.1.1}$$

当电阻丝受到拉力作用时将沿轴线伸长，伸长量设为Δl，横截面积相应减小ΔS，电阻率的变化设为$\Delta\rho$，则电阻的相对变化量为

$$\frac{\Delta R}{R}=\frac{\Delta\rho}{\rho}+\frac{\Delta l}{l}-\frac{\Delta S}{S} \tag{2.1.2}$$

对于半径为r的圆导体，$S=\pi r^2$，$\Delta S/S=2\Delta r/r$。又由材料力学可知，在弹性范围内，$\Delta l/l=\varepsilon$，$\Delta r/r=-\mu\varepsilon$，$\Delta\rho/\rho=\lambda\sigma=\lambda E\varepsilon$，代入式(2.1.2)可得

$$\frac{\Delta R}{R}=(1+2\mu+\lambda E)\varepsilon \tag{2.1.3}$$

式中，ε为导体的纵向应变，其数值一般很小，常以微应变度量；μ为电阻丝材料的泊松比，一般金属μ为0.3～0.5；λ为压阻系数，与材质有关；σ为应力值；E为材料的弹性模量。$(1+2\mu)\varepsilon$表示由于几何尺寸变化而引起的电阻的相对变化量，$\lambda E\varepsilon$表示由于材料电阻率的变化而引起电阻的相对变化量，不同属性的导体，这两项所占的比例相差很大。

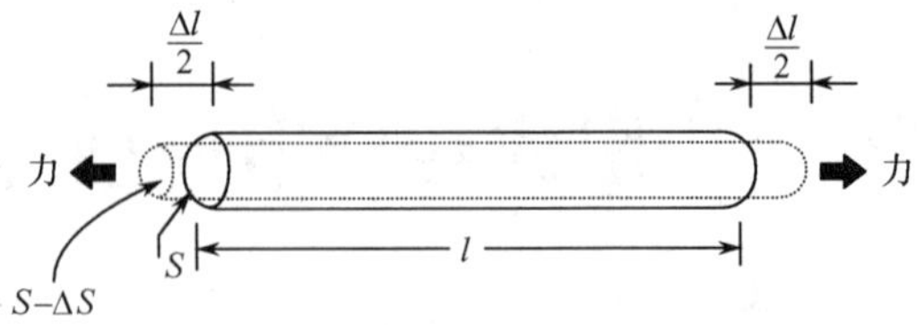

图 2.1.1　金属电阻丝应变效应

通常把单位应变所引起的电阻值相对变化称为电阻丝的灵敏系数，并用 K_0 表示，则

$$K_0=\frac{\frac{\Delta R}{R}}{\varepsilon}=1+2\mu+\lambda E \tag{2.1.4}$$

K_0 与金属材料和电阻丝形状有关。显然，K_0 越大，单位纵向应变所引起的电阻值相对变化越大，说明应变片越灵敏。大量实验证明，在电阻丝拉伸极限内，电阻的相对变化与应变成正比，即 K_0 为常数。因此，式(2.1.3)可表示为

$$\frac{\Delta R}{R}=K_0\varepsilon \tag{2.1.5}$$

2. 应变片的结构与种类

金属电阻应变片分为丝式应变片、箔式应变片和薄膜应变片 3 种。

金属电阻应变片的基本结构大体相同，使用最早的是电阻丝应变片，如图 2.1.2 所示。将直径约为 0.025mm 的高电阻率的电阻应变丝弯曲成栅状电阻体 2，粘贴在绝缘基片 1 和覆盖层 3 之间，由引线 4 与外部电路相连。这样构成的应变片再通过黏结剂与感受被测物理量的弹性体黏结。

对于金属电阻应变片，材料电阻率随应变产生的变化很小，可忽略，由式(2.1.3)可得

$$\frac{\Delta R}{R}\approx(1+2\mu)\varepsilon=K_0\varepsilon \tag{2.1.6}$$

由此可见，应变片电阻的相对变化与应变片纵向应变成正比，并且对同一电阻材料，$K_0=1+2\mu$ 是常数。一般用于制造电阻丝应变片的金属丝其灵敏系数多在 1.7～3.6。

箔式电阻应变片是利用照相制板或光刻腐蚀技术，将电阻箔材(厚为 1～10μm)做在绝缘基底上，制成各种形状的应变片，如图 2.1.3 所示。它具有尺寸准确，线条均匀，适应不同的测量要求，传递试件应变性能好，横向效应小，散热性能好，允许通过的电流较大，易于批量生产等诸多优点，因此得到了广泛应用，现已基本取代了金属丝电阻应变片。

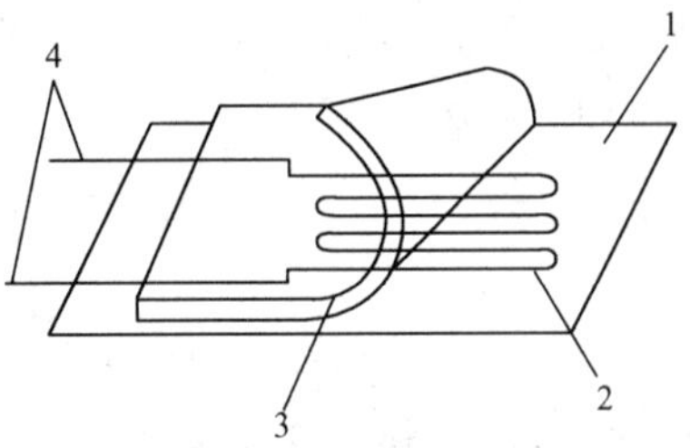

图 2.1.2　金属电阻丝应变片的基本结构

1— 基片　2— 电阻丝　3— 覆盖层　4— 引出线

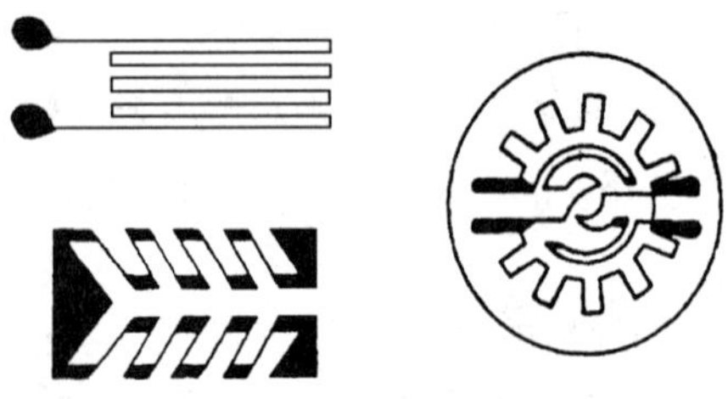

图 2.1.3　箔式电阻应变片

薄膜应变片是采用真空蒸镀、沉积或溅射的方法，将金属材料在绝缘基底上制成一定形状的厚度在 0.1μm 以下的薄膜而形成敏感栅，最后再加上保护层。它的优点是灵敏系数高，允许电流密度大，工作范围广，易实现工业化生产，是一种很有前途的新型应变片。

电阻应变片必须被粘贴在试件或弹性元件上才能工作。黏结剂和粘贴技术对测量结果有着直接的影响，因此，黏结剂的选择、粘贴技术、应变片的保护等必须认真做好。

2.1.2　电阻应变片的特性

在实际应用中，选用应变片时，要考虑应变片的性能参数，主要有：应变片的电阻值、灵敏度、允许电流和应变极限等。用于动态测量时，还应当考虑应变片本身的动态响应特性。市售金属电阻应变片的电阻值已趋于标准化，主要规格有 60Ω，120Ω，350Ω，600Ω 和 1000Ω 等，其中 120Ω 的用得最多。

1. 应变片的灵敏系数

将电阻应变丝做成电阻应变片后，其电阻的应变特性与金属单丝时是不同的，因此必须通过实验重新测定。此实验必须按规定的统一标准进行。实验证明，$\Delta R/R$ 与 ε 的关系在很大范围内仍然有很好的线性关系，即

$$\frac{\Delta R}{R} = K\varepsilon \quad 或 \quad K = \frac{\frac{\Delta R}{R}}{\varepsilon} \tag{2.1.7}$$

式中，K 称为电阻应变片的灵敏系数。

实验表明，应变片的灵敏系数 K 恒小于电阻丝的灵敏系数 K_0，究其原因，主要是在应变片中存在着所谓的横向效应。应变片的灵敏系数 K 是通过抽样测定得到的，产品包装上标明的“标称灵敏系数”是出厂时测定的该批产品的平均灵敏系数值。

2. 横向效应

应变片的敏感栅除了有纵向丝栅外，还有圆弧形或直线形的横栅。横栅既对应变片轴线方向的应变敏感，又对垂直于轴线方向的横向应变敏感。当电阻应变片粘贴在一维拉力状态下的试件上时，应变片的纵向丝栅因发生纵向拉应变 ε_x，使其电阻值增加，而应变片的横栅因同时感受纵向拉应变 ε_x 和横向压应变 ε_y 使其电阻值减小，因此，应变片的横栅部分将纵向丝栅部分的电阻变化抵消了一部分，从而降低了整个电阻应变片的灵敏度。这就是应变片的横向效应。

横向效应给测量带来了误差，其大小与敏感栅的构造及尺寸有关。敏感栅的纵栅越窄、越长，而横栅越宽、越短，则横向效应的影响越小。

3. 温度误差及其补偿

应变片由于温度变化所引起的电阻变化与试件（弹性元件）应变所造成的电阻变化几乎有相同的数量级，如果不采取必要的措施克服温度的影响，测量精度将无法保证。下面分析产生温度误差的原因及补偿方法。

（1）温度误差

由于测量现场环境温度改变而给测量带来的附加误差，称为应变片的温度误差。产生温度误差的主要因素有以下两点。

① 电阻温度系数的影响。敏感栅的电阻丝阻值随温度变化的关系可用下式表示

$$R_T = R_0(1+\alpha\Delta T) \tag{2.1.8}$$

式中，R_T 是温度为 T（℃）时的电阻值；R_0 是温度为 T_0（℃）时的电阻值；Δt 为温度变化值，$\Delta T = T - T_0$；α 为敏感栅材料的电阻温度系数。

当温度变化 ΔT 时，电阻丝电阻的变化值为

$$\Delta R_{T\alpha} = R_T - R_0 = R_0\alpha\Delta T \tag{2.1.9}$$

② 试件材料和电阻丝材料的线膨胀系数的影响。当试件与电阻丝材料的线膨胀系数相同时，不论环境温度如何变化，电阻丝的变形仍和自由状态一样，不会产生附加变形。

当试件与电阻丝材料的线膨胀系数不同时，由于环境温度的变化，电阻丝会产生附加变形，从而产生附加电阻。

设粘贴在试件上的应变丝的长度为 l_0，应变丝和试件的线膨胀系数分别为 β_s 和 β_g，当温度变化 ΔT 时，应变丝受热膨胀至 l_{T1}，而应变丝 l_0 下的试件伸长为 l_{T2}，则应变丝和试件的膨胀量分别为

$$\Delta l_{T1} = l_{T1} - l_0 = l_0\beta_s\Delta T \tag{2.1.10}$$

$$\Delta l_{T2} = l_{T2} - l_0 = l_0\beta_g\Delta T \tag{2.1.11}$$

由于应变丝和试件是黏结在一起的，若 $\beta_s < \beta_g$，则应变丝被迫从 Δl_{T1} 拉长至 Δl_{T2}，从而使应变丝产生附加变形 $\Delta l_{T\beta}$、附加应变 $\varepsilon_{T\beta}$ 和附加电阻变化 $\Delta R_{T\beta}$，其表达式分别为

$$\Delta l_{T\beta} = \Delta l_{T2} - \Delta l_{T1} = l_0(\beta_g - \beta_s)\Delta T \tag{2.1.12}$$

$$\varepsilon_{T\beta} = \frac{\Delta l_{T\beta}}{l_0} = (\beta_g - \beta_s)\Delta T \tag{2.1.13}$$

$$\Delta R_{T\beta} = R_0K_0\varepsilon_{T\beta} = R_0K_0(\beta_g - \beta_s)\Delta T \tag{2.1.14}$$

由式(2.1.9)和式(2.1.14)，可得由于温度变化而引起的总电阻变化为

$$\Delta R_T = \Delta R_{T\alpha} + \Delta R_{T\beta} = R_0\alpha\Delta T + R_0K_0(\beta_g - \beta_s)\Delta T \tag{2.1.15}$$

总附加虚假应变量为

$$\varepsilon_T = \frac{\Delta R_T/R_0}{K_0} = \frac{\alpha\Delta T}{K_0} + (\beta_g - \beta_s)\Delta T \tag{2.1.16}$$

由式(2.1.16)可知，由于温度变化而引起的附加电阻给测量带来误差。该误差除与环境温度有关外，还与应变片本身的性能参数（K_0，α，β_s）及试件的线膨胀系数 β_g 有关。

(2) 温度补偿方法

电阻应变片的温度补偿方法通常有电桥补偿和应变片自补偿两大类。

① 电桥补偿法，也称补偿片法，其原理如图 2.1.4 所示。电桥输出电压 U_o 与桥臂参数的关系为

$$U_o = A(R_1R_4 - R_BR_3) \tag{2.1.17}$$

式中，A 为由桥臂电阻和电源电压决定的常数。

由式(2.1.17)可知，当 R_3 和 R_4 为常数时，R_1 和 R_B 对电桥输出电压 U_o 的作用方向相反。利用这一基本关系可实现对温度的补偿。

测量应变时，工作应变片 R_1 粘贴在被测试件表面，补偿应变片 R_B 粘贴在与被测试件材料完全相同的补偿块上，置于试件附近，且仅工作应变片承受应变。

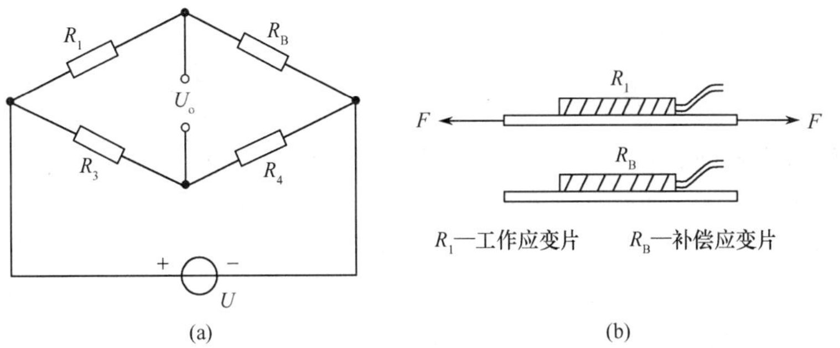

图 2.1.4　电桥补偿法

当被测试件不承受应变时，R_1 和 R_B 处于同一环境温度为 T(℃) 的温度场中，调整电桥参数使之达到平衡，则有

$$U_o = A(R_1R_4 - R_BR_3) = 0 \tag{2.1.18}$$

工程上，一般按 $R_1 = R_B = R_3 = R_4$ 选取桥臂电阻。

当温度升高或降低 ΔT 时，两个应变片因温度变化而引起的电阻变化量相同，电桥仍处于平衡状态，即

$$U_o = A[(R_1 + \Delta R_{1T})R_4 - (R_B + \Delta R_{BT})R_3] = 0 \tag{2.1.19}$$

若此时被测试件有应变 ε 的作用，则工作应变片电阻 R_1 又有新的增量 $\Delta R_1 = R_1K\varepsilon$，而补偿片因不承受应变，故不产生新的增量，此时电桥的输出电压为

$$U_o = AR_1R_4K\varepsilon \tag{2.1.20}$$

由式(2.1.20) 可知，电桥输出电压 U_o 仅与被测试件的应变 ε 有关，而与环境温度无关。

电桥补偿法的优点是简单、方便，在常温下补偿效果较好，其缺点是在温度变化梯度较大的条件下，很难做到工作片与补偿片处于温度完全一致的情况，因而影响补偿效果。

② 应变片的自补偿法。粘贴在被测部位上的是一种特殊应变片，当温度变化时，产生的附加应变为零或相互抵消，这种应变片称为温度自补偿应变片。利用这种应变片实现温度补偿的方法称为应变片自补偿法。下面介绍两种自补偿应变片。

● 选择式自补偿应变片

由式(2.1.16) 可知，实现温度补偿的条件为

$$\varepsilon_T = \frac{\alpha\Delta T}{K_0} + (\beta_g - \beta_s)\Delta T = 0$$

当被测试件的线膨胀系数 β_g 已知时，通过选择敏感栅材料，使下式成立

$$\alpha = -K_0(\beta_g - \beta_s) \tag{2.1.21}$$

即可达到温度自补偿的目的。

● 双金属敏感栅自补偿应变片

这种应变片也称组合式自补偿应变片。它是利用两种电阻丝材料的电阻温度系数不同(一个为正，一个为负) 的特性，将二者串联组成敏感栅，如图 2.1.5 所示。若两段敏感栅 R_1 和 R_2 由于温度变化而产生的电阻变化为 ΔR_{1T} 和 ΔR_{2T}，其大小相等而符号相反，则可在一定的温度

范围内和一定的试件材料上实现温度补偿。两段敏感栅的电阻 R_1 与 R_2 的大小可按下式选择

$$\frac{R_1}{R_2}=-\frac{\Delta R_{2T}/R_2}{\Delta R_{1T}/R_1}=-\frac{\alpha_2+K_2(\beta_g-\beta_2)}{\alpha_1+K_1(\beta_g-\beta_1)} \tag{2.1.22}$$

这种补偿效果比前者好，在工作温度范围内通常可达到每摄氏度 $\pm 0.14\times10^{-6}\varepsilon$。

③ 热敏电阻补偿法。如图 2.1.6 所示，图中的热敏电阻 R_t 处在与应变片相同的温度条件下，当电桥的灵敏度随温度升高而下降时，热敏电阻 R_t 的阻值也下降，使电桥的输入电压随温度升高而增加，从而提高电桥的输出，补偿因应变片温度变化引起的输出下降。适当选择分流电阻 R_5 的值，可以得到良好的补偿。

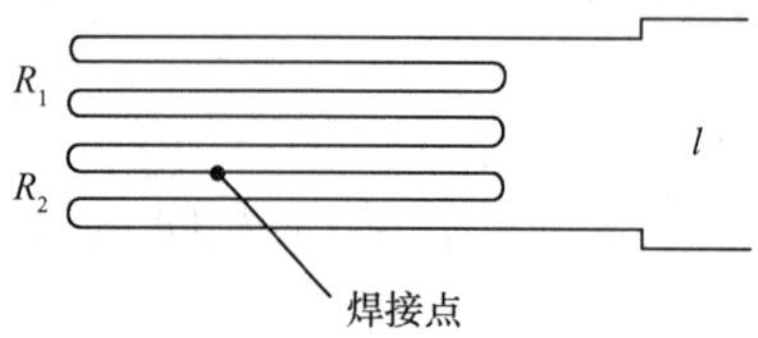

图 2.1.5　双金属丝栅法

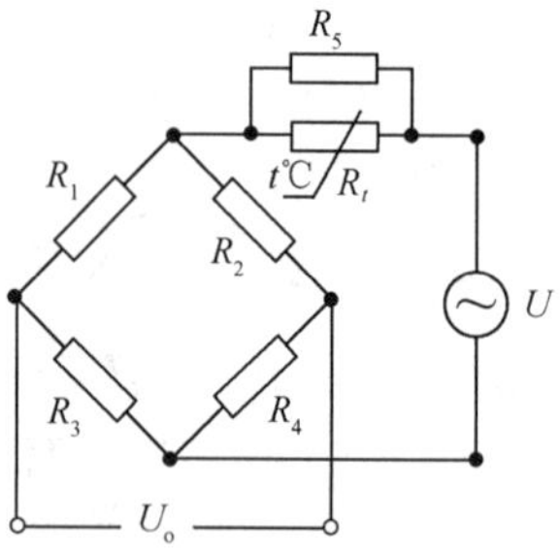

图 2.1.6　热敏电阻补偿法

2.1.3　电阻应变片的测量电路

应变片可以将应变转换为电阻的变化，为了显示与记录应变的大小，还要把电阻的变化再转换为电压或电流的变化，因此，需要有专用的测量电路，通常采用直流电桥和交流电桥。为方便起见，下面仅对直流不平衡电桥进行介绍。

1. 电桥电路的工作原理

由于应变片电桥电路的输出信号一般比较微弱，所以目前大部分电阻应变式传感器的电桥输出端与直流放大器相连，如图 2.1.7 所示。

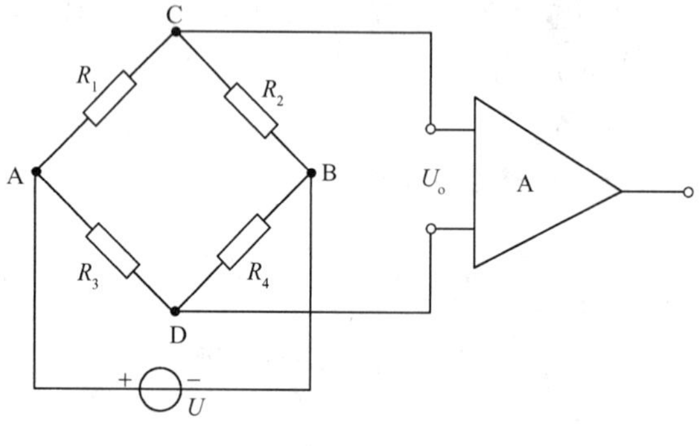

图 2.1.7　直流电桥

设电桥各臂的电阻分别为 R_1，R_2，R_3 和 R_4，它们可以全部或部分是应变片。由于直流放大器的输入电阻比电桥电阻大得多，因此可将电桥输出端看成开路，这种电桥称为“电压输出桥”，输出电压 U_o 为

$$U_o=U\frac{R_1R_4-R_2R_3}{(R_1+R_2)(R_3+R_4)} \tag{2.1.23}$$

当 $R_1R_4 = R_2R_3$ 时，电桥处于平衡状态，输出电压 $U_o = 0$。若电桥各臂均有相应的电阻增量 ΔR_1，ΔR_2，ΔR_3 和 ΔR_4，则由式(2.1.23)得

$$U_o = U\frac{(R_1+\Delta R_1)(R_4+\Delta R_4)-(R_2+\Delta R_2)(R_3+\Delta R_3)}{(R_1+\Delta R_1+R_2+\Delta R_2)(R_3+\Delta R_3+R_4+\Delta R_4)} \tag{2.1.24}$$

实际使用中往往采用等臂电桥，即 $R_1 = R_2 = R_3 = R_4 = R$。此时式(2.1.24)可写为

$$U_o = U\frac{R(\Delta R_1-\Delta R_2-\Delta R_3+\Delta R_4)+\Delta R_1\Delta R_4-\Delta R_2\Delta R_3}{(2R+\Delta R_1+\Delta R_2)(2R+\Delta R_3+\Delta R_4)} \tag{2.1.25}$$

当 $\Delta R_i \ll R(i = 1,2,3,4)$ 时，略去上式中的高阶微小量，则

$$U_o = \frac{U}{4}\left(\frac{\Delta R_1}{R}-\frac{\Delta R_2}{R}-\frac{\Delta R_3}{R}+\frac{\Delta R_4}{R}\right) \tag{2.1.26}$$

利用式(2.1.7)，式(2.1.26)可写为

$$U_o = \frac{UK}{4}(\varepsilon_1-\varepsilon_2-\varepsilon_3+\varepsilon_4) \tag{2.1.27}$$

式(2.1.27)表明：

① $\Delta R_i \ll R$ 时，电桥的输出电压与应变成线性关系。

② 若相邻两桥臂的应变极性一致，即同为拉应变或压应变时，输出电压为两者之差；若相邻两桥臂的应变极性不同，则输出电压为两者之和。

③ 若相对两桥臂应变的极性一致，输出电压为两者之和，反之则为两者之差。

④ 电桥供电电压 U 越高，输出电压 U_o 越大。但是，当 U 大时，电阻应变片通过的电流也大，若超过电阻应变片所允许通过的最大工作电流，传感器就会出现蠕变和零漂。

⑤ 增大电阻应变片的灵敏系数 K，可提高电桥的输出电压。

合理地利用上述特性，可以进行温度补偿和提高传感器的测量灵敏度。如安装敏感元件及接成电桥时，应当使得应变 ε_1，ε_4 与 ε_2，ε_3 的符号相反，这样便可增大电桥的输出电压。

2. 非线性误差及其补偿

式(2.1.27)的线性关系是在应变片的参数变化很小，即 $\Delta R_i \ll R$ 的情况下得出的。若应变片所承受的应变太大，则上述假设不成立，电桥的输出电压与应变之间成非线性关系。在这种情况下，用按线性关系刻度的仪表进行测量必然带来非线性误差。

当考虑电桥单臂工作时，即 R_1 桥臂变化 ΔR，由式(2.1.26)得理想的线性关系为

$$U_o' = \frac{U}{4}\cdot\frac{\Delta R}{R} \tag{2.1.28}$$

而由式(2.1.25)得电桥的实际输出电压为

$$U_o = U\frac{\Delta R}{4R+2\Delta R} = \frac{U}{4}\cdot\frac{\Delta R}{R}\left(1+\frac{1}{2}\cdot\frac{\Delta R}{R}\right)^{-1} \tag{2.1.29}$$

则电桥的相对非线性误差为

$$\begin{aligned}\gamma_L &= \frac{U_o}{U_o'}-1 = \left(1+\frac{1}{2}\cdot\frac{\Delta R}{R}\right)^{-1}-1 \\ &\approx 1-\frac{1}{2}\cdot\frac{\Delta R}{R}-1 = -\frac{1}{2}\cdot\frac{\Delta R}{R} = -\frac{1}{2}K\varepsilon\end{aligned} \tag{2.1.30}$$

由上式可知，$K\varepsilon$ 越大，γ_L 也越大。为了消除非线性误差，在实际应用中，常采用半桥差动或全桥差动电路，如图 2.1.8 所示，以改善非线性误差和提高输出灵敏度。

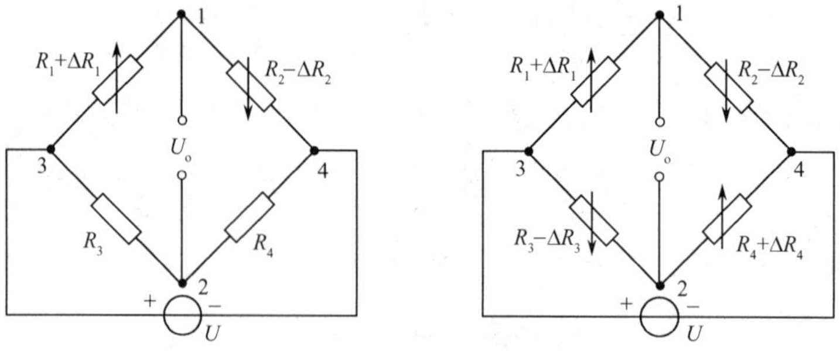

图 2.1.8　差动电桥

图 2.1.8(a) 为半桥差动电路，在传感器中经常使用这种接法。粘贴应变片时，使两个应变片一个受拉，一个受压，应变符号相反，工作时将两个应变片接入电桥的相邻两臂。设电桥在初始时是平衡的，且为等臂电桥，考虑到 $|\Delta R_1|=|-\Delta R_2|=\Delta R$，则由式(2.1.25) 得半桥差动电路的输出电压为

$$U_o=\frac{1}{2}U\frac{\Delta R}{R} \tag{2.1.31}$$

由上式可见，半桥差动电路不仅能消除非线性误差，而且还使电桥的输出灵敏度比单臂工作时提高了一倍，同时还能起温度补偿作用。

如果按图 2.1.8(b) 所示构成全桥差动电路，同样考虑到 $|\Delta R_1|=|-\Delta R_2|=|-\Delta R_3|=|\Delta R_4|=\Delta R$，则由式(2.1.25) 得全桥差动电路的输出电压为

$$U_o=U\frac{\Delta R}{R} \tag{2.1.32}$$

可见，全桥的电压灵敏度是单臂工作时的灵敏度的 4 倍，非线性误差也得以消除，同时还具有温度补偿的作用，该电路也得到了广泛的应用。

2.1.4　电阻应变式传感器的应用

金属应变片除了测量试件应力、应变外，还制造成多种应变式传感器用来测量力、扭矩、位移、压力、加速度等其他物理量。

应变式传感器由弹性元件和粘贴于其上的应变片构成。弹性元件将获得与被测量成正比的应变，再通过应变片转换为电阻的变化后输出。下面介绍其典型应用。

1. 应变式力传感器

被测量为荷重或力的应变式传感器，统称为应变式力传感器，是工业测量中用得较多的一种传感器，传感器量程从几克到几百吨，主要用作各种电子秤与材料试验机的测力元件、发动机的推力测试、水坝坝体承载状况监测等。

应变式力传感器要求有较高的灵敏度和稳定性，当传感器受到侧向作用力或力的作用点发生轻微变化时，不应对输出有明显的影响。

应变式力传感器的弹性元件有柱式、悬臂式、环式、框式等数种。

(1) 柱(筒)式力传感器

圆柱式力传感器的弹性元件分为实心和空心两种,如图 2.1.9 所示。实心圆柱可以承受较大的负荷,在弹性范围内,应力与应变成正比关系,即

$$\varepsilon = \frac{\Delta l}{l} = \frac{\sigma}{E} = \frac{F}{SE} \tag{2.1.33}$$

式中,F 为作用在弹性元件上的集中力;S 为圆柱的横截面积;E 为弹性元件的弹性模量。

空心圆筒多用于小集中力的测量。应变片粘贴在弹性体外臂应力分布均匀的中间部分,对称地粘贴多片,电桥接线时应尽量减小载荷偏心和弯矩的影响,贴片在圆柱面上的位置及其在桥路中的连接如图 2.1.9(c),(d) 所示,R_1 和 R_3 串接,R_2 和 R_4 串接,并置于桥路对臂上以减小弯矩影响,横向贴片做温度补偿用。

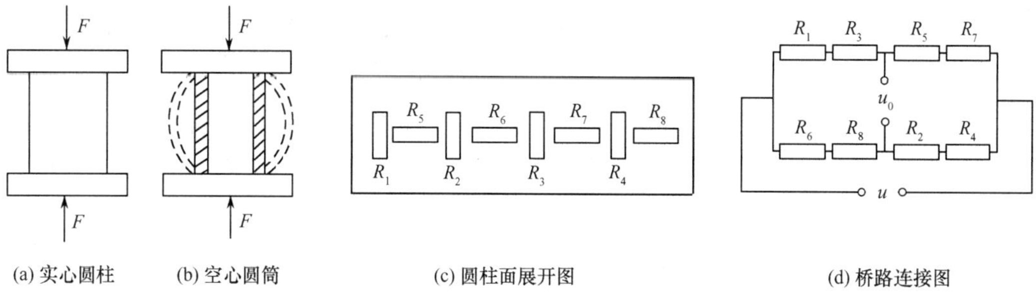

图 2.1.9　圆柱(筒)式力传感器的应变弹性体结构图

(2) 梁式力传感器

① 等截面悬臂梁应变式力传感器,其结构如图 2.1.10 所示,弹性元件为一端固定的悬臂梁,力作用在自由端。在梁固定端附近的上、下表面顺着 l 的方向各粘贴两片电阻应变片。此时,若 R_1 和 R_4 受拉,则 R_2 和 R_3 受压,两者发生极性相反的等量应变,4 个电阻应变片组成如图 2.1.13 所示的全桥测量电路。粘贴应变片处的应变为

$$\varepsilon = \frac{6lF}{bh^2E} \tag{2.1.34}$$

由梁式弹性元件制作的力传感器适于测量 5000 N 以下的载荷,最小可测零点几牛顿的力。这种传感器具有结构简单、加工容易、应变片容易粘贴、灵敏度高等特点。

② 等强度悬臂梁应变式力传感器,应变片在悬臂梁上的粘贴位置如图 2.1.11 所示,应变片的组桥方式与 ① 相同。当在自由端加上作用力时,在梁上各处产生的应变大小相等。因此,应变片沿纵向的粘贴位置误差为零,但上、下片对应位置要求仍然严格。梁上各点的应变为

$$\varepsilon = \frac{6lF}{b_0h^2E} \tag{2.1.35}$$

③ 双端固定梁应变式力传感器,如图 2.1.12 所示,梁的两端都固定,中间加载荷,应变片粘贴在中间位置,并按图 2.1.13 组成全桥。

双端固定梁的应变为

$$\varepsilon = \frac{3lF}{4bh^2E} \tag{2.1.36}$$

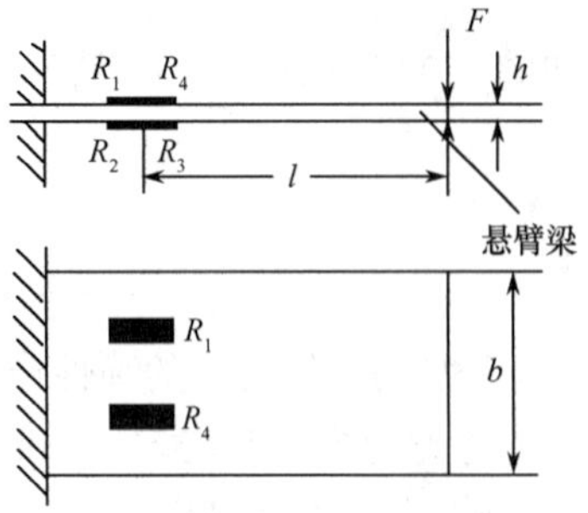

图 2.1.10　等截面梁应变式力传感器原理图

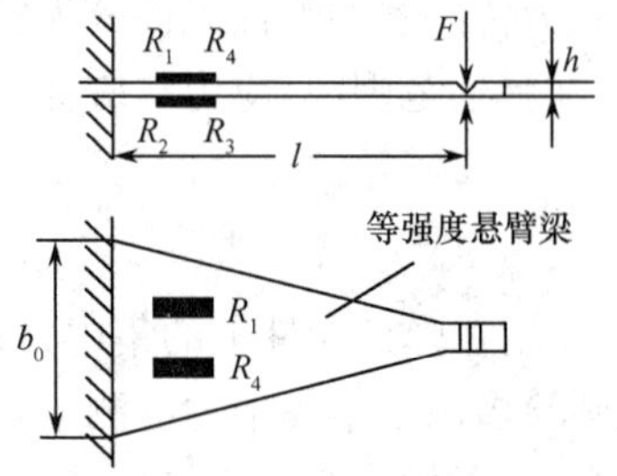

图 2.1.11　等强度梁应变式力传感器原理图

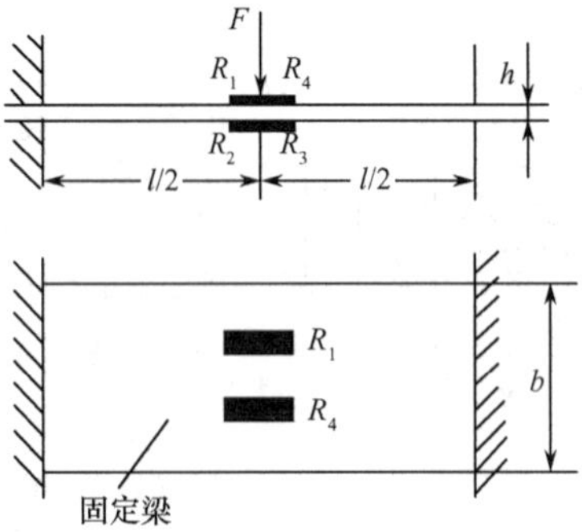

图 2.1.12　双端固定梁应变式力传感器原理图

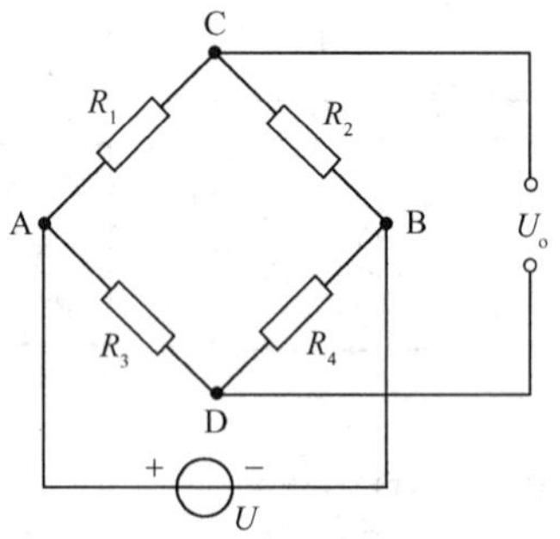

图 2.1.13　全桥电路

(3) 薄壁圆环式力传感器

圆环式弹性元件的结构如图 2.1.14 所示，其特点是在外力作用下，各点的应力差别较大。应变片按图示位置粘贴，并按图 2.1.13 组成全桥。贴片处的应变值为

$$\varepsilon=\pm\frac{3F\left[R-\frac{h}{2}\right]}{bh^2E}\left(1-\frac{2}{\pi}\right) \tag{2.1.37}$$

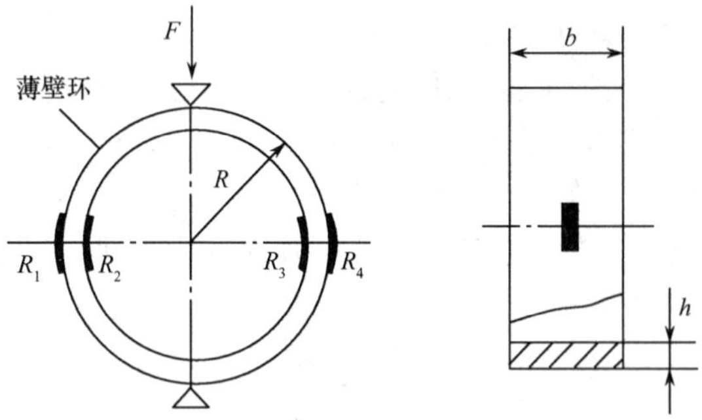

图 2.1.14　薄壁圆环式应变式力传感器原理图

2. 应变式压力传感器

应变式压力传感器主要用于液体、气体动态和静态压力的测量，如内燃机管道和动力设备管道的进气口、出气口的压力测量，以及发动机喷口的压力，枪、炮管内部压力的测量等。这类传感器主要采用膜片式、筒式、组合式的弹性元件。

(1) 膜片式压力传感器

图 2.1.15 是膜片式压力传感器的结构及应力分布图，应变片贴在膜片内壁，在压力 P 的作用下，膜片产生径向应变 ε_r 和切向应变 ε_t，表达式分别为

$$\varepsilon_r = \frac{3P(1-\mu^2)(R^2-3x^2)}{8h^2E} \tag{2.1.38}$$

$$\varepsilon_t = \frac{3P(1-\mu^2)(R^2-x^2)}{8h^2E} \tag{2.1.39}$$

式中，P 为膜片上均匀分布的压力(Pa)；R 和 h 为膜片的半径和厚度(m)；x 为离圆心的径向距离(m)。

由应力分布图可知，膜片弹性元件承受压力 P 时，其应变变化曲线的特点为：当 $x=0$ 时，$\varepsilon_{rmax}=\varepsilon_{tmax}$；当 $x=R$ 时，$\varepsilon_t=0$，$\varepsilon_r=-2\varepsilon_{rmax}$。

根据以上特点，一般在平膜片圆心处切向粘贴 R_2 和 R_3 两个应变片，在边缘处沿径向粘贴 R_1 和 R_4 两个应变片，接成全桥测量电路，以提高灵敏度和进行温度补偿。

(2) 筒式压力传感器

当被测压力较大时，多采用筒式压力传感器，如图 2.1.16 所示。圆柱体内有一盲孔，一端有法兰盘与被测系统连接。被测压力 P 进入应变筒的腔内，使筒发生变形。圆筒外表面上的环向应变(沿着圆周线) 为

$$\varepsilon = \frac{P(2-\mu)}{E(n^2-1)} \tag{2.1.40}$$

式中，$n=D_0/D$。

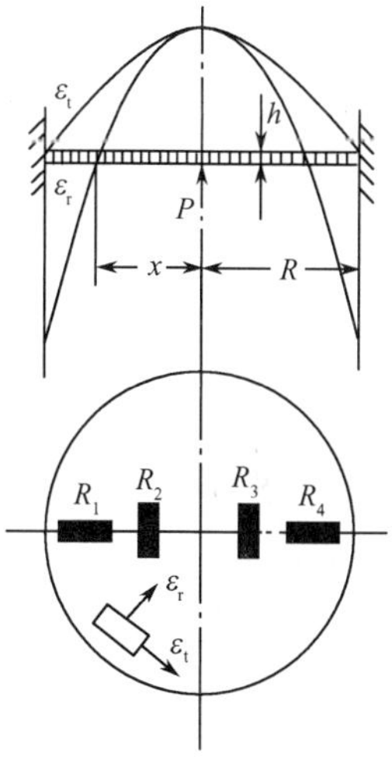

图 2.1.15　膜片式压力传感器

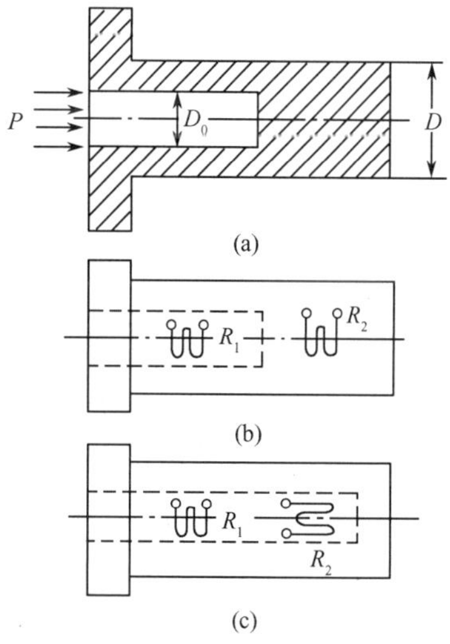

图 2.1.16　筒式压力传感器

对于薄壁筒，可用下式计算

$$\varepsilon = \frac{PD}{2hE}(1-0.5\mu) \tag{2.1.41}$$

式中，$h=(D-D_0)/2$。

图 2.1.16 (b) 中在盲孔的外端部有一个实心部分，制作传感器时，在筒壁和端部沿圆周方向各粘贴一片应变片，端部在筒内有压力时不产生变形，只做温度补偿用。图 2.1.16 (c) 中端部较薄，则 R_1 和 R_2 垂直粘贴，一沿圆周，一沿筒长，沿筒长方向的 R_2 用作温度补偿。

这类传感器可用来测量机床液压系统的压力($10^6 \sim 10^7$ Pa)，也可用来测量枪、炮的膛内压力(10^8 Pa)，其动态特性和灵敏度主要由材料的 E 值和尺寸决定。

(3) 组合式压力传感器

组合式压力传感器的压力敏感元件为膜片或膜盒、波纹管、弹簧管等，应变片粘贴在悬臂梁上。利用弹性元件先将压力转换成力，然后再转换成应变，从而使应变片电阻发生变化，如图 2.1.17 所示。通常取悬臂梁的刚度比压力敏感元件的刚度高得多，以抑制后者的不稳定性和滞后等对测量的影响。这种传感器通常用于测量小压力，其缺点是固有频率低，不适于测量瞬态过程。

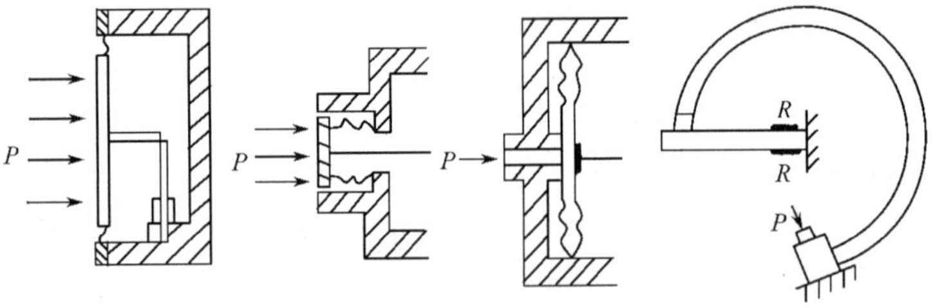

图 2.1.17　组合式压力传感器

3. 应变式容器内液体重量(或液位)传感器

图 2.1.18 是插入式测量容器内液体重量的传感器示意图。该传感器有一根传压杆，上端安装腰形筒微压传感器，下端安装感压膜，在三者空腔内充满传压介质并密封。传压介质的压力和被测溶液的压力作用在感压膜的内、外侧，由于杆内传压介质的高度比被测溶液的高度高，因而腰形筒微压传感器处于负压状态。为了提高测量的灵敏度，共安装了两只性能完全相同的微压传感器。

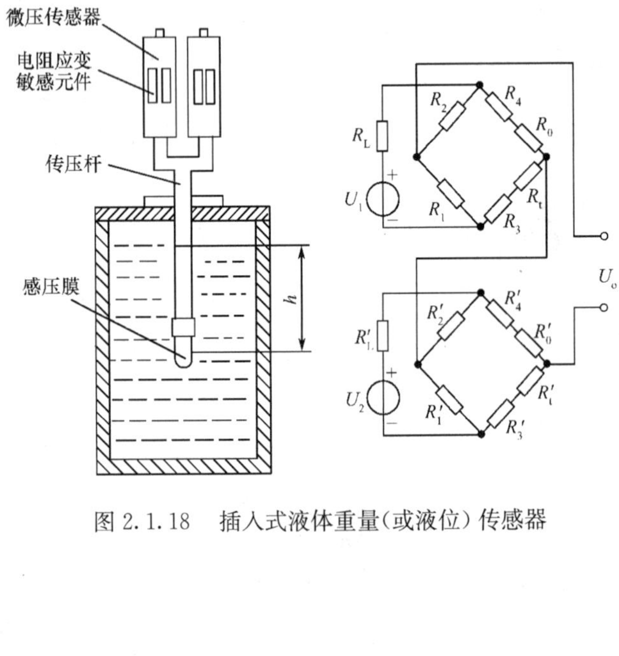

图 2.1.18　插入式液体重量(或液位) 传感器

当容器中的溶液多时，感压膜感受的压力就大。将两只微压传感器的电桥接成如图 2.1.18 所示的正向串接的双电桥电路，则输出电压为两个电桥输出电压之和，即

$$U_o = U_{1o} + U_{2o} = (A_1 + A_2)\rho g h \tag{2.1.42}$$

式中，A_1，A_2 为传感器的传输系数；g 为重力加速度（m/s^2）；ρ 为被测溶液的密度（kg/m^3）。

如果被测溶液的密度不变，当容器中溶液的液位 h 变化时，则输出电压也变化，这样就成为液位传感器。

又由于 $\rho g h$ 表征着感压膜上面液体的压强，则对于等截面的柱形容器，有

$$\rho g h = \frac{G}{S} \tag{2.1.43}$$

式中，G 为容器内感压膜上面溶液的重量（N）；S 为柱形容器的截面积（m^2）。

将式（2.1.42）与式（2.1.43）联立，得到容器内感压膜上面溶液重量与电桥输出电压之间的关系式为

$$U_o = \frac{(A_1 + A_2)G}{S} \tag{2.1.44}$$

式（2.1.44）表明，电桥的输出电压与柱形容器内感压膜上面溶液的重量成线性关系，因此，可以利用插入式传感器测量容器内存储的溶液重量。

4. 应变式加速度传感器

应变式加速度传感器主要用于物体加速度的测量。其基本工作原理是：物体运动的加速度 a 与作用在它上面的力 F 成正比，与物体的质量 m 成反比，即 $a = F/m$。

图 2.1.19 所示为应变片式加速度传感器的结构示意图，图中 1 是等强度梁，自由端安装质量块 2，另一端固定在壳体 3 上。等强度梁上粘贴 4 个电阻应变片 4，并组成全桥测量电路。为了调节振动系统阻尼系数，在壳体内充满了硅油。

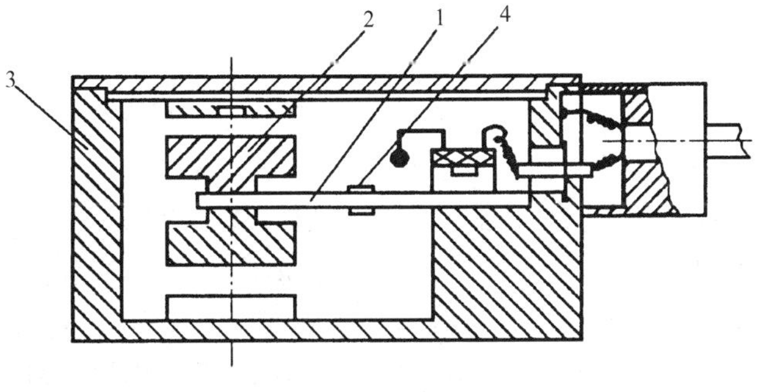

图 2.1.19　应变式加速度传感器结构示意图

1— 等强度梁　2— 质量块　3— 壳体　4— 电阻应变片

测量时，将传感器壳体与被测对象刚性连接，当被测物体以加速度 a 运动时，质量块受到一个与加速度方向相反的惯性力作用，使悬臂梁变形，该变形被粘贴在其上的应变片感受到并随之产生应变，从而使应变片的电阻发生变化，桥路输出不平衡电压，即可得出加速度 a 值的大小。

这种传感器在低频（10 ～ 60Hz）振动测量中得到广泛的应用，但不适用于频率较高的振动和冲击。

5. **应变式扭矩传感器**

扭矩与力矩一样，是用作用力 F 与作用距离 l 的乘积表示的，公式为

$$M = Fl \tag{2.1.45}$$

式中，M 为扭矩(N·m)；F 为作用力(N)；l 为作用距离(m)。

扭矩是各类工作机械传动轴的基本载荷形式。在设计机械传动系统的各零部件时，必须满足强度或刚度的要求。另外在确定原动机时，为了合理选择容量，也需要测量扭矩，特别是运行过程中传动轴上所受的扭矩。因此，转轴上扭矩的测量具有重要意义。

测量扭矩的方法是把转轴上的扭矩转化为与其有一定函数关系的物理量，然后再转化成相应的电量。

转轴上受扭矩作用后，在其表面产生剪切应变，这一应变可用电阻应变片测量。应变片可以粘贴在需测扭矩的传动轴上，也可贴在另外专用的传动轴上，制成一个应变式扭矩传感器。

由材料力学理论分析可知，轴体在扭矩 M 作用下，表面沿着与轴线成 45° 和 135° 斜角方向产生主应力，如图 2.1.20 所示。这一应力所对应的主应变分别为

$$\varepsilon_1 = -\varepsilon_3 = \left(\frac{1+\mu}{E}\right)\frac{M}{W} = KM \tag{2.1.46}$$

式中，E 为轴的弹性模量；μ 为轴的泊松比；ε_1，ε_3 为与主应力 σ_1，σ_3 对应的主应变；W 为轴的扭转断面系数。

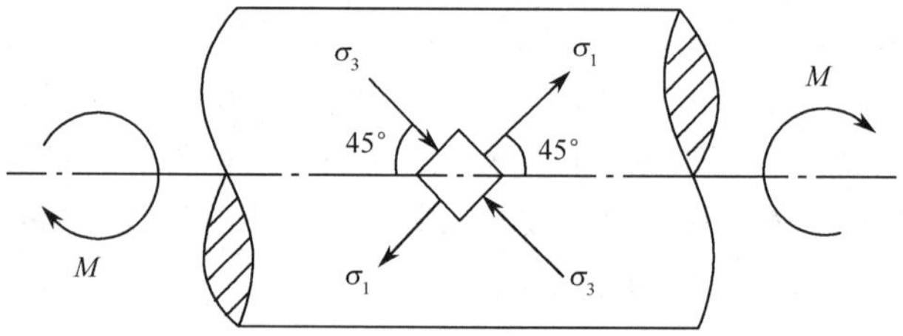

图 2.1.20　轴表面应力应变示意图

如果在主应变 ε_1，ε_3 方向上贴以应变片，测出主应变即可间接测出轴上所受的扭矩 M。

图 2.1.21 所示为一种应变式扭矩传感器。一般圆轴多是受拉、弯、扭的联合作用，为了测扭矩，要设法消除弯和拉的影响。在转轴的适当部位按图 2.1.22 粘贴 4 片应变片，进行全桥连接。若能保证应变片粘贴位置准确、应变片特性匹配，则这种装置具有良好的温度补偿和消除弯曲应力、轴向应力影响的功能。4 个应变片必须准确与转轴线成 45° 粘贴，而且应变片 1 和 3，2 和 4 都必须在直径方向上相对粘贴。采用特殊形式的应变花可以简化粘贴并易于获得准确的位置。集流环是将转动中轴体上的电信号与固定测量电路装置相联系的专用部件。4 个集流环中的两个用于接入激励电压，两个用于输出信号。集流环按工作原理分有电刷 - 滑环式、水银式和感应式几种。集流环的转动部分和固定部分的接触器电阻应当变化很小，如果接触电阻不稳定，则这种变化会作为较大的噪声信号被记录下来，产生测量误差。为了避免集流环带来的弊端，国内已研制出遥测应变仪，它是在应变电桥后，将电桥输出电压通过压控振荡器转换为矩形波频率变化的信号，从而将应变信号载于脉冲波上，这一频率调制信号经发射片耦合到固定的接收片上，实现信号的无接触传输。接收的信号经鉴频电路将频率调制信号复原为与原应变信号成比例的电压信号，然后再记录、显示。

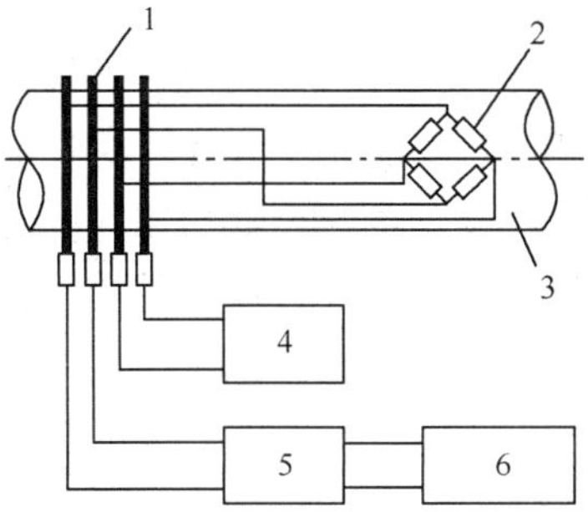

图 2.1.21　电阻应变式扭矩传感器

1— 集流环　2— 应变片　3— 回转轴

4— 振荡器　5— 放大器　6— 显示记录器

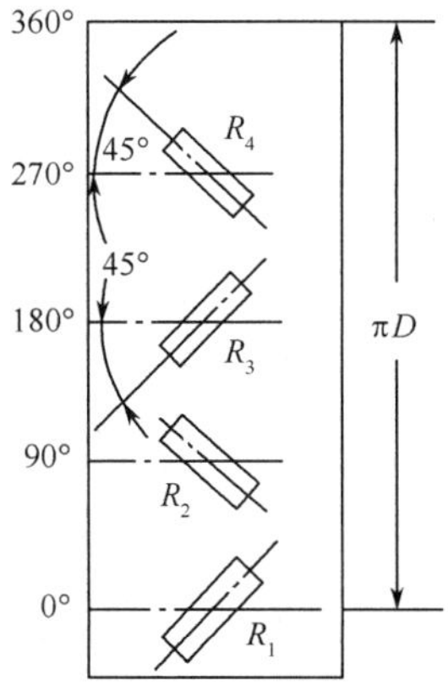

图 2.1.22　应变式粘贴方法

图 2.1.23 所示为一带滑环的扭矩传感器。在测量轴上贴有与轴成 45° 角的应变片。轴一端支撑于壳体上，通过滚珠轴承来减小因摩擦产生的测量误差。轴上装有风扇，起散热作用。应变片电路与静止壳体的连接是经滑环和可移动电刷组来完成的。

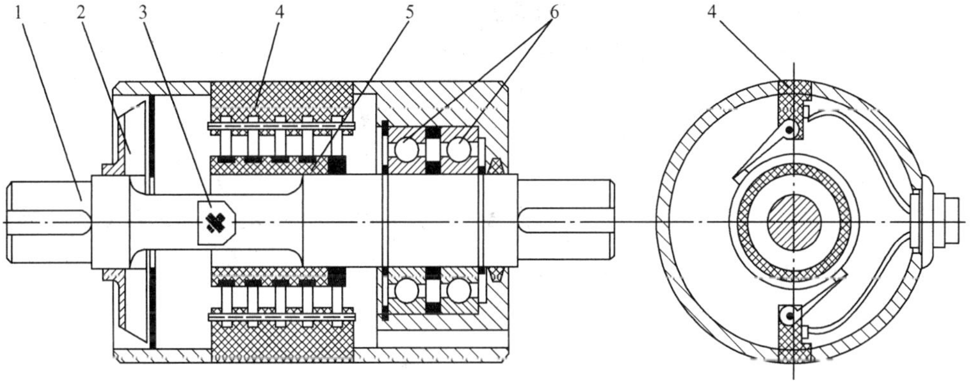

图 2.1.23　滑环式扭矩传感器

1— 测量轴　2— 风扇　3— 应变片　4— 电刷组　5— 滑环组　6— 轴承

6. 应变式张力传感器

将应变片粘贴于悬臂梁上，可用来检测张力。图 2.1.24 为纱线张力检测装置，检测辊 4 通过连杆 5 与悬臂梁 2 的自由端相连，连杆 5 同阻尼器 6 的活塞相连，纱线 7 通过导线辊 3 与检测辊 4 接触。当纱线张力变化时，悬臂梁随之变形，使应变片 1 的阻值发生变化，通过电桥可将其转换为电压的变化。

必须指出的是，电阻应变片测出的是弹性元件上某处的应变，而不是该处的应力、力或位移。只有通过换算或标定，才能得到相应的应力、力或位移量。有关换算关系可查阅相关资料。

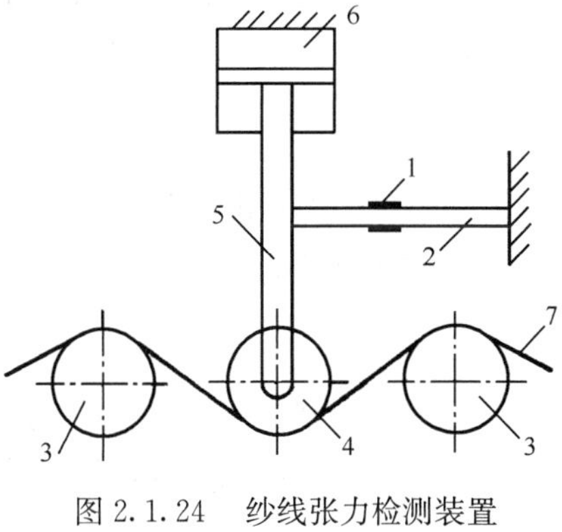

图 2.1.24　纱线张力检测装置

1— 应变片　2— 悬臂梁　3— 导线辊　4— 检测辊

5— 连杆　6— 阻尼器　7— 纱线

2.2　压阻式传感器

金属电阻应变片性能稳定、精度较高，至今还在不断地改进和发展，并在一些高精度应变式传感器中得到了广泛的应用。这类应变片的主要缺点是应变灵敏系数较小。而20世纪50年代中期出现的半导体应变片可以改善这一不足，其灵敏系数比金属电阻应变片约高50倍，主要有体型半导体应变片和扩散型半导体应变片。用半导体应变片制作的传感器称为压阻式传感器，其工作原理是基于半导体材料的压阻效应。

2.2.1　半导体的压阻效应

半导体的压阻效应是指单晶半导体材料在沿某一轴向受外力作用时，其电阻率发生很大变化的现象。不同类型的半导体，施加载荷的方向不同，压阻效应也不一样。目前使用最多的是单晶硅半导体。

一个长为 l，横截面积为 S，电阻率为 ρ 的均匀条形半导体材料，其电阻值为

$$R = \rho \frac{l}{S} \tag{2.2.1}$$

当该均匀条材受到一个沿着长度方向的纵向应力时，由于几何形状及内部结构发生变化，会引起其电阻值变化。用与2.1节分析金属电阻丝应变效应相同的方法可以得到

$$\frac{\Delta R}{R} = (1+2\mu)\varepsilon + \frac{\Delta\rho}{\rho} \tag{2.2.2}$$

式中，ε 为纵向应变；μ 为泊松比，$\mu = \dfrac{\mathrm{d}S/S}{\mathrm{d}l/l}$；$\Delta\rho/\rho$ 为半导体材料的电阻率相对变化，其值与条形半导体材料纵向所受的应力 σ 之比为一常数，即

$$\frac{\Delta\rho}{\rho} = \pi_l\sigma \quad 或 \quad \frac{\Delta\rho}{\rho} = \pi_l E\varepsilon \tag{2.2.3}$$

式中，π_l 为半导体材料的压阻系数，它与半导体材料种类及应力方向与晶轴方向之间的夹角有关；E 为半导体材料的弹性模量，与晶向有关。

将式(2.2.3)代入式(2.2.2)得

$$\frac{\Delta R}{R} = (1+2\mu+\pi_l E)\varepsilon \tag{2.2.4}$$

式中，$(1+2\mu)$ 项是由材料几何形状变化引起的，而 $\pi_l E$ 项为压阻效应的影响，随电阻率而变化。实验表明，对半导体材料而言，$\pi_l E \gg (1+2\mu)$，故 $(1+2\mu)$ 项可以忽略，这时有

$$\frac{\Delta R}{R} = \pi_l E\varepsilon = \pi_l\sigma \tag{2.2.5}$$

可见，半导体材料的电阻值变化主要是由电阻率变化引起的，而电阻率 ρ 的变化是由应变引起的。因此，半导体单晶的应变灵敏系数可表示为

$$K = \frac{\Delta R/R}{\varepsilon} = \pi_l E \tag{2.2.6}$$

半导体的应变灵敏系数还与掺杂浓度有关，它随杂质的增加而减小。

2.2.2 体型半导体电阻应变片

1. 结构形式及特点

体型半导体电阻应变片是从单晶硅或锗上切下薄片制成的应变片，结构形式见图 2.2.1。

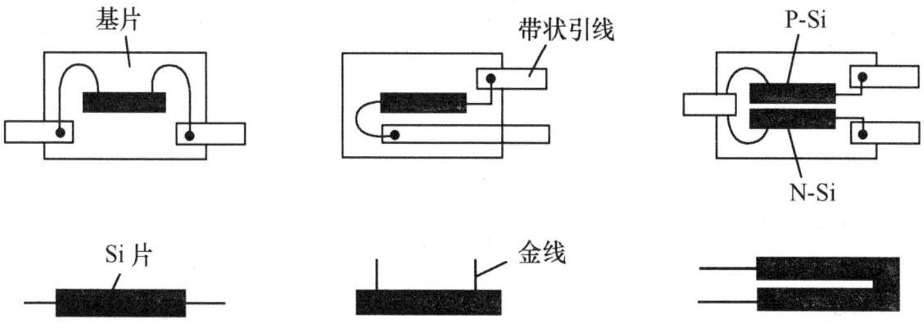

图 2.2.1 体型半导体应变片的结构形式

半导体应变片的主要优点是灵敏系数比金属电阻应变片的灵敏系数大数十倍。通常不需要放大器就可以直接输入显示器或记录仪，可简化测试系统；另外它的横向效应和机械滞后极小。但是，半导体应变片的温度稳定性和线性度比金属电阻应变片差得多，很难用它制作高精度的传感器，只能作为其他类型传感器的辅助元件。近年来，由于半导体材料和制作技术的提高，半导体应变片的温度稳定性和线性度都得到了改善。

2. 测量电路

在半导体应变片组成的传感器中，均由 4 个应变片组成全桥电路，将 4 个应变片粘贴在弹性元件上，其中 2 个应变片在工作时受拉，而另外 2 个则受压，从而使电桥输出的灵敏度达到最大。电桥的供电电源可采用恒流源，也可以采用恒压源，因此，桥路输出的电压与应变片阻值变化的关系有所不同。

对于恒压源来说，考虑到环境温度变化的影响，其关系为

$$U_{\circ} = \frac{U\Delta R}{R + \Delta R_T} \tag{2.2.7}$$

式中，$U_{\circ}$ 为电桥输出电压；U 为电桥供电电压；R 为应变片阻值；ΔR 为应变片阻值变化；ΔR_T 为应变片由于环境温度变化而引起的阻值变化。

式(2.2.7)说明，电桥输出电压与 $\Delta R/R$ 成正比，同时也说明采用恒压源供电时，桥路输出电压受环境温度的影响。

若电桥采用电流为 I 的恒流源供电，则桥路输出电压为

$$U_{\circ} = I \cdot \Delta R \tag{2.2.8}$$

式(2.2.8)说明，电桥输出电压与 ΔR 成正比，且环境温度的变化对其没有影响。

由于半导体应变片是采用粘贴的方法安装在弹性元件上的，存在着零点漂移和蠕变，用它制成的传感器的长期稳定性差。

2.2.3 扩散型压阻式压力传感器

为了克服半导体应变片粘贴造成的缺点，采用 N 型单晶硅为传感器的弹性元件，在它上

面直接蒸镀半导体电阻应变薄膜，制成扩散型压阻式传感器。扩散型压阻式传感器的原理与半导体应变片传感器相同，不同之处是前者直接在硅弹性元件上扩散出敏感栅，后者是用黏结剂粘贴在弹性元件上。

图 2.2.2(a) 是扩散型压阻式压力传感器的简单结构图，其核心部分是一块圆形硅膜片，在膜片上，利用扩散工艺设置有 4 个阻值相等的电阻，用导线将其构成平衡电桥。膜片的四周用圆环（硅环）固定，如图 2.2.2(b) 所示。膜片的两边有两个压力腔，一个是与被测系统相连接的高压腔，另一个是低压腔，一般与大气相通。

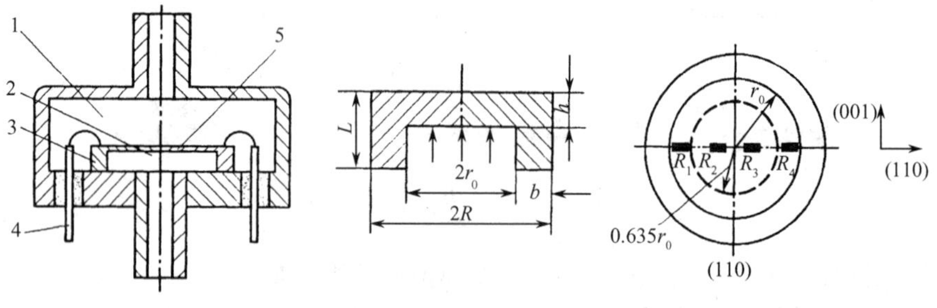

图 2.2.2　压阻式压力传感器结构简图

1— 低压腔　2— 高压腔　3— 硅杯　4— 引线　5— 硅膜片

当膜片两边存在压力差时，膜片产生变形，膜片上各点产生应力。4 个电阻在应力作用下，阻值发生变化，电桥失去平衡，输出相应的电压。该电压与膜片两边的压力差成正比。这样，测得不平衡电桥的输出电压，就测出了膜片受到的压力差的大小。

4 个电阻的配置位置按膜片上径向应力 σ_r 和切向应力 σ_t 的分布情况确定。当 $r = 0.635\ r_0$ 时，$\sigma_r = 0$；$r < 0.635\ r_0$ 时，$\sigma_r > 0$，为拉应力；$r > 0.635\ r_0$ 时，$\sigma_r < 0$，为压应力。当 $r = 0.812\ r_0$ 时，$\sigma_t = 0$，仅有 σ_r 存在，且 $\sigma_r < 0$。

受均匀压力的圆形硅膜片上各点的径向应力 σ_r 和切向应力 σ_t 可分别用下式计算

$$\left.\begin{aligned}\sigma_r &= \frac{3P}{8h^2}[(1+\mu)r_0^2-(3+\mu)r^2]\\ \sigma_t &= \frac{3P}{8h^2}[(1+\mu)r_0^2-(1+3\mu)r^2]\end{aligned}\right\}\tag{2.2.9}$$

式中，P 为压力；r_0，r，h 为硅膜片的有效半径、计算点半径、厚度；μ 为硅材料的泊松比，$\mu = 0.35$。设计时，适当安排电阻的位置，可以组成差动电桥。

扩散型压阻式压力传感器的主要优点是体积小，结构比较简单，动态响应好，灵敏度高，能测出十几帕的微压，长期稳定性好，滞后和蠕变小，频率响应高，便于生产，成本低。因此，它是一种目前比较理想的、发展较为迅速的压力传感器。

这种传感器的测量准确度受到非线性和温度的影响。现在出现的智能压阻式压力传感器，利用微处理器对非线性和温度进行补偿，利用大规模集成电路技术，将传感器与计算机集成在同一片硅片上，兼有信号检测、处理、记忆等功能，从而大大提高传感器的稳定性和测量准确度。

2.2.4 压阻式加速度传感器

压阻式加速度传感器如图 2.2.3 所示。它的悬臂梁直接用单晶硅制成，4 个扩散电阻扩散在其根部的两面（上、下面各两个等值电阻）。当梁的自由端的质量块受到加速度作用时，悬臂梁受到弯矩作用发生变形产生应力，使电阻值变化。由 4 个电阻组成的电桥产生与加速度成比例的电压输出。

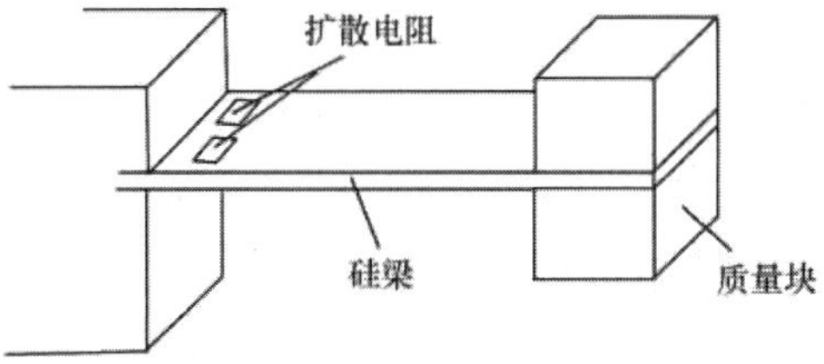

图 2.2.3 压阻式加速度传感器结构简图

2.2.5 测量桥路及温度补偿

压阻式传感器的输出方式是将集成在硅片上的 4 个等值电阻连成平衡电桥，当被测量作用于硅片上时，电阻值发生变化，电桥失去平衡，产生电压输出。但是，由于制造、温度影响等原因，电桥存在失调、零位温漂、灵敏度温度系数和非线性等问题，影响传感器的准确性。因此，必须采取有效措施，减少与补偿这些因素影响带来的误差，提高传感器测量的准确性。

1. 测量电桥

如前所述，电桥的供电电源可采用恒压源，也可以采用恒流源。为了减少温度影响，压阻式传感器测量电桥一般采用恒流源供电。图 2.2.4 即是采用恒流源供电的全桥差动电路。

假设 ΔR_T 为温度引起的电阻变化，对于图示等臂电桥，有

$$I_{\mathrm{ABC}} = I_{\mathrm{ADC}} = \frac{1}{2}I$$

则电桥的输出为

$$U_{\mathrm{o}} = U_{\mathrm{BD}} = \frac{1}{2}I(R + \Delta R + \Delta R_T) - \frac{1}{2}I(R - \Delta R + \Delta R_T) = I\Delta R \qquad (2.2.10)$$

由上式可见，电桥的输出电压与电阻变化成正比，与恒流源电流成正比，但与温度无关，因此测量不受温度的影响。

2. 零点温度补偿

零点温度漂移是由于 4 个扩散电阻的阻值及其温度系数不一致造成的。一般用串、并联电阻的方法进行补偿，如图 2.2.5 所示。

图 2.2.5 中，R_{s} 是串联电阻，主要起调零作用，R_{p} 是并联电阻，采用负温度系数且阻值较大的热敏电阻，主要起补偿作用。适当选择二者的数值，可以使电桥失调为零，而且在调零之后温度变化原则上不会引起零点漂移。

3. 灵敏度温度补偿

灵敏度温度漂移是由于压阻系数随温度变化引起的。温度升高时，压阻系数变小；温度降低时，压阻系数变大，说明传感器的温度灵敏系数为负值。

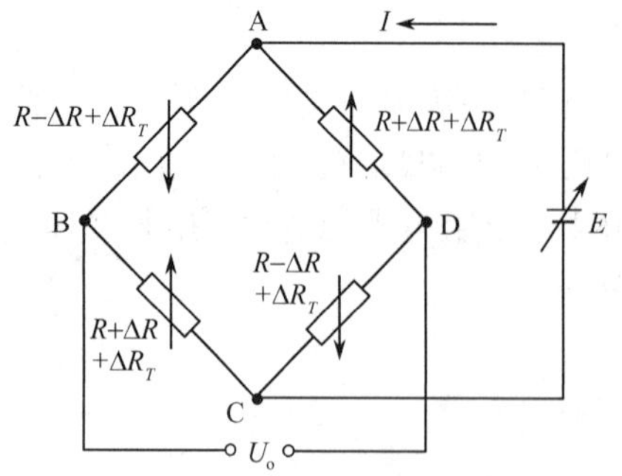

图 2.2.4　恒流源供电电桥

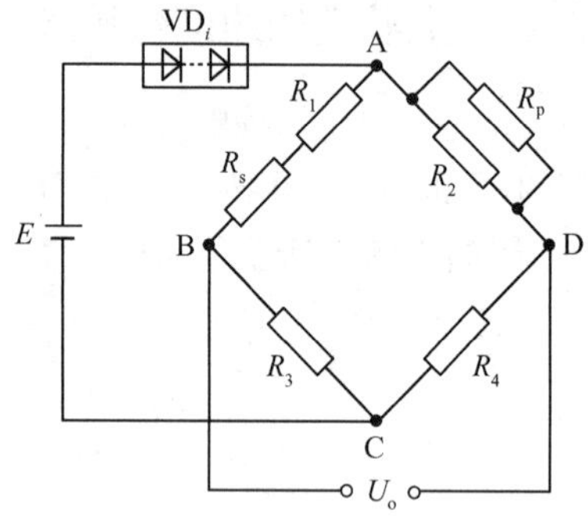

图 2.2.5　温度漂移的补偿

补偿灵敏度温漂可以利用在电源回路中串联二极管的方法。温度升高时，灵敏度降低，这时如果提高电源的电压，使电桥的输出适当增大，便可达到补偿目的。反之，温度降低时，灵敏度升高，如果使电源电压降低，电桥的输出适当减小，同样可达到补偿的目的。由于二极管 PN 结的温度特性为负值，温度每升高 1℃ 时，正向压降减少 1.9 ～ 2.4mV。将适当数量的二极管串联在电桥的电源回路中，见图 2.2.5。电源采用恒压源，当温度升高时，二极管的正向压降减小，于是电桥的桥压增加，使其输出增大。只要计算出所需二极管的个数，将其串入电桥电源回路，便可以达到补偿的目的。

用这种方法进行补偿时，必须考虑二极管正向压降的阈值，硅管为 0.7V，锗管为 0.3V，因此，要求恒压源提供的电压应有一定的提高。

思考题与习题 2

1. 什么叫应变效应？利用应变效应解释金属电阻应变片的工作原理。

2. 金属电阻应变片与半导体应变片的工作原理有何区别？各有何优缺点？

3. 有一金属电阻应变片，其灵敏度 $K = 2.5$，$R = 120\Omega$，设工作时其应变为 $1200\mu\varepsilon$，则 ΔR 是多少？若将此应变片与 2V 直流电源组成回路，试求无应变时和有应变时回路的电流。

4. 应变片称重传感器，其弹性体为圆柱体，直径 $D = 100\text{mm}$，材料弹性模量 $E = 205 \times 10^9\ \text{N/m}^2$，用它称 500kN 的物体，若用电阻丝式应变片，应变片的灵敏系数 $K = 2$，$R = 120\Omega$，问电阻变化多少？

5. 试述应变片温度误差的概念、产生原因和补偿办法。

6. 什么是直流电桥？若按桥臂工作方式不同，可分为哪几种？各自的输出电压如何计算？

7. 拟在等截面的悬臂梁上粘贴 4 个完全相同的电阻应变片组成差动全桥电路，试问：

(1) 4 个应变片应怎样粘贴在悬臂梁上？

(2) 画出相应的电桥电路图。

8. 如图 2.1 所示为一直流应变电桥。图中 $U = 4\text{V}$，$R_1 = R_2 = R_3 = R_4 = 120\Omega$，试求：

(1) R_1 为金属应变片，其余为外接电阻。当 R_1 的增量为 $\Delta R_1 = 1.2\Omega$ 时，电桥输出电压 U_o 为多少？

(2) R_1 和 R_2 都是应变片，且批号相同，感受应变的极性和大小都相同，其余为外接电阻，电桥输出电压 U_o 为多少？

(3) 题 (2) 中，如果 R_2 与 R_1 感受应变的极性相反，且 $|\Delta R_1| = |\Delta R_2| = 1.2\Omega$，电桥输出电压 U_o 为多少？

9. 如图 2.2 所示为等强度梁测力系统，R_1 为电阻应变片，应变片灵敏系数 $K = 2.05$，未受应变时，$R_1 = 120\Omega$。当试件受力 F 时，应变片承受平均应变 $\varepsilon = 8 \times 10^{-4}$，求：

(1) 应变片电阻变化量 ΔR_1 和电阻相对变化量 $\Delta R_1/R_1$。

(2) 将电阻应变片 R_1 置于单臂测量电桥，电桥电源电压为直流 3V，求电桥输出电压及电桥非线性误差。

(3) 若要减小非线性误差，应采取何种措施？并分析其电桥输出电压及非线性误差大小。

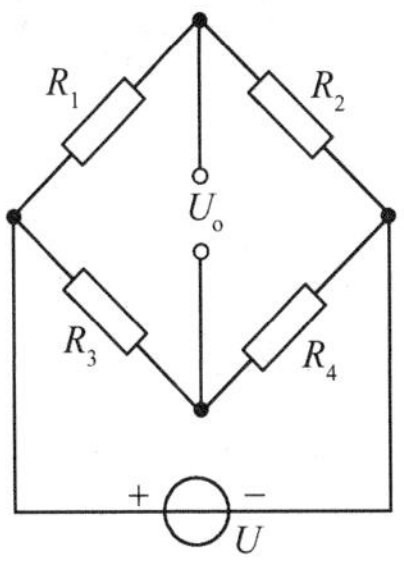

图 2.1　直流应变电桥

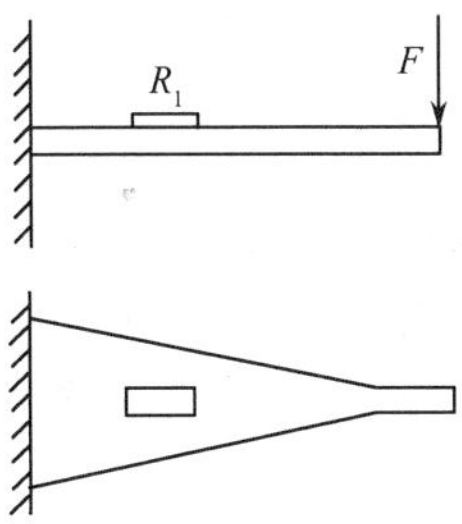

图 2.2　等强度梁测力系统

10. 在上题条件下，如果试件材质为合金钢，线膨胀系数 $\beta_g = 11 \times 10^{-6}$/℃，电阻应变片敏感栅材质为康铜，其电阻温度系数 $\alpha = 15 \times 10^{-6}$/℃，线膨胀系数 $\beta_s = 14.9 \times 10^{-6}$/℃。当传感器的环境温度从 10℃ 变化到 50℃ 时，引起附加电阻相对变化量 $(\Delta R/R)_t$ 为多少？折合成附加应变 ε_t 为多少？

11. 在用应变仪测量机构的应力、应变时，如何消除由于温度变化所产生的影响？

12. 试解释应变式加速度传感器中质量块的作用，并说明该传感器为什么不适用于频率较高的振动和冲击的测量？

13. 试比较应变式压力传感器与扩散型压阻式压力传感器的工作原理和应用特点。

14. 从输出电压灵敏度考虑，如何设计压阻式压力传感器电阻条的位置，试举例说明。

第3章　变电抗式传感器原理与应用

变电抗式传感器是利用被测量改变磁路的磁阻，导致线圈电感量的变化，或者利用被测量改变传感器的电容量，或者利用被测量改变线圈的等效阻抗等，实现对非电量的检测。变电抗式传感器种类较多，本章介绍自感式传感器、差动变压器、电容传感器和电涡流式传感器的工作原理和应用。

3.1　自感式传感器

3.1.1　工作原理

自感式传感器是把被测量变化转换成自感 L 的变化，通过一定的转换电路转换成电压或电流输出。图 3.1.1 是自感式传感器原理图。在图 3.1.1(a)、(b) 中尽管在铁心与衔铁之间有一个空气隙，但由于其值不大，所以磁路是封闭的。根据电感的定义，线圈中的电感量可由下式确定

$$L = \frac{\Psi}{I} = \frac{W\Phi}{I} = \frac{W^2}{R_m} \tag{3.1.1}$$

式中，Ψ 为线圈总磁链(Wb)；I 为通过线圈的电流(A)；Φ 为磁通(Wb)；W 为线圈的匝数；R_m 为磁路总磁阻(H^{-1})。

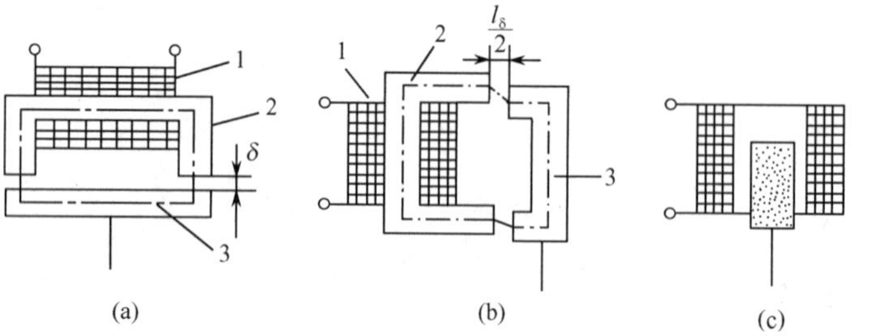

图 3.1.1　自感式传感器原理图

1— 线圈　2— 铁心　3— 衔铁

对于图 3.1.1 的情况，因为气隙厚度 δ 较小，可以认为气隙磁场是均匀的，若忽略磁路铁损，则总磁阻为

$$R_m = \sum_{i=1}^{n} \frac{l_i}{\mu_i S_i} + \frac{2\delta}{\mu_0 S} \tag{3.1.2}$$

式中，l_i 为各段导磁体的长度(m)；μ_i 为各段导磁体的磁导率(H/m)；S_i 为各段导磁体的截面积(m^2)；δ 为空气隙的厚度(m)；μ_0 为真空磁导率，$\mu_0 = 4\pi \times 10^{-7}$(H/m)；$S$ 为空气隙磁通的截面积(m^2)。

将 R_m 代入式(3.1.1)得

$$L=\frac{W^2}{\sum_{i=1}^{n}\frac{l_i}{\mu_i S_i}+\frac{2\delta}{\mu_0 S}} \tag{3.1.3}$$

当铁心的结构和材料确定后，上式分母第一项为常数，此时自感 L 是气隙厚度 δ 和气隙磁通截面积 S 的函数，即 $L=f(\delta,S)$。如果保持 S 不变，则 L 为 δ 的单值函数，可构成变气隙型自感传感器；如果保持 δ 不变，使 S 随位移而变，则可构成变截面型自感传感器。

如图 3.1.1(c) 所示，线圈中放入圆柱形衔铁，当衔铁上下移动时，自感量将相应变化，这就构成了螺线管型自感传感器。

3.1.2 变气隙式自感传感器

如图 3.1.1(a) 所示，磁路总磁阻可改写为

$$R_m=\frac{l_1}{\mu_1 S_1}+\frac{l_2}{\mu_2 S_2}+\frac{2\delta}{\mu_0 S_0} \tag{3.1.4}$$

式中，μ_1 和 l_1 分别为铁心材料的磁导率和磁通通过铁心的长度；μ_2 和 l_2 分别为衔铁材料的磁导率和磁通通过衔铁的长度；S_1 和 S_2 分别为铁心和衔铁的截面积；μ_0 为空气的磁导率；S_0 为气隙的截面积；δ 为气隙的长度。

通常气隙的磁阻远大于铁心和衔铁的磁阻，即

$$\frac{2\delta}{\mu_0 S_0}\gg\frac{l_1}{\mu_1 S_1}$$

$$\frac{2\delta}{\mu_0 S_0}\gg\frac{l_2}{\mu_2 S_2}$$

则式(3.1.4)可写为

$$R_m\approx\frac{2\delta}{\mu_0 S_0} \tag{3.1.5}$$

将式(3.1.5)代入式(3.1.1)得

$$L=\frac{W^2}{R_m}=\frac{W^2\mu_0 S_0}{2\delta} \tag{3.1.6}$$

由式(3.1.6)可知，L 与 δ 之间是非线性关系，特性曲线如图 3.1.2 所示。设自感传感器初始气隙为 δ_0，初始电感量为 L_0，衔铁位移引起气隙变化量为 $\Delta\delta$，当衔铁处于初始位置时，初始电感量为

$$L_0=\frac{W^2\mu_0 S_0}{2\delta_0} \tag{3.1.7}$$

当衔铁上移 $\Delta\delta$ 时，则将 $\delta=\delta_0-\Delta\delta$，$L=L_0+\Delta L$ 代入式(3.1.6)并整理得

$$L=L_0+\Delta L=\frac{W^2\mu_0 S_0}{2(\delta_0-\Delta\delta)}=\frac{L_0}{1-\frac{\Delta\delta}{\delta_0}} \tag{3.1.8}$$

当 $\Delta\delta/\delta_0\ll 1$ 时，式(3.1.8)用泰勒级数展开成如下的级数形式

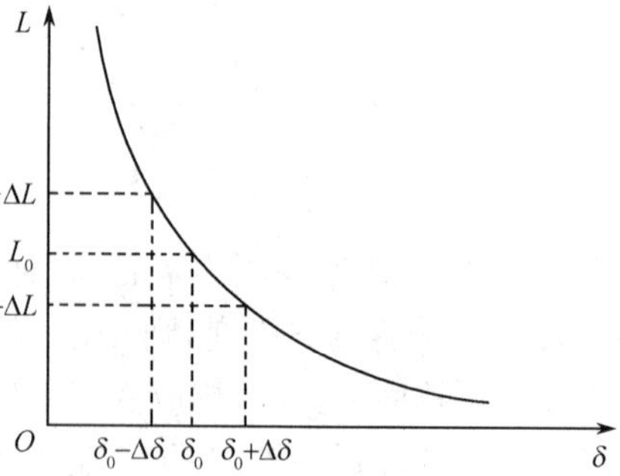

图 3.1.2　变隙式电感传感器 L-δ 特性

$$L = L_0 + \Delta L = L_0\left[1 + \frac{\Delta\delta}{\delta_0} + \left(\frac{\Delta\delta}{\delta_0}\right)^2 + \cdots\right] \tag{3.1.9}$$

$$\Delta L = L_0 \frac{\Delta\delta}{\delta_0}\left[1 + \frac{\Delta\delta}{\delta_0} + \left(\frac{\Delta\delta}{\delta_0}\right)^2 + \cdots\right] \tag{3.1.10}$$

$$\frac{\Delta L}{L_0} = \frac{\Delta\delta}{\delta_0}\left[1 + \frac{\Delta\delta}{\delta_0} + \left(\frac{\Delta\delta}{\delta_0}\right)^2 + \cdots\right] \tag{3.1.11}$$

同理,当衔铁随被测物体的初始位置向下移动 $\Delta\delta$ 时,有

$$\Delta L = L_0 \frac{\Delta\delta}{\delta_0}\left[1 - \frac{\Delta\delta}{\delta_0} + \left(\frac{\Delta\delta}{\delta_0}\right)^2 - \left(\frac{\Delta\delta}{\delta_0}\right)^3 + \cdots\right] \tag{3.1.12}$$

$$\frac{\Delta L}{L_0} = \frac{\Delta\delta}{\delta_0}\left[1 - \frac{\Delta\delta}{\delta_0} + \left(\frac{\Delta\delta}{\delta_0}\right)^2 - \left(\frac{\Delta\delta}{\delta_0}\right)^3 + \cdots\right] \tag{3.1.13}$$

对式(3.1.11)和式(3.1.13)做线性处理,即忽略高次项后可得

$$\frac{\Delta L}{L_0} = \frac{\Delta\delta}{\delta_0} \tag{3.1.14}$$

灵敏度 k_0 为

$$k_0 = \frac{\dfrac{\Delta L}{L_0}}{\Delta\delta} = \frac{1}{\delta_0} \tag{3.1.15}$$

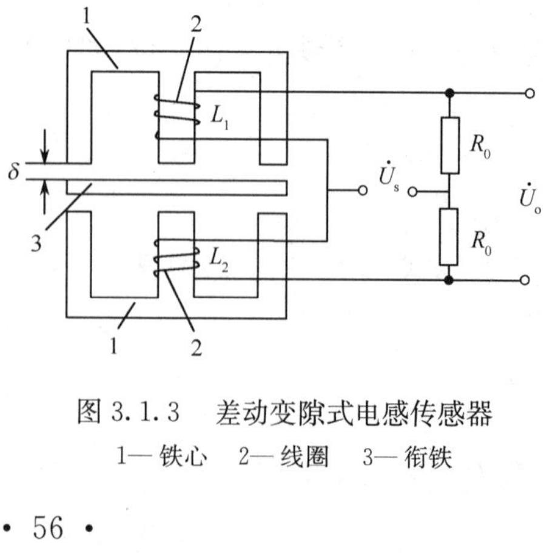

图 3.1.3　差动变隙式电感传感器

1— 铁心　2— 线圈　3— 衔铁

由此可见,变间隙式自感传感器的测量范围与灵敏度及线性度是相矛盾的,因此,变隙式自感传感器适用于测量微小位移场合。为了减小非线性误差,实际测量中广泛采用差动变隙式电感传感器。

图 3.1.3 所示为差动变隙式电感传感器的原理结构图。由图可知,差动变隙式电感传感器是由两个完全相同的电感线圈合用一个衔铁和相应的磁路组成。测量时,衔铁与被测件相连,当被测体上下移动时,带动衔铁也以相同的位移上下移动,

使两个磁回路中的磁阻发生大小相等、方向相反的变化，导致一个线圈的电感量增加，另一个线圈的电感量减小，形成差动形式。使用时，两个电感线圈接在交流电桥的相邻桥臂，另两个桥臂接有电阻。

当衔铁向上移动时，两个线圈的电感变化量 ΔL_1 和 ΔL_2 分别由式(3.1.11)和式(3.1.13)表示，差动传感器电感的总变化量 $\Delta L = \Delta L_1 + \Delta L_2$，即

$$\Delta L = \Delta L_1 + \Delta L_2 = 2L_0 \frac{\Delta\delta}{\delta_0}\left[1 + \left(\frac{\Delta\delta}{\delta_0}\right)^2 + \left(\frac{\Delta\delta}{\delta_0}\right)^4 + \cdots\right] \tag{3.1.16}$$

对上式进行线性处理，即忽略高次项得

$$\frac{\Delta L}{L_0} = 2\frac{\Delta\delta}{\delta_0} \tag{3.1.17}$$

灵敏度 k_0 为

$$k_0 = \frac{\dfrac{\Delta L}{L_0}}{\Delta\delta} = \frac{2}{\delta_0} \tag{3.1.18}$$

比较式(3.1.10)和式(3.1.16)，可以得到以下结论：

① 差动变间隙式自感传感器的灵敏度是单线圈式自感传感器的2倍；

② 差动变间隙式自感传感器，由于 $\Delta\delta/\delta_0 \ll 1$，单线圈是忽略 $\left(\dfrac{\Delta\delta}{\delta_0}\right)^2$ 以上的高次项，差动式是忽略 $\left(\dfrac{\Delta\delta}{\delta_0}\right)^3$ 以上的高次项，因此，差动式自感传感器的线性度得到明显改善。

3.1.3 变面积式自感传感器

如图3.1.1(b)所示的传感器气隙长度 l_δ 保持不变，令磁通截面积随被测非电量而变，设铁心材料和衔铁材料的磁导率相同，则此变面积自感传感器自感 L 为

$$L = \frac{W^2}{\dfrac{l_\delta}{\mu_0 S} + \dfrac{l}{\mu_0\mu_r S'}} \approx \frac{W^2\mu_0}{l_\delta}S = K'S \tag{3.1.19}$$

式中，l_δ 为气隙总长度；l 为铁心和衔铁中的磁路总长度；μ_r 为铁心和衔铁材料相对磁导率；S 为气隙磁通截面积；S' 为铁心和衔铁中磁通截面积；$K' = \dfrac{\mu_0 W^2}{l_\delta}$ 为常数。

对式(3.1.19)微分得灵敏度 k_0 为

$$k_0 = \frac{\mathrm{d}L}{\mathrm{d}S} = K' \tag{3.1.20}$$

可见，变面积式自感传感器在忽略气隙磁通边缘效应的条件下，输入与输出成线性关系，因此可望得到较大的线性范围。但是与变气隙式自感传感器相比，其灵敏度降低。

3.1.4 螺线管式自感传感器

螺线管式自感传感器有单线圈(见图3.1.1(c))和差动式两种结构形式。

图 3.1.1(c) 所示的单线圈螺线管式自感传感器是由多层绕制的细长线圈、铁磁性壳体和可沿线圈轴向移动的活动衔铁组成。进行测量时，活动铁心随被测体移动，导致线圈电感量发生变化，即线圈电感量与铁心插入深度有关。

图 3.1.4 为开磁路差动螺线管式电感传感器的结构原理图。它是由两个完全相同的螺线管相连，铁心初始状态处于对称位置上，使两边螺线管的初始电感值相等，即

$$L_0 = L_{10} = L_{20} = \frac{\pi r^2 \mu_0 W^2}{l}\left[1 + (\mu_r - 1)\left(\frac{r_c}{r}\right)^2 \frac{l_c}{l}\right] \tag{3.1.21}$$

式中，L_{10} 和 L_{20} 分别为线圈 Ⅰ 和 Ⅱ 的初始电感值；r 为线圈内半径；$W = W_1 = W_2$ 为每个线圈的匝数；l 为线圈的长度；μ_r 为活动铁心的相对磁导率；r_c 为活动铁心半径；$2l_c$ 为活动铁心长度。

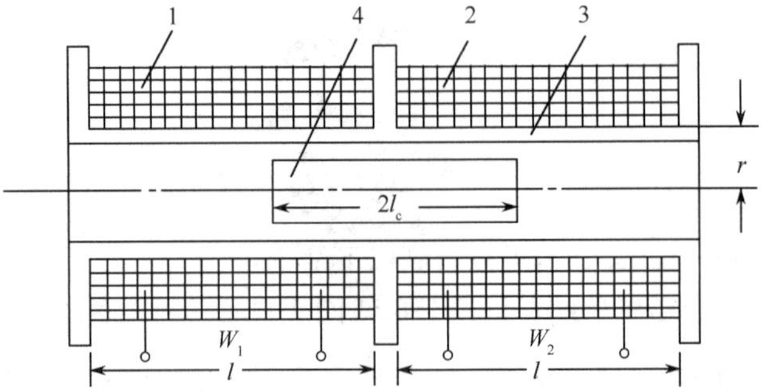

图 3.1.4　差动螺线管式电感传感器结构原理图

1— 螺线管线圈 Ⅰ　2— 螺线管线圈 Ⅱ　3— 骨架　4— 活动铁心

当铁心移动 Δx(如右移) 后，使右边电感值增加，左边电感值减小，即

$$L_1 = \frac{\pi r^2 \mu_0 W^2}{l}\left[1 + (\mu_r - 1)\left(\frac{r_c}{r}\right)^2 \left(\frac{l_c - \Delta x}{l}\right)\right] \tag{3.1.22}$$

$$L_2 = \frac{\pi r^2 \mu_0 W^2}{l}\left[1 + (\mu_r - 1)\left(\frac{r_c}{r}\right)^2 \left(\frac{l_c + \Delta x}{l}\right)\right] \tag{3.1.23}$$

根据式(3.1.22) 和式(3.1.23)，可以求得每只线圈的灵敏度为

$$k_1 = -k_2 = \frac{dL_1}{dx} = -\frac{dL_2}{dx} = -\frac{\pi \mu_0 W^2 (\mu_r - 1) r_c^2}{l^2} \tag{3.1.24}$$

上式表明两只线圈的灵敏度大小相等，符号相反，具有差动特征。

考虑到 $\mu_r \gg 1$，而 l_c 与 l，r_c 与 r 均为同数量级的量，则式(3.1.21) 和式(3.1.24) 可简化为

$$L_0 = L_{10} = L_{20} \approx \frac{\pi \mu_0 W^2 \mu_r r_c^2 l_c}{l^2} \tag{3.1.25}$$

$$k_1 = -k_2 \approx -\frac{\pi \mu_0 W^2 \mu_r r_c^2}{l^2} \tag{3.1.26}$$

由此可见，当 l 与 l_c 为常数时，增加 W，μ_r，r_c 都可以使 L_0 和 k_1(或 k_2) 提高。

3.1.5 自感式传感器测量电路

自感式传感器实现了把被测量的变化转变为电感量的变化。为了测出电感量的变化，就要用转换电路把电感量的变化转换成电压（或电流）的变化，最常用的转换电路有调幅、调频和调相电路。

1. 调幅电路

(1) 变压器电路

调幅电路的主要形式是交流电桥。关于交流电桥，前面已经讨论过，在此主要介绍在电感传感器中经常使用的变压器电桥。

图 3.1.5 所示为变压器电桥，Z_1 和 Z_2 为传感器两个线圈的阻抗，另两臂为电源变压器二次侧线圈的两半，每半的电压为 $\dot{U}/2$。输出空载电压为

$$u_o = \frac{\dot{U}}{Z_1 + Z_2} Z_1 - \frac{\dot{U}}{2} \tag{3.1.27}$$

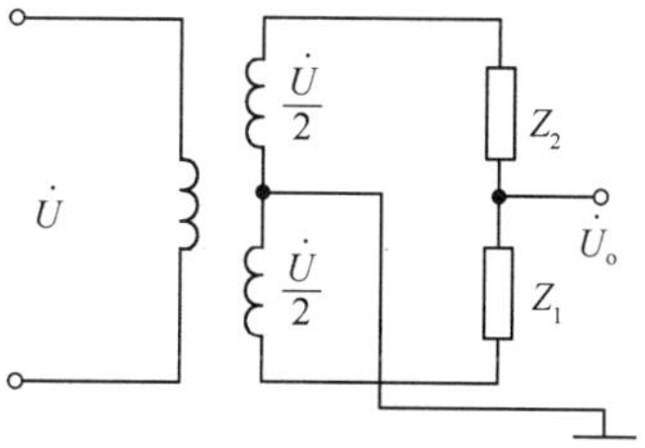

图 3.1.5 变压器电桥

在初始平衡状态下，$Z_1 = Z_2 = Z$，$u_o = 0$。当衔铁偏离中间零点时，设 $Z_1 = Z + \Delta Z$，$Z_2 = Z - \Delta Z$，代入式(3.1.27) 可得

$$\dot{U}_o = \frac{\dot{U}}{2} \frac{\Delta Z}{Z} \tag{3.1.28}$$

同理，当传感器衔铁移动方向相反时，则 $Z_1 = Z - \Delta Z$，$Z_2 = Z + \Delta Z$，代入式(3.1.27) 可得

$$\dot{U}_o = -\frac{\dot{U}}{2} \frac{\Delta Z}{Z} \tag{3.1.29}$$

比较式(3.1.28) 和式(3.1.29)，说明这两种情况输出电压大小相等、方向相反，即相位相差 180°，而这两个式子所表示的电压都为交流电压，如果用示波器看波形，结果是一样的。为了判别衔铁的移动方向，需要在后续电路中配相敏检波电路。

(2) 相敏检波电路

图 3.1.6 是相敏检波电路的原理图。电桥由差动电感传感器线圈 Z_1 和 Z_2 及平衡电阻 R_1 和 R_2 组成，$R_1 = R_2$，$VD_1 \sim VD_4$ 构成了相敏整流器，桥的一个对角线接有交流电源 $\dot{U}$，另一个对角线接有电压表，当差动衔铁处于中间位置时，$Z_1 = Z_2 = Z$，输出电压 $\dot{U}_o$ 为零。

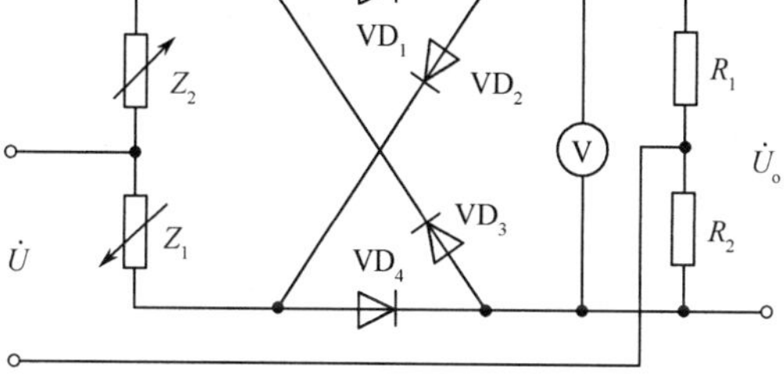

图 3.1.6 相敏检波电路

当衔铁偏离中间位置而使 $Z_2=Z+\Delta Z$ 增加时，$Z_1=Z-\Delta Z$ 减少，这时当电源 $\dot{U}$ 上端为正，下端为负时，电阻 R_2 上的压降大于 R_1 上的压降；当电源 $\dot{U}$ 下端为正，上端为负时，在电阻 R_1 上的压降大于 R_2 上的压降，则电压表输出下端为正，上端为负。

当衔铁偏离中间位置而使 $Z_1=Z+\Delta Z$ 增加时，$Z_2=Z-\Delta Z$ 减少。这时当电源 u 上端为正，下端为负时，电阻 R_1 上的压降大于 R_2 上的压降；当 u 上端为负，下端为正时，R_2 上的压降大于 R_1 上的压降，电压表输出上端为正，下端为负。

比较上述两种情况可知，输出电压的幅值表示了衔铁位移的大小，输出电压的极性反映了衔铁移动的方向。图 3.1.7 所示为非相敏检波电路和相敏检波电路输出电压特性曲线比较图。由图 3.1.7(b) 可见，使用相敏检波电路，输出电压 $\dot{U}_o$ 不仅能反映衔铁位移 x 的大小和方向，而且还消除了零点残余电压的影响(有关零点残余电压的知识，将在本书差动变压器部分详细介绍)。

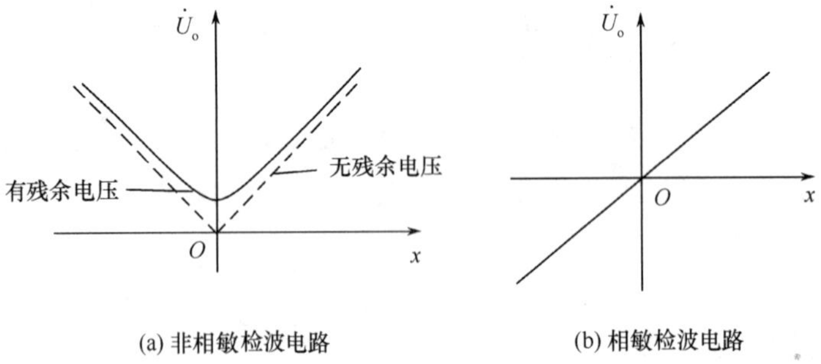

图 3.1.7　非相敏整流和相敏整流电路输出电压比较图

(3) 谐振式调幅电路

图 3.1.8 所示为谐振式调幅电路原理图。其中，传感器电感 L 与一个固定电容 C 和一个变压器 T 串联在一起，接入交流信号源后，变压器二次侧将有电压 $\dot{U}_o$ 输出，输出电压的频率与电源频率相同，幅值随 L 的变化而变化。图 3.1.8(b) 为输出电压 $\dot{U}_o$ 与电感 L 的关系曲线，其中 L_0 为谐振点的电感值。实际应用时，可使用特性曲线一侧接近线性的一段。这种电路的灵敏度很高，但是线性差，适用于线性要求不高的场合。

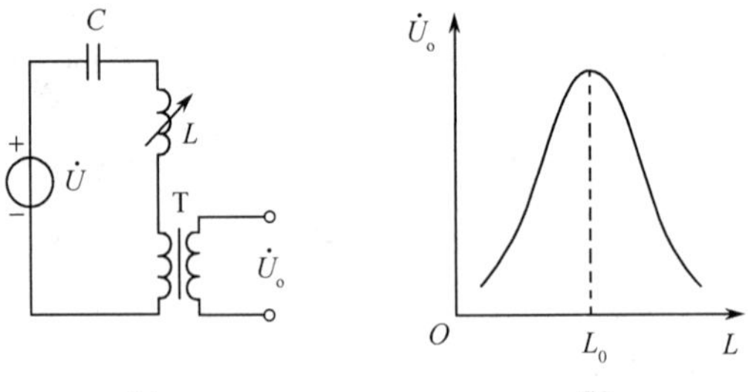

图 3.1.8　谐振式调幅电路

2. 调频电路

调频电路的基本原理是，传感器电感 L 的变化引起输出电压频率 f 的变化。一般是把传感

器电感线圈 L 和一个固定电容 C 接入一个振荡电路中，如图 3.1.9(a) 所示。图中 G 表示振荡电路，其振荡频率 $f=\frac{1}{2\pi\sqrt{LC}}$，当 L 变化时，振荡频率随之变化，根据 f 的大小即可测出被测量的值。当 L 微小变化 ΔL 后，频率变化 Δf 为

$$\Delta f=-\frac{(LC)^{-\frac{3}{2}}C\Delta L}{4\pi}=-\frac{f}{2}\frac{\Delta L}{L} \tag{3.1.30}$$

图 3.1.9(b) 所示为 f 和 L 的特性，它们具有严重的非线性关系，要求后续电路做适当线性化处理。

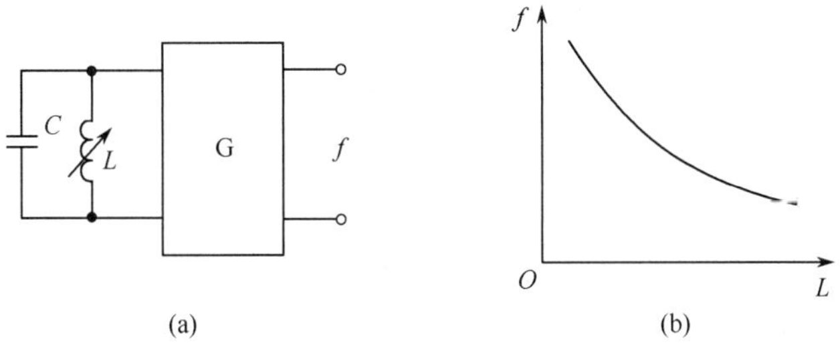

图 3.1.9　调频电路

3. **调相电路**

调相电路的基本原理是，传感器电感 L 的变化将引起输出电压相位 φ 的变化。图 3.1.10(a) 所示为一个相位电桥，一臂为传感器电感 L，另一臂为固定电阻 R。设计时使电感线圈具有高品质因数。忽略其损耗电阻，则电感线圈与固定电阻上的压降 $\dot{U}_L$ 与 $\dot{U}_R$ 两个相量是相互垂直的，如图 3.1.10(b) 所示。当电感 L 变化时，输出电压 $\dot{U}_o$ 的幅值不变，相位角 φ 随之变化。φ 与 L 的关系为

$$\varphi=-2\arctan\frac{\omega L}{R} \tag{3.1.31}$$

式中，ω 为电源角频率。

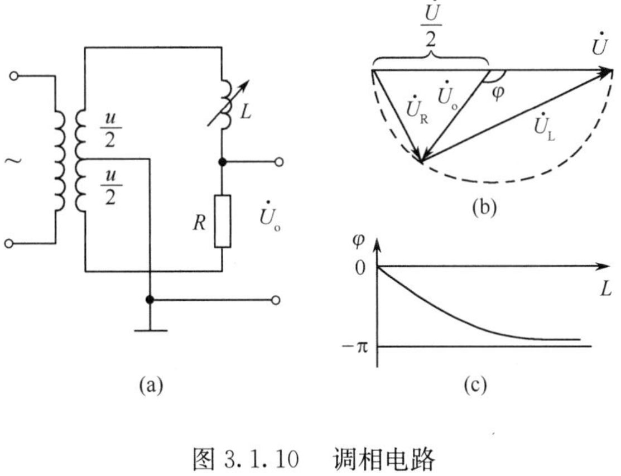

图 3.1.10　调相电路

在这种情况下，当 L 有微小的变化 ΔL 后，输出电压相位变化 $\Delta\varphi$ 为

$$\Delta\varphi = -\frac{\frac{2\omega L}{R}}{1+\left(\frac{\omega L}{R}\right)^2}\frac{\Delta L}{L} \tag{3.1.32}$$

如图 3.1.10(c) 所示为 φ-L 特性关系曲线。

4. 自感传感器的灵敏度

自感传感器的灵敏度是指传感器结构(测头)和转换电路综合在一起的总灵敏度。下面以调幅电路为例讨论传感器灵敏度问题。对调频、调相电路可采用类似的方法进行研究。

传感器结构灵敏度 k_0 定义为电感值相对变化与引起这一变化的衔铁位移之比,即

$$k_0 = \frac{\frac{\Delta L}{L}}{\Delta x} \tag{3.1.33}$$

转换电路灵敏度 k_c 定义为空载输出电压 u_o 与电感值相对变化之比,即

$$k_c = \frac{u_o}{\frac{\Delta L}{L}} \tag{3.1.34}$$

由式(3.1.33) 和式(3.1.34) 可得传感器灵敏度 k_Z 为

$$k_Z = k_0 k_c = \frac{u_o}{\Delta x}$$

假定采用气隙型传感器,由式(3.1.15) 得 $k_0 = \frac{1}{\delta_0}$。采用如图 3.1.5 所示电桥,由式(3.1.28) 得

$$u_o = \frac{u}{2}\frac{\Delta Z}{Z}$$

因为一般电感线圈设计时具有较高的品质因数 Q 值,则上式可变为

$$u_o = \frac{u}{2}\frac{(\omega L)^2}{R^2+(\omega L)^2}\frac{\Delta L}{L} \tag{3.1.35}$$

可得

$$k_c = \frac{u}{2}\frac{(\omega L)^2}{R^2+(\omega L)^2} \tag{3.1.36}$$

则传感器灵敏度 k_Z 为

$$k_Z = \frac{1}{\delta_0}\frac{u}{2}\frac{(\omega L)^2}{R^2+(\omega L)^2} \tag{3.1.37}$$

由式(3.1.37) 可见,传感器灵敏度是三部分的乘积,第一部分 $\frac{1}{\delta_0}$ 取决于传感器的类型,第

二部分$\frac{u}{2}$取决于供电电压的大小，第三部分$\frac{(\omega L)^2}{R^2+(\omega L)^2}$取决于转换电路的形式。传感器类型和转换电路不同，其传感器灵敏度表达式也不相同。在工厂生产中，测定传感器的灵敏度是在把传感器接入转换电路后进行的，而且规定传感器灵敏度的单位为(mV/μm)/V。即当电源电压为1V，衔铁移动1μm时，输出电压为若干毫伏。

3.1.6 自感式传感器应用举例

1. 自感式位移传感器

图3.1.11所示为螺管式差动自感传感器。可换测端10用螺纹拧在测杆8上，测杆8可在钢球导轨7上做轴向移动，测杆上端固定着衔铁3，当测杆移动时，带动衔铁3在电感线圈中移动，线圈4放在圆筒形磁心2中，线圈配置成差动形式，即当衔铁3由中间位置向上移动时，上线圈的电感量增加，下线圈的电感量减少。两个线圈用导线1引出，以便接入测量电路。测量力由弹簧5产生。防转销6用来限制测杆8的转动，密封套9用来防止尘土等进入测量头内。滚动导轨消除了径向间隙，使测量精度提高，并且灵敏度和使用寿命能达到较高指标。该自感传感器广泛应用于几何量测量领域，如位移、轴的跳动、零件的受温热变形等。

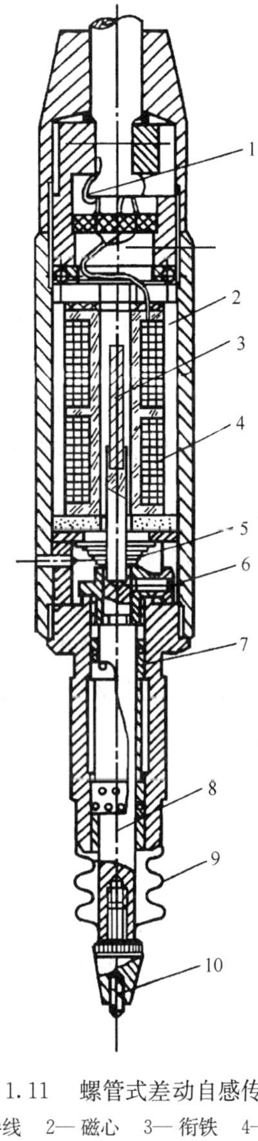

图3.1.11　螺管式差动自感传感器
1—导线　2—磁心　3—衔铁　4—线圈
5—弹簧　6—防转销　7—钢球导轨
8—测杆　9—密封套　10—可换测端

2. 自感式压力传感器

图3.1.12所示为变隙式自感压力传感器结构图，它由膜盒、铁心、衔铁及线圈等组成。衔铁与膜盒的上端连在一起，当压力进入膜盒时，膜盒的顶端在压力P的作用下产生与压力P大小成正比的位移，于是衔铁也发生移动，从而使气隙发生变化，流过线圈的电流也发生相应的变化，电流表的指示值反映了被测压力的大小。

图3.1.13所示为变隙差动式电感压力传感器，它主要由C形弹簧管、衔铁、铁心和线圈等组成。当被测压力进入C形弹簧管时，C形弹簧管产生变形，其自由端发生位移，带动与自由端连接成一体的衔铁运动，使线圈1和线圈2中的电感产生大小相等、符号相反的变化，即一个电感量增大，另一个电感量减小。电感的这种变化通过电桥电路转换成电压输出。再通过相敏检波电路等电路处理，使输出信号与被测压力之间成正比例关系，即输出信号的大小决定于衔铁位移的大小，输出信号的相位决定于衔铁移动的方向。

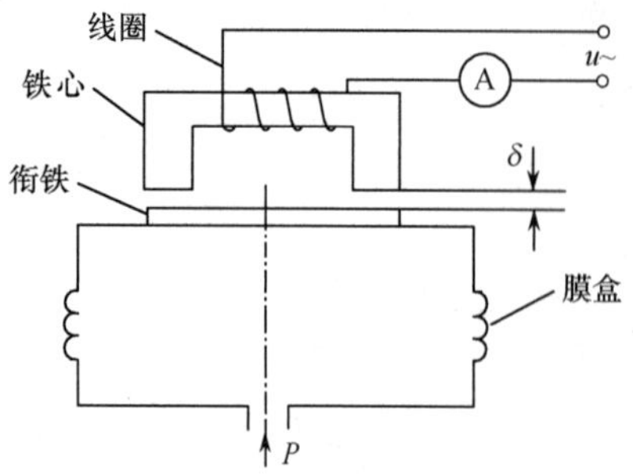

图 3.1.12　变隙式自感压力传感器结构图

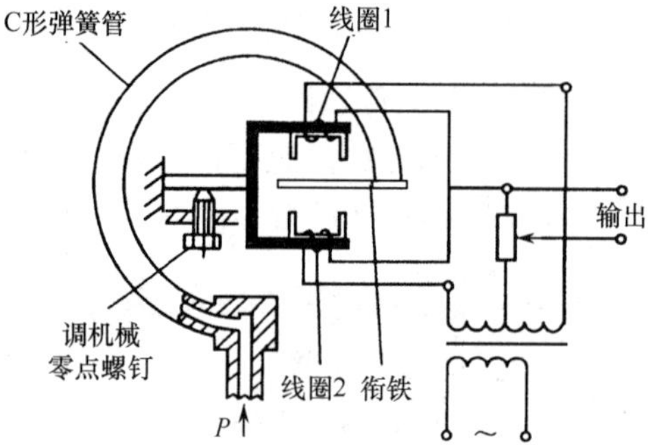

图 3.1.13　变隙差动式电感压力传感器

3.2　差动变压器

差动变压器是把被测的非电量变化转换成线圈互感量的变化。这种传感器是根据变压器的基本原理制成的，并且次级绕组用差动的形式连接，故称为差动变压器式传感器，简称差动变压器。

差动变压器结构形式较多，有变隙式、变面积式和螺线管式等，图 3.2.1 为差动变压器式传感器结构示意图。在非电量测量中，应用最多的是螺线管式，其次是变隙式。

3.2.1　变隙式差动变压器

1. 工作原理

设闭磁路变隙式差动变压器的结构如图 3.2.1(a) 所示，在 A 和 B 两个铁心上绕有 $W_{1A}=W_{1B}=W_1$ 的两个初级绕组和 $W_{2A}=W_{2B}=W_2$ 的两个次级绕组。两个初级绕组的同名端顺向串联，而两个次级绕组的同名端则反向串联。

当没有位移时，衔铁 C 处于初始平衡位置，它与两个铁心的间隙为 $\delta_{A0}=\delta_{B0}=\delta_0$，则绕组 W_{1A} 和 W_{2A} 间的互感 M_A 与绕组 W_{1B} 与 W_{2B} 间的互感 M_B 相等，致使两个次级绕组的互感电势相等，即 $e_{2A}=e_{2B}$。由于次级绕组反向串联，因此，差动变压器输出电压 $\dot{U}_2=e_{2A}-e_{2B}=0$。

当被测体有位移时，与被测体相连的衔铁的位置将发生相应的变化，使 $\delta_A\neq\delta_B$，互感 $M_A\neq M_B$，两次级绕组的互感电势 $e_{2A}\neq e_{2B}$，输出电压 $\dot{U}_2=e_{2A}-e_{2B}\neq 0$，电压的大小反映了被测位移的大小，通过对 $\dot{U}_2$ 用相敏检波等电路处理，使最终输出电压的极性能反映位移的方向。

2. 输出特性

在忽略铁耗（即涡流与磁滞损耗忽略不计）、漏感及变压器次级开路的条件下，图 3.2.1(a) 所示的等效电路可用图 3.2.2 表示。图中，r_{1A} 与 L_{1A}，r_{1B} 与 L_{1B}，r_{2A} 与 L_{2A}，r_{2B} 与 L_{2B} 分别为 W_{1A} 与 W_{1B}，W_{2A} 与 W_{2B} 绕组的直流电阻与电感。

根据电磁感应定律和磁路欧姆定律，当 $r_{1A}\ll\omega L_{1A}$，$r_{1B}\ll\omega L_{1B}$ 时，如果不考虑铁心与衔铁中的磁阻影响，对图 3.2.2 所示的等效电路进行分析，可得变隙式差动变压器输出电压 $\dot{U}_2$ 的表达式为

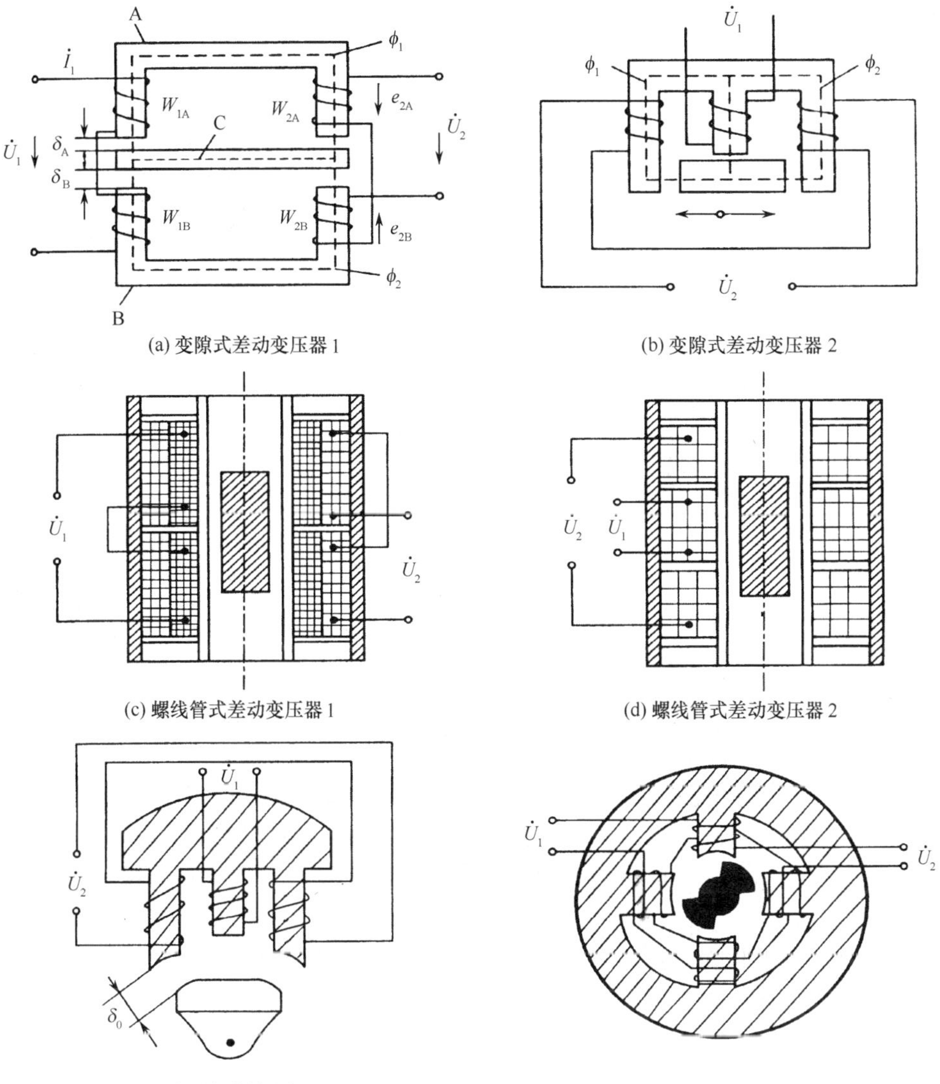

(a) 变隙式差动变压器 1　(b) 变隙式差动变压器 2

(c) 螺线管式差动变压器 1　(d) 螺线管式差动变压器 2

(e) 变面积式差动变压器 1　(f) 变面积式差动变压器 2

图 3.2.1　差动变压器式传感器结构示意图

$$\dot{U}_2=-\frac{\delta_B-\delta_A}{\delta_B+\delta_A}\frac{W_2}{W_1}\dot{U}_1 \tag{3.2.1}$$

由式(3.2.1)可知，当衔铁处于初始平衡位置时，因 $\delta_A=\delta_B=\delta_0$，则 $\dot{U}_2=0$。但是，如果被测体带动衔铁移动，例如，向上移动 $\Delta\delta$(假设向上移动为正)时，则有 $\delta_A=\delta_0-\Delta\delta$，$\delta_B=\delta_0+\Delta\delta$，代入式(3.2.1)得

$$\dot{U}_2=-\frac{W_2}{W_1}\frac{\dot{U}_1}{\delta_0}\Delta\delta \tag{3.2.2}$$

式(3.2.2)为闭磁路变隙式差动变压器的输出特性。它表明输出电压 $\dot{U}_2$ 与衔铁位移量 $\Delta\delta$ 成正比，且当衔铁向上移动时，输出电压 $\dot{U}_2$ 与输入电压 $\dot{U}_1$ 反相(相位差为 180°)，当衔铁向下移动时，$\dot{U}_2$ 与 $\dot{U}_1$ 同相。图 3.2.3 为变隙式差动变压器输出电压 $\dot{U}_2$ 与位移 $\Delta\delta$ 的关系曲线。

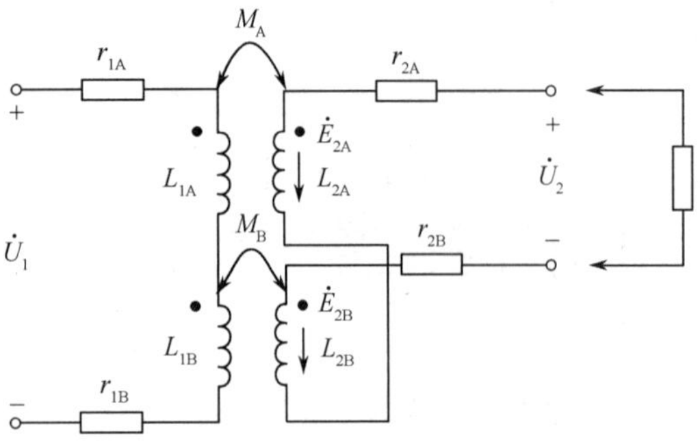

图 3.2.2　变隙式差动变压器等效电路

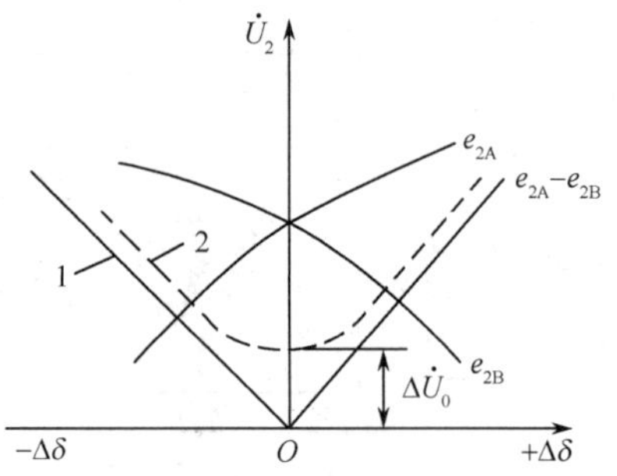

图 3.2.3　变隙式差动变压器输出特性
1— 理想特性　2— 实际特性

由式(3.2.2)可得变隙式差动变压器灵敏度 k 为

$$k=\frac{U_2}{\Delta\delta}=\frac{W_2}{W_1}\frac{U_1}{\delta_0} \tag{3.2.3}$$

综合以上分析,得到如下结论:

① 供电电源 $\dot{U}_1$ 首先要稳定,以便使传感器具有稳定的输出特性;其次,电源幅值的适当提高可以提高灵敏度 k 值,但要以变压器铁心不饱和及不超过允许温升为条件,否则会引起附加误差。

② 增加 W_2/W_1 的比值和减少 δ_0 都能使灵敏度 k 值提高,然而,W_2/W_1 的比值与变压器的体积及零点残余电压有关,不论是从灵敏度考虑,还是从忽略边缘磁通考虑,均要求变隙式差动变压器的 δ_0 越小越好,但是还要兼顾测量范围的需要。因此,一般选择传感器的 δ_0 为 0.5mm。

③ 以上分析的结果是在忽略铁损和线圈中的分布电容的条件下得到的,如果考虑到这些影响,将会使传感器性能变差,如灵敏度降低、非线性加大等。但是,在一般工程应用中是可以忽略的。

④ 以上结果是在假定工艺上严格对称的前提下得到的,而实际上很难做到这一点,使传感器实际输出特性曲线如图 3.2.3 中曲线 2 所示,存在零点残余电压 $\Delta\dot{U}_0$,需要采取措施减小或消除零点残余电压的影响。

⑤ 上述推导是在变压器副边开路的情况下得到的,如果直接配低输入阻抗电路,就必须考虑变压器副边电流对输出特性的影响。

3.2.2　螺线管式差动变压器

1. 工作原理

螺线管式差动变压器结构如图 3.2.4 所示,它由一个初级线圈、两个次级线圈和插入线圈中央的圆柱形铁心等组成。

差动变压器式传感器中的两个次级线圈反相串联,并且在忽略铁损、导磁体磁阻和线圈分布电容的理想情况下,其等效电路如图 3.2.5 所示。当初级线圈绕组加以适当频率的电压激励时,根据变压器的工作原理,在两个绕组 W_{2A} 和 W_{2B} 中产生感应电动势 $\dot{E}_{2A}$ 和 $\dot{E}_{2B}$。如果工艺上保证变压器结构完全对称,则当活动衔铁处于初始平衡位置时,必然会使两次级绕组磁回路的磁阻相等、磁通相同、互感系数 $M_1 = M_2$，根据电磁感应原理，将有 $\dot{E}_{2A} = \dot{E}_{2B}$。由于变压器两个次级绕组反向串联，因而 $\dot{U}_2 = \dot{E}_{2A} - \dot{E}_{2B} = 0$，即差动变压器输出电压为零。

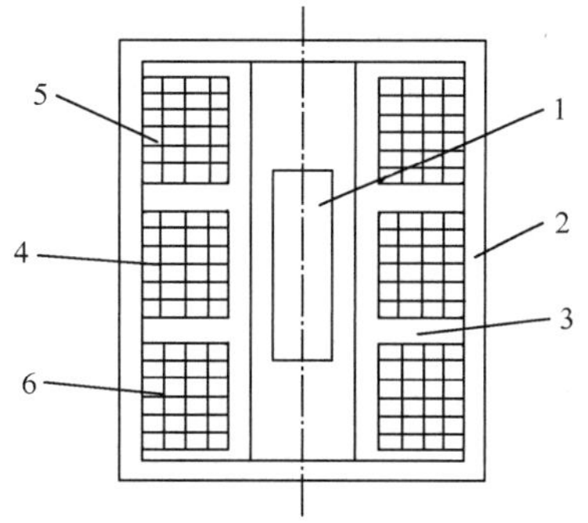

图 3.2.4　螺线管式差动变压器结构
1— 活动衔铁　2— 导磁外壳　3— 骨架
4— 匝数为 W_1 的初级绕组
5— 匝数为 W_{2A} 的次级绕组
6— 匝数为 W_{2B} 的次级绕组

当活动铁心向次级绕组 W_{2A} 方向移动时，由于磁阻的影响，W_{2A} 中的磁通将大于 W_{2B} 中的磁通，使 $M_1 > M_2$，因而 $\dot{E}_{2A}$ 增加，$\dot{E}_{2B}$ 减小；反之，$\dot{E}_{2B}$ 增加，$\dot{E}_{2A}$ 减小。因为 $\dot{U}_2 = \dot{E}_{2A} - \dot{E}_{2B}$，所以当 $\dot{E}_{2A}$ 和 $\dot{E}_{2B}$，随着衔铁位移 x 变化时，$\dot{U}_2$ 也将随 x 变化。图 3.2.6 给出了差动变压器输出电压 $\dot{U}_2$ 与活动衔铁位移 Δx 的关系曲线。图中实线为理论特性曲线，虚线为实际特性曲线。由图 3.2.6 可以看出，当衔铁处于中心位置时，差动变压器的输出电压并不等于零，把差动变压器在零位移时的输出电压称为零点残余电压，记为 $\Delta\dot{U}_0$，它的存在使传感器的输出特性不经过零点，造成实际特性与理论特性不一致。在实际使用时，应设法减少零点残余电压，否则将会影响传感器的测量结果。

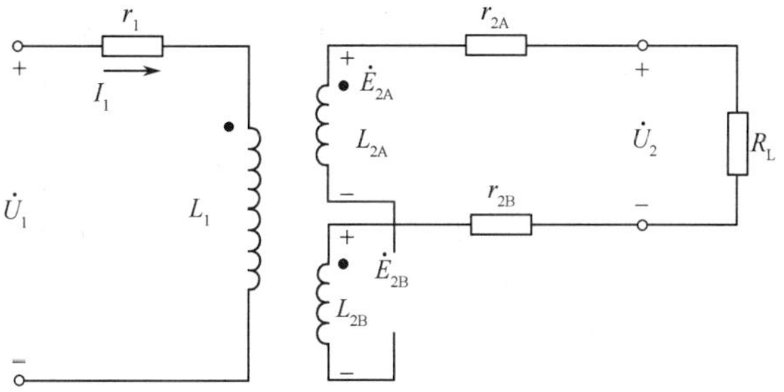

图 3.2.5　差动变压器等效电路

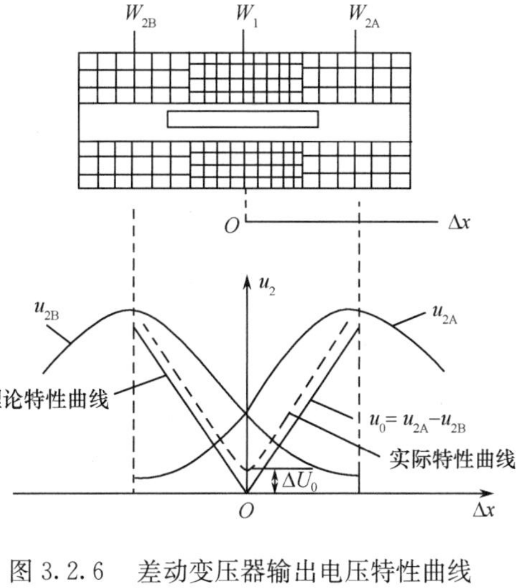

图 3.2.6　差动变压器输出电压特性曲线

2. 基本特性

差动变压器等效电路如图 3.2.5 所示。当次级开路时有

$$\dot{I}_1 = \frac{\dot{U}_1}{r_1 + j\omega L_1} \tag{3.2.4}$$

式中，$\dot{U}_1$ 为初级线圈激励电压；ω 为激励电压 $\dot{U}_1$ 的角频率；$\dot{I}_1$ 为初级线圈激励电流；r_1 和 L_1 为初级线圈的电阻和电感。

根据电磁感应定律，次级绕组中感应电势的表达式为

$$\dot{E}_{2A} = -j\omega M_1 \dot{I}_1 \tag{3.2.5}$$

$$\dot{E}_{2B} = -j\omega M_2 \dot{I}_1 \tag{3.2.6}$$

式中，M_1 和 M_2 为初级绕组与两个次级绕组的互感。

由于两个次级绕组反相串联，且考虑到次级开路，则

$$\dot{U}_2 = \dot{E}_{2A} - \dot{E}_{2B} = -\frac{j\omega(M_1 - M_2)\dot{U}_1}{r_1 + j\omega L_1} \tag{3.2.7}$$

输出电压有效值为

$$U_2 = \frac{\omega(M_1 - M_2)\, U_1}{\sqrt{r_1^2 + (\omega L_1)^2}} \tag{3.2.8}$$

式(3.2.8) 表明，当激励电压幅值 U_{1m} 和角频率 ω、初级绕组的电阻 r_1 及电感 L_1 为定值时，差动变压器的输出电压仅仅是初级绕组与两个次级绕组之间互感之差的函数。因此，只要求出互感 M_1 和 M_2 对活动衔铁位移 x 的关系式，再代入式(3.2.8)，即可得到螺线管式差动变压器特性表达式。下面对其基本特性进行分析。

(1) 当活动衔铁处于中间位置时

$$M_1 = M_2 = M$$

则

$$U_2 = 0$$

(2) 当活动衔铁向 W_{2A} 方向移动时

$$M_1 = M + \Delta M, M_2 = M - \Delta M$$

故

$$U_2 = \frac{2\omega \Delta M U_1}{\sqrt{r_1^2 + (\omega L_1)^2}}$$

由式(3.2.5) 和式(3.2.6) 可得，此时 $|\dot{E}_{2A}| > |\dot{E}_{2B}|$，又由式(3.2.7) 可知，$\dot{U}_2$ 与 $\dot{E}_{2A}$ 同相。

(3) 当活动衔铁向 W_{2B} 方向移动时

$$M_1 = M - \Delta M, M_2 = M + \Delta M$$

故

$$U_2 = -\frac{2\omega \Delta M U_1}{\sqrt{r_1^2 + (\omega L_1)^2}}$$

同理可得，$\dot{U}_2$ 与 $\dot{E}_{2B}$ 同相。

3. **主要性能**

(1) 灵敏度

差动变压器灵敏度是指差动变压器在单位电压激励下，铁心移动一个单位距离时的输出电压，以(V/mm)/V 表示。

在理想条件下，差动变压器的灵敏度 k_E 正比于电源激励频率 f。但是，由于实际工作中的诸多因素(传感器结构不对称、铁损、漏磁等) 的影响，灵敏度与激励电压频率 f 的关系曲线如图 3.2.7 所示。由图可见，在 f 从零开始增加的起始段(0A 段)，k_E 随 f 的增加而增加；如果 f 再继续增加，导线铜损，涡流损耗，磁滞损耗明显增加，则 k_E 或趋于定值(AB 段)，或下降(BC 段)。当 $f_L < f < f_H$ 时，不仅灵敏度 k_E 具有较大的稳定值，而且传感器输出、输入信号的相位也基本同相(或反相)。此类传感器所用激励电源频率，一般在 400Hz ～ 10kHz 范围之内。

图 3.2.8 为差动变压器灵敏度 k_E 与输入激励电压 U_1 的关系曲线。由曲线可知，提高输入激励电压，将使传感器灵敏度按线性增加。这是因为在其他条件不变的情况下，当增加 U_1 时，I_1 必然增加，k_E 也将随之增加。

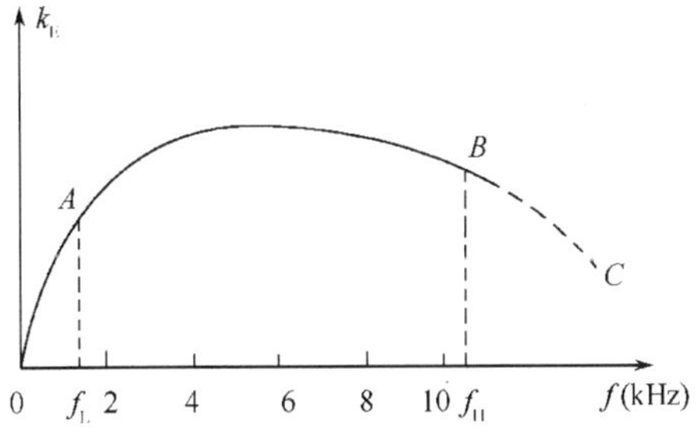

图 3.2.7　k_E与 f 的关系曲线

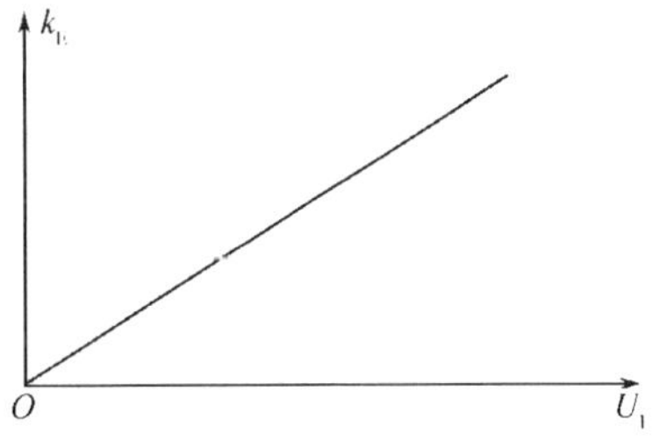

图 3.2.8　k_E与 U_1 的关系曲线

除激励频率和输入激励电压对差动变压器灵敏度有影响外，提高线圈的品质因数 Q 值，增大衔铁直径，选择导磁性能好、铁损小及涡流损耗小的导磁材料制作衔铁和导磁外壳等，可以提高灵敏度。

(2) 线性度

在分析计算中，把传感器实际特性曲线与理论直线之间的最大偏差除以测量范围(满量程)，并用百分数表示它的线性度。

影响差动变压器线性度的因素很多，如骨架形状和尺寸的精确性、线圈的排列、铁心的尺寸和材质、激励频率和负载状态等。为了使传感器具有较好的线性度，一般取测量范围为线圈骨架长度的 1/10 ～ 1/4，激励频率采用中频，配用相敏检波式测量电路等，均可改善差动变压器的线性度。

4. **零点残余电压及消除方法**

零点残余电压的存在使传感器输出特性在零点附近不灵敏，限制着分辨率的提高。零点残余电压太大，将使线性度变坏，灵敏度下降，甚至会使放大器饱和，阻塞有用信号的通过，致使仪器不再反映被测量的变化。因此，零点残余电压是评定传感器性能的主要指标之一，必须设法减少和消除。

产生零点残余电压的原因主要有两个方面：

① 由于两个二次测量线圈的等效参数不对称，使其输出的基波感应电动势的幅值和相位不同，调整磁心位置时，也不能达到幅值和相位同时相同；

② 由于铁心的 B-H 特性的非线性，产生高次谐波不同，不能互相抵消。

为了减小差动变压器的零点残余电压，可以采取下列措施。

① 在设计和工艺上，力求做到磁路对称、线圈对称。铁心材料要均匀，要经过热处理去除机械应力和改善磁性。两个二次侧线圈窗口要一致，两线圈绕制要均匀一致。一次侧线圈绕制也要均匀。

② 采用拆圈的实验方法减小零点残余电压。其思路是，由于两个二次侧线圈的等效参数不相等，用拆圈的方法，使两者等效参数相等。

③ 在电路上进行补偿。线路补偿主要有：加串联电阻、加并联电容、加反馈电阻或反馈电容等。

图 3.2.9 所示为几个补偿零点残余电压的电路实例。在图 3.2.9(a) 中，在输出端接入电位器 RP，调节 RP，可使两二次侧线圈输出电压的大小和相位发生变化，从而使零点残余电压为最小值。这种方法对基波正交分量有明显的补偿效果，但对高次谐波无补偿作用。如果并联一只电容 C，就可以有效地补偿高次谐波分量，如图 3.2.9(b) 所示。在图 3.2.9(c) 中，串联电阻 R 调整二次侧线圈的电阻值，并联电容改变某一输出电势的相位，也能达到良好的零点残余电压补偿作用。在图 3.2.9(d) 中，接入 R(几百千欧) 减轻了两二次侧线圈的负载电压，可以避免外接负载不是纯电阻而引起较大的零点残余电压。

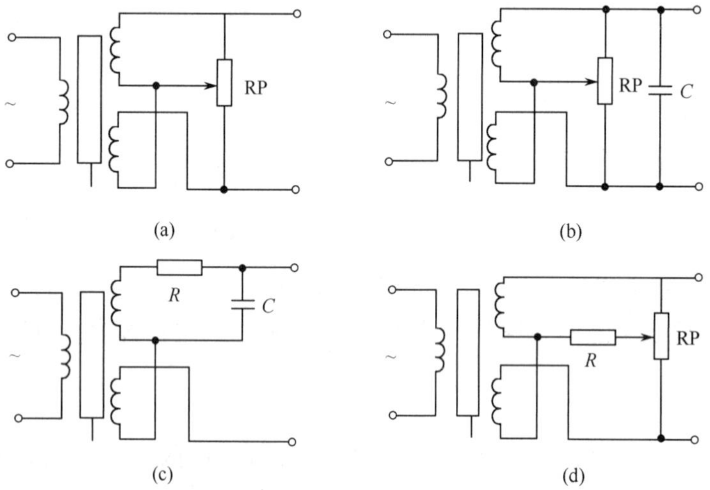

图 3.2.9　补偿零点残余电压的电路

5. 测量电路

由图 3.2.5 所示的差动变压器等效电路可知，经反相串联后，差动变压器的输出是交流电压，若用交流电压表测量，只能反映衔铁位移的大小，不能反映其移动方向。为了达到能辨别移动方向和消除零点残余电压的目的，实际测量时，常采用差动整流电路和相敏检波电路。

(1) 差动整流电路

差动整流电路是把差动变压器的两个次级输出电压分别整流，然后将整流的电压或电流的差值作为输出，图 3.2.10 给出了几种典型的电路形式，其中图(a)和图(b)适用于高阻抗负载，图(c)和图(d)适用于低阻抗负载，电阻 R_0 用于调整零点残余电压。

下面结合图 3.2.10(b) 所示电路，分析差动整流电路工作原理。

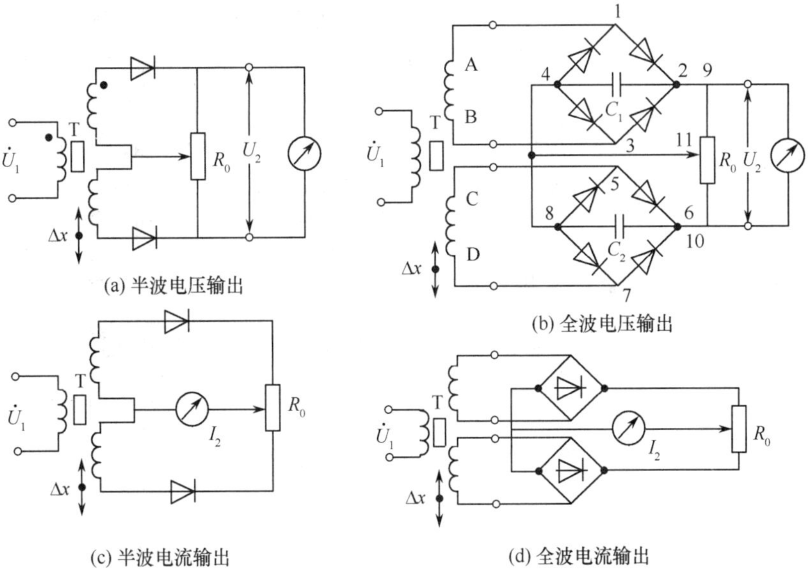

图 3.2.10 差动整流电路

假定某瞬间载波为正半周，此时差动变压器两次级线圈的相位关系为 A 正 B 负、C 正 D 负，则由上线圈供电的电流路径为 A→1→2→9→11→4→3→B，电容 C_1 两端的电压为 U_{24}。同理，电容 C_2 两端的电压为 U_{68}。差动变压器的输出电压为上述两电压的代数和。即

$$U_2 = U_{24} - U_{68} \tag{3.2.9}$$

同理，当某瞬间为负半周时，即两次级线圈的相位关系为 A 负 B 正、C 负 D 正，按上述类似的分析，可得差动变压器输出电压 U_2 的表达式仍为式(3.2.9)。

当衔铁在零位时，因为 $U_{24} = U_{68}$，所以 $U_2 = 0$；当衔铁在零位以上时，因为 $U_{24} > U_{68}$，则 $U_2 > 0$；当衔铁在零位以下时，有 $U_{24} < U_{68}$，则 $U_2 < 0$。

由此可见，差动整流电路可以不考虑相位调整和零点残余电压的影响。此外，还具有结构简单、分布电容影响小和便于远距离传输等优点，从而获得广泛的应用。

(2) 相敏检波电路

图 3.2.11 所示为二极管相敏检波电路。这种电路容易做到输出平衡，而且便于阻抗匹配。图中调制电压 e_r 和 e 同频，经过移相器使 e_r 和 e 保持同相或反相，且满足 $e_r \gg e$。调节电位器 RP 可调电路平衡，图中电阻 $R_1 = R_2 = R_0$，电容 $C_1 = C_2 = C_0$，输出电压为 U_{CD}。

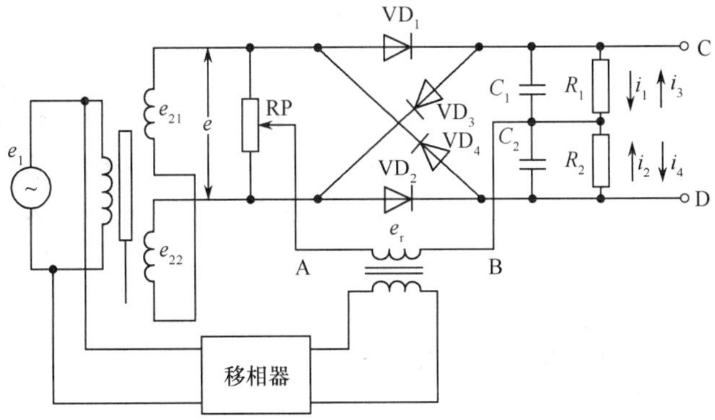

图 3.2.11 二极管相敏检波电路图

电路工作原理如下：当差动变压器铁心在中间位置时，$e=0$，只有 e_r 起作用，设此时 e_r 为正半周，即 A 为“+”，B 为“−”，VD_1 和 VD_2 导通，VD_3 和 VD_4 截止，流过 R_1 和 R_2 上的电流分别为 i_1 和 i_2，其电压降 U_{CB} 及 U_{DB} 大小相等方向相反，故输出电压 $U_{CD}=0$。当 e_r 为负半周时，A 为“−”，B 为“+”，VD_3 和 VD_4 导通，VD_1 和 VD_2 截止，流过 R_1 和 R_2 上的电流分别为 i_3 和 i_4，其电压降 U_{BC} 与 U_{BD} 大小相等方向相反，故输出电压 $U_{CD}=0$。

若铁心上移，$e \neq 0$，设 e 和 e_r 同相位，由于 $e_r \gg e$，故 e_r 为正半周时，VD_1 和 VD_2 仍导通，VD_3 和 VD_4 截止，但 VD_1 回路内总电势为 $e_r+\frac{1}{2}e$，而 VD_2 回路内总电势为 $e_r-\frac{1}{2}e$，故回路电流 $i_1>i_2$，输出电压 $U_{CD}=R_0(i_1-i_2)>0$。当 e_r 为负半周时，VD_3 和 VD_4 导通，VD_1 和 VD_2 截止，此时 VD_3 回路内总电势为 $e_r-\frac{1}{2}e$，VD_4 回路内总电势为 $e_r+\frac{1}{2}e$，所以回路电流 $i_4>i_3$，故输出电压 $U_{CD}=R_0(i_4-i_3)>0$，因此铁心上移时输出电压 $U_{CD}>0$。

当铁心下移时，e 和 e_r 相位相反，同理可得 $U_{CD}<0$。

因此可见，该电路能判别铁心位移的大小和方向。

(3) 直流差动变压器电路

在需要远距离测量、便携、防爆，以及同时使用若干个差动变压器，且需避免相互间或对其他仪器设备产生干扰的场合，常采用直流差动变压器电路，如图 3.2.12 所示。这种电路是在差动变压器初级的一端增加了直流电源和多谐振荡器，形成“直进 - 直出”，从而抑制了干扰。

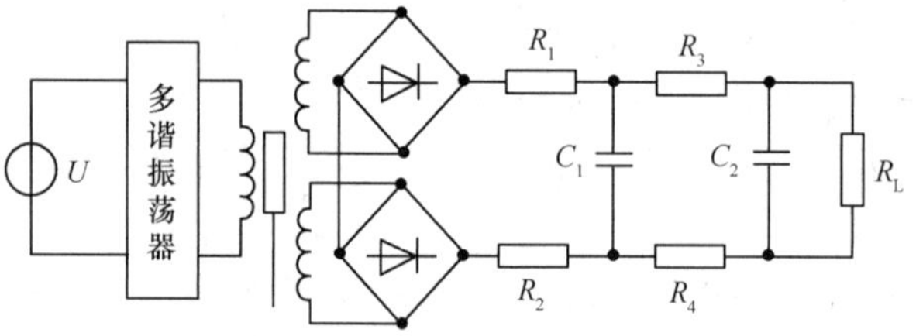

图 3.2.12 直流差动变压器电路原理图

3.2.3 差动变压器应用

差动变压器式传感器可以直接用于位移测量，也可以测量与位移有关的任何机械量，如力、力矩、压力、压差、振动、加速度、应变、液位等。下面介绍几种常见的应用。

1. 力和力矩的测量

图 3.2.13 所示为差动变压器式力传感器。具有缸体状空心截面的弹性元件 3 发生形变，衔铁 2 相对线圈 1 移动，产生正比于力的输出电压。这种传感器的优点是承受轴向力时，应力分布均匀；当长径比较小时，受横向偏心分力的影响较小。将这种传感器结构做适当改进，可在电梯载荷测量中应用。

如果将弹性元件设计成敏感圆周方向变形的结构，并配成相应的电感传感器，就能构成力矩式传感器。这种传感器已成功地应用于船模运动的测试分析中。

2. 微小位移的测量

图 3.2.14 所示为一个方形结构的差动变压器式传感器，可用于多种场合下测量微小位移。测杆 5 以圆片簧 4 导向，弹簧 9 产生测力。测端 1 通过轴套 3 与测杆相连。工作时，固定在测

杆上的磁心 7 在线圈 8 中移动。线圈及其骨架放在磁筒 6 内，并通过导线 10 接入电路，2 是防尘罩。在外壳的侧面有螺纹孔(图中未示出)，以便安装在基座上。

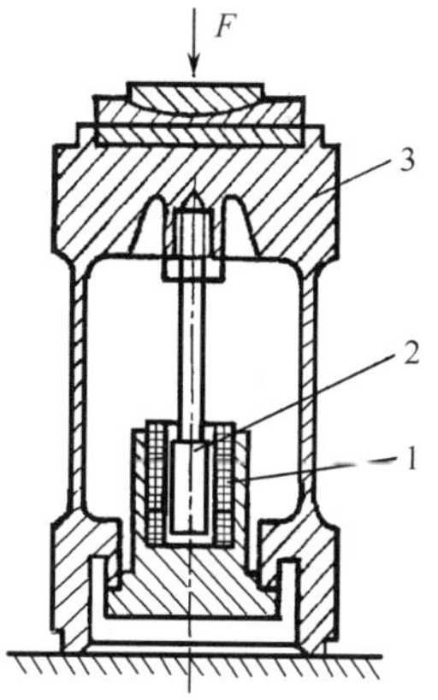

图 3.2.13　差动变压器式力传感器

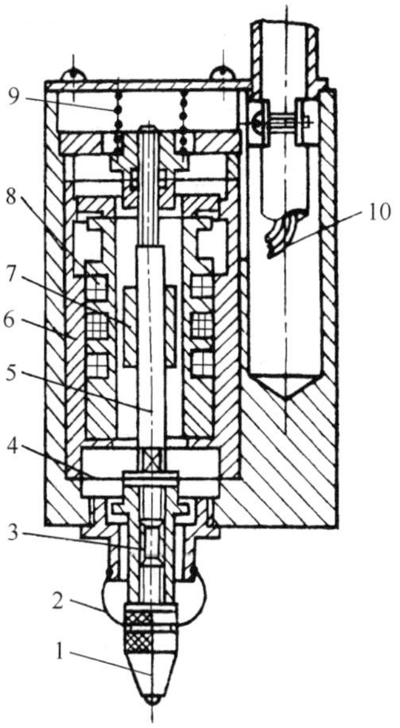

图 3.2.14　小位移测量用差动变压器式传感器

3. 压力测量

差动变压器式传感器与弹性敏感元件(膜片、膜盒和弹簧管等)相结合，可以组成开环压力传感器和闭环力平衡式压力计，用来测量压力或压差。

图 3.2.15 所示为微压力变送器结构示意图。在无压力作用时，膜盒处于初始状态，固连于膜盒中心的衔铁位于差动变压器线圈的中部，输出电压为零。当被测压力经接头输入膜盒后，推动衔铁移动，从而使差动变压器输出正比于被测压力的电压。这种微压力传感器可测 $(-4 \sim 6) \times 10^4$ Pa 的压力。

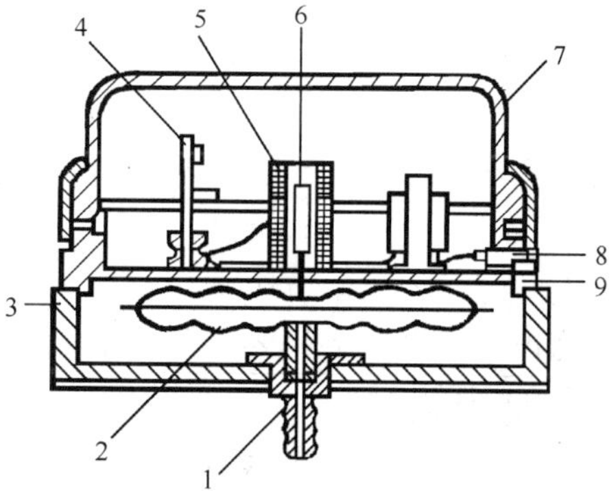

图 3.2.15　微压力变送器结构示意图

1— 接头　2— 膜盒　3— 底座　4— 线路板

5— 差动变压器线圈　6— 衔铁　7— 罩壳　8— 插头　9— 通孔

4. 加速度传感器

图 3.2.16 所示为差动变压器式加速度传感器的原理结构图，它由悬臂梁和差动变压器构

成。测量时，将悬臂梁底座及差动变压器的线圈骨架固定，而将衔铁的 A 端与被测振动体相连，此时衔铁作为加速度测量中的惯性元件，它的位移与被测加速度成正比，使加速度的测量转变为位移的测量。当被测体带动衔铁以 Δx 振动时，差动变压器的输出电压也按相同规律变化。通过输出电压值的变化间接地反映了被测加速度值的变化。

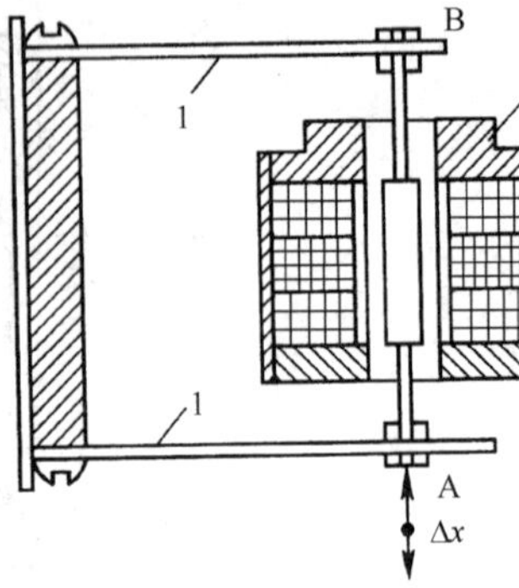

图 3.2.16　加速度传感器的原理结构图

1— 悬臂梁　2— 差动变压器

3.3　电涡流式传感器

根据法拉第电磁感应定律，当块状导体置于交变磁场或在固定磁场中运动时，导体内产生感应电流，此电流在导体内闭合，称为涡流。

电涡流式传感器是利用电涡流效应，将位移、厚度、材料损伤等非电量转换为电阻抗的变化(或电感、Q 值的变化)，从而进行非电量的测量。

3.3.1　电涡流式传感器的工作原理

1. 工作原理

电涡流式传感器原理如图 3.3.1(a) 所示，它由传感器激励线圈和被测金属体组成。根据法拉第电磁感应定律，当传感器激励线圈中通以正弦交变电流时，线圈周围将产生正弦交变磁场，使位于该磁场中的金属导体中产生感应电流，该感应电流又产生新的交变磁场。新的交变磁场阻碍原磁场的变化，使得传感器线圈的等效阻抗发生变化。传感器线圈受电涡流影响时的等效阻抗 Z 为

$$Z = F(\rho, \mu, r, f, x) \tag{3.3.1}$$

式中，ρ 为被测体的电阻率；μ 为被测体的磁导率；r 为线圈与被测体的尺寸因子；f 为线圈中激磁电流的频率；x 为线圈与导体间的距离。

由此可见，线圈阻抗的变化完全取决于被测金属导体的电涡流效应，分别与以上因素有关。如果只改变式(3.3.1) 中的一个参数，保持其他参数不变，传感器线圈的阻抗 Z 就只与该参数有关，如果测出传感器线圈阻抗的变化，就可以确定该参数。在实际应用中，通常是改变线圈与导体间的距离 x，而保持其他参数不变，来实现位移和距离的测量。

2. 等效电路

讨论电涡流式传感器时，可以把产生电涡流的金属导体等效成一个短路环，即假设电涡流只分布在环体内。因此，电涡流式传感器的等效电路如图 3.3.1(b) 所示。图中 R_2 为电涡流短

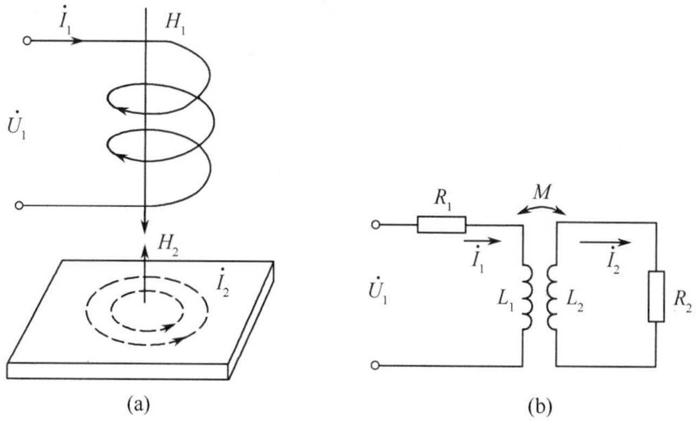

图 3.3.1　电涡流式传感器原理图

路环等效电阻，其计算方法为

$$R_2 = \frac{2\pi\rho}{h\ln\frac{r_a}{r_i}} \tag{3.3.2}$$

式中，R_2 为电涡流短路环等效电阻；h 为电涡流的深度$\left(h=\sqrt{\frac{\rho}{\pi\mu_0\mu_r f}}\right)$；$r_a$ 为短路环的外径；r_i 为短路环的内径。

由基尔霍夫电压定律有

$$\begin{cases} R_1\dot{I}_1 + j\omega L_1\dot{I}_1 - j\omega M\dot{I}_2 = \dot{U}_1 \\ -j\omega M\dot{I}_1 + R_2 I_2 + j\omega L_2\dot{I}_2 = 0 \end{cases} \tag{3.3.3}$$

式中，ω 为线圈激磁电流的角频率；R_1，L_1 为线圈的电阻和电感；R_2，L_2 为短路环的等效电阻和等效电感；M 为线圈与金属导体间的互感系数。

由式(3.3.3) 可得等效阻抗为

$$\begin{aligned} Z &= \frac{\dot{U}_1}{\dot{I}_1} = R_1 + \frac{\omega^2 M^2 R_2}{R_2^2+(\omega L_2)^2} + j\omega\left[L_1 - \frac{\omega^2 M^2 L_2}{R_2^2+(\omega L_2)^2}\right] \\ &= R_{eq} + j\omega L_{eq} \end{aligned} \tag{3.3.4}$$

式中，R_{eq} 为产生电涡流效应后线圈的等效电阻；L_{eq} 为产生电涡流效应后线圈的等效电感。

$$R_{eq} = R_1 + \frac{\omega^2 M^2 R_2}{R_2^2+(\omega L_2)^2} \tag{3.3.5}$$

$$L_{eq} = L_1 - \frac{\omega^2 M^2 L_2}{R_2^2+(\omega L_2)^2} \tag{3.3.6}$$

由式(3.3.5)、式(3.3.6) 可知：

① 由于电涡流的影响，线圈复阻抗的实部(等效电阻) 增大、虚部(等效电感) 减小。因此，线圈的等效品质因数下降，即 $\omega L_{eq}\downarrow$，$R_{eq}\uparrow \rightarrow Q_{eq}\downarrow\left(=\frac{\omega L_{eq}}{R_{eq}}\right)$。

② 电涡流式传感器的等效电气参数都是互感系数 M^2 的函数。通常总是利用其等效电感的变化组成测量电路，因此，电涡流式传感器属于电感式(互感式) 传感器。

3. 测量电路

用于电涡流传感器的测量电路主要有调频式、调幅式测量电路两种。

（1）调频式测量电路

调频式测量电路如图 3.3.2 所示，传感器线圈作为组成 LC 振荡器的电感元件，当传感器等效电感在涡流影响下因被测量变化而发生变化时，将导致振荡器的振荡频率发生变化，该频率可直接由数字频率计测得，或通过频率 - 电压变换后用数字电压表测量出对应的电压。

（2）调幅式测量电路

调幅式测量电路如图 3.3.3 所示，它是由传感器线圈、电容器和石英晶体组成的石英晶体振荡电路。石英晶体振荡器相当于一个恒流源，给谐振回路提供一个频率稳定（f_0）的激励电流 i_0。LC 回路的阻抗为

$$Z=\frac{\mathrm{j}\omega L}{1-\omega^2 LC} \tag{3.3.7}$$

式中，ω 为石英晶体振荡器振荡频率。

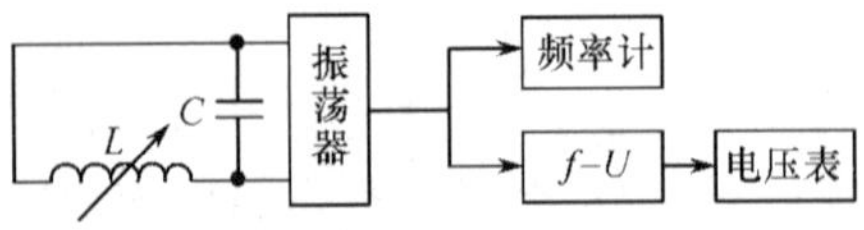

图 3.3.2　调频式测量电路

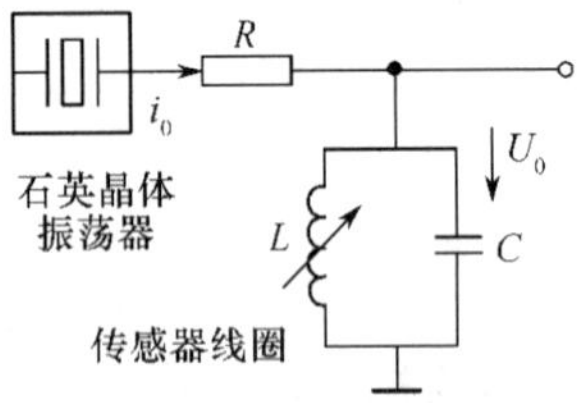

图 3.3.3　调幅式测量电路

LC 回路的输出电压为

$$U_0=i_0\cdot Z=i_0\cdot\frac{\mathrm{j}\omega L}{1-\omega^2 LC} \tag{3.3.8}$$

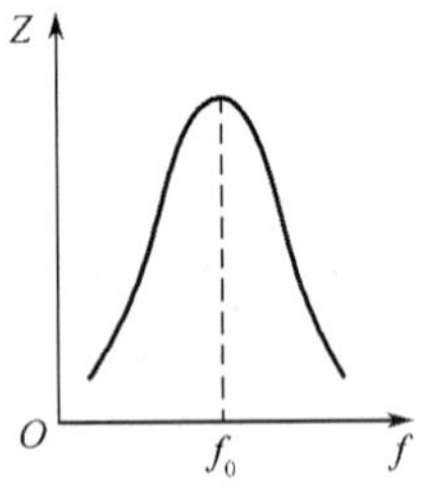

图 3.3.4　振荡回路阻抗与频率关系

由式(3.3.7)可知，当 $1-\omega^2 LC=0$ 时，即 $\omega=\frac{1}{\sqrt{LC}}$ 时，由于 $\omega=2\pi f_0$，所以有 $f_0=\frac{1}{2\pi\sqrt{LC}}$（此为 LC 振荡回路的谐振频率），此时阻抗值最大；此外，无论是 L 增加导致 $1-\omega^2 LC<0$ 还是 L 减小导致 $1-\omega^2 LC>0$，都将使振荡回路的阻抗值 Z 减小。由此可见，当金属导体与传感器的相对位置为某一个确定值时，LC 振荡回路的谐振频率恰好为激励频率（石英振荡频率）f_0，此时，回路呈现的阻抗最大，谐振回路上的输出电压也最大。当被测金属导体靠近传感器线圈时，线圈的等效电感 L 发生变化，导致回路失谐，相应的谐振频率改变，等效阻抗将减小（见图 3.3.4），从而使输出电压幅值减小。L 的数值随距离的变化而变化，因此，输出电压也随距离而变化，从而实现位移测量。

3.3.2　电涡流式传感器的类型

涡流大小与导体电阻率 ρ、磁导率 μ、厚度 t、线圈与导体的距离 x 及线圈的激磁电流频率 f 等参数有关。磁场变化频率越高，涡流的集肤效应越显著，即涡流穿透深度越小，其穿透深度 h 可表示为

$$h=5030\sqrt{\frac{\rho}{\mu_r f}}\ (\mathrm{cm}) \tag{3.3.9}$$

式中，ρ 为导体电阻率(Ω·cm)；μ_r 为导体相对磁导率；f 为交变磁场频率(Hz)。

由式(3.3.9)可知，涡流穿透深度 h 与激励电流频率 f 有关，所以电涡流式传感器根据激励频率高低，可以分为高频反射式和低频透射式两大类。

1. 高频反射式电涡流传感器

高频反射式电涡流传感器的结构比较简单，主要由一个安置在框架上的扁平圆形线圈构成，结构如图 3.3.5 所示。涡流传感器的电感线圈绕一个扁平圆形线圈，粘贴于框架上；也可以在框架上开一条槽，导线绕制在槽内而形成一个线圈。

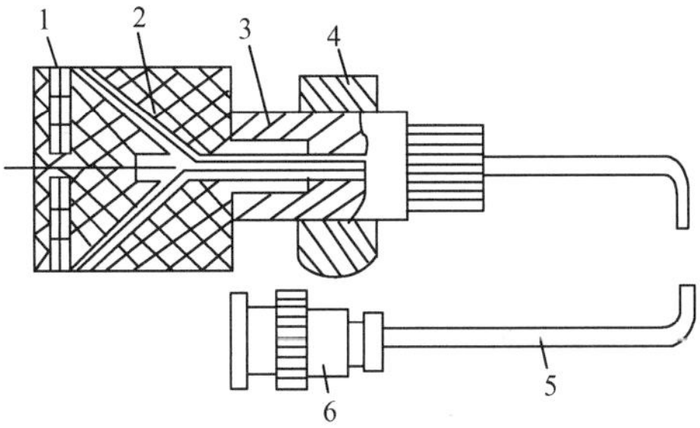

图 3.3.5　传感器的结构

1—线圈　2—框架　3—框架衬套　4—支架　5—电缆　6—插头

需要指出的是，由于电涡流式传感器是利用传感器线圈与被测导体之间的电磁耦合进行工作的，因而作为传感器的线圈装置仅仅是"实际传感器"的一半，而另一半则是被测导体。所以，被测导体的材料物理性质、尺寸和形状等都与传感器的特性密切相关。

(1) 被测导体的材料对传感器特性的影响

一般来说，被测导体的导电率越高，传感器的灵敏度也越高；但被测导体是磁性体时，磁导率越高，灵敏度越低，如被测导体有剩磁，将影响测量结果，所以，应该进行消磁处理。

(2) 被测导体的尺寸和形状对测量的影响

研究结果表明，涡流区和线圈几何尺寸有如下关系

$$\begin{cases} 2R = 1.39D \\ 2r = 0.525D \end{cases} \tag{3.3.10}$$

式中，$2R$ 为电涡流区的外径；$2r$ 为电涡流区的内径；D 为线圈的外径。

图 3.3.6 所示为电涡流密度的分布曲线。由图可见，在直径和线圈的外直径相等处的涡流区的涡流密度最大。在直径为线圈外直径的 1.8 倍处和 0.4 倍处，相对密度 j/j_0 已衰减到 5% 以下。

根据分布曲线，可由线圈的大小确定被测区域的大小。

同样，被测物体的厚度也不能太薄，一般应大于 0.2mm(铜、铝箔等为 0.07mm)，才不影响测量结果。此外，对厚度的要求还与激励频率有关。

(3) 被测导体表面镀层对测量精度的影响

若被测表面有镀层，则由于镀层的性质和厚度不均匀，在测量转动或移动时，将出现周期性的干扰信号，影响测量精度，并且随着激励频率的升高，电涡流的贯穿深度减小，这种干扰影响更大。

(4) 传感器的安装对测量精度的影响

不适当的安装也将带来附加误差，降低灵敏度和线性范围。安装时，如传感器线圈本身未加屏蔽，那么不属于被测对象的金属物与线圈之间至少要相距一个线圈直径 d 的距离。

2. 低频透射式电涡流传感器

图 3.3.7 所示为低频透射式电涡流传感器的工作原理。发射线圈 L_1 和接收线圈 L_2 分别位于被测材料 M 的上、下方。由振荡器产生的音频电压 u 加到 L_1 的两端后，线圈中即流过一个同频的交变电流，并在其周围产生一交变磁场。如果两线圈间不存在被测材料 M，L_1 的磁场就能直接贯穿 L_2，于是 L_2 的两端会产生一交变电势 E。

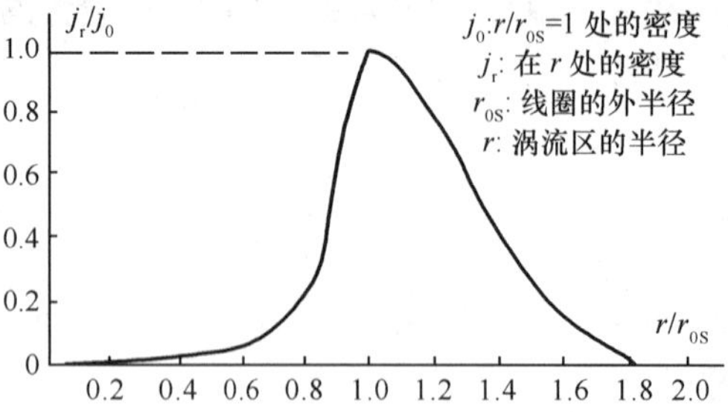

图 3.3.6　电涡流密度的分布曲线

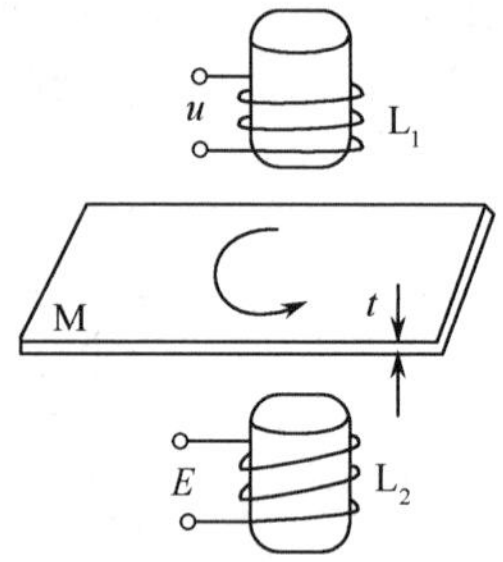

图 3.3.7　透射式电涡流传感器原理

在 L_1 与 L_2 之间放置一金属板 M 后，L_1 产生的磁力线必然穿过 M(M 可以看作一匝短路线圈)，并在 M 中产生涡流 i。这个涡流损耗了部分磁场能量，使到达 L_2 的磁力线减少，从而引起 E 的下降。M 的厚度 t 越大，涡流损耗也越大，E 就越小。由此可知，E 的大小间接反映了 M 的厚度 t，这就是测厚的原理。

M 中的涡流 i 的大小不仅取决于 t，且与 M 的电阻率 ρ 有关。而 ρ 又与金属材料的化学成分和物理状态 —— 特别是温度有关，于是引起相应的测试误差，并限制了这种传感器的应用范围。补救的办法是对不同化学成分的材料分别进行校正，并要求被测材料温度恒定。

进一步的理论分析和实验结果证明，E 与 e^{-t/Q_s} 成正比，其中，t 为被测材料的厚度，Q_s 为涡流渗透深度。而 Q_s 又与 $\sqrt{\rho/f}$ 成正比，ρ 为被测材料的电阻率，f 为交变电磁场的频率，所以接收线圈的电势 E 随被测材料厚度 t 的增大而按负指数幂的规律减小，如图 3.3.8 所示。

对于确定的被测材料，其电阻率为定值，但当选用不同的激励频率 f 时，渗透深度 Q_s 的值是不同的，从而使 E-t 曲线的形状发生变化。

从图 3.3.9 中可以看到，在 t 较小的情况下，Q_{s3} 曲线的斜率大于 Q_{s1} 曲线的斜率，而在 t 较大的情况下，Q_{s1} 曲线的斜率大于 Q_{s3} 曲线的斜率，其中，Q_{s3}、Q_{s2}、Q_{s1} 曲线对应的激励频率分别为 f_3、f_2、f_1。所以，测量薄板时应选较高的频率，而测量厚材时，应选较低的频率。

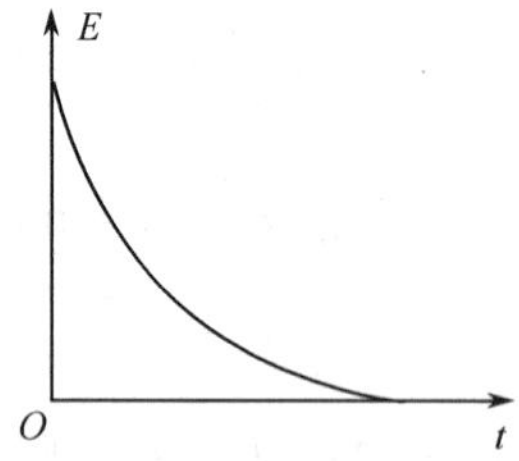

图 3.3.8　线圈感应电势与厚度关系曲线

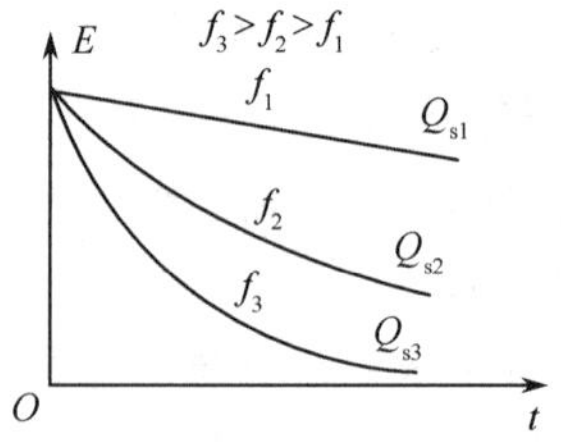

图 3.3.9　渗透深度对 $E = f(t)$ 曲线的影响

对于一定的激励频率 f，当被测材料的电阻率 ρ 不同时，渗透深度 Q_s 的值也不相同，于是又引起 $E = f(t)$ 曲线形状的变化，为使测量不同 ρ 的材料时所得到的曲线形状相近，就需在 ρ 变动时保持 Q_s 不变，这时应该相应地改变 f，即测 ρ 较小的材料(如紫铜)时，选用较低的 f(500Hz)，而测 ρ 较大的材料(如黄铜、铝)时，则选用较高的 f(2kHz)，从而保证传感器在测量不同材料时的线性度和灵敏度。

3.3.3 电涡流式传感器的应用

由于电涡流式传感器具有测量范围大、灵敏度高、结构简单、抗干扰能力强和可以非接触测量等优点，被广泛用于工业生产和科学研究的各个领域。表 3.3.1 给出了电涡流式传感器测量的参数、变换量及特征。

表 3.3.1 电涡流式传感器在工业测量中的应用及特征

被测参数	变换量	特征
位移、厚度、振动	x	(1) 非接触测量，连续测量 (2) 受剩磁的影响
表面温度、电解质浓度、材质判别	ρ	非接触测量，连续测量
应力、硬度	μ	(1) 非接触测量，连续测量 (2) 受剩磁和材质影响
探伤	x、ρ、μ	可以定量判断

传感器在使用中，应该注意被测材料对测量的影响，被测体导电率越高，灵敏度越高，在相同量程下，其线性范围越宽。其次，被测体形状对测量也有影响，被测物体的面积远大于传感器检测线圈面积时，传感器灵敏度基本不发生变化；当被测物体面积为传感器线圈面积的一半时，其灵敏度减少一半；更小时，灵敏度则显著下降。如被测体为圆柱体时，当它的直径 D 是传感器线圈直径 d 的 3.5 倍以上时，不影响测量结果，在 $D/d=1$ 时，灵敏度降低至 70%。下面简略介绍几种主要的电涡流式传感器的应用实例。

1. 位移测量

电涡流式传感器可以用来测量各种形式的位移量，图 3.3.10 所示为位移计测量示意图。其中，图 3.3.10(a) 为汽轮机主轴的轴向位移测量示意图；图 3.3.10(b) 为磨床换向阀、先导阀的位移测量示意图；图 3.3.10(c) 为金属试件的热膨胀系数测量示意图。

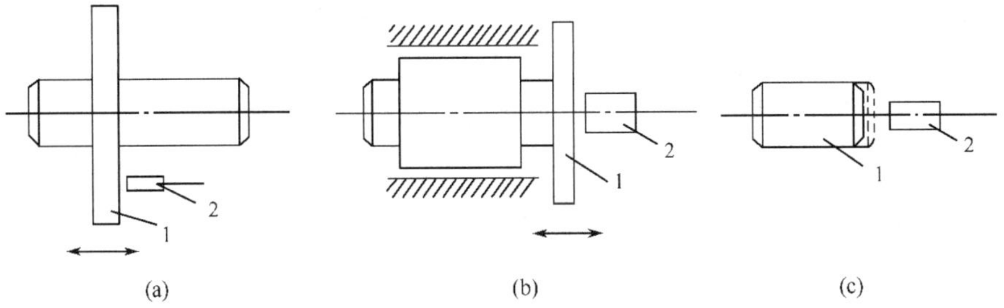

图 3.3.10 位移计测量示意图

1— 被测件 2— 传感器探头

2. 振幅测量

电涡流式传感器可以无接触地测量各种振动的幅值，图 3.3.11 所示为振幅测量应用示意图。图 3.3.11(a) 为汽轮机和空气压缩机常用的以电涡流式传感器监控主轴的径向振动的示意图。图 3.3.11(b) 为测量发动机涡轮叶片的振幅的示意图。在研究轴的振动时，常需要了解轴的振动形状，画出轴振形图。通常使用数个传感器探头并排地安置在轴附近，如图 3.3.11(c) 所示。用多通道指示仪输出至记录仪。在轴振动时，可以获得各个传感器所在位置轴的瞬时振幅，从而画出轴振形图。

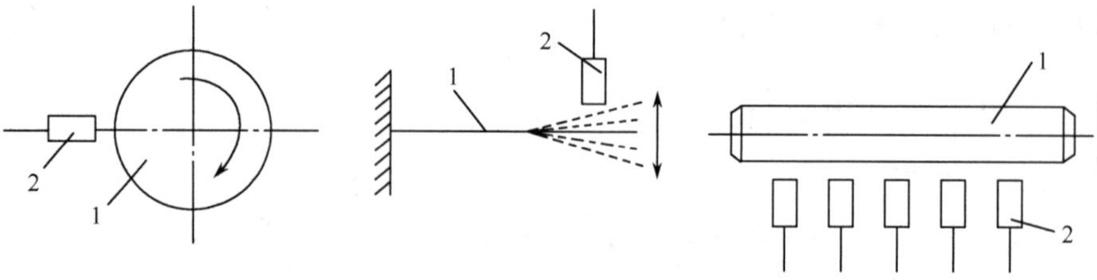

(a) (b) (c)

图 3.3.11 振幅测量示意图

1— 被测体 2— 传感器探头

3. 厚度测量

电涡流式传感器可以无接触地测量金属板厚度和非金属板的镀层厚度。图 3.3.12 所示为电涡流式厚度计的测量原理图。当金属板 1 的厚度变化时，将使传感器探头 2 与金属板间的距离改变，从而引起输出电压的变化。由于在工作过程中金属板会上下波动，这将影响测量精度，因此，一般电涡流式测厚计常用比较的方法测量，如图 3.3.12(b) 所示。在被测板 1 的上、下方各装一个传感器探头 2，其间距离为 D，而它们与板的上、下表面分别相距 x_1 和 x_2，这样板厚 $t = D-(x_1+x_2)$，当两个传感器在工作时分别测得 x_1 和 x_2，转换成电压值后相加。相加后的电压值与两传感器间距离 D 对应的设定电压相减，就得到与板厚相对应的电压值。

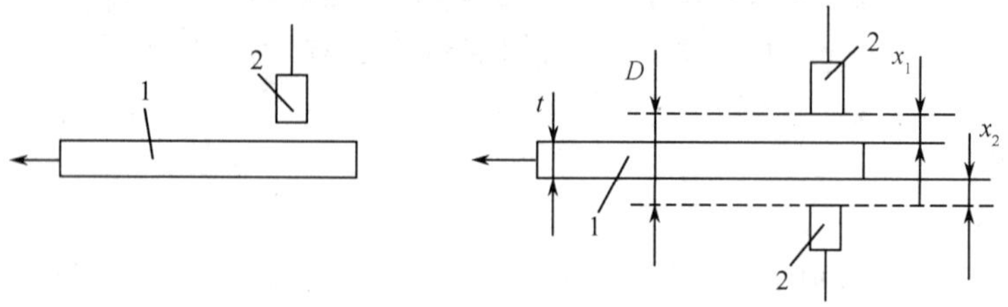

(a) (b)

图 3.3.12 厚度计测量示意图

4. 转速测量

在一个旋转体上开一条或数条槽（见图 3.3.13(a)）或者做成齿状（见图 3.3.13(b)），旁边安装一个电涡流传感器，当旋转体转动时，电涡流传感器将周期性地改变输出信号，此电压经过放大、整形，可用频率计指示出频率数值。此值与槽数和被测转速有关，即

$$n = \frac{f}{N} \times 60 \tag{3.3.11}$$

式中，f 为频率值(Hz)；N 为旋转体的槽（齿）数；n 为被测轴的转速(r/min)。

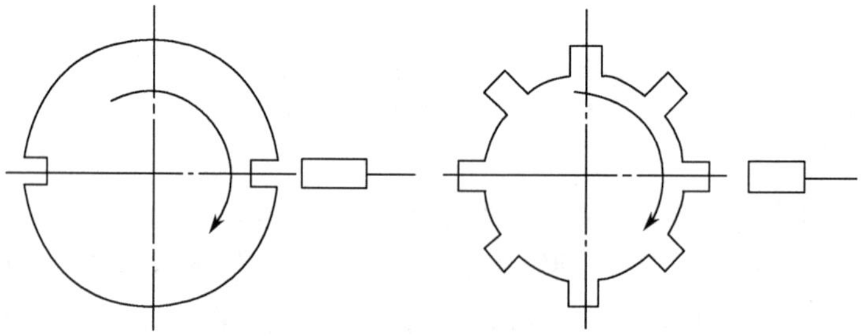

(a) (b)

图 3.3.13 转速测量

5. 涡流探伤

电涡流式传感器可以用来检查金属的表面裂纹、热处理裂纹，还可用于焊接部位的探伤等。使传感器与被测体距离不变，如有裂纹出现，将引起金属的电阻率、磁导率的变化。在裂纹处也可以说有位移值的变化。这些综合参数(x,ρ,μ) 的变化将引起传感器参数的变化，通过测量传感器参数的变化即可达到探伤的目的。

在探伤时，导体与线圈之间是有相对运动速度的，在测量线圈上会产生调制频率，这个调制频率取决于相对运动速度和导体中物理性质的变化速度，如缺陷、裂缝，它们出现的信号总是比较短促的。所以，缺陷、裂缝会产生较高的频率调幅波，剩余应力趋向于中等频率调幅波，热处理、合金成分变化趋向于较低的频率调幅波。在探伤时，重要的是缺陷信号和干扰信号比。为了获得需要的频率而采用滤波器，使某一频率的信号通过，而将干扰频率信号衰减。但对于比较浅的裂缝信号如图 3.3.14(a) 所示，还需要进一步抑制干扰信号，可采用幅值甄别电路。把这一电路调整到裂缝信号正好能通过的状态，凡是低于裂缝信号的都不能通过，这样干扰信号就抑制掉了，如图 3.3.14(b) 所示。

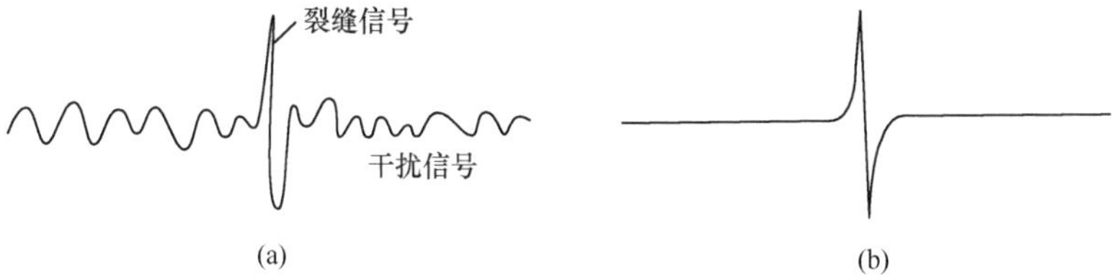

图 3.3.14　涡流探伤时的测量信号

3.4　电容式传感器

电容式传感器(以下简称电容传感器) 是一种将被测非电量的变化转换为电容量变化的传感器。它结构简单，体积小，分辨率高，具有平均效应，测量精度高，可实现非接触测量，并能在高温、辐射和强烈振动等恶劣条件下工作，广泛应用于压力、差压、液位、振动、位移、加速度、成分含量等方面的测量。

3.4.1　电容传感器的工作原理

1. 工作原理及类型

由两块平行板组成一个电容器，若忽略其边缘效应，其电容量为

$$C=\frac{\varepsilon S}{d} \tag{3.4.1}$$

式中，ε 为电容极板间介质的介电常数，$\varepsilon=\varepsilon_0\varepsilon_r$，其中 ε_0 为真空介电常数($\varepsilon_0=8.85\times10^{-12}\,\mathrm{F/m}$)，$\varepsilon_r$ 为极板间介质的相对介电常数；S 为两平行板所覆盖的面积；d 为两平行板之间的距离。

由式(3.4.1) 可见，当 S，d 和 ε 中任一参数发生变化时，电容量 C 也随之发生变化，通过测量电路就可以转换为电量输出。因此，电容式传感器可分为变极距型、变面积型和变介电常数型 3 种。图 3.4.1 所示为常用的电容传感器的结构形式。其中，图(b)，(c)，(d)，(f)，(g) 和(h) 为变面积型，图(a)，(e) 为变极距型，而图(i) ～ (l) 为变介电常数型。

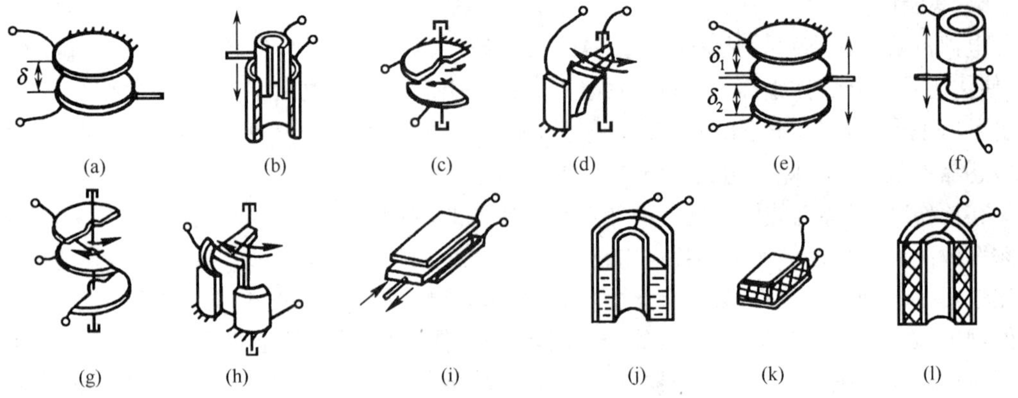

图 3.4.1　电容传感器的结构形式

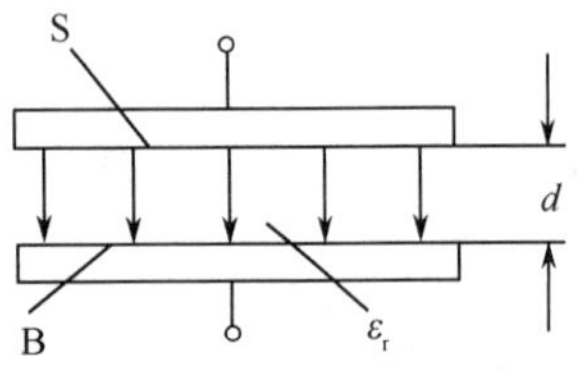

图 3.4.2　变极距型电容传感器原理图

2. 变极距型电容传感器

图 3.4.2 所示为变极距型电容传感器原理图。其中 A 为可动极板，一般称为动片；B 为固定极板。当动片因被测量变化引起移动时，就改变了两极板间的距离 d，从而使电容量发生变化。设初始极距为 d，则

$$C_0=\frac{\varepsilon_0\varepsilon_r S}{d} \tag{3.4.2}$$

若电容器极板间距离由初始值 d 缩小 Δd，电容量增大 ΔC，则有

$$C=C_0+\Delta C=\frac{\varepsilon_0\varepsilon_r S}{d-\Delta d}=\frac{C_0}{1-\dfrac{\Delta d}{d}}=\frac{C_0\left(1+\dfrac{\Delta d}{d}\right)}{1-\left(\dfrac{\Delta d}{d}\right)^2} \tag{3.4.3}$$

由式(3.4.3) 可知，C 与 Δd 不是线性关系。但是，若 $\Delta d/d \ll 1$ 时，则式(3.4.3) 可简化为

$$C=C_0+C_0\frac{\Delta d}{d} \tag{3.4.4}$$

此时，C 与 Δd 近似为线性关系，所以变极距型电容式传感器只有在 $\Delta d/d$ 很小时，才有近似的线性关系，一般最大位移应小于间距的 1/10。

在实际应用中，为了改善非线性、提高灵敏度和减少外界干扰的影响，电容传感器常做成差动形式。

3. 变面积型电容传感器

图 3.4.3 所示为变面积型电容传感器原理图。被测量变化导致动极板移动，引起两极板间有效覆盖面积 S 的变化，从而得到电容量的变化。当动极板相对于定极板沿着长度方向平移 Δx 时，其电容变化量化为

$$\Delta C=C_0-C=\frac{\varepsilon_0\varepsilon_r ab}{d}-\frac{\varepsilon_0\varepsilon_r(a-\Delta x)b}{d}=\frac{\varepsilon_0\varepsilon_r b\Delta x}{d} \tag{3.4.5}$$

式中，$C_0=\varepsilon_0\varepsilon_r b\,a/d$ 为初始电容；a 为极板长度；b 为极板宽度；Δx 为极板水平位移。由式(3.4.5) 可见，ΔC 与 Δx 间成线性关系。

图 3.4.4 为电容式角位移传感器原理图。当动极板有一个角位移 θ 时，与定极板间有效覆盖面积发生变化，从而改变了两极板间的电容量。当 $\theta=0$ 时有

$$C_0 = \frac{\varepsilon_0 \varepsilon_r S_0}{d_0} \tag{3.4.6}$$

式中,ε_r 为介质相对介电常数;d_0 为两极板间的距离;S_0 为两极板间初始覆盖面积。

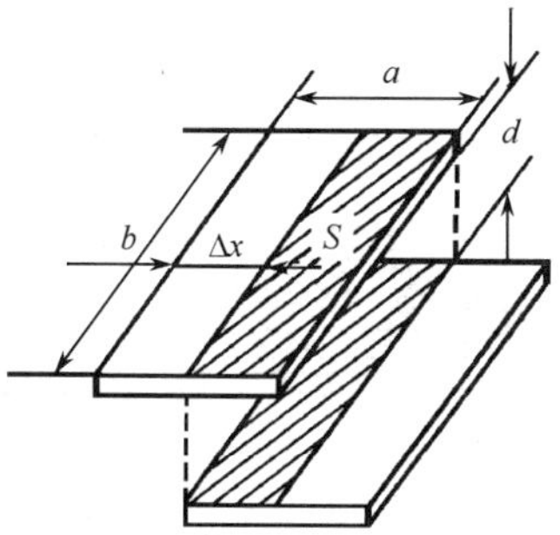

图 3.4.3　变面积型电容传感器原理图

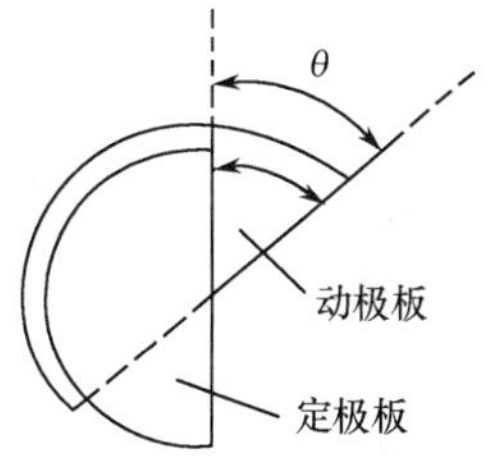

图 3.4.4　电容式角位移传感器原理图

当 $\theta \neq 0$ 时

$$C = \frac{\varepsilon_0 \varepsilon_r S_0 \left(1 - \frac{\theta}{\pi}\right)}{d_0} = C_0 - C_0 \frac{\theta}{\pi} \tag{3.4.7}$$

由式(3.4.7)可见,传感器电容量 C 与角位移 θ 间成线性关系。

4. 变介电常数型电容传感器

图 3.4.5 所示为一种变极板间介质的介电常数型电容传感器用于测量液位的结构原理图。设被测非导电液体的介电常数为 ε_1,液面高度为 h,传感器总高度为 H,内筒外径为 d,外筒内径为 D,此时电容值为

$$C = \frac{2\pi\varepsilon_1 h}{\ln\frac{D}{d}} + \frac{2\pi\varepsilon(H-h)}{\ln\frac{D}{d}} = \frac{2\pi\varepsilon H}{\ln\frac{D}{d}} + \frac{2\pi h(\varepsilon_1 - \varepsilon)}{\ln\frac{D}{d}} = C_0 + \frac{2\pi h(\varepsilon_1 - \varepsilon)}{\ln\frac{D}{d}} \tag{3.4.8}$$

式中,ε 为空气介电常数;C_0 为由传感器的基本尺寸决定的初始电容值,$C_0 = \frac{2\pi\varepsilon H}{\ln\frac{D}{d}}$。由式(3.4.8)可见,此传感器的电容量正比于被测液位的高度 h。

图 3.4.6 是变介质介电常数型电容传感器的另一种常用形式。图中两平行板电极固定不动,极距为 d_0,相对介电常数为 ε_{r2} 的电介质以不同深度插入电容器中,从而改变了两种介质的极板覆盖面积。传感器总电容量 C 为

$$C = C_1 + C_2 = \varepsilon_0 b_0 \frac{\varepsilon_{r1}(L_0 - L) + \varepsilon_{r2} L}{d_0} \tag{3.4.9}$$

式中,L_0 和 b_0 为极板的长度和宽度;L 为第二种介质进入极板的长度。

若电介质 $\varepsilon_{r1} = 1$,当 $L = 0$ 时,传感器的初始电容 $C_0 = \frac{\varepsilon_0 \varepsilon_{r1} L_0 b_0}{d_0} = \frac{\varepsilon L_0 b_0}{d_0}$。当被测电介质 ε_{r2} 进入极板间 L 深度后,引起的电容相对变化量为

$$\frac{\Delta C}{C_0} = \frac{C - C_0}{C_0} = \frac{(\varepsilon_{r2} - 1)L}{L_0} \tag{3.4.10}$$

可见,电容变化量与电介质介电常数 ε_{r2} 的移动量 L 成线性关系。

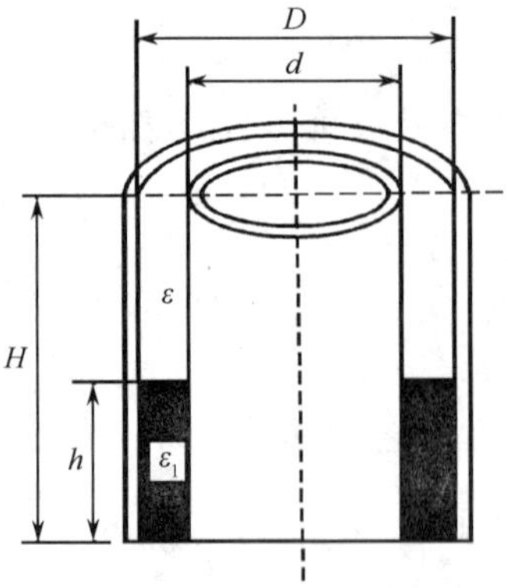

图 3.4.5　变极板间介质的介电常数型电容传感器用于测量液位的结构原理图

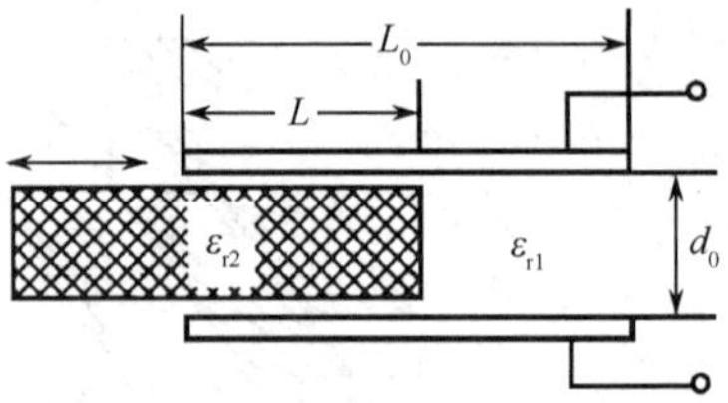

图 3.4.6　变介质介电常数型电容传感器

3.4.2　电容传感器的主要性能

1. 静态灵敏度

静态灵敏度为被测量变化缓慢的状态下电容变化量与引起其变化的被测量之比。

对于变极距型电容传感器，由式(3.4.3)可得

$$\Delta C = C - C_0 = C_0 \frac{\Delta d}{d - \Delta d}$$

则变极距型电容传感器静态灵敏度为

$$k_g = \frac{\Delta C}{\Delta d} = \frac{C_0}{d}\left(\frac{1}{1-\frac{\Delta d}{d}}\right)$$

因为 $\Delta d/d < 1$，上式可按泰勒级数展开得

$$k_g = \frac{C_0}{d}\left(1 + \frac{\Delta d}{d} + \left(\frac{\Delta d}{d}\right)^2 + \left(\frac{\Delta d}{d}\right)^3 + \cdots\right) \tag{3.4.11}$$

由式(3.4.11)可见，静态灵敏度与初始间距 d 有关，而且不是常数，随被测量变化而变化。要提高灵敏度，应减小 d，但 d 过小不但影响两极板间移动的平稳性，而且容易使电容器击穿。一般可在极板间放置云母片或塑料膜，以提高电容器耐击穿性能。

对于平板式变面积型电容传感器(见图 3.4.3)，忽略边缘效应，其静态灵敏度为常数，即

$$k_g = \frac{C_0}{a} = \frac{\varepsilon b}{d} \tag{3.4.12}$$

因此，增大极板宽度 b、减小极板间距 d 可以提高灵敏度，而极板起始遮盖长度 a 的大小与灵敏度无关。但是 a 不能太小，必须保证 $a \gg d$，否则因边缘电场影响增大而影响传感器的非线性。

除了减小 d、增大 b 等方法外，变极距型和变面积型电容传感器可以采用差动结构形式(见图 3.4.1(e)、(h))提高其静态灵敏度。

2. 非线性

变极距型电容传感器当极板间距 d 变化 $\pm\Delta d$ 时，电容量 C 随之变化，即

$$\Delta C = C_0 \frac{\Delta d}{d \pm \Delta d} = C_0 \left(\frac{1}{1 \pm \frac{\Delta d}{d}}\right) \frac{\Delta d}{d}$$

因为 $\Delta d/d<1$，所以

$$\Delta C=C_0\frac{\Delta d}{d}\left(1\mp\frac{\Delta d}{d}+\left(\frac{\Delta d}{d}\right)^2\mp\left(\frac{\Delta d}{d}\right)^3+\cdots\right) \tag{3.4.13}$$

由式(3.4.13)可见，输出电容 ΔC 与被测量 Δd 之间的关系是非线性的。

为了改善非线性可采用差动形式(见图 3.4.1(e))。假设中间可动极板上移 Δd，则上电容量增大，下电容量减小，则差动电容总变化量 $\Delta C=\Delta C_1+\Delta C_2$，即

$$\Delta C=2C_0\frac{\Delta d}{d}\left(1+\left(\frac{\Delta d}{d}\right)^2+\cdots\right) \tag{3.4.14}$$

比较式(3.4.13)与式(3.4.14)可见，采用差动形式的电容传感器非线性得到了很大的改善，灵敏度也提高了一倍。

如果采用容抗 $X_C=\frac{1}{j\omega C}$ 作为电容传感器的输出量，那么被测量 Δd 就与 ΔX_C 成线性关系，不一定要满足 $\Delta d\ll d$ 这一要求。

在忽略边缘效应的情况下，变面积型和变介电常数型电容传感器具有很好的线性，但实际上由于边缘效应引起的漏电力线，导致了极板(或极筒)间电场分布不均匀，仍有非线性问题，且灵敏度下降，却比变极距型好得多。

3.4.3 电容传感器的特点和设计要点

1. 特点

电容传感器与电阻、电感等传感器相比有以下一些优点。

① 温度稳定性好。电容传感器的电容值一般与电极材料无关，有利于选择温度系数低的材料，又因其本身发热极小，影响稳定性甚微。而电阻传感器有电阻，电感传感器有铜损等，易产生发热、零漂等情况。

② 结构简单，适应性强，能够承受很大的温度变化，能承受高压力、高冲击、过载等情况。

③ 动态响应好。电容传感器由于带电极板间的静电引力很小，需要的作用能量极小。又由于它的可动部分质量可以做得很轻，因此其固有频率很高，动态响应时间短，特别适用于动态测量。

④ 可实现非接触测量，且具有平均效应，可以减小由于传感器极板加工过程中局部误差较大而对整体测量精度的影响。

电容传感器存在如下主要缺点。

① 输出阻抗高，负载能力差。电容传感器的容量受其电极的几何尺寸等限制，一般为几十到几百皮法，使传感器输出阻抗很高。因此传感器负载能力差，易受外界干扰影响而产生不稳定现象，严重时甚至无法工作，必须采取屏蔽措施。

② 寄生电容影响大。电容传感器的初始电容量小，而连接传感器和电子线路的引线电缆电容、电子线路的杂散电容及传感器内极板与周围导体构成的电容等寄生电容却较大，这不仅降低了传感器的灵敏度，而且这些电容常常是随机变化的，使仪器工作很不稳定，影响测量精度。因此，电容传感器对电缆的选择、安装、接法等都有要求。

2. 设计要点

在设计传感器过程中，在所要求的量程、温度和压力范围内，应尽量使它具有低成本、高精度、高分辨率、稳定可靠和好的频率响应等，一般不易实现每项技术指标均为最优，因此常使用折中方案。在设计时可从以下几个方面考虑。

(1) 减小环境温度、湿度等变化所产生的误差,保证绝缘材料的绝缘性能

温度变化使传感器内各零件的几何尺寸、相互位置及某些介质的介电常数发生改变,从而改变传感器的电容量,产生温度误差。湿度也影响某些介质的介电常数和绝缘阻值,因此,必须从选材、结构、加工工艺等方面减小温度误差,保证绝缘材料具有高的绝缘性能。

电容传感器的金属电极材料可以选用温度系数低的铁镍合金,也可采用在陶瓷或石英上喷镀金或银的工艺,这样电极可以做得很薄,有利于减小边缘效应。

在传感器内尽量采用差动对称结构,这样可以通过如电桥一类的电子线路减小温度误差的影响。

传感器内所有的零件应进行清洗、烘干后再装配。传感器要密封以防水分进入内部而引起电容值变化和绝缘性能变坏。传感器壳体刚性要好,以免安装时变形。

(2) 消除和减小边缘效应

边缘效应不仅使电容传感器灵敏度降低,而且产生非线性,因此应尽量消除或减小它。

适当减小极间距,使极径与间距比很大,可以减小边缘效应的影响,但易发生击穿并有可能限制测量范围。

在结构上,通过增设等位环消除边缘效应,如图 3.4.7 所示。

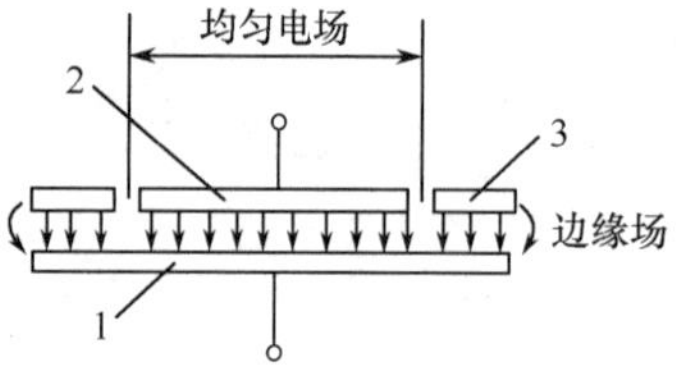

图 3.4.7　带等位环的电容传感器原理图
1,2— 电极　3— 等位环

(3) 消除和减小寄生电容的影响,防止和减少外界干扰

防止和减少外界干扰的措施归纳起来有以下几点(其详细介绍参阅有关参考文献)。

① 屏蔽和接地。用良导体做传感器壳体,将传感元件包围起来,并可靠接地;用屏蔽电缆,且金属网可靠接地;用双层屏蔽线且可靠接地;用双层屏蔽罩壳且可靠接地;传感器与电子线路前置级一起装在良好屏蔽壳体内,壳体可靠接地等。

② 增加初始电容值,降低容抗。

③ 导线间分布电容有静电感应,因此导线和导线距离要远,线要尽可能短,最好成直角排列,若采用平行排列时,可采用同轴屏蔽线。

④ 尽可能一点接地,避免多点接地。接地线要用粗的良导体或宽印制线。

(4) 尽可能采用差动式电容传感器

这样可减小非线性误差,提高传感器灵敏度,减小寄生电容的影响和减小干扰。

3.4.4　电容传感器等效电路

在大多数情况下,电容传感器由于使用环境温度不高、湿度不大,若供电电源频率较合适,可用一个纯电容代表。但当供电电源频率较低或在高温、高湿环境下使用时,传感器可等效成如图 3.4.8(a) 所示电路,图中 C 是传感器电容,R_1 为电极间等效漏电阻。随着供电电源频率增高,传感器容抗减小,R_1 的影响也就减弱。当电源频率高至几兆赫时,R_1 可以忽略,但电流的集肤效应使导体的电阻增加,必须考虑传输线的电感和电阻,这时电容传感器等效为如图 3.4.8(b) 所示电路,图中 L 为传输线和电容器本身电感之和,R_2 包括传输线电阻、极板电阻和金属支架电阻,该等效电路的谐振频率通常为几十兆赫,供电电源频率必须低于谐振频率,一般为谐振频率的 $1/3 \sim 1/2$,传感器才能正常工作。由图 3.4.8(b) 可得

$$\frac{1}{j\omega C_e} = j\omega L + \frac{1}{j\omega C} + R \tag{3.4.15}$$

式中，ω 为传感器供电电源角频率；C_e 为传感器等效电容（即 AB 端电容）。

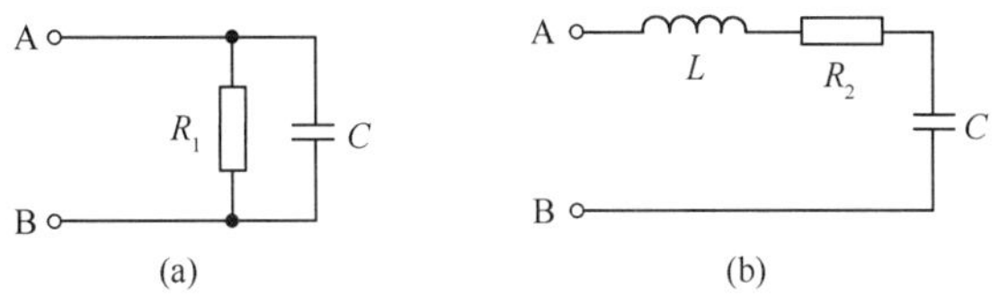

图 3.4.8　电容式传感器等效电路

由于电容传感器电容量一般都很小，电源频率即使采用几兆赫，容抗仍很大，而 R 很小可忽略不计，因此

$$C_e = \frac{C}{1-\omega^2 LC}$$

此时电容传感器的等效灵敏度为

$$k_e = \frac{\Delta C_e}{\Delta d} = \frac{\Delta C/(1-\omega^2 LC)^2}{\Delta d} = \frac{k_g}{(1-\omega^2 LC)^2} \tag{3.4.16}$$

式中，Δd 为被测变量，k_g 为电容传感器静态灵敏度。

由式(3.4.16)可知，当电容传感器的供电电源频率较高时，传感器的灵敏度由 k_g 变为 k_e。k_e 与传感器的固有电感（包括电缆电感）有关，且随 ω 的变化而变化。因此，改变传感器供电电源频率（即转换电路工作频率）或更换传感器至转换电路的引线电缆之后，必须对整个仪器重新标定。仪器测量时，应与标定时所处的条件相同，即电缆长度不能改变，供电电源频率不能改变。

3.4.5　电容传感器测量电路

将电容量转换成电压（或电流）的电路称为电容传感器的转换电路。它们的种类很多，目前较常用的有调频电路、运算放大器电路、差动脉宽调制电路、双 T 形电桥电路等。

（1）调频电路

将电容传感器接入高频振荡器的 LC 振荡回路中，作为回路的一部分。当被测量变化使传感器电容改变时，振荡器的振荡频率 $f = 1/2\pi\sqrt{LC}$ 也随之改变。测定频率经鉴频器将频率变化转换成电压幅值的变化，就可测得被测量的变化。调频电路原理如图 3.4.9 所示，图中 C_i 为寄生电容。设 $C = C_1 + C_i + C_0 \pm \Delta C$，$C_2 = C_3 \gg C$，则

$$f = \frac{1}{2\pi\sqrt{LC}} = \frac{1}{2\pi\sqrt{L(C_1 + C_i + C_0 \pm \Delta C)}} \tag{3.4.17}$$

当被测信号为零时，$\Delta C = 0$，振荡器有一个固有振荡频率 f_0，其数值为

$$f_0 = \frac{1}{2\pi\sqrt{L(C_1 + C_i + C_0)}}$$

当被测信号不为零时，$\Delta C \neq 0$，此时频率为

$$f = \frac{1}{2\pi\sqrt{L(C_1 + C_i + C_0 \pm \Delta C)}} = f_0 \mp \Delta f \tag{3.4.18}$$

调频电路具有较高的灵敏度，可测至 0.01μm 级的位移变化量。信号的输出易于用数字仪器测量，并可与计算机通信，抗干扰能力强，可以发送、接收，以达到遥测控制的目的。

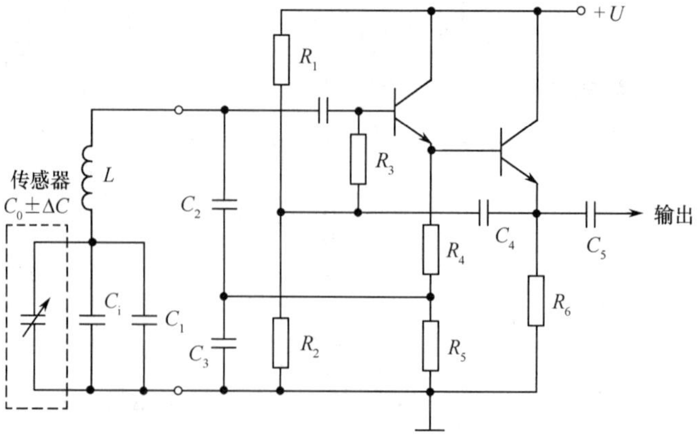

图 3.4.9　调频电路原理图

(2) 运算放大器电路

将电容传感器接入运算放大器电路中，作为电路的反馈元件，如图 3.4.10 所示。图中 C 是固定电容，C_x 是传感器电容，$\dot{U}_i$ 是交流电压源，$\dot{U}_o$ 是输出信号电压。在开环放大倍数为 A 和输入阻抗 Z_i 较大的情况下，有

$$\dot{U}_o = -\frac{C}{C_x}\dot{U}_i \tag{3.4.19}$$

将 $C_x = \dfrac{\varepsilon S}{d}$ 代入得

$$\dot{U}_o = -\dot{U}_i \frac{C}{\varepsilon S} d \tag{3.4.20}$$

式中，"−"表示输出电压 $\dot{U}_o$ 的相位与电源电压 $\dot{U}_i$ 反相。式(3.4.20)说明 $\dot{U}_o$ 与 d 成线性关系，表明运算放大器电路能克服变极距型电容传感器 C 与 d 的非线性，但要求 A 及 Z_i 足够大。为保证仪器精度，还要求电源电压 $\dot{U}_i$ 的幅值及固定电容 C 的稳定。

(3) 双 T 形电桥电路

图 3.4.11 是二极管双 T 形交流电桥电路原理图。图中，u 是交流电源，它提供了幅值为 U 的对称方波，VD_1，VD_2 为特性完全相同的两只二极管，固定电阻 $R_1 = R_2 = R$，C_1，C_2 为传感器的两个差动电容。

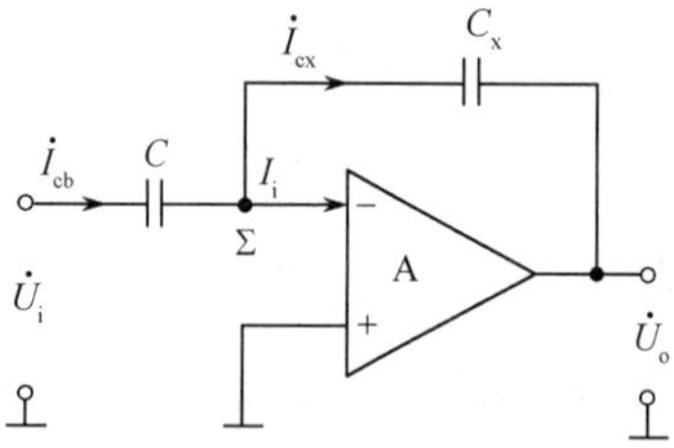

图 3.4.10　运算放大器电路原理图

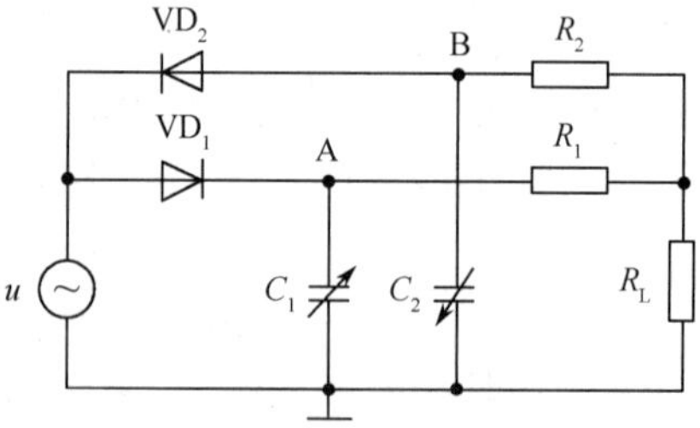

图 3.4.11　双 T 形电桥电路原理图

当传感器没有输入时，$C_1 = C_2$。其电路工作原理为：当 u 为正半周时，二极管 VD_1 导通，VD_2 截止，于是电容 C_1 充电；在随后出现的负半周，电容 C_1 上的电荷通过电阻 R_1、负载电阻 R_L 放电，通过 R_L 的电流为 I_1。当 u 为负半周时，VD_2 导通，VD_1 截止，则电容 C_2 充电；在随后出现的正半周，C_2 通过电阻 R_2、负载电阻 R_L 放电，流过 R_L 的电流为 I_2。根据以上条件，电流 $I_1 = I_2$，且方向相反，则在一个周期内流过 R_L 的平均电流为零。

若传感器输入不为零，则 $C_1 \neq C_2$，$I_1 \neq I_2$，此时在一个周期内通过 R_L 的平均电流不为零，因此产生输出电压 U_o，且输出电压 U_o 是电容 C_1 和 C_2 的函数。该电路输出电压较高，可用来测量高速的机械运动。

(4) 脉宽调制电路

脉冲宽度调制电路如图 3.4.12 所示，图中 C_{x1}，C_{x2} 为差动式电容传感器，电阻 $R_1 = R_2$，A_1，A_2 为比较器。当双稳态触发器处于某一状态，$Q = 1$，$\overline{Q} = 0$，A 点高电位通过 R_1 对 C_{x1} 充电，时间常数为 $\tau_1 = R_1 C_{x1}$，直至 F 点电位高于参比电位 U_r，比较器 A_1 输出正跳变信号。与此同时，因 $\overline{Q} = 0$，电容器 C_{x2} 上的已充电电压通过 VD_2 迅速放电至零电平。A_1 正跳变信号激励触发器翻转，使 $Q = 0$，$\overline{Q} = 1$，于是 A 点为低电位，电容器 C_{x1} 上的已充电电压通过 VD_1 迅速放电，因 B 点为高电位，通过 R_2 对 C_{x2} 充电，时间常数为 $\tau_2 = R_2 C_{x2}$，直至 G 点的电位高于参比电位 U_r，比较器 A_2 输出正跳变信号，使触发器发生翻转。重复前述过程，电路各点波形如图 3.4.13 所示。当 $C_{x1} = C_{x2}$ 时，电路各点波形如图 3.4.13(a) 所示，A、B 两点间平均电压为

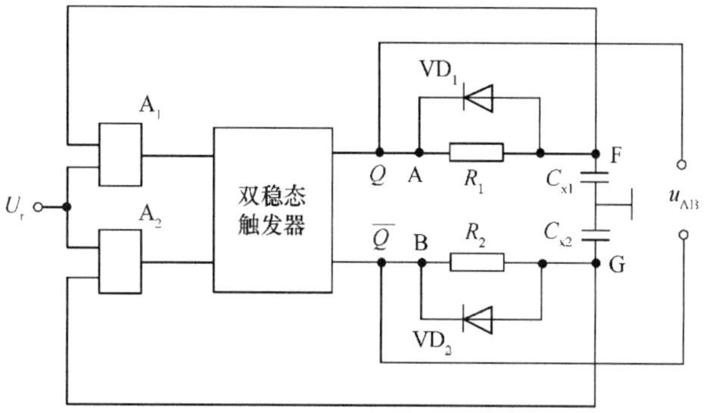

图 3.4.12　脉宽调制电路原理图

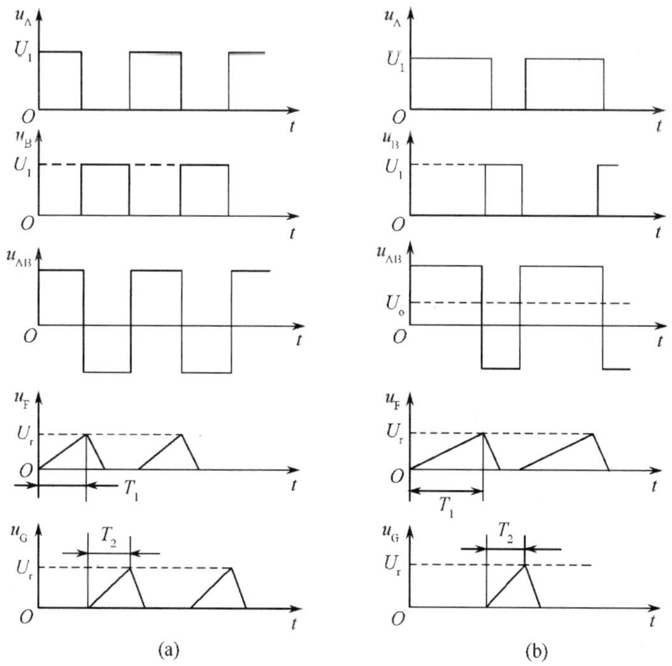

图 3.4.13　脉宽调制电路电压波形

零。当 $C_{x1} \neq C_{x2}$，且 $C_{x1} > C_{x2}$ 时，$\tau_1 = R_1C_{x1} > \tau_2 = R_2C_{x2}$。由于充、放电时间常数的变化，电路中各点电压波形产生相应的改变。电路各点电压波形如图 3.4.13(b) 所示，此时 u_A，u_B 的脉冲宽度不再相等，一个周期($T_1 + T_2$) 时间内输出的平均电压不为零。此 u_{AB} 电压经低通滤波器滤波后，可得 U_o 输出。即

$$U_o = U_A - U_B = U_1 \frac{T_1 - T_2}{T_1 + T_2} \tag{3.4.21}$$

式中，U_1 为触发器输出高电平；T_1，T_2 为 C_{x1}，C_{x2} 充电至 U_r 时所需的时间。由电路知识可知

$$T_1 = R_1C_{x1}\ln\frac{U_1}{U_1 - U_r} \tag{3.4.22}$$

$$T_2 = R_2C_{x2}\ln\frac{U_1}{U_1 - U_r} \tag{3.4.23}$$

将 T_1，T_2 代入式(3.4.21)，考虑 $R_1 = R_2$ 得

$$U_o = \frac{C_{x1} - C_{x2}}{C_{x1} + C_{x2}}U_1 \tag{3.4.24}$$

把平行板电容器的电容公式代入式(3.4.24)，在变极距的情况下可得

$$U_o = \frac{d_2 - d_1}{d_1 + d_2}U_1 \tag{3.4.25}$$

式中，d_1，d_2 分别为 C_{x1}，C_{x2} 极板间的距离。

在变面积电容传感器中，则有

$$U_o = \frac{S_1 - S_2}{S_1 + S_2}U_1 \tag{3.4.26}$$

由此可见，差动脉冲调制电路适用于变极距型及变面积型差动式电容传感器，具有线性特性且转换效率高，经过低通滤波器就有较大的直流输出，脉宽频率的变化对输出没有影响。

3.4.6 电容传感器的应用

1. 电容式差压传感器

图 3.4.14(a) 是电容式差压传感器的结构示意图，它由两个凹玻璃圆盘和一个金属膜片组成，两个凹玻璃圆盘上镀金作为电容传感器的两个固定电极，而夹在两圆盘中的金属膜片作为传感器的可动电极。当两边的压力 P_1 与 P_2 相等时，膜片处于中间位置，与左右固定电极间距相等，即 $C_{AB} = C_{DB}$，经图 3.4.14(b) 转换电路，输出 $u_o = 0$；当 $P_1 > P_2$(或 $P_2 > P_1$) 时，膜片弯向 P_2(或 P_1)，$C_{AB} < C_{DB}$(或 $C_{AB} > C_{DB}$)，u_o 输出与 $|P_1 - P_2|$ 成正比的信号。这种差压传感器不仅用来测量 P_1 与 P_2 的压差，还可以用来测量真空或微小绝对压力。

2. 电容式加速度传感器

图 3.4.15 为电容式加速度传感器的结构图。它有两个固定极板(与壳体绝缘)，中间有一用弹簧片支撑的质量块，此质量块的两个端面经磨平抛光后可作为可动极板。当传感器壳体随被测对象沿垂直方向做直线加速运动时，质量块在惯性空间中相对静止，两个固定电极将相对于质量块在垂直方向产生大小正比于被测加速度的位移。此位移使 C_1 和 C_2 值随之改变，一个增大，一个减小，它们的差值正比于加速度。这种加速度传感器的精度较高，频率响应范围宽、量程大。

3. 电容式振动位移传感器

图 3.4.16 为电容式振动位移传感器应用示意图，其中传感器的一极是被测物体表面，这种传感器不仅可以测量振动的位移，而且可以测量转轴的回转精度和轴心的动态偏摆。

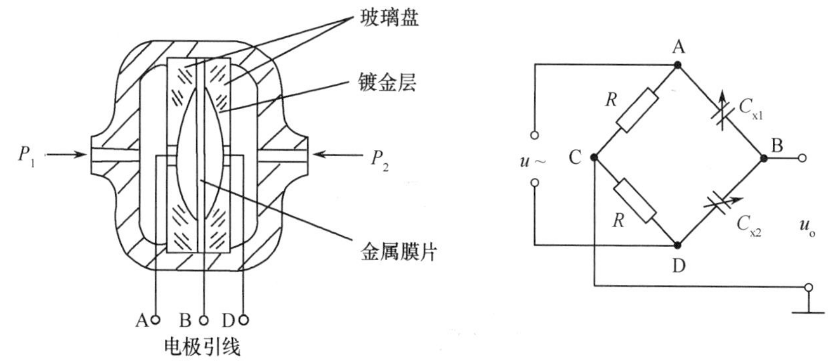

(a) (b)

图 3.4.14　电容式差压传感器结构示意图及转换电路

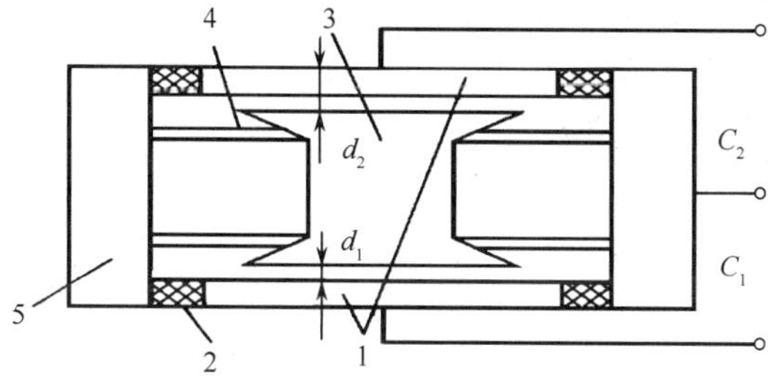

图 3.4.15　电容式加速度传感器结构图

1—固定电极　2—绝缘垫　3—质量块　4—弹簧　5—壳体

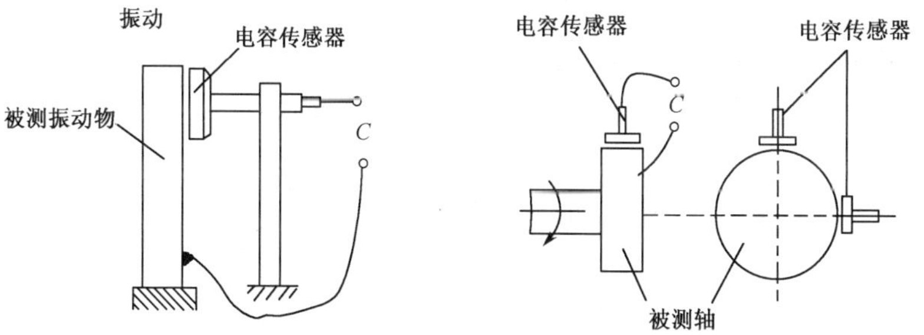

(a) 测量振动　　(b) 测量回转精度

图 3.4.16　电容式振动位移传感器应用示意图

图 3.4.17 为电荷平衡式位移传感器结构示意图。这个系统安装在测头中，图中，x 表示测头的位移。其工作原理是：一块接地的导电圆屏蔽板在两块静止不动的同轴圆筒电极间移动，从理论上来说，这时电容量 C_M 与屏蔽板的位置成比例。具有电容量为 C_R 的参考电容器也装在测头里，可变电容器和参考电容器具有一个公用电极，这个公用电极的输出连接到内置的前置放大器的输入端上。工作时，一个等幅的方波信号电压 V_R 加到可变电容器外层极上，一个幅值变化且与 V_R 反相的方波信号电压 V_M 施加到参考电容器上，方波信号电压 V_M 的幅值由前置放大器输出电压 V_b 控制的反馈系统自动调整，以保证公共电极的信号为零。即

$$V_R C_M + V_M C_R = 0 \tag{3.4.27}$$

或
$$V_M = -\frac{C_M V_R}{C_R} \tag{3.4.28}$$

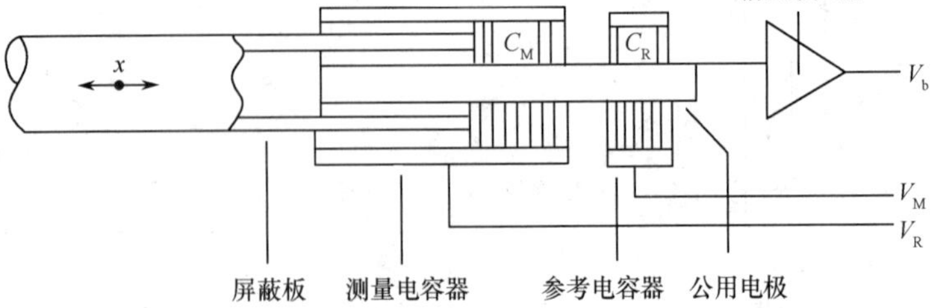

图 3.4.17 电荷平衡式位移传感器结构示意图

由此可见,可变电压 V_M 与测头的位置成比例,用模数转换器可将电压量转变成数字量显示出来。这个系统的精度取决于电极的几何精度(圆柱度在 1μm 以内)和电子部分的精度。这个系统具有 0.1μm 的分辨率,测量范围为 10mm 的测头,其线性误差为 1μm。该系统已在类似于孔径测量仪等便携式测量工具中应用。

4. 电容式物位传感器

利用物料介电常数恒定时电极间电容正比于物位的原理,可构成电容式物位传感器。电容式物位传感器无可动部件,与物料密度无关,但是,要求物料的介电常数与空气介电常数差别大,且需要高频测量电路。

电容式物位传感器的电极结构如图 3.4.18 所示。图 3.4.18(a) 适用于导电容器中的绝缘性物料测量,且容器为立式圆筒形,其中容器壁为一极,器壁与电极间构成的电容 C_x 与物位成比例,其电极也可用悬挂带重锤的软导线来代替。

图 3.4.18(b) 适用于非金属容器,或虽为金属容器但非圆筒形,物料为绝缘性的。这时在棒状电极周围用绝缘支架套装金属筒,筒上下开口,或整体上均匀分布多个孔,使内外物位相同。中央圆棒和与之同轴的套筒构成电极,其间电容和容器形状无关,只取决于物位。这种电极只用于液位、粉粒体不容易滞留在极间的情况。

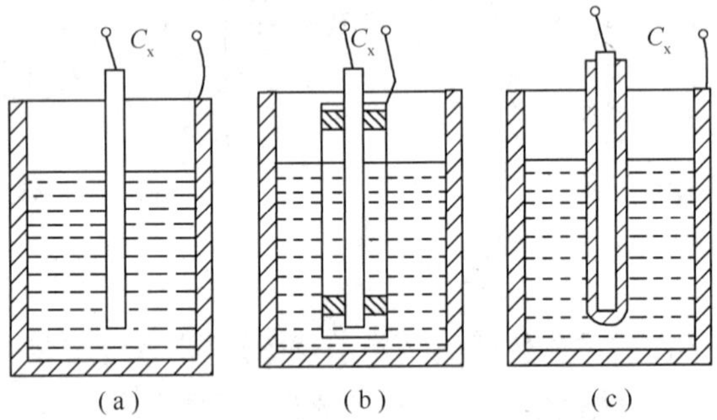

图 3.4.18 电容物位传感器的电极

图 3.4.18(c) 用于导电性物料,其形状位置和图 3.4.18(a) 一样。但是,中央圆棒电极上包有绝缘材料。电容 C_x 是由绝缘材料的介电常数和物位决定的,与物料的介电常数无关,导电物料使筒壁与中央电极间的距离缩短为绝缘层的厚度,物位升降相当于电极面积改变。

电容法也用于粉粒体的料位测量,但是,应注意物料中含水分时将对测量结果影响很大。例如干燥的土壤介电常数约为 1.9,含水 19% 时达到 8,何况水分还会造成漏电。即使采用绝缘层的电极，效果也不佳。所以，电容法只宜用于干燥粉粒体或水分含量恒定不变的粉粒体。稍有黏着性的不导电液体也可用裸露电极，若黏着性液体有导电性，即使采用绝缘层电极也不能工作，因为黏附在电极上的导电液不脱落会造成虚假液位。在这种情况下，只能借助隔离膜将压力传到非黏性液体上，再用电容法进行测量。

5. **容栅式传感器**

（1）基本类型及工作原理

在变面积型电容传感器的基础上，20 世纪 80 年代又开发了容栅式电容传感器，它具有电容传感器的优点，如动态响应快，结构简单，能实现非接触测量。还因多极电容及其平均效应，使其具有抗干扰能力强、精度高、测量范围大等特点。容栅式传感器有长容栅和圆容栅两种，它们的结构原理如图 3.4.19 所示。图 3.4.19(a) 是长容栅结构示意图，它由定栅尺和动栅尺组成，国内一般用敷铜板制造。在定栅尺上蚀刻反射电极（也称标尺电极）和屏蔽电极（或称屏蔽）；在动栅尺上蚀刻发射电极和接收电极。当定栅尺与动栅尺的栅极面相对放置，其间留有间隙时，其发射电极与反射电极形成一对对电容（即容栅），这些电容并联连接，忽略边缘效应，其最大电容量为

$$C_{\max} = n\frac{\varepsilon ab}{\delta} \tag{3.4.29}$$

式中，n 为动栅尺栅极片数；a 和 b 为栅极片的长度和宽度；ε 为动栅尺和定栅尺间介质的介电常数；δ 为动栅尺和定栅尺间的间隔距离。

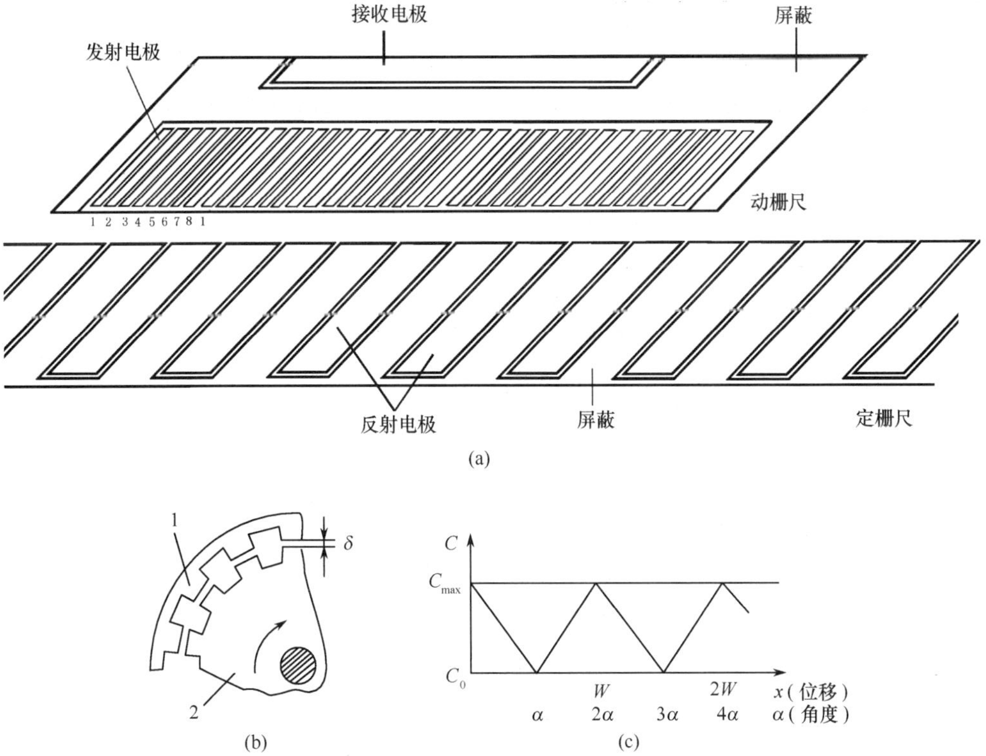

图 3.4.19　容栅式传感器结构原理图

1—定子　2—转子

最小电容量理论上为零，实际上为固定电容 C_0，称为容栅固有电容。当动栅尺沿 x 方向平

行于定栅尺移动时，每对电容的相对遮盖长度 a 将由大到小、由小到大周期性变化，电容量也随之周期性变化，如图 3.4.19(c) 所示，其中 W 为反射电极的极距(相邻两个反射电极间的矩离)。经电路处理过后，可测得线位移值。

图 3.4.19(b) 为柱状电容器，可以测量角位移。它是由同轴安装的定子 1 和转子 2 组成，在它们的内、外柱面上刻制一系列宽度相等的齿和槽，当转子旋转时就形成了一个可变电容器，当定子、转子齿面相对时电容量最大，错开时电容量最小。其转角 α 与电容量 C 的关系曲线如图 3.4.19(c) 所示，图中 α 为齿或槽所对应的圆心角。

(2) 信号处理方式

容栅式传感器测量电路主要有鉴幅式测量电路和鉴相式测量电路两种形式。目前，鉴幅式测量系统可达到 0.001mm 的分辨率，主要在测长仪上使用，鉴相式测量系统分辨率为 0.01mm，主要在电子数字显示卡尺等数显量具上使用。下面以长容栅为例，讨论这两种信号处理方式。

① 鉴幅式测量系统。图 3.4.20 为鉴幅式测量系统结构原理图，图中 A，B 为动栅尺上的两组电极片，P 为定栅尺上的一片电极片，它们之间构成差动电容 C_A 和 C_B。动栅尺上两组电极片各由 4 片小电极片组成，如图 3.4.20(b) 所示，在位置 a 时，一组为小电极片 1 ～ 4，另一组为 5 ～ 8，分别加以同频反相矩形交变电压 U_{m1} 和 U_{m2}，U_1 和 U_2 为参考直流电压，当电极片 P 在初始位置($x = 0$)，即 A 与 B 两组电极片中间时，测量转换系统输出初始电压 $U_{m0} = (U_1 + U_2)/2$。此时，加在 A 和 B 电极片组的交变电压 U_{m1} 和 U_{m2} 是同频等幅反相的，如图 3.4.20(c) 所示，通过电容耦合，在电极片 P 上产生电荷并保持不变，因而输出电压 U_{m0} 不发生变化。当电极片 P 相对于电极片组 A，B 有位移 x 时，电极片 P 上的电荷量发生变化，输出交变电压，经测量转换系统输出 U_m，通过电子开关 S_1 和 S_2，改变 U_{m1} 和 U_{m2} 的值，最终使电极片 P 上所产生的电荷变化为零，即

$$(U_m - U_1)C_A + (U_m - U_2)C_B = 0 \tag{3.4.30}$$

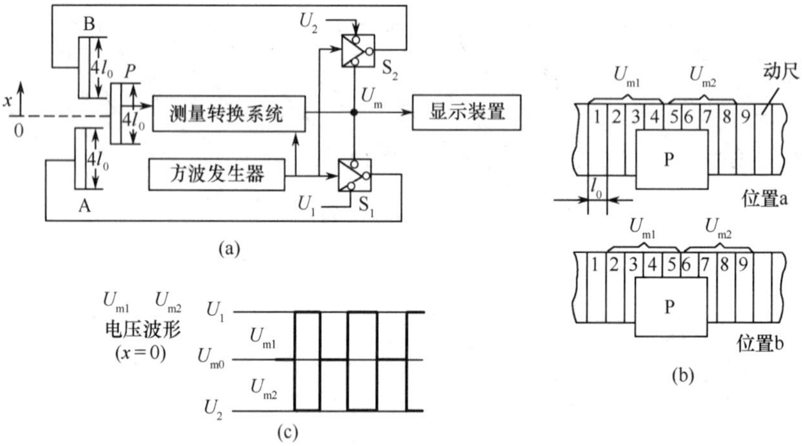

图 3.4.20　鉴幅式测量系统结构原理图

当位移 x 使电极片 P 和 B 的遮盖长度增加，且 $|x| \leqslant l_0/2$ 时，$C_A = C_0(1 - x/l_0)$，$C_B = C_0(1 + x/l_0)$。式中，C_0 为初始位置时的电容；l_0 为小电极片的间矩。由式(3.4.30) 可得

$$U_m = \frac{1}{2}(U_1 + U_2) + \frac{(U_2 - U_1)x}{l_0} \tag{3.4.31}$$

当相对位移 $|x| \geqslant l_0$（小极片间距）时，由控制电路自动改变小极片组接线，如图 3.4.20(b) 所示，这时电极片组 A 由小电极片 2～5 构成，加电压 U_{m1}，电极片组 B 由小电极片 6～9 构成，加电压 U_{m2}，这样在电极片 P 相对移动的过程中，能保证始终与不同的小电极片形成差动电容器，输出与位移成线性关系的电压信号。

② 鉴相式测量系统。容栅式传感器动栅尺上的发射电极 E 每 8 片为一组（见图 3.4.19(a)），分别加以 $u_1 \sim u_8$ 8 个等幅、同频、相位依次相差 $\pi/4$ 的调制方波电压，通过对方波电压信号进行谐波分析可知，调制方波由基波和奇次谐波之和组成，其中基波成分占主要部分，因此可用正弦波进行讨论。设动栅尺相对于定栅尺的初始位置及各小发射电极所加激励电压相位如图 3.4.21(a) 所示，且各发射电极片与反射电极片（或称标尺电极片）M 全遮蔽时的电容均为 C_0，当位移 $x \leqslant l_0$（发射电极片间矩）时，如图 3.4.21(b) 所示，在反射电极片 M 上的感应电荷为

$$\begin{aligned} Q_M &= C_0 \frac{x}{l_0} U_m \sin\left(\omega t - \frac{\pi}{2}\right) + C_0 U_m \sin\left(\omega t - \frac{\pi}{4}\right) + \\ &\quad C_0 U_m \sin\omega t + C_0 U_m \sin\left(\omega t + \frac{\pi}{4}\right) + C_0 \frac{l_0 - x}{l_0} U_m \sin\left(\omega t + \frac{\pi}{2}\right) \\ &= C_0 U_m \left[\left(1 - \frac{2x}{l_0}\right)\cos\omega t + \left(2\cos\frac{\pi}{4} + 1\right)\sin\omega t \right] \end{aligned} \tag{3.4.32}$$

式中，U_m 为发射电极激励信号基波电压幅值；ω 为发射电极激励信号基波电压的频率。

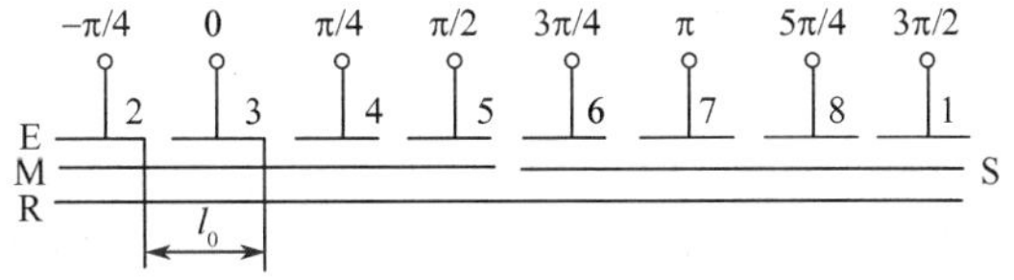

(a) 一组电极板的初始位置示意图

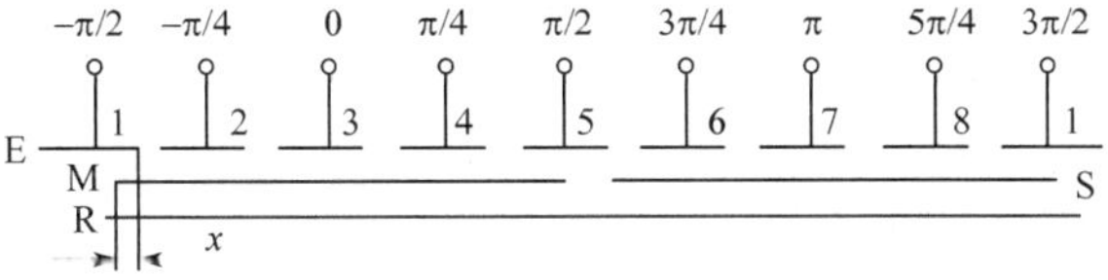

(b) 动栅尺与定栅尺相对位置为x时的示意图

图 3.4.21 鉴相式测量电路原理图

设 $1 - \frac{2x}{l_0} = a$，$2\cos\frac{\pi}{4} + 1 = b$，则式(3.4.32) 可写成

$$Q_M = C_0 U_m \sqrt{a^2 + b^2} \left(\frac{a}{\sqrt{a^2 + b^2}} \cos\omega t + \frac{b}{\sqrt{a^2 + b^2}} \sin\omega t \right)$$

设 $\frac{a}{\sqrt{a^2 + b^2}} = \sin\theta$，$\frac{b}{\sqrt{a^2 + b^2}} = \cos\theta$，因此可得

$$Q_M = C_0 U_m \sqrt{a^2 + b^2} \sin(\omega t + \theta) \tag{3.4.33}$$

$$\theta = \arctan\frac{a}{b} = \arctan\frac{1 - \frac{2x}{l_0}}{2\cos\frac{\pi}{4} + 1} \tag{3.4.34}$$

由于静电感应，接收电极与反射电极耦合产生感应电荷，其接收电极输出电压正比于接收电极上电荷量，即与 Q_M 成正比，所以，θ 反映了传感器输出电压相位的变化规律，而 θ 又与位移

x 有关，故通过测量输出电压的相位，就可间接地测出位移的大小。

鉴相式测量电路具有较强的抗干扰能力。由式(3.4.34)可知，鉴相式测量电路在理论上还存在非线性误差，同时由于激励电压含有高次谐波，影响了测量精度。

(3) 容栅式传感器的应用

目前容栅式传感器主要应用于量具、量仪和机床数显装置。例如，角位移容栅传感器已在电子数显千分尺及机床分度盘中应用；线位移容栅传感器已在电子数显卡尺、数显深度尺、数显高度尺、机床数显标尺中应用。随着对容栅传感器研究的不断深入，其应用领域还会不断扩大，将会有更多的容栅传感器系列产品在仪器仪表中应用，实现产品的升级换代，如容栅式数显沟槽测量仪、容栅式棱角度错边量检测仪等。(注：应用示例实物请扫二维码)

思考题与习题 3

1. 自感式传感器测量电路的主要任务是什么？变压器式电桥和带相敏检波的交流电桥，哪个能更好地完成这一任务？为什么？

2. 根据螺线管式差动变压器的基本特性，说明其灵敏度和线性度的主要特点。

3. 请比较自感式传感器和差动变压器式传感器的异同。

4. 何谓零点残余电压？说明该电压产生的原因及消除方法。

5. 在差动变压器式传感器的测量电路中，有差动整流电路和相敏检波电路。请介绍这两种测量电路的工作原理，并比较它们的特点。

6. 差动变压器式传感器的励磁频率为400Hz，励磁电压的峰峰值为±3V，假设活动衔铁的输入运动是频率4Hz的正弦运动，位移幅值为±2mm。采用相敏检波的测量电路，已知该传感器的灵敏度为2V/mm/V。试画出激励电压、输入位移、差动变压器式传感器输出、相敏检波电路参考电压和输出电压波形的示意图。

7. 如何改善单极式变极距型电容传感器的非线性？

8. 分析差动形式的变极距型电容传感器是如何克服单个的变极距型电容传感器的缺点的？设 $\Delta d/d = 0.02$，求单个的变极距型电容传感器与差动形式的变极距型电容传感器的三次方非线性误差各为多少。

9. 为什么电容式传感器易受干扰？如何减小干扰？

10. 为什么高频工作时，电容式传感器连接电缆的长度不能随意变化？

11. 电感式传感器(包括自感式传感器和差动变压器式传感器)和电容式传感器均可以测量压力，请比较它们的测量结构、测量原理和测量特点。

12. 高频反射式电涡流传感器的基本原理是什么？

13. 电涡流传感器有何特点？

14. 利用电涡流传感器测量板材厚度的原理是什么？

15. 当电涡流式传感器应用于金属板厚度和非金属板的镀层厚度测量时，采用的是低频透射式还是高频反射式的测量原理？

16. 自感式传感器、差动变压器式传感器、电涡流式传感器和电容式传感器的最基本测量量是位移。请从测量原理、测量范围、测量精度、测量特点和测量电路这几方面，对这几种传感器测量位移进行比较。

第4章　光电式传感器原理与应用

光电器件或者光电元件是一种能够将光量转化为电量的器件。光电传感器就是以光电器件为检测元件的传感器，它先将被测非电量转换成光量的变化，然后通过光电器件将相应的光量转换成电量。本章介绍光电效应、光电器件、光电码盘、电荷耦合器件、光纤传感器及光栅传感器。

4.1　光电效应和光电器件

在光线作用下使物体的电子逸出表面的现象称为外光电效应，如光电管、光电倍增管等属于这类光电器件。在光线的作用下能使物体电阻率改变的现象称为内光电效应，如光敏电阻等属于这类光电器件。在光线的作用下能使物体产生一定方向的电动势的现象，称为阻挡层光电效应，如光电池、光敏晶体管等属于这类光电器件。阻挡层光电效应即光生伏特效应。

光电器件的物理基础是光电效应，在现代测量与控制系统中，应用非常广泛。由于光电元件具有响应快、结构简单、可靠性高等优点，在自动测试中得到广泛的应用。

4.1.1　光电管

光电管的结构如图4.1.1所示。在一个真空的玻璃泡内装有两个电极：光电阴极和阳极。光电阴极有的是贴附在玻璃泡内壁，有的是涂在半圆筒形的金属片上，阴极对光敏感的一面是向内的，在阴极前装有单根金属丝或环状的阳极，当阴极受到适当波长的光线照射时便发射电子，电子被带正电位的阳极所吸引，这样在光电管内就产生了电子流，在外电路中便产生了电流。

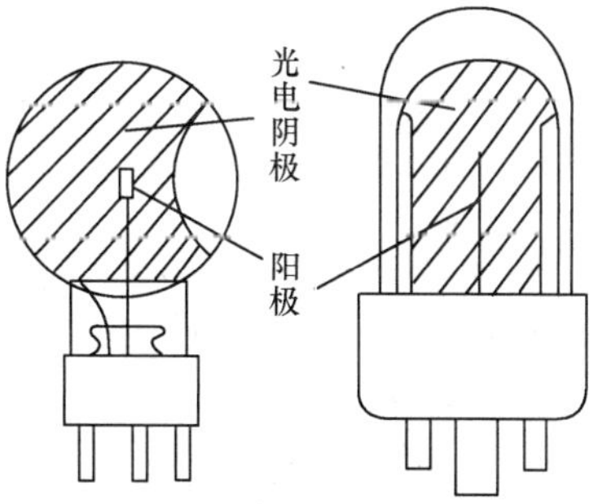

图4.1.1　光电管的结构

当光通量一定时，阳极电压与阳极电流的关系曲线，称为光电管的伏安特性曲线，如图4.1.2所示。光电管的工作点应选在光电流与阳极电压无关的区域内。

除真空光电管外，还有一种充气光电管，它的构造与真空光电管基本相同，所不同的仅是在玻璃泡内充以少量的惰性气体（如氩或氖）。当光电极被光照射而发射电子时，光电子在趋向阳极的途中将撞击惰性气体的原子，使其电离，从而使阳极电流急速增加，提高了光电管的灵敏度。图4.1.3给出了充气光电管的伏安特性曲线。充气光电管的优点是灵敏度高，但是其灵敏度随电压显著变化，其稳定性、频率特性等都比真空光电管差，所以在测试中一般选择真空光电管。

4.1.2　光电倍增管

在入射光极为微弱时，光电管能产生的光电流很小，即使光电流能被放大，但噪声也同时被放大了；为了克服这个缺点，就要采用光电倍增管。

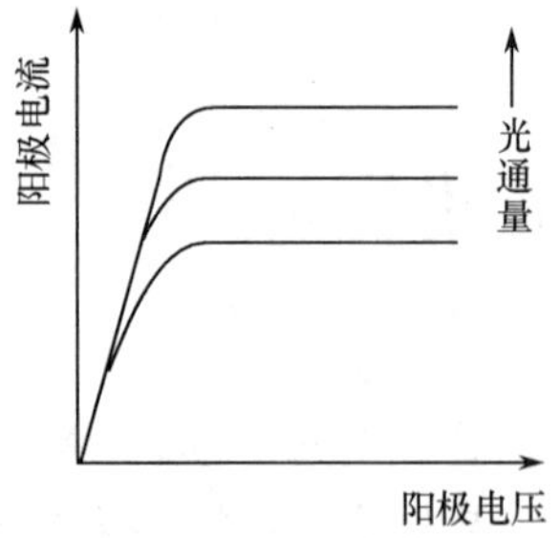

图 4.1.2　真空光电管的伏安特性

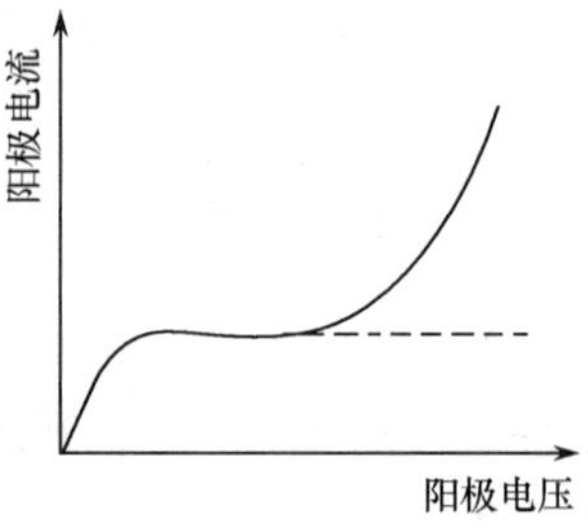

图 4.1.3　充气光电管的伏安特性

光电倍增管如图 4.1.4 所示。它由光电阴极、若干倍增极和阳极 3 部分组成。光电阴极是由半导体光电材料锑-铯制造的，入射光在它上面打出光电子。倍增极数目在 4～14 个不等，在各倍增极上加上一定的电压，阳极收集电子，外电路形成电流输出。

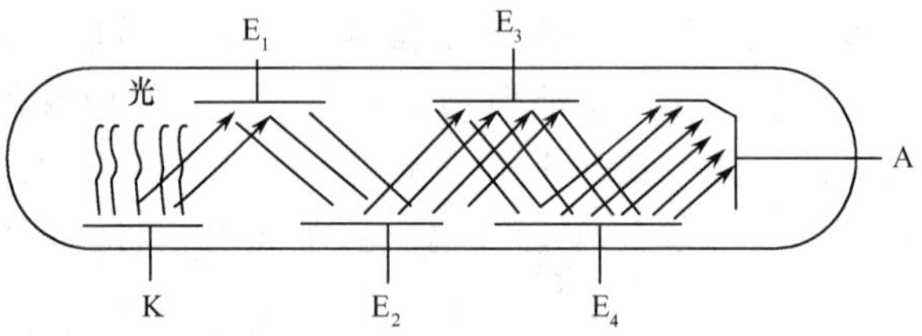

图 4.1.4　光电倍增管示意图

工作时，各个倍增电极上均加上电压，阴极 K 电位最低，从阴极开始，各倍增极 E_1，E_2，E_3 和 E_4（或更多）电位依次升高，阳极 A 电位最高。

入射光在光电阴极上激发电子，由于各极间有电场存在，所以阴极激发电子被加速，轰击第一倍增极，这些倍增极具有这样的特性，在受到一定数量的电子轰击后，能放出更多的电子，称为“二次电子”。光电倍增管倍增极的几何形状被设计成每个极都能接收前一极的二次电子，而在各倍增极上顺序加上越来越高的正电压。这样如果在光电阴极上由于入射光的作用发射出一个电子，这个电子将被第一倍增极的正电压所加速而轰击第一倍增极。设这时第一倍增极有 σ 个二次电子发出，这 σ 个电子又轰击第二倍增极，而其产生的二次电子又增加 σ 倍，经过 n 个倍增极后，原先一个电子将变为 σ^n 个电子，这些电子最后被阳极所收集而在光电阴极与阳极之间形成电流。构成倍增极材料的 $\sigma>1$，设 $\sigma=4$，在 $n=10$ 时，放大倍数为 $\sigma=4^{10}\approx10^6$，可见，光电倍增管的放大倍数是很高的。

光电倍增管的伏安特性曲线的形状与光电管很相似，其他特性也基本相似。

4.1.3　光敏电阻

1. 光敏电阻的工作原理及结构

光敏电阻是用光电导体制成的光电器件，又称光导管，它是基于半导体内光电效应工作的。光敏电阻没有极性，纯粹是一个电阻器件，使用时可加直流偏压，也可加交流电压。图 4.1.5 所示为光敏电阻的工作原理图。当无光照时，光敏电阻值（暗电阻）很大，电路中电流很小。当光敏电阻受到一定波长范围的光照时，它的阻值（亮电阻）急剧减少，因此电路中的电流迅速增加。

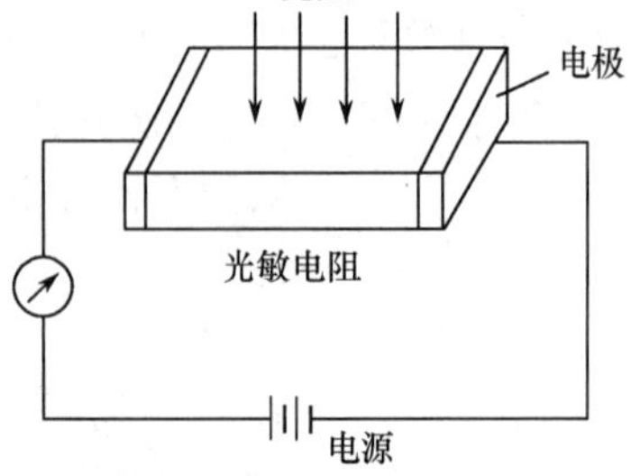

图 4.1.5　光敏电阻的工作原理

光敏电阻的结构如图 4.1.6 所示。管心是一块安装在绝缘衬底上的带有两个欧姆接触电极的光电导体。半导体吸收光子而产生的光电效应，仅限于光照的表面薄层。虽然产生的载流子也有少数扩散到内部去，但深入厚度有限，因此光电导体一般都做成薄层。为了获得很高的灵敏度，光敏电阻的电极一般采用梳状，如图 4.1.7 所示。这种梳状电极由于在间距很近的电极之间有可能采用大的极板面积，所以提高了光敏电阻的灵敏度。

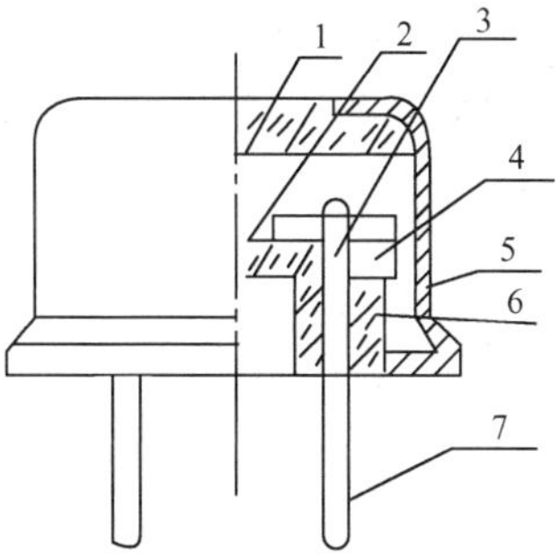

图 4.1.6　光敏电阻的结构

1—玻璃　2—光电导层　3—电极　4—绝缘衬底　5—金属壳　6—黑色绝缘玻璃　7—引线

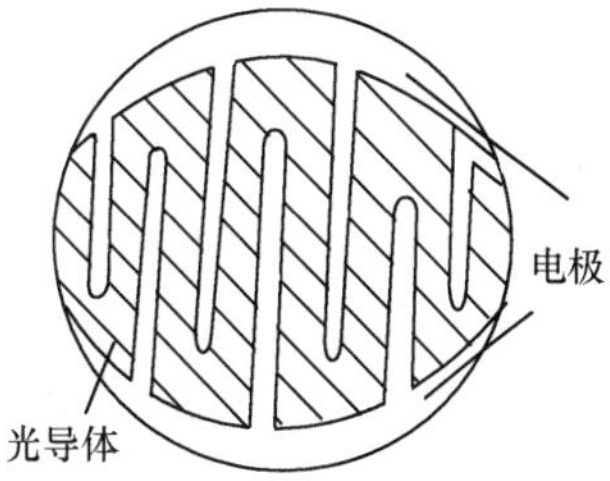

图 4.1.7　光敏电阻的电极图案

光敏电阻的灵敏度易受潮湿的影响，因此要将光电导体严密封装在带有玻璃的壳体中。

光敏电阻具有很高的灵敏度、很好的光谱特性，光谱响应从紫外区一直到红外区，而且体积小、重量轻、性能稳定，因此在自动化技术中得到了广泛的应用。

2. 光敏电阻的主要参数

(1) 暗电阻和暗电流

光敏电阻在室温条件下，在全暗后经过一定时间测量的电阻值称为暗电阻，此时流过的电流称为暗电流。

(2) 亮电阻和亮电流

光敏电阻在某一光照下的阻值，称为该光照下的亮电阻，此时流过的电流称为亮电流。

(3) 光电流

亮电流与暗电流之差，称为光电流。

光敏电阻的暗电阻越大，亮电阻越小，则性能越好。也就是说，暗电流小、光电流大的光敏电阻的灵敏度就高。实际上，大多数光敏电阻的暗电阻往往超过 1MΩ，甚至高达 100MΩ，亮电阻即使在正常白昼条件下也可降到 1kΩ 以下，可见光敏电阻的灵敏度是相当高的。

3. 光敏电阻的基本特性

(1) 伏安特性

在一定照度下，光敏电阻两端所加的电压与光电流之间的关系，称为伏安特性，如图 4.1.8 所示。

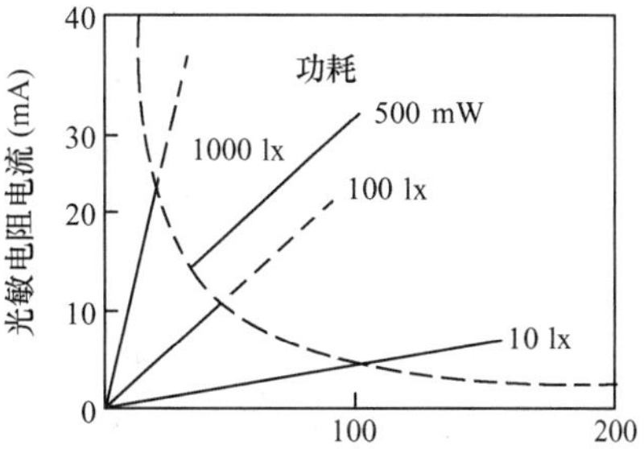

图 4.1.8　硫化镉光敏电阻的伏安特性

由曲线可知，在给定的电压情况下，光照度越大，光电流也就越大；在一定光照度下，所加的电压越大，光电流越大，而且没有饱和现象。但是不能无限制地提高电压，任何光敏电阻都有最大额定功率、最高工作电压和最大额定电流限制。光敏电阻的最高工作电压是由耗散功率决定的，而光敏电阻的耗散功率又和面积大小及散热条件等因素有关。

（2）光照特性

光敏电阻的光电流与光强之间的关系，称为光敏电阻的光照特性。不同类型的光敏电阻，光照特性不同。但多数光敏电阻的光照特性，类似于图 4.1.9 所示的曲线形状。

由于光敏电阻的光照特性呈非线性，因此它不宜作为测量元件，一般在自动控制系统中常用作开关式光电信号传感元件。

（3）光谱特性

光敏电阻对不同波长的光，其灵敏度是不同的，图 4.1.10 所示为硫化镉、硫化铅、硫化铊光敏电阻的光谱特性曲线。从图中可以看出，硫化镉光敏电阻的光谱响应峰值在可见光区域，而硫化铅的峰值在红外区域。因此，在选用光敏电阻时，应该根据光源考虑，这样才能得到较好的效果。

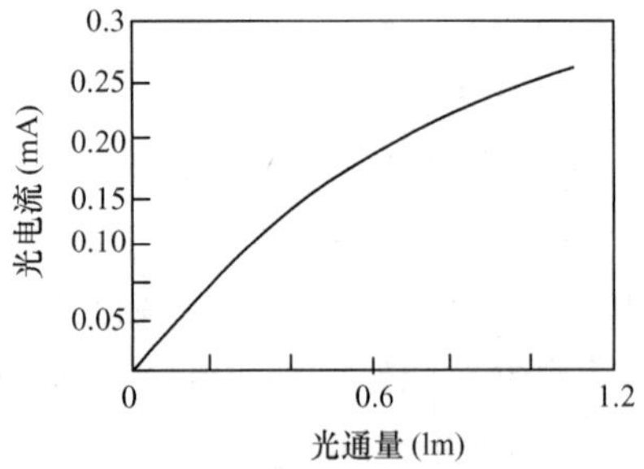

图 4.1.9　光敏电阻的光照特性

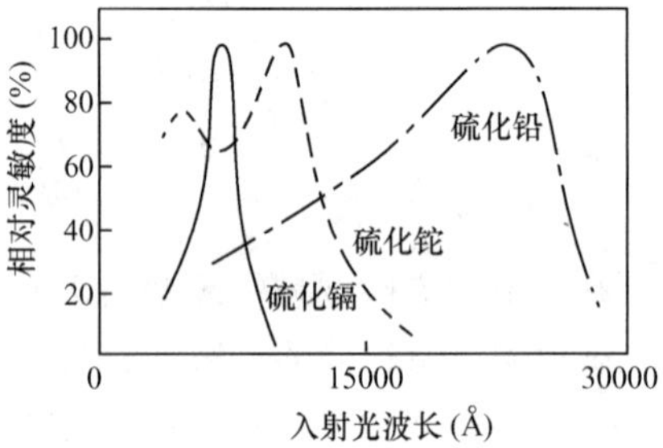

图 4.1.10　光敏电阻的光谱特性

（4）响应时间和频率特性

实践证明，光敏电阻受到脉冲光照射时，光电流并不会立即上升到最大饱和值，而光照去掉后，光电流并不会立即下降到零。这说明光电流的变化对于光的变化，在时间上有一个滞后，这就是光电导的弛豫现象，通常用响应时间 t 表示。响应时间又分为上升时间 t_1 和下降时间 t_2，如图 4.1.11 所示。

上升和下降时间是表征光敏电阻性能的重要参数之一。上升和下降时间短，表示光敏电阻的惰性小，对光信号响应快。一般光敏电阻的响应时间都较大（几十至几百毫秒）。光敏电阻的响应时间除了与元件的材料有关外，还与光照的强弱有关，光照越强，响应时间越短。

由于不同材料的光敏电阻具有不同的响应时间，所以它们的频率特性也就不尽相同了，如图 4.1.12 所示。

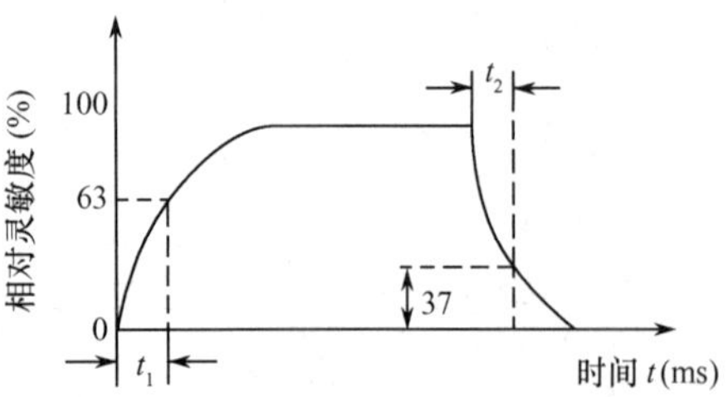

图 4.1.11　光敏电阻的时间响应

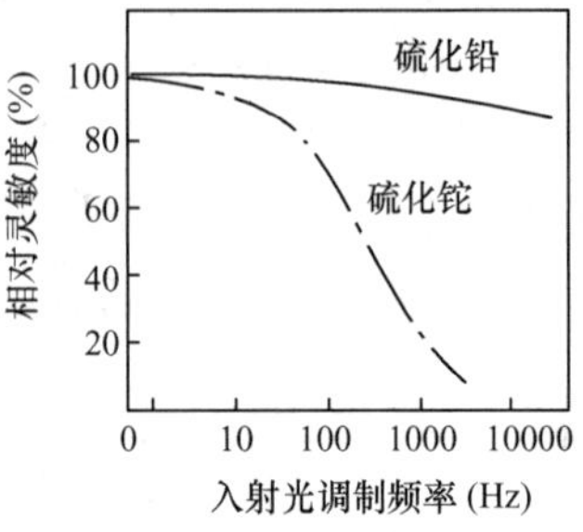

图 4.1.12　光敏电阻的频率特性

(5) 温度特性

光敏电阻也和其他半导体器件一样,受温度的影响较大。当温度升高时,它的暗电阻和灵敏度都下降。图 4.1.13 所示为硫化镉光敏电阻在光照一定时的温度特性曲线。

光敏电阻的温度特性一般用温度系数 α 表示。温度系数定义为:在一定光照下,温度每变化 1℃,光敏电阻阻值的平均变化率,可用下式计算

$$\alpha=\frac{R_2-R_1}{(T_2-T_1)R_2}\times 100\%(℃^{-1})$$

式中,R_1 为在一定光照下,温度为 T_1 时的阻值;R_2 为在一定光照下,温度为 T_2 时的阻值。

显然,光敏电阻的温度系数越小越好,但不同材料的光敏电阻,温度系数是不同的。温度不仅影响光敏电阻的灵敏度,同时对光谱特性也有很大影响。如图 4.1.14 所示为硫化铅光敏电阻的光谱温度特性曲线。由图可见,随着温度的升高,光谱响应峰值向短波方向移动。因此,采取降温措施可以提高光敏电阻对长波光的响应。

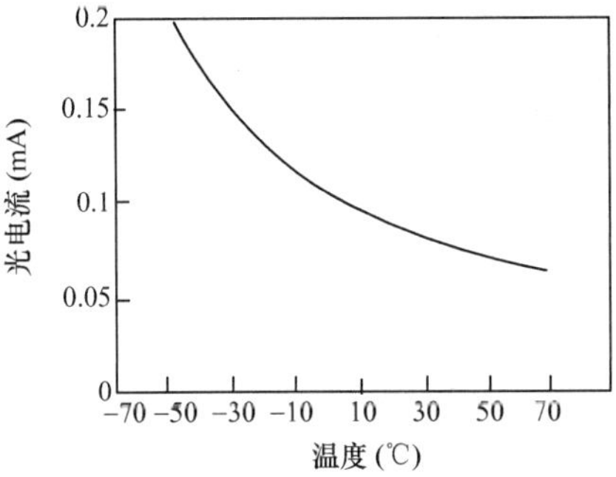

图 4.1.13　硫化镉光敏电阻的温度特性(光照一定)

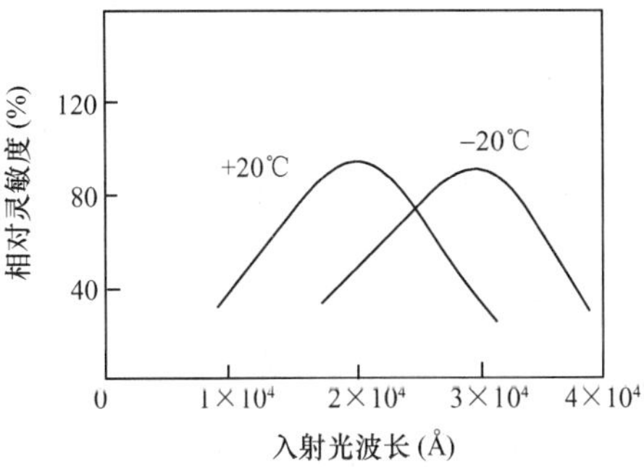

图 4.1.14　硫化铅光敏电阻的光谱温度特性

4.1.4 光敏二极管和光敏晶体管

1. 工作原理

光敏二极管的结构与一般二极管相似,装在透明玻璃外壳中,如图 4.1.15(a)所示,它的 PN 结装在管顶,可直接受到光照射,光敏二极管在电路中一般是处于反向工作状态的,如图 4.1.15(b)所示。

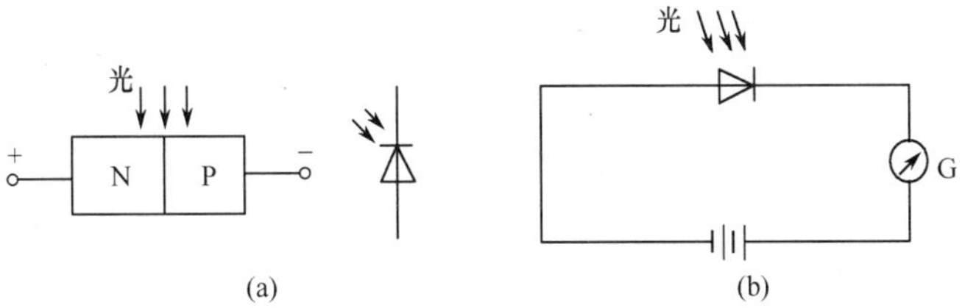

图 4.1.15　光敏二极管

光敏二极管在电路中处于反向偏置,在没有光照射时,反向电阻很大,反向电流很小,称为暗电流。当光照射在 PN 结上,光子打在 PN 结附近时,使 PN 结附近产生光生电子和光生空穴对,使少数载流子的浓度大大增加,因此通过 PN 结的反向电流也随之增加。如果入射光照度变化,光生电子-空穴对的浓度也相应变动,通过外电路的光电流强度也随之变动。可见,光敏二极管能将光信号转换为电信号输出。

光敏晶体管与一般晶体管很相似，具有两个 PN 结。它在把光信号转换为电信号的同时，又将信号电流加以放大。图 4.1.16 所示为 NPN 型光敏晶体管的结构简化模型和基本电路。当集电极加上相对于发射极为正的电压而不接基极时，基极-集电极结就处于反向偏置。当光照射在基极-集电极结上时，就会在结附近产生电子-空穴对，从而形成光电流，输入到晶体管的基极，由于基极电流增加，因此集电极电流是光生电流的 β 倍，所以光敏晶体管有放大作用。

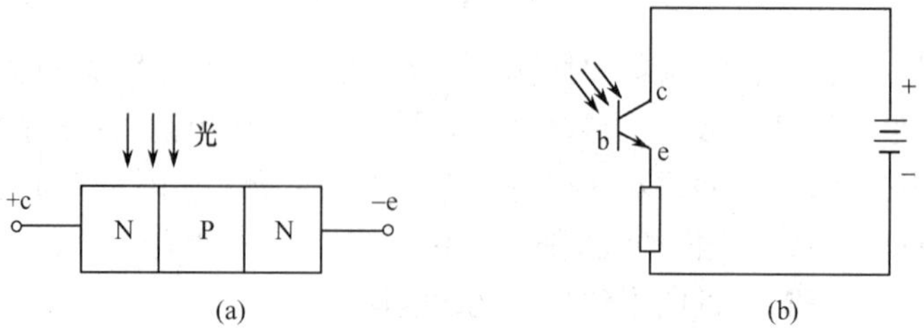

图 4.1.16　NPN 型光敏晶体管

光敏晶体管的结构与普通晶体管十分相似，不同的是光敏晶体管的基极往往不接引线。实际上许多光敏晶体管仅集电极和发射极两端有引线，尤其是硅平面光敏晶体管，因为其泄漏电流很小(小于 10^{-9}A)，因此一般不备基极外接点。

2. 基本特性

(1) 光谱特性

光敏二极管和晶体管的光谱特性曲线如图 4.1.17 所示。由图可以看出，当入射光的波长增加时，相对灵敏度下降，这是很容易理解的，因为光子能量太小，不足以激发电子-空穴对。当入射光的波长变小时，相对灵敏度也下降，这是由于光子在半导体表面附近就被吸收，透入深度小，在表面激发的电子-空穴对不能到达 PN 结，因而灵敏度下降。由图 4.1.17 可知，硅光敏管(含二极管、晶体管)的响应光谱的波长为 1100nm，锗为 1800nm，而短波分别在 400nm 和 500nm 附近。两者的峰值波长约为 900nm 和 1500nm，因为锗管的暗电流较大，因此性能较差，故在可见光或探测赤热状态物体时，一般都用硅管。但在红外光进行探测时，锗管较为适宜。

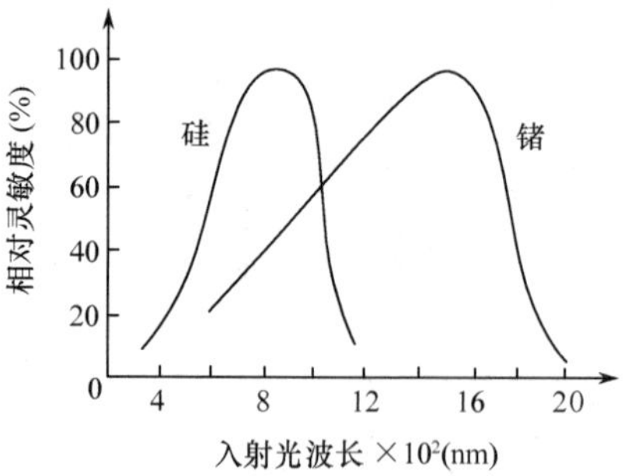

图 4.1.17　硅和锗光敏二极(晶体)管的光谱特性

(2) 伏安特性

图 4.1.18 所示为硅光敏晶体管在不同照度下的伏安特性曲线。由图可见，光敏晶体管的光电流比相同管型的二极管大上百倍。此外在零偏压时，二极管仍有光电流输出，而晶体管则没有。

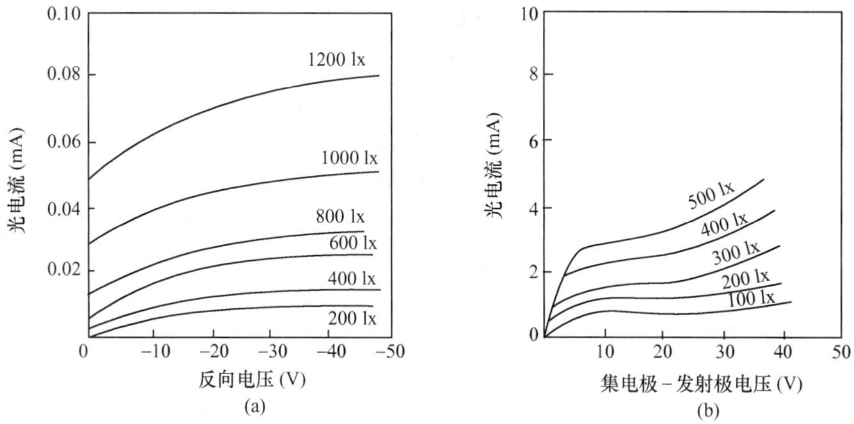

图 4.1.18　硅光敏晶体管的伏安特性

(3) 光照特性

图 4.1.19 所示为硅光敏晶体管的光照特性曲线。由图可以看出，光敏二极管的光照特性曲线的线性较好。晶体管在照度较小时，光电流随照度增加较小，而在大电流(光照度为几千勒克斯)时有饱和现象(图中未画出)，这是由于晶体管的电流放大倍数在小电流和大电流时都要下降的缘故。

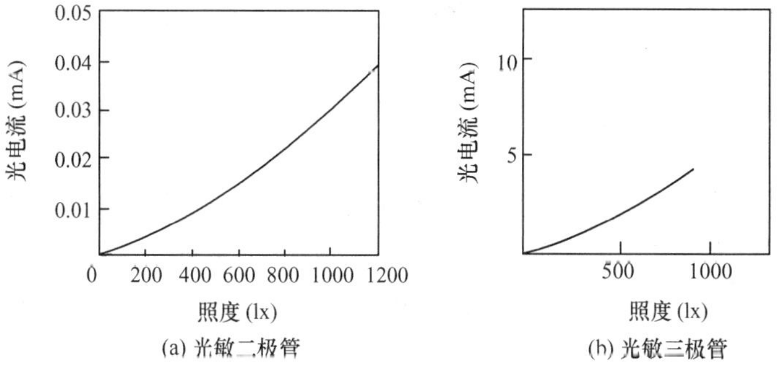

图 4.1.19　硅光敏晶体管的光照特性

(4) 温度特性

光敏晶体管的温度特性是指其暗电流及光电流与温度的关系，如图 4.1.20 所示。从特性曲线可以看出，温度变化对光电流影响很小，而对暗电流影响很大。

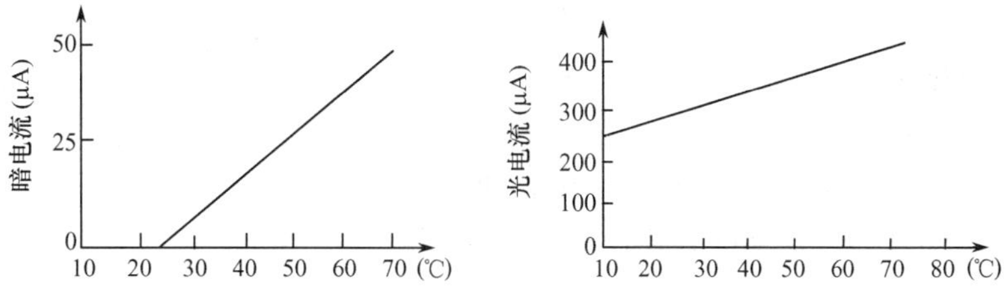

图 4.1.20　光敏晶体管的温度特性

(5) 频率响应

光敏管的频率响应是指被具有一定频率的调制光照射时，光敏管输出的光电流(或负载电

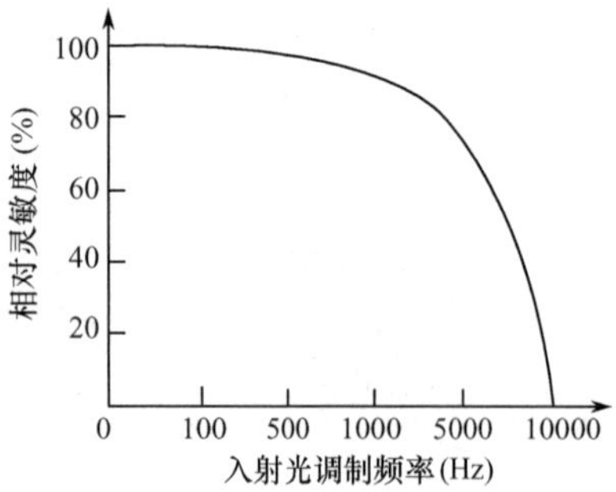

图 4.1.21　硅光敏晶体管的频率响应

阻上的电压)随频率的变化关系。光敏管的频率响应与其本身的物理结构、工作状态、负载及入射光波长等因素有关。图 4.1.21 所示为硅光敏晶体管的频率响应曲线。对于锗管，入射光的调制频率要求在 5000Hz 以下，硅管的频率响应要比锗管好。实验证明，光敏晶体管的截止频率与其基区厚度成反比。要截止频率高，基区就要薄，但这将使光电灵敏度下降。

4.1.5　光电池

光电池在光线作用下实质上就是电源，电路中有了这种器件就不再需要外加电源。光电池的种类很多，有硒光电池、氧化亚铜光电池、锗光电池、硅光电池、磷化镓光电池等。其中最受重视的是硅光电池，因为它具有稳定性好、光谱范围宽、频率特性好、换能效率高、耐高温辐射等一系列优点。

1. 工作原理

光电池是一种直接将光能转换为电能的光电器件，它是一个大面积的 PN 结。当光照射到 PN 结上时，便在 PN 结的两端产生电动势(P 区为正，N 区为负)。这是因为当 N 型半导体和 P 型半导体结合在一起构成一块晶体时，由于热运动，N 区中的电子就向 P 区扩散，而 P 区中的空穴则向 N 区扩散，结果在 P 区靠近交界处聚集起较多的电子，而在 N 区靠近交界处聚集起较多的空穴，于是在过渡区形成了一个电场，电场的方向由 N 区指向 P 区。这个电场阻止电子进一步由 N 区向 P 区扩散和空穴进一步由 P 区向 N 区扩散，但是，却能推动 N 区中的空穴(少数载流子)和 P 区中的电子(也是少数载流子)分别向对方运动。

当光照到 PN 结上时，如果光子能量足够大，将在 PN 结区附近激发电子-空穴对。在 PN 结电场作用下，N 区的光生空穴被拉向 P 区，P 区的光生电子被拉向 N 区。结果在 N 区就聚积了负电荷，带负电；P 区聚积了正电荷，带正电。这样 N 区和 P 区之间就出现了电位差。用导线将 PN 结两端连接起来，电路中就有电流流过，电流的方向由 P 区流经外电路至 N 区。若将电路断开，就可以测出光生电动势。

2. 基本特性

(1) 光谱特性

光电池对不同波长的光，灵敏度是不同的。图 4.1.22 所示为硅光电池和硒光电池的光谱特性曲线，从图中可知，不同材料的光电池，光谱响应峰值所对应的入射光波长是不同的，硅光电池的光谱响应峰值在 800nm 附近，而硒光电池的光谱响应峰值在 500nm 附近。硅光电池的光谱响应波长范围从 400～1200nm，而硒光电池只能在 380～750nm 范围内。可见，硅光电池可以在很宽的波长范围内得到应用。

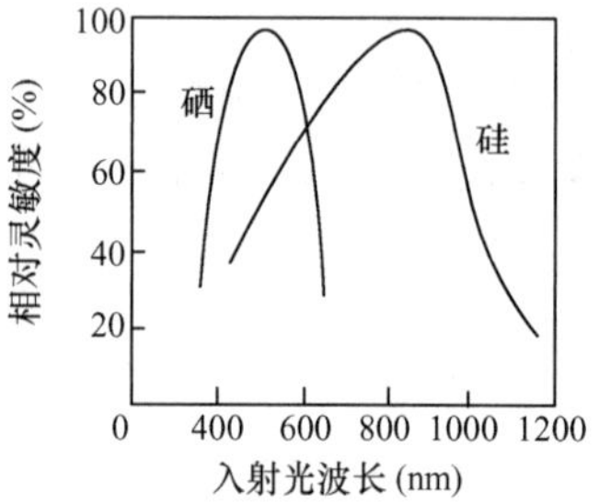

图 4.1.22　光电池的光谱特性

(2) 光照特性

光电池在不同光照度下，光电流和光生电动势是不同的。如图 4.1.23 所示为硅光电池的开路电压和短路电流与光照的关系曲线。由图可见，短路电流在很大范围内与光照度成线性关系；开路电压(负载电阻无限大时)与光照度的关系是非线性的，而且在光照 200 lx 时就趋向饱和了。因此，光电池作为测量元件使用时，应把它当做电流源的形式使用，利用短路电流与光照度成线性关系的优点，而不要把它当做电压源使用。

光电池的短路电流是指，外接负载电阻相对于它的内阻来说很小的情况下的电流值。由实验可知，负载越小，光电流与照度之间的线性关系越好，而且线性范围越宽(见图 4.1.24)。实验证明，当负载电阻为 100Ω 时，照度在 0～1000 lx 范围内变化时，光照特性还是比较好的，而负载电阻超过 200Ω 以上，其线性逐渐变坏。

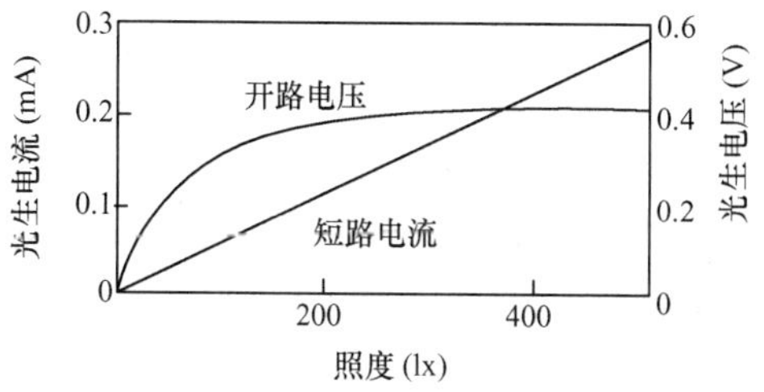

图 4.1.23　硅光电池的开路电压和短路电流与光照的关系

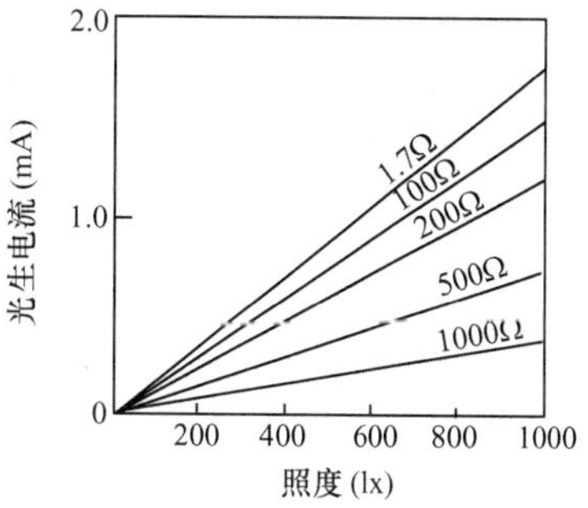

图 4.1.24　硅光电池在不同负载下的光照特性

(3) 频率响应

光电池作为测量、计数和接收器件时，常用调制光作为输入。光电池的频率响应就是指输出电流随调制光频率变化的关系，如图 4.1.25 所示为光电池的频率响应曲线。由图可知，硅光电池具有较高的频率响应能力，而硒光电池则较差。因此，在高速计数的光电转换中一般采用硅光电池。

(4) 温度特性

光电池的温度特性是指开路电压和短路电流随温度变化的关系。由于它关系到应用光电池的仪器设备的温度漂移，影响到测量精度或控制精度等重要指标，因此，温度特性是光电池的重要特性之一。

图 4.1.26 所示为硅光电池在 1000 lx 照度下的温度特性曲线。由图可知，开路电压随温度上升而下降很快，当温度上升 1℃时，开路电压约降低了 3mV，这个变化是比较大的，但是，短路电流随温度的变化却是缓慢增加的，温度每升高 1℃，短路电流只增加 2×10^{-6} A。

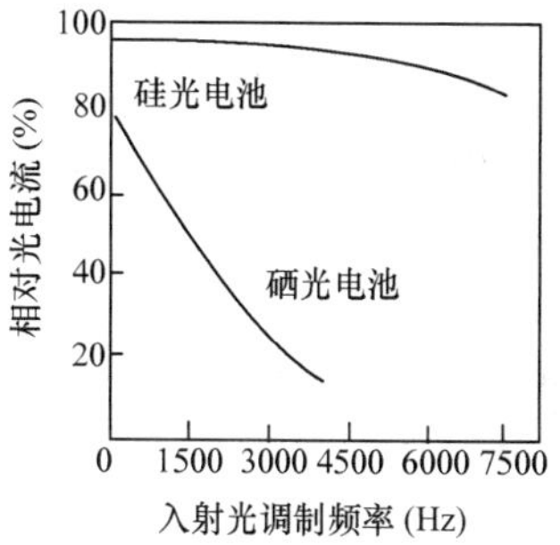

图 4.1.25　光电池的频率特性

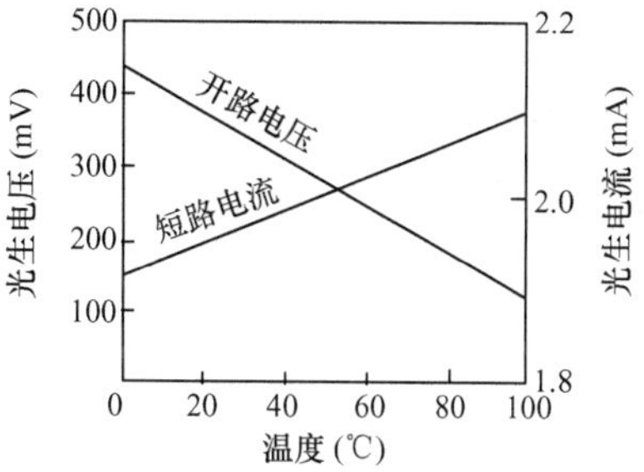

图 4.1.26　硅光电池的温度特性(照度 1000 lx)

由于温度对光电池的工作有很大影响，因此当它作为测量器件应用时，最好能保证温度恒定或采取温度补偿措施。

(5) 稳定性

当光电池密封良好、电极引线可靠、应用合理时，光电池的性能是相当稳定的，使用寿命很长，而硅光电池的性能比硒光电池更稳定。光电池的性能和寿命除了与光电池的材料及制造工艺有关外，在很大程度上还与使用环境条件有密切的关系。如高温和强光照射，会使光电池的性能变坏，并且降低使用寿命，这在使用中要特别注意。

4.1.6 光电器件的应用

光电式传感器在检测与控制中应用非常广泛，它基本上可分为模拟式光电传感器和脉冲式光电传感器两类。

1. 模拟式光电传感器

模拟式光电传感器的作用原理是，基于光电器件的光电流随光通量而发生变化，是光通量的函数，也就是说，对于光通量的任意一个选定值，对应的光电流就有一个确定的值，而光通量又随被测非电量的变化而变化，这样光电流就成为被测非电量的函数。

2. 脉冲式光电传感器

脉冲式光电传感器的作用原理是光电器件的输出仅有两个稳定状态，也就是"通"与"断"的开关状态，即光电器件受光照时，有电信号输出；光电器件不受光照时，无电信号输出。属于这一类的大多是作为继电器和脉冲发生器应用的光电传感器，如测量线位移、线速度、角位移、角速度(转速)的光电脉冲传感器等。

图 4.1.27 所示为光电式数字转速表工作原理图。在被测转速的电机轴上固定一个调制盘，将光源发出的恒定光调制成随时间变化的调制光。光线每照射到光电器件上一次，光电器件就产生一个电信号脉冲，经放大器整形后计数处理。

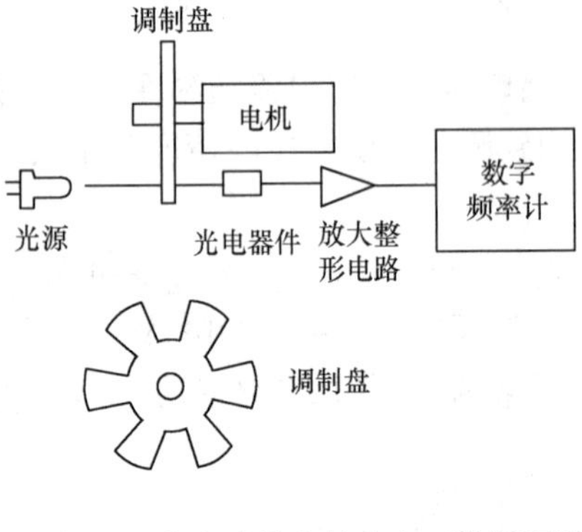

图 4.1.27 光电式数字转速表工作原理图

如果调制盘上开 Z 个缺口，测量电路计数时间为 T (s)，被测转速为 N(r/min)，则此时得到的计数值 C 为

$$C=\frac{ZTN}{60}$$

为了使读数 C 能直接读转速 N 值，一般取 $ZT=60\times10^n$($n=0,1,2,\cdots$)。

4.2 光电码盘

数字式传感器是把输入量转换成数字量输出的传感器,它有一系列优点:测量精度和分辨率高,抗干扰能力强,能避免在读标尺和曲线图时产生的人为视觉误差,便于用计算机处理。数字式传感器近年来发展很快,它是测量技术、计算技术和微电子技术的综合产物。最简单的数字式传感器是编码器,它能把角位移或线位移经过简单的转换变成数字量,相应的编码器是角度数字编码器(码盘)或直线位移编码器(码尺)。现代的编码器比目前同样尺寸的任何模拟式传感器都具有更高的分辨率、更高的可靠性和更高的精度。由编码器制作的数字式传感器,其分辨率取决于码道的多少。编码器按原理分类有:电触式、电容式、感应式和光电式等。这里只讨论光电式,称为光学编码器。因为测量长度实际应用较少,本节只讨论码盘。

4.2.1 工作原理

光电码盘式传感器是用光电方法把被测角位移转换成以数字代码形式表示的电信号的转换部件。如图 4.2.1 所示为光电码盘工作原理示意图。由光源 1 发出的光线,经柱面镜 2 变成一束平行光或会聚光,照射到码盘 3 上。码盘由光学玻璃制成,其上刻有许多同心码道,每位码道上都有按一定规律排列着的若干透光和不透光部分,即亮区和暗区。通过亮区的光线经狭缝 4 后,形成一束很窄的光束照射在元件 5 上。光电元件的排列与码道一一对应。当有光照射时,对应于亮区和暗区的光电元件的输出相反,如前者为“1”,后者为“0”。光电元件的各种信号组合,反映出按一定规律编码的数字量,代表了码盘转角的大小。由此可见,码盘在传感器中是将轴的转角转换成代码输出的主要元件。

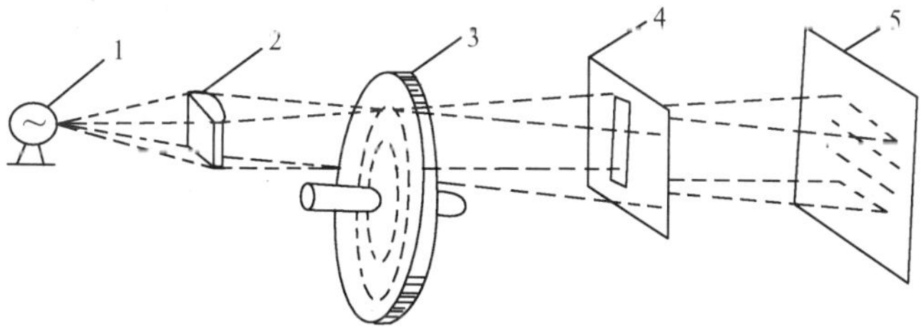

图 4.2.1 光电码盘工作原理示意图

4.2.2 码盘和码制

一个 6 位的二进制码盘如图 4.2.2 所示。最内圈称为 C_6 码道,一半透光,一半不透光。最外圈称为 C_1 码道,一共分成 2^6(=64)个黑白间隔。每一个角度方位对应于不同的编码。例如,零位对应于 000000(全黑),第 23 个方位对应于(010111)。测量时,只要根据码盘的起始和终止位置即可确定转角,与转动的中间过程无关。

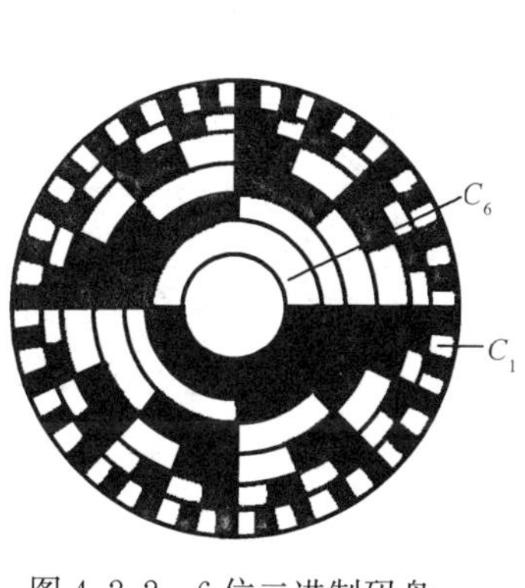

图 4.2.2 6 位二进制码盘

二进制码盘具有以下主要特点。

① n 位(n 个码道)的二进制码盘具有 2^n 种不同编码,

称其容量为 2^n，其分辨率 $\theta_1=360°/2^n$，它的最外圈角节距为 $2\theta_1$。

② 二进制码为有权码，编码 $C_n, C_{n-1}, \cdots, C_1$ 对应于由零位算起的转角为

$$\theta=\sum_{i=1}^{n} C_i 2^{i-1}\theta_1$$

③ 码盘转动中，C_i 变化时，所有 $C_j(j<i)$ 应同时变化。

为了达到 1″左右的分辨率，二进制码盘需要采用 20 或 21 位码盘。一个刻划直径为 400mm 的 20 位码盘，其外圈一个间隔稍大于 1μm。不仅要求各个码道刻划精确，而且要求彼此对准，这给码盘制作造成很大困难。

由于微小的制作误差，二进制码盘只要有一个码道提前或延后改变，就可能造成输出的粗大误差。究其原因，是因为当某一较高位的数码改变时，所有比它低的各位数码应同时改变，若由于刻划误差等原因，某一较高位未能同时改变，而是提前或延后改变所致。二进制码是有权码，就会引起粗大误差，采用其他有权码编码器时也存在类似问题。图 4.2.3(a)所示为一个 4 位二进制码盘展开图。当狭缝处于 AA 位置时，正确读数为 0111，为十进制数 7。若码道 C_4 黑区做得太短，就误读为 1111，为十进制数 15；反之，若黑区 C_4 太长，当狭缝处于 $A'A'$ 时，就会将 1000 读为 0000。在这两种情况下都将产生粗大误差。

为了消除粗大误差，通常采用双读数头法，或者用循环码代替二进制码。图 4.2.3(b)所示为采用双读数头消除粗大误差的示意图。采用双读数头法时，C_1 码道仍只有一个读数狭缝，例如在 OO' 线位置，其他码道都有两个读数狭缝，如 a_2 和 b_2，a_3 和 b_3，a_4 和 b_4 等。它们对称地分布在 OO' 线的两侧，每个码道上狭缝 a_i 与 b_i 之间的距离不超过该码道分度间隔的一半，即第 i 码道 a_i 与 b_i 之间距离不超过 $2^{i-2}\theta_1(i=2\sim n)$。设由第 i 码道 a_i 和 b_i 两狭缝读出的信号分别为 A_i 和 B_i，而第 $i-1$ 码道的示数为 C_{i-1}，若 $C_{i-1}=1$，由图 4.2.3(c)所示电路可知 $C_i=A_i$；若 $C_{i-1}=0$，则 $C_i=B_i$。即若低一位的读数为 1，则高一位按 A_i 的值读出；若低一位的读数为 0，则高一位按 B_i 的值读出。只要由于刻划等原因造成的总误差不超过相应码道 a_i 与 b_i 之间的距离，就不会产生粗大误差。在不发生粗大误差的条件下，整个编码器的精度由它的最低位(即 C_1 码道)决定。双读数头的缺点是读数头的个数增加了一倍。当编码器位数很多时，光电元件安装位置也有困难。

6 位的循环码码盘如图 4.2.4 所示。循环码码盘具有以下特点。

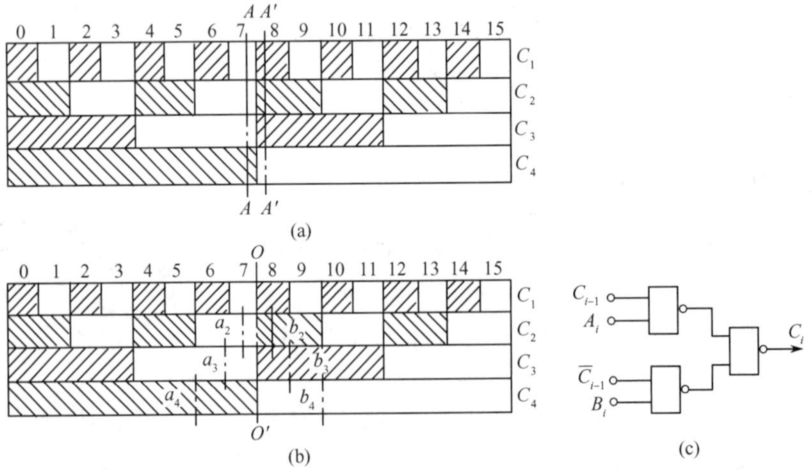

图 4.2.3 二进制码盘的粗大误差及消除

① n 位循环码码盘，与二进制码一样具有 2^n 种不同编码，分辨率为 $\theta_1=360°/2^n$。最内圈为 R_n 码道，一半透光，一半不透光。其他第 i 码道相当于二进制码码盘第 $i+1$ 码道向零位方向转过 θ_1 角，它的最外圈 R_1 码道的角节距为 $4\theta_1$。

② 循环码码盘具有轴对称性，其最高位相反，而其余各位相同。

③ 循环码为无权码。

④ 循环码码盘转到相邻区域时，编码中只有一位发生变化，不会产生粗大误差。由于这一原因使得循环码码盘获得了广泛应用。

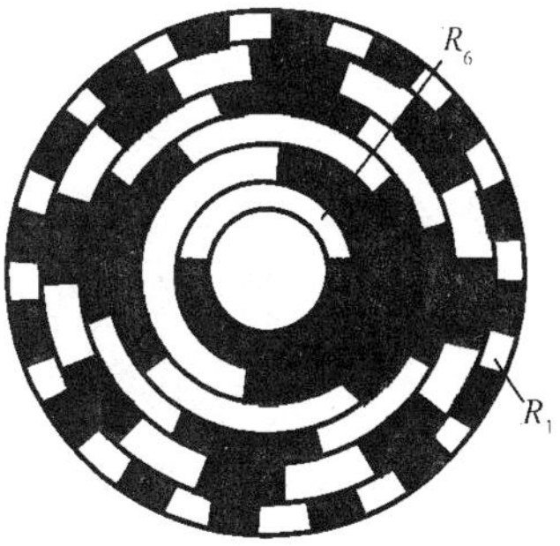

图 4.2.4　6 位循环码码盘

4.2.3　二进制码与循环码的转换

表 4.2.1 所示为 4 位二进制码与循环码的对照表。

表 4.2.1　4 位二进制码与循环码的对照表

十进制数	二进制码	循环码	十进制数	二进制码	循环码
0	0000	0000	8	1000	1100
1	0001	0001	9	1001	1101
2	0010	0011	10	1010	1111
3	0011	0010	11	1011	1110
4	0100	0110	12	1100	1010
5	0101	0111	13	1101	1011
6	0110	0101	14	1110	1001
7	0111	0100	15	1111	1000

从表中可以看出，循环码和二进制码之间有一定的转换关系，这个关系可表示为

$$C_n=R_n$$
$$C_i=C_{i+1}\oplus R_i$$
$$R_i=C_{i+1}\oplus C_i$$

图 4.2.5 所示为将二进制码转换为循环码的电路。图 4.2.5(a)，(b)分别为并行变换电路和串行变换电路。

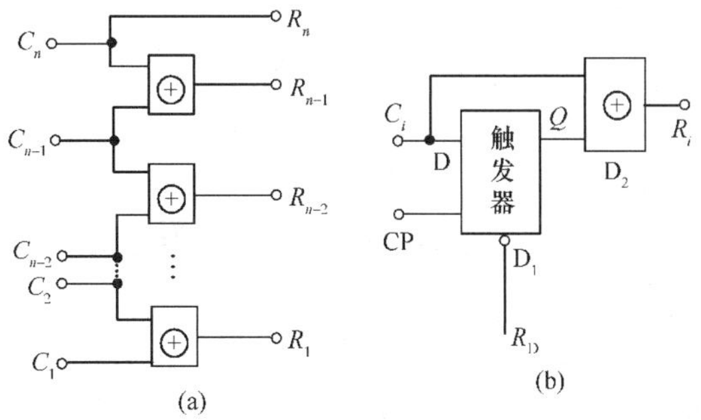

图 4.2.5　二进制码转化为循环码的电路

采用串行电路时，工作之前先将 D 触发器 D_1 端置零，$Q=0$。在 C_i 端送入 C_n，异或门 D_2 输出 $R_n=C_{n-1}\oplus 0=C_n$；随后加 CP 脉冲，使 $Q=C_n$；在 C_i 端加入 C_{n-1}，D_2 输出 $R_{n-1}=C_{n-1}\oplus C_n$。以后重复上述过程，可依次获得 $R_n, R_{n-1}, \cdots, R_2, R_1$。

图 4.2.6 所示为将循环码转变为二进制码的电路。图 4.2.6(a)、(b)分别为并行变换电路和串行变换电路。采用串行变换电路时，开始之前先将 JK 触发器 R_D 置零，$Q=0$。将 R_n 同时加到 J、K 端，再加入 CP 脉冲后，$Q=C_n=R_n$。以后若 Q 为 C_{i+1}，在 J、K 端加入 R_i，根据 JK 触发器的特性，若 J、K 为 1，则加入 CP 脉冲后 $Q=\overline{C}_{i+1}$；若 J、K 为 0，则加入 CP 脉冲后保持 $Q=\overline{C}_{i+1}$。这一逻辑关系可以写成

$$Q=C_i=R_i\overline{C}_{i+1}+\overline{R}_iC_{i+1}=C_{i+1}\oplus R_i$$

重复上述步骤，可以依次获得 $C_n,C_{n-1},\cdots,C_2,C_1$。

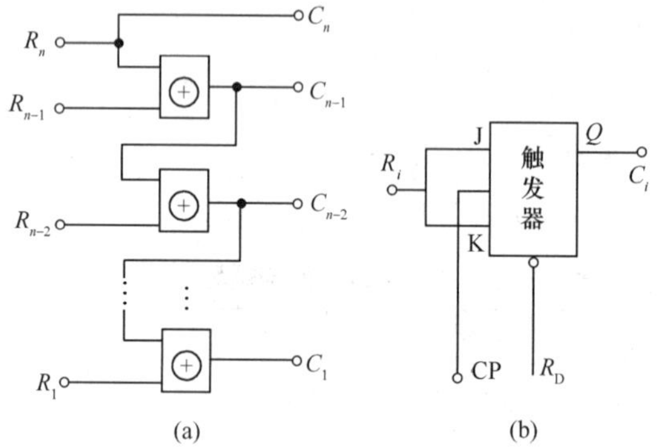

图 4.2.6　循环码转化为二进制码的电路

循环码是无权码，直接译码有困难，一般先把它转换为二进制码后再译码。这就决定了由循环码转换成二进制码的电路使用较多。并行转换速度快，所用元件较多；串行转换所用元件少，但速度慢，只能用于速度要求不高的场合。

大多数编码器都是单盘的，全部码道在一个圆盘上，结构简单，使用方便。但是，当位数要求增多的情况下，若要求具有很高的分辨率，圆盘直径要大，则制造困难。这时为了提高分辨率，可以采用几个码盘通过机械传动装置连成一起的码盘组，即可大大提高分辨率，而且可以用来测定转速，例如常用的双盘编码器。双盘编码器与单盘的区别在于它是由两个分辨率较低的码盘组合而成的一种高分辨率的编码器。两码盘间通过一个增速轮系相连接，相互之间保持一定的速比，并采用电气逻辑纠错以消除编码器的进位误差。

4.2.4　光电码盘的应用

如图 4.2.7 所示为光学码盘测角仪的原理图。光源 1 通过大孔径非球面聚光镜 2 形成均匀狭长的光束照射到码盘 3 上。根据码盘所处的转角位置，位于狭缝 4 后面的一排光电元件 5 输出相应的电信号。该信号经放大、鉴幅、整形后，再经当量变换，最后进行译码显示。在需要时采用纠错电路和寄存电路。

编码器的分辨率所代表的角度不是整数，例如一个 14 位的码盘，其分辨率为 $\theta_1=360°/2^n=1'19''$，显示器总是希望以度、分、秒表示，为此需要使用脉冲当量变换电路。如图 4.2.8所示是当量变换的一个实例。

工作之前，先把二进制计数器与脉冲当量变换计数器同时复零，将由码盘来的二进制编码信号(若为循环码盘，先变为二进制码信号)输入。这时振荡器 D_1 发出的计数脉冲通过与门 D_2 同时进入这两个计数器。每进一个脉冲，当量变换计数器所计之数增大 θ_1，图中按 14 位码

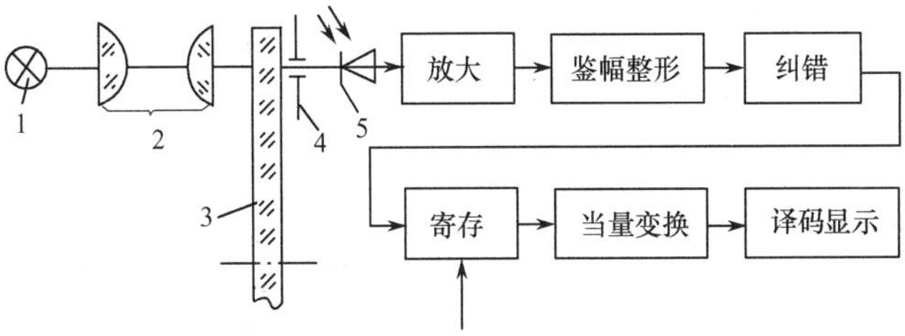

图 4.2.7　光学码盘测角仪原理图

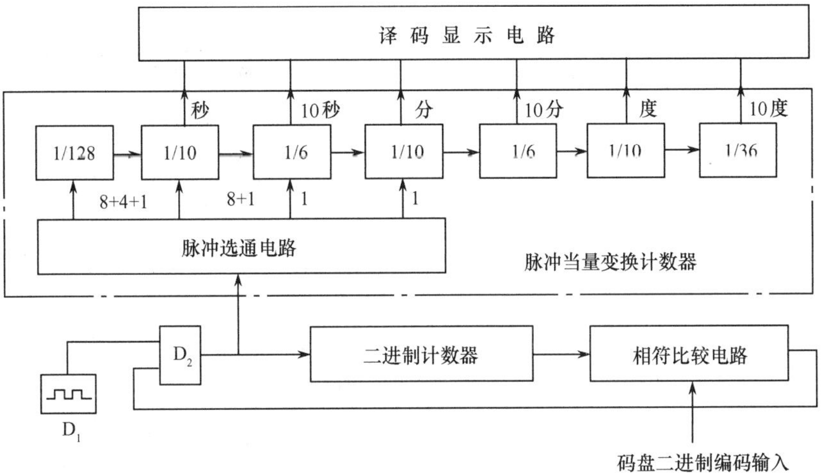

图 4.2.8　当量变换实例

盘安排，分值计数板进 1 个脉冲，秒值的十位与个位分别进 1 个和 9 个脉冲，128 进制计数单元进 13 个脉冲。各计数单元之间具有进位关系。当二进制计数器所计之数与二进制编码输入相符时，相符比较电路发出一个脉冲，与门 D_2 关闭，停止计数。当量变换计数器所计之数值经译码输出显示。

4.3　电荷耦合器件

电荷耦合器件简称 CCD(Charged Couple Device)，是一种大规模金属氧化物半导体(MOS)集成电路器件。它以电荷为信号，具有光电信号转换、存储、转移及输出信号电荷的功能。CCD 于 1970 年在美国贝尔实验室被发现，随后其发展异常迅速，从 CCD 概念提出到商品化的电荷耦合摄像机出现只用了短短 4 年的时间。CCD 之所以发展迅速，其主要原因是它在数字信息存储、模拟信号处理以及作为传感器等方面都有着十分广泛的应用。

4.3.1　电荷耦合器件的结构和工作原理

1. CCD 结构

CCD 是一种半导体器件，由金属、绝缘层和半导体构成，是一种固态检测器。它由很多个光敏单元组成，每个光敏单元就是一个 MOS (金属-氧化物-半导体)电容器(现今大多为光敏二极管)。形象地说,CCD 由一系列排得很紧密的 MOS 电容器组成,且具有一般电容所不具有的耦合电荷的能力。一个光敏单元或一个 MOS 电容就是一个像素。由于光敏单元一般做得很小,所以,300～500 万像素的数码相机很容易实现。

2. **CCD 工作原理**

(1) 电荷存储的原理

CCD 中基本单元是 MOS 电容器。它是在 P 型或 N 型单晶硅的衬底上用氧化的办法生成一层厚度为 100～150nm 的 SiO_2 绝缘层,再在 SiO_2 表面按一定层次蒸镀一金属电极或多晶硅电极,在衬底和电极间加上一个偏置电压(栅极电压),从而形成了一个 MOS 电容器,如图 4.3.1(a)所示。

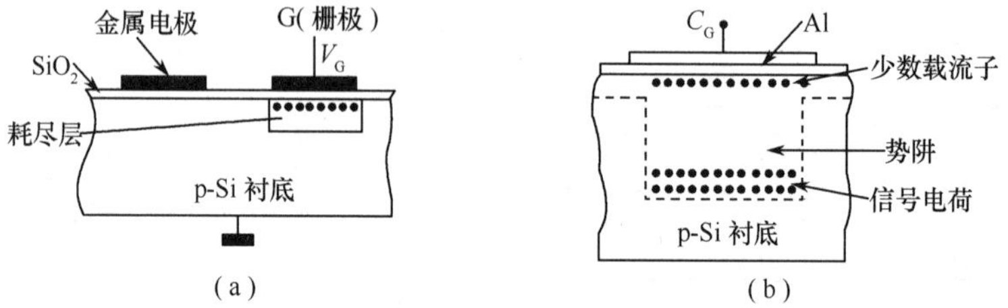

图 4.3.1 MOS 电容结构

CCD 一般是以 P 型硅为衬底,在这种 P 型硅衬底中,多数载流子是空穴,少数载流子是电子。在电极施加栅极电压 V_G 之前,空穴的分布是均匀的。当电极被施加了相对于衬底的正栅压 V_G(V_G 大于 MOS 管的开启电压)时,在 SiO_2 界面处表面势能升高,在电极下的空穴被排斥,电子被吸引到表面,产生耗尽层。当栅压继续增加,耗尽层将进一步向半导体内延伸,这一耗尽层对于带负电荷的电子而言是一个势能特别低的区域,因此也叫做"势阱"。当一束光照射到 MOS 管电容上时,光子穿过透明电极及氧化层,进入衬底,在光子作用下,产生电子一空穴对,电子一空穴对在外加电场的作用下,分别向电极两端移动,这就是光生电荷。由此产生的电子被称为光生电子,这些光生电子被附近的势阱所吸引,并储存在阱势中,如图 4.3.1(b)所示。势阱内存储的光生电子数量与入射到该势阱附近的光强成正比,存储了电荷的势阱又被称为电荷包,同时产生的空穴被电场排斥到耗尽区外。势阱中能容纳多少电子,取决于势阱的"深浅",即表面势的大小。势阱能够存储的最大电荷量又被称为势阱容量,它与所加栅压近似成正比。

(2) 电荷转移的原理

从上面的讨论可知,外加在 MOS 管电容器上的电压越高,产生势阱越深;外加电压一定,势阱深度随势阱中电荷量的增加而线性下降。利用这一特性,通过控制相邻 MOS 管电容栅极电压高低来调节势阱深浅,让 MOS 管电容间的排列足够紧密,使相邻 MOS 管电容的势阱相互沟通,即相互耦合(通常相邻 MOS 管电容电极间隙小于 3μm,目前工艺上可做到小于 0.2μm),就可使信号电荷由势阱浅处流向势阱深处,实现信号电荷的转移。

为了让信号电荷按规定的方向转移,在 MOS 管电容阵列上加满足一定相位要求的驱动时钟脉冲电压,这样在任何时刻,势阱的变化总朝着一个方向。为了实现这种定向的转移,在 CCD 的 MOS 阵列上划分成以几个相邻 MOS 电容为一单元的无限循环结构。每一单元称为一位,将每一位中对应位置上的电容栅极分别连到各自共同的电极上,此共同电极称为相线。例如,3 个为一单元的 MOS 线列,第 1,4,7,……电容的栅极连接到一根相线上,第 2,5,8,……连接到第二个共同相线上,第 3,6,9,……则连接到第三个共同相线上。通常 CCD 有二相、三相、四相等几种结构，它们所施加的时钟脉冲也分别为 180°、120°和 90°。当这种时序脉冲加到 CCD 的无限循环结构上时，将实现信号的定向转移。

以三相 CCD 为例，每位 3 个电极所加的时钟电压及工作过程如图 4.3.2 所示。图中表面电动势增加方向向下，虚线代表表面电动势大小。在 $t=t_1$ 时，ϕ_1 处于高电平，而 ϕ_2 和 ϕ_3 处于低电平。ϕ_1 电极上的栅电压大于开启电压，故在 ϕ_1 电极下形成势阱。如果有光照形成外来信号电荷注入，则电荷将聚集在 ϕ_1 电极下。当 $t=t_2$ 时，ϕ_1 和 ϕ_2 同时为高电平，ϕ_3 为低电平，故 ϕ_1 和 ϕ_2 电极下都形成势阱。由于两个电极靠得很近，势阱连通，使电荷从 ϕ_1 电极下势阱耦合到 ϕ_2 电极下。当 $t=t_3$ 时，ϕ_1 上的栅压小于 ϕ_2 上的栅压，故 ϕ_1 电极下的势阱变"浅"，电荷更多地通向 ϕ_2 电极下。当 $t=t_4$ 时，ϕ_1，ϕ_3 都为低电平，只有 ϕ_2 处于高电平，故电荷全部聚集到 ϕ_2 电极下，于是就实现了电荷从电极 ϕ_1 下到 ϕ_2 下的转移。经过这样的过程，当 $t=t_5$ 时，电荷包又耦合到 ϕ_3 电极下。当 $t=t_6$ 时，电荷包就转移到下一位的 ϕ_1 电极下。如此下去，在 CCD 时钟脉冲控制下，信号电荷就这样从一个势阱转向下一个势阱，直到输出。

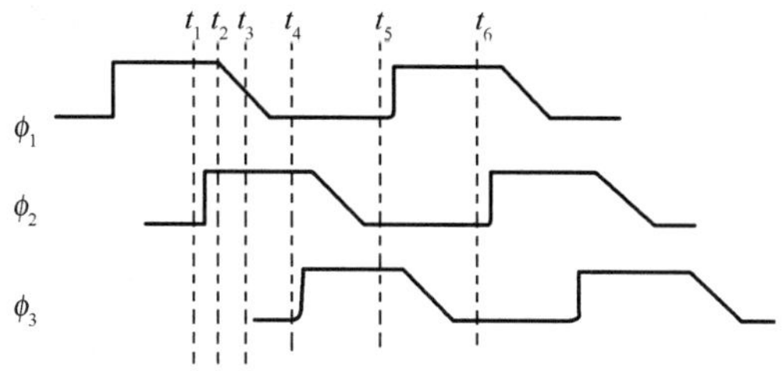

(a) 三相栅压波形

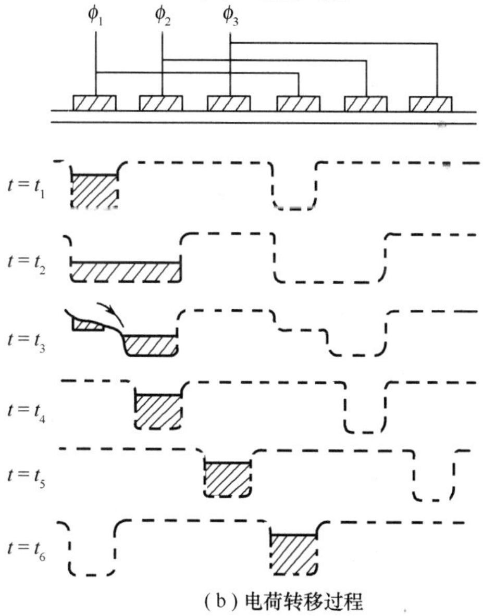

(b) 电荷转移过程

图 4.3.2　CCD 电荷转移原理

CCD 电荷转移的沟道有 N 沟道和 P 沟道，N 沟道的信号电荷为电子，P 沟道的信号电荷为空穴。前者的时钟脉冲为正极性，后者为负极性，由于空穴的迁移率低，所以 P 沟道 CCD 不太被采用。

(3) 电荷的产生及注入方式

CCD 的电荷(少数载流子)的产生有两种方式：光注入和电注入。CCD 用作光学图像传感器时，信号电荷由光生载流子得到，即光注入。当光信号射到 CCD 硅片上时，在栅极附近的耗尽区吸收光子产生电子-空穴对。在栅极电压的作用下，多数载流子（空穴）将流入衬底，而少数载流（电子）则被收集在势阱中，形成信号电荷存储起来。这样高于半导体禁带宽度的那些光子，就能建立起正比与光强的存储电荷。

光注入方式又可分为正面照射式和背面照射式。正面照射时，光子从栅极间透明的 SiO_2 绝缘层进入 CCD 的耗尽区。背面照射时，光从衬底射入。这时需将衬底减薄，以便于光线入射。还有一种是在每个单元的中心电极下开一个很小的孔，入射光直接照射到硅片上。如图 4.3.3(a)所示为背面光注入方法，如果用透明电极也可用正面光注入方法。器件受光照射，光被半导体吸收，产生电子-空穴对，当 CCD 的电极加有栅压时，光照产生的电子被收集在电极下的势阱中，而空穴则迁往衬底。收集在势阱中的电荷包大小与入射光信号大小成正比，使光信号转换为电信号。图 4.3.3(b)是用输入二极管进行电注入，该二极管是在输入栅衬底上扩散形成的。当输入栅 I_D 加上宽度为 Δt 的正脉冲时，输入二极管 PN 结的少数载流子通过输入栅下的沟道注入 ϕ_1 电极下的势阱中，注入电荷量 $Q=I_D\Delta t$，在三相时钟脉冲作用下依次向一定方向转移。

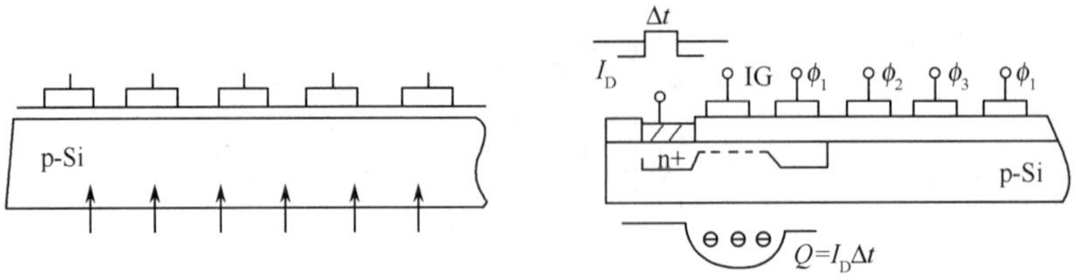

(a)背面光注入　　(b)电压信号注入

图 4.3.3　电荷注入方法

(4) 电荷的输出

在 CCD 中，有效地收集和检测电荷是一个重要问题。CCD 信号电荷的输出主要有电流输出和电压输出两种方式。

① 电流输出

如图 4.3.4(a)所示，当信号电荷在转移脉冲的驱动下向右转移到末级电极（图中 ϕ_2 电极）下的势阱中后，ϕ_2 电极上的电压由高变低时，由于势阱提高，信号电荷将通过输出栅（加有恒定的电压）下的势阱进入反向偏置的二极管（图中 N^+ 区）。由 U_D、电阻 R、衬底 p 和 N^+ 区构成的反向偏置二极管相当于无限深的势阱。进入到反向偏置的二极管中的电荷，将产生输出电流 I_D，且 I_D 的大小与注入到二极管中的信号电荷成正比，但与电阻 R 成反比。电阻 R 是制作在 CCD 内的电阻，阻值是常数。所以，输出电流 I_D 与注入到二极管中的电荷量成线性关系，且

$$Q_s = I_D\Delta t \tag{4.3.1}$$

由于 I_D 的存在，使得 A 点的电位发生变化：I_D 增大，A 点电位降低，所以可以用 A 点的电位来检测二极管的输出电流 I_D，用隔直电容将 A 点的电位变化取出，再通过放大器输出。

图 4.3.4(a)中的场效应管 VT_R 为复位管。它的主要作用是将一个读出周期内输出二极管没有来得及输出的信号电荷通过复位场效应管输出，因为在复位场效应管复位栅为正脉冲时复位场效应管导通，它的动态电阻远小于偏置电阻 R，使二极管中的剩余电荷被迅速抽走，使 A 点的电位恢复到起始的高电平。

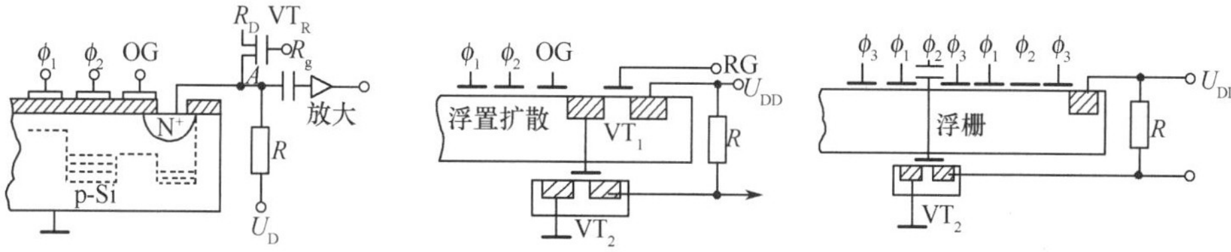

(a)电流输出方式　(b)浮置扩散放大器输出方式　(c)浮置栅放大器输出方式

图 4.3.4　电荷输出电路

② 电压输出

电压输出有浮置扩散放大器(FDA)和浮置栅放大器(FGA)等方式。

浮置扩散放大器的结构如图 4.3.4(b)所示。在与 CCD 同一芯片上集成了两个 MOSFET,即复位管 VT_1和放大管 VT_2。在 ϕ_2下的势阱未形成之前,在 RG 端加复位脉冲 ϕ_R,使复位管 VT_1导通,把浮置扩散区上一周期的剩余电荷通过 VT_2的沟道抽走。当信号电荷到来时,复位管 VT_1截止,由浮置扩散区收集的信号电荷来控制放大管 VT_2的栅极电位,栅极电势为

$$\Delta U_{out} = Q_s / C_{FD} \tag{4.3.2}$$

式中,C_{FD}为浮置扩散节点上的总电容。

经过放大器放大 K_V后,输出的信号为

$$U_0 = K_V \Delta U_{out} \tag{4.3.3}$$

以上两种输出机构均为破坏性的一次性输出。

图 4.3.4(c)为浮置栅放大器输出。VT_2的栅极不直接与信号电荷的转移沟道相连接,而是与沟道上面的浮置栅相连。当信号电荷转移到浮置栅下面的沟道时,在浮置栅上感应出镜像电荷,以此来控制 VT_2的栅极电位,达到信号检测与放大的目的。显然,这种机构可以实现电荷在转移过程中非破坏性检测。

4.3.2　CCD 图像传感器

CCD 图像传感器是利用 CCD 的光电转换和电荷换移的双重功能。当一定波长的入射光照射 CCD 时,若 CCD 的电极下形成势阱,则光生少数载流子就积聚到势阱中,其数目与光照时间和光强度成正比。使用时钟控制将 CCD 的每一位下的光生电荷依次转移出来,分别从同一输出电路上检测出,则可以得到幅度与各光生电荷成正比的电脉冲序列,从而将照射在 CCD 上的光学图像转移成电信号“图像”。由于 CCD 能实现低噪声的电荷转移,并且所有光生电荷都通过一个输出电路检测,具有良好的一致性,因此,对图像的传感具有优越的性能。

CCD 图像传感器有线列和面阵两大类,它们各具有不同的结构和用途。

(1) CCD 线列图像器件

图 4.3.5 所示为线型固态图像传感器的结构。其感光部分是光敏二极管(PD)线阵列,PD 作为感光像素位于传感器中央,两侧设置 CCD 移位寄存器。寄存器上面覆以遮光物。奇数号位的 PD 的信号电荷移往下侧的移位寄存器;偶数号位则移往上侧的转移寄存器。

以另外的信号驱动 CCD 移位寄存器,把信号电荷经公共输出端,从光敏二极管 PD 上依次读出。

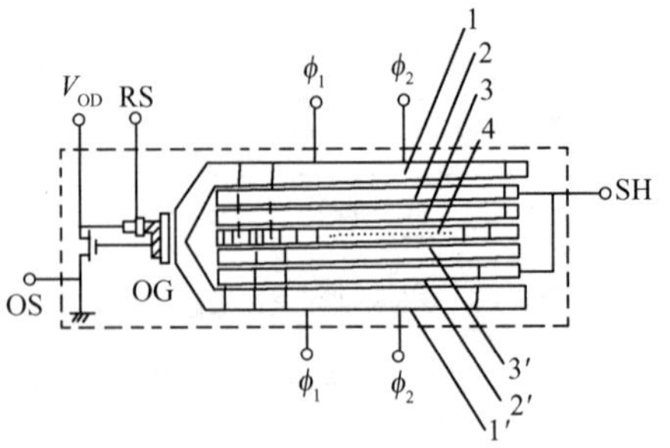

图 4.3.5　线型图像传感器结构

1,1′—CCD 转移寄存器　2,2′—转移栅　3,3′—存储栅　4—PD 阵列　SH—转移栅输入端

RS—复位控制　V_{OD}—漏极输出　OS—图像信号输出　OG—输出控制栅

（2）面型固态图像传感器

如图 4.3.6 所示面型固态图像传感器有 4 种基本构成方式。

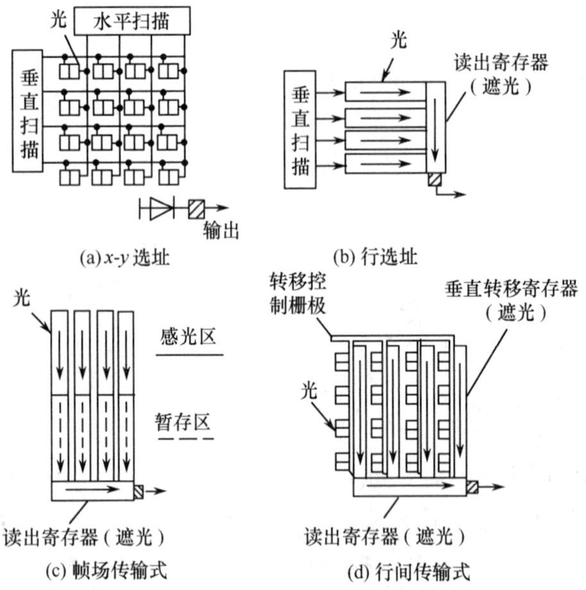

图 4.3.6　面型图像传感器的构成

图 4.3.6(a)所示为 x-y 选址方式。它也是用移位寄存器对 PD 阵列进行 x-y 二维扫描，信号电荷最后经二极管总线读出。x-y 选址式固态图像传感器的问题是图像质量不是很好。

图 4.3.6(b)是行选址方式，它是将若干个结构简单的线型传感器平行地排列起来构成的。为切换各个线型传感器的时钟脉冲，必须具备一个选址电路。同时，行选址方式的传感器，垂直方向上还必须设置一个专用读出寄存器，当某一行被选址时，就将这一行的信号电荷读至一垂直方向的读出寄存器。这样，诸行间就会有不相同的延时时间，为补偿这一延时往往需要非常复杂的电路和相关技术；另外，由于行选址方式的感光部分与电荷转移部分公用，很难避免光学拖影劣化图像画面现象。正是由于以上两个原因，行选址方式未能得到继续发展。

图 4.3.6(c)所示是帧场传输式，其特点是感光区与电荷暂存区相互分离，但两区构造基

本相同，并且都是用CCD构成的。感光区的光生信号电荷积蓄到某一定数量之后，用极短的时间迅速送到设有光屏蔽的暂存区。这时，感光区又开始本场信号电荷的生成与积蓄过程。在此期间，上述处于暂存区的上一场信号电荷，将一列一列地移往读出寄存器依次读出。当暂存区内的信号电荷全部读出之后，时钟控制脉冲又将使之开始下一场信号电荷由感光区向暂存区迅速的转移。

图4.3.6(d)所示是行间传输方式，其基本特点是感光区与垂直转移寄存器相互邻接。这样，可以使帧或场的转移过程合二为一。在垂直转移寄存器中，上一场在每个水平回扫周期内，将沿垂直转移信道前进一级，在此期间，感光区正在进行光生信号电荷的生成与积蓄过程。由后述具体示例可知，若使垂直转移寄存器的每个单元对应两个像素，则可以实现隔行扫描。

帧场传输式及行间传输式是比较可取的，尤其后者能够较好地消除图像上的光学拖影的影响。

除上述4种基本构成和帧场、行间两种信号电荷转移方式而外，蛇行转移方式比较引人注意。蛇行转移方式基本属于行间传输CCD构成方式。蛇行转移方式的特点是像素交错相间分布。此方式水平分辨率较低，只能用信号处理方式补偿。但是，蛇行转移方式垂直转移效率高，输出寄存器级数和转移频率减半，并且灵敏度高，信号转移量大。

4.3.3 图像传感器的应用

1. 尺寸测量

图4.3.7是用线型传感器测量物体尺寸的基本原理图。

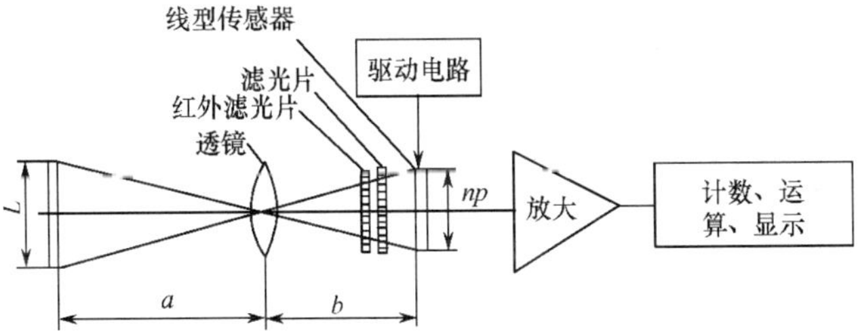

图4.3.7　尺寸测量基本原理

当所用光源含红外光时，可在透镜与传感器间加红外滤光片。利用几何光学知识可以很容易推导出被测对象长度L与系统诸参数之间的关系为

$$L=\frac{1}{M}np=\left(\frac{a}{f}-1\right)np \tag{4.3.4}$$

式中，f为所用透镜焦距；a为物距；b为像距；M为倍率；n为线型传感器的像素数；p为像素间距。

若选定透镜（即f和视场l_1已知）并且已知物距为a，那么，所需传感器的长度（被测参数在传感器中反映出的长度）l_2可由下式求出

$$l_2=\frac{f}{a-f}l_1 \tag{4.3.5}$$

则有

$$\frac{l_1}{l_2}=\frac{a}{f}-1$$

代入式(4.3.1)得

$$L=\frac{l_1}{l_2}pn$$

测量精度取决于传感器像素数与透镜视场的比值。为提高测量精度,应当选用像素多的传感器,并且应当尽量缩小视场。

因为固态图像传感器所感知的光像之光强,是被测对象与背景光强之差。因此,就具体测量技术而言,测量精度还与两者比较基准值的选定有关。

2. 用于光学文字识别装置

图像传感器还可用作光学文字识别装置的"读取头"。光学文字识别装置(OCR)的光源可用卤素灯。光源与透镜间设置红外滤光片以消除红外光影响。每次扫描时间为 300μs,因此,可作到高速文字识别。图 4.3.8 是 OCR 的原理图。经 A/D 转换后的二进制信号通过特别滤波后,文字更加清晰。下一步骤是把文字逐个断切出来。这些称为前处理。前处理后,用一定的算法对各个文字进行特征抽取。最后,将抽取所得特征与预先置入的诸文字特征相比较,以判断与识别输入的文字。

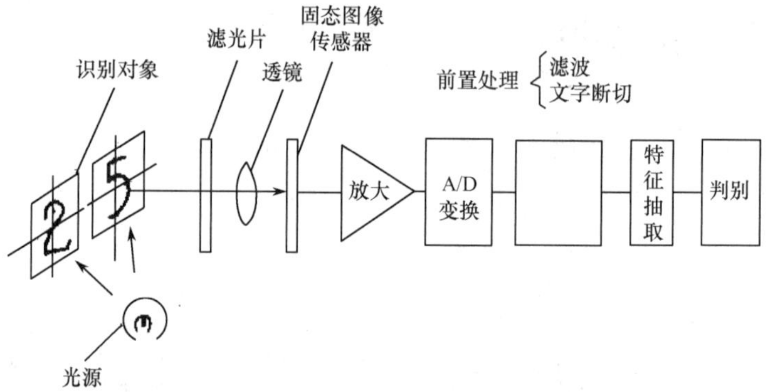

图 4.3.8 OCR 原理图

4.4 光纤传感器

光纤传感器的迅速发展始于 1977 年,至今光纤传感器已日趋成熟,这一新技术的影响目前已十分明显。光纤传感器具有许多优点:灵敏度较高;几何形状具有多方面的适应性,可以制成任意形状的光纤传感器;可以制造传感各种不同物理信息(声、磁、温度、旋转等)的器件;光纤传感器可以用于高压、电气噪声、高温、腐蚀或其他的恶劣环境;具有与光纤遥测技术的内在相容性。目前研制了多种不同的光纤传感器用于磁、声、压力、温度、加速度、陀螺、位移、液面、转矩、光、声、电流和应变等物理量的测量。

4.4.1 光导纤维的结构和导光原理

光导纤维是用比头发丝还细的石英玻璃丝制成的,每一根光导纤维由一个圆柱形内芯和包层组成,而且内芯的折射率略大于包层的折射率,如图 4.4.1 所示。众所周知,真空中光是沿直线传播的。然而入射到光导纤维中的光线都能限制在光导纤维中，随光导纤维弯曲而走弯曲的路线，并能传送很远的距离。在光导纤维中，传输信息的载体为光，当光导纤维的直径比光的波长大得多时，可以用几何光学原理，说明光在光纤内的传播。

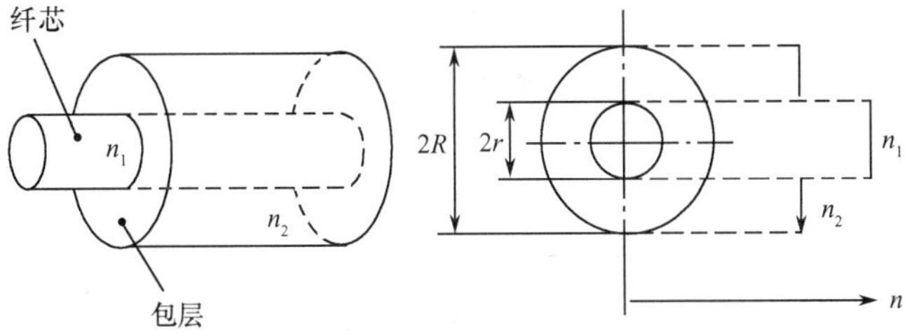

图 4.4.1　光纤结构

斯涅尔定理指出：当光由光密物质(折射率大)出射至光疏物质(折射率小)时，发生折射，如图 4.4.2(a)所示，其折射角大于入射角，即 $n_1 > n_2$ 时，$\theta_r > \theta_i$。

$n_1, n_2, \theta_r, \theta_i$ 间的数学关系为

$$n_1 \sin\theta_i = n_2 \sin\theta_r \tag{4.4.1}$$

可以看出：入射角 θ_i 增大时，折射角 θ_r 也随之增大，且始终 $\theta_r > \theta_i$。当 $\theta_r = 90°$ 时，θ_i 仍小于 90°，此时，出射光线沿界面传播。如图 4.4.2(b) 所示，称为临界状态，这时有

$$\sin\theta_r = \sin 90° = 1$$

$$\sin\theta_{i_0} = \frac{n_2}{n_1} \tag{4.4.2}$$

$$\theta_{i_0} = \arcsin\left(\frac{n_2}{n_1}\right) \tag{4.4.3}$$

式中，θ_{i_0} 为临界角。

当 $\theta_i > \theta_{i_0}$ 时，$\theta_r > 90°$ 时便发生全反射现象，如图 4.4.2(c) 所示，其出射光不再发生折射而全部反射回来。

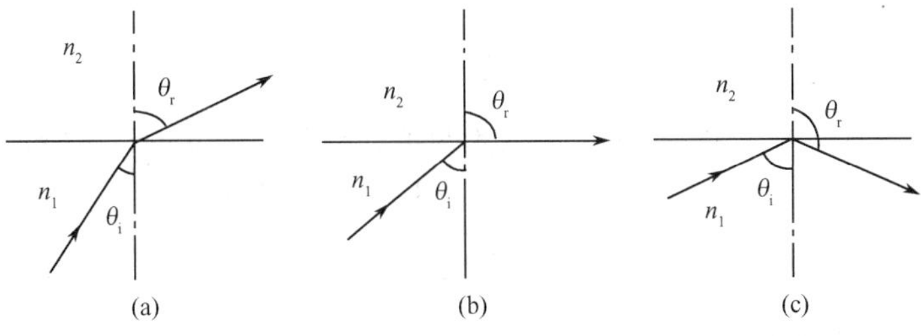

图 4.4.2　光在不同物质分界面的传播

由图 4.4.3 可知，入射光线 AB 与纤维轴线 OO' 相交角为 θ_i，入射后折射(折射角为 θ_j) 至纤芯与包层界面 C 点，与 C 点界面法线 DE 成 θ_k 角，并由界面折射至包层，CK 与 DE 夹角为 θ_r。由图可以得出

$$n_0 \sin\theta_i = n_1 \sin\theta_j \tag{4.4.4}$$

$$n_1 \sin\theta_k = n_2 \sin\theta_r \tag{4.4.5}$$

可以推出

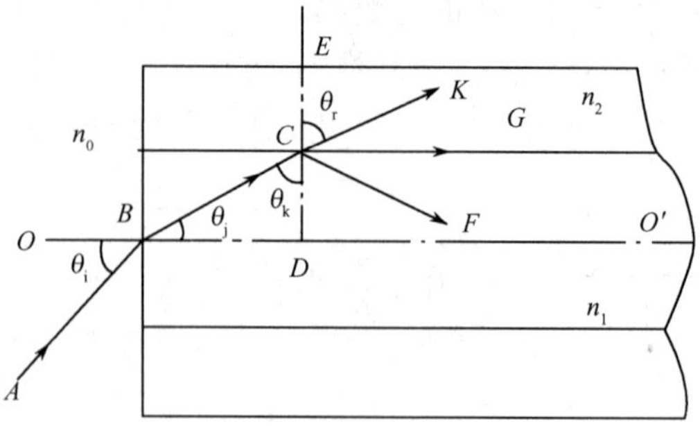

图 4.4.3　光纤导光示意图

$$\sin\theta_i = \left(\frac{n_1}{n_0}\right)\sin\theta_j$$

因为 $\theta_j = 90° - \theta_k$，所以

$$\sin\theta_i = \left(\frac{n_1}{n_0}\right)\sin(90° - \theta_k) = \frac{n_1}{n_0}\cos\theta_k = \frac{n_1}{n_0}\sqrt{1-\sin^2\theta_k} \tag{4.4.6}$$

由式(4.4.5) 可推出 $\sin\theta_k = \left(\frac{n_2}{n_1}\right)\sin\theta_r$，并代入式(4.4.6) 得

$$\sin\theta_i = \frac{n_1}{n_0}\sqrt{1-\left(\frac{n_2}{n_1}\sin\theta_r\right)^2}$$

$$= \frac{1}{n_0}\sqrt{n_1^2 - n_2^2\sin^2\theta_r} \tag{4.4.7}$$

式中，n_0 为入射光线 AB 所在空间的折射率，一般空间中为空气，故 $n_0 \approx 1$；n_1 为纤芯折射率，n_2 为包层折射率。当 $n_0 = 1$，可得

$$\sin\theta_i = \sqrt{n_1^2 - n_2^2\sin^2\theta_r} \tag{4.4.8}$$

当 $\theta_r = 90°$ 的临界状态时，$\theta_i = \theta_{i_0}$，可得

$$\sin\theta_{i_0} = \sqrt{n_1^2 - n_2^2} \tag{4.4.9}$$

工程光学中把式(4.4.9) 中的 $\sin\theta_{i_0}$ 定义为数值孔径 NA(Numerical Aperture)。由于 n_1 与 n_2 相差较小，即 $n_1 + n_2 \approx 2n_1$，故式(4.4.9) 又可因式分解为

$$\sin\theta_{i_0} \approx n_1\sqrt{2\Delta} \tag{4.4.10}$$

式中，$\Delta = (n_1 - n_2)/n_1$，称为相对折射率差。

由式(4.4.8) 及图 4.4.3 可以看出：

- $\theta_r = 90°$ 时，$\sin\theta_{i_0} = \text{NA}$ 或 $\theta_{i_0} = \arcsin\text{NA}$；
- $\theta_r > 90°$ 时，光线发生全反射，由如图 4.4.3 所示的夹角关系可以看出 $\theta_i < \theta_{i_0} = \arcsin\text{NA}$；
- $\theta_r < 90°$ 时，式(4.4.8) 成立，可以看出 $\sin\theta_i > \text{NA}$，$\theta_i > \arcsin\text{NA}$，光线消失。

这说明 arcsinNA 是一个临界角，凡入射角 $\theta_i > \arcsin\text{NA}$ 的那些光线，进入光纤后都不能传播而在包层消失；相反，只有入射角 $\theta_i < \arcsin\text{NA}$ 的那些光线才可以进入光纤被全反射传播。

4.4.2 光导纤维的主要参数

1. 数值孔径(NA)

如前所述,将 θ_i 的正弦函数定义为光导纤维的数值孔径(NA),即

$$NA = \sin\theta_i = \sqrt{n_1^2 - n_2^2} \tag{4.4.11}$$

数值孔径反映纤芯接收光量的多少,是标志光导纤维接收性能的一个重要参数。其意义是无论光源发射功率有多大,只有 $2\theta_i$ 张角之内的光功率能被光纤接收传播。一般希望有大的数值孔径,这样有利于耦合效率的提高。但是,数值孔径太大,光信号畸变也越严重,所以要适当选择。

2. 光纤模式

光纤模式简单地说,就是光波沿光导纤维传播的途径和方式。光的波动理论认为,在给定的光导纤维中,光线只是以某些角度入射时,所传播的光才会发生全反射,以不同角度入射的光线,在界面上的反射次数是不同的,传递的光波之间的干涉所产生的横向强度分布叫做模式。在光导纤维中,传播模式很多对信息的传输是不利的,因为同一光信号采取很多模式传播,就会使这一光信号分为不同时间到达接收端的多个小信号,从而导致合成信号的畸变,因此模式数量越少越好。阶跃型的圆筒波导内传播的模式数量可以简单表示为

$$V = \frac{\pi d(n_1^2 - n_2^2)^{\frac{1}{2}}}{\lambda_0}$$

式中,d 为光纤芯直径;λ_0 为光波波长。

我们希望 V 小,d 不能太大,一般为几微米,不能超过几十微米。另外,n_2 与 n_1 之差很小,所以要求 n_2 与 n_1 之差不大于 1%。

3. 传播损耗

由于光纤纤芯材料的吸收、散射,光纤弯曲处的辐射损耗等的影响,光信号在光纤中的传播不可避免地要有损耗。以 A 来表示传播损耗(单位为 dB),则

$$A = al = 20\lg\frac{I_0}{I} \tag{4.4.12}$$

式中,l 为光纤长度;a 为单位长度的衰减;I_0 为光导纤维输入端光强;I 为光导纤维输出端光强。

4.4.3 光纤传感器的结构组成

光纤传感器是一种把被测量的状态转变为可测的光信号的装置。由光发送器、敏感元件(光纤或非光纤的)、光接收器、信号处理系统及光纤构成,如图 4.4.4 所示。由光发送器发出的光经光纤引导至敏感元件。在这里,光的某一性质受到被测量的调制,已调光经接收光纤耦合到光接收器,使光信号变为电信号,最后经信号处理系统得到所期待的被测量。下面简单地分析光纤传感器光学测量的基本原理。

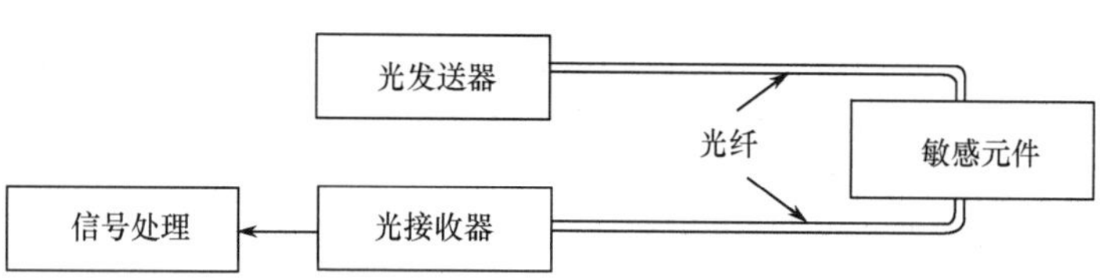

图 4.4.4 光纤传感器示意图

从本质上分析,光就是一种电磁波,其波长范围从极远红外的 1mm 到极远紫外的 10mm。

电磁波的物理作用和生物化学作用主要因其中的电场而引起。因此，在讨论光的敏感测量时，必须考虑光的电矢量 $\boldsymbol{E}$ 的振动。通常用下式表示

$$\boldsymbol{E} = \boldsymbol{B}\sin(\omega t + \varphi) \tag{4.4.13}$$

式中，$\boldsymbol{B}$ 为电场 $\boldsymbol{E}$ 的振幅矢量；ω 为光波的振动频率；φ 为光相位；t 为光的传播时间。

由式(4.4.13)可见，只要使光的强度、偏振态(矢量 $\boldsymbol{B}$ 的方向)、频率和相位等参量之一随被测量状态的变化而变化，或者说受被测量调制，那么就有可能通过对光的强度调制、偏振调制、频率调制或相位调制等进行解调，获得所需要被测量的信息。

4.4.4 光纤传感器的分类

光纤传感器技术领域里，可以利用的光学性质和光学现象很多。而且光纤传感器的应用领域极广，从最简单的产品统计，到对被测对象的物理、化学或生物等参量进行连续监测、控制等，都可采用光纤传感器。因此，至今虽然只有十几年的历史，然而却已研制出了百余种光纤传感器。归纳起来为如表 4.4.1 所示的几类，其分类法可根据光纤在其中的作用、光受被测量调制的形式或根据光纤传感器中对光信号的检测方法的不同划分。

表 4.4.1 光纤传感器的原理及分类

传感器		光学现象	被测量	光纤	分类
干涉型	相位调制光纤传感器	干涉(磁致伸缩)	电流、磁场	SM,PM	a
		干涉(电致伸缩)	电场、电压	SM,PM	a
		Sagnac 效应	角速度	SM,PM	a
		光弹效应	振动、压力、加速度、位移	SM,PM	a
		干涉	温度	SM,PM	a
非干涉型	强度调制光纤传感器	遮光板断光路	温度、振动、压力、加速度、位移	MM	b
		半导体透射率的变化	温度	MM	b
		荧光辐射、黑体辐射	温度	MM	b
		光纤微弯损耗	振动、压力、加速度、位移	SM	b
		振动膜或液晶的反射	振动、压力、位移	MM	b
		气体分子吸收	气体浓度	MM	b
		光纤泄漏模	液位	MM	b
	偏振调制光纤传感器	法拉第效应	电流、磁场	SM	b,a
		泡克尔斯效应	电场、电压	MM	b
		双折射变化	温度	SM	b
		光弹效应	振动、压力、加速度、位移	MM	b
	频率调制光纤传感器	多普勒效应	速度、流速、振动、加速度	MM	c
		受激喇曼散射	气体浓度	MM	b
		光致发光	温度	MM	b

注：① MM— 多模光纤；SM— 单模光纤；PM— 偏振保持光纤。

② a,b,c 为图 4.4.5 所示的 3 类光纤传感器。

(1) 根据光纤在传感器中的作用分类

光纤传感器分为功能型、非功能型和拾光型 3 大类，如图 4.4.5 所示。

① 功能型(全光纤型)光纤传感器。如图 4.4.5(a)所示，光纤在其中不仅是导光介质，而且也是敏感元件，光在光纤内受被测量调制。此类传感器的优点是结构紧凑、灵敏

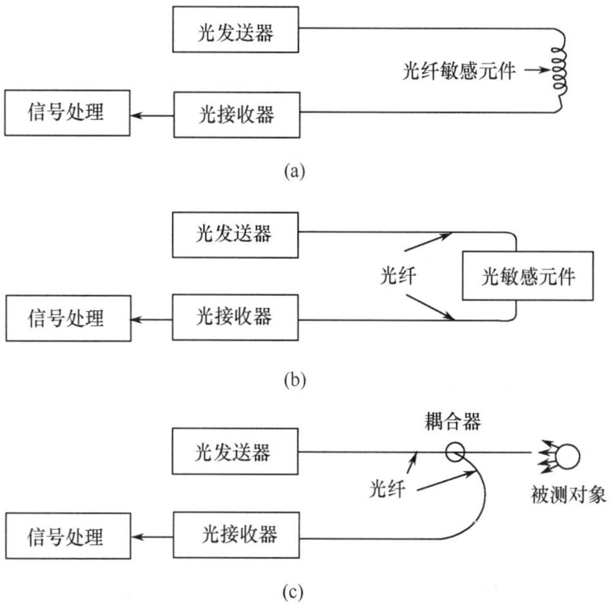

图 4.4.5　根据光纤在传感器中的作用分类

度高，但是，它需用特殊光纤和先进的检测技术，因此成本高。其典型例子如光纤陀螺、光纤水听器等。

② 非功能型(或称传光型)光纤传感器。如图 4.4.5(b)所示，光纤在其中仅起导光作用，光照在光敏感元件上受被测量调制。此类光纤传感器无须特殊光纤及其他特殊技术，比较容易实现，成本低，但灵敏度也较低，应用于对灵敏度要求不太高的场合。目前，已实用化或尚在研制中的光纤传感器，大多是非功能型的。

③ 拾光型光纤传感器。如图 4.4.5(c)所示，用光纤作为探头，接收由被测对象辐射的光或被其反射、散射的光。其典型例子如：光纤激光多普勒速度计、辐射式光纤温度传感器等。

(2) 根据光受被测对象的调制形式分类

光纤传感器可分为以下 4 种不同的调制形式。

① 强度调制型光纤传感器，这是一种利用被测对象的变化引起敏感元件的折射率、吸收或反射等参数的变化，而导致光强度变化实现非电量测量的传感器。常见的有利用光纤的微弯损耗，各种物质的吸收特性，振动膜或液晶的反射光强度的变化，物质因各种粒子射线或化学、机械的激励而发光的现象，以及物质的荧光辐射或光路的遮断等构成压力、振动、位移、气体等各种强度调制型光纤传感器。这类光纤传感器的优点是结构简单、容易实现、成本低。其缺点是受光源强度的波动和连接器损耗变化等的影响较大。

② 偏振调制光纤传感器，这是一种利用光的偏振态的变化传递被测对象信息的传感器。常见的有利用光在磁场媒质内传播的法拉第效应做成的电流、磁场传感器，利用光在电场中的压电晶体内传播的泡克尔斯效应做成的电场、电压传感器，利用物质的光弹效应构成的压力、振动或声传感器，以及利用光纤的双折射性构成温度、压力、振动等传感器。这类传感器可以避免光源强度变化的影响，灵敏度高。

③ 频率调制光纤传感器，这是一种利用由被测对象引起的光频率的变化进行监测的传感

器。通常有利用运动物体反射光和散射光的多普勒效应的光纤速度、流速、振动、压力、加速度传感器,利用物质受强光照射时的喇曼散射构成的测量气体浓度或监测大气污染的气体传感器,以及利用光致发光的温度传感器等。

④ 相位调制传感器,其基本原理是利用被测对象对敏感元件的作用,使敏感元件的折射率或传播常数发生变化,而导致光的相位变化,然后用干涉仪检测这种相位变化而得到被测对象的信息。通常有:利用光弹效应的声、压力或振动传感器,利用磁致伸缩效应的电流、磁场传感器,利用电致伸缩的电场、电压传感器,以及利用 Sagnac 效应的旋转角速度传感器(光纤陀螺)等。这类传感器的灵敏度很高,但由于需用特殊光纤及高精度检测系统,因此成本很高。

4.4.5 光纤传感器的特点

① 电绝缘。因为光纤本身是电介质,而且敏感元件也可用电介质材料制作,因此,光纤传感器具有良好的电绝缘性,特别适用于高压供电系统及大容量电机的测试。

② 抗电磁干扰。这是光纤测量及光纤传感器的极其独特的性能特征,因此,光纤传感器特别适用于高压大电流、强磁场噪声、强辐射等恶劣环境中,能解决许多传统传感器无法解决的问题。

③ 非侵入性。由于传感头可做成电绝缘的,而且其体积可以做得很小(最小可做到只稍大于光纤的芯径),因此,它不仅对电磁场是非侵入式的,而且对速度场也是非侵入式的,故对被测场不产生干扰。这对于弱电磁场及小管道内流速、流量等的监测特别具有实用价值。

④ 高灵敏度。高灵敏度是光学测量的优点之一。利用光作为信息载体的光纤传感器的灵敏度很高,它是某些精密测量与控制的必不可少的工具。

⑤ 容易实现对被测信号的远距离监控。由于光纤的传输损耗很小(目前石英玻璃系光纤的最小光损耗可低达 0.16dB/km),因此,光纤传感器技术与遥测技术相结合,很容易实现对被测场的远距离监控,这对于工业生产过程的自动控制及对核辐射、易燃、易爆气体和大气污染等进行监测尤为重要。

4.4.6 光纤传感器的应用

在此以光纤压力传感器为例介绍光纤传感器的应用。

光纤压力传感器主要有强度调制型、相位调制型和偏振调制型 3 类。强度调制型光纤压力传感器大多是基于弹性元件受压变形,将压力信号转换成位移信号检测,故常用于位移的光纤检测技术;相位调制型光纤压力传感器则是利用光纤本身作为敏感元件;偏振调制型光纤压力传感器主要是利用晶体的光弹性效应。

1. 采用弹性元件的光纤压力传感器

这类形式的光纤压力传感器都是利用弹性体的受压变形,将压力信号转换成位移信号,从而对光强进行调制的。因此,只要设计好合理的弹性元件及结构,就可以实现压力的检测。图 4.4.6所示为膜片反射式光纤压力传感器,它是利用 Y 形光纤束的光纤压力传感器。在 Y 形光纤束前端放置一片感压膜片,当膜片受压变形时,使光纤束与膜片间的距离发生变化,从而使输出光强受到调制。

弹性膜片材料可以是恒弹性金属,如殷钢、铍青铜等。但是,金属材料的弹性模量有一定的

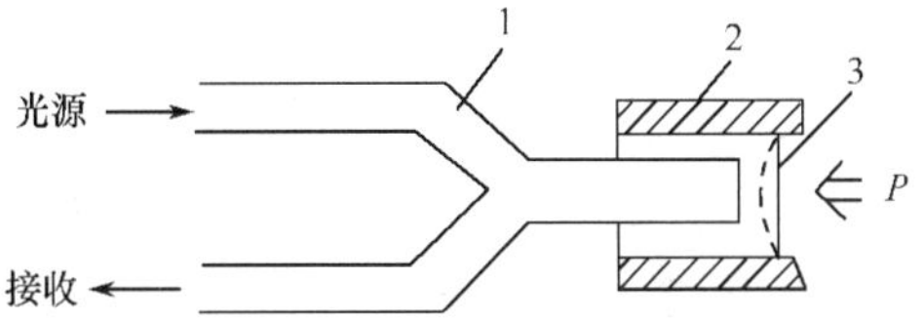

图 4.4.6　膜片反射式光纤压力传感器示意图

1—Y 形光纤　2—壳体　3—膜片

温度系数，因此，要考虑温度补偿。若选用石英膜片，则可以减小温度变化带来的影响。

膜片的安装采用周边固定，焊接到外壳上。对于不同的测量范围，可选择不同的膜片尺寸。一般膜片的厚度在 0.05～0.2mm 为宜。对于周边固定的膜片，在小挠度（$y<0.5t$，t 为膜片厚度）的条件下，膜片的中心挠度 y 可按式(4.4.14)计算

$$y=\frac{3(1-\mu^2)R^4}{16Et^3}P \tag{4.4.14}$$

式中，R 为膜片有效半径；t 为膜片厚度；E 为膜片材料的弹性模量；μ 为膜片的泊松比；P 为外加压力。

可见，在一定范围内，膜片中心挠度与所加的压力成线性关系。若利用 Y 形光纤束位移特性的线性区，则传感器的输出光功率亦与待测压力成线性关系。

传感器的固有频率可表示为

$$f_r=\frac{2.56t}{\pi R^2}\frac{gE}{3\rho(1-\mu^2)} \tag{4.4.15}$$

式中，ρ 为膜片材料的密度；g 为重力加速度。

这种光纤压力传感器结构简单、体积小、使用方便，但是，如果光源不够稳定或长期使用后膜片的反射率有所下降，其精度就会受到影响。

如图 4.4.7(a)给出了改进型的膜片反射式光纤压力传感器的结构，其中采用了特殊结构的光纤束。该光纤束的一端分成 3 束，其中一束为输入光纤，两束为输出光纤。3 束光纤在另一端结合成一束，并且在端面呈同心环排列分布，如图 4.4.7(b)所示。其中最里面一圈为输出光纤束，中间一圈为输入光纤束，外面一圈为输出光纤束。当压差为零时，膜片不变形，反射回两束输出光纤的光强相等，即 $I_1=I_2$。当膜片受压变形后，使得处于里面一圈的光纤束接收到的反射光强减小/增大，而处于外面一圈的光纤束接收到的反射光强增大/减小，形成差动输出，如图 4.4.7(c)所示。两束输出光的光强之比可表示为

$$\frac{I_2}{I_1}=\frac{1+AP}{1-AP} \tag{4.4.16}$$

式中，A 为与膜片尺寸、材料及输入光纤束数值孔径等有关的常数；P 为待测压力。该式表明，输出光强比 I_2/I_1 与膜片的反射率、光源强度等因素均无关，因而可有效地消除这些因素的影响。

将式(4.4.16)两边取对数，在满足 $(AP)^2\leqslant 1$ 时，等式右边展开后取第一项，得

$$\ln\frac{I_2}{I_1}=\frac{P}{2A} \tag{4.4.17}$$

这表明待测压力与输出光强比的对数成线性关系。因此，若将 I_1 和 I_2 检出后分别经对数放大后，再通过减法器即可得到线性的输出。

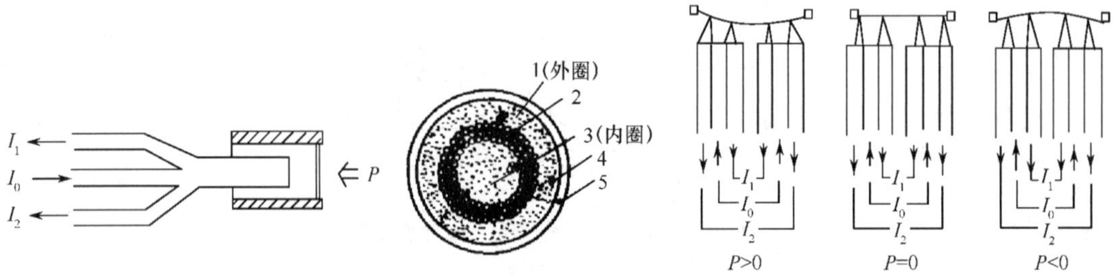

(a) 传感器结构　　(b) 探头截面结构　　(c) 测量原理

图 4.4.7　差动式膜片反射型光纤压力传感器

1—输出光纤　2—输入光纤　3—输出光纤　4—胶　5—膜片

若选用的光纤束中每根光纤的芯径为 70μm，包层厚度为 3.5μm，纤芯和包层折射率分别为 1.52 和 1.62，则该传感器可获得 115dB 的动态范围，线性度为 0.25%。采用不同的尺寸、材料的膜片，即可获得不同的测量范围。

2. 光弹性式光纤压力传感器

晶体在受压后其折射率发生变化，从而呈现双折射现象，这种效应称为光弹性效应。利用光弹性效应测量压力的原理及传感器结构如图 4.4.8 所示。发自 LED 的入射光经起偏器后成为直线偏振光。当有与入射光偏振方向呈 45°的压力作用于晶体时，使晶体呈双折射从而使出射光成为椭圆偏振光，由检偏器检测出与入射光偏振方向相垂直方向上的光强，即可测出压力的变化。其中，1/4 波长板用于提供一偏置，使系统获得最大灵敏度。

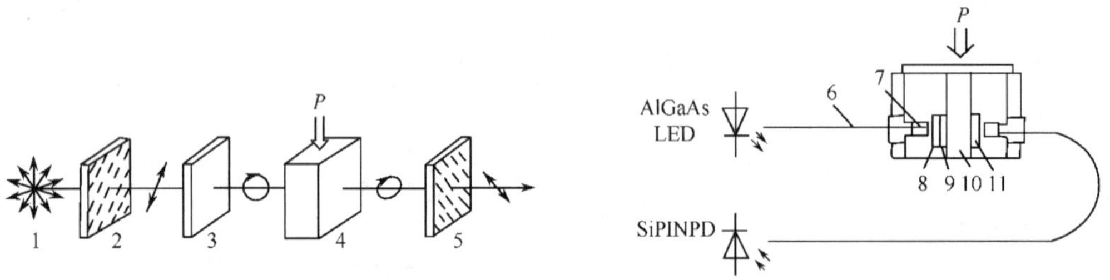

(a) 检测原理　　(b) 传感器结构

图 4.4.8　光弹性式光纤压力传感器结构

1—光源　2,8—起偏器　3,9—$\frac{1}{4}$波长板　4,10—光弹性元件

5,11—检偏器　6—光纤　7—自聚焦透镜

为了提高传感器的精度和稳定性，图 4.4.9 给出了另一种检测方法的结构。用偏振分光镜分别检测出输出光两个相互垂直方向的上偏振分量，并将这两个分量经"差/和"电路处理，即可得到与光源强度及光纤损耗无关的输出。该传感器的测量范围为 $10^3 \sim 10^6$ Pa，精度为 ±1%，理论上分辨率可达 1.4Pa。

这种结构的传感器在光弹性元件上加上质量块后，也可用于测量振动、加速度。

3. 微弯式光纤压力传感器

微弯式光纤压力传感器仍基于光纤的微弯效应，即由压力引起变形器产生位移，使光纤弯曲而调制光强度。图 4.4.10 示出了两种可用于声压检测的微弯式光纤水听器的探头结构。

如图 4.4.10(a)所示的结构中，光纤从两块变形器中穿过，上面的变形板与弹性聚碳酸酯薄膜相连，随着声压作用而产生位移；下面的变形板固定在探头的十字底座上，借助于一可调

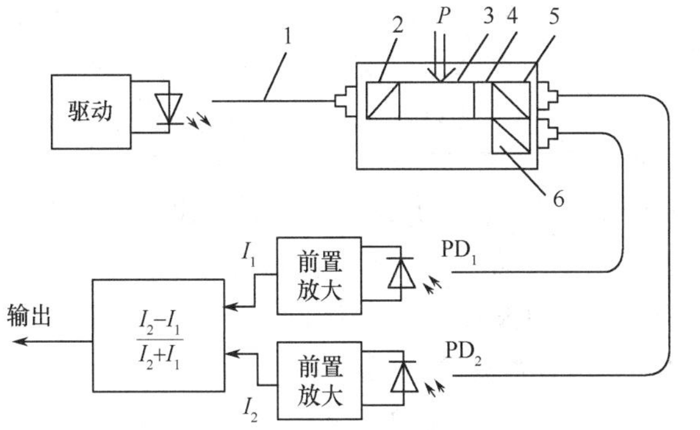

图 4.4.9　光弹性式光纤压力传感器的另一种结构

1—光纤　2—起偏器　3—光弹性元件　4—1/4 波长板　5—偏振分光镜　6—反射镜

节的螺钉，可给光纤施加一个初始压力，以设置传感器的直流工作点。该传感器当选用光纤 NA＝0.2 的多模光纤，光源为 1 mW 的 He-Ne 激光，变形器齿距为 2mm，齿数为 10，受压面积为 1.3mm^2时，对 1.1 kHz 的声信号，最小可测 μPa 级的压力。

如图 4.4.10(b)所示的结构中，光纤绕在一开有凹槽的圆柱体上，光纤向凹槽内弯曲，使输出光强受到调制。这种结构的特点是增加光纤绕在圆柱体上的圈数，便可以提高传感器的灵敏度。其灵敏度和分辨率比一般的微弯式光纤压力传感器有明显的提高。

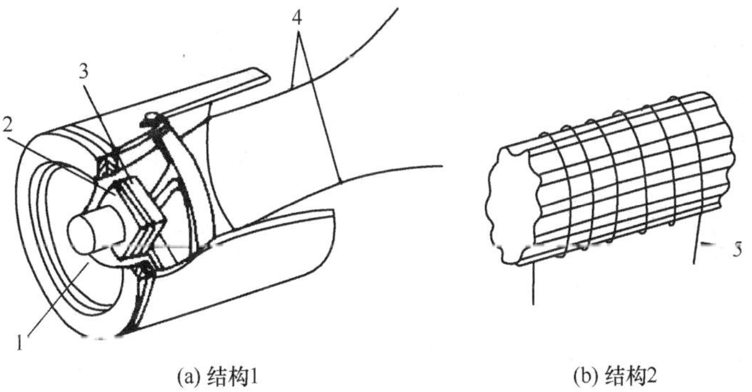

(a) 结构1　　(b) 结构2

图 4.4.10　微弯式光纤水听器的探头结构

1—聚碳酸酯薄膜　2—可动变形板　3—固定变形板　4,5—光纤

4.5　光栅传感器

光栅传感器是根据莫尔条纹原理制成的一种计量光栅，多用于位移测量及与位移相关的物理量，如速度、加速度、振动、质量、表面轮廓等方面的测量。按光栅的形状和用途分为长光栅和圆光栅，分别用于线位移和角位移的测量。按光线走向分为透射光栅和反射光栅。

4.5.1　光栅传感器的结构

如图 4.5.1 所示的光栅传感器由光源、透镜、光栅副(主光栅和指示光栅)和光电接收元件组成。光栅副是光栅传感器的主要部分。在长度计量中应用的光栅通常称为计量光栅，它主要由主光栅(也称标尺光栅)和指示光栅组成。当指示光栅相对于标尺光栅移动时，形成亮暗交替变化的莫尔条纹。利用光电接收元件将莫尔条纹亮暗变化的光信号，转换成电脉冲信号，并用数字显示，便可测量出指示光栅的移动距离。

光源：一般用钨丝灯泡，它有较大的输出功率，较宽的工作范围，为－40℃～130℃，但是它与光电元件相组合的转换效率低。在机械振动和冲击条件下工作时，使用寿命将降低，因此，必须定期更换照明灯泡以防止由于灯泡失效而造成的失误。近年来，半导体发光器件发展很快，如砷化镓发光二极管可以在－66℃～100℃的温度下工作，发出的光为近似红外光（91～94μm），接近硅光敏三极管的敏感波长。虽然砷化镓发光二极管的输出功率比钨丝灯泡低，但是，它与硅光敏三极管相结合，有很高的转换效率，最高可达 30%左右。此外，砷化镓发光二极管的脉冲响应时间约为几十纳秒，与光敏三极管组合可得到 2μs 的响应速度。这种快速的响应特征，可以使光源工作在触发状态，从而减小功耗和热耗散。

光栅副：如图 4.5.2 所示为透射光栅，它是一个长光栅，在一块长方形的光学玻璃上均匀地刻上许多条纹，形成规则排列的明暗线条。图中，a 为刻线宽度，b 为刻线间的缝隙宽度，$a+b=W$ 称为光栅的栅距（或光栅常数）。通常情况下，$a=b=W/2$，也可以做成 $a:b=1.1:0.9$。刻线密度一般为每毫米 10，25，50，100 线。

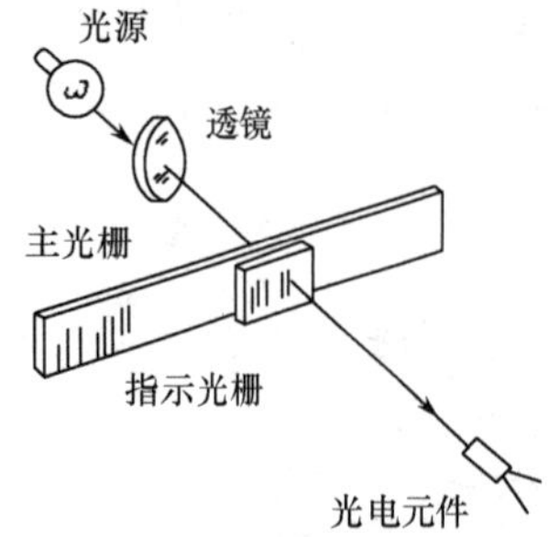

图 4.5.1　光栅传感器的结构

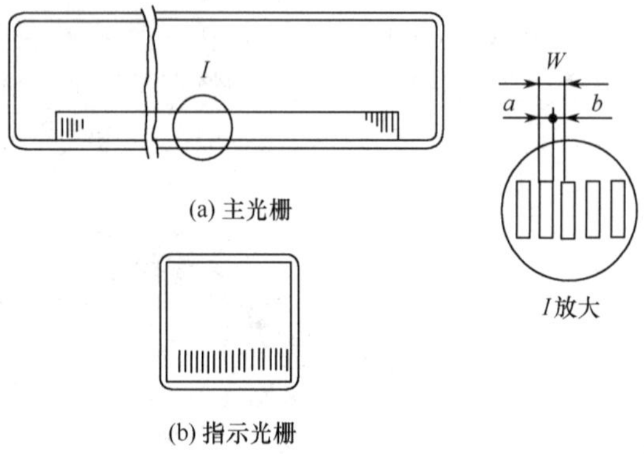

图 4.5.2　透射光栅

指示光栅一般比主光栅短得多，通常刻有与主光栅同样密度的线纹。

光电元件有光电池或光敏三极管等。在采用固态光源时，需要选用敏感波长与光源相接近的光敏元件，以获得高的转换效率。在光敏元件的输出端，常接有放大器，通过放大器得到足够的信号输出以防干扰的影响。

4.5.2　莫尔条纹形成的原理

把光栅常数相等的主光栅和指示光栅相对叠合在一起（片间留有很小的间隙），并使两者栅线（光栅刻线）之间保持很小的夹角 θ，于是在近于垂直栅线的方向上出现明暗相间的条纹，如图 4.5.3 所示。在 a-a'线上，两光栅的栅线彼此重合，光线从缝隙中通过，形成亮带；在 b-b'线上，两光栅的栅线彼此错开，形成暗带。这种明暗相间的条纹称为莫尔条纹。莫尔条纹方向与刻线方向垂直，故又称横向莫尔条纹。

由图 4.5.3 可以看出，横向莫尔条纹的斜率为

$$\tan\alpha=\tan\frac{\theta}{2} \tag{4.5.1}$$

式中，α 为亮（暗）带的倾斜角；θ 为两光栅的栅线夹角。横向莫尔条纹（亮带与暗带）之间的距

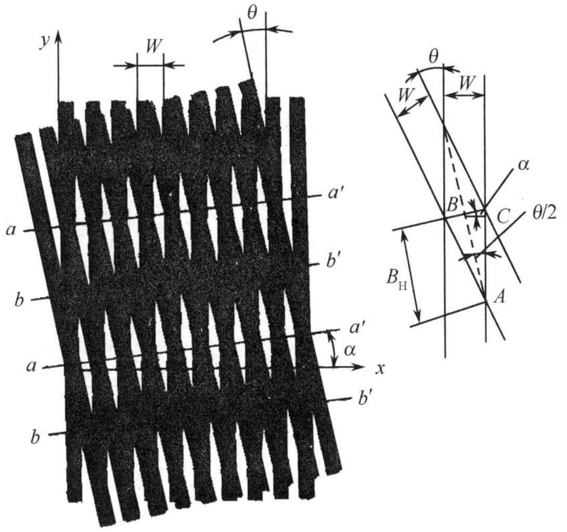

图 4.5.3　光栅和横向莫尔条纹

离为

$$B_H = AB = \frac{BC}{\sin\frac{\theta}{2}} = \frac{W}{2\sin\frac{\theta}{2}} \approx \frac{W}{\theta} \tag{4.5.2}$$

式中，B_H 为横向莫尔条纹之间的距离；W 为光栅栅矩。

由此可见，莫尔条纹的宽度 B_H 由光栅栅矩与光栅的夹角 θ 决定。对于给定光栅常数 W 的两光栅，夹角 θ 越小，条纹宽度越大，即条纹稀。所以通过调整夹角 θ，可以使条纹宽度具有任何所需要的值。

4.5.3　莫尔条纹技术的特点

① 由式(4.5.2)可知，虽然光栅常数 W 很小，但只要调整夹角 θ 即可得到很大的莫尔条纹宽度 B_H，起到了放大的作用。这样，就把一个微小移动量的测量转变成一个较大移动量的测量，既方便又提高了测量精度。

② 莫尔条纹的光强度变化近似正弦变化，因此便于对信号做进一步细分，即采用“倍频技术”。将计数单位变成比一个周期 W 更小的单位，例如变成 $W/10$ 记一个数，这样可以提高测量精度或可以采用较粗的光栅。

③ 光电元件接收的并不只是固定一点的条纹，而是在一定长度范围内所有刻线产生的条纹。这样，对于光栅刻线的误差起到了平均作用，也就是说，刻线的局部误差和周期误差对于测量精度没有直接的影响，因此，就有可能得到比光栅本身的刻线精度高的测量精度。

上述是基于莫尔条纹技术利用长光栅进行位移测量，除此之外还可以用径向光栅进行角度测量。如图 4.5.4 所示，径向光栅就是在一圆盘面上刻有由圆心向四周辐射的等角间距的辐射线。当两块径向光栅重叠在一起时，如果使指示光栅刻线的辐射中心 C_2 略微偏离标尺光栅(度盘光栅)的中心 C_1，便形成莫尔条纹，条纹垂直于两中心连线的垂直平分线。当标尺光栅相对于指示光栅转动时，条纹即沿径向移动，测出条纹的移动数目，即可得到标尺光栅相对于指示光栅转动的角度，以刻线的角间距为单位表示。目前径向光栅的刻线角间距范围多为$20''\sim20'$（相当于一圆周内刻有 1080 至 64800 条线）。

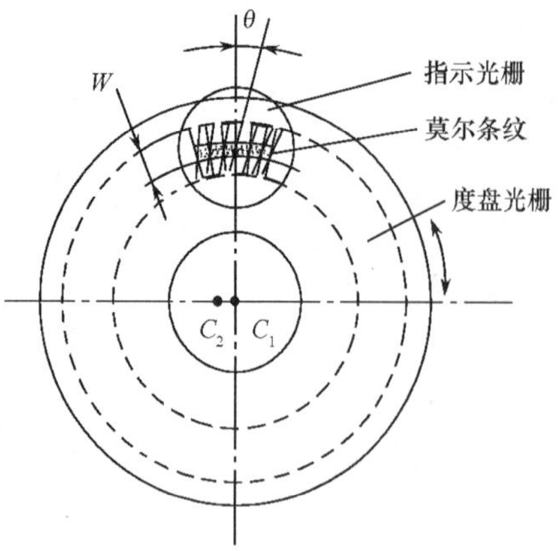

图 4.5.4　径向光栅

4.5.4　光栅的光路

如前所述光栅式传感器的光路通常有两种形式:透射式光路和反射式光路。

1. 透射式光路

在透明的玻璃上均匀地刻划间距、宽度相等的条纹而形成的光栅称为透射光栅。透射光栅的主光栅一般采用普通工业用白玻璃,而指示光栅最好用光学玻璃。如图 4.5.5 所示为垂直透射式光路。光源 1 发出的光,经准直透镜 2 形成平行光束,垂直投射到光栅上,由主光栅 3 和指示光栅 4 形成的莫尔条纹光信号由光电元件 5 接收。

此光路适合于粗栅距的黑白透射光栅。这种光路特点是结构简单,位置紧凑,调整使用方便,目前应用比较广泛。

2. 反射式光路

在具有强反射能力的基体(不锈钢或玻璃镀金属膜)上,均匀地刻划间距、宽度相等的条纹而形成的光栅称为反射光栅,如图 4.5.6 所示。光源 6 经聚光镜 5 和场镜 3 后形成平行光束,以一定角度射向指示光栅 2,经反射主光栅 1 反射后形成莫尔条纹,再经反射镜 4 和物镜 7 在光电池 8 上成像。

该光路适用于黑白反射光栅。

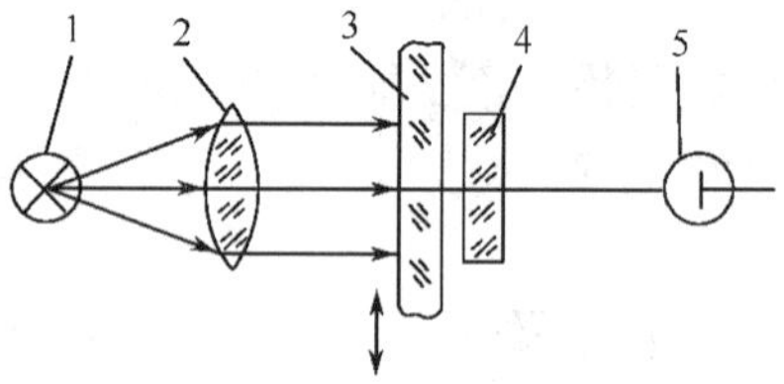

图 4.5.5　垂直透射式光路

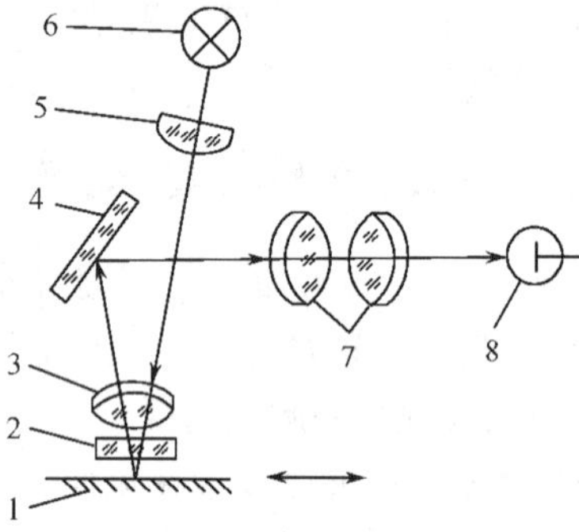

图 4.5.6　反射式光路

4.5.5　辨向原理

在实际应用中,大部分被测物体的移动往往不只是单向的,既有正向运动,也可能有反向运动。单个光电元件接收一固定点的莫尔条纹信号,只能判别明暗的变化而不能辨别莫尔条纹的移动方向,因而就不能判别运动部件的运动方向,以致不能正确测量位移。

设主光栅随被测部件正向移动 10 个栅距后,又反向移动 1 个栅距,也就是相当于正向移动了 9 个栅距。可是,单个光电元件由于缺乏辨向本领,从正向运动的 10 个栅距得到了 10 个条纹信号,从反向运动的 1 个栅距又得到 1 个条纹信号,总计得到 11 个条纹信号。这和正向移动 11 个栅距得到的条纹信号数相同,因而这种测量结果是不正确的。如果能够在物体正向移动时,将得到的脉冲数累加,而物体反向移动时可从已累加的脉冲数中减去反向移动的脉冲数，这样就能得到正确的测量结果。

完成这种辨向任务的电路就是辨向电路。为了能够辨向，应当在相距$\frac{1}{4}B_H$的位置上设置两个光电元件1和2，以得到两个相位相差90°的正弦信号，如图4.5.7所示，然后送到辨向电路中处理，如图4.5.8所示。

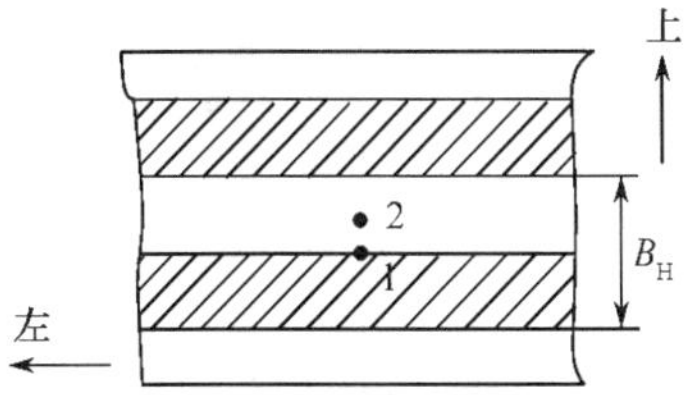

图4.5.7　相距$\frac{1}{4}B_H$的两个光电元件

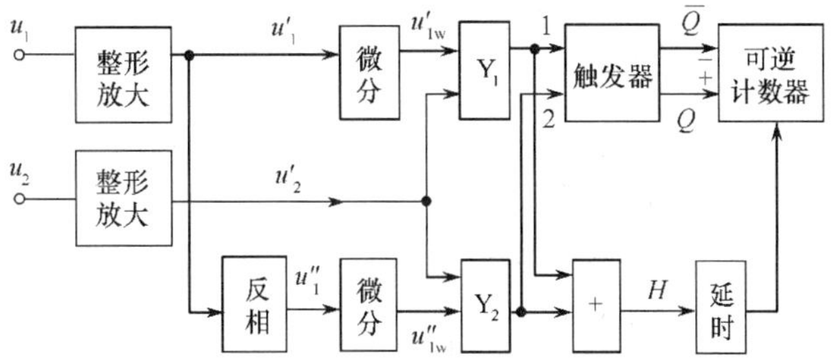

图4.5.8　辨向电路原理图

主光栅正向移动时，莫尔条纹向上移动，这时光电元件2的输出电压波形如图4.5.9(a)中曲线u_2所示，光电元件1的输出电压波形如曲线u_1所示，显然，u_1超前$u_2$90°。u''_1是u'_1反相后得到的方波。u'_{1w}和u''_{1w}是u'_1和u''_1两个方波经微分电路后得到的波形。由图4.5.9(a)可见，对于与门Y_1，由于u'_{1w}处于高电平时，u'_2总是处于低电平，因此Y_1输出为零；对于与门Y_2，u''_{1w}处于高电平，因此与门Y_2有信号输出，使加减控制触发器置1，可逆计数器做加法计数。主光栅反向移动时，莫尔条纹向下移动。这时光电元件2的输出电压波形如图4.5.9(b)中u_2曲线所示，光电元件1的输出电压波形如u_1曲线所示。显然u_2超前$u_1$90°，与正向移动时情况相反。整形放大后的u'_2仍超前u'_1 90°。同样，u''_1是u'_1反相后得到的方波，u'_{1w}和u''_{1w}是u'_1和u''_1两个方波经微分电路后得到的波形。由图4.5.9(b)可见，对于与门Y_1，u'_{1w}处于高电平时，u'_2总是处于高电平，因而Y_1有输出。而对于与门Y_2，u''_{1w}处于高电平时，u'_2却处于低电平，Y_2无输出值。因此加减控制器置零，将控制可逆计数器做减法计数。

正向移动时脉冲数累加，反向移动时便从累加的脉冲数中减去反向移动所得到的脉冲数，这样光栅传感器即可辨向，因而可以进行正确的测量。

4.5.6　细分技术

利用光栅进行测量时，当运动部件移动一个栅距，输出一个周期的交变信号，也即产生一个脉冲间隔。那么每个脉冲间隔代表移过一个栅距，即分辨率(或称脉冲当量)为一个栅距。例如，每毫米250条栅线的长光栅，栅距为4μm，那么其分辨率(脉冲当量)为4μm。随着对测量精度要求的提高，分辨率为4μm是不够的，希望提高到1μm，0.1μm或更高。如果以光栅的栅距直接作为计量单位，则对长光栅来说，这意味着栅线的密度要达到每毫米千条线到万条线之多。就目前先进的工艺水平看，栅线密度为每毫米7000条线还能实现，但要达到每毫米万条线尚无法实现。另外，从经济角度看，采用密度太大的光栅作为标准器也不合适，因此人们广为采用的方法是：在选择合适的光栅栅距的前提下，以对栅距进行测微——电子学中称细分，来得到所需的最小读数值。

所谓细分就是在莫尔条纹变化一周期时，不只输出1个脉冲，而是输出若干个脉冲，以减小脉冲当量提高分辨率。例如，莫尔条纹变化一周期不是输出1个脉冲数，而是输出4个脉冲

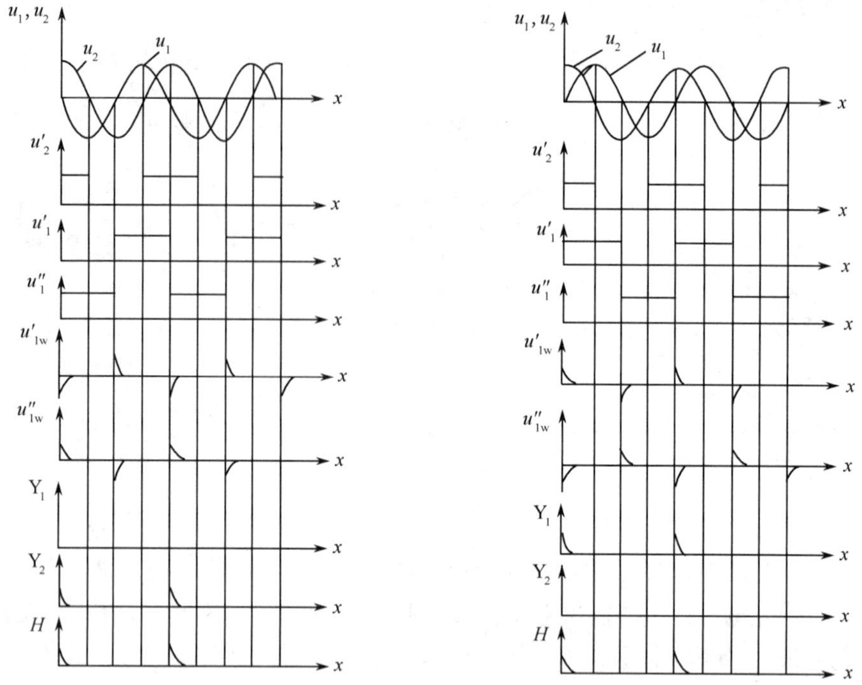

(a) 正向移动的波形　　　　(b) 反向移动的波形

图 4.5.9　辨向电路各点波形图

数，这就叫四细分。在采用四细分的情况下，栅距为 4μm 的光栅，其分辨率可从 4μm 提高到 1μm。细分越多，分辨率越高。

下面介绍几种常用的细分方法。

1. 直接细分

直接细分又称位置细分。直接细分常用的细分数为 4。四细分可用 4 个依次相距 $B_H/4$ 的光电元件，这样可以获得依次有相位差 90°的 4 个正弦交流信号。用鉴零器分别鉴取 4 个信号的零电平，即在每个信号由负到正过零点时发出一个计数脉冲。这样，在莫尔条纹的一个周期内将产生 4 个计数脉冲，实现了四细分。

四细分也可用相距 $B_H/4$ 的位置上放两个光电元件完成。两个光电元件输出两个相位差 90°的正弦交流信号 u_1 和 u_2，而 u_1 和 u_2 再分别通过各自的反相电路，从而得到 $u_3=-u_1$，$u_4=-u_2$，这样也可以获得依次相差 90°相角的 4 个正弦交流信号 u_1，u_2，u_3 和 u_4。同上述一样，经电路处理也可以在移动一个栅距的过程中得到 4 个等间隔的计数脉冲，从而达到四细分的目的。

使用单个光电元件未进行细分时的波形和脉冲数见图 4.5.10(a)，四细分时的波形和脉冲数见图 4.5.10(b)。

位置细分法的优点是：对莫尔条纹信号波形要求不严格，电路简单，可用于静态和动态测量系统；缺点是：由于光电元件安放困难，细分数不能太高。

由位置细分的分析可见，细分的关键是在莫尔条纹一个周期内得到彼此相差同一相位角的若干个正弦交流信号，从而通过电路处理，一个莫尔条纹周期就可得到若干个计数脉冲，从而达到细分的目的。

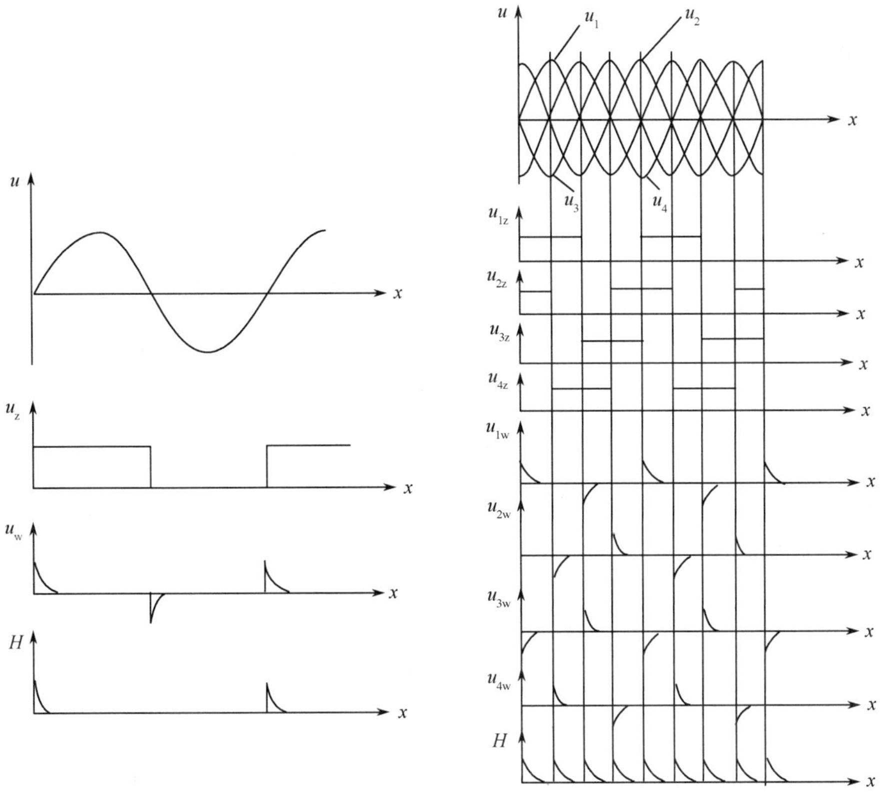

(a)　　　　(b)

图 4.5.10　未细分与细分的波形比较

2. 电阻电桥细分法(矢量和法)

如图 4.5.11 所示,由同频率的两个信号源 e_1 和 e_2 及电阻 R_1 和 R_2 组成电桥,其输出电压为

$$U_{sc}=\frac{R_2}{R_1+R_2}e_1+\frac{R_1}{R_1+R_2}e_2 \tag{4.5.3}$$

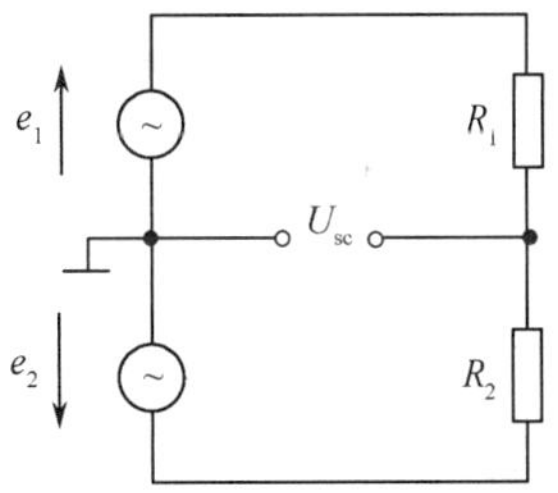

图 4.5.11　电阻电桥细分原理

若 $e_1=A\sin\theta, e_2=A\cos\theta$,同时又设$\frac{R_1}{R_2}=\tan\alpha$,则

$$U_{sc}=\frac{A\sin(\theta+\alpha)}{\sin\alpha+\cos\alpha} \tag{4.5.4}$$

用此信号去触发施密特电路,当 $\theta=-\alpha$(或 $\theta=360°-\alpha$)时,$U_{sc}=0$,施密特电路被触发(过零触发),发出脉冲信号。α 角按细分数选择,即事先安排好$\frac{R_1}{R_2}$值。图 4.5.12 所示是这种电阻电桥细分法用于十细分的例子。

3. 电阻链细分法(电阻分割法)

这种方法的实质是用电阻衰减器进行细分。

图 4.5.13 所示为等电阻链细分电路的原理,来自 4 个光电元件的信号 $\sin\theta$,$\cos\theta$,$-\sin\theta$,$-\cos\theta$,通过差分放大器提高了共模抑制能力,并得到 $\sin\theta$,$\cos\theta$ 和 $-\sin\theta$ 信号。通过电阻 $R_1\sim R_{10}$ 的分压($R_1\sim R_{10}$ 为等值电阻),并分别触发过零触发电路 $SM_1\sim SM_{10}$,于是在 $SM_1\sim SM_{10}$ 的输出端得到相位差为 18°的方形脉冲,即得到 10 倍频信号。

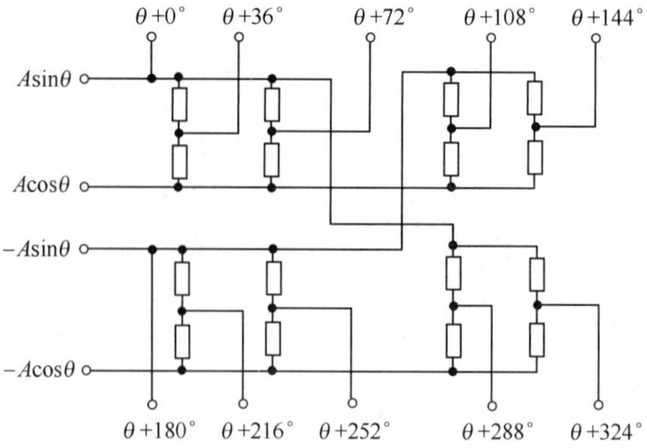

图 4.5.12　电阻电桥细分电路

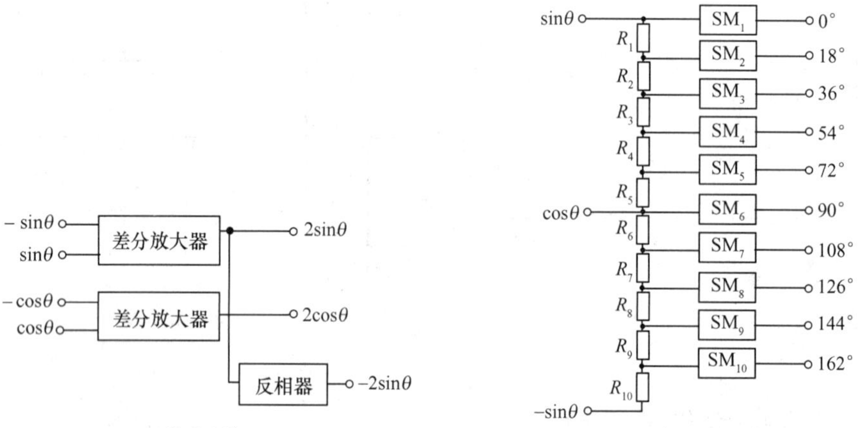

(a) 放大电路　　(b) 细分电路

图 4.5.13　等电阻链细分电路

思考题与习题 4

1. 光电传感器的特点是什么？采用光电传感器可能测量的物理量有哪些？

2. 如何利用光电传感器检测颜色？

3. 二进制码与循环码各有何特点？并说明它们的互换原理。

4. 光电码盘是如何测量电机转速的？有何特点？

5. 为什么选用硅光电池作为进行高速计数的光电传感器？

6. 什么叫 CCD 势阱？论述 CCD 的电荷转移过程。

7. 说明 CCD 图像传感器输出信号的特点。

8. 说明光导纤维的组成并分析其导光原理，指出光导纤维导光的必要条件是什么？

9. 光纤传感器分为几大类？试举例说明。

10. 计算 $n_1=1.64$，$n_2=1.45$ 的阶跃折射率光纤的数值孔径值。如果外部媒质为空气，$n_0=1$，求该光纤的最大入射角。

11. 光栅传感器的基本原理是什么？莫尔条纹是如何形成的？有何特点？

12. 分析光栅传感器为什么具有较高的测量精度？

13. 试从细分数大小、线路的复杂程度及抗干扰能力等方面比较书中给出的几种细分电路。

第 5 章　电动势式传感器原理与应用

本章介绍磁电式传感器、霍尔传感器和压电式传感器的原理与应用。这几种传感器是将被测量转换为电动势的装置。磁电式传感器应用电磁感应原理工作，常用来测量振动与转速；霍尔元件的工作原理是霍尔效应，多用于测量位移和压力；压电式传感器的工作原理是压电效应，常用来测量振动、加速度等动态物理量。

5.1　磁电式传感器

磁电式传感器是通过磁电作用将被测量（如振动、转速、扭矩）转换成电势信号的传感器。它是利用导体和磁场发生相对运动而在导体两端输出感应电动势的，因此它是一种机-电能量变换型传感器，具有不需要供电电源，有较大的输出功率，电路简单，性能稳定，输出阻抗小的优点；但只适合进行动态测量，工作频带一般为 10～1000Hz。

5.1.1　磁电式传感器的工作原理

磁电式传感器是以电磁感应原理为基础的，也称电磁感应传感器。根据电磁感应定律，当线圈在均恒磁场内运动时，设穿过线圈的磁通为 Φ，则线圈内的感应电势 E 与磁通变化率 $\mathrm{d}\Phi/\mathrm{d}t$ 有如下关系

$$E = -k\frac{\mathrm{d}\Phi}{\mathrm{d}t}$$

当感应电势 E 的单位为伏特（V），磁通 Φ 的单位为韦伯（Wb），t 的单位为秒（s）时，$k = 1$，这时感应电势如下

$$E = -\frac{\mathrm{d}\Phi}{\mathrm{d}t} \tag{5.1.1}$$

如果线圈是 N 匝，磁感应强度是 B，每匝线圈的平均长度为 l_a，线圈相对磁场运动的速度为 $v = \mathrm{d}x/\mathrm{d}t$，则整个线圈中所产生的电动势为

$$E = -N\frac{\mathrm{d}\Phi}{\mathrm{d}t} = -NBl_a\frac{\mathrm{d}x}{\mathrm{d}t} = -NBl_a v \tag{5.1.2}$$

磁通量 Φ 的变化可以通过很多办法实现，如磁铁与线圈之间作相对运动、磁路中磁阻的变化、恒定磁场中线圈面积的变化等，因此可以制造不同类型的磁电式传感器。

由式(5.1.2)可知，从磁电式传感器的直接应用来说，它只是用来测定速度的传感器，但是由于速度与加速度间有积分或微分的关系，因此，如果在传感器的信号调理电路中接一个积分电路或微分电路，磁电式传感器就可以用来测量位移、加速度和振动。磁电式传感器用于振动测量时，其中惯性式传感器不需要静止的基座作为参考基准，它直接安装在振动体上进行测量，因而在地面振动测量及机载振动监视系统中获得了广泛的应用。如航空发动机、各种大型电机、空气压缩机，机床、车辆、轨枕振动台，化工设备，各种水、气管道，桥梁、高层建筑等，其振动监测与研究都可使用磁电式传感器。

5.1.2 动圈式磁电传感器

1. 动圈式磁电传感器原理

动圈式磁电传感器工作原理图如图 5.1.1 所示。在永久磁铁(或电磁铁)产生的磁场中放置匝数为 N 的可动线圈,每匝线圈的平均长度为 l_a,如果在线圈运动部分的磁场强度 B 是均匀的,则当线圈与磁场的相对速度为 v 时,线圈的感应电动势为

$$E = NBl_a v\sin\alpha \tag{5.1.3}$$

式中,E 为感应电动势(V);N 为匝数;B 为磁感应强度(T);l_a 为线圈平均长度(m);v 为线圈与磁场的相对运动速度(m/s);α 为运动方向与磁场方向间夹角。

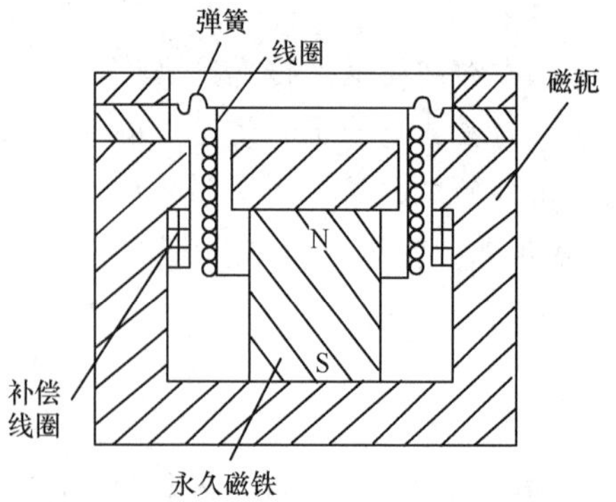

图 5.1.1　动圈式磁电传感器原理图

当 $\alpha = 90°$ 时,线圈的感应电动势为

$$E = NBl_a v \tag{5.1.4}$$

当 N、B 和 l_a 恒定不变时,E 与 $v = dx/dt$ 成正比,根据感应电动势 E 的大小即可知道被测速度的大小。

2. 动圈式磁电传感器结构

磁电式传感器由两个基本部分构成:一部分是磁路系统,由它产生恒定直流磁场,为减小传感器的体积,一般都采用永久磁铁;另一部分是线圈,由它运动切割磁力线产生感应电动势。作为一个完整的磁电式传感器,除了磁路系统和线圈外,还有一些其他元件,如壳体、支承、阻尼器、接线装置等。

图 5.1.2 所示为磁电式振动传感器的结构原理图。该传感器在使用时,把它与被测物体紧固在一起;当物体振动时,传感器外壳随之振动,此时线圈、阻尼环和心杆的整体由于惯性而不随之振动,因此它们与壳体产生相对运动,位于磁路气隙间的线圈就切割磁力线,于是线圈就产生正比于振动速度的感应电动势。该电动势与速度成一一对应关系,由此可直接测量速度,经过积分或微分电路便可测量位移或加速度。

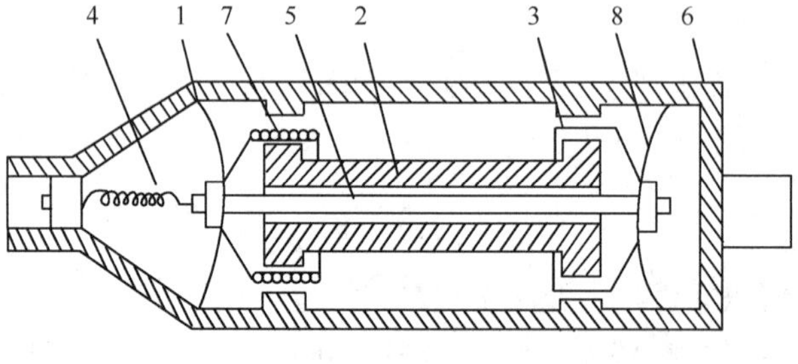

图 5.1.2　磁电式振动传感器的结构原理图

1— 弹簧片　2— 永久磁铁　3— 阻尼环　4— 引线　5— 心杆　6— 外壳　7— 线圈　8— 弹簧片

5.1.3 磁阻式磁电传感器

磁阻式磁电传感器线圈和磁铁部分都是静止的,与被测物连接而运动的部分是用导磁材料制成的。在运动中,它们改变磁路的磁阻,因而改变贯穿线圈的磁通量,在线圈中产生感应电动势。磁阻式传感器一般用来测量转速,将线圈中产生感应电动势的频率作为输出,而电动势

的频率取决于磁通变化的频率。

磁阻式转速传感器的结构有开磁路和闭磁路两种。如图 5.1.3 所示是一种开磁路磁阻式转速传感器。传感器由永久磁铁 1、感应线圈 3、软铁 2 组成，齿轮 4 安装在被测转轴上并与其一起旋转。安装时把永久磁铁产生磁力线通过的软铁端部对准齿轮的齿顶，当齿轮旋转时，齿的凹凸引起磁阻的变化，使磁通量发生变化，因而在线圈 2 中感应出交变的电动势，其频率 f 等于齿轮的齿数 Z 和转速 n 的乘积，即

$$f = \frac{Zn}{60} \tag{5.1.5}$$

式中，Z 为齿轮的齿数；n 为被测轴转速(r/min)；f 为感应电动势频率(Hz)。这样当已知齿轮的齿数 Z 时，测得感应电动势频率 f 就可知被测轴转速 n。

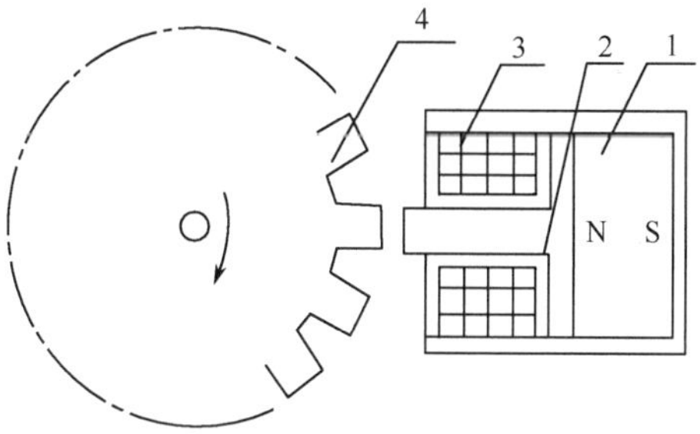

图 5.1.3　开磁路磁阻式转速传感器

开磁路转速传感器结构比较简单，但是，输出信号较小。另外，当被测轴振动较大时，传感器输出波形失真较大。在振动强的场合往往采用闭磁路转速传感器。

闭磁路磁阻式转速传感器的结构如图 5.1.4 所示，它由装在转轴上的内齿轮、永久磁铁、外齿轮和线圈构成，内、外齿轮的齿数相同，当转轴连接到被测轴上与被测轴一起转动时，内、外齿轮的相对运动使磁路气隙发生变化，因而磁阻发生变化并使贯穿于线圈的磁通量变化，在线圈中感应出电动势。与开磁路情况相同，也可通过感应电动势频率测量转速。

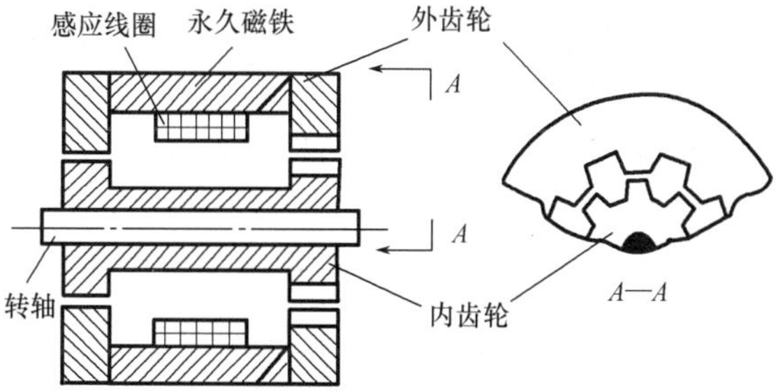

图 5.1.4　闭磁路磁阻式转速传感器

传感器的输出电动势取决于线圈中磁场变化速度，因而它是与被测速度成一定比例关系的。当转速太低时，输出电动势很小，以致无法测量。所以，这种传感器有一个下限工作频率，一般为 50Hz 左右，闭磁路转速传感器的下限频率可降低到 30Hz 左右，其上限工作频率可达 100Hz。

5.1.4 磁电式传感器的动态特性

磁电感应式传感器只适用测量动态物理量，因此动态特性是这种传感器的主要性能。这种传感器是机－电能量变换型传感器，其等效的机械系统如图 5.1.5 所示，它是一个二阶系统。图中，v_0 为传感器外壳的运动速度，即被测物体运动速度；v_m 为传感器惯性质量块的运动速度。若 $v(t)$ 为惯性质量块相对外壳的运动速度，其运动方程为

$$m\frac{dv(t)}{dt}+cv(t)+K\int v(t)dt=-m\frac{dv_0(t)}{dt} \tag{5.1.6}$$

其幅频特性与相频特性分别为

$$A_v(\omega)=\frac{(\omega/\omega_n)^2}{\sqrt{[1-(\omega/\omega_n)^2]^2+[2\zeta(\omega/\omega_n)]^2}} \tag{5.1.7}$$

$$\varphi_v(\omega)=-\arctan\frac{2\zeta(\omega/\omega_n)}{1-(\omega/\omega_n)^2} \tag{5.1.8}$$

式中，ω 为被测振动的角频率；ω_n 为传感器运动系统的固有角频率，$\omega_n=\sqrt{K/m}$；ζ 为传感器运动系统的阻尼比，$\zeta=c/(2\sqrt{mK})$。

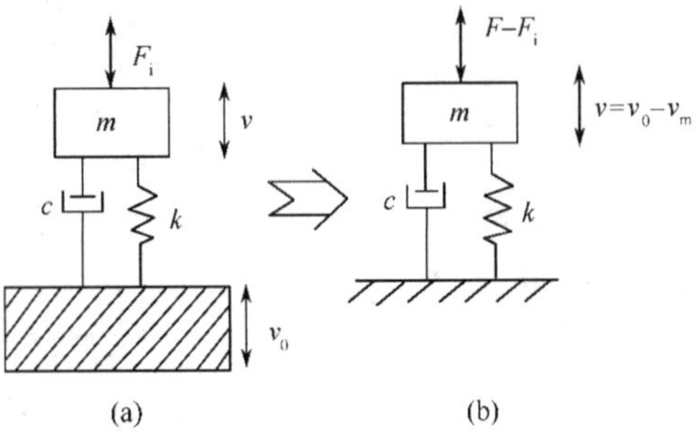

图 5.1.5　等效机械系统

图 5.1.6 为磁电式速度传感器的频率响应特性曲线。从磁电式速度传感器的频率特性曲线可知，只有在 $\omega \gg \omega_n$ 的情况下，$A_v(\omega)\approx 1$，相对速度 $v(t)$ 的大小才可以作为被测振动速度 $v_0(t)$ 的量度。因此磁电式速度传感器的频率较低，一般为 10～15Hz。为了抑制共振峰值，从而减小幅值误差、扩大工作频率范围，使阻尼比 ζ 取 0.5～0.7。在 $\omega > 1.7\omega_n$ 时，其幅值误差 $|A(\omega)-1|\times 100\%$ 不超过5%，但是，这时相位差为120°左右。这样大的相位差根本无法精确测定振动相位。当 $\omega > (7\sim 8)\omega_n$ 时，不但可使幅值测量精确，而且相位差接近 180°，传感器成为一个反相器。

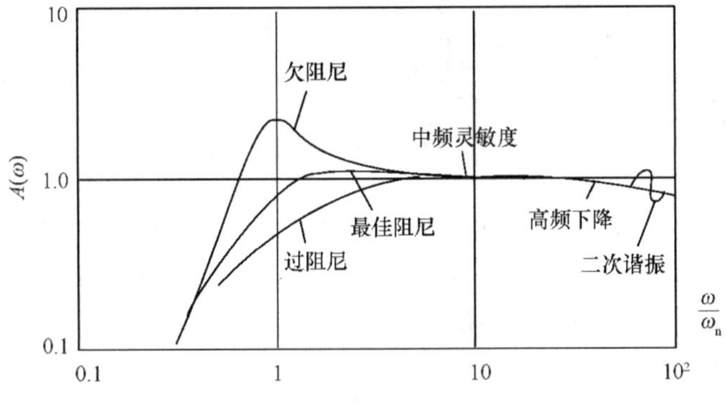

图 5.1.6　磁电式速度传感器的频率响应特性曲线

最后应该指出，相对运动速度 $v(t)$ 就是前面讨论的线圈相对磁场的运动速度 $\mathrm{d}x/\mathrm{d}t$，因此式(5.1.2)改为

$$E = NBl_a \frac{\mathrm{d}x}{\mathrm{d}t} = -NBl_a v(t) \tag{5.1.9}$$

这时磁电式速度传感器的输出电动势 E 与相对速度 $v(t)$ 成正比，而 $v(t)$ 可以度量被测振动速度 $v_0(t)$，所以，电动势 E 也可以度量 $v_0(t)$。这就是磁电式速度传感器可以测量振动速度的原理。

5.2 霍尔传感器

霍尔传感器是利用霍尔效应原理将被测物理量转换为电动势的传感器。霍尔效应是1879年霍尔在金属材料中发现的，后来曾有人利用霍尔效应制成测量磁场的磁传感器，但是，终因金属的霍尔效应太弱而没有得到应用。随着半导体和制造工艺的发展，人们又利用半导体材料制成霍尔元件，由于它的霍尔效应显著而得到实用和发展，广泛用于电流、磁场、位移、压力等物理量的测量。

5.2.1 霍尔传感器的工作原理

将半导体薄片置于磁场中，当通过它的电流方向与磁场方向不一致时，半导体薄片上平行于电流和磁场方向的两个面之间产生电动势，这种现象称为霍尔效应，该电动势称霍尔电势，半导体薄片称霍尔元件。

如图5.2.1所示，在垂直于外磁场 B 的方向上放置半导体薄片，当半导体薄片流有电流 I(称控制电流)时，在半导体薄片前、后两个端面之间产生霍尔电势 U_H。由实验可知，霍尔电势的大小与激励电流 I 和磁场的磁感应强度成正比，与半导体薄片厚度 d 成反比，即

$$U_H = R_H \frac{IB}{d} \tag{5.2.1}$$

式中，R_H 为霍尔常数。

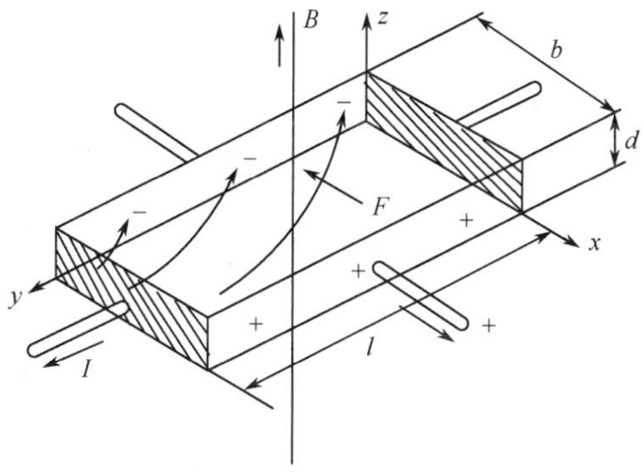

图5.2.1　霍尔效应原理图

霍尔效应是半导体中的载流子(电流的相反方向)在磁场中受洛仑兹力 F 作用发生横向漂移的结果。图5.2.1中，电流是半导体导电板中的载流子(电子)，在电场的作用下做定向运动的产物，若再在导电板的厚度方向上(垂直电流方向)作用一个磁感应强度为 B 的均匀磁场，则每个载流子受洛仑兹力 F 的作用为

$$F = e\bar{v}B \tag{5.2.2}$$

式中，e 为电子电量的绝对值；$\bar{v}$ 为电子定向运动的平均速度；B 为磁场的磁感应强度。

F 的方向在图 5.2.1 中是向后的，这时的电子除了沿电流反方向宏观的定向移动外，还向后漂移，结果使导电板的后表面相对前表面积累了多余的电子，前面因缺少电子积累了多余的正电荷。这两种积累电荷在导电板内部宽度 b 的方向上建立了附加电场，称为霍尔电场。该电场强度为

$$E_H = \frac{U_H}{b} \tag{5.2.3}$$

式中，U_H 为两种积累电荷间电位差，即霍尔电势。该电场的方向在图中是从前面指向后面。霍尔电场的出现，使定向运动着的电子除了受洛仑兹力作用外，还受到一个逆着电场方向的电场力，其大小为 eE_H。随着前、后面上积累多余电荷的增加，霍尔电场强度增加，电子受到的电场力也增加，最后电子受到的洛仑兹力和霍尔电场力的大小相等、方向相反，即

$$eE_H = e\bar{v}B$$

则

$$E_H = \bar{v}B \tag{5.2.4}$$

这时电子不再向后漂移，两面上积累的电荷数量不再增加，达到平衡状态。

若导电板单位体积内电子数为 n（电子密度），电子定向运动的平均速度为 $\bar{v}$，则激励电流 $I = nbd\bar{v}e$，所以

$$\bar{v} = \frac{I}{bdne}$$

将上式代入式(5.2.4) 后，再将所得的 E_H 代入式(5.2.3) 得

$$U_H = \frac{1}{ne}\frac{IB}{d} \tag{5.2.5}$$

将式(5.2.5) 与式(5.2.1) 比较，可得

$$R_H = \frac{1}{ne} \tag{5.2.6}$$

由式(5.2.6) 看出，霍尔常数 R_H 的大小取决于导体的载流子密度。金属的自由电子密度太大，因而霍尔常数小，霍尔电势也小，所以，金属材料不宜制作霍尔元件。霍尔电势 U_H 与导体厚度 d 成反比，为了提高霍尔电势值，霍尔元件制成薄片形状。

将式(5.2.5) 改写成

$$U_H = K_H BI \tag{5.2.7}$$

式中

$$K_H = \frac{R_H}{d} = \frac{1}{ned} \tag{5.2.8}$$

K_H 称为霍尔元件灵敏度（灵敏系数）。它表示一个霍尔元件在单位激励电流和单位磁感应强度时产生霍尔电势的大小。

半导体中电子迁移率（电子定向运动的平均速度）比空穴迁移率高，因此，N 型半导体较适合于制造灵敏度高的霍尔元件，这一点可以从式(5.2.5) 和式(5.2.4) 看出。不同的半导体材料，其电子迁移率差别较大，目前用得较多的材料有锗、硅、锑化铟和砷化铟等。

5.2.2　霍尔元件的结构和基本电路

霍尔元件的结构很简单，如图 5.2.2(a) 所示。图中，从矩形薄片半导体基片上的两个相互垂直方向侧面上，引出一对电极，其中 1-1′ 电极用于加控制电流，称为控制电极。另一对 2-2′ 电极用于引出霍尔电势，称为霍尔电势输出极。在基片外面用金属或陶瓷、环氧树脂等封装作为外壳。图 5.2.2(b) 是霍尔元件通用的图形符号。

霍尔电极在基片上的位置及它的宽度对霍尔电势 U_H 数值影响很大。通常霍尔电极位于基片长度的中间，其宽度远小于基片的长度，如图 5.2.2(c) 所示。

霍尔元件的基本测量电路如图 5.2.2(d) 所示。控制电流 I 由电压源供给，其大小由可变电阻调节。霍尔电势 U_H 加在负载电阻 R_L 上，R_L 代表测量电路放大器的输入电阻。

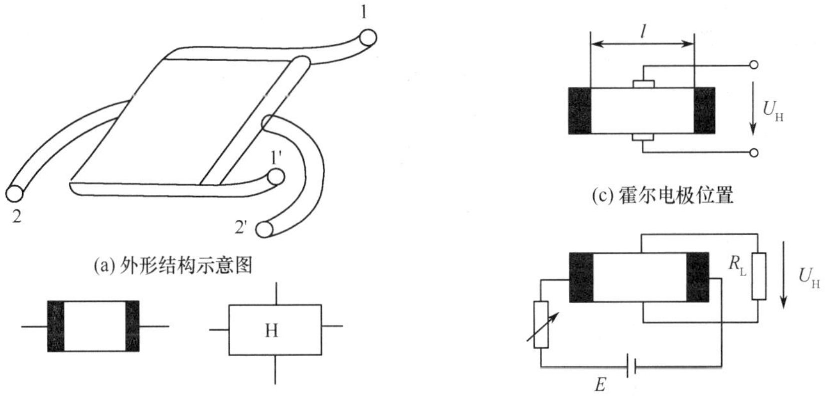

(a) 外形结构示意图　(b) 图形符号　(c) 霍尔电极位置　(d) 基本测量电路

图 5.2.2　霍尔元件

由于建立霍尔电势所需的时间较短，为 $10^{-14} \sim 10^{-12}$s，所以，它的频率响应很高。当控制电流采用交流时，它的频率可达几千兆赫。

5.2.3　霍尔元件的主要特性参数

由式(5.2.7) 看出，当磁场和环境温度一定时，霍尔元件输出的霍尔电势与控制电流 I 成正比。同样，当控制电流和环境温度一定时，霍尔元件的输出电势与磁场的磁感应强度 B 成正比。当然，环境温度一定时，输出的霍尔电势与 I 和 B 的乘积成正比。用上述的一些线性关系可以制作多种类型的传感器。请注意，只有磁感应强度小于 0.5T 时，上述的线性关系才较好。

霍尔元件的主要特性参数如下：

(1) 输入电阻和输出电阻

霍尔元件工作时需要加控制电流，这就需要知道控制电极间的电阻，称为输入电阻。霍尔电极输出霍尔电势，对外它是电源，这就需要知道霍尔电极之间的电阻，称为输出电阻。测量以上电阻时，应在没有外磁场和室温变化的条件下进行。

(2) 额定控制电流和最大允许控制电流

当霍尔元件的控制电流使其本身在空气中产生 10℃ 温升时，对应的控制电流值称为额定控制电流。以元件允许的最大温升限制所对应的控制电流值称最大允许控制电流。因霍尔电势随控制电流的增加而线性增加，所以，实用中总希望选用尽可能大的控制电流，因而需要知道元件的最大允许控制电流。当然，与许多电气元件一样，改善它的散热条件还可以增大最大允许控制电流值。

(3) 不等位电势 U_0 和不等位电阻 r_0

当霍尔元件的控制电流为额定值 I_N 时，若元件所处位置的磁感应强度为零，则它的霍尔电势应该为零。实际不为零，这时测得的空载霍尔电势称为不等位电势 U_0。这是由于两个霍尔电极安装时不在同一个电位面上所致，如图 5.2.3 所示。从图中可以看出，不等位电势是由霍尔电极 2 和 2′ 之间的电阻 r_0 决定的，r_0 称不等位电阻。不等位电势就是控制电流 I 流经不等位电阻 r_0 产生的电压。

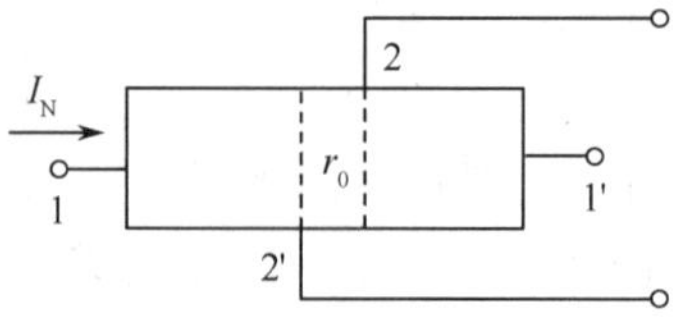

图 5.2.3　霍尔元件不等位电势示意图

(4) 寄生直流电势

当没有外加磁场，霍尔元件用交流控制电流时，霍尔电极的输出除了交流不等位电势外，还有一个直流电势，称寄生直流电势。控制电极和霍尔电极与基片的连接属于金属与半导体的连接，这种连接是非完全欧姆接触时，会产生整流效应。控制电流和霍尔电势都是交流时，经整流效应，它们各自在霍尔电极之间建立直流电势。此外，两个霍尔电极焊点的不一致，造成两焊点热容量、散热状态的不一致，因而引起两电极温度不同产生温差电势，也是寄生直流电势的一部分。寄生直流电势是霍尔元件零位误差的一部分。

(5) 霍尔电势温度系数

在一定磁感应强度和控制电流下，温度每变化 1℃ 时，霍尔电势变化的百分率称为霍尔电势温度系数。由式(5.2.7) 和式(5.2.8) 可以看出，它也是霍尔系数的温度系数。

5.2.4　霍尔元件的误差及补偿

1. 不等位电势误差的补偿

不等位电势与霍尔电势具有相同的数量级，有时甚至超过霍尔电势。实用中，若想消除不等位电势是极其困难的，因而只有采用补偿的办法。由图 5.2.4 看得出，不等位电势由不等位电阻产生，因此可以用分析电阻的方法找到一个不等位电势的补偿方法。一个矩形霍尔片有两对电极，各个相邻电极之间有 4 个电阻 R_1、R_2、R_3 和 R_4，因而可以把霍尔元件视为一个 4 臂电阻电桥，不等位电势就相当于电桥的初始不平衡输出电压。理想情况下，不等位电势为零，即电桥平衡，相当于 $R_1 = R_2 = R_3 = R_4$，则所有能够使电桥达到平衡的方法均可用于补偿不等位电势，使不等位电势为零，所以，补偿的方式很多，各有特点。由于霍尔元件的不等位电势是其工作温度的函数，所以，还要考虑温度补偿问题。图 5.2.5 是众多不等位电势补偿电路中的一种。它是对称电路，因而当温度变化时，补偿的稳定性要好些。

2. 温度误差及其补偿

霍尔元件的基片是半导体材料，因而对温度的变化很敏感。其载流子浓度和载流子迁移率、电阻率和霍尔系数都是温度的函数。当温度变化时，霍尔元件的一些特性参数，如霍尔电势 U_H、输入电阻和输出电阻等都要发生变化，从而使霍尔传感器产生温度误差。

为了减小霍尔元件的温度误差，除选用温度系数小的元件或采用恒温措施外，由 $U_H = K_H IB$ 可以看出，采用恒流源供电是一种有效的措施，可以使霍尔电势 U_H 稳定，但是，也只能减小由于输入电阻随温度变化引起控制电流 I 变化(恒压源供电时) 带来的影响。

霍尔元件的灵敏系数 K_H 也是温度的函数，它随温度的变化引起霍尔电势的变化。若霍尔元件的灵敏系数与温度的关系可写成

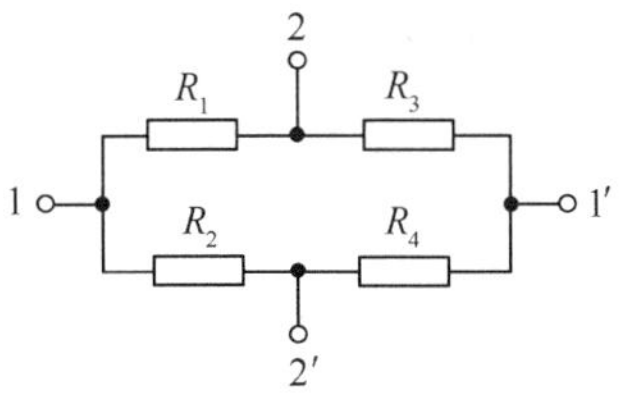

图 5.2.4　霍尔元件的等效电路

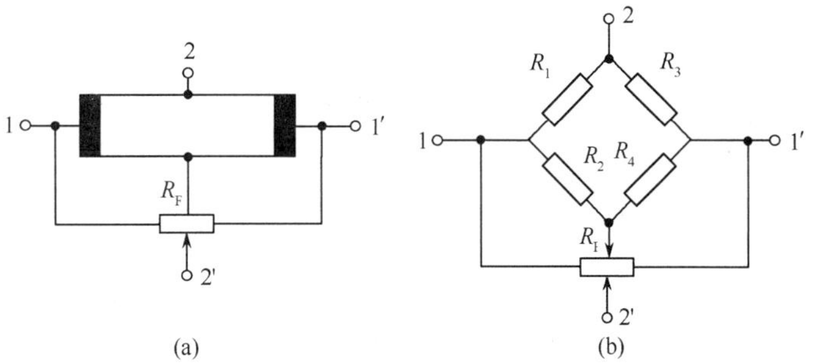

图 5.2.5　不等位电势的补偿电路

$$K_H = K_{H0}(1 + \alpha\Delta T) \tag{5.2.9}$$

式中，K_{H0} 为温度 T_0 时的 K_H 值；$\Delta T(\Delta T = T - T_0)$ 为温度变化量；α 为霍尔电势的温度系数。且大多数霍尔元件的温度系数 α 是正值时，它们的霍尔电势随温度的升高而增加到$(1 + \alpha\Delta T)$倍。与此同时，如果让控制电流 I 相应地减小，能保持 $K_H I$ 这个乘积不变，也就抵消了灵敏系数 K_H 值增加的影响。图 5.2.6 所示就是按此思路设计的一个简单、补偿效果又较好的补偿电路。电路中用一个分流电阻 R 与霍尔元件的控制电极并联。当霍尔元件的输入电阻随温度升高而增加时，旁路分流电阻 R 自动地加强分流，减少了霍尔元件的控制电流 I，从而达到补偿的目的。

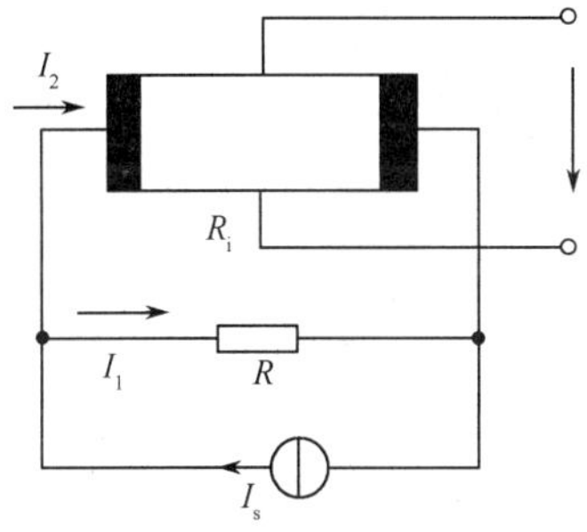

图 5.2.6　恒流源温度补偿电路

在图 5.2.6 所示的温度补偿电路中，设初始温度为 T_0、霍尔元件输入电阻为 R_{i0}、灵敏系数为 K_{H0}、控制电流为 I_{20}、分流电阻为 R_0，根据分流的概念得

$$I_{20} = \frac{R_0}{R_0 + R_{i0}} I_s \tag{5.2.10}$$

当温度升到 T 时，电路中各参数变为

$$R_i = R_{i0}(1 + \delta\Delta T)$$

$$R = R_0(1 + \beta\Delta T)$$

式中，δ 为霍尔元件输入电阻温度系数；β 为分流电阻温度系数。则

$$I_2 = \frac{R}{R + R_i} I_s = \frac{R_0(1 + \beta\Delta T)}{R_0(1 + \beta\Delta T) + R_{i0}(1 + \delta\Delta T)} I_s \tag{5.2.11}$$

虽然温度升高 ΔT，为使霍尔电势不变，补偿电路必须满足升温前、后的霍尔电势不变，即

$$U_{H0} = K_{H0} I_{20} B = U_H = K_H I_2 B$$

则

$$K_{H0} I_{20} = K_H I_2 \tag{5.2.12}$$

将式(5.2.9)、式(5.2.10)、式(5.2.11) 代入式(5.2.12)，得

$$K_{H0} \frac{R_0}{R_0 + R_{i0}} I_s = K_{H0}(1 + \alpha\Delta T) \frac{R_0(1 + \beta\Delta T)}{R_0(1 + \beta\Delta T) + R_{i0}(1 + \delta\Delta T)} I_s$$

经整理，忽略 $\alpha\beta\Delta T^2$ 高次项后得

$$R_0 = \frac{\delta - \beta - \alpha}{\alpha} R_{i0} \tag{5.2.13}$$

当霍尔元件选定后，它的输入电阻 R_{i0} 和温度系数 δ 及霍尔电势温度系数 α 可以从元件参数表中查到(R_{i0} 可以测量出来)，用上式即可计算出分流电阻 R_0 及所需的分流电阻温度系数 β 值。在实际中，为了使 R_0 分流较小，同时要求 β 满足式(5.2.13)，可取温度系数不同的分流电阻的串、并联组合，其效果很好。

上述温度补偿电路的实验表明，补偿后的霍尔电势受温度的影响极小，而且该方法对霍尔元件的其他性能无影响，只是由于控制电流被分流了，霍尔电势的输出稍有下降，若需要，可以通过增大恒流源 I_s 的数值来达到原来的输出值。

5.2.5 霍尔式传感器的应用

霍尔元件具有结构简单、体积小、重量轻、频带宽、动态特性好和寿命长等许多优点，因而得到广泛应用。在电磁测量中，用它测量恒定的或交变的磁感应强度、有功功率、无功功率、相位、电能等参数；在自动检测系统中，多用它测量位移、压力。

1. 微位移和压力的测量

由 $U_H = K_H IB$ 可以看出，当控制电流 I 恒定时，霍尔电势与磁感应强度 B 成正比，若磁感应强度 B 是位置的函数，则霍尔电势的大小就可以用来反映霍尔元件的位置。这就需要制造一个某方向上磁感应强度 B 成线性变化(增加或减小)的磁场。当霍尔元件在这种磁场中移动时，其输出 U_H 的变化反映了霍尔元件的位移 Δx。利用这个原理可以对位移进行测量。以测量微位移为基础，可以测量许多与微位移有关的非电量，如力、压力、应变、机械振动和加速度等。显然，磁场的梯度越大，测量的灵敏度越高。沿霍尔元件移动方向的磁场梯度越均匀，霍尔电势与位移的关系越接近线性。

图 5.2.7 所示为产生梯度磁场的磁路系统示意图。图中直流磁路系统共同形成一个沿 x 轴的高梯度磁场。为了得到较好的线性分布，在磁极端面装有特殊形状的极。用它制作的位移传感器灵敏度很高。霍尔片处在两个磁场中，细心调整它的初始位置，即可得到初始状态时磁场为零。它的位移量较小，适用于测量微位移和机械振动等。

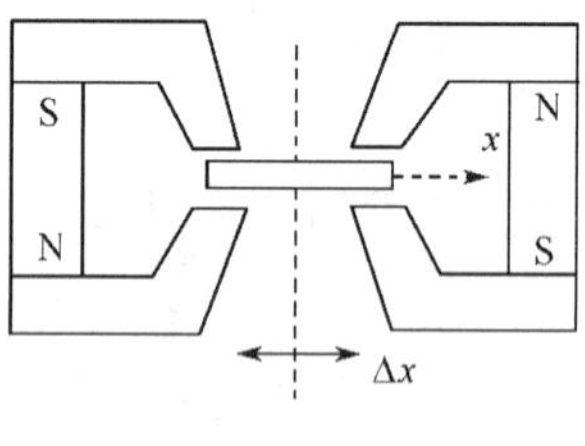

图 5.2.7　产生梯度磁场的磁路系统

霍尔元件组成的压力传感器基本包括两部分：一部分是弹性元件，如弹簧管或膜盒等，用它感受压力，并把它转换成位移量；另一部分是霍尔元件和磁路系统。图 5.2.8 所示为是霍尔式压力传感器的结构示意图。其中，弹性元件是一个弹簧管，当被测压力发生变化时，弹簧管端部发生位移，带动霍尔片在均匀梯度磁场中移动，作用在霍尔片上的磁场发生变化，输出的霍尔电势随之改变，由此反映压力的变化。并且霍尔电势与位移(压力)成线性关系，其位移量在 ± 1.5mm 范围内输出的霍尔电势值约为 ± 20mV。

图 5.2.9 所示为加速度传感器结构原理图。图中一个扁平长弹簧片一端固定在传感器壳体上，另一端是自由端，装有霍尔元件 H，中间嵌有质量块 M。霍尔元件的上、下方装有一对极性相同的磁钢，它固定在壳体上。加速度传感器的壳体固定在被测物体上，当被测物体做垂直加速度运动时，在惯性力作用下，质量块 M 使弹簧片自由端产生位移，从而使霍尔元件产生霍尔电势输出，由其大小可以得出被测物体加速度的大小。

此外，还有霍尔式振动传感器，它的原理结构也很简单，将处于高梯度磁场中的霍尔元件固定在顶杆上，让顶杆与被测对象接触，被测对象的振动经顶杆传到霍尔元件上，变成霍尔元件在磁场中的往复运动，则霍尔元件的输出就反映了被测振动的频率和幅值。

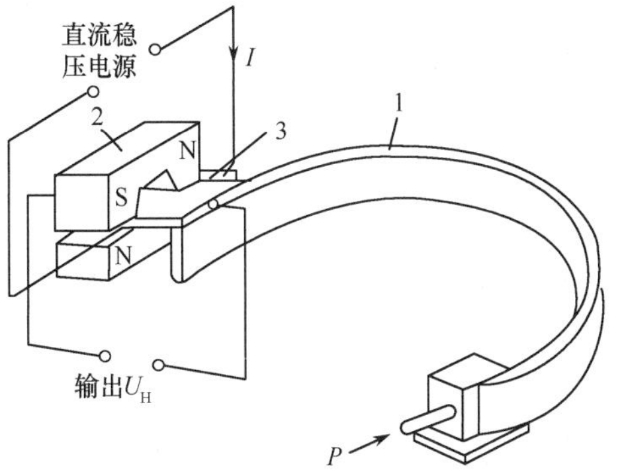

图 5.2.8　霍尔式压力传感器结构示意图
1— 弹簧管　2— 磁铁　3— 霍尔片

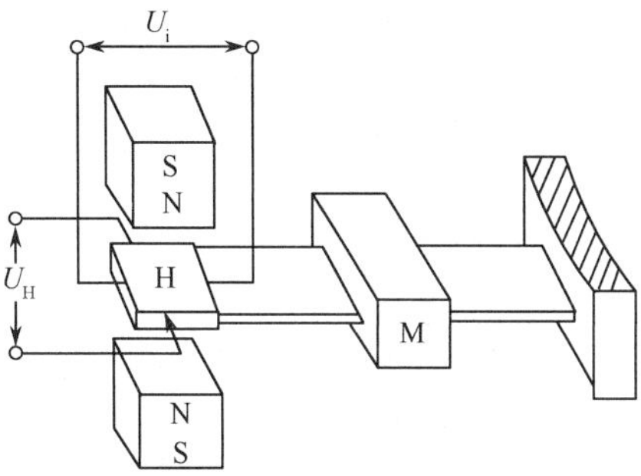

图 5.2.9　加速度传感器结构原理图

2. 磁场的测量

由 $U_H = K_H BI$ 可知，在控制电流恒定条件下，霍尔电势大小与磁感应强度成正比。由于霍尔元件的结构特点，它特别适用于微小气隙中的磁感应强度、高梯度磁场参数的测量。

若磁感应强度 B 方向与霍尔片法线方向成 θ 角时，显然，只有磁感应强度 B 在基片法线方向上的分量 $B\cos\theta$ 才产生霍尔电势，即

$$U_H = K_H BI\cos\theta \tag{5.2.14}$$

上式表明，霍尔电势 U_H 是磁场方向与霍尔片法线方向之间夹角 θ 的函数。运用这一原理可以制成霍尔式磁罗盘、霍尔式方位传感器、霍尔式转速传感器等测量装置。

5.3　压电式传感器

压电式传感器的工作原理是基于某些物质的压电效应。压电效应分正、逆压电效应，利用正压电效应制作成了电势型传感器。压电式传感器具有体积小、重量轻、结构简单、工作可靠、动态特性好、静态特性差的特点。该传感器多用于加速度和动态力或压力的测量。

5.3.1　压电式传感器的工作原理

压电式传感器的工作原理以晶体的压电效应为理论依据。某些物质在沿一定方向受到压力或拉力作用而发生改变时，其表面上会产生电荷；若将外力去掉时，它们又重新回到不带电的状态，这种现象就称为正压电效应。在压电材料的极化方向上，如果加以交流电压，那么压电片能产生机械振动，即压电片在电极方向上有伸缩的现象，压电材料的这种现象称为电致伸缩效应，也叫做逆压电效应。而具有压电效应的物体称为压电材料。常见的压电材料有石英、钛酸钡、锆钛酸铅等。

1. 石英晶体的压电效应

图5.3.1所示为天然结构的石英晶体，它是个六角形晶柱。在直角坐标系中，x 轴平行于正六面体的棱线，称为电轴或1轴；y 轴垂直于正六面体棱面，称为机械轴或2轴；z 轴表示其纵向轴，称为光轴或 3 轴。通常把沿电轴(x 轴) 方向的力作用下产生电荷的压电效应称为纵向压电

效应；而把沿机械轴（y 轴）方向的力作用下产生电荷的压电效应称为横向压电效应，在光轴（z 轴）方向时则不产生压电效应。

从晶体上沿轴线切下的薄片称为晶体切片，图 5.3.2 所示为石英晶体切片的示意图。在每一切片中，当沿电轴方向加作用力 F_x 时，则在与电轴垂直的平面上产生电荷 Q_x，它的大小为

$$Q_x = d_{11}F_x \tag{5.3.1}$$

式中，d_{11} 为压电系数（C/N）。

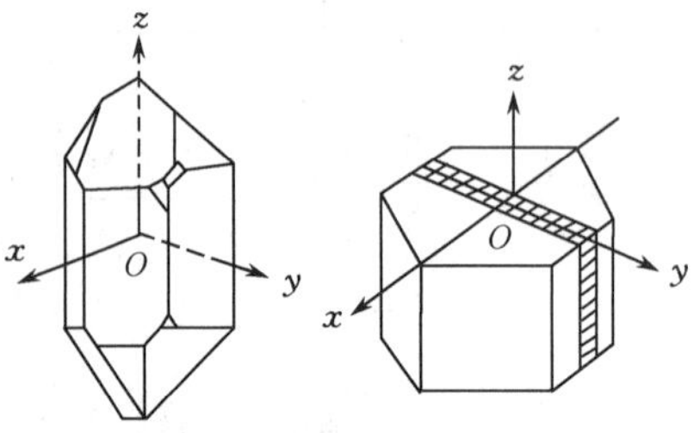

(a) (b)

图 5.3.1　石英晶体

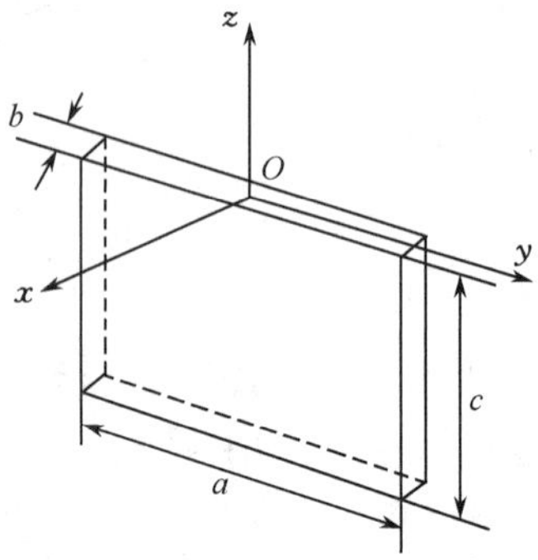

图 5.3.2　石英晶体切片

电荷 Q_x 的符号由 F_x 是受压还是受拉而决定。从式（5.3.1）中可以看出，切片上产生的电荷大小与切片的几何尺寸无关。

如果在同一切片上作用的力是沿着机械轴（y 轴）方向的，其电荷仍在与 x 轴垂直的平面上出现，而极性方向相反，此时电荷的大小为

$$Q_x = d_{12}\frac{a}{b}F_y = -d_{11}\frac{a}{b}F_y \tag{5.3.2}$$

式中，a 和 b 为晶体切片的长度和厚度；d_{12} 为 y 轴方向受力时的压电系数，石英轴对称，$d_{12} = -d_{11}$。

从式（5.3.2）中可以看出，沿机械轴方向的力作用在晶体上时，产生的电荷与晶体切片的尺寸有关。式中的负号说明沿 y 轴的压力所引起的电荷极性与沿 x 轴的压力所引起的电荷极性是相反的。

根据上面所讲，晶体切片上电荷的符号与受力方向的关系可用图 5.3.3 表示，其中，图（a）是在 x 轴方向受压力，图（b）是在 x 轴方向受拉力，图（c）是在 y 轴方向受压力，图（d）是在 y 轴方向受拉力。

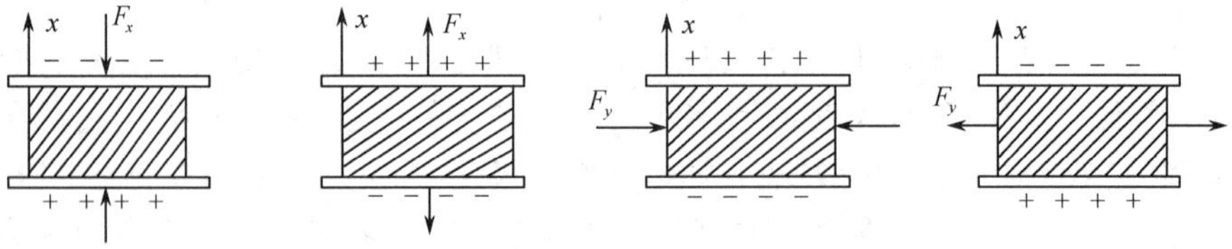

(a) (b) (c) (d)

图 5.3.3　晶体切片上电荷符号与受力方向的关系

下面以石英晶体为例说明压电晶体产生压电效应的实质，如图 5.3.4(a) 所示。硅离子带有 4 个正电荷，氧离子带有 2 个负电荷，正、负电荷是互相平衡的，所以外部没有带电现象。

如果在 x 轴方向压缩，如图 5.3.4(b) 所示，则硅离子 1 就挤入氧离子对 2 和 6 之间，而氧离子对 4 就挤入硅离子 3 和 5 之间。在表面 A 上呈现负电荷，而在表面 B 呈现正电荷。如果所受的力为

拉伸，则硅离子1和氧离子对4向外移，在表面A和B上的电荷符号就与前者正好相反。如果沿 y 轴方向上压缩，如图5.3.4(c)所示，硅离子3和氧离子对2以及硅离子5和氧离子对6都向内移动同一数值，故在电极C和D上仍不呈现电荷，而由于相对把硅离子1和氧离子对4向外挤，则在表面A和B上分别呈现正电荷和负电荷。若受拉力，则在表面A和B上电荷符号与前者相反。在 z 轴方向受力时，由于硅离子和氧离子对是对称平移的，故在表面上没有电荷呈现，因而没有压电效应。

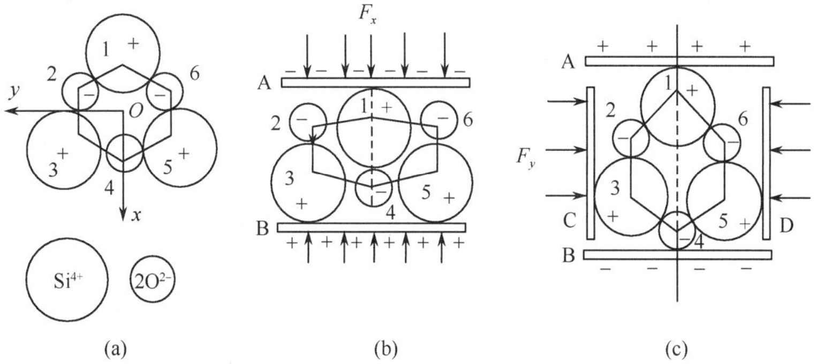

图5.3.4　石英晶体的压电效应

石英晶体是一种天然晶体，它的压电系数为 $d_{11} = 2.31 \times 10^{-12}$ C/N。石英晶体的莫氏硬度为7，熔点为1750℃，膨胀系数仅为钢的1/30。作为常用的压电传感器，具有转换效率和转换精度高、线性范围宽、重复性好、固有频率高、动态特性好、工作温度高达550℃（压电系数不随温度变化而改变）、工作湿度高达100%等优点，它的稳定性是其他压电材料所无法比拟的。

2. 压电陶瓷的压电效应

压电陶瓷是人工制造的多晶体，它的压电机理与压电晶体不同。如钛酸钡，它的晶体晶粒内有许多自发极化的电畴。在极化处理以前，各晶粒的电畴按任意方向排列，自发极化作用相互抵消，陶瓷内极化强度为零，如图5.3.5(a)所示。当陶瓷施加外电场 E 时，电畴由自发极化方向转到与外加电场方向一致，如图5.3.5(b)所示（为简单起见，图中将极化后的晶粒画成单畴，实际上极化后的晶粒往往不是单畴的），既然进行了极化，此时压电陶瓷具有一定极化强度，当电场撤销以后，各电畴的自发极化在一定程度上按原外加电场方向取向，强度不再为零，如图5.3.5(c)所示。这种极化强度，称为剩余极化强度。这样在陶瓷片极化的两端就出现了束缚电荷，一端为正电荷，另一端为负电荷，如图5.3.6所示。由于束缚电荷的作用，在陶瓷片的电极表面上很快就吸附了一层来自外界的自由电荷。这些电荷与陶瓷片内的束缚电荷方向相反而数值相等，它起着屏蔽和抵消陶瓷片内极化强度对外的作用，因此，陶瓷片对外不表现出极性。如果压电陶瓷片上加上一个与极化方向平行的外力，陶瓷片将产生压缩变形，片内的正、负束缚电荷之间距离变小，电畴发生偏转，极化强度也变小，因此，原来吸附在极板上的自由电荷，有一部分被释放而出现放电现象。当外力撤销后，陶瓷片恢复原状，片内的正、负电荷之间的距离变大，极化强度也变大，因此，电极上又吸附一部分自由电荷而出现充电现象。这种由机械能转变为电能的现象，就是压电陶瓷的正压电效应。放电电荷的多少与外力的大小成比例关系，即

$$Q = d_{33}F \tag{5.3.3}$$

式中，Q 为电荷量；d_{33} 为压电陶瓷的压电系数；F 为作用力。

应该注意的是，刚刚极化后的压电陶瓷的特性是不稳定的，经过两三个月以后，压电常数才近似保持为一个常数。经过两年以后，压电常数又会下降，所以，做成的传感器要经常校准。

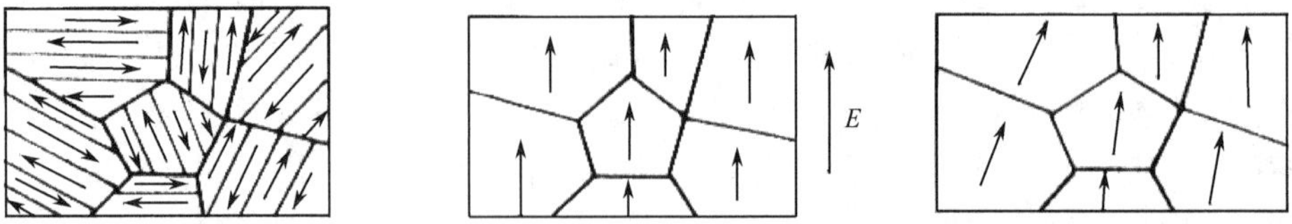

(a) 未极化的陶瓷　　(b) 正在极化的陶瓷　　(c) 极化后的陶瓷

图 5.3.5　压电陶瓷的极化

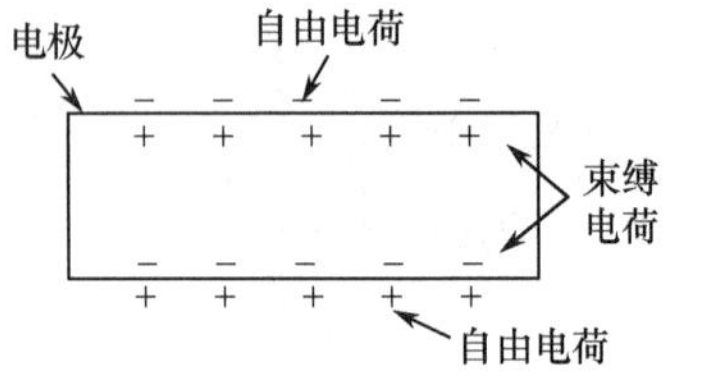

图 5.3.6　压电陶瓷片内束缚电荷与电极
上吸附的自由电荷示意图

另外，压电陶瓷也存在逆压电效应。

常见的压电陶瓷有以下几种。

(1) 钛酸钡($BaTiO_3$) 压电陶瓷

其具有比较高的压电系数($d_{33}=107\times10^{-12}$C/N) 和介电常数，但是，机械强度不如石英。

(2) 锆钛酸铅 $Pb(Zr\cdot Ti)O_3$ 系压电陶瓷(PZT)

其压电系数较高($d_{33}=(200\sim500)\times10^{-12}$C/N)，各项机电参数随温度、时间等外界条件的变化小，在锆钛酸铅的基础中添加一两种微量元素，如 La、Nb、Sb、Sn、Mn 和 W 等，可以获得不同性能的 PZT 材料。

(3) 铌镁酸铅 $Pb(Mg\frac{1}{3}Nb\frac{2}{3})O_3$-$PbTiO_3$-$PbZrO_3$ 压电陶瓷(PMN)

其具有较高的压电系数($d_{33}=(800\sim900)\times10^{-12}$C/N)，在压力大至70MPa 仍能继续工作，可作为高温下的力传感器。

5.3.2　压电元件的等效电路及信号测量电路

1. 压电元件的等效电路

当压电片受力时，在两个电极上出现异性电荷。这两种电荷量相等，如图 5.3.7(a) 所示。两极板间出现异性电荷，中间为绝缘体，等效为一个电容器，如图 5.3.7(b) 所示，其电容量为

$$C_a=\frac{\varepsilon S}{h}=\frac{\varepsilon_r\varepsilon_0 S}{h} \tag{5.3.4}$$

式中，S 为极板面积；h 为压电片厚度；ε 为介质介电常数；ε_0 为空气介电常数，其值为 8.86×10^{-14}F/cm；ε_r 为压电材料的相对介电常数，随材料不同而改变。

两极板间电压为

$$U=\frac{Q}{C_a} \tag{5.3.5}$$

把压电式传感器等效成一个电源 $U=Q/C_a$ 和一个电容 C_a 的串联电路，如图 5.3.8(a) 所

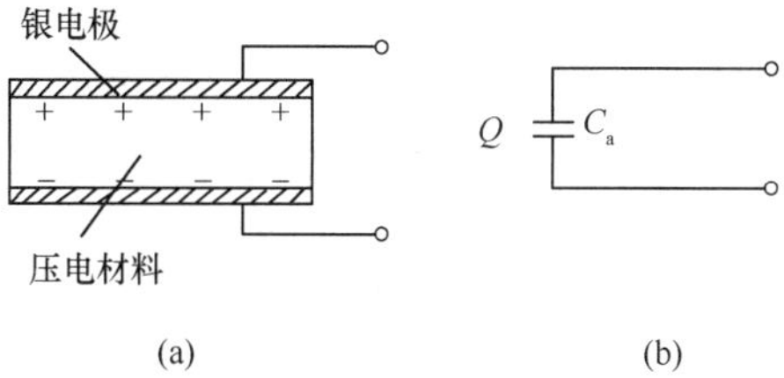

图 5.3.7　压电元件的等效电路

示。由图可见，只有在外电路负载 R_L 无穷大，内部也无漏电时，受力所产生的电压 U 才能长期保存下来。如果负载 R_L 不是无穷大，则电路就要以时间常数 R_LC_a 按指数规律放电。压电式传感器也可以等效为一个电荷源与一个电容并联的电路，如图 5.3.8(b) 所示。为此在测量一个变化频率很低的参数时，就必须保证负载 R_L 具有很大的数值，从而保证有很大的时间常数 R_LC_a，使漏电造成的电压降很小，不至于造成显著的误差，这时 R_L 应达到数百兆欧以上。

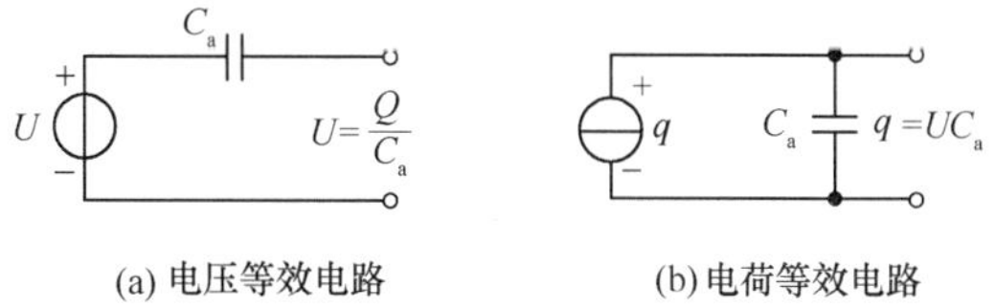

图 5.3.8　压电式传感器的等效电路

在压电式传感器中，压电材料一般不用一片，而常常采用两片（或是两片以上）黏结在一起。由于压电材料的电荷是有极性的，因此有两种接法，如图 5.3.9 所示。图 5.3.9(a) 所示的接法称为两压电片的并联，其输出电容 C' 为单片电容的 2 倍，但是，输出电压 U' 等于单片电压 U，极板上的电荷量 Q' 为单片电荷量 Q 的 2 倍，即 $Q'=2Q, U'=U, C'=2C$。

图 5.3.9(b) 所示的接法称为两压电片的串联。从图中可知，输出的总电荷 Q' 等于单片电荷 Q，而输出电压 U' 为单片电压 U 的 2 倍，总电容 C' 为单片电容 C 的一半，即 $Q'=Q, U'=2U, C'=C/2$。

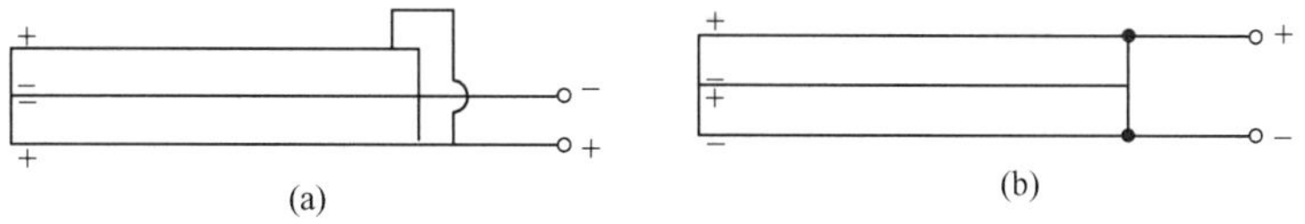

图 5.3.9　两个压电片的连接方式

在这两种接法中，并联接法输出电荷大、本身电容大、时间常数大，适用于在测量慢变信号，并且以电荷作为输出量的场合；而串联接法输出电压大、本身电容小，适用于以电压作为输出信号，并且测量电路输入阻抗很高的场合。

2. 压电式传感器的信号调理电路

压电式传感器要求负载电阻 R_L 必须有很大的数值，才能使测量误差小到一定数值以内。因此常在压电式传感器输出端后面，先接入一个高输入阻抗的前置放大器，然后再接一般的放大电路及其他电路。压电式传感器的测量电路关键在于高阻抗的前置放大器。前置放大器有两个作用：一是把压电式传感器的微弱信号放大，二是把传感器的高阻抗输出变换为低阻抗输出。

压电式传感器的输出可以是电压，也可以是电荷。因此，它的前置放大器也有电压和电荷型两种形式。

(1) 电压放大器

因为压电式传感器的绝缘电阻 $R_a \geqslant 10^{10}\,\Omega$，因此传感器可近似看为开路。当传感器与测量仪器连接后，在测量电路中就应当考虑电缆电容和放大器的输入电容、输入电阻对传感器的影响。为了尽可能保持压电式传感器的输出值不变，要求放大器的输入电阻要尽量高，一般最低在 $10^{11}\,\Omega$ 以上。这样才能减小由于漏电造成的电压(或电荷)损失，不致引起过大的测量误差。

图5.3.10为电压放大器输入端等效电路。在图5.3.10(b)中，等效电阻为 $R=\dfrac{R_aR_i}{R_a+R_i}$，等效电容为 $C=C_a+C_c+C_i$。由等效电路可知，前置放大器输入电压 $\dot{U}_i$ 为

$$\dot{U}_i=\dot{I}\,\frac{R}{1+j\omega RC} \tag{5.3.6}$$

假设作用在压电元件的力为 F，其幅值为 F_m，角频率为 ω，即 $F=F_m\sin\omega t$。若压电元件的压电系数为 d_{11}，则在力 F 的作用下，产生的电荷为 $Q=d_{11}F$。因此

$$i=\frac{dQ}{dt}=\omega d_{11}F_m\cos\omega t \tag{5.3.7}$$

将上式写成复数形式为

$$\dot{I}=j\omega d_{11}\dot{F} \tag{5.3.8}$$

将式(5.3.8)代入式(5.3.6)得

$$\dot{U}_i=d_{11}\dot{F}\,\frac{j\omega R}{1+j\omega RC} \tag{5.3.9}$$

因此，前置放大器的输入电压的幅值 U_{im} 为

$$U_{im}=\frac{d_{11}F_m\omega R}{\sqrt{1+(\omega R)^2(C_a+C_c+C_i)^2}} \tag{5.3.10}$$

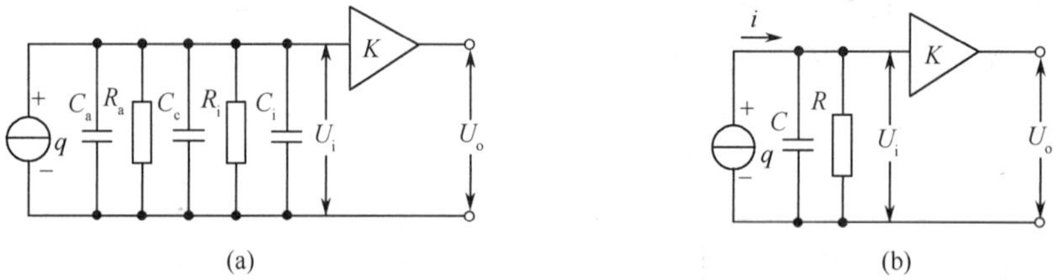

图5.3.10 电压放大器输入端等效电路

C_a— 传感器的电容 R_a— 传感器的漏电阻

C_c— 连接电缆的等效电容 R_i— 放大器的输入电阻 C_i— 输入电容

由式(5.3.10)可知，当作用在压电元件上的力是静态力($\omega=0$)时，则前置放大器的输入电压等于零。因为电荷会通过放大器的输入电阻和传感器本身的泄漏电阻漏掉，这也就从原理上决定了压电式传感器不能测量静态物理量。压电式传感器的高频响应好，这是压电式传感器的一个突出优点。

但是，如果被测物理量是缓慢变化的动态量，而测量回路的时间常数又不大，则造成传感器灵敏度下降。因此为了扩大传感器的低频响应范围，就必须尽量提高电路的时间常数。但这不能靠增加测量电路的电容量提高时间常数，因为传感器的电压灵敏度与电容成反比。切实可行的办法是提高测量电路的电阻。由于传感器本身的绝缘电阻一般都很大，所以测量电路的电阻主要取决于前置放大器的输入电阻。放大器的输入电阻越大，测量回路的时间常数就越大，传感器的低频响应也就越好。

压电式传感器在与电压放大器配合使用时，连接电缆不能太长。电缆长，电缆电容 C_c 就大，电缆电容增大必然使传感器的电压灵敏度降低。电压放大器与电荷放大器相比，电路简单，元件少，价格便宜，工作可靠，但是电缆长度对传感器测量精度的影响较大，在一定程度上限制了压电式传感器在某些场合的应用。

解决电缆问题的办法是将放大器装入传感器之中，组成一体化传感器，如图 5.3.11 所示。压电式加速度传感器的压电元件是两片并联连接的石英晶片，放大器是一个超小型静电放大器。这样引线非常短，引线电容几乎等于零，这就避免了长电缆对传感器灵敏度的影响。放大器的输入端可以得到较大的电压信号，这样弥补了石英晶体灵敏度低的缺陷。

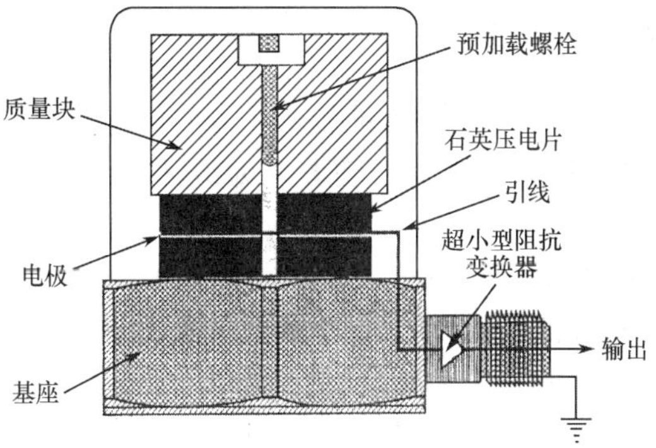

图 5.3.11　内部装有超小型阻抗变换器的压电式加速度传感器

(2) 电荷放大器

电荷放大器是压电式传感器另一种专用的前置放大器。它能将高内阻的电荷源转换为低内阻的电压源，而且输出电压正比于输入电荷，因此电荷放大器同样也起着阻抗变换的作用，其输入阻抗高达 $10^{10} \sim 10^{12}\Omega$，输出阻抗小于 100Ω。

电荷放大器突出的一个优点是：在一定条件下，传感器的灵敏度与电缆长度无关。

电荷放大器实际上是一个具有深度电容负反馈的高增益放大器，其等效电路如图 5.3.12 所示。图中 K 是放大器的开环增益，$-K$ 表示放大器的输出与输入反相，若放大器的开环增益足够高，则运算放大器的输入端的电位接近地电位。由于放大器的输入级采用了场效应晶体管，因此放大器的输入阻抗极高，放大器输入端几乎没有电流，电荷 Q 只对反馈电容 C_f 充电，充电电压接近等于放大器的输出电压，即

$$U_o \approx U_{cf} = -\frac{KQ}{C_a + C_c + C_i + (1+k)C_f} \approx -\frac{Q}{C_f} \tag{5.3.11}$$

式中，U_o 为放大器输出电压；U_{cf} 为反馈电容两端的电压。

由式(5.3.11)可知，电荷放大器的输出电压只与输入电荷量和反馈电容有关，而与放大器的放大系数的变化或电缆、电容等均无关系，因此只要保持反馈电容的数值不变，就可以得到与电荷量 Q 变化成线性关系的输出电压。还可以看出，反馈电容 C_f 越小，输出就越大，因此要达到一定的输出灵敏度要求，就必须选择适当的反馈电容。要使输出电压与电缆电容无关是有一定条件的，当$(1+K)C_f \gg (C_a + C_c + C_i)$时，放大器的输出电压和传感器的输出灵敏度就可以认为与电缆电容无关了。这是使用电荷放大器很突出的一个优点。

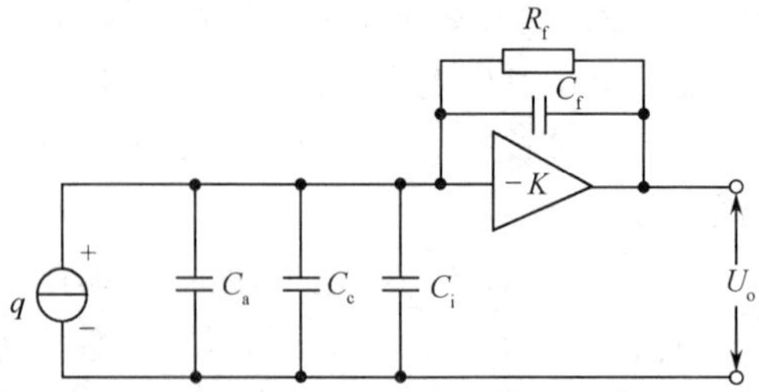

图 5.3.12　压电传感器与电荷放大器连接的等效电路

5.3.3　压电式传感器的应用

压电式传感器应用最多的是测力，凡是能转换成力的机械量，如位移、压力、冲击、振动加速度等，都可用相应的压电式传感器测量，尤其是对冲击、振动加速度的测量。

1. 压电式加速度传感器

图 5.3.13 所示为压缩式压电加速度传感器的结构原理图，压电元件一般由两片压电片组成。在压电片的两个表面上镀银层，并在银层上焊接输出引线，或在两个压电片之间夹一片金属，引线就焊接在金属片上，输出端的另一根引线直接与传感器基座相连。在压电片上放置一个比重较大的质量块，然后用一硬弹簧或螺栓、螺帽对质量块预加载荷。整个组件装在一个厚基座的金属壳体中，为了隔离试件的任何应变传递到压电元件上去，避免产生假信号输出，所以一般要加厚基座或选用刚度较大的材料来制造。

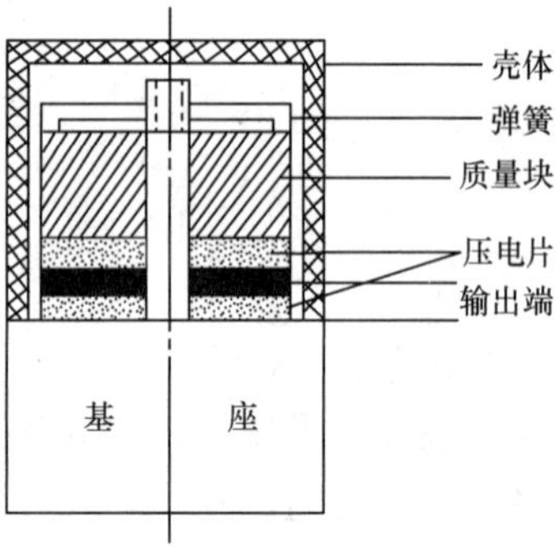

图 5.3.13　压缩式压电加速度传感器的结构原理图

测量时，将传感器基座与试件刚性固定在一起。当传感器感受到振动时，由于弹簧的刚度相当大，而质量块的质量相对较小，可以认为质量块的惯性很小，因此质量块感受到与传感器基座相同的振动，并受到与加速度方向相反的惯性力作用。这样，质量块就有一正比于加速度的交变力作用在压电片上。由于压电片具有压电效应，因此在它的两个表面上就产生了交变电荷(电压)，当振动频率远低于传感器的固有频率时，传感器的输出电荷(电压)与作用力成正比，即与试件的加速度成正比。输出电量由传感器输出端引出，输入到前置放大器后就可以用普通的测量仪器测出试件的加速度，如在放大器中加进适当的积分电路，就可以测出试件的振动加速度或位移。

压电陶瓷元件受外力后表面上产生的电荷为 $Q = d_{33}F$，因为传感器质量块 m 的加速度 a 与作用在质量块上的力 F 有如下关系：$F = ma$。

增加质量块的质量(在一定程度上也就是增加传感器的重量)，虽然可以增加传感器的灵敏度，但不是一个好方法。因为在测量振动加速度时，传感器是安装在试件上的，它是试件的一个附加载荷，相当于增加了试件的质量，势必影响试件的振动，尤其当试件本身是轻型构件时影响更大。因此，为提高测量的精确性，传感器的重量要轻，不能为了提高灵敏度而增加质量块的质量。另外，增加质量对传感器的高频响应也是不利的。还可以用增加压电片的数目和采用合理的连接方法提高传感器的灵敏度。

2. 压电式测力传感器

压电式测力传感器是利用压电元件直接实现力-电转换的传感器，在拉、压场合，通常较多采用双片或多片石英晶片作为压电元件。其刚度大，测量范围宽，线性及稳定性高，动态特性好。当采用大时间常数的电荷放大器时，可测量准静态力。按测力状态分，有单向、双向和三向传感器，它们在结构上基本一样。

图 5.3.14 所示为压电式单向测力传感器的结构图。传感器用于机床动态切削力的测量。晶体片为 $X0^{50}$ 切型石英晶片，尺寸为 $\phi 8 \times 1$mm。上盖为传力元件，其变形壁的厚度为 0.1 ～ 0.5mm，由测力范围（$F_{max} = 500$N）决定。绝缘套用来绝缘和定位。基座内外底面对其中心线的垂直度、上盖及晶片、电极的上下底面的平行度与表面光洁度都有极严格的要求，否则会使横向灵敏度增加或使片子因应力集中而过早破碎。为提高绝缘阻抗，传感器装配前要经过多次净化（包括超声波清洗），然后在超净工作环境下进行装配，加盖之后用电子束封焊。传感器的性能指标如表 5.3.1 所示。该传感器常用于机床动态切削力的测量。

表 5.3.1　传感器的性能指标

测力范围	0 ～ 500g	最小分辨率	0.1g
绝缘阻抗	$2 \times 10^{14} \Omega$	固有频率	50 ～ 60kHz
非线性误差	<±1%	重复性误差	<1%
电荷灵敏度	3.8 ～ 4.4pC/N	重量	10g

压电式压力传感器的结构类型很多，但它们的基本原理与结构仍与前述压电式加速度和力传感器大同小异。突出的不同点是，它必须通过弹性膜、盒等，把压力采集、转换成力，再传递给压电元件。为保证静态特性及其稳定性，通常多采用石英晶体作为压电元件。图 5.3.15 所示为一种测量均布压力的传感器。拉紧的薄壁管对晶片提供预载力，而感受外部压力的是由挠性材料做成的很薄的膜片。预载筒外的空腔可以连接冷却系统，以保证传感器工作在一定的环境温度条件下，避免因温度变化造成预载力变化引起的测量误差。

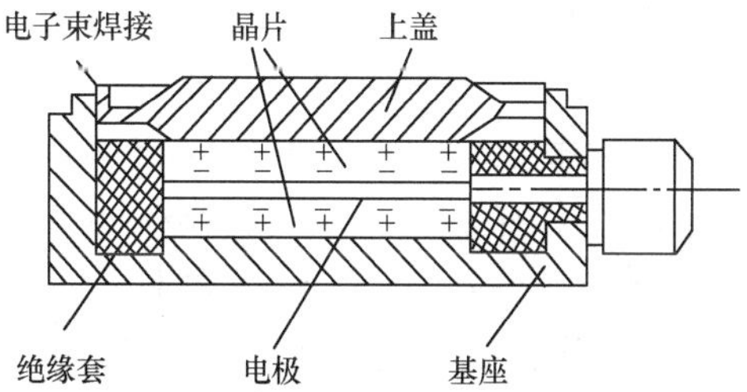

图 5.3.14　压电式单向测力传感器的结构图

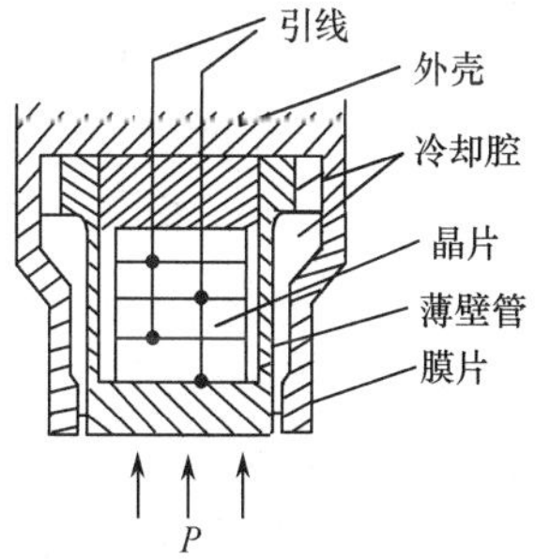

图 5.3.15　测量均布压力的传感器

3. 影响压电式传感器工作的主要因素

(1) 横向灵敏度

横向灵敏度是衡量横向干扰效应的指标。一只理想的单轴压电传感器，应该仅敏感其轴向的作用力，而对横向作用力不敏感。如对于压缩式压电传感器，就要求压电元件的敏感轴（电极向）与传感器轴线（受力向）完全一致。但实际的压电传感器由于压电切片、极化方向的偏差，压电片各作用面的粗糙度或各作用面的不平行，以及装配、安装不精确等种种原因，都会造成压电传感器电轴方向与力轴方向不重合。

产生横向灵敏度的必要条件：一是伴随轴向作用力的同时，存在横向力；二是压电元件本身具有横向压电效应。因此，消除横向灵敏度的技术途径也相应有：一是从设计、工艺和使用诸方面确保力与电轴的一致；二是尽量采用剪切型力-电转换方式。一只较好的压电传感器，最大横向灵敏度不大于5%。

(2) 环境温度和湿度

环境温度对压电传感器工作性能的影响主要有：① 压电材料的特性参数；② 某些压电材料的热释电效应；③ 传感器结构。

环境温度变化将使压电材料的压电常数d、介电常数ε、电阻率ρ和弹性系数k等机电特性参数发生变化。d和k的变化将影响传感器的输出灵敏度；ε和ρ的变化会导致时间常数$\tau=RC$的变化，从而使传感器的低频响应变坏。

在必须考虑温度尤其是高温对传感器低频特性影响的情况下，采用电荷放大器将会得到满意的低频响应。

环境湿度主要影响压电元件的绝缘电阻，使其明显下降，造成传感器低频响应变坏。因此在高湿度环境中工作的压电传感器，必须选用高绝缘材料，并采取防潮密封措施。

(3) 安装差异及基座应变

在应用中，压电传感器总是要通过一定的方式紧密安装在被测试件上进行接触测量的。由于传感器和试件都是质量-弹簧系统，通过安装连接后，两者将相互影响原来固有的机械特性(固有频率)。安装方式的不同，安装质量的差异，对传感器频响特性影响很大。因此在应用中，第一，要保证传感器的敏感轴向与受力向的一致性不因安装而遭到破坏，以避免横向灵敏度的产生。第二，应根据承载能力和频响特性所要求的安装谐振频率，选择合适的安装方式。第三，只有当传感器质量远小于试件质量时，试件对传感器的耦合影响，或传感器对试件的负载影响可减至最小。因此，对刚度、质量和接触面小的试件，只能用微小型压电传感器测量。

(4) 噪声

压电元件是高阻抗、小功率元件，极易受外界机、电振动引起的噪声干扰，主要有声场、电源和接地回路噪声等。

压电传感器在强声中工作将受到声波振动激励而产生寄生电信号输出，称为声噪声。目前大多数压电传感器设计成隔离基座和独立外壳结构，声噪声影响极小。

电缆噪声是同轴电缆在振动或弯曲变形时，电缆屏蔽层、绝缘层和芯线间将引起局部相对滑动摩擦和分离，而在分离层之间产生的静电感应电荷干扰，它将混入主信号中被放大。减小电缆噪声的方法：一是在使用中固定好传感器的引出电缆；二是选用低噪声同轴电缆。

接地回路噪声是压电传感器接入二次测量线路或仪表而构成测试系统后，由于不同电位处的多点接地，形成了接地回路和回路电流所致。克服的根本途径是消除接地回路。常用的方法是在安装传感器时，使其与接地的被测试件绝缘连接，并在测试系统的末端一点接地，这样就大大消除了接地回路噪声。

思考题与习题5

1. 试述磁电式传感器的基本结构及其简单工作原理。

2. 简述磁电式传感器用于振动和扭矩测量的原理。

3. 试解释磁电式速度传感器为什么必须满足$\omega/\omega_n \gg 1$的条件。

4. 已知磁电式振动传感器的固有频率$f_n=10$Hz，阻尼比$\xi=0.7$，若测量频率$f=30$Hz的简谐振动，求传感器输出的振幅误差为多少?

5. 磁电式振动传感器的电磁阻尼是如何产生的?

6. 试述霍尔效应的定义及霍尔传感器的工作原理。

7. 简述霍尔传感器的组成,画出霍尔传感器的输出电路图。

8. 简述霍尔传感器灵敏系数的定义。

9. 简述霍尔传感器测量电流、磁感应强度、微位移、压力的原理。

10. 说明单晶体和多晶体压电效应原理,比较石英晶体和压电陶瓷各自的特点。

11. 说明压电元件的等效电路及其特点、电荷放大器的特点。

12. 简述压电传感器的特点及应用。

13. 影响压电式传感器工作的主要因素有哪些?

14. 压电式传感器为什么不能测量静态非电量?

15. 已知压电加速度传感器的阻尼比 $\xi=0.2$,其无阻尼比固有频率 $f_n=47\text{kHz}$,若要求传感器输出的幅值误差在 5%之内,试确定传感器能够测量的最高频率。

16. 压电传感器的阻尼比很小,试分析它为什么可以响应很高频率的信号而失真却很小。

17. 压电元件在使用时常采用多片串接或者并联的方式,试介绍在不同接法下输出电压、输出电荷、输出电容的关系,以及每种接法适用于何种场合。

18. 用石英晶体加速度计及电荷放大器测量机器的振动,已知:加速度计灵敏度为 5pC/g,电荷放大器灵敏度为 50mV/pC,当机器达到最大加速度值时相应的输出电压幅值为 2V,试求该机器的振动加速度(g 为重力加速度)。

第 6 章 温度检测

温度是一个重要的物理参数,许多重要的物理、化学过程都要求在一定的温度条件下才能正常进行。温度的检测方法和仪表在科学研究和工农业生产中得到了广泛的应用。本章首先介绍温标的概念,然后分别介绍接触式测温传感器和非接触式测温仪表。在接触式测温传感器中介绍热电阻和热电偶;在非接触式测温仪表中,介绍光学高温计、光电高温计、辐射温度计和比色温度计。

6.1 概 述

6.1.1 温度的基本概念和测量方法

温度是一个重要的物理量,它反映了物体冷热的程度,与自然界中的各种物理和化学过程相联系。在生产过程中,各个环节都与温度紧密相联,因此,人们非常重视温度的测量。温度概念的建立及温度的测量都是以热平衡为基础的,当两个冷热程度不同的物体接触后就会产生导热、换热,换热结束后两物体处于热平衡状态,此时它们具有相同的温度,这就是温度最本质的性质。

温度测量方法有接触式测温和非接触式测温两大类。接触式测温时,温度敏感元件与被测对象接触,经过换热后两者温度相等。目前常用的接触式测温仪表有:

① 膨胀式温度计。一种是利用液体和气体的热膨胀及物质的蒸气压变化来测量温度,如玻璃液体温度计和压力式温度计;另一种是利用两种金属的热膨胀差来测量温度,如双金属温度计。

② 热电阻温度计。它利用固体材料的电阻随温度而变化的原理测量温度,如铂电阻、铜电阻和热敏电阻。

③ 热电偶温度计。它利用热电效应测量温度。

④ 其他原理的温度计。例如,基于半导体器件温度效应的集成温度传感器、基于晶体的固有频率随温度而变化的石英晶体传感器等。

接触式测温的测量方法比较直观、可靠,测量仪表也比较简单。但是,由于敏感元件必须与被测对象接触,在接触过程中就可能破坏被测对象的温度场分布,从而造成测量误差。有的测温元件不能和被测对象充分接触,不能达到充分的热平衡,使测温元件和被测对象温度不一致,也会带来误差。在接触过程中,有的介质有强烈的腐蚀性,特别在高温时对测温元件的影响更大,从而不能保证测温元件的可靠性和工作寿命。

非接触测温时,温度敏感元件不与被测对象接触,而是通过辐射能量进行热交换,由辐射能的大小来推算被测物体的温度。目前常用的非接触式测温仪表有:

① 辐射式温度计。其测量原理是基于普朗克定理,如光电高温计、辐射传感器、比色温度计。

② 光纤式温度计。它是利用光纤的温度特性来实现温度的测量,或者仅仅是光纤作为传光的介质。如光纤温度传感器、光纤辐射温度计。

这类测温仪表不与被测物体接触，不破坏原有的温度场，当被测物体为运动物体时尤为适用。但是，精度一般不高。

6.1.2 温标

温度标尺又简称温标，它是用数值表示温度的一整套规程。建立现代的温标必须具备以下 3 个条件：① 固定的温度点。物质是由分子组成的，在不同温度下会呈现固、液、气三相，利用物质的相平衡点可以作为温标的固定温度点，也称为基准点，它具有确定的温度值。例如，水的液相和固相平衡点称为冰点，它就具有固定的冰点温度值。② 测温仪器。确定测温仪器的实质是确定测温质和测温量，例如，铂电阻温度传感器的测温质是铂金属丝，而测温量是电阻值。③ 温标方程。用来确定各固定点之间任意温度值的数学关系式称为温标方程，也称为内插公式。

随着人们认识的深入，温标在不断地发展和完善。下面做一简单介绍。

(1) 经验温标

由特定的测温质和测温量所确定的温标称为经验温标。在历史上影响比较大的经验温标有华氏温标和摄氏温标。1714 年，德国人华氏(Fahrenheit)以水银的体积随温度而变化为依据，制成了玻璃水银温度计，并规定了氯化氨和冰的混合物为 0℉，水的沸点为 212℉，冰的熔点为 32℉，在沸点和冰点之间等分为 180 份，每份为 1 华氏度(1℉)，构成了华氏温标。1742 年，瑞典人摄氏(Celsius)规定水的冰点为 0℃，水的沸点为 100℃，两固定点之间等分为 100 份，每份为 1 摄氏度(1℃)，构成了摄氏温标。经验温标是借助于一些物质的物理量与温度之间的关系，用实验方法得到的经验公式来确定温度值的标尺，因此，有其局限性和任意性。

(2) 热力学温标

1848 年，物理学家开尔文(Kelvin)首先提出将温度数值与理想热机的效率相联系，即根据热力学第二定律来定义温度的数值，建立一个与测温质无关的温标——热力学温标，这样就可以与任何特定物质的性质无关了。热力学温标所确定的温度数值称为热力学温度，用符号 T 表示，单位为开尔文，用 K 表示。定义水的三相点(固、液、气三相并存)的热力学温度标志数值为 273.16，取 1/273.16 为 1 个开尔文(K)。将计量单位 K 加上所标志的温度数值后，就形成了完整的热力学温度的表示方式。热力学温度的起点为 0K，所以它不可能为负值，且冰点是 273.15K，沸点是 373.15K。注意：水的冰点和三相点是不一样的，两者相差 0.01K。

(3) 国际温标

建立在热力学第二定律基础上的热力学温标是一种科学的温标，通常可用定容气体温度计来实现热力学温标。1927 年，第七届国际计量大会决定采用热力学温标作为国际温标，称为 1927 年国际温标(ITS-27)。它具有 3 个基本特点：①尽可能接近热力学温标；②复现精度高并能确保量值的统一；③用以复现的标准温度计使用方便，性能稳定。几十年来，尽管国际温标经过几次修改，如 1948 年国际温标(ITS-48)，1968 年国际实用温标(IPTS-68)和现在仍使用的 1990 年国际温标(ITS-90)，几乎是每 20 年温标要做一次重大的修改，但都只是数值上的改变，基本原则和方法一直保持不变。

(4) 1990 年国际温标

根据第 18 届国际计量大会的决议，自 1990 年 1 月 1 日起开始在全世界实行 90 国际温标(ITS-90)，我国自 1994 年 1 月 1 日开始全面实施 90 国际温标至今。90 国际温标主要有 3 方面内容。

① 温度单位。热力学温度是基本物理量，符号为 T，单位为开尔文(K)，K 的定义为水的三相点温度的 1/273.16。用与冰点 273.15K 的差值表示的热力学温度称为摄氏温度，符号为 t，单位为摄氏度(℃)，即 $t=T-273.15$，并有 1℃=1K。温差可用开尔文(K)，也可用摄氏度(℃)表示，即 $\Delta T=\Delta t$。这里讲的摄氏度(℃)与古典的经验温标的摄氏度(℃)是完全不同的。这里的摄氏度(℃)是由国际温标重新定义的，是以热力学温标为基础的。

90 国际温标定义国际开尔文温度 T_{90} 和国际摄氏度 t_{90}，其间关系如同 T 和 t 一样，即

$$t_{90}=T_{90}-273.15$$

它们的单位与热力学温度 T 和摄氏温度 t 的单位一致。

② 定义固定温度点。90 国际温标的定义固定温度点是利用一系列纯物质各相间可复现的平衡状态或蒸气压所建立起来的特征温度点。这些特征温度点的温度指定值是由国际上公认的最佳测量手段测定的。

③ 复现固定温度点的方法。90 国际温标把温度分为 4 个温区，各个温区的范围、使用的标准测温仪器分别为：

- 0.65～5.0K 为 ^3He 或 ^4He 蒸气压温度计；
- 3.0～24.5561K 为 ^3He 或 ^4He 定容气体温度计；
- 13.8033K～961.78℃为铂电阻温度计；
- 961.78℃以上为光学或光电高温计。

在使用中，一般在水的冰点以上的温度使用摄氏度单位(℃)，在冰点以下的温度使用热力学温度单位(K)。

6.2 热电阻式传感器

利用导体或半导体材料的电阻率随温度变化的特性制成的传感器叫做热电阻式传感器，它主要用于对温度和与温度有关的参量进行检测。测温范围主要在中、低温区域(−200℃～650℃)。随着科学技术的发展，使用范围也不断扩展，低温方面已成功地应用于 1K～3K 的温度测量，而在高温方面，也出现了多种用于 1000℃～1300℃的电阻温度传感器。其测温元件可分为金属热电阻和半导体热敏电阻两大类。

6.2.1 金属热电阻

热电阻是由电阻体、绝缘套管和接线盒等主要部件组成的，其中，电阻体是热电阻的最主要部分。虽然各种金属材料的电阻率均随温度变化，但作为热电阻的材料，则要求：电阻温度系数要大，以便提高热电阻的灵敏度；电阻率尽可能大，以便在相同灵敏度下减小电阻体尺寸；热容量要小，以便提高热电阻的响应速度；在整个测量温度范围内，应具有稳定的物理和化学性能；电阻与温度的关系最好接近于线性；应有良好的可加工性，且价格便宜。根据上述要求及金属材料的特性，目前使用最广泛的热电阻材料是铂和铜。另外，随着低温和超低温测量技术的发展，已开始采用铟、锰、碳、铑、镍、铁等材料。

1. 常用热电阻

(1) 铂热电阻

铂的物理、化学性能非常稳定，是目前制造热电阻的最好材料。它的长时间稳定的复现性

可达 10^{-4}K，是目前测温复现性最好的一种温度计，广泛应用于温度基准、标准的传递和工业在线测量。

工业用铂电阻作为测温传感器，通常用来和显示、记录、调节仪表配套，直接测量各种生产过程中从 −200℃ ~ 500℃ 范围内的液体、蒸汽和气体等介质的温度，也可测量固体的表面温度。

铂电阻的精度与铂的提纯程度有关，铂的纯度通常用百度电阻比 $W(100)$ 表示，即

$$W(100) = \frac{R_{100}}{R_0} \tag{6.2.1}$$

式中，R_{100} 为 100℃ 时的电阻值；R_0 为 0℃ 时的电阻值。

$W(100)$ 越高，表示铂丝纯度越高，国际实用温标规定，作为基准器的铂电阻，比值 $W(100)$ 不得小于 1.3925。目前技术水平已达到 $W(100) = 1.3930$，与之相应的铂纯度为 99.9995%，工业用铂电阻的百度电阻比 $W(100)$ 为 1.387 ~ 1.390。

铂丝的电阻值与温度之间的关系，即特性方程如下。

当温度 t 为 $-200℃ \leqslant t \leqslant 0℃$ 时

$$R_t = R_0[1 + At + Bt^2 + C(t - 100)t^3] \tag{6.2.2}$$

当温度 t 为 $0℃ \leqslant t \leqslant 650℃$ 时

$$R_t = R_0[1 + At + Bt^2] \tag{6.2.3}$$

式中，R_t，R_0 是温度分别为 t 和 0℃ 时的铂电阻值；A，B，C 为常数，对 $W(100) = 1.391$，有 $A = 3.96847 \times 10^{-3}/℃$，$B = -5.847 \times 10^{-7}/℃^2$，$C = -4.22 \times 10^{-12}/℃^4$。

由特性方程可知，铂电阻的电阻值与温度 t 和初始电阻 R_0 有关，不同的 R_0 值，R_t 与 t 的对应关系不同。目前，工业铂电阻的 R_0 值有 10Ω、50Ω、100Ω 和 1000Ω，对应的分度号分别为 Pt10、Pt50、Pt100 和 Pt1000，其中应用最广泛的是 Pt100。热电阻的分度表（给出阻值和温度的关系）可查阅相关资料。在实际测量中，只要测得铂热电阻的阻值 R_t，便可从分度表中查出对应的温度值。

铂电阻的特点是：检测精度高；稳定性好；性能可靠；复现性好；在氧化性介质中，即使是在高温情况下仍有稳定的物理、化学性能。但它的缺点是电阻温度系数小，电阻与温度呈非线性，在还原性介质中，尤其在高温情况下，易被从氧化物中还原出来的蒸汽所玷污，使铂丝变脆，从而改变其电阻与温度之间的关系。因此，在高温下不宜在还原性介质中使用。另外，铂是贵重金属，资源少，价格较高。

（2）铜热电阻

由于铂是贵重金属，因此，在一些测量精度要求不高且温度较低的场合，普遍采用铜热电阻进行温度的测量，测量范围一般为 −50℃ ~ 150℃。在此温度范围内线性关系好，灵敏度比铂电阻高，容易提纯、加工，价格便宜，复现性能好。但是铜易于氧化，一般只用于 150℃ 以下的低温测量和没有水分及无侵蚀性介质的温度测量。与铂相比，铜的电阻率低，所以铜电阻的体积较大。

铜电阻的阻值与温度之间的关系为

$$R_t = R_0(1 + \alpha t) \tag{6.2.4}$$

式中，α 为铜的温度系数，$\alpha = (4.25 \sim 4.28) \times 10^{-3}/℃$。由上式可知，铜电阻与温度的关系是线性的。

目前工业上使用的标准化铜热电阻的 R_0 按国内统一设计取 50Ω 和 100Ω 两种，分度号分别为 Cu50 和 Cu100，相应的分度表可查阅相关资料。

2. 热电阻的结构

热电阻的结构比较简单，一般将电阻丝绕在云母、石英、陶瓷、塑料等绝缘骨架上，经过固定，外面再加上保护套管。普通工业用热电阻温度传感器的结构如图 6.2.1 所示。它由热电阻、连接热电阻的内部导线、保护管、绝缘管、接线座等组成。

传感器内热电阻的结构随用途不同而各异。铜热电阻体是一个铜丝绕组，其结构形式如图 6.2.2 所示。铂热电阻体一般由直径为 0.05～0.07mm 的铂丝绕在片形云母骨架上，铂丝的引线采用银线，其结构形式如图 6.2.3 所示。热电阻丝在骨架上的绕制，应采用双线无感绕制法，以消除电感对测量的影响。另外，为了使热电阻丝免受腐蚀性介质的侵蚀和外来的机械损伤，延长热电阻的使用寿命，一般外面均要设置保护套管。

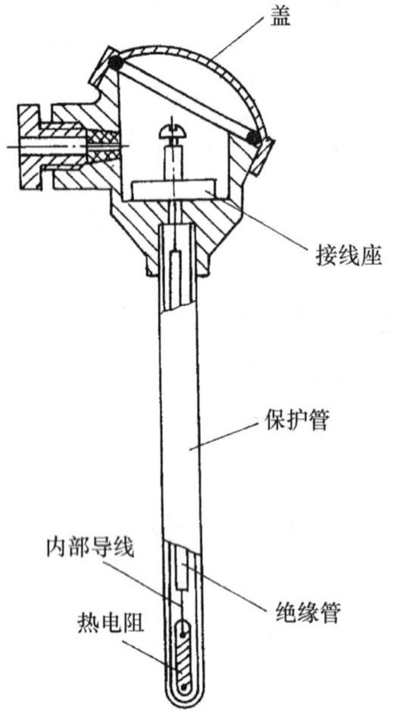

图 6.2.1　普通工业用热电阻温度传感器的结构

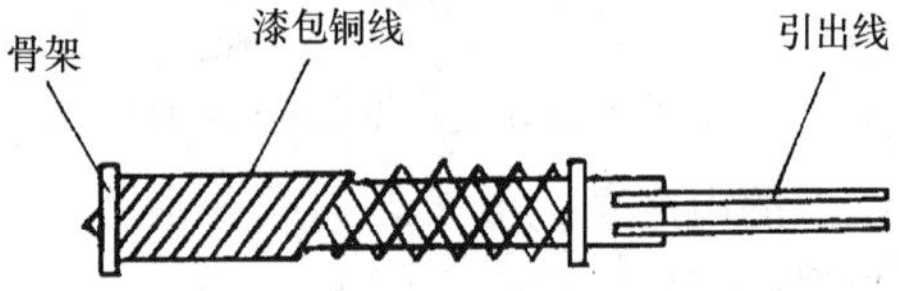

图 6.2.2　铜热电阻体的结构形式

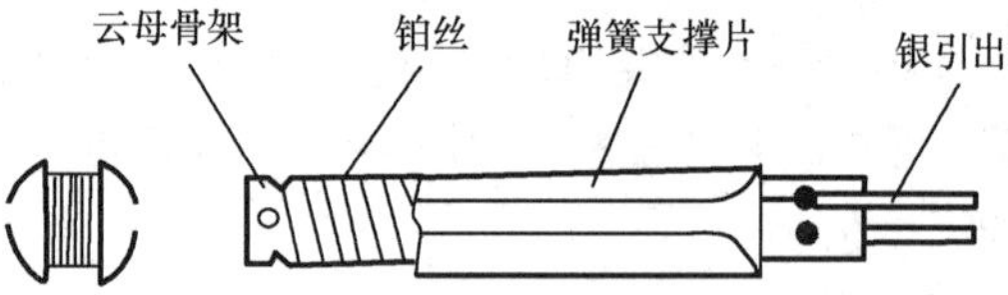

图 6.2.3　铂热电阻体的结构形式

铠装热电阻由电阻体、引线、绝缘材料及保护套管经整体拉制而成，在其工作端底部装有小型热电阻体，其结构如图 6.2.4 所示。

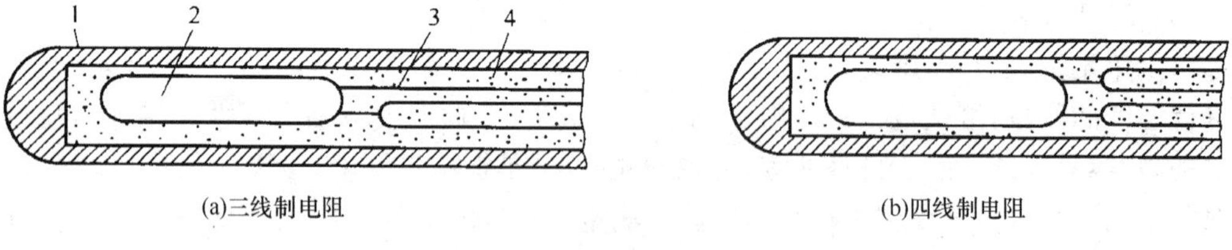

图 6.2.4　铠装热电阻的结构

1— 不锈钢管　2— 感温元件　3— 内引线　4— 氧化镁绝缘材料

铠装热电阻同普通热电阻相比具有如下优点：外形尺寸小，套管内为实体，响应速度快；抗振、可挠，使用方便，适于安装在结构复杂的部位。铠装热电阻的外径尺寸一般为 2～8mm，个别可制成 1mm。

6.2.2　半导体热敏电阻

一般来说，半导体比金属具有更大的电阻温度系数。半导体热敏电阻即是利用半导体的电阻值随温度显著变化的特性而制成的热敏元件。它是由某些金属氧化物和其他化合物按不同的配方比例烧结制成的，具有以下一些优点。

① 热敏电阻的温度系数比金属大，约大 4 ～ 9 倍，半导体材料可以有正或负的温度系数，根据需要可以选择。

② 电阻率大，因此可以制成极小的电阻元件，体积小，热惯性小，适于测量点温、表面温度及快速变化的温度。

③ 结构简单、机械性能好。可根据不同要求，制成各种形状。

热敏电阻的最大缺点是线性度较差，只在某一较窄温度范围内有较好的线性度，由于是半导体材料，其复现性和互换性较差。

根据热敏电阻率随温度变化的特性不同，热敏电阻基本可分为正温度系数（PTC）、负温度系数（NTC）和临界温度系数（CTR）3 种类型，其特性如图 6.2.5 所示。

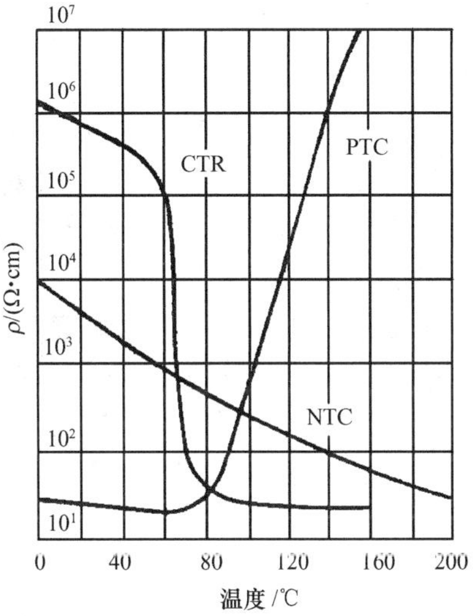

图 6.2.5　热敏电阻的特性

PTC 热敏电阻是以钛酸钡掺合稀土元素烧结而成的半导体陶瓷元件，具有正温度系数。当温度超过某一数值时，其电阻值朝正的方向快速变化。其用途主要是彩电消磁、各种电器设备的过热保护和发热源的定温控制，也可以作为限流元件使用。

CTR 热敏电阻是以三氧化二钒与钡、硅等氧化物，在磷、硅氧化物的弱还原气氛中混合烧结而成，它呈半玻璃状，具有负温度系数。通常 CTR 热敏电阻用树脂包封成珠状或厚膜形使用，其阻值为 1kΩ ～ 10MΩ。在某个温度值上电阻值急剧变化，具有开关特性。其用途主要用作温度开关。

NTC 热敏电阻主要由 Mn，Co，Ni，Fe，Cu 等过渡金属氧化物混合烧结而成，改变混合物的成分和配比，就可以获得测温范围、阻值及温度系数不同的 NTC 热敏电阻。它具有很高的负电阻温度系数，特别适用于－100℃ ～ 300℃ 之间测温。在点温、表面温度、温差、温场等测量中得到日益广泛的应用，同时也广泛地应用在自动控制及电子线路的热补偿线路中。下面主要讨论 NTC 热敏电阻。

1. 热敏电阻的主要特性

（1）温度特性

用于测量的 NTC 型热敏电阻，在较小的温度范围内，电阻 - 温度特性符合负指数规律，其关系式为

$$R_T = R_0 e^{B\left(\frac{1}{T}-\frac{1}{T_0}\right)} = R_0 \exp\left[B\left(\frac{1}{273+t}-\frac{1}{273+t_0}\right)\right] \tag{6.2.5}$$

式中，R_T 和 R_0 为热敏电阻在热力学温度 T 和 T_0 时的阻值（Ω）；T_0 和 T 为介质的起始温度和变化终止温度（K）；t_0 和 t 为介质的起始温度和变化温度（℃）；B 为热敏电阻材料常数，一般为 2000K ～

6000K，其大小取决于热敏电阻的材料。

$$B = \ln\left(\frac{R_T}{R_0}\right) \Big/ \left(\frac{1}{T} - \frac{1}{T_0}\right) \tag{6.2.6}$$

若已知两个电阻值及相应的温度值，就可利用上式求得 B 值。一般取 20℃ 和 100℃ 时的电阻 R_{20} 和 R_{100} 计算 B 值，即将 $T = 373.15\text{K}$，$T_0 = 293.15\text{K}$ 代入上式，则

$$B = 1365\ln\left(\frac{R_{20}}{R_{100}}\right) \tag{6.2.7}$$

将 B 值及 $R_0 = R_{20}$ 代入式(6.2.5)，就确定了热敏电阻的温度特性，如图 6.2.6 所示。

热敏电阻在其本身温度变化 1℃ 时，电阻值的相对变化量称为热敏电阻的电阻温度系数。即

$$\alpha = \frac{1}{R_T}\frac{\mathrm{d}R_T}{\mathrm{d}T} = -\frac{B}{T^2} \tag{6.2.8}$$

B 和 α 值是表征热敏电阻材料性能的两个重要参数，热敏电阻的电阻温度系数比金属丝的电阻温度系数高很多，所以其灵敏度很高。

除了电阻 - 温度特性以外，热敏电阻的伏安特性在使用中也是十分重要的。

(2) 伏安特性

在稳态情况下，通过热敏电阻的电流 I 与其两端的电压 U 之间的关系称为热敏电阻的伏安特性，如图 6.2.7 所示。

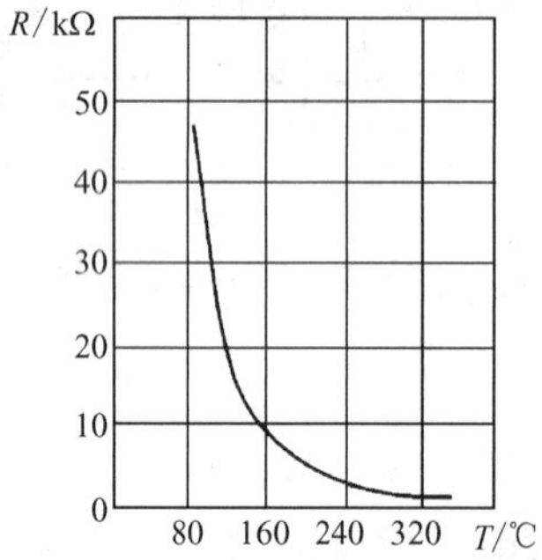

图 6.2.6　热敏电阻的温度特性

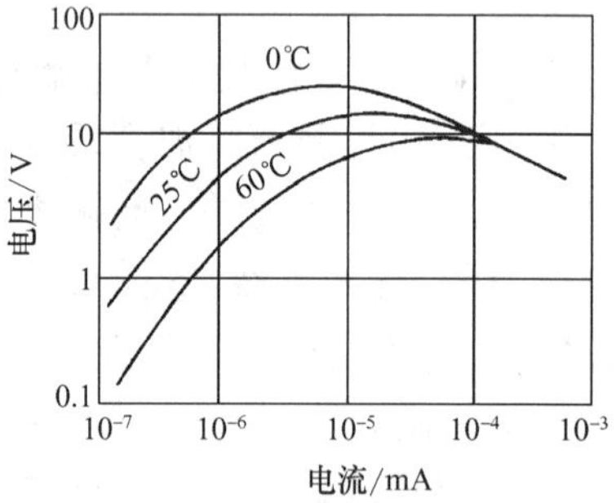

图 6.2.7　热敏电阻的伏安特性

由图可见，当流过热敏电阻的电流很小时，不足以使之加热，电阻值只决定于环境温度，伏安特性是直线，遵循欧姆定律，主要用来测温。

当电流增大到一定值时，流过热敏电阻的电流使之加热，本身温度升高，出现负阻特性。因电阻减小，即使电流增大，端电压反而下降。其所能升高的温度与环境条件(周围介质温度及散热条件)有关。当电流和周围介质温度一定时，热敏电阻的电阻值取决于介质的流速、流量、密度等散热条件。根据这个原理，可用它来测量流体速度和介质密度等。

2. 热敏电阻的结构

热敏电阻主要由热敏探头、引线、壳体等构成。一般做成二端器件，但也有做成三端或四端器件的。二端和三端器件为直热式，即热敏电阻直接由连接的电路获得功率，四端器件则是旁热式的。

根据不同的使用要求，可以把热敏电阻做成不同的形状和结构，其典型结构如图 6.2.8 所示。

陶瓷工艺技术的进步，使热敏电阻体积小型化、超小型化得以实现，现在已可以生产出直径 ϕ0.5mm 以下的珠状和松叶状热敏电阻，它们在水中的时间常数仅为 0.1 ～ 0.2s。

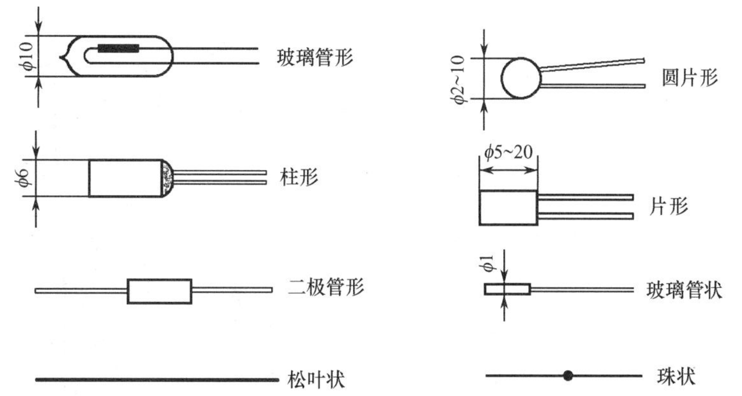

图 6.2.8　热敏电阻的典型结构

3. **热敏电阻的主要参数**

除了已介绍的材料常数 B 参数（单位为 K）和热敏电阻的温度系数 α（单位为 %/℃）以外，还有以下几个主要参数。

① 标称电阻值 R_H，在环境温度为 25±0.2℃ 时测得的电阻值，又称冷电阻。其大小取决于热敏电阻的材料和几何尺寸。

② 耗散系数 H，指热敏电阻的温度与周围介质的温度相差 1℃ 时热敏电阻所耗散的功率，单位为 W/℃。

③ 热容量 C，热敏电阻的温度变化 1℃ 所需吸收或释放的热量，单位为 J/℃。

④ 能量灵敏度 G，使热敏电阻的阻值变化 1% 所需耗散的功率，单位为 W，能量灵敏度 G 与耗散系数 H、电阻温度系数 α 之间的关系为

$$G = H/\alpha$$

⑤ 时间常数 τ，温度为 T_0 的热敏电阻突然置于温度为 T 的介质中，热敏电阻的温度增量 $\Delta T = 0.63(T - T_0)$ 时所需的时间，亦即为热容量 C 与耗散系数 H 之比

$$\tau = C/H$$

⑥ 额定功率 P_E，是指热敏电阻在规定的技术条件下，长期连续使用所允许的耗散功率，单位为 W。在实际使用时，热敏电阻所消耗的功率不得超过额定功率。

4. **热敏电阻的线性化**

由于 NTC 热敏电阻是烧结半导体，其特性参数有一定的离散性，导致它的互换性较差。此外，热电特性的非线性较大，也影响了热敏电阻传感器测量精度的提高。

为了克服热敏电阻传感器的上述缺点，改善其性能，可通过在热敏电阻上串、并联固定电阻，做成组合式元件来代替单个热敏元件，使组合式元件电路特性参数保持一致并获得一定程度的线性特性。

图 6.2.9 中给出了几种组合元件及其热电特性曲线。图(a) 为串联电路，在低温时，由于热敏电阻 $R_T \to \infty$，使电路总电阻近似等于 R_T，而在高温时，$R_T \to 0$，电路的总电阻等于 R_V，其热电特性曲线仍是非线性的，但比单个热敏元件要平坦。图(b) 为并联电路，它在低温时的电阻为 R_P，高温时的阻值为 R_T，其热电特性更平坦，且有一个拐点。图(c) 和图(d) 所示为混联电路，特性曲线均有一个拐点，对于有一个拐点的特性曲线，可用一条通过拐点的切线来近似地取代。

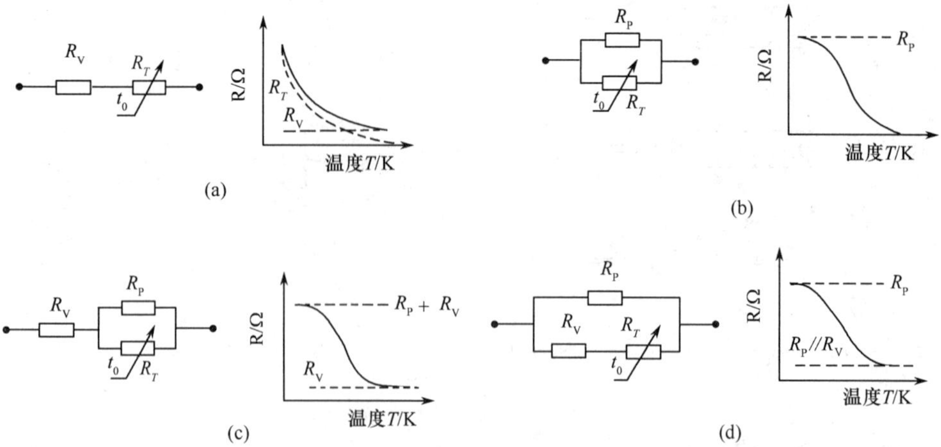

图 6.2.9　NTC的几种组合电路及其热电特性曲线

组合电路的设计可按下述方法进行：首先根据互换性与线性要求，给定在一定温度时组合电路的电阻值（可作为标称电阻值）$R_g(T_1)$ 和温度系数 $\alpha_g(T_1)$。根据电路理论计算组合电路中的固定电阻值 R_V 和 R_P，则可得到组合电路的特性曲线和过该定点的切线方程。

现以图 6.2.9(c) 的组合电路为例。由电路原理可得组合电路总电阻 R_g 为

$$R_g = R_V + \frac{R_T \cdot R_P}{R_T + R_P} \tag{6.2.9}$$

当温度为 T_1 时，有

$$R_g(T_1) = R_V + \frac{R_{T1} \cdot R_P}{R_{T1} + R_P} \tag{6.2.10}$$

由式(6.2.8) 给出的电阻温度系数的定义可得

$$\frac{dR_g}{dT} = \alpha_g R_g \tag{6.2.11}$$

式中，α_g 为组合电路的电阻温度系数。

根据式(6.2.9) 可得

$$\begin{aligned}\frac{dR_g}{dT} &= \frac{\frac{dR_T}{dT}R_P(R_T + R_P) - \frac{dR_T}{dT}R_T R_P}{(R_T + R_P)^2} \\ &= \frac{\alpha_T R_T R_P(R_T + R_P) - \alpha_T R_T R_T R_P}{(R_T + R_P)^2} \\ &= \frac{\alpha_T R_T R_P^2}{(R_T + R_P)^2}\end{aligned} \tag{6.2.12}$$

式中，$\alpha_T = -B/T^2$ 为 NTC 热敏电阻的电阻温度系数。

将式(6.2.12) 代入式(6.2.11) 且温度为 T_1 时，可得

$$\alpha_g(T_1) \cdot R_g(T_1) = \frac{\alpha_{T_1} R_{T_1} R_P^2}{(R_{T_1} + R_P)^2} \tag{6.2.13}$$

当给出 T_1 时的 $R_g(T_1)$，$\alpha_g(T_1)$ 和 R_{T_1} 数值时，由式(6.2.10) 和式(6.2.13) 可求出电路中

的固定电阻 R_V 和 R_P 的数值。然后由式(6.2.9)可得 $R_g = f(T)$ 的特性曲线，并由式(6.2.11)可求出过给定点 T_1 的切线方程。

当 $R_g^* = f(T)$ 时，有

$$R_g^*(T_1 + \Delta T) = R_g(T_1) + \alpha_g R_g(T_1)\Delta T$$
$$= R_g(T_1)(1 + \alpha_g \Delta T) \tag{6.2.14}$$

用求得的切线来代替特性曲线可实现线性化。

6.2.3 热电阻式传感器的应用

1. 金属热电阻传感器

工业上广泛使用金属热电阻传感器进行 −200℃ ～+500℃ 范围的温度测量。在特殊情况下，测量的低温端可达 3.4K，甚至更低，达到 1K 左右。高温端可测到 1000℃。金属热电阻传感器进行温度测量的特点是精度高、适于测低温。

经常使用电桥作为传感器的测量电路，精度较高的是自动电桥。为了消除由于连接导线电阻随环境温度变化而造成的测量误差，常采用三线制和四线制连接法。

工业用热电阻一般采用三线制，图 6.2.10 所示是三线制连接法的原理图。G 为检流计，R_1，R_2，R_3 为固定电阻，R_a 为零位调节电阻。热电阻 R_t 通过电阻为 r_1，r_2，r_3 的 3 根导线与电桥连接，r_1 和 r_2 分别接在相邻的两桥臂内，当温度变化时，只要它们的长度和电阻温度系数相等，它们的电阻变化就不会影响电桥的状态。电桥在零位调整时，使 $R_4 = R_a + R_{t0}$。R_{t0} 为热电阻在参考温度(如 0℃)时的电阻值。

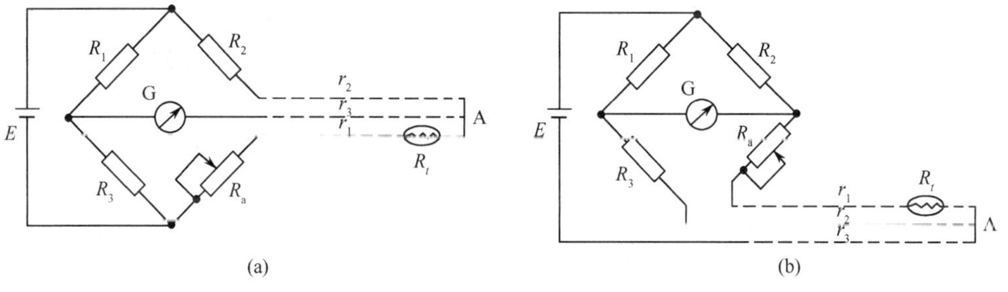

图 6.2.10 三线制接法的原理图

在精密测量中，则采用四线制接法，即金属热电阻两端各焊出两根引出线，其中，两根引线为热电阻提供恒定电流 I，把 R_t 转换成电压信号 U，再通过另两根引线把 U 引至仪表(电位差计)，如图6.2.11 所示。尽管导线上有电阻 r，但是，电流在导线上形成的压降 rI 不在电压测量范围之内。在电压测量回路中，虽然有导线电阻 r，但是没有电流，因为电位差计测量时不取电流。所以，四根导线的电阻 r 对测量均无影响。这种接法不仅可以消除热电阻与测量仪表之间连接导线电阻的影响，而且可以消除测量线路中寄生电势引起的测量误差，多用于标准计量或实验室中。

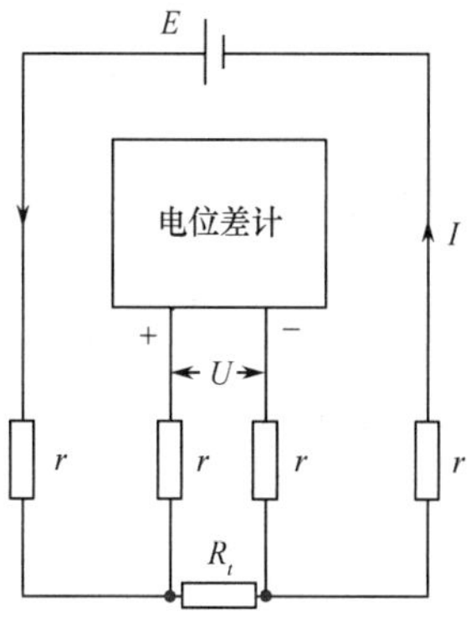

图 6.2.11 四线制接法

为避免热电阻中流过电流的加热效应，在设计电桥时，

要使流过热电阻的电流尽量小，一般小于 10mA，小负荷工作状态一般为 4 ～ 5mA。

近年来，温度检测和控制有向高精度、高可靠性发展的倾向，特别是各种工艺的信息化及运行效率的提高，对温度的检测提出了更高水平的要求。以往铂测温电阻响应速度慢、容易破损、难于测定狭窄位置的温度等缺点，现已逐渐被能大幅度改善上述缺点的极细型铠装铂测温电阻所取代，因而应用领域进一步扩大。

铂测温电阻传感器主要应用于钢铁、石油化工的各种工艺过程；纤维等工业的热处理工艺；食品工业的各种自动装置；空调、冷冻冷藏工业；宇航和航空、物化设备及恒温槽等。

下面介绍金属丝热电阻作为气体传感器的应用。

图 6.2.12(a) 所示是热电阻传感器测量真空度的示意图。把铂丝装于与被测介质相连通的玻璃管内。铂电阻丝由较大的(一般大负荷工作状态为 40 ～ 50mA) 恒定电流加热。在环境温度与玻璃管内介质的导热系数恒定的情况下，当铂电阻所产生的热量和主要经玻璃管内介质导热而散失的热量相平衡时，铂丝就有一定的平衡温度，相对应的就有一定的电阻值。当被测介质的真空度升高时，玻璃管内的气体变得稀薄，即气体分子间碰撞进行热量传递的能力降低(热导率变小)，铂丝的平衡温度及其电阻值随即增大，其大小反映了被测介质真空度的高低。这种真空度测量方法对环境温度变化比较敏感，在实际应用中附加有恒温或温度补偿装置。一般可测到 133.322×10^{-5} Pa。

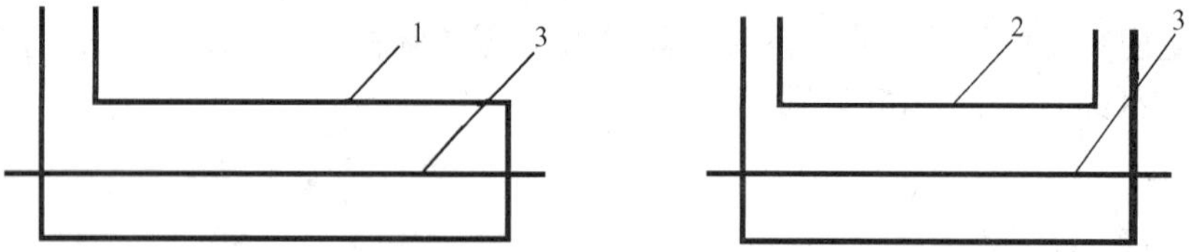

(a) 检测真空度　　(b) 介质成分与流速的检测

图 6.2.12　金属丝热电阻作为气体传感器的应用

1— 连通玻璃管　2— 流通玻璃管　3— 铂丝

利用图 6.2.12(b) 所示的流通式玻璃管内装铂丝的装置，可对管内气体介质成分比例变化进行检测，或对管内热风流速变化进行测量，因为两者的变化均可引起管内气体导热系数的变化，而使铂丝电阻值发生变化。但是，必须使其他非被测量保持不变，以减少误差。

如同测温一样，经常接成电桥，视需要可接至灵敏仪表或放大器的输入级。

2. 半导体热敏电阻传感器

由于热敏电阻具有许多优点，所以热敏电阻传感器的应用范围很广，可在宇宙飞船、医学、工业及家用电器等方面用作测温、控温、温度补偿、流速测量、液面指示等。下面介绍一些主要用途。

(1) 温度测量

热敏电阻点温计的结构原理如图 6.2.13 所示。使用时先将切换开关 S 旋到 1 处，接通校正电路，调节 R_6，使显示仪表的指针转至测量上限，用以消除由于电源 E 变化而产生的误差。当热敏电阻感温元件插入被测介质后，再将切换开关旋到 2 处，接通测量电路，这时显示仪表的示值即为被测介质的温度值。

(2) 温度控制

图 6.2.14 所示是一种简易的温度控制器，由 VR 设定动作温度。其工作原理如下：当要控

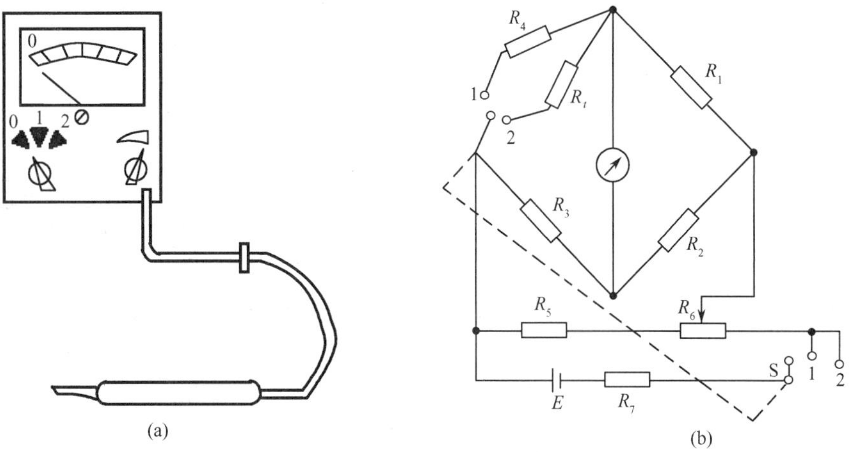

图 6.2.13　热敏电阻点温计的结构原理

制的温度比实际温度高时，VT_1 的 bc 间电压大于导通电压，VT_1 导通，相继 VT_2 也导通，继电器吸合，电热丝加热。当实际温度达到要求控制的温度时，由于 R_t（NTC 型）的阻值降低，使 VT_1 的 be 间电压过低（$< 0.6V$），VT_1 截止，相继 VT_2 截止，继电器断开，电热丝断电而停止加热。这样便达到控制温度的目的。

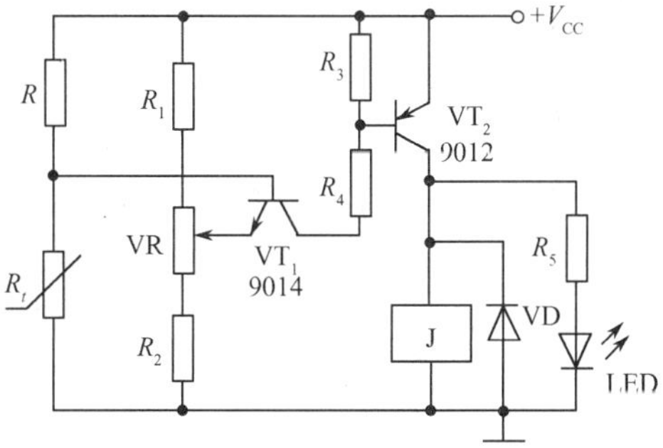

图 6.2.14　简易的温度控制器

当控制温度确定后，选择热敏电阻，并根据热敏电阻的参数设计 R，$R_1 \sim R_4$，设计自由度相当高。所选的继电器应与电源电压 $+V_{CC}$ 相配合。为保证控制的稳定性，应采用稳压电源。R_5 为限流电阻，设计时让流过 LED 的电流为 5mA 左右即可，LED 为加热指示器。

（3）温度补偿

仪表中通常用的一些零件，多数是用金属丝做成的，如线圈、线绕电阻等，金属一般具有正的温度系数，采用负温度系数的热敏电阻进行补偿，可以抵消由于温度变化所产生的误差。实际应用中，为了避免过补偿或欠补偿，将负温度系数的热敏电阻与锰铜丝电阻并联后再与被补偿元件串联，如图 6.2.15 所示。

（4）流量测量

利用热敏电阻上的热量消耗和介质流速的关系，可以测量流量、流速、风速等。图 6.2.16 所示为热敏电阻式流量计，热敏电阻 R_{t1} 和 R_{t2} 分别置于管道中央和不受介质流速影响的小室中，当介质处于静止态时，使电桥平衡，桥路输出为零；当介质流动时，将 R_{t1} 的热量带走，致使 R_{t1} 阻值变化，桥路就有相应的输出量。介质从 R_{t1} 上带走的热量多少与介质流量有关，所以可以用 R_{t1} 测量流量。

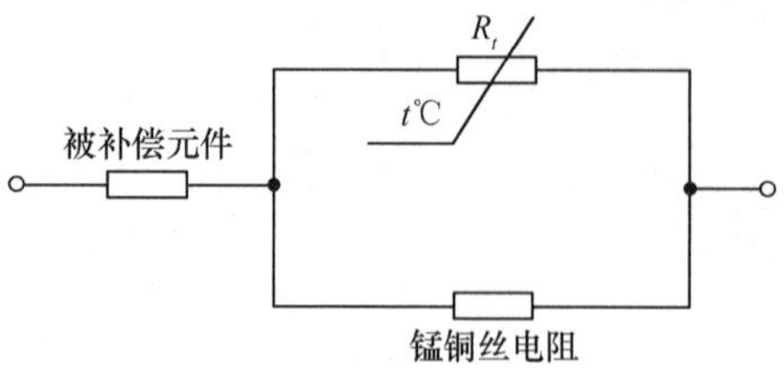

图 6.2.15　仪表中的电阻温度补偿电路

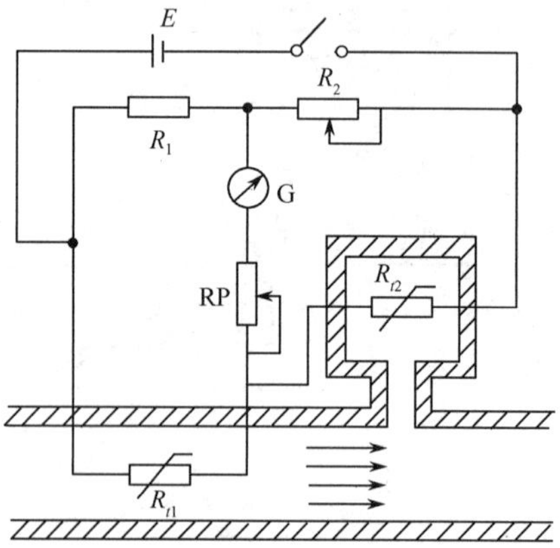

图 6.2.16　热敏电阻式流量计

6.3　热电偶传感器

热电偶传感器是一种将温度变化转换为电势变化的传感器。在工业生产中，热电偶是应用最广泛的测温元器件之一。其主要优点是测温范围广，可以在 1K 至 2800℃ 的范围内使用，精度高，性能稳定，结构简单，动态性能好，把温度转换为电势信号便于处理和远距离传输。

6.3.1　热电偶测温原理

热电偶是由两种不同的金属 A 和 B 构成一个闭合回路，当两个接触端温度不同，即 $T > T_0$ 时，回路中会产生热电势 $E_{AB}(T, T_0)$，如图 6.3.1 所示。其中，T 称为热端，T_0 称为冷端(自由端或参比端)，A 和 B 称为热电极。热电势 $E_{AB}(T, T_0)$ 的大小是由两种材料的接触电势和单一材料的温差电势所决定的。

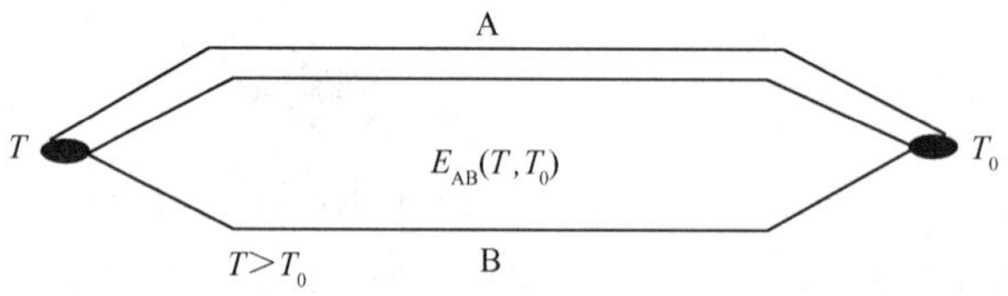

图 6.3.1　热电偶

1. 接触电势

由于不同的金属材料内部的自由电子密度不相同，当两种金属材料 A 和 B 接触时，自由电子就要从密度大的金属材料扩散到密度小的金属材料中去，从而产生自由电子的扩散现象，如图 6.3.2 所示。当金属材料 A 的自由电子密度比金属材料 B 大，则有自由电子从 A 扩散到 B，当扩散达到平衡时，金属材料 A 失去电子带正电荷，而金属材料 B 得到电子带负电荷。这样 A，B 接触处形成一定的电位差，这就是接触电势(也叫帕尔帖电势)，其大小可表示为

$$e_{AB}(T) = \frac{kT}{e}\ln\frac{N_A}{N_B} \tag{6.3.1}$$

式中，$e_{AB}(T)$ 为电极 A 和电极 B 在温度为 T 时的接触电势；k 为玻耳兹曼常数；T 为接触面的热力学温度；e 为单位电荷量；N_A，N_B 分别为金属电极 A 和 B 的自由电子密度。

2. 温差电势

在同一金属材料 A 中，当金属材料两端的温度不同，即$T > T_0$时，两端电子能量就不同。温度高的一端电子能量大，则电子从高温端向低温端扩散的数量多，最后达到平衡。这样在金属材料 A 的两端形成一定的电位差，即温差电势（也叫汤姆逊电势），如图 6.3.3 所示。其大小可表示为

$$e_A(T,T_0)=\int_{T_0}^{T}\delta \mathrm{d}T \tag{6.3.2}$$

式中，$e_A(T,T_0)$为A材料两端温度分别为T和T_0时的温差电势；δ为汤姆逊系数，它表示温度为1℃时所产生的电势值，它与材料的性质有关。

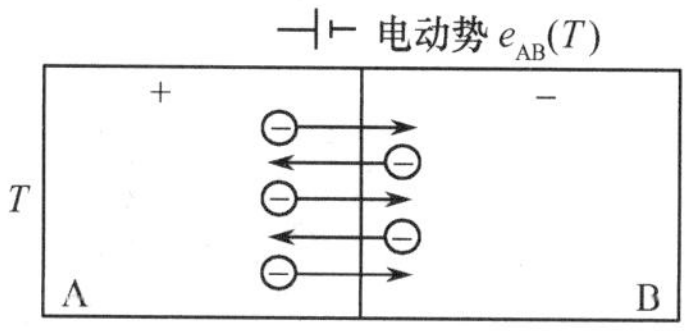

图 6.3.2 热电偶的接触电势

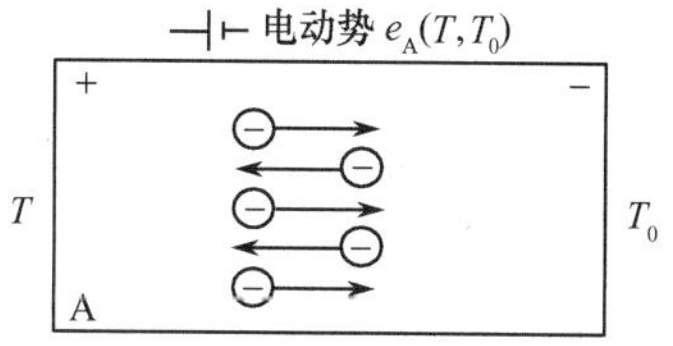

图 6.3.3 热电偶的温差电势

3. 热电偶回路的总热电势

在两种金属材料A和B组成的热电偶回路中，两接触点的温度分别为T和T_0，且$T>T_0$。则回路总热电势由 4 部分组成：两个温差电势即 $e_A(T,T_0)$ 和 $e_B(T,T_0)$，两个接触电势即 $e_{AB}(T)$ 和 $e_{AB}(T_0)$。它们的方向和大小如图 6.3.4 所示。

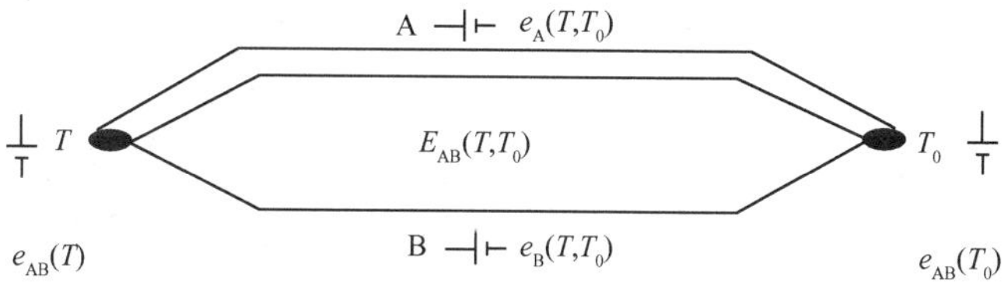

图 6.3.4 热电偶回路的总热电势的方向和大小

按顺时针方向写出 4 个电势方程为

$$\begin{aligned}E_{AB}(T,T_0)&=e_{AB}(T)-e_A(T,T_0)-e_{AB}(T_0)+e_B(T,T_0)\\&=[e_{AB}(T)-e_{AB}(T_0)]-[e_A(T,T_0)-e_B(T,T_0)]\\&=\frac{k}{e}(T-T_0)\ln\frac{N_A}{N_B}-\int_{T_0}^{T}(\delta_A-\delta_B)\mathrm{d}t\end{aligned} \tag{6.3.3}$$

从式(6.3.3)可以看出，若热电极A和B为同一种材料时，$N_A=N_B$，$\delta_A=\delta_B$，则$E_{AB}(T,T_0)=0$。若热电偶两端处于同一温度下，即$T=T_0$，$T-T_0=0$，则$E_{AB}(T,T_0)=0$。因此，热电势存在必须具备两个条件：一是两种不同的金属材料组成热电偶，二是其两端存在温差。对式(6.3.3) 进行整理，则有

$$\begin{aligned}E_{AB}(T,T_0)&=\left[e_{AB}(T)-\int_0^{T}(\delta_A-\delta_B)\mathrm{d}t\right]-\left[e_{AB}(T_0)-\int_0^{T_0}(\delta_A-\delta_B)\mathrm{d}t\right]\\&=f(T)-f(T_0)\end{aligned} \tag{6.3.4}$$

从式(6.3.4)中可以看到，热电势是T和T_0的温度函数的差，而不是温差的函数。当$T_0=0$℃时，$f(T_0)=0$，则有

$$E_{AB}(T,T_0)=f(T) \tag{6.3.5}$$

从式(6.3.5)得出 E 与 T 之间有唯一对应的单值函数关系，因此，可以用测量到的热电势 E 来得到对应的温度值 T。热电偶热电势的大小，只与导体A和B的材料有关，与冷、热端的温度有关，而与导体的粗细、长短及两导体接触面积无关。判断热电偶正负极的方法可用将热端稍加热，在冷端用直流电表辨别正负极。

根据国际温标规定，$T_0=0℃$ 时，用实验的方法测出各种不同热电偶在不同工作温度下所产生热电势的值，列成表格，称为分度表(见附录A)。

6.3.2 热电偶的基本定律

热电偶在测量温度时，需要解决一系列的实际问题。以下由试验验证的几个定律，为解决这些问题提供了理论上的依据。

1. 匀质导体定律

由一种匀质导体所组成的闭合回路，不论导体的截面积如何及导体的各处温度分布如何，都不能产生热电势。

这一定律说明，热电偶必须采用两种不同材料的导体组成，且热电偶的热电势仅与两接点的温度有关，而与沿热电极的温度分布无关。如果热电偶的热电极是非匀质导体，在不均匀温度场中测温时将造成测量误差。所以，热电极材料的均匀性是衡量热电偶质量的重要技术指标之一。

2. 中间导体定律

在热电偶回路中，冷端断开接入与A，B电极不同的另一种导体(称为中间导体C)，只要中间导体的两端温度相同，热电偶回路总电势不受中间导体接入的影响。

如图6.3.5所示，在电极为A和B的热电偶回路中接入第三种导体C，只要保持C两端的温度相等，则回路总电势仍是 $E_{AB}(T,T_0)$ 不变，与C的接入无关。这一点对于热电偶的实际运用十分重要，因为要测量回路的热电势，就需要接入测量仪表，那么仪表中肯定有导线等其他第三种导体C。因此，仪表的接入不会引起回路热电势的变化。同时利用这个定律，还可以使用开路热电偶测量液态金属和金属壁面的温度。

3. 连接导体定律

如图6.3.6所示，在热电偶回路中，如果热电极A和B分别与连接导体A′和B′相接，其接点温度分别为 T,T_n 和 T_0，则回路的总热电势等于热电偶的热电势 $E_{AB}(T,T_n)$ 与连接导体的热电势 $E_{A'B'}(T_n,T_0)$ 之代数和。这就是连接导体定律，即

$$E_{ABA'B'}(T,T_n,T_0)=E_{AB}(T,T_n)+E_{A'B'}(T_n,T_0) \tag{6.3.6}$$

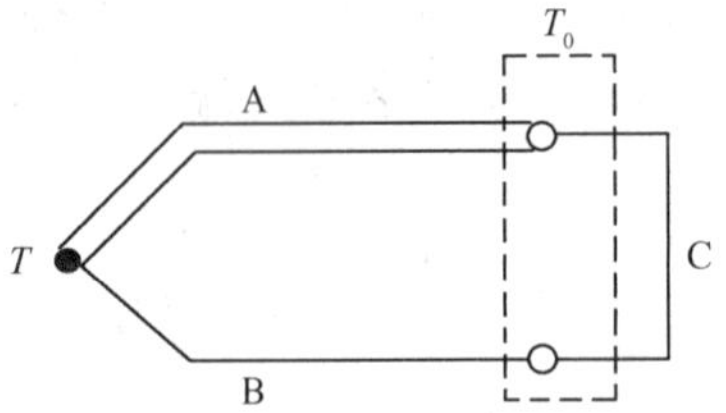

图6.3.5 3种导体的热电偶

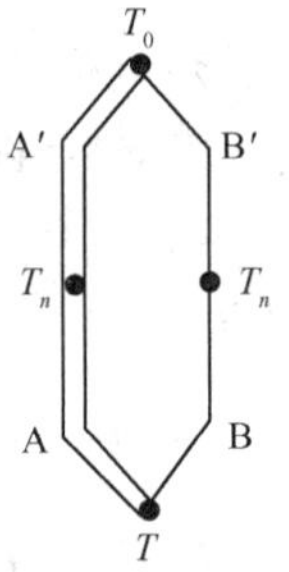

图6.3.6 采用连接导体的热电偶回路

连接导体定律为在工业测量温度中使用补偿导线提供了理论基础。只要选配在100℃以

下与热电偶热电特性相同的补偿导线，便可使热电偶的参比端延长，使之远离热源到达一个温度相对稳定的地方而不会影响测温的准确性。即

$$E_{AB}(T,T_n,T_0)=E_{AB}(T,T_n)+E_{AB}(T_n,T_0) \tag{6.3.7}$$

热电偶分度表是在参比端为 0℃ 时热端温度与热电势之间的对应关系，根据这一定则，当热电偶冷端不等于 0℃ 时，也可以使用分度表。

例 6.3.1 用(S 型) 热电偶测量某一温度，若参比端温度 $T_n = 30℃$，测得的热电势 $E(T,T_n)=7.5\text{mV}$，求测量端的实际温度 T。

解

$$E(T,T_0)=E(T,T_n)+E(T_n,T_0)$$

在 $E(T_n,T_0)$ 中，$T_n = 30℃$，$T_0 = 0℃$，查分度表有 $E(30,0) = 0.173\text{mV}$，又已知 $E(T,T_n) = 7.5\text{mV}$，因此

$$E(T,0)=E(T,30)+E(30,0)=7.5+0.173=7.673\text{mV}$$

反查分度表有 $T = 830℃$，所以测量端的实际温度为 830℃。

6.3.3 热电偶的冷端处理和补偿

由热电偶测温公式得知，热电偶的热电势大小不仅与热端温度有关，而且也与冷端温度有关，只有当冷端温度恒定时，才能通过测量热电势的大小得到热端的温度。当热电偶冷端处在温度波动较大的地方时，必须首先使用补偿导线将冷端延长到一个温度稳定的地方，再考虑将冷端处理为 0℃，这称为热电偶的冷端处理和补偿。下面介绍几种冷端处理的方法。

1. 补偿导线法

补偿导线在 100℃(或 200℃) 以下的温度范围内，具有与热电偶相同的热电特性，用它连接热电偶可起到延长热电偶冷端的作用。热电偶补偿导线通常由补偿导线合金丝、绝缘层、护套和屏蔽层组成。热电偶补偿导线有两方面的功能：其一实现冷端迁移；其二是降低电路成本。当热电偶与测量仪表距离较远时，使用补偿导线，可节约热电偶材料，尤其是对贵重金属热电偶来说，经济效益更为明显。补偿导线又分为延长型和补偿型两种。对延长型来讲，补偿导线合金丝的名义化学成分及热电势标称值与配用的热电偶相同，用字母“X” 附在热电偶分度号后表示，例如，“KX” 表示与 K 型热电偶配用的延长线。对补偿型来讲，其合金丝的名义化学成分与配用的热电偶不同，但其热电势值在 100℃ 以下时与配用的热电偶的热电势标称值相同，有字母“C” 附在热电偶分度号后表示，例如，“KC” 就是与 K 型热电偶配用的补偿型补偿导线。我国生产的常用热电偶补偿导线的型号、线芯材质、绝缘层着色及允差等级如表 6.3.1 所示。

表 6.3.1 补偿导线的型号、线芯材质和绝缘层着色

补偿导线型号	配用热电偶	补偿导线的线芯材质		绝缘层着色	
		正极	负极		
SC 或 RC	铂铑$_{10}$(铂铑)-铂	SPC(铜)	SNC(铜镍)	红	绿
KC	镍铬-镍硅	KPC(铜)	KNC(铜镍)	红	蓝
KX	镍铬-镍硅	KPX(铜镍)	KNX(镍硅)	红	黑
NX	镍铬硅-镍硅	NPS(铜镍)	NNX(镍硅)	红	灰
EX	镍铬-铜镍	EPX(镍铬)	ENX(铜镍)	红	棕
JX	铁-铜镍	JPX(铁)	JNX(铜镍)	红	紫
TX	铜-铜镍	TPX(铜)	TNX(铜镍)	红	白

在使用补偿导线时必须注意以下问题：

- 补偿导线只能用在规定的温度范围内(一般为 0 ～ 100℃)；
- 热电偶和补偿导线的两个接点处要保持温度相同；
- 不同型号的热电偶配有不同的补偿导线；
- 补偿导线的正、负极需分别与热电偶正、负极相连；
- 补偿导线的作用是对热电偶冷端延长。

2. 热电偶冷端温度恒温法

在一个保温瓶里放冰水混合物，1 个标准大气压下(101.325 kPa) 的冰和纯水的平衡温度为 0℃，如图 6.3.7 所示，在密封的盖子上插入若干支试管，试管的直径应尽量小，并有足够的插入深度。试管底部有少量高度相同的水银或变压器油。若放水银则可把补偿导线与铜导线直接插入试管中的水银里，形成导电通路，不过在水银上面应加少量蒸馏水并用石蜡封结，以防止水银蒸发和溢出。若改用变压器油代替水银，则必须使补偿导线与铜导线接触好。自由端恒温法适用于实验室中的精确测量和检定热电偶时使用。

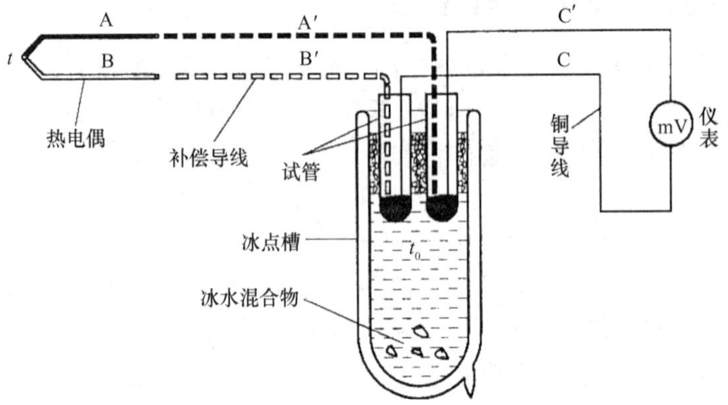

图 6.3.7　冷端处理用冰点槽法

3. 计算修正法

在实际应用中，热电偶的参比端往往不是 0℃，而是环境温度 T_1。这时测量出的回路热电势小。因此，必须加上环境温度 T_1 与冰点 T_0 之间温差所产生的热电势后才能符合热电偶分度表的要求。根据连接导体和中间温度则有

$$E(T,0)=E(T,T_1)+E(T_1,0) \tag{6.3.8}$$

可用室温计测出环境温度 T_1，从分度表中查出 $E(T_1,0)$ 的值；然后加上热电偶回路热电势 $E(T,T_1)$，得到 $E(T,0)$ 值；反查分度表即可得到准确的被测温度 T 值。

在计算机测控系统中，可依据式(6.3.8) 用软件编程完成计算修正法的热电偶冷端补偿功能。

例 6.3.2　用镍铬 - 镍硅(K 型) 热电偶测温，热电偶参比端温度为 30℃，测得的热电势为 28mV，求热端温度。

解　因为 $E(30,0)=1.203\text{mV}$，$E(T,30)=28\text{mV}$，则有

$$E(T,0)=28+1.203=29.203\text{mV}$$

反查 K 分度表得 $T=701.5$℃。

由于热电偶的非线性，参比端温度的计算修正曲线如图 6.3.8 所示。

4. 冷端补偿电桥法

补偿电桥法是利用直流不平衡电桥产生的电势来补偿热电偶冷端温度变化而引起的热电

势的变化值，电桥和热电偶的连接如图6.3.9所示。补偿电桥的4个桥臂中有一个臂是铜电阻作为感温元件，其余3个臂由阻值恒定的锰铜电阻制成。

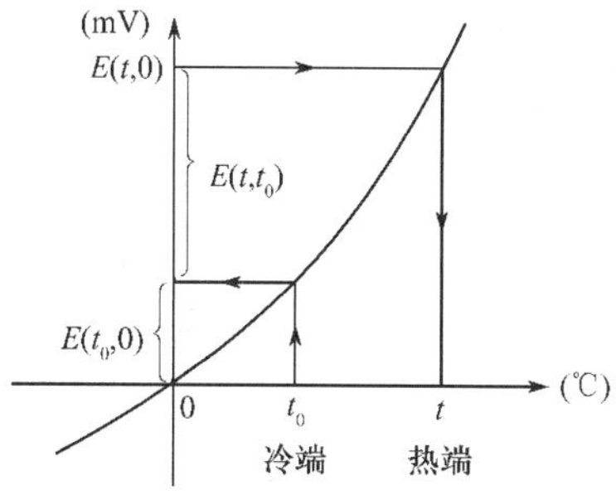

图6.3.8　参比端温度的计算修正曲线

桥臂铜电阻R_{Cu}必须和热电偶的冷端处于同一温度下。在0℃时R_{Cu}的阻值与其余3个桥臂电阻R_1，R_2和R_3相等，这时电桥处于平衡状态。图中，b和a之间的电压$U_{ba}=0$(冷端补偿器输出电压)。当冷端$t_0>0$℃时，热电偶电势将减少，R_{Cu}增大，电桥不平衡，出现$U_{ba}>0$。这时U_{ba}与热电势$E(T,T_0)$同向串联，电势相加增大，起到了补偿作用，相当于把热电偶冷端置于0℃，完成了热电偶冷端处理和补偿功能。

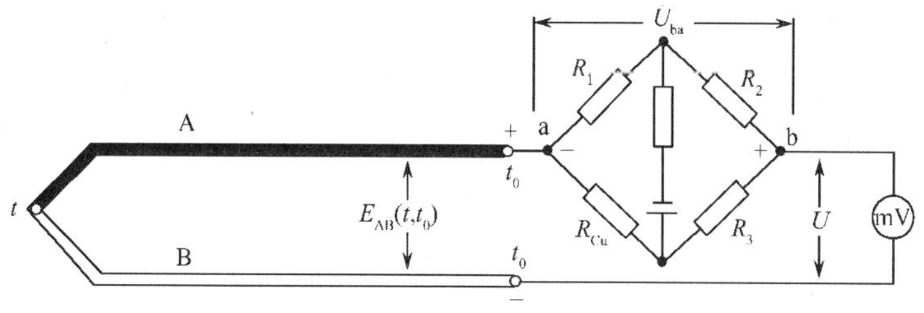

图6.3.9　冷端补偿器的原理图

6.3.4　标准化热电偶

由热电偶测温原理可知，由两种不同的金属A和B构成一个闭合回路就可以组成热电偶，但为了保证测温精度和工程上的各项技术指标，按照工业标准化的要求，可分为标准化热电偶和非标准化热电偶两种。所谓标准化热电偶，是指工艺上比较成熟，能批量生产、性能稳定、应用广泛，具有统一分度表并已列入国际和国家标准文件中的热电偶。标准化热电偶可以互相交换，精度有一定的保证。国际电工委员会(IEC)共推荐了8种标准化热电偶，标准化热电偶的名称、分度号、测温范围、精确度等级及允许偏差见表6.3.2。

1. 铂铑$_{10}$-铂热电偶(S型)

铂铑$_{10}$-铂热电偶为贵金属热电偶。电极线径规定为0.5mm，其正极(SP)的名义化学成分为铂铑合金，其中含铑为10%，含铂为90%。负极(SN)为纯铂，故俗称为单铂铑热电偶。该热电偶长期最高使用温度为1300℃，短期最高使用温度为1600℃。S型热电偶具有准确度高，稳定性好，测温温区宽，使用寿命长等优点。其物理化学性能良好，在高温下抗氧化性能好，适用于氧化和惰性气氛中，使用广泛。S型热电偶缺点是热电率较小，灵敏度低，高温下机械强度下降，对污染敏感，贵金属材料昂贵，因此一次性投资较大。

2. 铂铑$_{30}$-铂铑$_6$(B型)

铂铑$_{30}$-铂铑$_6$热电偶为贵金属热电偶。热偶丝线径规定为0.5mm，其正极(BP)和负极(BN)的名义化学成分均为铂铑合金，只是含量不同，故俗称为双铂铑热电偶。该热电偶长期最高使用温度为1600℃，短期最高使用温度为1800℃。B型热电偶具有准确度高，稳定性好，测温温区宽，使用寿命长等优点，适用于氧化性和惰性气氛中，也可短期用于真空中，但不适用于还原性气氛或含有金属或非金属蒸气中。它还有一个明显的优点是参比端不需进行冷端补

表 6.3.2　标准化热电偶技术数据

热电偶名称	分度号	热电极识别		$E(100,0)$	测温范围(℃)		分度表允许偏差(℃)		
	新	极性	识别	(mV)	长期	短期	等级	使用温度	允许偏差
铂铑$_{10}$-铂	S	正	亮白较硬	0.646	0～1300	1600	Ⅲ	≤600	±1.5℃
		负	亮白柔软					>600	±0.25%t
铂铑$_{13}$-铂	R	正	较硬	0.647	0～1300	1600	Ⅱ	<600	±1.5℃
		负	柔软					>1100	±0.25%t
铂铑$_{30}$-铂铑	B	正	较硬	0.033	0～1600	1800	Ⅲ	600～900	±4℃
		负	稍软					>800	±0.5%t
镍铬-镍硅	K	正	不亲磁	4.096	0～1200	1300	Ⅱ	−40～1300	±2.5℃或±0.75%t
		负	稍亲磁				Ⅲ	−200～40	±2.5℃或±1.5%t
镍铬硅-镍硅	N	正	不亲磁	2.774	−200～1200	1300	Ⅰ	−40～1100	±1.5℃或±0.4%t
		负	稍亲磁				Ⅱ	−40～1300	±2.5℃或±0.75%t
镍铬-康铜	E	正	暗绿	6.319	−200～760	850	Ⅱ	−40～900	±2.5℃或±0.75%t
		负	亮黄				Ⅲ	−200～40	±2.5℃或±1.5%t
铜-康铜	T	正	红色	4.279	−200～350	400	Ⅱ	−40～350	±1℃或±0.75%t
		负	银白色				Ⅲ	−200～40	±1℃或±1.5%t
铁-康铜	J	正	亲磁	5.269	−40～600	750	Ⅱ	−40～750	±2.5℃或±0.75%t
		负	不亲磁						

偿,因为在0～50℃范围内,热电势小于3μV。B型热电偶缺点是热电率较小,灵敏度低,高温下机械强度下降,抗污染能力差,贵金属材料昂贵。

3. 镍铬-镍硅热电偶(K型)

镍铬-镍硅热电偶是目前使用量最大的廉价金属热电偶,其用量为其他热电偶的总和。正极(KP)的名义化学成分为:Ni∶Cr＝90∶10,负极(KN)的名义化学成分为:Ni∶Si＝97∶3。其使用温度为−200℃～1300℃。K型热电偶具有线性度好,热电势较大,灵敏度较高,稳定性和复现性较好,抗氧化性强,价格便宜等优点,能用于氧化性和惰性气氛中。K型热电偶不能在高温下直接用于还原性或还原、氧化交替的气氛中,也不能用于真空中。

4. 镍铬-铜镍热电偶(E型)

镍铬-铜镍热电偶又称镍铬-康铜热电偶,也是一种廉价金属热电偶。其正极(EP)为镍铬$_{10}$合金,化学成分与KP相同,负极(EN)为铜镍合金,名义化学成分为55%的铜、45%的镍及少量的钴、锰、铁等元素。该热电偶电动势之大,灵敏度之高属所有标准热电偶之最,宜制成热电偶堆来测量微小温度变化。E型热电偶可用于湿度较大的环境里,具有稳定性好,抗氧化性能高,价格便宜等优点。但不能在高温下用于硫、还原性气氛中。

标准化热电偶的热电势与温度之间的关系如图6.3.10所示。标准化热电偶的特性见表6.3.3。

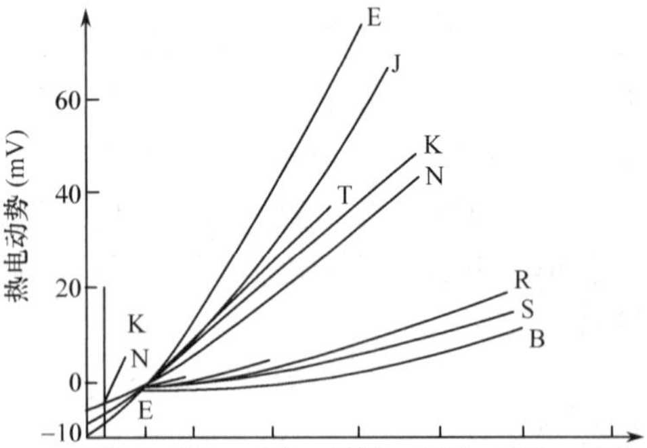

图 6.3.10　标准化热电偶热电势和温度的关系

表 6.3.3　标准化热电偶的特性

热电偶种类	优　　点	缺　　点
B	适于测量 1000℃ 以上的高温 常温下热电动势极小，可不用补偿导线 抗氧化、耐化学腐蚀	在中低温领域热电动势小，不能用于 500℃ 以下 灵敏度低 热电动势的线性不好
R,S	精度高、稳定性好，不易劣化 抗氧化、耐化学腐蚀 可作标准	灵敏度低 不适用于还原性气氛（尤其是 H_2、金属蒸气） 热电动势的线性不好 价格高
N	热电动势线性好 1200℃ 以下抗氧化性能良好 短程表序结构变化影响小	不适用于还原性气氛 同贵重金属热电偶相比，时效变化大
K	热电动势线性好 1000℃ 下抗氧化性能良好 在廉价金属热电偶中稳定性更好	不适用于还原性气氛 同贵重金属热电偶相比，时效变化大 因短程有序结构变化而产生误差
E	在现有的热电偶中，灵敏度最高 同 J 型相比，耐热性能良好 两极非磁性	不适用于还原性气氛 热导率低具有微滞后现象
J	可用于还原性气氛 热电动势较 K 型高 20% 左右	铁正极易生锈 热电特性漂移大
T	热电动势线性好 低温特性好 产品质量稳定性好 可用于还原性气氛	使用温度低 铜正极易氧化 热传导误差大

6.3.5　非标准化热电偶

非标准化的热电偶发展很快，主要目的是进一步扩展高温的测量范围和低温的测量范围。由于对这一类热电偶的研究还不够成熟，虽然已经有产品，且能够使用，但还没有统一的分度表，使用前需个别标定，以确定热电偶和温度之间的关系。几种主要的非标准化热电偶材料、测温范围和特性见表 6.3.4。

表 6.3.4　非标准化热电偶的性能

名　称	热电偶材料		使用温度范围(℃)	过热使用温度范围(℃)	特　　性
	正极	负极			
钨铼系	WRe5,WRe3	WRe26,WRe25	0 ～ 2300	3000	适用于还原性、H_2 及惰性气体；质脆
铂铑系	PtRh20,PtRh40	PtRh5,PtRh20	300 ～ 1500 1100 ～ 1600	1800 1800	在高温下使用，热电动势小，其他性能与 R 型相同
铱铑系	Ir,Ir,Ir	IrRh40,IrRh50,IrRh60	1100 ～ 2000	2100	适用于真空、惰性气体及微氧化性气氛；质脆
镍钼系	Ni	NiMo18	0 ～ 1280	—	可用于还原性气氛，热电动势大
钯铂系	Pd,Pt 及 Au 合金	Au,Pd 合金	0 ～ 1100	1300	耐磨性能强，热电动势的大小基本上与 K 型相同
镍铬、金铁	以 Ni-Cr 为主的合金	含 0.07mol%Fe 的合金	0 ～ 300K	—	20K 以下热电动势比较大，热电动势的线性好
银金、金铁	含 Au 为 0.37mol% 的合金	含 0.03mol%Fe 的 Au-Fe 合金	1 ～ 40K	—	热电动势小，受磁场影响

6.3.6 热电偶结构形式

工业热电偶的典型结构有普通型的装配式结构和柔性安装型铠装结构两种。为保证热电偶的正常工作,热电偶的两极之间及与保护套管之间都需要良好的电绝缘,而且耐高温、耐腐蚀和冲击的外保护套管也是必不可少的。

1. 普通型装配式结构

普通型装配热电偶由热电极、绝缘套管、外保护套管和接线盒组成,如图 6.3.11 所示。贵重金属热电极直径不大于 0.5mm,廉价金属热电极直径一般为 0.5 ~ 3.2mm;绝缘套管一般为单孔或双孔瓷管;外保护套管要求气密性好,有足够的机械强度,还要求导热性好和稳定的物理化学特性,最常用的材料为铜及铜合金、钢和不锈钢及陶瓷材料等。整支热电偶的长度由安装条件和插入深度决定,一般为 350 ~ 2000mm。

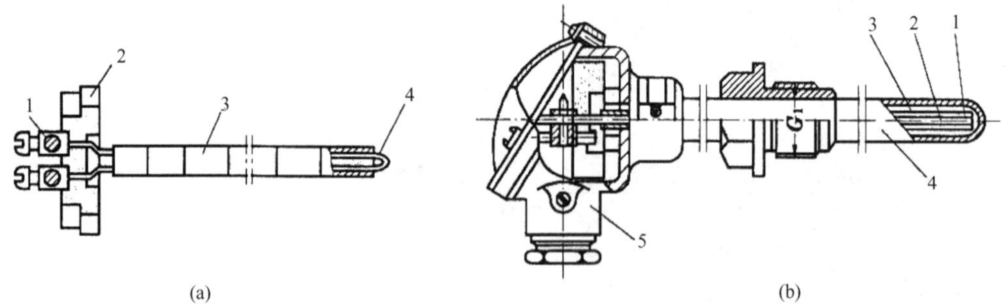

图 6.3.11 普通型装配式热电偶结构示意图

(a):1— 接线柱 2— 接线座 3— 绝缘套管 4— 热电极

(b):1— 测量端 2— 热电极 3— 绝缘套管 4— 保护管 5— 接线盒

2. 柔性安装型铠装结构

这种称为铠装热电偶的测温元件是将热电偶丝、绝缘材料(氧化镁粉等)和金属保护套管三者组合装配后,经拉伸加工而成的一种坚实的组合体。铠装热电偶热端结构如图 6.3.12 所示,它的外径一般为 0.5 ~ 8mm,其长度可以根据需要截取。铠装热电偶测量端的热容量小,响应速度快,挠性好,可弯曲,可以安装在狭窄或结构复杂的测量场合,而且耐压、耐振、耐冲击,因此在多种领域得到广泛的使用。

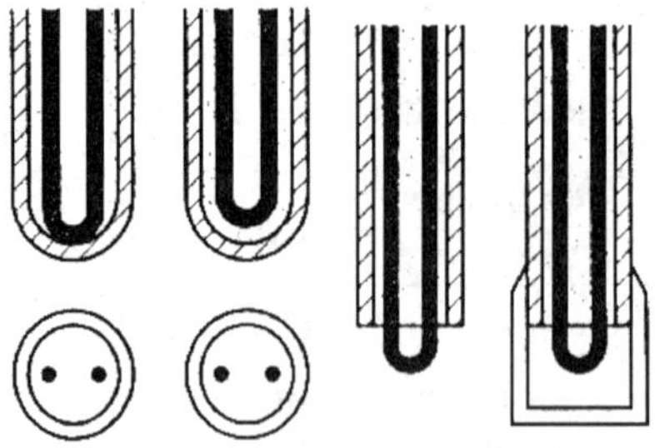

图 6.3.12 铠装热电偶热端结构

3. 薄膜热电偶

薄膜热电偶结构如图 6.3.13 所示,这种热电偶的热接点可以做得很小(μm),具有热容量小、反应速度快(μs) 等特点,适用于微小面积上的表面温度以及快速变化的动态温度测量。

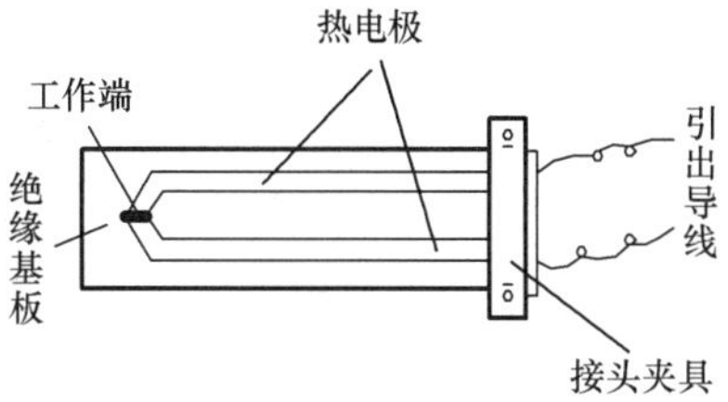

图 6.3.13　薄膜热电偶结构示意图

6.3.7　热电偶安装注意事项

热电偶主要用于工业生产中，用作集中显示、记录和控制用的温度检测。在现场安装时要注意以下问题。

(1) 插入深度要求

安装时热电偶的测量端应有足够的插入深度，管道上安装时应使保护套管的测量端超过管道中心线 5 ～ 10mm。

(2) 注意保温

为防止传导散热产生测温附加误差，保护套管露在设备外部的长度应尽量短，并加保温层。

(3) 防止变形

为防止高温下保护套管变形，应尽量垂直安装。在有流速的管道中必须倾斜安装，如有条件应尽量在管道的弯管处安装，并且安装的测量端要迎向流速方向。若需水平安装时，则应有支架支撑。

管道内温度测量热电偶安装示意图如图 6.3.14 所示。

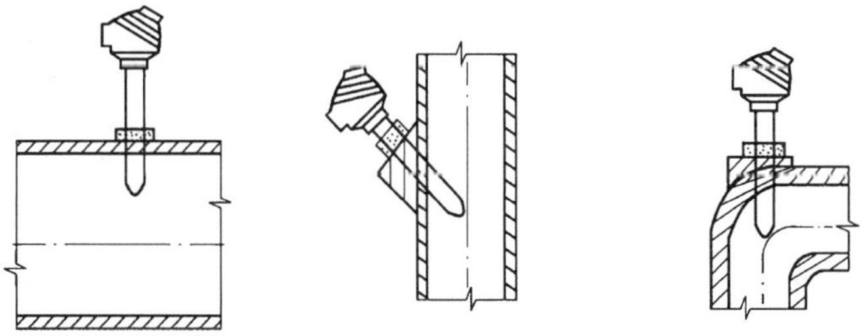

(a) 垂直管道轴线的安装方法　(b) 倾斜管道轴线的安装方法　(c) 弯曲管道上的安装方法

图 6.3.14　管道内温度测量热电偶安装示意图

6.3.8　热电偶非线性补偿与应用

1. 热电偶非线性补偿

由热电偶原理得知热电偶的热电势与温度之间呈非线性关系，在实际使用时必须进行线性化处理。图 6.3.10 所示了几种不同材料的热电偶 E-T 曲线值。由图 6.3.10 可以看出，E 型热电偶线性较好，几乎接近一条直线。但是有些热电偶非线性很大，如 B 型热电偶。

热电偶的非线性处理可以从硬件和软件两个方面解决。

硬件补偿法采用电子元件线路进行补偿，如图 6.3.15(a) 所示是开环线性化原理图，如图 6.3.15(b) 所示是闭环线性化原理图。硬件补偿法投资大，调试困难，精度较差。

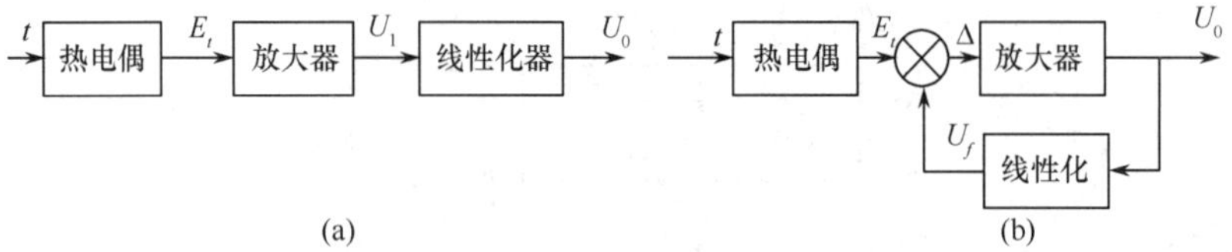

图 6.3.15　热电偶测温硬件线性化原理框图

随着智能控温系统的日益普及，可以用软件方法对热电偶的非线性进行处理。常用的非线性处理软件有查表法和曲线拟合法。查表法是把热电偶分度表直接存储在微机存储器中，根据测得的电动势值查表得出相应的温度值，但是这种方法占用存储空间太大，对于存储空间不大的微处理器来说很不合适。曲线拟合法是利用热电势和温度的函数关系，通过计算得出温度值。热电势和温度的函数关系可用最小二乘法来拟合出它们的多项式。

2. 热电偶测温应用

(1) 测量单点的温度

图 6.3.16(a) 所示为一个热电偶和一个仪表配用的基本测温电路；6.3.16(b) 所示为带冷端温度补偿的测温电路。

(2) 测量两点间温度差

测量两点温差时，可采用热电偶反向串联，如图 6.3.17 所示。

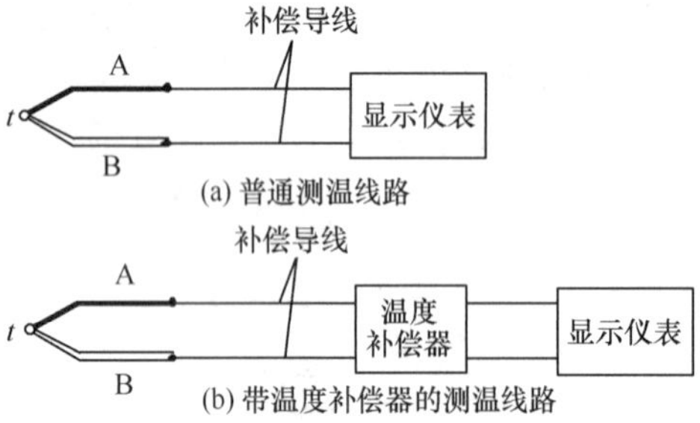

图 6.3.16　热电偶测量单点的温度原理图

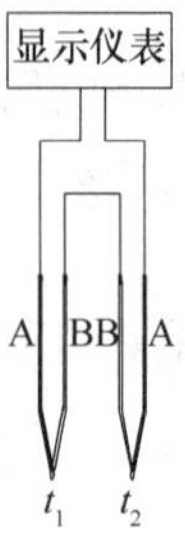

图 6.3.17　热电偶测量两点温差原理图

(3) 测量平均温度

图 6.3.18(a) 是并联测平均温度。并联特点：当有一只热电偶烧断时，难以觉察出来。当然，它也不会中断整个测温系统的工作。

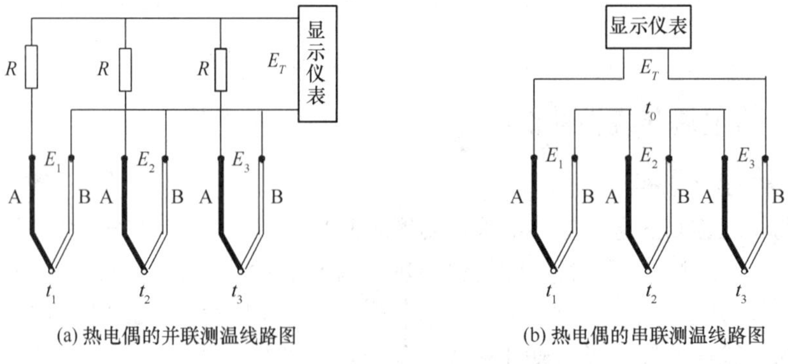

图 6.3.18　热电偶测量平均温度原理图

图 6.3.18(b) 是串联测平均温度。串联优点：热电动势大，仪表的灵敏度增加，且避免了

热电偶并联线路存在的缺点，可立即发现有断路情况。缺点：只要有一支热电偶断路，整个测温系统将停止工作。

(4) 单片热电偶冷端补偿电路应用

现在实际使用中有多种热电偶冷端温度补偿和信号调理的单片集成电路可选用。如 AD594 ～ AD597 是美国 ADI 公司生产的 4 种热电偶冷端温度补偿和信号调理的单片集成芯片，其特点是把仪表放大器和热电偶冷端温度补偿器集成在一个芯片上。图 6.3.19 就是用 AD594 的热电偶测量温度原理图，热电偶与 AD594 的 −IN 和 +IN 两引脚连接，AD594 的 U_o 输出到 A_1 运算放大器，A_1 放大器的输出电压信号反映了被测温度的高低。

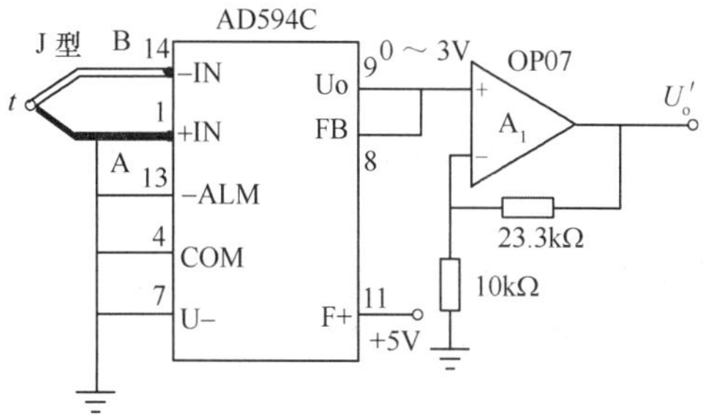

图 6.3.19　用 AD594 的热电偶测量温度原理图

(5) 热电偶炉温测量控制系统

热电偶炉温测量控制系统如图 6.3.20 所示。mV 定值器给出给定温度的相应 mV 信号，热电偶的热电势与定值器的毫伏信号相比较，若有偏差则表示炉温偏离给定值，此偏差经放大器送入调节器，再经过晶闸管触发器推动晶闸管执行器来调整电炉丝的加热功率，直到偏差被消除，从而实现控制温度。

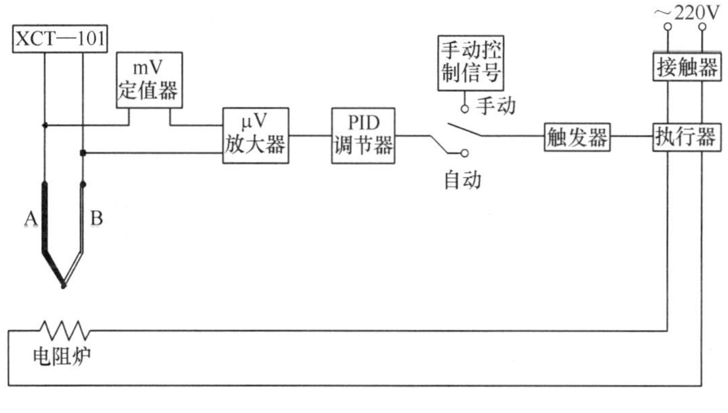

图 6.3.20　热电偶炉温测量控制系统原理图

6.4　非接触式测温

目前在高温测量中，应用最广泛的是非接触式测温仪表，主要应用在冶金、铸造、热处理，以及玻璃、陶瓷和耐火材料等工业生产过程中。任何物体处于热力学温度 0K 以上时，因其内部带电粒子的运动，都会以一定波长电磁波的形式向外辐射能量，只是在低温段这种能量很微弱。辐射式测温仪表就是利用物体的辐射能量随其温度而变化的原理制成的。在测量时，只需把温度计光学接收系统对准被测物体，而不必与物体接触，因此，可以测量运动物体的温度且不破坏物体的温度场。此外，由于感温元件只接收辐射能，不必达到被测物体的实际温度，从理论上讲，没有上限，可以测量高温。非接触式测温仪表分两大类，一是光学高温计，二是辐射式温度计。

6.4.1　热辐射基本定理

辐射换热是 3 种基本的热交换形式之一，热辐射电磁波具有以光速传播、反射、折射、散射、干涉和吸收等特性。它由波长相差很远的红外线、可见光及紫外线所组成，它们的波长范围从 10^{-3} m 到 10^{-8} m。在低温时，物体辐射能量很小，主要发射的是红外线。随着温度的升高，辐射能量急剧增加，辐射光谱也向短的方向移动，在 500℃ 左右时，辐射光谱包括部分可见光；到 800℃ 时可见光大大增加，即呈现"红热"；如果到 3000℃ 时，辐射光谱包括更多的短波成分，使得物体呈现"白热"。有经验的技术人员从观察灼热物体表面的"颜色" 来大致判断物体的温度，这就是辐射测温的基本原理。

1. 热辐射的重要参数

① 辐射能 Q，以辐射的形式发射、传播或接收的能量称为辐射能，单位为焦耳(J)。

② 辐射能通量 Φ，Φ 是辐射能随时间的变化率，又称辐射功率，即

$$\Phi = \frac{\mathrm{d}Q}{\mathrm{d}t} \tag{6.4.1}$$

其单位是瓦特(W)。

③ 辐射强度 I，在给定方向上的立体角单元内，离开点辐射源（或辐射源面单元）的辐射功率除以该立体角单元，称为该方向上的辐射强度，其单位为瓦 / 球面度(W/sr)。

④ 辐射出射度 M，离开辐射源表面一点处的面单元上的辐射能通量除以该单元面积，称为该点的辐射出射度，即

$$M = \frac{\mathrm{d}\Phi}{\mathrm{d}S} \tag{6.4.2}$$

辐射出射度的单位为瓦 / 米^2（$\mathrm{W/m^2}$）。

⑤ 辐射亮度 L 和光谱辐射亮度 L_λ，表面一点处的面单元在给定方向上的辐射强度，除以该面单元在垂直于给定方向平面上的正投影面积，称为该方向的辐射亮度 L。辐射亮度实际上包括所有波长的辐射功率。如果是辐射光谱中某一波长的辐射功率，则称为在此波长下的光谱辐射亮度 L_λ。

2. 辐射能的分配

当物体接受到辐射能量以后，根据物体本身的性质，会发生部分能量吸收、透射和反射的现象，如图 6.4.1 所示。设落在物体上的总辐射能量为 Q，被吸收的部分为 Q_A，透射的部分为 Q_D，反射的部分为 Q_R，则有

$$Q = Q_A + Q_D + Q_R$$

或

$$1 = \frac{Q_A}{Q} + \frac{Q_D}{Q} + \frac{Q_R}{Q} = \alpha + \tau + \rho \tag{6.4.3}$$

式中，α 为吸收率，表示吸收的能量所占的比率；τ 为透射率，表示透射的能量所占的比率；ρ 为反射率，表示反射的能量所占的比率。

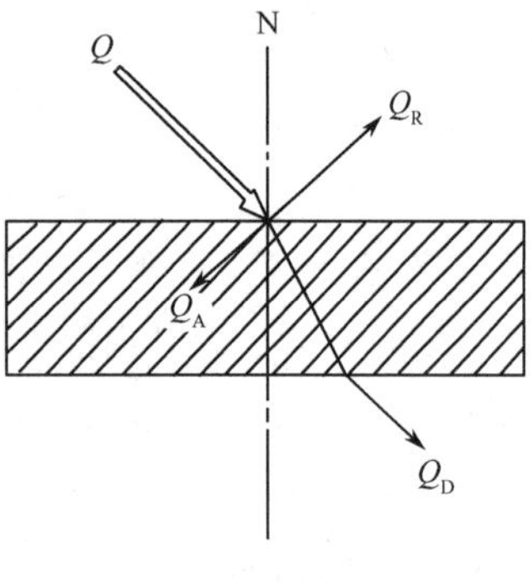

图 6.4.1　辐射能的分配

当 $\frac{Q_A}{Q} = \alpha = 1$ 时，则 $\tau = 0$，$\rho = 0$。这说明照射到物体上的辐射能全部被吸收，既无反射也无透射，具有这种性质的物体称为"绝对黑体"，简称为"黑体"。

当$\frac{Q_D}{Q} = \tau = 1$时，说明照射到物体上的辐射能全部透射过去，既无吸收又无反射。具有这种性质的物体称为透明体。

当$\frac{Q_R}{Q} = \rho = 1$时，说明照射到物体上的辐射能全部反射出去。若物体表现平整光滑，反射具有一定的规律，则该物体称之为“镜体”；若反射无一定规律，则该物体称为“绝对白体”或简称为“白体”。

在自然界中，黑体、白体和透明体都是不存在的。一般固体和液体的τ值很小或等于零，而气体的τ值较大。对于一般工程材料来讲，$\tau = 0$而$\alpha + \rho = 1$，称为灰体。从传热学角度看，可以人为制造黑体，如图 6.4.2 所示。图 6.4.2(a) 是一个黑体的近似模型，在空腔的壁上开有一个小孔，它的尺寸比空腔的尺寸小很多，当入射能量进入空腔后，经过多次折射和吸收，最后只有很小一部分出射，这样就可认为入射的能量全部被吸收了，即$\alpha = 1$。图 6.4.2(b) 是工业黑体模型，它为一细长管，直径d与管长l之比为$\frac{d}{l} \ll \frac{1}{10}$，也可认为它的$\alpha = 1$。

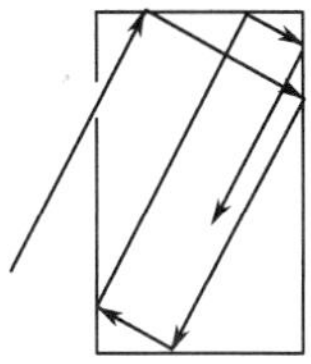

(a) 有小孔的空腔

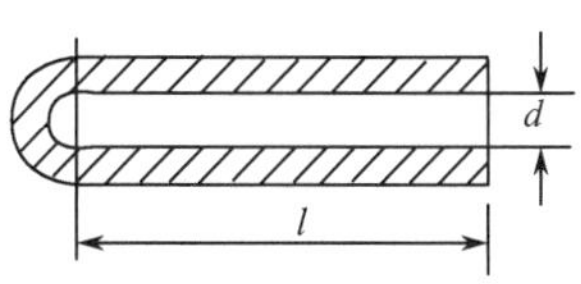

(b) 工业黑体模型

图 6.4.2　近似绝对黑体

3. 基尔霍夫定律

基尔霍夫定律是物体热辐射的基本定律，它建立了理想黑体和实际物体之间的关系。基尔霍夫定律表明：各物体的辐射出射度和吸收率的比值都相同，与物体的性质无关，是物体的温度T和发射波长λ的函数，即

$$\frac{M_0(\lambda, T)}{\alpha_0(\lambda, T)} = \frac{M_1(\lambda, T)}{\alpha_1(\lambda, T)} = \frac{M_2(\lambda, T)}{\alpha_2(\lambda, T)} = \cdots = f(\lambda, T) \tag{6.4.4}$$

式中，$M_0(\lambda, T), M_1(\lambda, T), M_2(\lambda, T), \cdots$为物体$A_0, A_1, A_2, \cdots$的单色($\lambda$)辐射出射度；$\alpha_0(\lambda, T), \alpha_1(\lambda, T), \alpha_2(\lambda, T), \cdots$为物体$A_0, A_1, A_2, \cdots$的单色($\lambda$)吸收率。

若物体A_0是绝对黑体，那么$\alpha_0(\lambda, T) = 1$，根据基氏定律有

$$\frac{M_1(\lambda, T)}{\alpha_1(\lambda, T)} = \frac{M_2(\lambda, T)}{\alpha_2(\lambda, T)} = \cdots = M_0(\lambda, T) \tag{6.4.5}$$

从式(6.4.5)可知，物体的辐射出射度和吸收率之比等于绝对黑体在同样的温度下，相同波长时的辐射出射度。这是基氏定律的另一种说法。

设$M(\lambda, T)$为物体 A 在波长为λ、温度为T下的辐射出射度。根据上式则有

$$\frac{M(\lambda, T)}{M_0(\lambda, T)} = \alpha(\lambda, T) = \varepsilon(\lambda, T) \tag{6.4.6}$$

式中，$\varepsilon(\lambda, T)$称为物体 A 的单色(λ)辐射率，或称为单色(λ)黑度系数。它表明了在一定的温度T和波长λ下，物体 A 的辐射出射度与相同温度和波长下黑体的辐射出射度之比。一般$\varepsilon(\lambda, T) < 1$。$\varepsilon(\lambda, T)$越接近 1，表明它与黑体的辐射能力越接近。

基尔霍夫定律说明，物体的辐射能力与其吸收能力是相同的，即$\alpha(\lambda, T) = \varepsilon(\lambda, T)$。所以，辐射能力越强的物体，它的吸收能力也越强。

在全波长内，任何物体的全辐射出射度等于单波长的辐射出射度在全波长内的积分，即

$$M(T) = \int_0^\infty M(\lambda, T)\mathrm{d}\lambda = \int_0^\infty \alpha(\lambda, T) M_0(\lambda, T)\mathrm{d}\lambda$$

$$= A(T)\int_0^\infty M_0(\lambda, T)\mathrm{d}\lambda = A(T)\cdot M_0(T) \tag{6.4.7}$$

式中，$A(T)$ 和 $M_0(T)$ 分别是物体 A 在温度 T 下的全吸收率及黑体在温度 T 下的全辐射出射度。

所以，基氏定律的积分形式为

$$\frac{M(T)}{M_0(T)} = A(T) = \varepsilon_T \tag{6.4.8}$$

式中，ε_T 称为物体 A 的全辐射率，或称为全辐射黑度系数。它表明了在一定的温度 T 下，物体 A 的辐射出射度与相同温度下黑体的辐射出射度之比。一般物体的 $\varepsilon_T < 1$，ε_T 越接近 1，表明它与黑体的辐射能力越接近。

4. 黑体辐射定律

(1) 普朗克定律(单色辐射强度定律)

普朗克定律指出：温度为 T 的单位面积元的绝对黑体，在半球面方向所辐射的波长为 λ 的辐射出射度 $M_0(\lambda, T)$ 为

$$M_0(\lambda, T) = 2\pi hc^2\lambda^{-5}(\mathrm{e}^{\frac{hc}{k\lambda T}} - 1)^{-1} = C_1\lambda^{-5}(\mathrm{e}^{\frac{C_2}{\lambda T}} - 1)^{-1} \tag{6.4.9}$$

式中，c 为光速；h 为普朗克常数，$h = 6.626176 \times 10^{-34}\,\mathrm{J\cdot s}$；$k$ 为玻耳兹曼常数，$k = 1.38066244 \times 10^{-23}\,\mathrm{J/K}$；$c_1$ 为第一辐射常量，$2\pi hc^2 = 3.7418 \times 10^{-16}\,\mathrm{W\cdot m^2}$；$c_2$ 为第二辐射常量，$\frac{hc}{k} = 1.4388 \times 10^{-2}\,\mathrm{m\cdot K}$；$T$ 为热力学温度。

普朗克公式结构比较复杂，但是，它对于低温与高温都是适用的。

(2) 维恩公式

维恩从理论上说明了黑体在各种温度下能量波长分布的规律，即

$$M_0(\lambda, T) = c_1\lambda^{-5}\mathrm{e}^{-\frac{C_2}{\lambda T}} \tag{6.4.10}$$

维恩公式比普朗克公式简单，但是，仅适用于不超过 3000K 的温度范围，所利用的辐射波长为 0.4 ～ 0.75μm。当温度超过 3000K 时，实验结果与理论计算就产生偏差，而且温度越高，偏差越大。

从式(6.4.10)可以看出，黑体的辐射能力是波长和温度的函数，当波长 λ 一定时，黑体的辐射能力就仅仅是温度的函数，即

$$M_0(\lambda, T) = f(T) \tag{6.4.11}$$

上式就是光学高温计和比色高温计测温的理论根据。

(3) 斯忒藩 - 玻耳兹曼定律(全辐射强度定律，也称为四次方定律)

斯忒藩 - 玻耳兹曼定律指出：温度为 T 的绝对黑体，单位面积元在半球方向上所发射的全部波长的辐射出射度与温度 T 的四次方成正比，即

$$M_0(T) = \int_0^\infty M_0(\lambda, T)\mathrm{d}\lambda = \int_0^\infty C_1\lambda^{-5}(\mathrm{e}^{\frac{C_2}{\lambda T}} - 1)^{-1}\mathrm{d}\lambda = \frac{2\pi^5 k^4}{15c^2h^3}T^4 = \sigma T^4 \tag{6.4.12}$$

式中，σ 为斯忒藩 - 玻耳兹曼常量，$\sigma = 5.66961 \times 10^{-3}\,\mathrm{W/(m^2\cdot K^4)}$。

式(6.4.12)就是辐射式温度计测温的理论根据。全辐射强度定律是单色辐射强度定律在全波长内积分的结果。

6.4.2 光学高温计

光学高温计是目前工业中应用较广的一种非接触式测温仪表。精密光学高温计用于科学实验中的精密测试；标准光学高温计用于量值的传递，例如，在物质熔点、热容量和相变点的测定中使用。光学高温计可用来测量 800℃ ～ 3200℃ 的高温。由于用肉眼进行色度比较，所以测量误差与人的经验有关。光学高温计测量的温度称为亮度温度（T_L），被测对象为非黑体时，要通过修正才能得到非黑体的真实温度。

工业用光学高温计分为两种，一种是隐丝式，另一种是恒定亮度式。隐丝式光学高温计是利用调节电阻来改变高温灯泡的工作电流，当灯丝的亮度与被测物体的亮度一致时，灯泡的亮度就代表了被测物体的亮度温度。恒定亮度式光学高温计是利用减光楔来改变被测物体的亮度，使它与恒定亮度温度的高温灯泡相比较，当两者亮度相等时，根据减光楔旋转的角度来确定被测物体的亮度温度。由于隐丝式光学高温计的结构和使用方法都优于恒定亮度式，所以应用广泛。

隐丝式光学高温计主要由光学系统和电测系统组成。光学系统包括红色滤波片，它的作用是造成一个较窄的有效波长，一般为 $\lambda = 0.66\mu m$ 的红外区域，这个波段既有较大的辐射照度，又适合人眼的视觉范围。吸收玻璃，其目的是扩展量程，因为光学高温计是以高温灯泡作为参考标准来测量温度的，由于高温灯泡的温度不能过高，否则灯丝挥发、升华造成特性变化，所以，当被测温度超过 1500℃ 时，就应使被测物体进入的亮度按已知比例衰减。现在广泛使用选择性吸收玻璃，它可使实际测量中出现的颜色不平衡减小到最低程度。目镜和物镜是一套光学系统，物镜是一个望远镜系统，其作用是把被测物体的像调焦到光学高温计的灯丝平面上，以便进行灯丝亮度与被测物体亮度的比较。物镜与被测物体的距离一般为 0.7 ～ 1m。目镜系统是根据人眼的视力专门设计的，有 ±4 屈光度可调范围（相当于 0 ～ 400 度远视和近视可调范围），所以使用时应根据使用者的视力进行目镜的调整，一直到清晰地看到灯丝为止。电测系统包括指示仪表、灯泡、电源和调节电阻 4 个部分。其中，光学高温灯泡是核心部件，它是与被测物体进行亮度比较的标准辐射源，它应是灯丝电流的单值函数，并要求有较高的稳定性和复现性。电源、调节电阻和指示仪表组成测量电路，它的原理一般有电压表式、电流表式及不平衡电桥和平衡电桥式 4 种。

我国生产的 WGG2-201 型光学高温计如图 6.4.3 所示。它属于隐丝式，测量精度为 1.5 级。物镜和目镜的镜筒可以沿光轴移动，便于调节。目镜筒的位置可由定位螺钉锁紧。吸收玻璃通过旋钮引入或者引出视场。吸收玻璃是在应用第 Ⅱ 量程时引入视场的，其设计量程为 Ⅰ（700℃ ～1500℃）和 Ⅱ（1200℃ ～2000℃）两种。测量电路采用电压表式，如图 6.4.3(b) 所示。测量时按下开关 S，电源接通，调节滑线电阻 7，灯泡 3 随着电流的增减而改变亮度。通过目镜观察被测物体，使被测物体聚焦在灯丝平面上，并使灯丝与被测物体的亮度达到平衡。这时在指示仪表 6 上指示出灯丝两端的电压值，利用电压与温度的关系曲线，将表盘直接刻度成温度值。

由于光学高温计是以黑体的光谱辐射亮度来刻度的，如果被测物体为非黑体时就会出现偏差。因为在同一温度下，非黑体的光谱辐射亮度比黑体低，从而造成用光学高温计测量非黑体的温度比真实温度偏低。为了校正这个偏差，需要引入亮度温度（T_L）的概念。

亮度温度的定义是：当被测物体为非黑体，在同一波长下的光谱辐射亮度同绝对黑体的光谱辐射亮度相等时，则黑体的温度称为被测物体在波长为 λ 时的亮度温度。

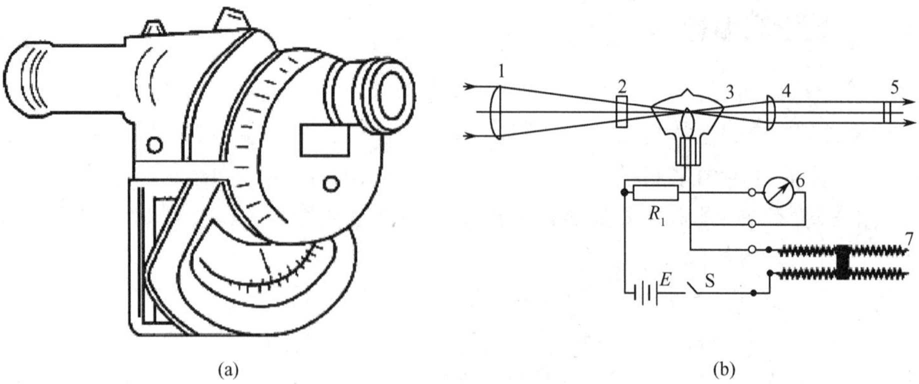

图 6.4.3　WGG2-201 型光学高温计外形和原理图

1— 物镜　2— 吸收玻璃　3— 灯泡　4— 红色滤波片　5— 目镜　6— 指示仪器

7— 滑线电阻　*E*— 电源　S— 开关　R_1— 刻线调整电阻

根据亮度温度的定义，则有

$$\varepsilon_{\lambda T} L_{\lambda T}^{0} = L_{\lambda T}^{0}(T_L) \tag{6.4.13}$$

上式左边为非黑体光谱辐射亮度，右边为黑体的光谱辐射亮度，T_L 为亮度温度，T 为真实温度。因为根据光谱辐射亮度的定义，它表示在某一波长下物体辐射能量，因此根据维恩公式有

$$\varepsilon_{\lambda T} \mathrm{e}^{-\frac{c_2}{\lambda T}} = \mathrm{e}^{-\frac{c_2}{\lambda T_L}} \tag{6.4.14}$$

对上式两边取对数，并加以整理，得

$$\frac{1}{T_L} - \frac{1}{T} = \frac{\lambda}{c_2} \ln \frac{1}{\varepsilon_{\lambda T}} \tag{6.4.15}$$

式中，$\varepsilon_{\lambda T}$ 为被测物体在温度为 T、波长为 λ 时的单色黑度系数；T 为被测物体的真实温度；T_L 为被测物体的亮度温度。

若已知物体的单色黑度系数 $\varepsilon_{\lambda T}$，就可以通过亮度温度 T_L 求出物体的真实温度 T。

6.4.3　光电高温计

光学高温计是由人工操作来完成亮度平衡工作的，其测量结果带有操作者的主观误差。它不能进行连续测量和记录，当被测温度低于 800℃ 时，光学高温计对亮度无法进行平衡。而光电高温计是在光学高温计测量理论的基础上发展起来的一种新型测温仪表。它采用新型的光电器件，自动进行平衡，达到连续测量的目的。其主要特点是：① 采用光敏电阻或者光电池作为感受辐射源的敏感元件来代替人眼的观察，根据光电器件的电信号，经放大后，电流信号大小就可以代表被测物体的温度值；② 采用一参考辐射源与被测物体进行亮度比较，由光敏元件和电子放大器组成鉴别和调整环节，使参考辐射源在选定的波长范围内的亮度自动跟踪被测物体的辐射亮度，当达到平衡时即可得到测量值；③ 在平衡式测量方式中，光敏元件只起到指零作用，它的特性如有变化，对测量结果影响较小，参考辐射源选用钨丝灯泡，能保持较高的稳定性，光电高温计由于采用平衡式测量方式，因此具有较高的精度和连续测量的特性；④ 设计了手动 ε 值修正环节，可显示物体的真实温度；⑤ 采用新型光敏元件，测量范围宽，为 200℃ ～ 1600℃。

WDL-31 型光电高温计的工作原理如图 6.4.4 所示。被测物体表面的辐射能由物镜 1 会聚，经调制镜 3 反射到探测元件 8 上，并被接收。用于比较的参考辐射源 —— 参比灯 7 的辐射能量通过另一聚光镜 6 会聚，经反射镜反射并穿过调制镜的叶片空间到探测元件上被接收。由微电机驱动旋转的调制镜使被测辐射能量与参比能量交替被探测元件接收，从而产生了相位相差 180° 的信号。探测元件取出的测量信号是这两个信号的差值。该差值信号由电子线路放大，并经相敏检波成为直流信号，再送至后面的电子线路放大器处理，以调节参比灯的工作电流，使其辐射能量与被物体辐射能量相平衡。参比灯的工作电流靠一定的信号来维持，该信号来源于探测元件输出的差值信号。虽然这个系统存在余差，但只要探测元件具有足够的响应，并且电子线路有足够的增益，则这个余差可以相当微小，对测量精度的影响也就很小。参比灯的辐射能量始终精确跟踪被测辐射能量，保持平衡状态。再将参比灯的电参数经过电子线路进一步处理，输出 4 ～ 20mA 的统一信号送入显示仪表。为了适应辐射能量的变化特点，电路设置了自动增益控制环节，在测量范围内，保证仪器电路有合适的灵敏度。

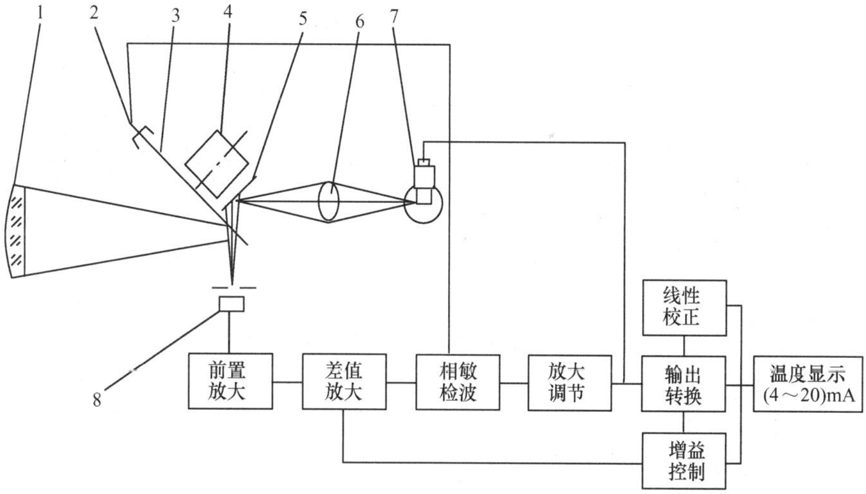

图 6.4.4　WDL-31 型光电高温计的工作原理

1— 物镜　2— 同步信号发生器　3— 调制镜　4— 微电机　5— 反光镜

6— 聚光镜　7— 参比灯　8— 探测元件

WDL-31 型光电高温计的光学系统如图 6.4.5 所示。它由瞄准、检测和参比 3 部分光路组成。

(1) 瞄准光路

由物镜对 0.5m ～ ∞ 处被测物体调焦成像在分划板上。通过目镜组可清晰地观察到被测物体的瞄准部位。

(2) 检测光路

物镜将被测物体的辐射能量会聚，经过衰减玻璃及与物镜光轴成 45° 角的调制镜的反射，进入视场光阑孔中，由探测元件接收。

(3) 参比光路

参比灯辐射的能量经聚光灯组会聚后，通过可变光阑，由反射镜反射，再穿过调制镜叶片的空间，进入视场光阑孔中，经滤波片也由探测元件接收。

随微电机高速转动的调制镜，对两路辐射通量进行切换调制，使其交替被探测元件接收。探测元件上取出的差值信号的频率与调制镜的转速及形状有关。微电机转速为 3000r/min，调制镜为 4 叶片，调制频率为 200Hz。

参比光路中的可变光阑用于黑度系数的手动修正。因为某一温度下的表面辐射能量是与黑度系数成比例的。例如，在同样温度下，系数 $\varepsilon = 0.5$ 的表面辐射能量相当于 $\varepsilon = 1$ 的表面辐

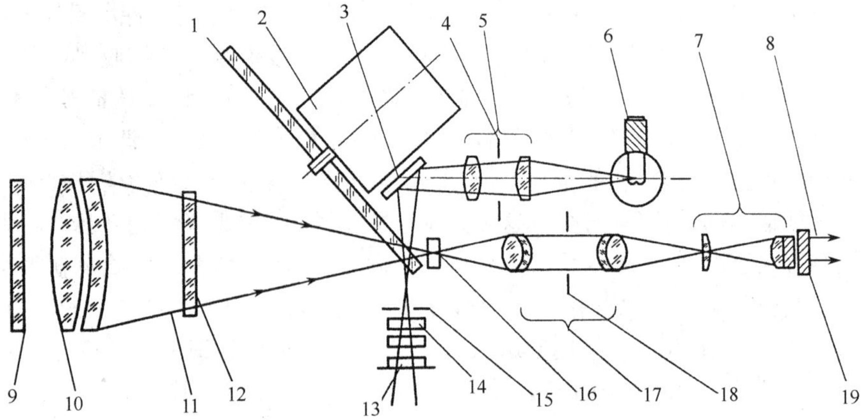

图 6.4.5　WDL-31 型光电高温计的光学系统

1— 调制镜　2— 微电机　3— 反光镜　4— 可变光阑　5— 聚光镜组　6— 参比灯　7— 目镜组　8、9— 保护窗　10— 物镜　11— 入射光瞳　12— 衰减玻璃　13— 探测元件　14— 滤光片　15— 视场光阑　16— 分划板　17— 透镜玻璃　18— 出射光阑　19— 保护玻璃

射能量的 50%。根据被测对象的黑度系数，利用可变光阑改变参比灯的辐射能量，从而使显示仪表的温度与实际温度一致。在用黑体热源分度仪器时，$\varepsilon = 1$，可变光阑开孔最大，探测元件接收到的参比辐射能量也最大，与黑体的辐射能量维持平衡。当测量 $\varepsilon = 0.5$ 的同样温度的物体表面时，将可变光阑孔面积相应缩小 50%，探测元件所接收到的参比辐射能量就减少 50%，因而与 $\varepsilon = 0.5$ 时表面辐射能量维持平衡，仍保持参比灯工作状态，显示出同样的温度，这样就起到黑度系数的修正作用。

可变光阑由两片开有方孔的箔片构成，用一线性凸轮调节相对位置。当 ε 修正旋钮置于 1 时，可变光阑开孔为最大，逆时针调节旋钮，凸轮转动使两箔片相对平移，两个方孔逐渐相互错开，通过辐射能的面积逐渐减小，与旋钮指示的 ε 值相对应。

仪器的工作光谱范围由光学系统和探测元件决定。量程范围在 400℃ ～ 800℃ 及以下各量程，采用硫化铅光敏电阻做探测元件，并配合锗滤光片。光谱范围短限由锗滤光片确定，长限由光学玻璃材质的物镜确定，为 1.8 ～ 2.7μm。峰值由探测元件确定，约为 2.5μm。量程范围在 600℃ ～ 1000℃ 及以上各量程，采用硅光电池做探测元件，并配合 HB850 有色玻璃滤光片。光谱范围的短限也由滤光片确定，长限和峰值由探测元件确定。光谱范围为 0.8 ～ 1.1μm，峰值约为 0.95μm，均在红外线波长范围内。

仪器的量程范围用光学衰减的方式改变。各种量程都保持参比灯工作电流在某一固定范围内变化，即在量程上限时，工作电流不超过 250mA。对于低温量程，将参比灯的辐射能量衰减；而对于高温量程，则将被测辐射能量进行衰减。探测元件为硫化铅光敏电阻时，衰减玻璃选用 GRB_1 隔热玻璃；探测元件为硅光电池时，采用 LB_6 绿色玻璃。

6.4.4　辐射温度计

辐射温度计是根据全辐射强度定理，即物体的总辐射强度与物体温度的四次方成正比的关系来进行测量的。它由辐射感温器和显示仪表两部分组成，它可用于测量 400℃ ～ 2000℃ 的高温，多为现场安装式结构。为适应现场高温环境的要求，可在辐射感温器外加装水冷夹套。辐射高温计测量的温度称为辐射温度（T_F），被测对象为非黑体时，要通过修正才能得到非黑体的真实温度。

现以 WFT-202 型辐射感温器为例来介绍其工作原理，如图 6.4.6 所示。被测物体的辐射能经过透镜和光阑聚焦在接收元件(热电堆)的受热片上，如图6.4.6(a)所示。在受热片上有8支串联的热电偶，每支热电偶的热端在受热片的中央部位围成一圈，用点焊把热端焊接在0.01mm的软镍箔圆片上，然后8等分切开，使热端呈扁薄箭头状。镍圆片直径为3mm，用电解法镀上一薄层黑色的铂黑，以提高其吸收比。热电偶的冷端焊在一个金属箔上，金属箔固定在两片绝缘绝热的云母环中间，云母环固定有引出线，从引出线上可以得到8支热电偶热电势之和。这种热电堆能量损失小，具有较小的热惯性和较高的灵敏度。受热片铂黑接收物体的辐射能量并转化为热能使铂黑处的温度升高，热电堆产生相应的热电势。这个热电势的大小不仅与热端有关，还与冷端温度有关。为了补偿冷端温度的变化所造成的影响，采用了可变光阑，它是热电堆冷端的自动补偿器。如图 6.4.6(b) 所示，共有 4 个补偿元件，它由补偿片和双金属片组成。双金属片的一端固定在铝合金框架上，补偿片垂直焊接在双金属片的自由端上，当环境温度升高时，热电堆的冷端温度也随之升高，这使热电堆输出的热电势减少，这时双金属片也会随着环境温度升高而变形，由轴心向外围伸展，则 4 个补偿片均向外移动，使光阑孔相应扩大，照射到热电堆铂黑上的能量也会增加，使热电势增加，起到了自动补偿的作用。

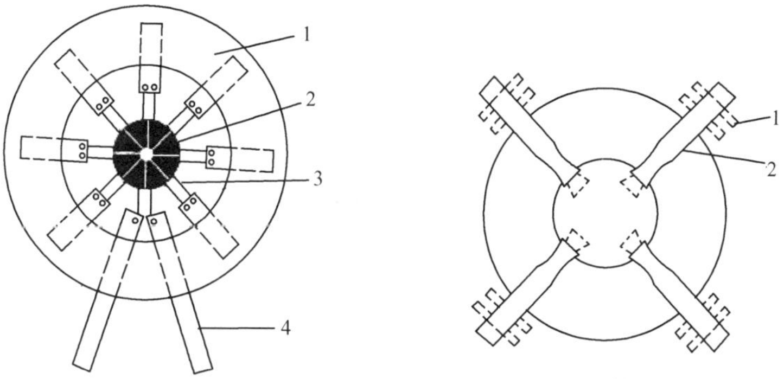

图 6.4.6　热电堆结构和补偿光阑

(a)：1— 云母基片　2— 受热靶面　3— 热电偶丝　4— 引出线

(b)：1— 补偿片　2— 双金属片

WFT-202 型辐射感温器的结构如图 6.4.7 所示。它主要由光学系统和热接收器件两部分组成。它采用透射式光学系统，外壳为铝合金材料，内外表面做涂黑处理，物镜的直径为37mm，厚 8mm，材料为石英玻璃(400℃ ～ 1200℃)或 K_9 中性玻璃(900℃ ～ 2000℃)制成。壳体内装有一开孔的圆筒状铝合金座架，上面装有热电堆和补偿光阑。在光阑前有一长方形的校正片。校正片安装在与小齿轮啮合的偏心齿圈上，齿圈套在金属架上。打开后盖，可以用螺丝刀旋动小齿轮，调节校正片的位置，改变阻挡面积的大小，调节照射到热电堆上的热辐射能量，用以调节精度。在后盖上有瞄准用目镜，它由 K_9 光学玻璃制成凸透镜，起放大作用。通过它透过热电堆的缝隙可以观察到被测物体的成像，以便使光学系统对准被测物体。

辐射感温器必须与毫伏计或电位差计配套使用，用它们来测量热电堆电势信号。WFT-202 型辐射感温器规定了外接电阻为 245Ω。

对于辐射式温度计，它是以绝对黑体的辐射能为基准对仪器进行分度的，所以仪器测出的值称为辐射温度。辐射温度的定义为：黑体的总辐射能等于非黑体的总辐射能时，此黑体的温度即为非黑体的辐射温度。根据全辐射强度定理，总辐射能相等，则有

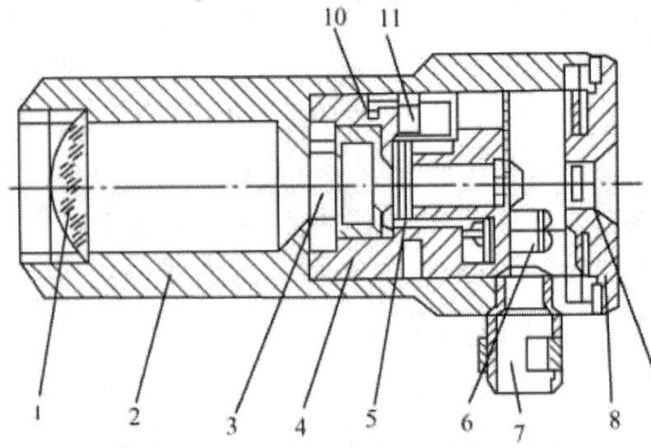

图 6.4.7　WFT-202 型辐射感温器的结构

1— 物镜　2— 外壳　3— 补偿光阑　4— 座架　5— 热电堆　6— 接线柱

7— 穿线套　8— 后盖　9— 目镜　10— 校正片　11— 小齿轴

$$\varepsilon_T \sigma T^4 = \sigma T_F^4$$

即

$$T = T_F \sqrt[4]{\frac{1}{\varepsilon_T}} \tag{6.4.16}$$

式中，T 为非黑体的真实温度；T_F 为非黑体的辐射温度；ε_T 为非黑体的全辐射黑度系数（与温度有关）。

因为非黑体 $\varepsilon_T < 1$，则$\frac{1}{\varepsilon_T} > 1$，$T_F < T$。因此，用辐射温度计测出的温度要比物体的真实温度低。

6.4.5　比色温度计

比色温度计是通过测量热辐射体在两个或两个以上波长的光谱辐射亮度之比来测量温度的。其特点是准确度高，响应快，可观察小目标（最小可到 2mm）。因为实际物体的单色黑度系数 $\varepsilon_{\lambda T}$ 和全辐射黑度系数 ε_T 的数值相差很大，但是，对同一物体的不同波长的单色黑度系数 $\varepsilon_{\lambda_1 T}$ 和 $\varepsilon_{\lambda_2 T}$ 来说，其比值的变化却很小。所以，用比色温度计测得的温度称为比色温度 T_S，它与物体的真实温度 T 很接近，一般可以不进行校正。

由维恩定理可知，当黑体温度变化时，辐射出射度的最大值将向波长增加或减少的方向移动，这会使在指定的两个波长 λ_1 和 λ_2 下的亮度比发生变化，测量这个比值即可求得相应的温度值。比色温度计就是通过测量物体的两个不同的波长 λ_1 和 λ_2 的辐射亮度之比来测量温度的。也有利用 3 个以上波长的辐射亮度进行比较的三色或多色温度计。

比色温度计的结构分为单通道和双通道两种，单通道又可分为单光路和多光路两种；双通道又有带光调制和不带光调制之分，如图 6.4.8 所示。所谓通道，是指在比色温度计中使用探测器的个数。单通道是用一个探测器接收两种波长光束的能量，双通道是用两个探测器分别接收两种波长光束的能量。所谓光路，是指光束在进行调制前或调制后是否由一束光分成两束进行分光处理。没有分光的为单光路，分光的则为双光路。

现以图 6.4.8(c) 为例加以说明，这是一种带有光调制盘的双通道式比色温度计。调制盘上间隔排列着两种波长为 λ_1 和 λ_2 的滤光片，被测物体的辐射光束经过透镜 2 的聚焦和棱镜 11 的分光后，再经反射镜 10 的反射，在调制盘的作用下，使光束中的 λ_1 和 λ_2 单波长辐射光分别轮

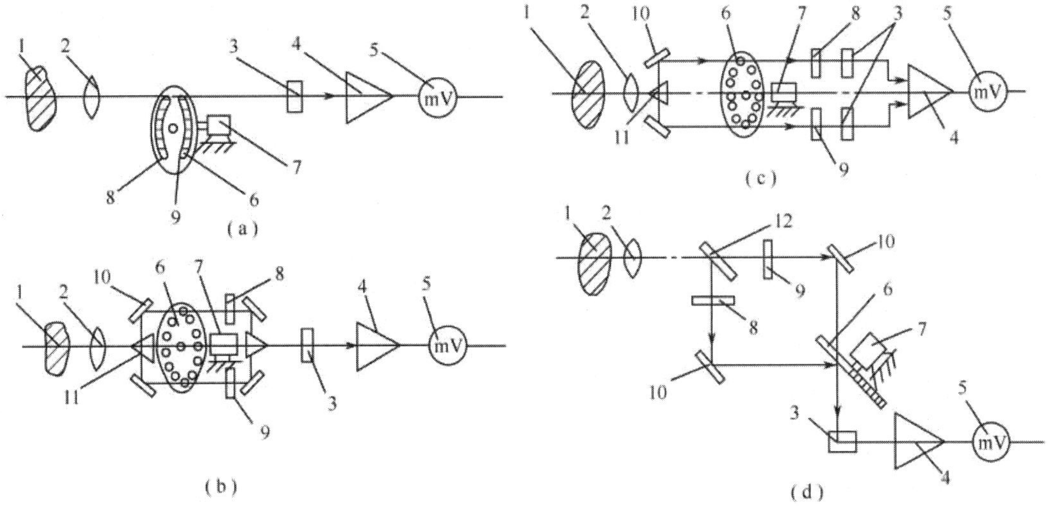

图 6.4.8　光电比色温度计原理结构图

1— 被测对象　2— 透镜　3— 光敏电阻　4— 放大、运算电路　5— 显示器

6— 调制盘　7— 同步电动机　8、9— 滤光片　10— 反射镜　11— 分光棱镜　12— 分光镜

流到达两个检测器 3。这两个信号分别经放大器放大，再做除法运算，得到两波长辐射强度的比值，即可得到被测物体的比色温度 T_S。

比色温度的定义是：当黑体辐射的两个波长 λ_1 和 λ_2 的光谱辐射亮度之比等于非黑体的相应的光谱辐射亮度之比时，则黑体的温度即为这个非黑体的比色温度 T_S。

对于温度为 T 的黑体，在波长为 λ_1 和 λ_2 时的光谱辐射亮度之比为 R，根据维恩定理有

$$R = \frac{L_{\lambda_1}^0}{L_{\lambda_2}^0} = \left(\frac{\lambda_2}{\lambda_1}\right)^5 \cdot \mathrm{e}^{\frac{C_2}{T}\left(\frac{1}{\lambda_2}-\frac{1}{\lambda_1}\right)} \tag{6.4.17}$$

取对数后有

$$\ln R = \ln\frac{L_{\lambda_1}^0}{L_{\lambda_2}^0} = 5\ln\left(\frac{\lambda_2}{\lambda_1}\right) + \frac{C_2}{T}\left(\frac{1}{\lambda_2} - \frac{1}{\lambda_1}\right) \tag{6.4.18}$$

式(6.4.18)可以简化为

$$\ln R = A + BT^{-1} \tag{6.4.19}$$

式中，$A = 5\ln\left(\frac{\lambda_2}{\lambda_1}\right)$，$B = c_2\left(\frac{1}{\lambda_2} - \frac{1}{\lambda_1}\right)$。

根据式(6.4.18)可以得到

$$T = \frac{C_2\left(\frac{1}{\lambda_2} - \frac{1}{\lambda_1}\right)}{\ln R - 5\ln\frac{\lambda_2}{\lambda_1}} \tag{6.4.20}$$

根据比色温度计的定义，可进一步求出物体的真实温度与比色温度的关系，即

$$\frac{1}{T} - \frac{1}{T_S} = \frac{\ln\frac{\varepsilon_{\lambda_1 T}}{\varepsilon_{\lambda_2 T}}}{C_2\left(\frac{1}{\lambda_1} - \frac{1}{\lambda_2}\right)} \tag{6.4.21}$$

式中，$\varepsilon_{\lambda_1 T}$，$\varepsilon_{\lambda_2 T}$ 分别为物体在 λ_1 和 λ_2 时的单色黑度系数；T 为物体的真实温度；T_S 为物体的比色温度。

对于灰体来说，由于 $\varepsilon_{\lambda_1 T} = \varepsilon_{\lambda_2 T}$，所以 $T = T_S$，这就是比色温度计的最大优点。由此可以看出，波长的选择是决定仪表准确度的重要因素，若选择的 λ_1 和 λ_2 很接近，则黑度系数的影响就非常小。

思考题与习题 6

1. 90 国际温标(ITS-90)的主要内容是什么?

2. 热电阻温度计的测温原理是什么?

3. 半导体电阻随温度变化的典型特性有哪几种?

4. 什么是电阻温度计的三线制连接?有何优点?

5. 简述热电偶的工作原理。

6. 试用热电偶的基本原理，证明热电偶的中间导体定律。

7. 简述热电偶冷端补偿的必要性，常用冷端补偿有几种方法?并说明补偿原理。

8. 简述热电偶冷端补偿导线的作用。

9. 在一测温系统中，用铂铑 - 铂热电偶测温，当冷端温度为 $t_0 = 30$℃ 时，在热端温度 t 时测得热电势 $E(t, 30℃) = 6.63$mV，求被测对象的真实温度。

10. 将一支铬镍－康铜热电偶与电压表相连，电压表接线端是 50℃。若电压表上的读数是 60mV，问热电偶热端温度是多少?该热电偶的灵敏度为 0.08mV/℃。

11. 铬镍－康镍热电偶灵敏度为 0.04mV/℃，把它放在温度 1200℃ 处，若以指示表作为冷端，此处温度为 50℃，试求热电势大小。

12. 有哪些非接触式测温方法?请简述其基本工作原理。

13. 从工作原理、测量精度、应用场合及主要特点这几方面对接触式测温方法与非接触式测温方法做一比较。

14. 分别说明“辐射温度”、“亮度温度”和“比色温度”的定义及其产生的原因。这些温度与真实的温度有什么区别?它们与真实温度的差异大小是由什么因素决定的?

15. 为什么辐射式温度计中大都设有机械调制盘?

第7章　流量检测

在生产过程中，为了有效地指导生产操作、监视和控制生产过程，流量测量是必不可少的。流量测量在日常生活中也经常遇到，如气、水、油的耗量都直接用流量来计量。随着科学技术的发展，生产环境日趋复杂，对流量测量的要求也越来越高。因此，运用不同的物理原理和规律，人们研制出各类流量检测传感器应用于流量测量。限于篇幅，本章主要介绍几种常用流量测量方法：差压式流量测量、电磁式流量测量、涡轮式流量测量、涡街式流量测量、超声式流量测量和质量流量测量。

7.1　流量的基本概念

7.1.1　流量测量的基本概念

流量就是在单位时间内流体通过一定截面积的数量。这个量用流体的体积来表示，称为瞬时体积流量（q_V），简称体积流量，单位为 m^3/s；用流量的质量来表示，称为瞬时质量流量（q_m），简称质量流量，单位为 kg/s。它们的表达式为

$$q_V = \int_A v \mathrm{d}A$$

$$q_m = \rho q_V \tag{7.1.1}$$

式中，q_m，q_V 为在时间间隔 Δt 内通过的流体质量或体积；ρ 为流体密度；v 为流体平均流速；$\mathrm{d}A$ 为微元面积。

在一段时间内流体体积流量或质量流量的累积值称为累积流量，它们的表达式为

$$V = \int_0^t q_V \mathrm{d}t$$

$$m = \int_0^t q_m \mathrm{d}t$$

式中，V 为累积体积流量，单位为 m^3；m 为累积质量流量，单位为 kg。

对在一定通道内流动流体的流量进行测量统称为流量测量。流量测量的流体是多样化的，如测量对象为气体、液体、混合流体，流体的温度、压力、流量均有较大的差异，要求的测量准确度也各不相同。因此，流量测量的任务就是根据测量目的、被测流体的种类、流动状态、测量场所等测量条件，研究各种相应的测量方法，并保证流量量值的正确传递。

7.1.2　流量检测的方法和分类

由于流量检测条件的多样性和复杂性，流量检测的方法非常多，流量检测方法的分类是一个错综复杂的问题。就检测量的不同，可分为体积流量和质量流量。

1. **体积流量的测量方法**

（1）容积法

这种方法在单位时间内以标准固定体积对流动介质连续不断地进行度量，以排出流体固定容积数来计算流量。基于这种检测方法的流量检测仪表主要有：椭圆齿轮式流量计、旋转活塞式流量计和刮板式流量计等。容积法受流体的流动状态影响小，适用于测量高黏度、低雷诺数的流体。

（2）速度法

这种方法是先测出管道内的平均流速，再乘以管道截面积求得流体的体积流量。用来检测管道内流速的方法主要有以下几种。

① 节流式检测方法。利用节流件前后的差压与流速之间的关系，通过差压值获得流体的流速，也称差压式流量检测法。

② 电磁式检测方法。导电流体在磁场中运动产生感应电势，感应电势的大小正比于流体的平均流速。

③ 变面积式检测方法。它是基于力平衡原理，通过在锥形管内的转子把流体的流速转换成转子的位移，相应的流量检测仪表为转子流量计。

④ 旋涡式检测方法。流体在流动中遇到一定形状的物体会在其周围产生有规则的旋涡，旋涡释放的频率正比于流速。

⑤ 涡轮式检测方法。流体对置于管内涡轮产生作用力，使涡轮转动，其转动速度在一定的流速范围内与管内流体的流速成正比。

⑥ 声学式检测方法。根据声波在流体中传播速度的变化可获得流体的流速。

⑦ 热学式检测方法。利用加热体被流体的冷却程度与流速的关系来检测流速，基于此方法的流量检测仪表主要有热线风速仪等。

速度法有较宽的使用条件，可用于各种工况下的流体流量检测，有的方法还可用于对脏污介质流体的检测。但是，由于这种方法是利用平均流速计算流量，所以管路条件的影响很大，流动产生涡流及截面上流速分布不对称等都会给测量带来误差。

2. **质量流量的测量方法**

质量流量检测可分为直接法和间接法两类。

（1）直接法

直接法是利用检测元件，使输出信号直接反映质量流量。直接式质量流量检测方法主要有利用孔板和定量泵组合实现的差压式检测方法；利用同轴双涡轮组合的角动量式检测方法；基于科里奥利力效应的检测方法等。

（2）间接法

用两个检测元件分别测出两个相应参数，通过运算间接获取流体的质量流量，检测元件的组合主要有：①ρq_V^2 检测元件和 ρ 检测元件的组合；②q_V 检测元件和 ρ 检测元件的组合；③ρq_V^2 检测元件和 q_V 检测元件的组合。

7.2 差压式流量计

差压式流量计是一类历史悠久、技术成熟、应用最广泛的流量计。差压式流量计按其检测件的作用原理，可分为节流式、动压头式、水力阻力式、离心式、动压增益式和射流式等几大类，其中以节流式和动压头式应用最为广泛。节流式的特点是：结构简单、使用寿命长、适应能力强，几乎能测量各种工况下的流量。本节主要介绍节流式差压流量测量的原理和节流装置的类型。

7.2.1 差压式流量计组成及测量原理

1. 差压式流量计组成

差压式流量计由节流装置、引压导管和差压变送器组成，如图7.2.1所示。

图7.2.1 差压式流量计组成框图

① 节流装置，安装于管道中产生差压，节流件前后的差压与流量成开方关系。

② 引压导管，将节流装置前后产生的差压传送给差压变送器。

③ 差压变送器，将节流装置前后产生的差压转换为标准电信号(4～20mA)。

2. 测量原理

当充满管道的流体流经管道内的节流件时，如图7.2.2所示，流束将在节流件处形成局部收缩，因而流速增加，静压力降低，于是在节流件前后便产生了压差。流体流量愈大，产生的压差愈大，这样可依据压差来衡量流量的大小。这种测量方法是以流体连续性方程(质量守恒定律)和伯努利方程(能量守恒定律)为基础的。压差的大小不仅与流量有关，还与其他许多因素有关，如当节流装置形式或管道内流体的物理性质(密度、黏度)不同时，在同样大小的流量下产生的压差也是不同的。

在图7.2.2中，稳定流动的流体沿水平方向流经管道，在管道中间垂直于轴线方向安装一个节流件，如孔板，它造成流通截面积减小，显然截面Ⅰ-Ⅰ处流体未受孔板的影响，流体充满

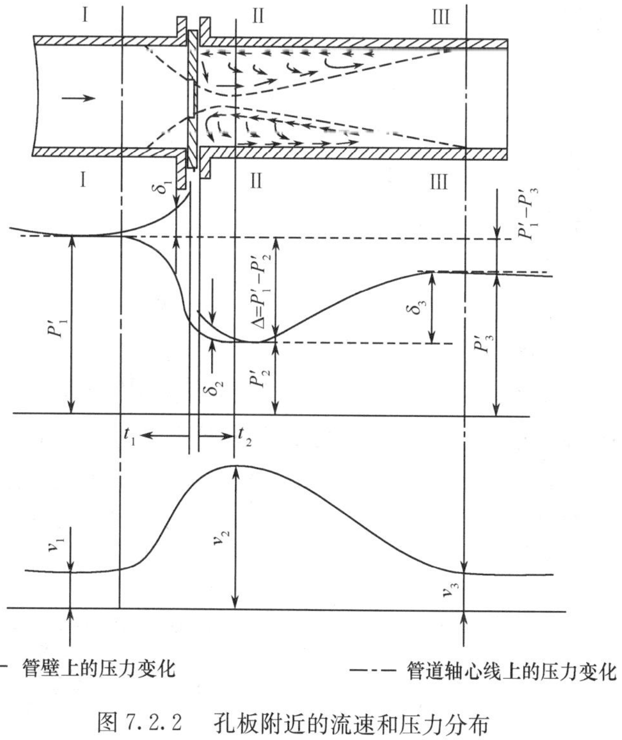

图7.2.2 孔板附近的流速和压力分布

管道，管道截面积为 A_1，流体的静压力为 P'_1，平均流速为 v_1，流体的密度为 ρ_1。截面Ⅱ-Ⅱ处是流体经过孔板后流束收缩的最小截面，截面积为 A_2，压力为 P'_2，平均流速为 v_2，流体密度为 ρ_2。图中所示的压力、流速曲线在孔板前后的变化情况充分反映了流体的静压能、动压能的相互转换。流体在截面Ⅱ处，流束收缩到最小，流速达到最大，静压力最小，然后流束扩张，流速和压力慢慢增加，然而由于涡流区的存在，导致流体有能量损失。

设被测流体为不可压缩的理想流体(液体)，其流体经过孔板时，不对外做功，与外界没有热量交换，流体本身也没有温度变化。根据伯努利方程，对截面Ⅰ-Ⅰ、Ⅱ-Ⅱ处沿管中心的流体存在以下能量关系

$$\frac{P'_1}{\rho_1}+\frac{v_1^2}{2}=\frac{P'_2}{\rho_2}+\frac{v_2^2}{2} \tag{7.2.1}$$

因为被测流体是等温不可压缩的，即 $\rho_1=\rho_2=\rho$，所以式(7.2.1)可写为

$$P'_1+\frac{\rho v_1^2}{2}=P'_2+\frac{\rho v_2^2}{2} \tag{7.2.2}$$

式中，P'_1，v_1 为截面 Ⅰ-Ⅰ 处的压力和速度；P'_2，v_2 为截面 Ⅱ-Ⅱ 处的压力和速度。

根据流体的连续性方程得

$$A_1v_1=A_2v_2 \tag{7.2.3}$$

即

$$v_1=\frac{A_2}{A_1}v_2$$

代入式(7.2.2)得

$$v_2^2=\frac{2(P'_1-P'_2)}{\rho\left[1-\left(\frac{A_2}{A_1}\right)^2\right]}$$

对于截面 Ⅱ-Ⅱ，代入质量流量方程得

$$q_m=\rho A_2v_2=A_2\sqrt{\frac{2\rho(P'_1-P'_2)}{1-\left(\frac{A_2}{A_1}\right)^2}} \tag{7.2.4}$$

式(7.2.4)是反映质量流量 q_m 和孔板前后压差 $P'_1-P'_2$ 之间关系的理论方程式。实际上，式(7.2.4)中 A_2 代表流束最小收缩截面，因其位置和大小均难以确定，从而使 A_2 面上的静压力 P'_2 也难以确定，所以理论方程必须修正。为了计算和使用方便，用孔板的开孔截面 A_0 代替流束最小收缩截面 A_2。在应用中，压力差取自距孔板前后端面的固定位置处中的 P_1-P_2 而非 $P'_1-P'_2$，这样压力易于测量。基于上述几点理由，式(7.2.4)需要修正。通常用一个无量纲数 C 修正，C 称为流出系数。

设孔板开孔直径 d 与管道直径 D 的比值为 $\beta=\frac{d}{D}$，这样式(7.2.4)可写为

$$q_m=CA_0\sqrt{\frac{2\rho(P_1-P_2)}{1-\beta^4}}=\frac{C}{\sqrt{1-\beta^4}}A_0\sqrt{2\rho\Delta P} \tag{7.2.5}$$

以上推导是针对不可压缩的理想流体而得出的流量公式。对于可压缩流体(如各种气体、蒸汽)流过节流装置时，压力发生改变必然引起密度 ρ 的改变，因此，对于可压缩流体，式(7.2.5)应引入气体可膨胀性系数 ε，则式(7.2.5)变为

$$q_m = \frac{1}{\sqrt{1-\beta^4}} C \varepsilon A_0 \sqrt{2\rho_1 \Delta P} \tag{7.2.6}$$

同理

$$q_V = \frac{1}{\sqrt{1-\beta^4}} C \varepsilon A_0 \sqrt{\frac{2\Delta P}{\rho_1}} \tag{7.2.7}$$

式中，C 为流出系数；ε 为可膨胀性系数(测液体时 $\varepsilon=1$)；A_0 为节流件开孔截面积(m^2)，$A_0=\pi d^2/4$；$\beta=\dfrac{d}{D}$ 为节流件直径比；D 为管道直径(mm)；d 为节流件开孔直径(mm)；ρ_1 为被测流体在 Ⅰ-Ⅰ 处的密度(kg/m^3)；ΔP 为节流装置输出的差压(Pa)。

式(7.2.6)、式(7.2.7)是差压式流量计的流量公式。当被测流体为液体时，$\varepsilon=1$；当被测流体为气体、蒸汽时，$\varepsilon<1$。

7.2.2 节流装置

节流式差压流量计的节流装置按其标准化程度分为标准型和非标准型两大类。所谓标准节流装置，是指按照标准文件设计、制造、安装和使用，无须经实流校准即可确定其流量值并估算流量测量误差的装置；非标准节流装置是成熟程度较差，尚未列入标准文件中的检测件。完整的节流装置由节流元件、取压装置和上下游测量导管 3 部分组成，如图 7.2.3 所示。

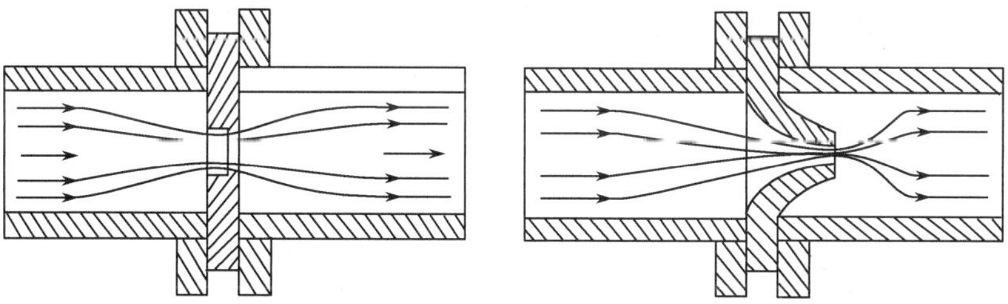

(a) 孔板　　(b) 喷嘴

图 7.2.3　标准型节流装置

1. 标准型节流装置

标准节流装置 ISO5167 或 GB2624 中所包括的节流装置称为标准节流装置，它们是标准孔板、标准喷嘴、经典文丘里管和文丘里喷嘴。在设计、制造、安装及使用方面皆遵循标准规定，可不必个别校准而使用。

(1) 标准孔板

又称同心直角边缘孔板，其轴向截面如图 7.2.4 所示。孔板是一块加工成圆形同心的、具有锐利直角边缘的薄板。孔板开孔的上游侧边缘应是锐利的直角。标准孔板有 3 种取压方式：角接、法兰及 D-$D/2$ 取压，如图 7.2.5 所示。标准孔板使用范围见表 7.2.1。

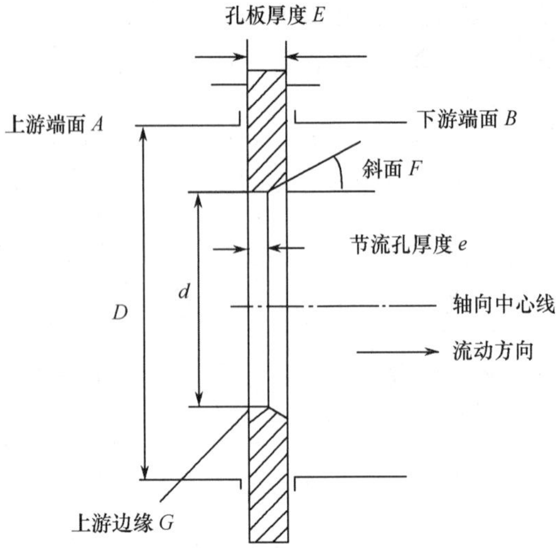

图 7.2.4　标准孔板的轴向截面

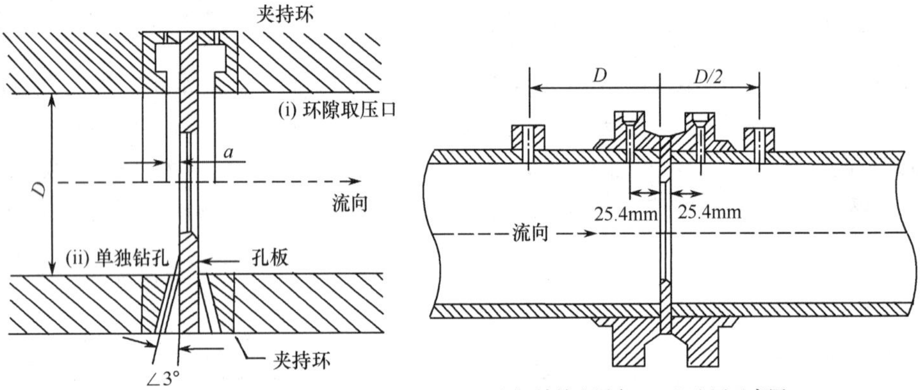

(a) 角接取压　　(b) 法兰取压和 D-D/2 取压示意图

图 7.2.5　孔板的 3 种取压方式

表 7.2.1　标准孔板使用范围(d 和 D 的单位用 mm)

角接取压	法兰取压	D-D/2 取压
$d \geqslant 12.5$		
$50 \leqslant D \leqslant 1000$		
$0.20 \leqslant \beta \leqslant 0.75$		
$Re \geqslant 5000$　($0.20 \leqslant \beta \leqslant 0.45$)	$Re \geqslant 1260\beta^2 D$	
$Re \geqslant 10000$　($0.45 < \beta$)		

(2) 标准喷嘴

标准喷嘴有两种结构形式:ISA 1932 喷嘴和长径喷嘴。

① ISA 1932 喷嘴如图 7.2.6 所示。上游面由垂直于轴的平面、廓形为圆周的两段弧线所确定的收缩段、圆筒形喉部和凹槽组成的喷嘴。ISA 1932 喷嘴的取压方式只有角接取压一种。

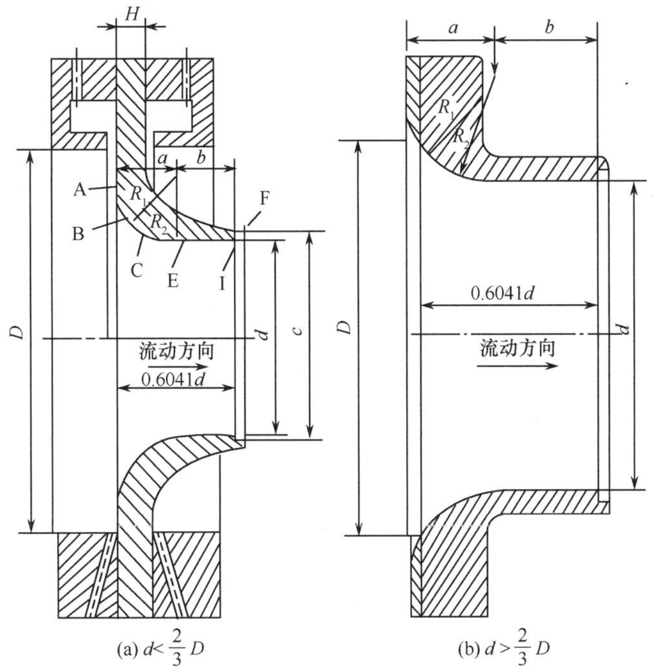

图 7.2.6　ISA 1932 喷嘴

② 长径喷嘴如图 7.2.7 所示。上游面由垂直于轴的平面、廓形为 1/4 椭圆的收缩段、圆筒形喉部和可能有的凹槽或斜角组成的喷嘴。长径喷嘴的取压方式只有 D-$D/2$ 取压一种。

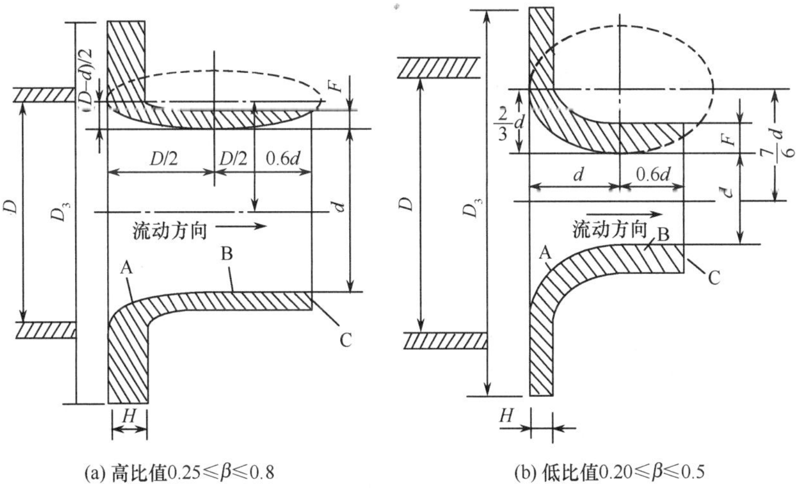

图 7.2.7　长径喷嘴

(3) 使用标准节流装置时流体的性质和状态必须满足的条件

① 流体必须充满管道和节流装置,并连续地流经管道。

② 流体必须是牛顿流体,即在物理上和热力学上是均匀的、单相的,或者可以认为是单相的。

③ 流体流经节流件时不发生相交。

④ 流体流量不随时间变化或变化非常缓慢。

⑤ 流体在流经节流件以前，流束是平行于管道轴线的无旋流。

2. 非标准节流装置

① 低雷诺数节流装置：1/4 圆孔板，锥形入口孔板，双重孔板，双斜孔板，半圆孔板等。

② 脏污介质节流装置：圆缺孔板，偏心孔板，环状孔板，楔形孔板，弯管节流件等。

③ 低压损节流装置：罗洛斯管，道尔管，道尔孔板，双重文丘里喷嘴，通用文丘里管等。

④ 脉动流节流装置。

⑤ 临界流节流装置：声速文丘里喷嘴。

⑥ 混相流节流装置。

7.2.3 安装注意事项

节流式差压流量计的安装要求包括管道条件、管道连接情况、取压口结构、节流装置上下游直管段长度及差压信号管路的敷设情况等。

1. 测量管及其安装

测量管是指节流件上下游直管段，是节流装置的重要组成部分，其结构及几何尺寸对进入节流件流体的流动状态有重要影响，所以在标准中对测量管的结构尺寸及安装有详细规定。

2. 节流件的安装

节流件安装的垂直度、同轴度的规定：

① 垂直度，节流件应垂直于管道轴线，其偏差允许为±1°之间。

② 同轴度，节流件应与管道或夹持环(采用时)同轴。

3. 差压信号管路的安装

差压信号管路是指节流装置与差压变送器(或差压计)的导压管路。它是差压流量计的薄弱环节，据统计差压流量计的故障中引压管路最多，约占全部故障率的 70%，因此对差压信号管路的配置和安装应引起高度重视。

① 取压口。取压口一般设置在法兰、环室或夹持环上，当测量管道为水平或倾斜时，取压口的安装方向如图 7.2.8 所示。

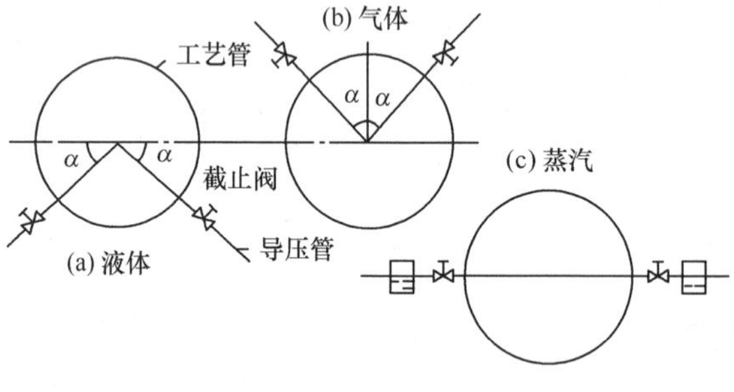

图 7.2.8 取压口的安装方向

② 导压管。导压管的材质应按被测介质的性质和参数确定，其内径不小于 6mm。导压管应垂直或倾斜敷设。

③ 差压信号管路的安装。根据被测介质和节流装置与差压变送器(或差压计)的相对位置，差压信号管路有不同的安装方式，详细规定可查有关手册。

7.3 电磁流量计

电磁流量计是利用法拉第电磁感应定律制成的一种测量导电液体体积流量的仪表。20世纪50年代初，电磁流量计实现了工业化应用，近年来电磁流量计性能有了很大提高，得到了更为广泛的应用。根据电磁流量计的结构与原理可知，它有如下主要特点：电磁流量计的测量通道是一段无阻流检测件的光滑直管，因不易阻塞，适用于测量含有固体颗粒或纤维的液固二相流体，如纸浆、水煤浆、矿浆、泥浆和污水等；不产生因检测流量所形成的压力损失；测得的体积流量不受流体密度、黏度、温度、压力和电导率（只要在某一阈值以上）变化明显的影响；前置直管段要求较低；测量范围度大，通常为20∶1；不能测量电导率很低的液体，如石油制品和有机溶剂等；不能测量气体、蒸汽和含有较多较大气泡的液体；通用型电磁流量计由于受衬里材料和电气绝缘材料限制，不能用于较高温度液体的测量。

7.3.1 电磁流量计结构与原理

1. 电磁流量计原理

电磁流量计的基本原理是法拉第电磁感应定律，即导体在磁场中切割磁力线运动时，在其两端产生感应电动势。如图7.3.1所示，导电性液体在垂直于磁场的非磁性测量管内流动，与流动方向垂直的方向上产生与流量成比例的感应电势，电动势的方向按右手定则判定，其值为

$$E=BDv \tag{7.3.1}$$

式中，E 为感应电动势（V）；B 为磁感应强度（T）；D 为测量管内径（m）；v 为平均流速（m/s）。

设液体的体积流量为 $q_V=\pi D^2 v/4$，则 $v=4q_V/\pi D^2$，代入式（7.3.1）得

$$E=(4B/\pi D)q_V=Kq_V \tag{7.3.2}$$

式中，K 为仪表常数，$K=4B/\pi D$。

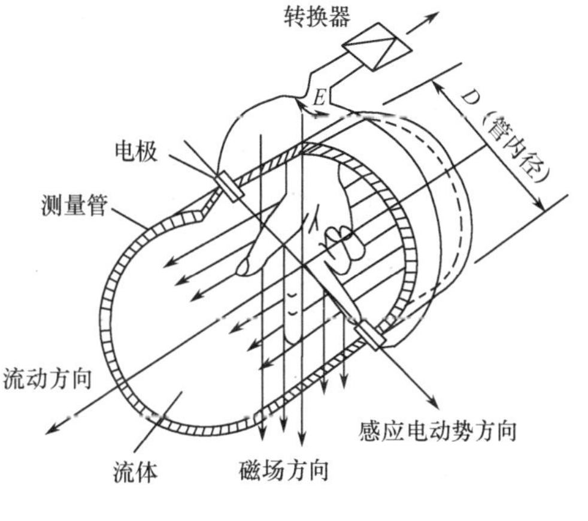

图7.3.1 电磁流量计测量原理图

由式（7.3.2）可知，在管道直径已确定、磁感应强度不变的条件下，体积流量与电磁感应电势有一一对应的线性关系，而与流体密度、黏度、温度、压力和电导率无关。

2. 电磁流量计的构成

电磁流量计由流量传感器和转换器两大部分组成。传感器结构示意图如图7.3.2所示，测量管上下装有励磁线圈，通过励磁电流后产生磁场穿过测量管，一对电极装在测量管内壁与液体相接触，引出感应电势，送到转换器。励磁电流则由转换器提供。

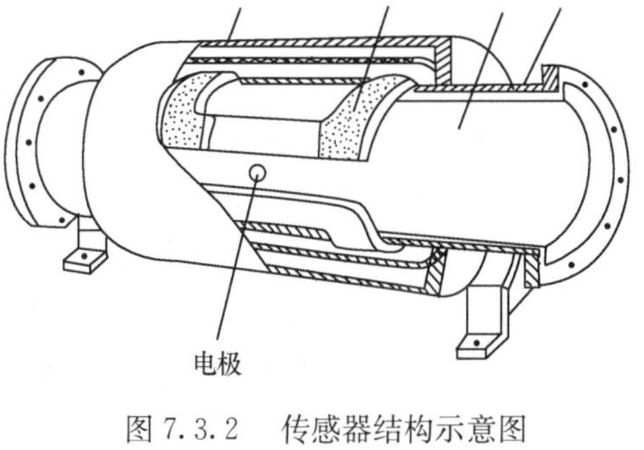

图7.3.2 传感器结构示意图

（1）电磁流量计流量传感器

电磁流量计流量传感器由外壳、磁路系统、测量管、衬里和电极组成。

① 外壳，外壳应用铁磁材料制成，用以保护励磁线圈的外罩，还可以隔离外磁场的干扰。

② 磁路系统，用于产生均匀的直流或者交变的磁场。主要有如表 7.3.1 所示的几种励磁方式来产生磁场。

表 7.3.1　电磁流量计的励磁方式

励磁方式	励磁波形	特征
直流	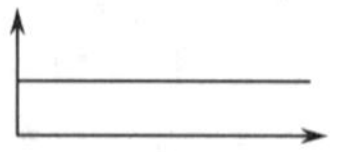	适用于液体金属流体的测量。测量水流量时，在电极上发生极化现象，不能用
正弦波	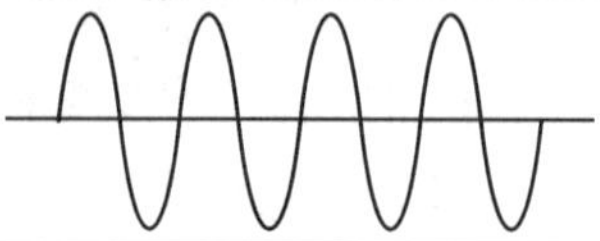	以前主流的励磁方式。受电化学影响小，但是零点容易漂移；测量速度较快
低频矩形波	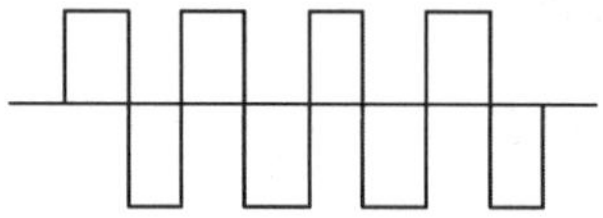	目前主流的励磁方式。零点较稳定；测量速度较慢
低频三值波	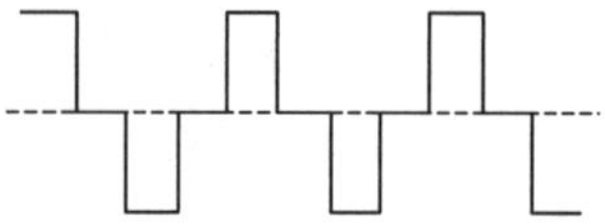	有一半时间无磁场，零点稳定；测量速度较慢

直流励磁方式用直流电产生磁场或采用永久磁铁产生磁场，结构比较简单。但是，在直流磁场下，电极上产生的感应电动势是直流电势，它将引起被测电解质液体电解，在电极上发生极化现象，极化电压和感应电动势叠加在一起，难以分离；并且当管道直径较大时，永久磁铁势必也要很大，这样既笨重又不经济。直流励磁方式不存在磁场变化，所以，不会导致电涡流现象，只适用于测量电导率很高且又不能电解的液态金属的流量。

正弦波励磁产生的交变磁场能有效降低极化效应，响应速度快。当磁感应强度为 $B=B_m\sin\omega t$ 时，感应电势为

$$E=DvB_m\sin\omega t \tag{7.3.3}$$

式中，ω 为励磁频率。但是，由于励磁磁场一直发生变化，容易造成涡流损耗和磁滞损耗，产生正交干扰和同相干扰，容易使零点不稳定。

低频矩形波励磁是目前主流的励磁方式。励磁频率一般为工频的 1/8～1/20，例如，2.5Hz、5Hz 和 6.25Hz 等。在半个周期内，磁场是恒稳的直流磁场，所以，它有直流励磁的特点，受电磁干扰影响很小。从整个时间过程中，矩形波信号又是一个交变的信号，所以，它能克服直流励磁易产生的极化现象。因此，低频矩形波励磁是一种比较好的励磁方式，可以满足普通导电液体流量测量的需要，在电磁流量计中应用广泛。由于励磁频率比较低，所以，电磁流量计的测量速度较慢。

低频三值波励磁是在低频矩形波励磁的基础上，增加了零励磁段。零磁场有利于电磁流量计的零电位检测和实时校准。因此，这种励磁方式使电磁流量计的零点较为稳定，在实际中也应用广泛。

③ 测量管，是电磁流量计的主要部分，流过被测流体，它的两端设有法兰，法兰用作连接管道。测量管采用不导磁、低电导率、低热导率并有一定机械强度的材料制成，一般可选用不锈钢、玻璃钢、铝及其他高强度的材料。

④ 衬里，是在测量管内壁的一层耐磨、耐腐蚀、耐高温的绝缘材料。它的主要功能是增加测量管的耐磨性与腐蚀性，防止感应电势被金属测量管管壁短路。

⑤ 电极，其作用是正确引出感应电势信号，电极一般用不锈钢非导磁材料制成，安装时要求与衬里齐平。电磁流量计的电极结构如图 7.3.3 所示。

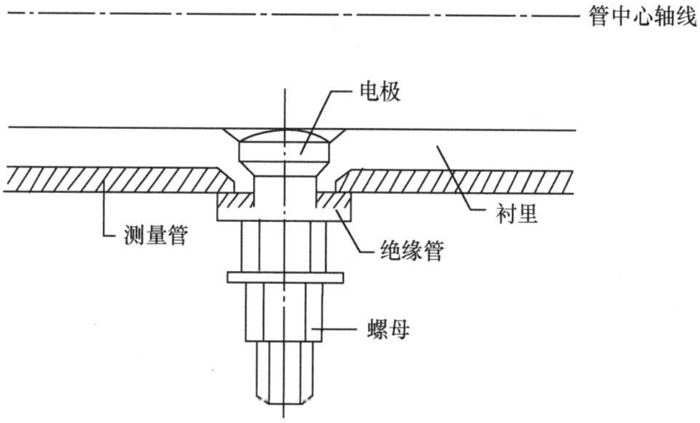

图 7.3.3 电磁流量计的电极结构

(2) 转换器

在电磁流量计中，导电液体流动切割磁力线产生感应电势，但是，感应电势的数值很小，并混有干扰信号。转换器的功能是将感应电势放大，抑制干扰信号，得出流量值。由于励磁方式不同，转换器处理信号的方式也不同。下面分别介绍针对正弦波励磁和低频矩形波励磁的转换器的组成和工作原理。

① 基于正弦波励磁的转换器。正弦波励磁产生交变磁场克服了极化现象，但是，增加了正交干扰信号。正交干扰信号的相位与被测感应电势的相位相差 90°。造成正交干扰的主要原因是：在电磁流量计工作时，管道内充满导电液体，这样，电极引线、被测导管、被测液体和转换器的输入阻抗构成闭合回路，而交变磁通有部分要穿过该闭合回路，根据电磁感应定律，交变磁场在闭合回路中产生的感应电势为

$$e_t=-K\frac{\mathrm{d}B_\mathrm{m}\sin\omega t}{\mathrm{d}t}=-KB_\mathrm{m}\sin\left(\omega t-\frac{\pi}{2}\right) \tag{7.3.4}$$

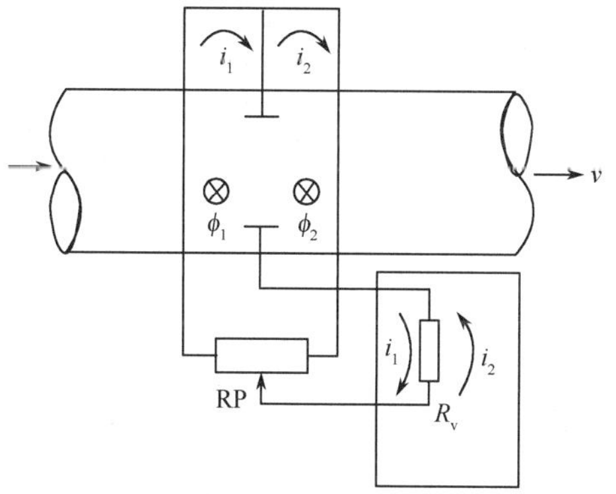

图 7.3.4 连线自动补偿方式

比较式(7.3.3)和式(7.3.4)可知，有用信号感应电势 E 和正交干扰信号 e_t 的频率相同，而相位相差 90°，所以称为正交干扰。此干扰信号较大，有时可以将有用信号埋没。因此，必须消除这一干扰信号，否则该流量计不能正常工作。

消除正交干扰的方法常用信号引线自动补偿和转换器的放大电路反馈补偿两种方式。

转换器与电磁流量传感器连线自动补偿方式，如图 7.3.4 所示，从一根电极上引出两根线，分别绕过磁极形成两个回路，当有磁力线穿过这两个闭合回路时，在两回路内产生方向相反的感应电势，通过调零电位器 RP，使进入转换器的正交干扰电势相互抵消。

转换器组成原理如图 7.3.5 所示，转换器的功能是将感应电势放大并抑制主要的干扰信

号。转换器由前置放大器、主放大器、正交干扰抑制、相敏整流、功率放大、线圈、霍尔乘法器、电位分压器组成。抑制正交干扰由主放大器的正交干扰抑制反馈电路完成。霍尔乘法器用以消除励磁电压幅值和频率变化引起的误差。

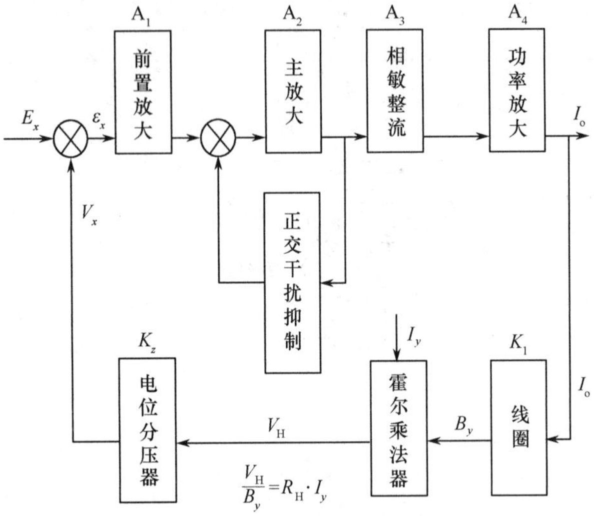

图 7.3.5　转换器组成原理

② 基于低频矩形波励磁的转换器。在低频矩形波励磁方式下，励磁电流和传感器输出信号如图 7.3.6(a)和(b)所示。其中，图 7.3.6(a)为励磁电流波形，由于检流位置及励磁控制方式的缘故，励磁电流的稳态值总是正的；图 7.3.6(b)为传感器输出信号波形。

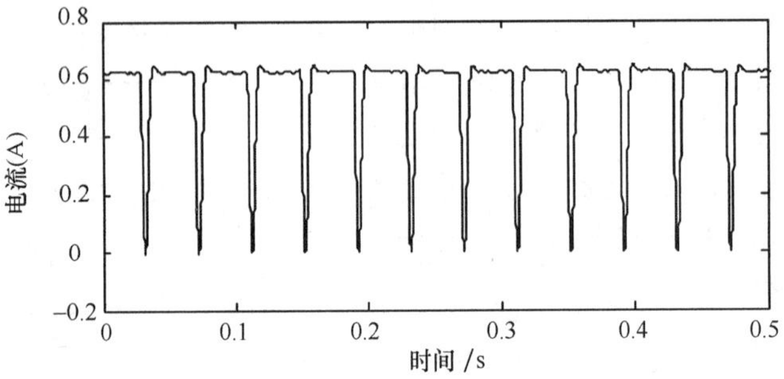

(a) 励磁电流波形

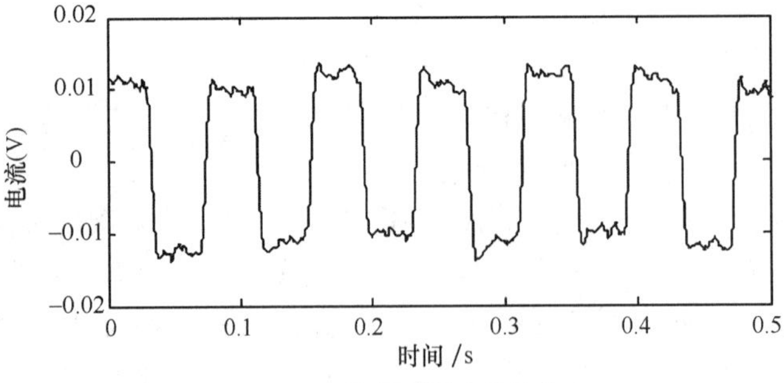

(b) 传感器输出信号波形

图 7.3.6　低频矩形波励磁下信号波形图

转换器由励磁驱动模块、信号调理转换模块、信号处理控制模块、人机接口模块、通信模块和电源管理模块组成，如图 7.3.7 所示。

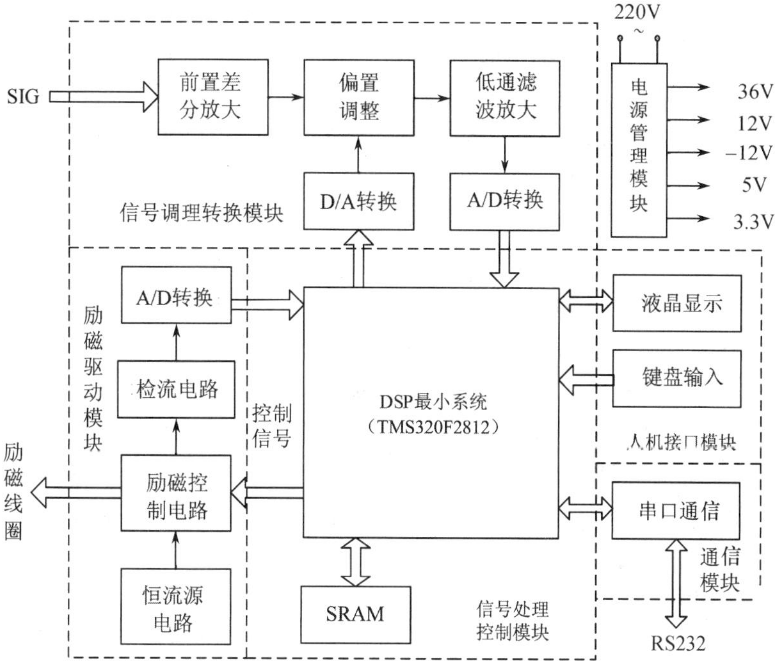

图 7.3.7　变换器组成框图

励磁驱动模块由恒流源电路、励磁控制电路、检流电路和 ADC(模数转换器)组成，产生低频矩形波励磁信号。信号调理转换模块由前置差分放大、偏置调整、低通滤波放大、ADC、DAC 组成。高输入阻抗前置差分放大电路对传感器输出信号 SIG 进行阻抗匹配，并消除其共模干扰；偏置调整电路调整由于极化噪声导致的信号基准点的缓慢漂移，以防止二次放大饱和；由信号处理控制模块中的 DSP(数字信号处理器)芯片控制 DAC(模数转换器)输出，以提供偏置调整量；低通滤波放大电路对信号进行二次放大，并去除高频噪声；ADC 将模拟信号转换成数字信号，送给 DSP 芯片处理。DSP 芯片完成如图 7.3.8 所示的信号处理流程。

图 7.3.8　基于梳状带通滤波的水流量信号处理流程

首先，对信号进行梳状带通滤波：将梳状带通滤波器的带通基频设为低频矩形波的基频，以使传感器输出信号经梳状带通滤波后最大幅度地保留有用信号(基频及其奇次谐波)，并最大幅度地削弱串模工频噪声分量(50Hz 及其奇次谐波)。然后，进行幅值解调：取每半周期信号靠近后边沿处同相位段的数据进行幅值解调，以避免正交干扰与同相干扰对信号处理结果的影响。幅值解调结果为反映流体流速的感应信号的幅值信息。再进行电流修正：将幅值解调结果除以励磁驱动模块中检流电路检测到的励磁电流的幅值，以削弱由环境变化导致电路参数变化致使励磁电流波动而引起的测量误差。接着，进行滑动均值滤波：对处理结果进行排序，去除最大值和最小值；然后，进行滑动滤波，对信号处理结果进行平滑处理。最后，进行流量转换：根据设定的仪表参数，将前几步反映流体流速的信号处理结果转换成实际流速信号，并计算出实际流量。

7.3.2　选用与安装注意事项

电磁流量计应用领域十分广泛。大口径仪表较多应用于给排水工程。中小口径仪表常用于固液两相流体等难测流体或高要求场所，如测量造纸工业纸浆液和黑液、有色冶金业的矿浆、选煤厂的煤浆、化学工业的强腐蚀液，以及钢铁工业高炉风口冷却水控制和监漏、长距离管道煤的水力输送的流量测量和控制。小口径、微小口径仪表常用于医药工业、食品工业、生物工程等有卫生要求的场所。

(1) 选用考虑要点

① 精度。市场上通用型电磁流量计的性能有较大差别，有些精度高、功能多，有些精度低、功能简单。精度高的仪表基本误差为(±0.5%～±1%)R，精度低的仪表则为(±1.5%～±2.5%)R，两者价格相差1～2倍。因此，测量精度要求不很高的场所(例如，非经济核算仅以控制为目的，只要求高可靠性和优良重复性的场所)选用高精度仪表在经济上是不合算的。

② 流速。电磁流量计满度流量时，液体流速可在1～10m/s范围内选用，范围是比较宽的。上限流速在原理上是不受限制的，然而通常建议不超过5m/s，除非衬里材料能承受液流冲刷，实际应用很少超过7m/s，超过10m/s则更为罕见。流速下限一般为0.5m/s。

③ 范围度。电磁流量计的范围度是比较大的，通常不低于20，带有量程自动切换功能的仪表，可超过50～100。

④ 口径。国内可以提供的定型产品的口径从10～3000mm，虽然实际应用还是以中小口径居多，但与大部分其他原理流量仪表(如容积式、涡轮式、涡街式或科里奥利质量式等)相比，大口径仪表占有较大比重。

⑤ 液体电导率。使用电磁流量计的前提是被测液体必须是导电的，不能低于阈值(即下限值)。电导率低于阈值，会产生测量误差直至不能使用，超过阈值后即使变化也可以测量，示值误差变化不大。通用型电磁流量计的阈值在$5\times10^{-6}\sim10^{-4}$S/cm之间，视型号而定。

工业用水及其水溶液的电导率大于10^{-4}S/cm；酸、碱、盐液的电导率在$10^{-4}\sim10^{-1}$S/cm之间，使用不存在问题；低度蒸馏水为10^{-5}S/cm，使用也不存在问题；石油制品和有机溶剂电导率过低，因此就不能使用。

(2)流量传感器的安装

① 安装场所。对流量传感器的安装场所有如下要求：

- 测量混合相流体时，选择不会引起相分离的场所；测量双组分液体时，避免安装在混合尚未均匀的下游；测量化学反应管道时，要安装在反应充分完成段的下游；
- 尽可能避免测量管内变成负压；
- 选择振动小的场所，特别对一体型仪表；
- 避免附近有大电机、大变压器等，以免引起电磁场干扰；
- 易于实现传感器单独接地的场所；
- 尽可能避开周围环境有高浓度腐蚀性气体；
- 环境温度在－25℃/－10℃～50℃/600℃范围内；
- 环境相对湿度在10%～90%范围内。

② 直管段长度要求。为获得正常的测量精确度，电磁流量传感器上游也要有一定长度直管段，但其长度与大部分其他流量仪表相比要求较低。90°弯头、T形管、同心异径管、全开闸阀后通常认为只要离电极中心线(不是传感器进口端连接面)5倍直径(5D)长度的直管段，不

同开度的阀则需 10D;下游直管段为(2～3)D 或无要求;但要防止蝶阀阀片伸入到传感器测量管内。各标准或检定规程所提出的上、下游直管段长度亦不一致,其要求比通常要高。这是由于为保证达到当前 0.5 级精度仪表的要求。

③ 安装位置和流动方向。传感器安装方向水平、垂直或倾斜均可,不受限制。但测量固液两相流体时,最好垂直安装,自下而上流动。这样能避免水平安装时衬里下半部局部磨损严重,低流速时固相沉淀等缺点。水平安装时要使电极轴线平行于地平线,不要垂直于地平线。因为处于底部的电极易被沉积物覆盖,顶部电极易被液体中偶存气泡抹过,从而遮住电极表面,使输出信号波动。

④ 接地。传感器必须单独接地(接地电阻在 100Ω 以下)。按照分离型原则,接地应在传感器一侧,转换器接地应在同一接地点。如传感器装在有阴极腐蚀的保护管道上,除了传感器和接地环一起接地外,还要用较粗铜导线(16mm^2)绕过传感器跨接在管道两连接法兰上,使阴极保护电流与传感器之间隔离。

7.4 涡轮流量计

涡轮流量计是叶轮式速度流量计的主要品种。在叶轮式流量计中,还包括叶轮风速计和各种水表等。其共同的工作原理是:置于流体中的叶轮的旋转角速度与流体流速成正比,通过测量叶轮的旋转角速度就可以得到流体的流速,从而得到管道内的流量值。在工业上使用的高准确度叶轮式流量计,称为涡轮流量计。本节介绍涡轮流量计的结构、工作原理、主要特点、应用场合及安装注意事项。

7.4.1 结构和工作原理

涡轮流量计一次仪表由壳体、导向体(导流器)、叶轮、轴、轴承及信号检测器组成,其结构如图 7.4.1 所示。

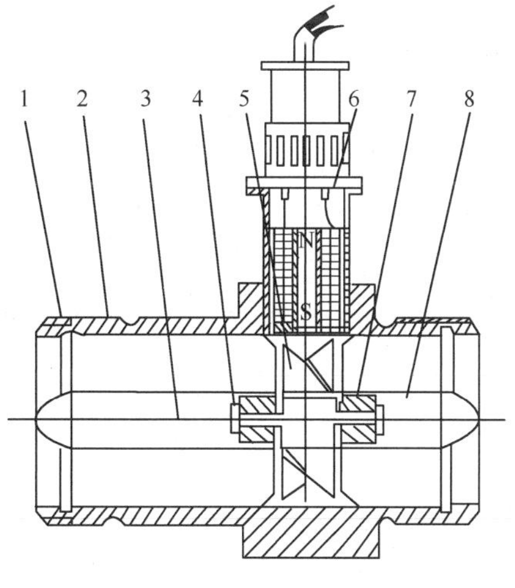

图 7.4.1 涡轮流量计结构

1—紧固件 2—壳体 3—前导向体 4—止推片 5—叶轮
6—电磁感应式信号检测器 7—轴承 8—后导向体

（1）壳体

壳体又称表体，是流量计的主体部件，它起到承受被测流体的压力、固定安装检测部件和连接管道的作用。壳体采用不导磁不锈钢或硬铝合金制造。对于大口径流量计，可用碳钢与不锈钢组合的镶嵌结构，壳体外壁装信号检测器。

（2）导向体

在流量计进出口装有导向体，它对流体起导向整流及支撑叶轮的作用，通常选用不导磁不锈钢或硬铝材料制作。反推式涡轮流量计的后导向体还要求能产生足够的反推力，其结构形式很多。前导向体有专利产品，可以抗流体流动的严重干扰。

（3）涡轮

亦称叶轮，是流量计的检测元件，它由高导磁性材料制成。叶轮有直板叶片、螺旋叶片和丁字形叶片等几种。叶轮由支架中轴承支撑，与表体同轴，其叶片数视口径大小而定。叶轮几何形状及尺寸对传感器性能有较大影响，要根据流体性质、流量范围、使用要求等设计。叶轮的动平衡很重要，直接影响仪表性能和使用寿命。

（4）轴与轴承

它支撑叶轮旋转，需要有足够的刚度、强度和硬度、耐磨性、耐腐蚀性等。它决定着一次仪表的可靠性和使用期限。一次仪表失效通常是由轴与轴承引起的，因此，它的结构与材料的选用及维护是很重要的。

（5）信号检测器

国内常用变磁阻式信号检测器，如图 7.4.1 上半部分所示。由永久磁钢、导磁棒（铁心）和线圈等组成。永久磁钢对叶片有吸引力，产生磁阻力矩，小口径一次仪表在小流量时，磁阻力矩在诸阻力矩中成为主要项，为此将永久磁钢分为大小两种规格，小口径配小规格，以降低磁阻力矩。输出信号有效值在 10mV 以上的可直接配用流量计算机，配上放大器则输出伏级频率信号。

涡轮流量计在管道中心安放一个涡轮，两端由轴承支撑。当流体通过管道时，冲击涡轮叶片，对涡轮产生驱动力矩，使涡轮克服摩擦力矩和流体阻力矩而产生旋转。在一定的流量范围内，对一定的流体介质黏度，涡轮的旋转角速度与流体流速成正比。由此，流体流速可通过涡轮的旋转角速度得到，从而可以计算得到通过管道的流体流量。

涡轮的转速通过装在外壳上的检测线圈来检测。当被测流体流过时，在流体作用下，叶轮受力旋转，切割壳体内永久磁钢磁场的磁力线，引起检测线圈中磁通的变化。将检测线圈检测到的磁通周期变化信号送入前置放大器，经过放大、整形，产生与流速成正比的脉冲信号，送入单位换算与流量积算电路，得到并显示累积流量值；同时将脉冲信号送入频率-电流转换电路，转换成模拟电流，进而指示瞬时流量值。

涡轮流量计的流量方程为

$$q_V = f/K \tag{7.4.1}$$

式中，q_V 为体积流量（m^3/s）；f 为流量计输出信号的频率（Hz）；K 为流量计的仪表系数（脉冲数/m^3）。

流量计的仪表系数与流量（或管道雷诺数）的关系曲线如图 7.4.2 所示。可见，仪表系数可分为两段，即线性段和非线性段。线性段约为工作段的 2/3，其特性与流量计结构尺寸及流体黏性有关。在非线性段，特性受轴承摩擦力和流体黏性阻力影响较大。当流量低于流量计流量下限时，仪表系数随着流量迅速变化。压力损失与流量近似为平方关系。当流量超过流量上限时，要注意防止气穴现象。

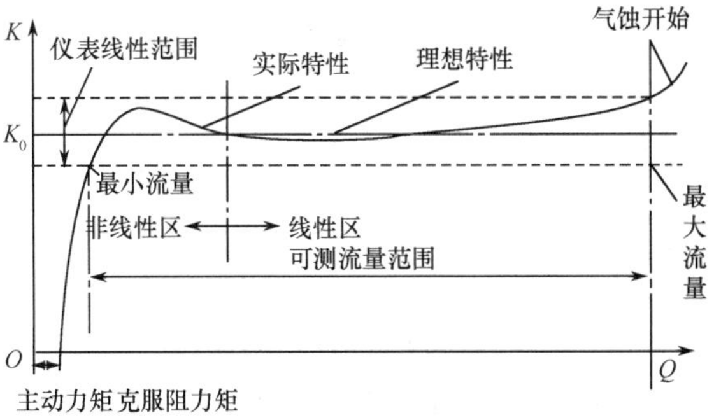

图 7.4.2　流量计的仪表系数与流量的关系曲线

流量计的仪表系数由流量校验装置校验得出，它和流量计内部流体的流动机理完全无关，把流量计作为一个黑匣子，根据输入（流量）和输出（频率脉冲信号）确定其转换系数，便于实际应用。但要注意，此转换系数（仪表系数）是有条件的，其校验条件是参考条件，如果使用时偏离此条件，系数将发生变化，变化的情况视流量计类型、管道安装条件和流体物性参数的情况而定。

7.4.2　特点和应用

① 精度高。对于液体一般为±0.25%R～±0.5%R（R 为读数，或表显示量），高精度型可达±0.15%R；而当介质为气体时，一般为±1%R～±1.5%R，特殊专用型为±0.5%R～±1%R。在所有流量计中，涡轮式流量计属于比较精确的。

② 重复性好。短期重复性可达0.05%～0.2%，正是由于其具有良好的重复性，如经常校准或在线校准可得极高的精确度，在贸易结算中它是优先选用的流量计。

③ 输出脉冲频率信号，适于总量计量及与计算机连接，无零点漂移，抗干扰能力强。可获得很高的频率信号（3～4kHz），信号分辨率强。

④ 测量范围宽，中大口径可达40∶1～10∶1，小口径为6∶1或5∶1。

⑤ 适用于高压测量，仪表表体上不必开孔，易制成高压型仪表。

⑥ 难以长期保持校准特性，需要定期校验。对于无润滑性的液体，液体中含有悬浮物或磨蚀性，造成轴承磨损及卡住等问题，限制了其适用范围，采用耐磨硬质合金轴和轴承后情况有所改进。对于贸易储运和高精度测量要求的，最好配备现场校验设备，可定期校准以保持其特性。

⑦ 不适用于较高黏度介质（高黏度型除外），随着黏度的增大，流量计测量下限值提高，测量范围缩小，线性度变差。

⑧ 流体物性（密度、黏度）对仪表特性有较大影响。气体流量计易受密度影响，而液体流量计对黏度变化反应敏感。由于密度和黏度与温度、压力关系密切，在现场温度、压力波动都是难免的情况下，要根据它们对精确度影响的程度采取补偿措施，才能保持高的计量精度。

⑨ 流量计受来流流速分布畸变和旋转流的影响较大，一次仪表上下游侧需设置较长的直管段，如安装空间有限制，可加装流动调整器（整流器）以缩短直管段长度。

⑩ 对被测介质的清洁度要求较高，限制了其适用领域，虽可安装过滤器以适应脏污介质，但亦带来压损增大、维护量增加等副作用。

涡轮流量计广泛应用于石油、有机液体、无机液体、液化气、天然气、煤气和低温流体等的测量中。在国外液化石油气、成品油和轻质原油等的转运及集输站，大型原油输送管线的首末站都大量采用它进行贸易结算。在欧洲和美国，涡轮流量计是仅次于孔板流量计的天然气计量仪表，仅荷兰在天然气管线上就采用了 2600 多台各种尺寸、压力从 0.8～6.5MPa 的气体涡轮流量计，它们已成为优良的天然气流量计。

7.4.3 安装注意事项

涡轮流量计应安装在便于维修，管道无振动、无强电磁干扰与热辐射影响的场所。液体涡轮流量计的典型安装管路系统如图 7.4.3 所示。图中各部分的配置可视被测对象情况而定，并不一定全部都需要。涡轮流量计对管道内流速分布畸变及旋转流是敏感的，因此，要根据流量计上游侧阻流件类型配备必要的直管段或整流器。若上游侧阻流件情况不明确，一般推荐上游直管段长度不小于 $20D$，下游直管段长度不小于 $5D$，如安装空间不能满足上述要求，可在阻流件与流量计之间安装整流器。流量计安装在室外时，应有避直射阳光和防雨淋的措施。

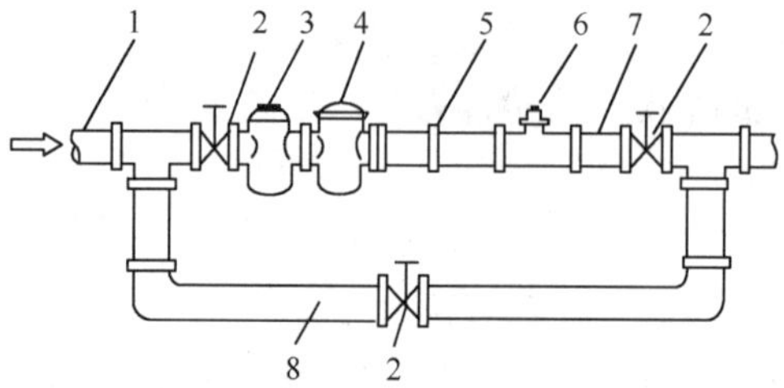

图 7.4.3　液体涡轮流量计的典型安装管路系统

1—入口　2—阀门　3—过滤器　4—消气器　5—前直管段　6—流量计　7—后直管段　8—旁路

7.5 涡街流量计

在特定的流动条件下，一部分流体动能转化为流体振动，其振动频率与流速(流量)有确定的比例关系，依据这种原理工作的流量计称为流体振动流量计。目前流体振动流量计有 3 类：涡街流量计、旋进(旋涡进动)流量计和射流流量计。流体振动流量计具有以下一些特点：①输出为脉冲频率，其频率与被测流体的实际体积流量成正比，它不受流体组分、密度、压力、温度的影响；②测量范围宽，测量范围可达 10∶1 以上；③精确度为中上水平；④无可动部件，可靠性高；⑤结构简单牢固，安装方便，维护费较低；⑥应用范围广泛，可适用液体、气体和蒸汽。涡街流量计应用最广泛，因此，这里只介绍涡街流量计。

7.5.1 工作原理与结构

1. 涡街流量计工作原理

在流体中设置旋涡发生体(阻流体)，从旋涡发生体两侧交替地产生有规则的旋涡，这种旋涡称为卡曼涡街，如图 7.5.1 所示。旋涡列在旋涡发生体下游非对称地排列。设旋涡的发生频率为 f，管道内被测介质的平均速度为 v，旋涡发生体迎面宽度为 d，表体通径为 D，根据卡曼涡街原理，有如下关系式

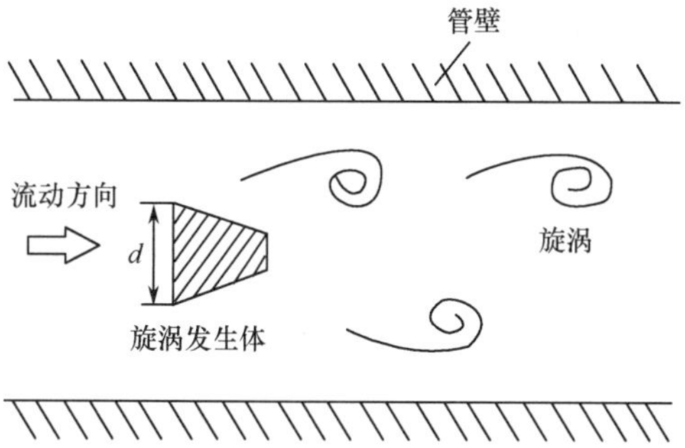

图 7.5.1　卡曼涡街

$$f = Sr\frac{v_1}{d} = Sr\frac{v}{md} \tag{7.5.1}$$

式中，v_1 为旋涡发生体两侧平均流速(m/s)；Sr 为斯特劳哈尔数；m 为旋涡发生体两侧弓形面积与管道横截面面积之比。

$$m = 1 - \frac{2}{\pi}\left[d/D\sqrt{1-(d/D)^2} + \arcsin\frac{d}{D}\right]$$

管道内体积流量 q_V 为

$$q_V = \frac{\pi}{4}D^2 v = \frac{\pi}{4}D^2\frac{md}{Sr}f \tag{7.5.2}$$

$$K = \frac{f}{q_V} = \left[\frac{\pi D^2 dm}{4Sr}\right]^{-1} \tag{7.5.3}$$

式中，K 为流量计的仪表系数(脉冲数 /m^3)。

K 除了与旋涡发生体、管道的几何尺寸有关外，还与斯特劳哈尔数有关。斯特劳哈尔数为无量纲参数，它与旋涡发生体形状及雷诺数有关，图 7.5.2 所示为圆柱状旋涡发生体的斯特劳哈尔数与管道雷诺数的关系图。由图可见，Re 在 $2\times10^4 \sim 7\times10^6$ 范围内，Sr 可视为常数，这是仪表正常的工作范围。

由式(7.5.3) 可见，涡街流量计输出的脉冲频率信号不受流体物性和组分变化的影响，即仪表系数在一定雷诺数范围内仅与旋涡发生体及管道的形状尺寸等有关。

2. 涡街流量计结构

涡街流量计由传感器和转换器两部分组成，如图 7.5.3 所示。传感器包括旋涡发生体(阻流体)、检测元件、仪表表体等；转换器包括前置放大器、滤波整形电路、D/A 转换电路、输出接口电路、端子、支架和防护罩等。近年来，智能式流量计还把微处理器、显示通信及其他功能模块也装在转换器内。

(1) 旋涡发生体

旋涡发生体是检测器的主要部件，它与仪表的流量特性(仪表系数、线性度、量程比等) 和阻力特性(压力损失) 密切相关，对旋涡发生体的要求如下：

① 能控制旋涡在旋涡发生体轴线方向上同步分离；

② 在较宽的雷诺数范围内，有稳定的旋涡分离点，保持恒定的斯特劳哈尔数；

③ 能产生强烈的涡街，信号的信噪比高；

④ 形状和结构简单，便于加工和几何参数标准化，以及各种检测元件的安装和组合；

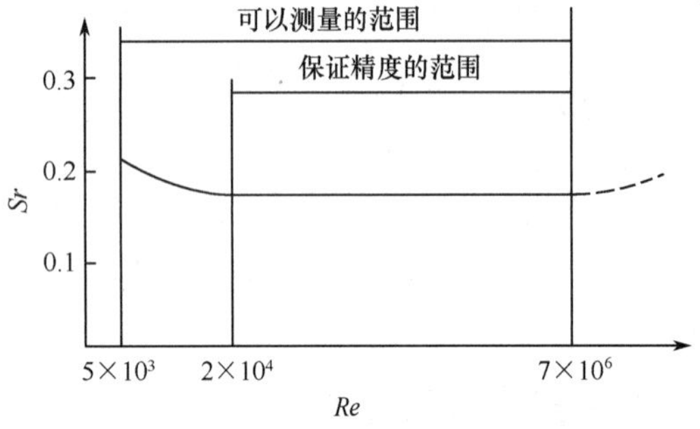

图 7.5.2　斯特劳哈尔数与雷诺数的关系曲线

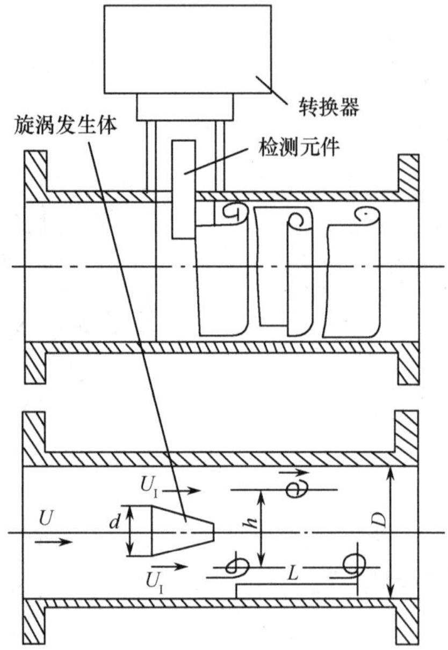

图 7.5.3　涡街流量计

⑤ 材质应满足流体性质的要求，耐腐蚀，耐磨，耐温度变化；

⑥ 固有频率在涡街信号的频带外。

已经开发出形状繁多的旋涡发生体，它可分为单旋涡发生体和多旋涡发生体两类，如图 7.5.4 所示。单旋涡发生体的基本形状有圆柱、矩形柱和三角柱，其他形状皆为这些基本形状的变形。三角柱形旋涡发生体是应用最广泛的一种，如图 7.5.5 所示。图中，D 为仪表口径。为提高涡街强度和稳定性，可采用多旋涡发生体，不过它的应用并不普遍。

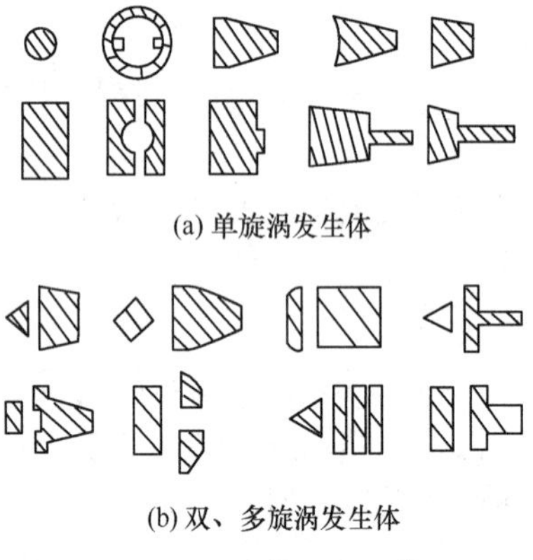

图 7.5.4　旋涡发生体

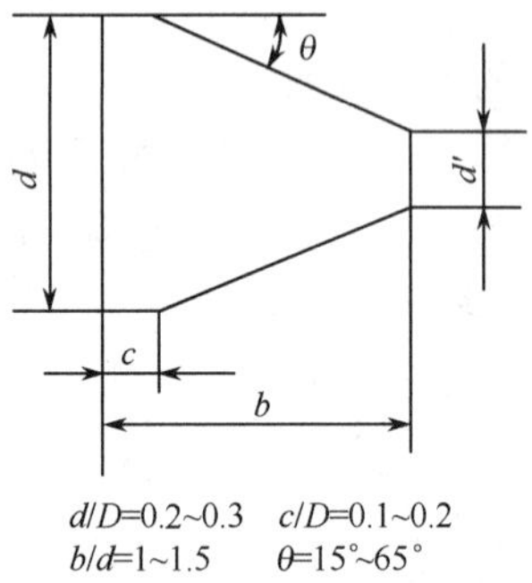

图 7.5.5　三角柱形旋涡发生体

(2) 检测元件

流量计检测旋涡信号有 5 种方式：

① 用设置在旋涡发生体内的检测元件直接检测发生体两侧差压；

② 旋涡发生体上开设导压孔，在导压孔中安装检测元件检测发生体两侧差压；

③ 检测旋涡发生体周围交变环量；

④ 检测旋涡发生体背面交变差压；

⑤ 检测尾流中旋涡列。

根据这 5 种检测方式，采用不同的检测技术（热敏、超声、应力、应变、电容、电磁、压电、光电、光纤等），可以构成不同类型的涡街流量计，见表 7.5.1。

表 7.5.1　旋涡发生体和检测方式一览表

序号	旋涡发生体截面形状	传感器	
		检测方式	检测元件
1		方式⑤	超声波束
2	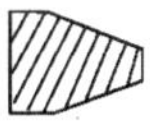	方式② 方式③ 方式⑤ 方式①	悬臂梁/电容，悬臂梁/压电片 热敏元件 超声波束 应变元件
3		方式① 方式②	压电元件 压电元件
4		方式① 方式② 方式②	膜片/电容 热敏元件 振动体/电磁传感器
5		方式①	膜片/静态电容
6		方式①	磁致伸缩元件
7	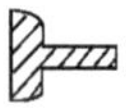	方式①	膜片/压电元件
8	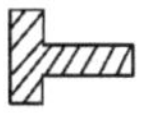	方式②	热敏元件
9		方式②	反射镜/光电元件
10		方式⑤	膜片/压电元件
11		方式③	扭力管/压电元件
12	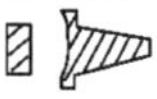	方式④	扭力管/压电元件
13		方式④	振动片/光纤传感器
14	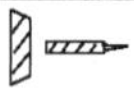	方式⑤	超声波束
15	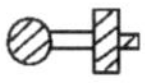	方式②	应变元件
16	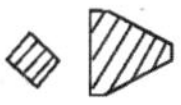	方式①	压电元件
17		方式④	应变元件
18		方式⑤	超声波束

（3）转换器

检测元件把涡街信号转换成电信号，该信号既微弱又含有不同成分的噪声，必须进行放大、滤波、整形等处理才能得出与流量成比例的脉冲信号。

不同检测方式应配备不同特性的前置放大器，见表 7.5.2。

表 7.5.2　检测方式与前置放大器

检测方法	热敏式	超声式	应变式	应力式	电容式	光电式	电磁式
前置放大器	恒流放大器	选频放大器	恒流放大器	电荷放大器	调谐-振动放大器	光电放大器	低频放大器

转换器原理框图如图 7.5.6 所示。

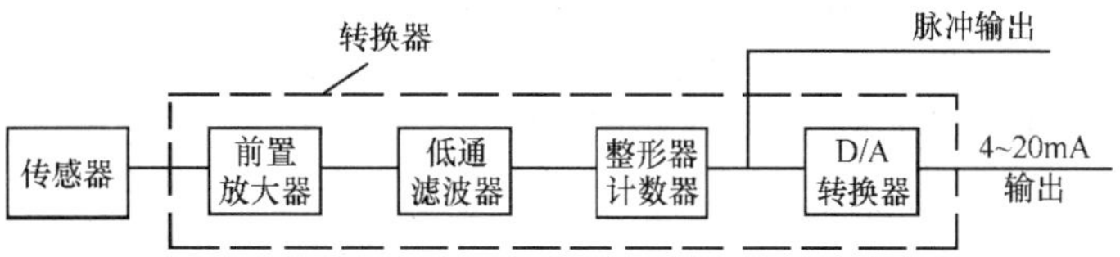

图 7.5.6　转换器原理框图

（4）仪表表体

仪表表体可分为夹装型和法兰型，如图 7.5.7 所示。

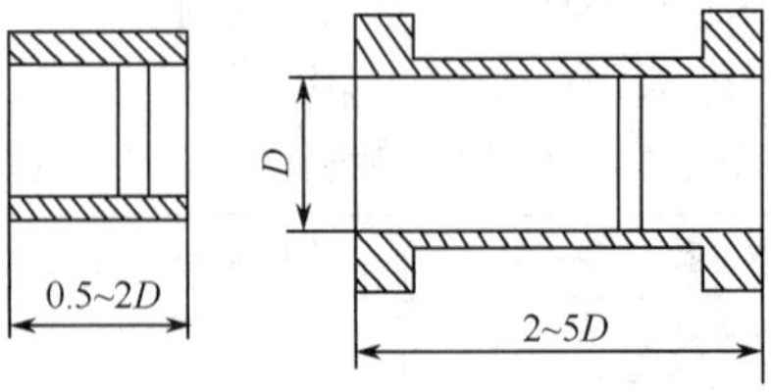

(a) 夹装型　　　(b) 法兰型

图 7.5.7　仪表表体

7.5.2　安装使用注意事项

1. 安装注意事项

涡街流量计属于对管道流速分布畸变、旋转流和流动脉动等敏感的流量计，因此，对现场管道安装条件应充分重视，遵照生产厂家使用说明书的要求执行。

涡街流量计可安装在室内或室外。如果安装在地井里，有水淹的可能，要选用涎水型传感器。传感器在管道上可以水平、垂直或倾斜安装，但测量液体和气体时，为防止气泡和液滴的干扰，安装位置要注意，如图 7.5.8 所示。

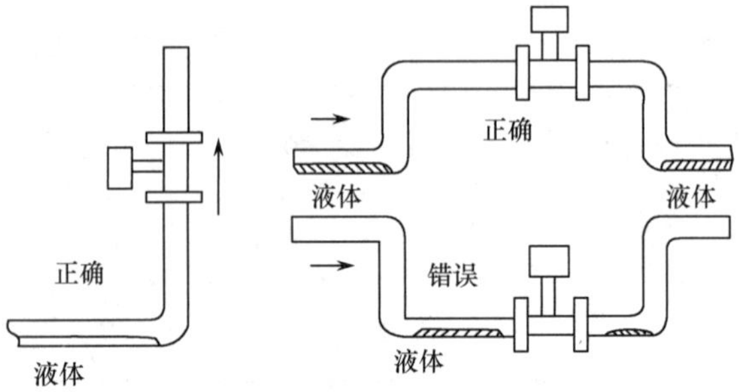

(a) 测量含液体的气体流量仪表安装

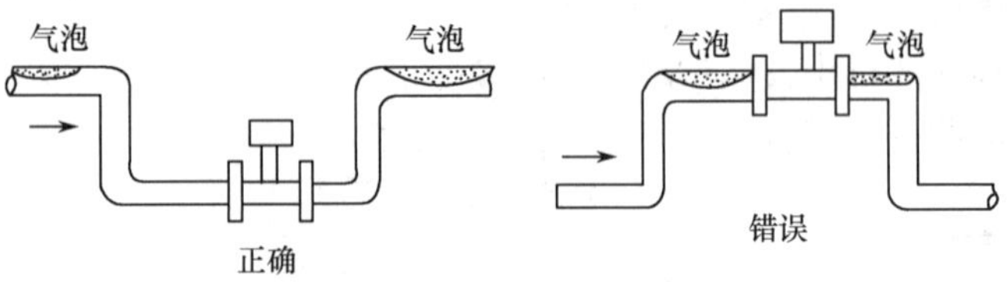

(b) 测量含气泡的液体流量仪表安装

图 7.5.8　混相流体的安装

涡街流量计必须保证上、下游直管段有必要的长度，如图 7.5.9 所示。各种资料中数据有差异，其原因可能是：旋涡发生体尚未标准化，形状尺寸的差异有多少影响尚待验证；对各类阻流件必要的直管段长度试验研究尚不够，即还不成熟，对比节流式差压流量计，这方面工作还处于初始阶段。

2. 使用注意事项

(1) 现场安装完毕通电和通流前的检查

① 主管和旁通管上各法兰、阀门、测压孔、测温孔及接头应无渗漏现象。

② 管道振动情况是否符合说明书规定。

③ 传感器安装是否正确，各部分电气连接是否良好。

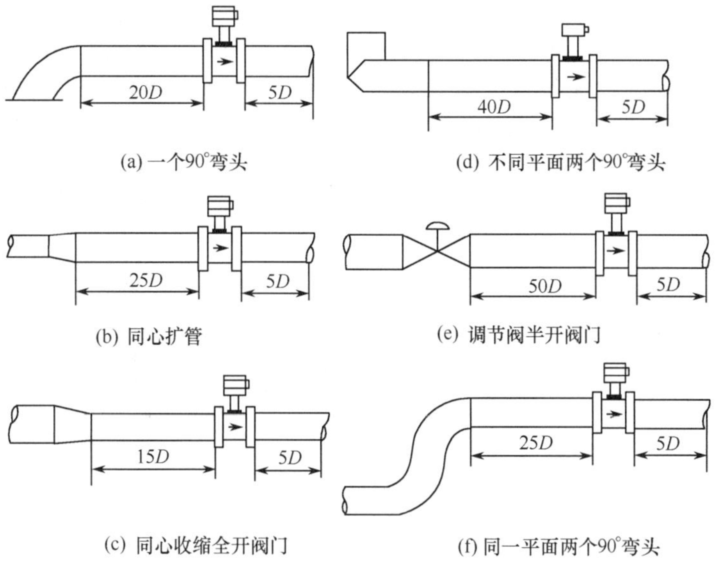

图 7.5.9　涡街流量计对上、下游直管段长度的要求

(2) 接通电源静态调试

在通电不通流时转换器应无输出,瞬时流量指示为零,累积流量无变化。否则,应首先检查是否因信号线屏蔽或接地不良,或管道振动强烈而引入干扰信号。如确认不是上述原因时,可调整转换器内的电位器,降低放大器增益或提高整形电路触发电平,直至输出为零。

(3) 通流量动态调试

关闭旁通阀,打开上下游阀门,流量稳定后转换器输出连续的脉宽均匀的脉冲,流量指示稳定无跳变,调阀门开度,输出随之改变。否则,应细致检查并调整电位器,直至仪表输出既无误触发又无漏脉冲为止。

7.6　超声流量计

超声流量计是通过检测流体流动时对超声束(或超声脉冲)的作用,以测量体积流量的仪表。本节主要讨论用于测量封闭管道液体流量的超声流量计。超声流量计的特点是:可做非接触测量;无流动阻挠测量,无额外压力损失;适用于大型圆形管道和矩形管道;多普勒超声流量计可测量固相含量较多或含有气泡的液体;超声流量计可测量非导电性液体,在无阻挠流量测量方面是对电磁流量计的一种补充。

7.6.1　工作原理及组成

封闭管道用超声流量计按测量原理分类有:传播时间法;多普勒(效应)法;波束偏移法;相关法;噪声法。本节将讨论用得最多的传播时间法和多普勒(效应)法的仪表。

1. 传播时间法

声波在流体中传播,顺流方向声波传播速度会增大,逆流方向则减小,同一传播距离就有不同的传播时间。利用传播速度之差与被测流体流速的关系求取流速,称之传播时间法。按测量具体参数不同,分为时差法、相位差法和频差法。现以时差法说明其工作原理。

(1) 流速方程式

如图 7.6.1 所示，一对换能器 A、B 安装分别在管道的上游和下游，它们之间可以互相发射超声波信号，超声波传播路径(声道)长度为 L，声道与管道横截面直径所呈的锐角为 θ。那么，当流体以速度 v 在管道中流动，由换能器 A 发射、换能器 B 接收的超声波的传播速度为 $v_{顺}$，由换能器 B 发射、换能器 A 接收的超声波的传播速度为 $v_{逆}$，超声波在静止的流体中传播的声速为 c。

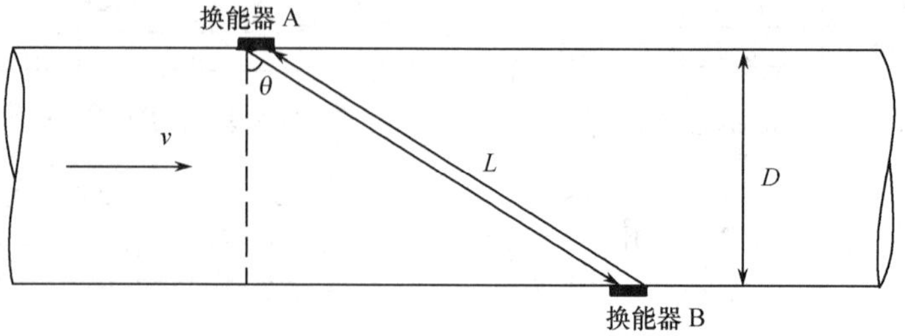

图 7.6.1　传播时间法原理

对流体在管道中流动的速度进行矢量分解，得

$$v_{顺}=c+v\sin\theta \tag{7.6.1}$$

$$v_{逆}=c-v\sin\theta \tag{7.6.2}$$

流体在两个超声波换能器之间的传播路程为

$$L_{顺}=L_{逆}=\frac{D}{\cos\theta} \tag{7.6.3}$$

从而有

$$t_{顺}=L_{顺}/v_{顺}=\frac{D}{\cos\theta}/(c+v\sin\theta) \tag{7.6.4}$$

$$t_{逆}=L_{逆}/v_{逆}=\frac{D}{\cos\theta}/(c-v\sin\theta) \tag{7.6.5}$$

这样就得到了两个接收信号之间的时间间隔为

$$\Delta t=t_{逆}-t_{顺}=\frac{D}{\cos\theta}\left(\frac{1}{c-v\sin\theta}-\frac{1}{c+v\sin\theta}\right) \tag{7.6.6}$$

整理得

$$\Delta t=\frac{D}{\cos\theta}\left(\frac{2v\sin\theta}{c^2-v^2\sin^2\theta}\right) \tag{7.6.7}$$

在液体超声流量计中，由于超声波在液体中的传播速度可达到 1500m/s 左右，液体流速相对于超声波在流体中传播的速度来说是非常微小的，所以，可以对式(7.6.7)做近似处理，得

$$\Delta t\approx\frac{D}{\cos\theta}\left(\frac{2v\sin\theta}{c^2}\right)=\frac{2D\tan\theta}{c^2}v \tag{7.6.8}$$

流体的流速为

$$v=\frac{c^2}{2D\tan\theta}\cdot\Delta t \tag{7.6.9}$$

式中，v 为所求液体在管道中的流速，c 为超声波在静止的液体中的传播速度，D 为管道的内径，θ 为超声波换能器安装的角度，Δt 为超声顺、逆流传播的时间差值。由上面公式可以看出，

只要 D、θ、c 和 Δt 确定后，流速就可以得到。在这几个参数中，D 和 θ 在流量计安装时已经确定，通过声速与温度的拟合可以得到准确的 c。因此，这里关键是对顺、逆流时间差 Δt 的准确测量。

这种计算方法对于液体流速的测量来说是可行的。但是，在气体超声流量计中，由于超声波在气体中的声速较小，舍去 $c^2-v^2\sin^2\theta$ 项中 $v^2\sin^2\theta$ 项将给顺、逆流时间差 Δt 的准确测量带来较大误差。假设声速为 340m/s，流体速度为 30m/s，θ 为 45°，那么，这一项的误差是

$$\frac{v^2\sin^2\theta}{c^2-v^2\sin^2\theta}=\frac{450}{115150}=0.39\%$$

可见，这样的舍弃对于气体流量测量结果影响很大。为此，采用不同于液体超声流量计的计算方法。对式(7.6.4)和式(7.6.5)进行变换，得

$$\begin{cases} t_{顺}=\dfrac{D}{\cos\theta(c+v\sin\theta)} \\ t_{逆}=\dfrac{D}{\cos\theta(c-v\sin\theta)} \end{cases}$$

进而有

$$\begin{cases} \dfrac{1}{t_{顺}}=\dfrac{\cos\theta(c+v\sin\theta)}{D} \\ \dfrac{1}{t_{逆}}=\dfrac{\cos\theta(c-v\sin\theta)}{D} \end{cases}$$

由此得

$$\begin{cases} \sin\theta\cos\theta v=\dfrac{D}{t_{顺}}-\cos\theta c \\ -\sin\theta\cos\theta v=\dfrac{D}{t_{逆}}-\cos\theta c \end{cases}$$

将两式相减后，得到流速公式为

$$v=\frac{D}{2(\sin\theta\cos\theta)}\cdot\frac{\Delta t}{t_{顺}\cdot t_{逆}} \tag{7.6.10}$$

可见，式(7.6.10)中不含有忽略项，在准确计算 $v_{顺}$ 和 $v_{逆}$ 的情况下，其精确度高于式(7.6.9)，并且这个公式不受声速的影响。

(2) 流量方程式

在得到流体流速 v 后，就可以计算出管道中流体的流量 q_V，即 $q_V=v\times S$，其中 S 为管道的内径对应的面积。

传播时间法所测量和计算的流速是声道上的线平均流速，而计算流量所需的是流通横截面的面平均流速，二者的数值是不同的，其差异取决于流速分布状况。因此，必须用一定的方法对流速分布进行补偿。此外，对于夹装式换能器仪表，还必须对折射角受温度变化进行补偿，才能精确地测得流量。体积流量 q_V 为

$$q_V=\frac{v}{K}\cdot\frac{\pi D^2}{4} \tag{7.6.11}$$

式中，K 为流速分布修正系数，即声道上线平均流速 v 和平面平均流速 v_m 之比，$K=v/v_m$；D 为管道内径。

K 是单声道通过管道中心(即管轴对称流场的最大流速处)的流速(分布)修正系数。管道雷诺数 Re 变化，K 值将变化，仪表测量范围度为 10 时，K 值变化约为 1%；测量范围度为

100 时，K 值约变化 2%。流动从层流转变为紊流时，K 值要变化约 30%。所以要精确测量时，必须对 K 值进行动态补偿。

2. 多普勒(效应)法

多普勒(效应)法超声流量计是利用在静止点检测来自移动源发射声波而产生多普勒频移现象原理，多普勒频移正比于两者之间的相对速度。

(1) 流速方程式

如图 7.6.2 所示，超声换能器 A 向流体发出频率为 f_A 的连续超声波，经照射域内液体中散射体悬浮颗粒或气泡散射，散射的超声波产生多普勒频移 f_d，接收换能器 B 收到频率为 f_B 的超声波，其值为

$$f_B = f_A\left(1 - \frac{2v\cos\theta}{c}\right) \tag{7.6.12}$$

式中，v 为散射体运动速度。

多普勒频移 f_d 正比于散射体流动速度，即

$$f_d = f_A - f_B = f_A \frac{2v\cos\theta}{c} \tag{7.6.13}$$

测量对象确定后，式(7.6.13)右边除 v 外均为常量，整理后得

$$v = \frac{c}{2\cos\theta}\frac{f_d}{f_A} \tag{7.6.14}$$

(2) 流量方程式

多普勒法超声流量计的流量方程式形式上与式(7.6.11)相同，只是所测得的流速是各散射体的速度 v，与载体液体管道平均流速数值并不一致；方程式中流速分布修正系数 K_d 以代替 K。K_d 是散射体的“照射域”在管中心附近的系数；其值不适用于在大管径或含较多散射体达不到管中心附近就获得散射波的系数。

$$q_V = \frac{v}{K_d} \cdot \frac{\pi D^2}{4} \tag{7.6.15}$$

(3) 液体温度影响的修正

式(7.6.14)中的流体声速 c 是温度的函数，液体温度变化会引起测量误差。由于固体的声速温度变化影响比液体小一个数量级，即在式(7.6.14)中的流体声速 c 用声楔的声速 c_0 取代，以减小用液体声速时的影响。因为从图 7.6.3 可知，$\cos\theta = \sin\varphi$，再按菲涅耳定律 $\sin\varphi / c = \sin\varphi_0 / c_0$，式(7.6.14)便可得

$$v = \frac{c_0}{2\sin\varphi_0}\frac{f_d}{f_A} \tag{7.6.16}$$

式中，$c_0/(2\sin\varphi_0)$ 可视为常量。

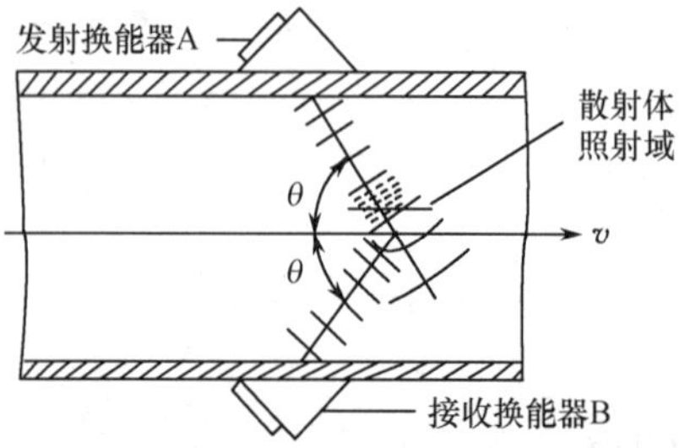

图 7.6.2　多普勒法超声波流量计原理图

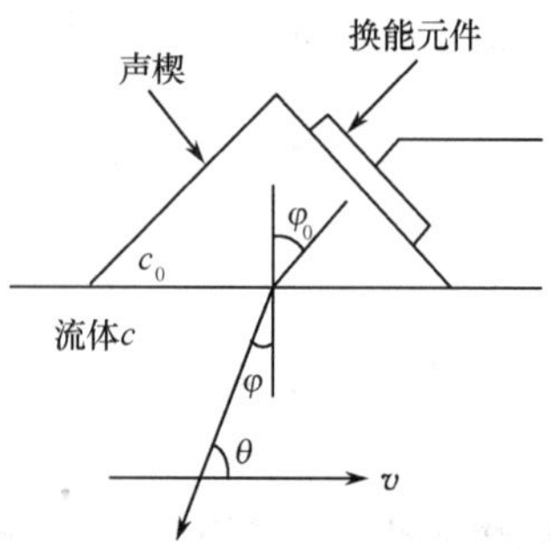

图 7.6.3　声楔的射角

（4）散射体的影响

实际上多普勒频移信号来自速度参差不齐的散射体，而所测得各散射体速度和载体液体平均流速间的关系也有差别。其他参量如散射体粒度大小组合与流动时分布状况、散射体流速非轴向分量、声波被散射体衰减程度等均影响频移信号。

3. **组成**

超声流量计主要由安装在测量管道上的超声换能器（或由换能器和测量管组成的超声流量传感器）和转换器组成。转换器在结构上分为固定盘装式和便携式两大类。换能器和转换器之间由专用信号传输电缆连接，在固定测量的场合需在适当的地方装接线盒。夹装式换能器通常还需配用安装夹具和耦合剂。图 7.6.4 所示是系统组成示意图，此例是测量液体用传播时间法单声道透过式超声流量计。

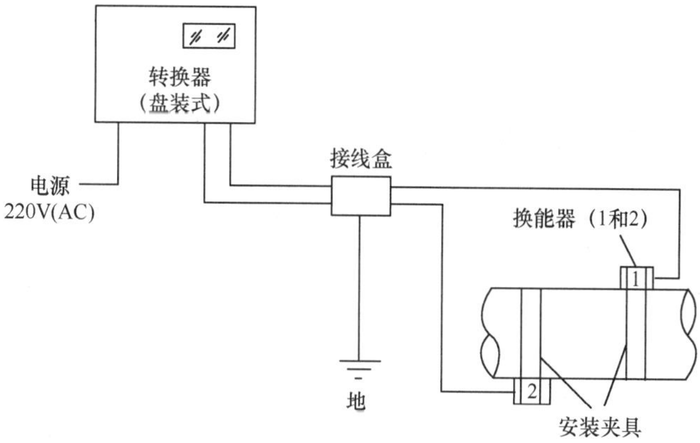

图 7.6.4　超声流量计组成

7.6.2　选用与安装注意事项

1. 测量原理的选择

选择液体用超声流量计首先考虑测量原理是传播时间法还是多普勒法，其主要判断要素是：液体洁净程度或杂质含量和测量精度要求。基本适用条件见表 7.6.1。

表 7.6.1　超声流量计的基本适用条件

条　件	传播时间法		多 普 勒 法
适用液体	水类（江河水，海水，农业用水等），油类（纯净燃油，润滑油，食用油等），化学试剂，药液等		含杂质多的水（污水，农业用水等），浆类（泥浆，矿浆，纸浆，化工料浆等），油类（非净燃油，重油，原油等）
适用悬浮颗粒含量	体积含量＜1%（包括气泡）时不影响测量准确度		浊度＞50～100mg/L
仪表基本误差	带测量管段式	±(0.5～1)%R	±(3～10)%FS 固体粒子含量基本不变时 ±(0.5～3)%
	湿式大口径多声道		
	湿式小口径单声道	±1.5%R～±3%R	
	夹装式（测量范围 20：1）		
重复性误差	0.1%～0.3%		1%
信号传输电缆长度	100～300m，在能保证信号质量的前提下，可以小于 100m		＜30m
价格	较高		较低

此外，对于外夹装式仪表还要考虑管壁材料和厚度、锈蚀状况、衬里材料和厚度；对于现场安装换能器式仪表要考虑换能器类型；对于大管径传播时间法仪表要考虑声道数，等等。

2. 安装注意事项

(1) 流量传感器(即带测量管段的插入式换能器组成)的安装

① 安装本类流量传感器时，管网必须停流，测量点管道必须截断后接入流量传感器。

② 连接流量传感器的管道内径必须与流量传感器相同，其差别应在±1%以内。

③ 流量计上的传感器尽可能在如图 7.6.5 所示与水平直径成 45°的范围内，避免在垂直直径位置附近安装。否则在测量液体时，换能器声波表面易受气体或颗粒影响，在测量气体时受液滴或颗粒影响。

④ 测量液体时安装位置必须充满液体。

⑤ 上下游应有必要的直管段。

(2) 外夹装式换能器的安装

上面②，③，④，⑤各项应同样注意外，还应注意以下各点。

① 剥净安装段内保温层和保护层，并把换能器安装处的壁面打磨干净，避免局部凹陷，凸出物修平，漆锈层磨净。

② 对于垂直设置的管道，若为单声道传播时间法仪表，换能器的安装位置应尽可能在上游弯管的弯轴平面内，以获得弯管流场畸变后较接近的平均值，如图 7.6.6 所示。

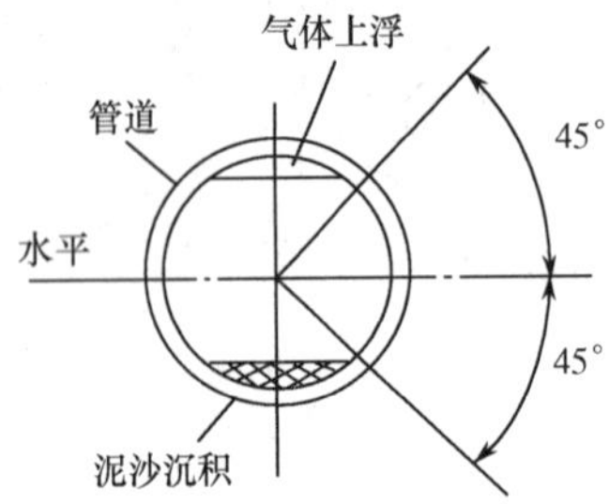

图 7.6.5 水平管换能器安装位置

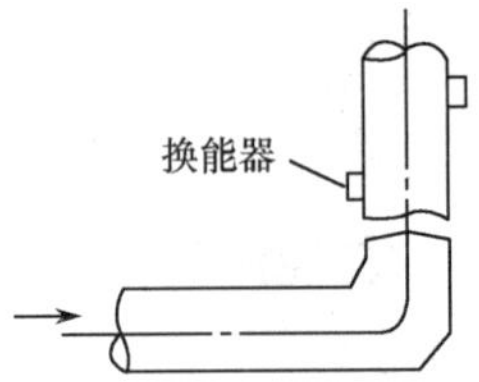

图 7.6.6 单声道换能器垂直管道安装位置

③ 换能器安装处和管壁反射处必须避开接口和焊缝，如图 7.6.7 所示。

④ 换能器安装处的管道衬里和垢层不能太厚。衬里、锈层与管壁间不能有间隙。对于锈蚀严重的管道，可用手锤敲击管壁，以震掉壁上的锈层，保证声波正常传播。但必须注意，防止击出凹坑。

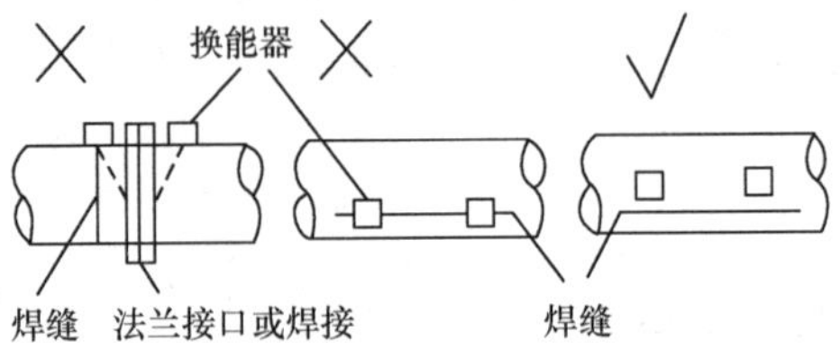

图 7.6.7 避开接口和焊缝示意图

⑤ 换能器工作面与管壁之间保持有足够的耦合剂，不能有空气和固体颗粒，以保证耦合良好。

⑥ 多普勒法夹装式换能器安装有对称安装和同侧安装两种方法。对称安装适用于中小管径(通常小于 600mm)管道和含悬浮颗粒或气泡较少的液体；同侧安装适用于各种管径的管道和含悬浮颗粒或气泡较多的液体。

7.7 质量流量计

前面介绍的各种流量检测方法是直接测出流体的流速，通过乘以管道截面积得到体积流量。但在工业生产中，物料平衡、经济核算等都需要的是质量流量。在一般情况下，对于液体，可以将已测得的体积流量乘以密度换算成质量流量；而对于气体，由于密度随气体的温度和压力而变化；对于多组分的气体，密度除了随温度和压力而变化外，还受组分变化的影响；给质量流量的换算带来了麻烦。质量流量计的检测方法是用一定的测量原理直接测量质量流量。

质量流量计的检测方法可以分为两大类：

- 直接式，检测装置的输出信号可以直接表示质量流量的大小；
- 间接式，检测两个以上有关质量流量的物理量，然后通过计算得出质量流量。

7.7.1 直接式质量流量计

目前，直接式质量流量常用的检测方法有：差压式质量流量计、涡轮式质量流量计、动量式质量流量计、热式质量流量计和科里奥利式质量流量计等，下面主要介绍后两种。

1. 热式质量流量计

热式质量流量计是利用传热原理，即流动中的流体与热源（流体中加热的物体或测量管外加热体）之间热量交换关系来测量流量的仪表，当前主要用于测量气体。

热式流量仪表用得最多的有两类，即：一是利用流动流体传递热量改变测量管壁温度分布的热传导分布效应的热分布式流量计，曾称量热式质量流量计；二是利用热消散（冷却）效应的金氏定律的热式质量流量计，又由于结构上检测元件伸入测量管内，也称浸入式或侵入式热式质量流量计。

(1) 热分布式热式质量流量计

热分布式热式质量流量计的工作原理如图 7.7.1 所示，薄壁测量管 3 外壁绕着两组兼做加热器和检测元件的绕组 2 组成惠斯顿电桥，由恒流电源 5 供给恒定热量，通过线圈绝缘层、管壁、流体边界层传导热量给管内流体。边界层内热的传递可以看做热传导方式实现的。在流量为零时，测量管上的温度分布如图下部虚线所示，相对于测量管中心的上下游是对称的，由线圈和电阻组成的电桥处于平衡状态；当流体流动时，流体将上游的部分热量带给下游，导

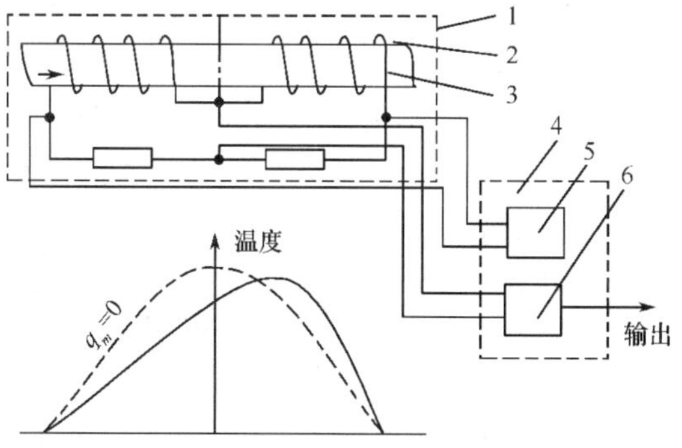

图 7.7.1 热分布式热式质量流量计的工作原理

1—流量传感器 2—绕组 3—测量管 4—转换器 5—恒流源 6—放大器

致温度分布变化如实线所示，由电桥测出两组线圈电阻值的变化，求得两组线圈平均温度差 ΔT。则质量流量 q_m 为

$$q_m = K\frac{A}{c_p}\Delta T \tag{7.7.1}$$

式中，c_p 为被测气体的质量定压热容；A 为测量管绕组（即加热系统）与周围环境热交换系统之间的热传导系数；K 为仪表常数；ΔT 为两组线圈平均温度差。

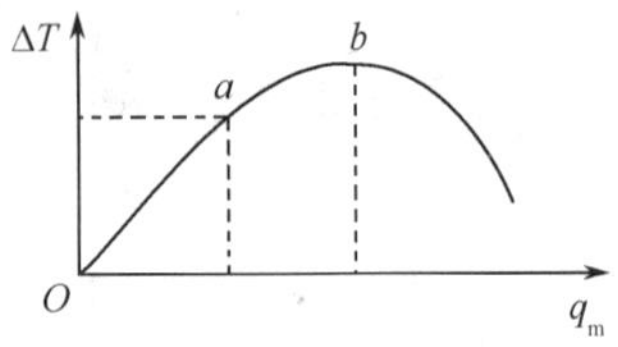

图 7.7.2　质量流量与绕组温度差之间的关系

总的热传导系数 A 中，因测量管壁很薄且具有相对较高的热导率，仪表制成后其值不变。因此，A 的变化可简单地认为主要是流体边界层热导率的变化。当测量某一特定范围的流体流量时，A 和 c_p 均视为常量，则质量流量仅与绕组平均温度差成正比，如图 7.7.2 中 Oa 段所示。Oa 段为仪表正常测量范围，仪表出口处流体不带走热量，或者说带走热量极微；流量超过 a 点，流量增大到有部分热量被带走而呈现非线性，超过 b 点，则大量热量被带走。

测量管加热方式大部分产品采用两绕组或三绕组的线绕电阻；除管外电阻丝绕组加热方式外，还有利用管材本身电阻加热方式。测量管形状有直管形，还有 Π 字形结构。三绕组中一组在中间加热，两组分绕两臂测量温度。

为了获得良好的线性输出，必须保持层流流动，测量管内径 D 设计得很小而长度 L 很长，即有很大的 L/D 比值，流速低，流量小。为扩大仪表流量，还可采用在管道内装管束等层流阻流件；扩大更大流量和口径还常采用分流方式，在主管道内装层流阻流件以恒定比值分流部分流体到流量传感部件。有些型号仪表也有用文丘里喷嘴等代替层流阻流件。

市场上热分布式质量流量计按测量管内径分为细管型（也有称毛细管型）和小型两大类，结构上有较大区别。小型测量管仪表只有直管型，内径为 4mm；细管型测量管内径仅为 0.2～0.5mm，稍大者为 0.8～1mm，极容易堵塞，只适用于净化无尘气体。

(2) 浸入式热式质量流量计

金氏定律的热丝热散失率表述各参量间关系，如式(7.7.2)所示

$$H/L = \Delta T[\lambda + 2(\pi\lambda c_V \rho v d)^{1/2}] \tag{7.7.2}$$

式中，H/L 为单位长度热散失率（J/(m·h)）；ΔT 为热丝高于自由流束的平均升高温度（K）；λ 为流体的热导率（W/(m·K)）；c_V 为质量定容热容（J/(kg·K)）；ρ 为密度（kg/m^3）；v 为流体的流速（m/s）；d 为热丝直径（m）。

如图 7.7.3 所示，两温度传感器（热电阻）分别置于气流中两金属细管内，一热电阻测得气流温度为 T_1；另一细管经功率恒定的电流加热，其温度 T_2 高于气流温度，气体静止时 T_2 最高，随着质量流速 ρv 的增加，气流带走更多热量，温度下降，测得温度差为 $\Delta T = T_2 - T_1$，这种方法称为温度差测量法或温度测量法。

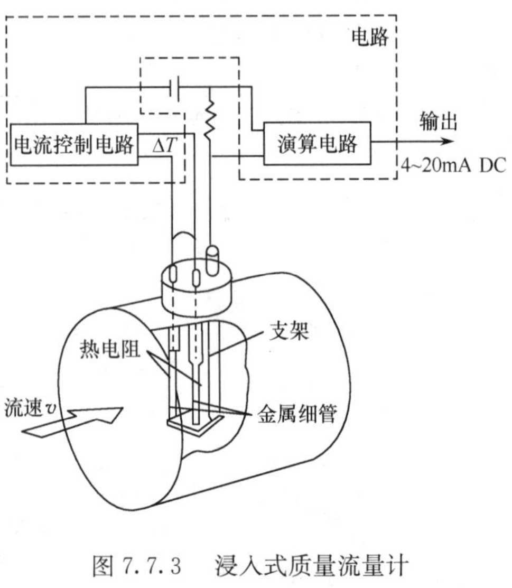

图 7.7.3　浸入式质量流量计

消耗功率 P 和温度差 ΔT 存在如式(7.7.3)

所示的比例关系，式中 B,C,k 均为常数。从式(7.7.3)便可算出质量流速，乘上点流速与管道平均流速间系数和流通面积的质量流量 q_m，再将式(7.7.3)变换成式(7.7.4)，即

$$P=[B+C(\rho v)^k]\Delta T \tag{7.7.3}$$

$$P/\Delta T=D+Eq_m^k \tag{7.7.4}$$

式(7.7.4)中，E 是与所测气体物性如热导率、比热容、黏度等有关的系数，如果气体成分和物性恒定则视为常数；D 则是与实际流动有关的常数。因 P 恒定，所以，ΔT 与 q_m 成比例。

若保持 ΔT 恒定，控制加热功率随着流量增加而增加，这种方法也称为功率消耗测量法。

(3) 安装注意事项

① 热分布式。大部分热分布式热式质量流量计的流量传感器可为任何姿势(水平、垂直或倾斜)安装，有些仪表只要安装好后在工作条件如压力、温度下进行电气零点调整。然而有些型号仪表对安装姿势具有敏感性，大部分制造厂会对此就安装姿势影响和安装要求做出说明。应用于高压气体时，流量传感器则选择水平安装，因为这样便于做到调零的零偏置。

② 浸入式。大部分浸入式热式质量流量计性能不受安装姿势的影响。然而在低流速测量时，因受管道内气体对流的热流影响，使安装姿势显得十分重要。因此，在低和非常低流速流动时要获得精确测量，必须遵循制造厂依据仪表设计结构而确定的安装建议。

2. 科里奥利质量流量计

科里奥利质量流量计是美国 Micro Motion 公司于 1977 年首先研制成功的一种基于处于旋转系中的流体在直线运动时产生与质量流量成正比的科里奥利力原理的新型质量流量计，可以直接高精度地测量流体质量并可同时获取流体密度值，是当前发展最为迅速的流量计之一。除了可用于各种常规流体外，还可用于各种非常规流体、浆液、液化气体和压缩天然气，广泛应用于石化、造纸、食品及制药等行业。科里奥利质量流量计的特点有：精度高、量程比大、动态特性好、无直管段要求、压力损失大等。

(1) 科里奥利力的原理

从匀速转动的参考系来看，具有相对运动速度的物体所受到的惯性力分为两个，一个称为惯性离心力，另一个即为科里奥里力。

如图 7.7.4 所示，有一个绕铅直轴匀速转动的水平圆盘，其角速度为 ω，逆时针转动。其上有一质点 P，质量为 m，P 在以转轴 O 为中心、半径为 r 的水平圆轨道上作匀速圆周运动。P 相对圆盘逆时针转动，相对速度为 v'。

从惯性系来研究质点的运动。在 t 时刻质点运动到 A 点，在 $t+\Delta t$ 时刻运动到 B 点。根据加速度的定义，在 A 点(t 时刻)的加速度 $\boldsymbol{a}=\lim\limits_{\Delta t\to 0}\dfrac{\boldsymbol{v}_{\mathrm{B}}-\boldsymbol{v}_{\mathrm{A}}}{\Delta t}$。根据速度合成，质点在 A、B 两点的速度分别为

$$\boldsymbol{v}_{\mathrm{A}}=v'\mathring{\boldsymbol{r}}_{\mathrm{A}}+\omega r_{\mathrm{A}}\mathring{\boldsymbol{\tau}}_{\mathrm{A}} \tag{7.7.5}$$

$$\boldsymbol{v}_{\mathrm{B}}=v'\mathring{\boldsymbol{r}}_{\mathrm{B}}+\omega r_{\mathrm{B}}\mathring{\boldsymbol{\tau}}_{\mathrm{B}} \tag{7.7.6}$$

式中，$\mathring{\boldsymbol{r}}_{\mathrm{A}}$和$\mathring{\boldsymbol{r}}_{\mathrm{B}}$是 A 和 B 两点的径向单位矢量，而$\mathring{\boldsymbol{\tau}}_{\mathrm{A}}$和$\mathring{\boldsymbol{\tau}}_{\mathrm{B}}$是在 A 和 B 两点的横向单位矢量，r_{A} 和 r_{B}是 A 和 B 两点与轴 O 的垂直距离。由于质点相对圆盘是沿半径向外作匀速直线运动，所以有

$$r_{\mathrm{B}}=r_{\mathrm{A}}+v'\Delta t \tag{7.7.7}$$

从图 7.7.4 可以得出$\mathring{\boldsymbol{r}}_{\mathrm{B}}$，$\mathring{\boldsymbol{\tau}}_{\mathrm{B}}$与$\mathring{\boldsymbol{r}}_{\mathrm{A}}$，$\mathring{\boldsymbol{\tau}}_{\mathrm{A}}$的关系为

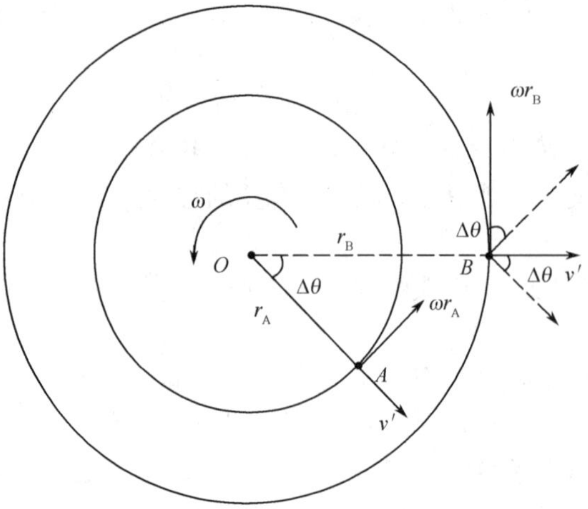

图 7.7.4　科里奥利力的原理

$$\mathring{\boldsymbol{r}}_B=\mathring{\boldsymbol{r}}_A\cos\Delta\theta+\mathring{\boldsymbol{\tau}}_A\sin\Delta\theta \tag{7.7.8}$$

$$\mathring{\boldsymbol{\tau}}_B=-\mathring{\boldsymbol{r}}_A\sin\Delta\theta+\mathring{\boldsymbol{\tau}}_A\cos\Delta\theta \tag{7.7.9}$$

代入加速度 $\boldsymbol{a}$ 的定义，就得质点在 A 点的加速度为

$$\begin{aligned}\boldsymbol{a}&=\lim_{\Delta t\to 0}\frac{1}{\Delta t}[(v'\mathring{\boldsymbol{r}}_B+\omega r_B\mathring{\boldsymbol{\tau}}_B)-(v'\mathring{\boldsymbol{r}}_A+\omega r_A\mathring{\boldsymbol{r}}_A)]\\&=\lim_{\Delta t\to 0}\frac{1}{\Delta t}[v'\mathring{\boldsymbol{r}}_B+\omega(r_A+v'\Delta t)\mathring{\boldsymbol{\tau}}_B-v'\mathring{\boldsymbol{r}}_A-\omega r_A\mathring{\boldsymbol{\tau}}_A]\\&=\lim_{\Delta t\to 0}\frac{1}{\Delta t}[v'(\mathring{\boldsymbol{r}}_A\cos\Delta\theta+\mathring{\boldsymbol{\tau}}_A\sin\Delta\theta)-v'\mathring{\boldsymbol{r}}_A-\omega r_A\mathring{\boldsymbol{\tau}}_A+\omega(r_A+v'\Delta t)(-\mathring{\boldsymbol{r}}_A\sin\Delta\theta+\mathring{\boldsymbol{\tau}}_A\cos\Delta\theta)]\end{aligned}$$

由于 $\Delta t\to 0$ 时，B 点趋近于 A 点，即 $\Delta\theta\to 0$。这样利用关系：当 $\Delta\theta\to 0$，则 $\cos\Delta\theta\to 1$，$\sin\Delta\theta\to\Delta\theta$，则得

$$\begin{aligned}\boldsymbol{a}&=\lim_{\Delta t\to 0}\frac{1}{\Delta t}(v'\Delta\theta\mathring{\boldsymbol{\tau}}_A-\omega\Delta\theta r_A\mathring{\boldsymbol{\tau}}_A+\omega v'\Delta t\mathring{\boldsymbol{\tau}}_A)\\&=v'\left(\lim_{\Delta t\to 0}\frac{\Delta\theta}{\Delta t}\right)\mathring{\boldsymbol{\tau}}_A-\omega\left(\lim_{\Delta t\to 0}\frac{\Delta\theta}{\Delta t}\right)r_A\mathring{\boldsymbol{\tau}}_A+\omega v'\mathring{\boldsymbol{\tau}}_A\end{aligned}$$

由于 $\omega=\lim_{\Delta t\to 0}\frac{\Delta\theta}{\Delta t}$，所以在 t 时刻质点相对于惯性系得加速度为

$$\boldsymbol{a}=2\omega v'\mathring{\boldsymbol{\tau}}_A-\omega^2 r_A\mathring{\boldsymbol{r}}_A$$

去掉下标 A，则得

$$\boldsymbol{a}=2\omega v'\mathring{\boldsymbol{\tau}}-\omega^2 r\mathring{\boldsymbol{r}} \tag{7.7.10}$$

这样根据牛顿第二定律，质点必受到一真实的外力作用

$$\boldsymbol{F}=m\boldsymbol{a}=2mv'\omega\mathring{\boldsymbol{\tau}}-m\omega^2 r\mathring{\boldsymbol{r}} \tag{7.7.11}$$

从匀速转动的参考系来看，质点是作匀速直线运动，所以，为了使牛顿第二定律在匀速参考系中仍然成立，则质点必须受到一个虚构的惯性力的作用，使得

$$\boldsymbol{F}+\boldsymbol{F}_i=0 \tag{7.7.12}$$

即质点受到的惯性力 $\boldsymbol{F}_i$ 等于

$$\boldsymbol{F}_i=-\boldsymbol{F}=-2mv'\omega\boldsymbol{\tau}^{\circ}+m\omega^2 r\boldsymbol{r}^{\circ} \tag{7.7.13}$$

由式(7.7.13)可知，在匀速圆周运动参考系中，一个相对该参考系有相对运动速度的质点除了受到惯性力 $m\omega^2 r\boldsymbol{r}^{\circ}$ 外，还要受到一个大小、方向都与相对速度有关的力的作用，这个力就称为科里奥利力，记为

$$\boldsymbol{F}_c=-2mv'\omega\boldsymbol{\tau}^{\circ}=2m\boldsymbol{v}'\times\boldsymbol{\omega} \tag{7.7.14}$$

(2) 科里奥利质量流量计的组成

科里奥利质量流量计是基于科里奥利力的原理而设计的。它由一次仪表和二次仪表组成，其中，一次仪表包括测量管、传感器和激振器，如图 7.7.5 所示；二次仪表又称变送器，包括流量管的驱动系统和一次仪表输出信号的处理系统。

目前，市场上科氏质量流量计的种类很多。从一次仪表的结构来看，有直管、U 形管、S 形管、Ω 形管、双梯形管、螺旋形管、Δ 形管等。每一种形状的测量管又有单管、双管和多管之分。每种管子的适用场合、测量精度及价格水平各不相同，用户可以从安装环境、清洗方式及对压力损失的要求等方面作出选择。

下面介绍双 U 形管科里奥利质量流量计一次仪表结构，如图 7.7.5 所示。它主要由测量管(又称流量管，包括平衡管)、激振器(包括驱动线圈和磁铁，分别安装在测量管和平衡管上)、信号拾取器(即传感器，由检测线圈和磁铁组成，流体流入端和流出端各有一个)组成。另外，在流量管上还要安装铂电阻温度传感器，测量流体温度对流量管的影响，对测量结果进行温度补偿。

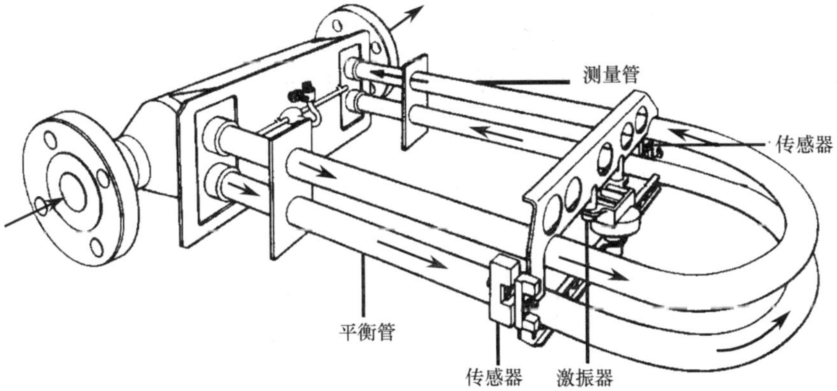

图 7.7.5　科里奥利质量流量计一次仪表的结构图

科里奥利质量流量变送器的功能主要有：

① 为激振器提供激振信号，并且当流量管的固有频率随流体特性变化时，激振信号的频率要随之变化；

② 对两路传感器和电阻温度传感器的输出信号进行处理并输出测量结果；

③ 与测量系统内的其他设备进行通信。

当变送器给激振器提供激振信号时，驱动线圈与磁铁发生相对运动，使得流量管产生振动。当激振信号频率等于流量管的固有频率时，振幅最大，此时如果没有流体流动，则信号拾取器产生的两路正弦波的相位相同，即时间差为 0，如图 7.7.6 所示。当流量管内有流体流动时，由于科里奥利力的作用，两个流量管会发生相对扭转，扭转的过程如图 7.7.7所示(放大效果图，科里奥利质量流量计的实际扭转角并没有这么大)。当扭转产生后，两路输出信号之间就存在一个时间差，并且在时间关系上是出口端的信号超前于入口端的信号，如图 7.7.8所

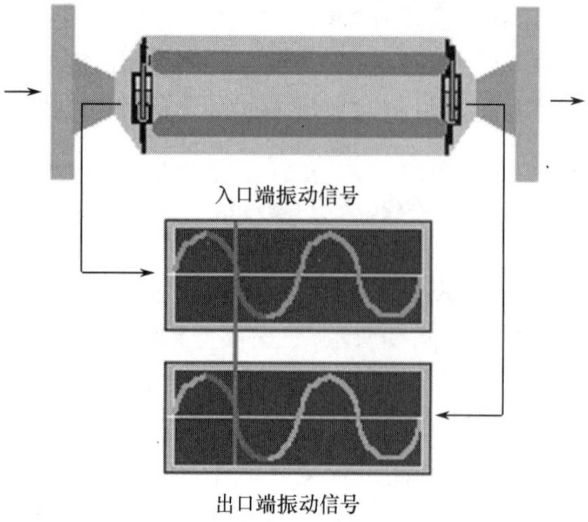

图 7.7.6　没有流体流动两路正弦波的相位图

示。该时间差正比于流体的质量流量，通过求出该时间差，再结合温度和压力补偿，就可以精确地求出流体的质量流量。

(3) 科里奥利质量流量计工作原理

科里奥利质量流量计是利用流体在直线运动的同时处于旋转系中，产生与质量流量成正比的科里奥利力原理而制成的一种直接式质量流量仪表。电磁激振器使U形流量管围绕穿过入口端和出口端的固定轴线作正弦运动，则流量管中一作正弦振动 $y=y_m\sin\omega t$ 的质点的运动可以等效为一半径为 y_m 的圆周运动，其圆周运动的角频率与正弦振动的角频率相同，如图 7.7.9 所示。

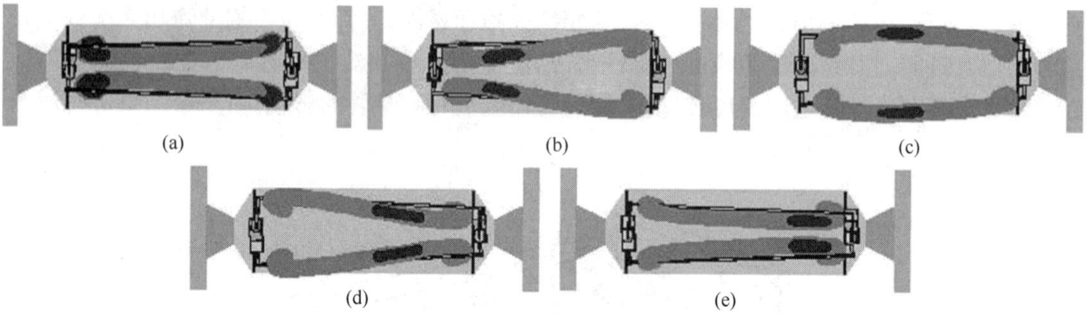

图 7.7.7　有流体流动时U形管扭转过程示意图

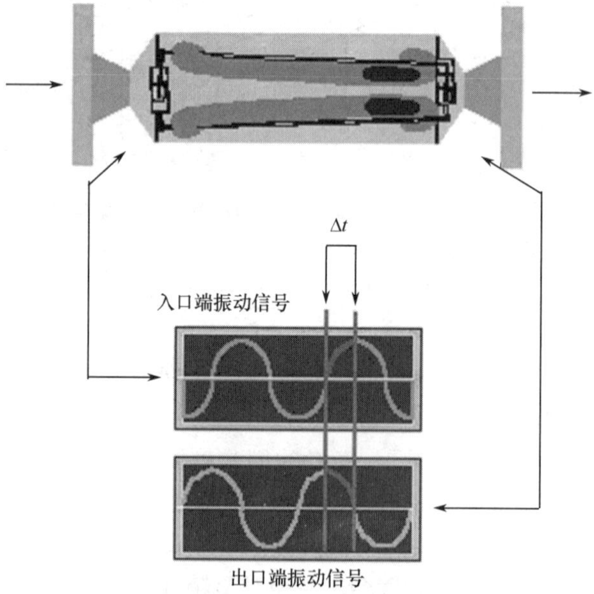

图 7.7.8　有流体流动两路正弦波的相位图

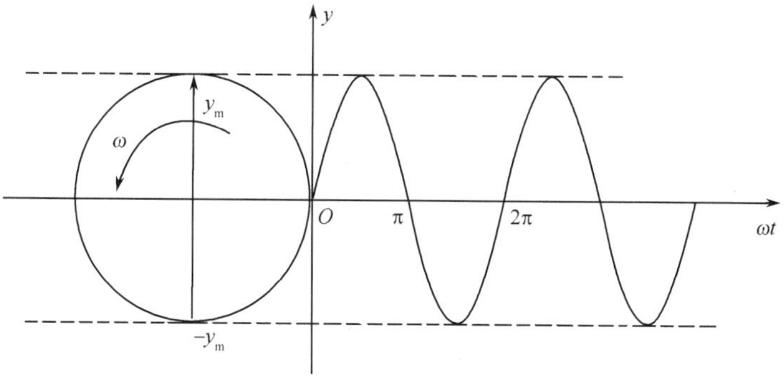

图 7.7.9　流量管的等效运动

当流体流过测量管时，由于流体与测量管具有相对运动，所以，从这个匀速转动的参考系看，流体会受到科里奥里力的作用。这个科里奥利力与管道对流体的作用力相平衡，即两个力大小相等、方向相反，而与流体对管道的力大小和方向都相等。这个与科里奥利力相等的力作用在测量管的两端上的方向是相反的，从而使测量管发生扭曲，如图 7.7.10 所示。流体的质量流量与这个扭转角成正比。因此，只要测出这个扭转角，就可以得到流体的质量流量。二次仪表就是通过适当的测量电路和处理方法，测得流量管的扭转角，并由此计算出流体的质量等参数。

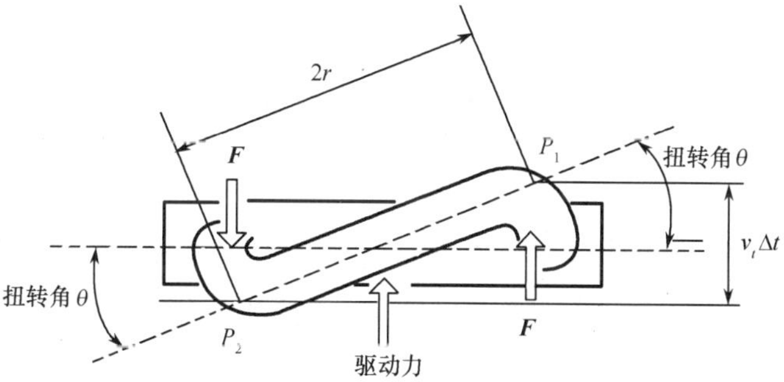

图 7.7.10　科里奥利流量计测量管的受力原理图

在工作过程中，测量管以角速度 $\boldsymbol{\omega}$ 振动，根据科里奥利力的原理，质量为 m 的流体以速度 $\boldsymbol{v}'$沿管子流动时，受到科里奥利力的作用为

$$\boldsymbol{F}_c = 2m\boldsymbol{v}' \times \boldsymbol{\omega}$$

管壁所受的科里奥利力与流体所受的力相反，即管壁所受的科里奥利力为

$$\boldsymbol{F}_c = -2m\boldsymbol{v}' \times \boldsymbol{\omega} = 2m\boldsymbol{\omega} \times \boldsymbol{v}' \tag{7.7.15}$$

当密度为 ρ 的流体在旋转管道中以恒定速度 v 流动时，任何一段长度 Δx 的管道都将受到一个 ΔF_c的切向科里奥利力

$$\Delta F_c = 2\omega v\rho A\Delta x \tag{7.7.16}$$

式中，A 为管道的流通横截面积。这里记流量为 q_m，由流量计算公式 $q_m=\rho vA$，所以有

$$\Delta F_c = 2\omega q_m \Delta x \tag{7.7.17}$$

则 U 形管中，直管段上一微小长度 $\mathrm{d}x$ 受到扭矩作用为

$$\mathrm{d}M = 2\mathrm{d}F_c r = 4\omega q_m r\,\mathrm{d}x \tag{7.7.18}$$

式中，r 为 U 型管弯曲部分的半径。对式(7.7.18)两边进行积分可得

$$M = \int \mathrm{d}M = \int 4q_m\omega r\,\mathrm{d}x = 4q_m\omega rL \tag{7.7.19}$$

式中，L 为 U 形管直管段的长度。在该扭矩的作用下，U 形管产生扭角 θ（很小），所以

$$M = k_s\theta \tag{7.7.20}$$

式中，k_s为管子的角弹性模量。由式(7.7.19)和式(7.7.20)可得

$$q_m = \frac{k_s\theta}{4\omega rL} = \frac{k_s}{4rL}\left(\frac{\theta}{\omega}\right) \tag{7.7.21}$$

由于扭转角 θ 的作用，使 U 形管两直边的振动不再完全相同。图 7.7.10 中 P_1 和 P_2 点为 U 形管直管段的末端。设 P_1 和 P_2 通过平衡点的时间差为 Δt，设 v_t是管子在振动方向的线速度，即 $v_t = \omega L$，则在形成扭转角 θ 的 Δt 时间内

$$\sin\theta = v_t\Delta t/(2r) \tag{7.7.22}$$

由于 θ 很小，可近似为 $\theta = \sin\theta$，即

$$\theta = \omega L\Delta t/(2r) \tag{7.7.23}$$

所以，由式(7.7.21)和式(7.7.23)得

$$q_m = \frac{k_s L\omega\Delta t}{8r^2\omega L} = \frac{k_s}{8r^2}\Delta t \tag{7.7.24}$$

可见，流体的质量流量与两路信号之间的时间差成正比，时间差前的系数是科里奥利质量流量计的仪表系数，由标定实验得到。

两路信号的时间差为

$$\Delta t = \frac{\Delta\varphi}{\omega \cdot f_s} \tag{7.7.25}$$

式中，$\Delta\varphi$ 为两路信号的相位差，ω 为信号基频角频率，f_s为采样频率。

U 形管两端所装的磁电传感器输出信号是正比于测量管振动速度的电压信号的。当振动管以一定频率振动时，其相对运动的角速度按正弦规律变化。故由磁电传感器输出的信号是一个正弦信号，其频率为角速度的变化频率，大小与角速度成正比。当有流体流过流量计时，振动管两端受方向相反的力，从而发生形变。用扭转角来表示这个形变。它使振动管两端到达相同的相对位移处时的时间不一样，存在一个时间差 Δt，这使两个磁电传感器的输出信号的波形也有一个相同的时间差而不是重合的。变送器就是通过测量这两路信号的相位差和频率来计算这个 Δt，再代入式(7.7.24)确定流体的质量流量。

(4) 安装使用注意事项

① 流量传感器安装一般要求。由于测量管形状及结构设计的差异，同一口径、相近流量范围、不同型号传感器的重量和尺寸差别很大，例如，80mm 口径者为 45kg，重者达 150～200kg。安装要求亦千差万别，因此，必须按照制造厂规定的安装方法和趋避禁止事项，例如，有些型号流量传感器直接连接到管道上即可，有些型号却要求设置支撑架或基础。为隔离管道振动影响仪表，有时传感器与管道之间要介以柔性管连接，而柔性管与传感器之间又要有一段支撑件分别固定的刚性直管。

安装设计时，尽可能使其有长的使用寿命，为除去过早磨损和产生测量误差的固形物和夹杂气体，按流体和管道条件在传感器上游装过滤器或气体分离等保护装置。若希望能在现场在线校准仪表，应考虑引流连接口和阀，以及相应的空间。

② 流量传感器安装姿势和位置。流量传感器测量管内残留固形物、结垢、潴留气体等均将影响测量精度。一般来说，装于自下而上流动的垂直管道较为理想；但对于非直形测量管，科里奥利质量流量计装在垂直管道还是水平管道上，取决于管道振动状况和应用条件。

安装位置必须使测量管内充满液体，例如，水平管道上流体流过科里奥利质量流量计后直

接放入容器而无背压，测量管往往不能充满，会使输出信号激烈波动。

③ 截止阀和控制阀的安装。为使调零时没有流动，科里奥利质量流量计上下游设置截止阀，并保证无泄漏。控制阀应装在科里奥利质量流量计下游，科里奥利质量流量计保持尽可能高的静压，以防止发生气蚀和闪蒸。

7.7.2 间接式质量流量计

间接式质量流量计检测原理是在管道上串联多个检测元件，建立各自的输出信号与流体的体积流量和密度等之间的关系，通过联立求解方程间接推导出流体的质量流量。目前，间接式质量流量常用检测方法有：差压式流量计与密度计的组合；体积流量计与密度计的组合；差压流量计或靶式流量计与体积流量计的组合等。

(1) 差压式流量计与密度计的组合

差压式流量计的差压输出值与 ρq_V^2 成正比，配合密度计进行乘法运算后开方，可得到质量流量，公式为

$$\sqrt{K_1\rho q_V^2 \cdot K_2\rho}=K\rho q_V=Kq_m \tag{7.7.26}$$

(2) 差压式流量计与体积流量计的组合

差压式流量计的差压输出值与 ρq_V^2 成正比，而体积流量计输出信号与 q_V 成正比，将这两个信号进行除法运算得到质量流量，公式为

$$\frac{K_1\rho q_V^2}{K_2 q_V}=Kq_m \tag{7.7.27}$$

图 7.7.11 所示为差压式流量计与体积流量计组合的质量流量计框图。

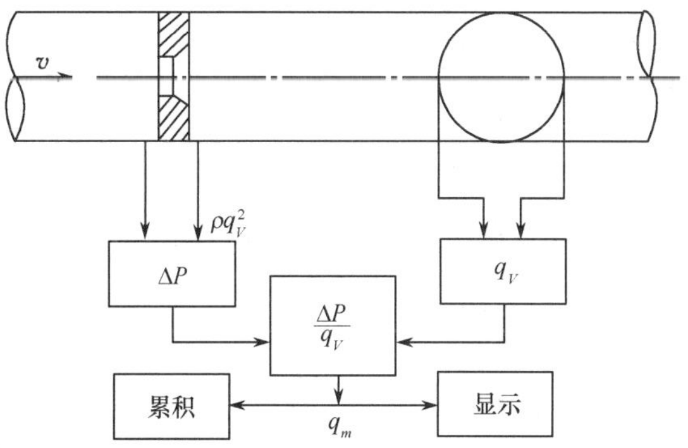

图 7.7.11 差压式流量计与体积流量计组合的质量流量计框图

(3) 体积流量计与密度计的组合

体积流量计的输出信号与 q_V 成正比，配合密度计进行乘法运算后得到质量流量，公式为

$$K_1 q_V \cdot K_2\rho=Kq_m \tag{7.7.28}$$

思考题与习题 7

1. 简述流量的定义、瞬时流量和累计流量的概念、体积流量和质量流量的单位。
2. 什么是量程比？

3. 简述按测量原理分流量计的种类。

4. 差压式流量计由哪几部分组成？简述每部分的功能。

5. 国家规定的标准节流件有哪几种？叙述标准孔板的使用条件与范围。

6. 试推导差压式流量计的流量方程，并说明各项参数的物理意义。

7. 电磁流量计由哪几部分组成？简述每部分的功能。

8. 电磁流量计主要干扰源有哪些？如何克服？

9. 当用电磁流量计测量水流量时，为什么常常选用矩形波励磁方式？

10. 当用电磁流量计测量液态金属流体时，为什么要选用直流励磁方式？

11. 简述涡轮流量计的工作原理、结构、组成和特点。

12. 涡街流量计由哪几部分组成？简述每部分的功能。

13. 涡街流量计的旋涡发生器有哪几种类型？常用测量旋涡的方法有哪些？

14. 在涡街流量计中，当检测元件为压电式传感器时，转换器中第一个环节设置为前置放大器的原因是什么？

15. 以测量管道平均流速为基本原理的流量计中，为什么在使用时有前、后直管段的要求？

16. 比较差压流量计、电磁流量计、涡街流量计的优缺点。

17. 超声波流量计测量纯净液体流量和测量含固体颗粒或气泡的液体流量分别采用的是什么方法（或原理）？哪种测量精度高？为什么？

18. 质量流量计有哪几种类型？简述科里奥利质量流量计的工作原理。

19. 涡街流量计和热式质量流量计均可以测量气体流量，试解释它们各自测量的特点。

20. 试说明科里奥利质量流量计工作的前提条件是流量管（测量管）必须振动。

第8章　物位检测

物位是过程控制中的五大被测量之一，物位测量是检测技术的一项重要应用。物位的实时测量和控制系统是现代自动控制系统中的重要环节，在石油化工、造船、食品加工等行业应用广泛。因此，研究物位测量技术、改善物位仪表的性能具有重要的实际意义。限于篇幅，本章在概述物位检测技术的基础上，重点介绍超声波物位计和雷达物位计的原理和组成。

8.1　概　　述

8.1.1　物位检测的基本概念

物位分为液位、料位和相界面位置。把生产过程中罐、塔、槽等容器，以及自然界河道、水库里存放的液体的高度或表面位置称为液位。把在槽斗、罐、堆场、仓库等场所贮存的固体块、颗粒、粉料等的堆积高度或表面位置称为料位。把液－液、液－固界面位置称为相界面位置，具体分为两种情况：① 两种不同液体同放在一个容器中，如果它们的密度不同，且不相溶或者互溶性较差，那么这两种液体就会出现分层，产生相邻接的分界面（例如水和油），这个分界面的位置称为液－液相界面位置；② 容器中存放互不溶解的固体和液体，它们在不大的搅动下会产生明显的相邻分界面，这个分界面的位置称为液－固相界面位置。液位、料位和相界面位置统称为物位，用于对物位进行测量、报警、控制的自动化仪表统称为物位测量仪表。

8.1.2　物位计分类

有多种测量物位的仪表。按照不同的测量方式，物位测量仪表可分为：浮力式、差压式、电容式、磁致伸缩式、超声波式和微波式物位计。几种常用的物位计的性能和特点如表8.1.1所示。

表8.1.1　物位计种类及性能指标

测量方式	浮力式	差压式	电容式	磁致伸缩式	超声波式	微波式
测量范围(m)	20	20	2.5～30	40	60	60
测量精度(%)	1.5	1	2	0.1	0.1	0.1
所测物体	液体	液体	固、液体	液体	固、液体	固、液体
工作温度(℃)	＜150	－40～200	－200～400	－40～130	＜150	＜400
接触与否	接触	接触	接触	接触	非接触	接触、非接触均可
可靠性	差	一般	差	一般	一般	好
安装复杂度	简单	很复杂	简单	复杂	简单	简单
仪表价格	一般	高	一般	一般	一般	高

1. 浮力式液位计

浮力式液位计分为恒浮力式液位计和变浮力式液位计两类。

(1) 恒浮力式液位计

此类液位计根据浮标或浮子的升降来反映液面的变化，其特点是结构简单、价格较低，适于各种贮罐物位的测量。

(2) 变浮力式液位计

变浮力式液位计也称为沉筒式液位计。它是根据阿基米德定律和磁耦合原理进行测量的。当液位变化时，沉筒浸入液体的深度变化，所受浮力也相应改变，从而引起相应机构如弹簧的伸缩，以反映液位的变化。此类仪表能实现远传和自动调节。

2. 差压式液位计

差压式液位计含有气相取压口和液相取压口。气相取压点处的压力为设备内气相压力；液相取压点处的压力除受气相压力作用外，还受液柱静压力的作用，液相和气相压力之差，就是液柱所产生的静压力。这类仪表包括气动、电动差压变送器及法兰式液位变送器，安装方便，容易实现远传和自动调节，工业上应用较多。

3. 电容式物位计

电容式物位计分为电容式料位计和电容式液位计。在电容式液位计中，又分为测量导电液体液位的液位计和测量非导电液体液位的液位计。电容式物位计是通过测量电容的变化来反映物位高低的。以非导电液体液位计为例，向盛有液体的容器中插入一根金属棒作为电容的一极，另一极为容器壁本身，两电极间的介质为液体及其上面的气体。由于液体的介电常数 ε_1 和液面上的介电常数 ε_2 不同，比如：$\varepsilon_1 > \varepsilon_2$，则当液位升高时，两电极间总的介电常数值随之加大，因而电容量增大；反之，当液位下降时，ε 值减小，电容量也减小。

4. 磁致伸缩式物位计

这类物位计结构类似于磁浮子物位计。将一根硬管或柔性管从罐顶通到罐底部，带磁性的浮子沿导波管随液面上下移动。测量时，电流脉冲在磁浮子位置处向上激发出一个应力脉冲，该脉冲沿导波管以声速传播到顶部电子盒中的测量部分，并被转换成电脉冲。根据应力脉冲的传播时间，可测量出液面高度。磁致伸缩液位计除了浮子是可动部件外，其他均是固态电子组件，可靠性高，平均无故障工作时间长。其主要缺点是工作长度较短，目前最长的工作长度仅为18m（柔性缆式）。

5. 超声波物位计

此类物位计利用超声波在气体、液体或固体中传播时衰减、穿透能力和声阻抗不同的性质来测量两种介质的界面。此类仪表精度高、反应快，但是，成本较高、维护和维修较困难，一般用于测量精度要求较高的场合。

6. 微波物位计

俗称雷达物位计，依据回波测距原理进行物位测量。其喇叭状或杆式天线向被测物料面发射微波，微波传播到不同相对介电常数的物料表面时产生反射，并被天线所接收。发射波与接收回波的时间差与物料面到天线的距离成正比，通过测量传播时间即可计算得到距离。由于微波是电磁波，以光速传播且不受介质特性影响，所以，在一些有温度、压力、蒸汽等条件要求的场合，当超声物位计不能正常工作时，微波物位计仍可以使用。它在石油及石化领域有较广阔的应用前景。

限于篇幅，同时考虑到差压式液位计在应变式传感器的应用中已经介绍、电容式物位计在电容式传感器的应用中已经介绍，所以，本章重点介绍超声波物位计和雷达物位计。

8.2 超声波物位计

8.2.1 概述

声波是一种能在气体、液体和固体中传播的机械波，按频率的不同可分为次声波、声波和超声波等，物位检测中常用超声波的工作频率范围为 0.25 ～ 20MHz。超声波具有在介质中传播时方向性好、能量损失小等特点，在气体、液体及固体中传播时，具有一定的传播速度，在穿过两种不同介质的分界面时会产生反射和折射，对于声阻抗(声速与介质密度的乘积)差别较大的相界面几乎为全反射。因此，在容器底部或顶部安装超声波发射器和接收器，发射出的超声波在相界面被反射，并由接收器接收，测出超声波从发射到接收的时间差，便可测出液位高低。

超声波物位计具有如下特点。

① 与介质不接触，无可动部件，电子元件只以声频振动，振幅小，仪器寿命长。

② 超声波传播速度比较稳定，光线、介质黏度、湿度、介电常数、电导率、热导率等对检测几乎无影响，因此适用于有毒、腐蚀性或高黏度等特殊场合的液位测量。

③ 不仅可进行连续测量和定点测量，还能方便地提供遥测或遥控信号。

④ 能测量高速运动或有倾斜晃动的液体的液位，如置于汽车、飞机、轮船中的液位。

⑤ 超声波仪器结构复杂，价格相对昂贵；而且当超声波传播介质温度或密度发生变化时，声速也将发生变化，对此超声波物位计应有相应的补偿措施，否则会影响测量精度。另外，有些物质对超声波有强烈吸收作用，选用测量方法和测量仪器时要充分考虑物位测量的具体情况和条件。

超声波物位计按使用特点不同可分为：连续式超声波物位计和超声波物位开关两大类，下面分别介绍。

8.2.2 连续式超声波物位计

连续式超声波物位计采用压电晶体换能器(也叫超声波换能器)来发射和接收超声波，根据回声测距原理，利用超声波从发射到接收的时间间隔与物位高度成比例的关系，通过测量时间间隔进而求得物位高度。根据供超声波传播的介质不同，工业生产中使用的超声波物位计可分为气介式、液介式和固介式 3 种，常用的是前两种，主要由超声波换能器和电子装置组成超声波换能器完成电能与超声能的可逆转换，它可采用自发自收的单探头式或收发分开的双探头式。单探头式物位计使用一个换能器，由控制电路控制它分时交替作发射器和接收器；双探头式则使用两个换能器分别作发射器和接收器。电子装置用于产生电信号，以激励超声波换能器发射超声波，同时接收并处理超声波换能器输出的电信号。图 8.2.1 为单探头式超声波物位计。

1. 气介式超声波物位计

单探头气介式超声波物位计由于超声波换能器的作用可逆，在反射波回来时换能器又可起到接收器作用，将超声波变为电信号用计时器测出超声波来回所经历的时间 t，即可求得物位高度为

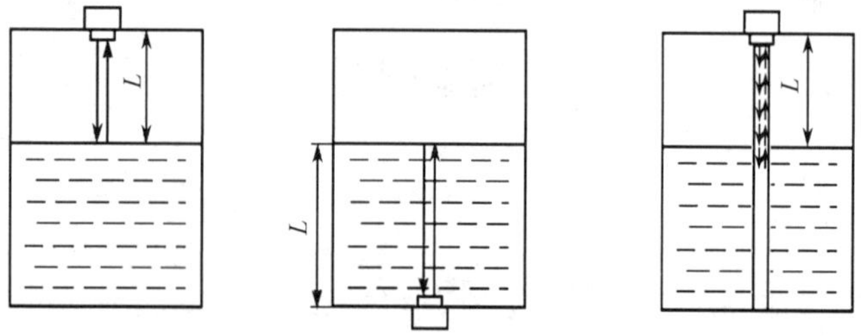

图 8.2.1　超声波物位计原理

$$L = \frac{1}{2}vt \tag{8.2.1}$$

式中，v 为超声波在介质中传播的速度，t 为超声波来回所经历的时间。

2. 液介式超声波液位计

单探头液介式超声波液位计，超声波换能器既可安装在被测液体的底部，也可安装在待测容器的底部外侧，工作原理与气介式类似，不同之处是供超声波传播的介质为被测液体。

3. 固介式超声波物位计

超声波被发射后沿固体棒向下传播，到达液面折射后又沿液面传向另一根固体棒，然后被超声波换能器（接收器）接收，将超声波变为电信号。用计时器测出超声波来回所经历的时间 t，即可求得液位高度 L。

单探头工作方式，即该探头发射脉冲声波，经传播反射后再接收。由于发射时脉冲需要延续一段时间，故在该时间内的回波和发射波不易区分，这段时间所对应的距离称为测量盲区（约 1m）。探头安装时高出最高液面的距离应大于盲区距离，这是单探头工作方式应注意的。双探头工作方式，由于接收与发射超声波由两探头独立完成，可以使盲区大为减小，这在某些安装位置较小的特殊场合是很方便的。

4. 超声波声速补偿

超声波物位计采用回声测距的方法进行物位测量，测量的关键在于声速的准确性。由于声波的传播速度与介质的密度有关，而密度是温度和压力的函数。例如，0℃ 时空气中声波的传播速度为 331m/s，而当温度为 100℃ 时声波的传播速度增加到 387m/s。因此，当温度变化时，声速也要发生变化，而且影响比较大，无法准确测量距离。所以，在实际测量中，必须对声速进行较正，以保证测量的精度。

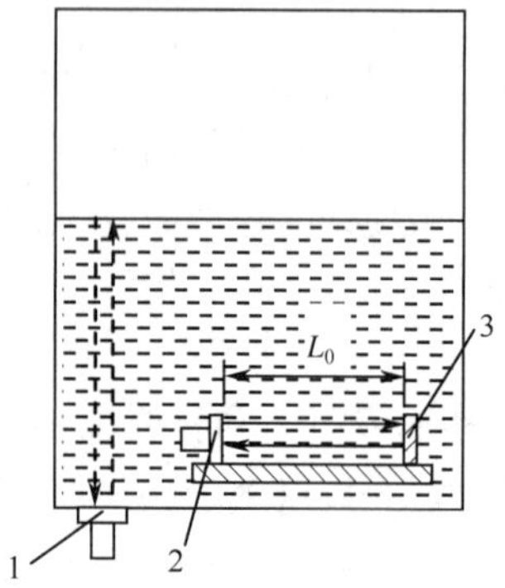

图 8.2.2　液介式超声波液位计校正具

1— 检测探头　2— 校正探头　3— 反射板

图 8.2.2 为液介式超声波液位计固定校正具，图中在容器底部安装两组探头，即测量探头和校正探头，校正探头和反射板分别固定在校正具上，且安装在容器的最底部。校正探头到反射板的距离为 L_0，假设声脉冲在介质中的传播速度为 v_0，声脉冲从校正探头到反射板的往返时间为 t_0，由式(8.2.1) 可写出

$$L_0 = \frac{1}{2}v_0 t_0 \tag{8.2.2}$$

假设被测液位的高度为 H，测量探头发出的声脉冲的传播速度为 v，声脉冲从探头到液面

的往返时间为 t，同样可写出

$$H = \frac{vt}{2} \tag{8.2.3}$$

因为校正探头和测量探头是在同一种介质中，如果两者的传播速度相等，即 $v = v_0$，则液位高度为

$$H = \frac{L_0}{t_0}t \tag{8.2.4}$$

适当选择时间单位，使 t_0 在数值上等于 L_0，则 t 在数值上就等于被测液位的高度 H。这样便可将液位的测量变为测量声脉冲的传播时间，因此用校正探头可以在一定程度上消除声速变化的影响，并且可采用数字显示仪表直接显示出液位的高度。

校正具的安装位置可视具体情况而定，如果容器内各处的介质温度相同，即各处的声速相等，校正具可以安放在容器内的任何地方。为了在液位最低情况下，校正具仍浸没在介质中，一般把校正具水平地安装在接近容器的底部位置。

8.2.3 超声波物位开关

超声波物位开关用于判断被测物位是否达到预定的高度，并可发出相应的开关信号。

1. 气介穿透式超声波料位开关

气介穿透式超声波料位开关如图 8.2.3 所示，物位升高到换能器高度时，超声波声路将会被阻断，接收换能器就接收不到超声波，控制器即可发出相应的开关控制信号。

2. 液介穿透式超声波液位开关

液介穿透式超声波液位开关如图 8.2.4 所示，当液位处于正常范围时，2、3 探头之间的间隙（即小槽）内充满气体，由于固体与气体的声阻抗差别很大，超声波的大部分将在固－气界面上被反射，接收探头所接收到的能量很小。当液位升高到报警限时，间隙内充满液体，由于固体与液体的声阻抗接近，则超声波穿透固－液界面时的损耗就较小，大部分超声波能量可被接收探头所接收。根据接收探头所接收到的能量大小不同，可判断换能器间隙是液体还是气体、液位是否达到预定的高度。

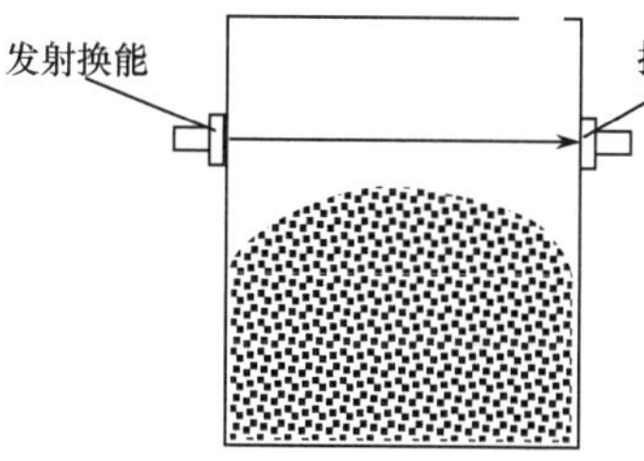

图 8.2.3　气介穿透式超声波料位开关

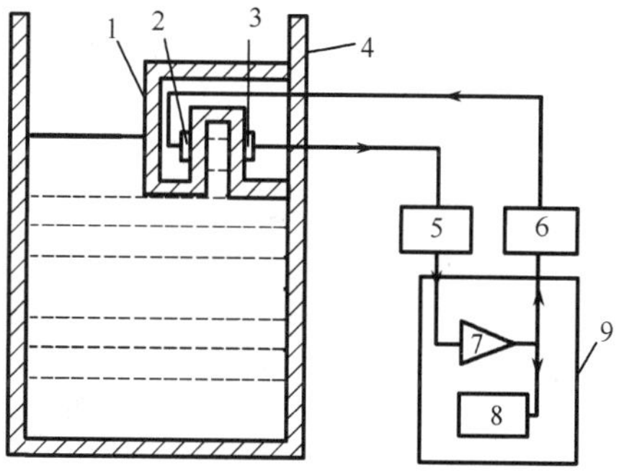

图 8.2.4　液介穿透式超声波液位开关

1—不锈钢外壳　2—发射探头　3—接收探头　4—容器　5—接收电路　6—发射电路　7—放大器　8—功率放大器　9—控制器

3. 声阻式超声波液位开关

声阻式超声波液位开关如图 8.2.5 所示，利用气体和液体对超声波振动的阻尼有显著差别这一特性而工作的，换能器的辐射面 1 与气体接触时，气体对辐射面振动阻尼较小，换能器

压电陶瓷的振幅就比较大;辐射面1与液体接触时,液体对辐射面振动的阻尼较大,换能器压电陶瓷的振幅就较小,配以合适的电路,可自动判断被测液位是否到达探头所在高度。控制器根据所测信号触发继电器动作,发出相应的控制信号。

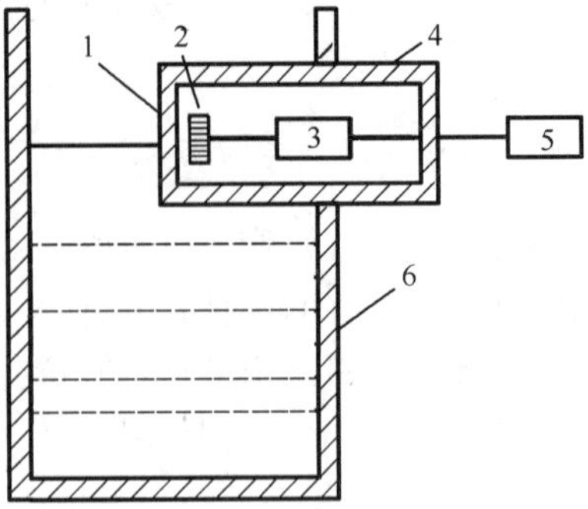

图 8.2.5 声阻式超声波液位开关

1—辐射面 2—压电陶瓷 3—放大器 4—不锈钢外壳 5—控制器 6—容器

8.2.4 超声波检测液-液相界面

利用超声波在介质中的传播速度及在不同密度液体相界面之间的反射特性来检测液-液相界面。如图 8.2.6 所示,两种不同的液体 A、B 的相界面在 h 处,液面总高度为 h_1,超声波在 A、B 两种液体中的传播速度分别为 v_1 和 v_2,采用单探头液介式方式进行测量。

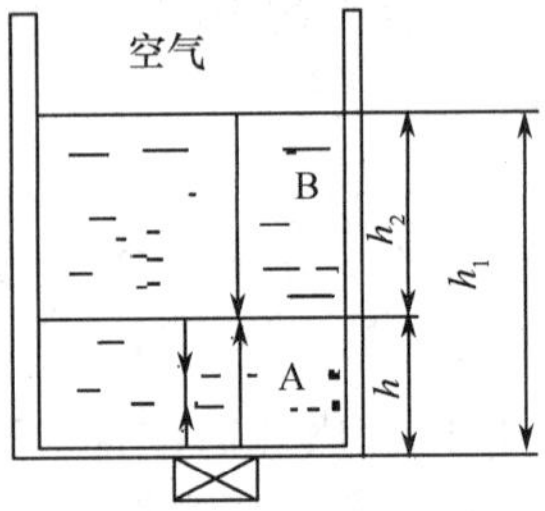

图 8.2.6 超声波检测液-液相界面示意图

超声波在液体 A 中传播并被 A、B 两液体相界面反射回来的往返时间为

$$t_1 = \frac{2h}{v_1} \tag{8.2.5}$$

超声波在液体 A、B 中传播并被液面反射回来的往返时间为

$$t_2 = \frac{2(h_1 - h)}{v_2} + \frac{2h}{v_1} \tag{8.2.6}$$

由式(8.2.5)和式(8.2.6)可得

$$h = \frac{t_1 v_1}{2} \tag{8.2.7}$$

$$h = h_1 - \frac{(t_2 - t_1)v_2}{2} \tag{8.2.8}$$

由式(8.2.7)可知,检测出 t_1、v_1 即可求得相界面高度 h。由式(8.2.8)可知,检测出 t_1、t_2 和 v_2 也可求得相界面高度 h。

8.3 雷达物位计

8.3.1 雷达物位计分类

雷达物位计有两种工作模式。

(1) 脉冲波方式

工作模式与超声波物位计相似,天线周期地发射微波脉冲,并接收物料面反射回波,再对回波信号进行分析处理，计算出物位。精确度约为 0.2 ～ 0.3%FS。一般中档以下的微波物位计都采用此方式。

(2) 调频连续波方式(Frequency Modulated Continuous Wave,FMCW)

天线发射的微波是频率被线性调制过的连续波，当回波被天线接收到时，天线发射的信号频率已经改变，根据接收回波与发射脉冲的频率差可以计算出微波发射端到物料面的距离。FMCW 方式的测量电路复杂、价格较高，但是，测量精确度高，可以达到 0.1%FS 的测量准确度；同时，干扰回波也较易去除。所以，一般比较高端的产品都采用此方式。

基于上述两种工作模式，目前市场上常见的雷达物位计有 3 种：调频连续波式雷达物位计、脉冲式雷达物位计和导波式雷达物位计。

调频连续波式雷达物位计通过喇叭天线发射线性或非线性调制的高频连续波，利用回波与发射波的频率差与物位之间的关系推算物位。它属于非接触式测量，因此可以适用于腐蚀性测量环境。其抗干扰能力强，理论上没有盲区，因此非常适用于近距离物位测量，其测量精度很高。但是，它的测量距离受发射功率的限制，且整体电路复杂、成本高。

脉冲式雷达物位计通过喇叭天线发射周期性脉冲信号，利用反射脉冲与发射脉冲的时间间隔推算物位。与调频连续波式相同，它也具有非接触式测量的特点，可以适用于腐蚀性测量环境，测量距离受发射功率的限制等。不同的是，其发射脉冲宽度对测量分辨率有较大影响，宽度越窄，测量分辨率越高；但是，同时其幅值也必须足够大以实现一定距离的传播。

导波式雷达物位计的测量原理与脉冲式相似，不同之处是，它的脉冲信号没有经过调制，而是沿着导波杆传播至被测介质。由于导波杆对电磁波能量的汇聚导向作用，使得电磁波能量得以集中地发射至被测介质，减少了空间发散传播消耗，回波信号受干扰程度更小。导波雷达物位计不具有非接触式测量的优点，但是，它有以下优点。

① 能耗低。由于导波杆为信号的传输提供了一个高效、快捷的通道，信号的衰减程度保持在最小，其发射至导波体的能量约为常规雷达发射能量的 10%，因此，安全性也高，更适用于易燃易爆的场合。此外，不需要单独的交流供电，可采用回路供电，节约安装成本。

② 适合高温高压工况。常温下最高可以在 34.5MPa 的高压下工作。当导波杆材料为不锈钢或陶瓷时，耐受温度可高达 400℃，耐压高达 43MPa。

③ 可用于测量极低介电常数介质。雷达物位计的回波信号幅值与被测介质的介电常数成正比，即被测介质介电常数越大，回波信号幅值越大。导波雷达物位计最低可测介电常数为 1.2 的介质。

④ 测量分界位。发射脉冲在介电常数发生突变的界面发生反射，因此对于产生分界的两种介质，它们的介电常数差异越大，反射波越明显。一般上层介质介电常数小于下层，防止因为过多能量被上层介质界面反射。

⑤ 可测量固态物位。固态物料包括粉末或塑料粒子。

为此，本节重点介绍导波式雷达物位计。

8.3.2 导波式雷达物位计

根据导波杆的形式，导波式雷达物位计有杆式和缆绳式两种形式，也可称为刚性杆和柔性杆，如图 8.3.1 和图 8.3.2 所示。在一般情况下，杆式导波雷达物位计测量范围为 6 ～ 8m，缆绳式测量范围高达 35m。

导波式雷达物位计主要是基于两大技术来实现物位测量的：时域反射技术和等效时间采样技术。时域反射原理是物位测量的基本依据，也就是回波信号及物位计算的理论依据。等效时间采样则是实现回波信号处理的前提。下面分别介绍这两种技术的原理以及导波式雷达物位计的电路组成和工作过程。

图 8.3.1　杆式导波雷达物位计

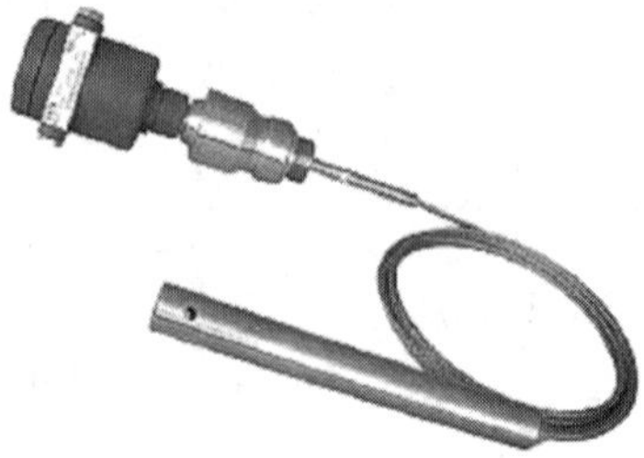

图 8.3.2　缆绳式导波雷达物位计

1. **时域反射原理**

导波式雷达物位计采用时域反射技术(Time Domain Reflectometry，TDR)。TDR 测量原理如图 8.3.3 所示。当物位计工作时，发射电路发射高频窄脉冲，经同轴电缆发射到导波杆上，沿导波杆传播，当遇到介电常数发生突变的位置时，即遇到物料反射表面时，部分能量被反射，反射脉冲沿导波杆向上传播回到物位计的接收电路，另一部分能量则继续传播至尾部。通过测量发射脉冲和反射脉冲之间的时间间隔，就可以计算出物料反射面与测量点间的距离，从而对物位实现准确的测量。

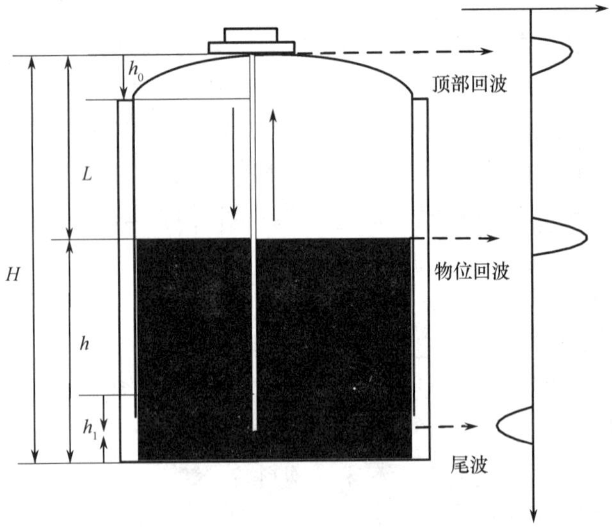

图 8.3.3　导波式雷达物位计测量原理

从图 8.3.3 可以看出，介电常数发生突变的位置至少有 3 处：内部电缆与导波杆连接点，产生顶部回波；空气与物料的界面，产生物位回波；导波杆末端，产生尾波。在这一过程中的反射回波形成、回波极性等问题，涉及阻抗匹配，也就是传输线理论，因此，下面对传输线理论进行简单的介绍。

传输线是用来传播电磁波能量和信息的线路。当传输的信号频率比较低时，传输线相对于信号波长来说非常短，可忽略其影响，不用考虑波动效应；当传输的信号频率比较高时，信号波长与传输线尺寸相当，此时必须考虑传输线效应。

传输线效应，即将传输线等效为由无数个电阻R、电感L、电容C和电导G组成的Γ形网络的串联，如图 8.3.4 所示。以上 4 个参数是传输线的基本参数，也称为分布参数。水平方向的电阻R和电感L起到消耗、阻隔的作用，被称为金属损耗；竖直方向的电容C和电导G起到分流、短路的作用，也会损耗信号部分能量，被称为介质损耗。

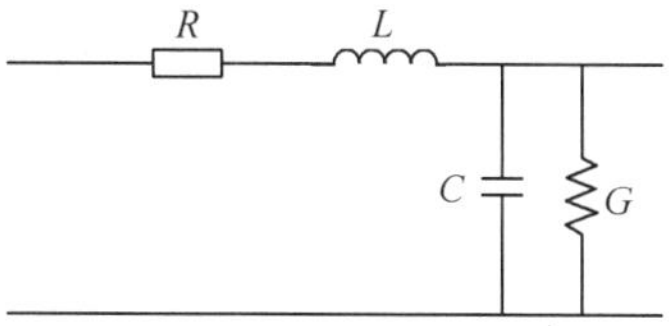

图 8.3.4　传输线等效模型

信号沿传输线传播时，均匀传输线上任意一点的电压与电流之比称为特性阻抗，用 Z_0 表示，且有

$$Z_0 = \sqrt{\frac{R + j\omega L}{G + j\omega C}} \tag{8.3.1}$$

若传输过程中遇到线路故障点，阻抗突变，产生反射波，故障点的阻抗可看成负载阻抗 Z_L。负载阻抗与特性阻抗的关系可用反射系数 ρ 来表征

$$\rho = \frac{Z_L - Z_0}{Z_L + Z_0} \tag{8.3.2}$$

有下面几种情况：

① 当 $\rho = 0$ 时，$Z_L = Z_0$，阻抗未发生突变，信号全被吸收，没有发生反射；

② 当 $\rho = 1$ 时，$Z_L \to \infty$，传输线断路，信号完全反射，反射信号与发射信号极性相同，如图 8.3.5 所示；

③ 当 $\rho = -1$ 时，$Z_L = 0$，传输线短路，信号完全反射，但反射信号与发射信号极性相反，如图 8.3.6 所示；

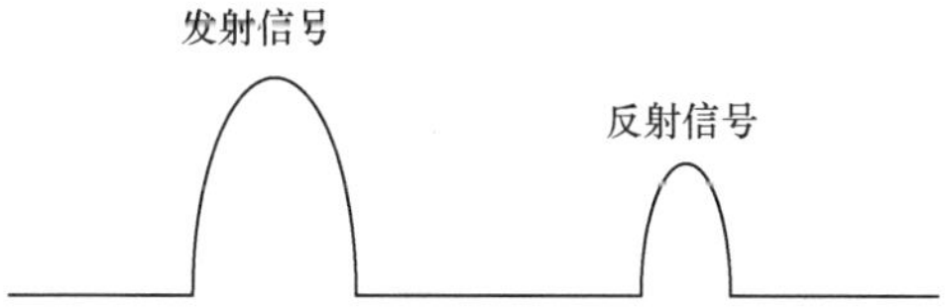

图 8.3.5　传输线断路反射信号

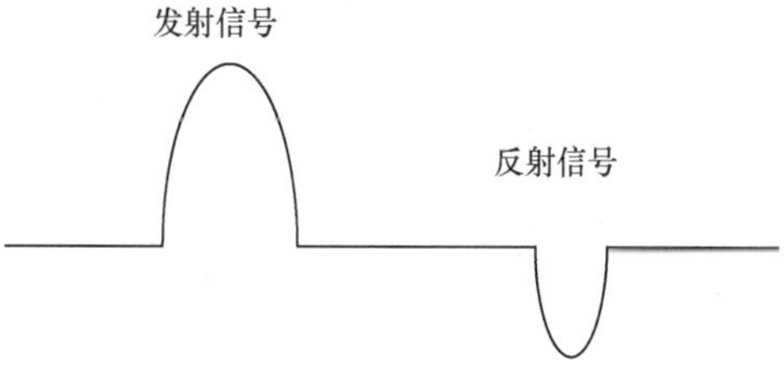

图 8.3.6　传输线短路反射信号

④ 当 $0 < \rho < 1$ 时，$Z_L > Z_0$，负载阻抗大于特性阻抗，信号部分反射，因此反射信号幅度小于传输线断路时的情况，反射信号与发射信号极性相同；

⑤ 当 $-1 < \rho < 0$ 时，$Z_L < Z_0$，负载阻抗小于特性阻抗，信号也发生部分反射，反射信号幅度小于传输线短路时的情况，反射信号与发射信号极性相反。

因此，根据反射信号的极性可以判断传输线故障点的性质，再测量反射信号与发射信号的时间差 t，就可以确定故障点与脉冲发射点的距离 L 为

$$L = \frac{1}{2}vt \tag{8.3.3}$$

式中，v 为电磁波在传输线中的波速。当频率很高时，它接近于一个恒定的常数

$$v \approx \frac{c}{\sqrt{\mu\varepsilon}} \tag{8.3.4}$$

式中，c 为光在真空中的传播速度，μ 为传输线周围介质高频相对磁导系数，ε 为传输线周围介质高频相对介电常数。

在导波式雷达物位计的测量中，介质的介电常数反映了它的特性阻抗，且介电常数越大，特性阻抗越小。空气的介电常数是 1，被测介质的介电常数普遍大于空气，因此，用相对介电常数表示。所以，根据传输线理论，在图 8.3.3 中，顶部回波、物位回波、干扰物回波等是负极性的，尾波产生于导波杆末端，相当于传输线断路，因此是正极性的。因为大部分反射回波是负极性的，所以，在硬件电路上将上述回波显示极性进行了互换，更有利于观察和处理。实际的回波信号如图 8.3.7 所示，图中被测液位为水位。

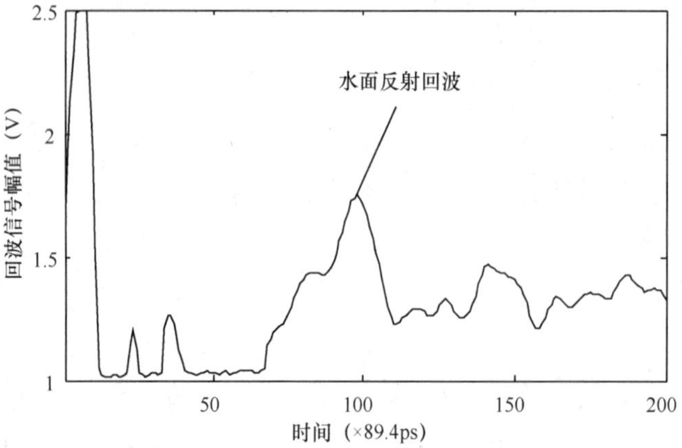

图 8.3.7　单杆式导波雷达物位计水位反射的信号回波

同样地，只要测出发射脉冲与物位回波的时间差，就可以测得法兰(即脉冲发射点) 至液面的距离。结合式(8.3.3) 和式(8.3.4)，由于空气、大多数液体的磁导率都是 1，法兰到液面的距离可简化为

$$L = \frac{ct}{2\sqrt{\varepsilon}} \tag{8.3.5}$$

式中，ε 为被测介质的相对介电常数。

一般情况下，罐体高度 H 是已知的，所以，物料高度 h 为

$$h = H - L \tag{8.3.6}$$

2. 等效时间采样原理

根据时域反射原理可知，高精度的时间量测量是测量精度的关键。时间量测量的方法有很多，如数字法，它通过一个高频脉冲源计数来确定发射脉冲和反射脉冲的时间间隔，其时间分辨率 Δt 取决于脉冲源频率 f，即

$$\Delta t = t/N = 1/f \tag{8.3.7}$$

式中，t 为待测时间间隔，N 为脉冲计数。进而可计算距离分辨率 Δl 为

$$\Delta l = \frac{1}{2} v \Delta t \tag{8.3.8}$$

式中，v 为电磁波传播速度。

若导波式雷达物位计测量准确度指标为 1cm，分配给时间量检测环节的误差为 5mm，根据式(8.3.8)，v 近似为光速，则要求计数脉冲源的频率为 30GHz。如此高的振荡频率实现起来较为困难，且造成反射脉冲的原因很多，采用硬件来分辨介质表面反射脉冲也不够可靠。因此，采用数字法直接进行时间量检测并不实际。

根据以上分析，需要将回波信号送入单片机进行物位回波识别后，再计算时间间隔。那么，根据香农采样定律，为使采集的信号不失真，采样频率至少为信号最高频率的 2 倍。对于导波式雷达物位计，脉冲信号的行程时间为纳秒量级，如果通过实时采样，普通的单片机无法满足要求。为此，采用等效时间采样技术，将周期性的高频、快速信号在时域上放大，扩展成低频、慢速信号。其原理如图 8.3.8 所示。

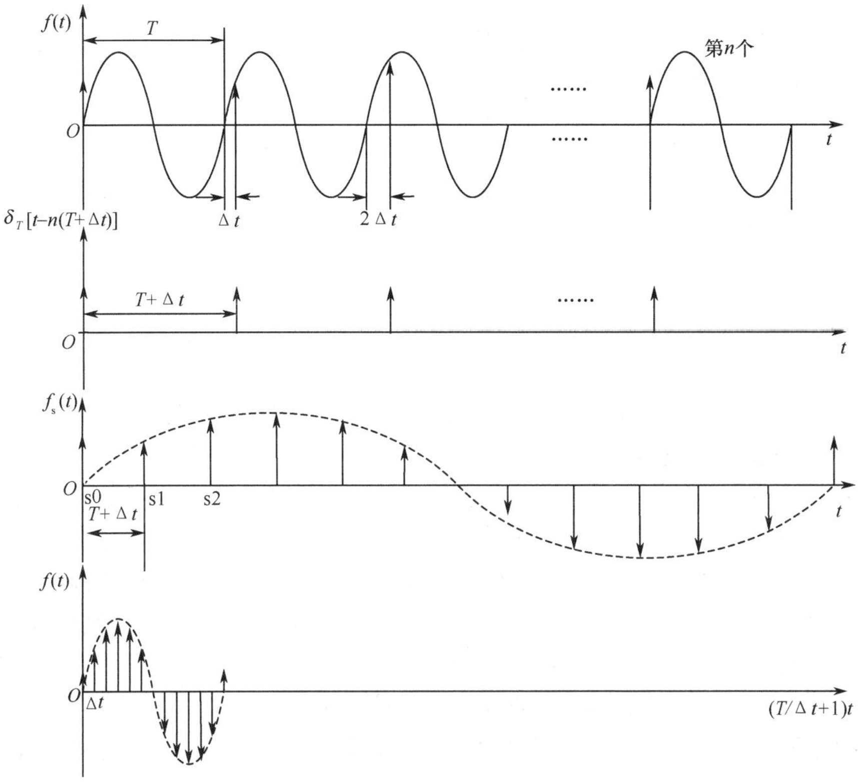

图 8.3.8　等效时间采样原理示意图

从图 8.3.8 中可以看出，对周期为 T 的原始信号，用采样周期为 $T+\Delta t$ 的采样信号对其进行采样，每个周期只采样一次。从 $t=0$ 时刻开始采样，$f_{s0}=f(0)$，在 $t=T+\Delta t$ 时，$f_{s1}=f(T+\Delta t)=f(\Delta t)$，在 $t=n(T+\Delta t)$ 时，$f_{sn}=f(n(T+\Delta t))=f(n\Delta t)$，将采样信息按照一定规则重组，即可复现原信号的一个周期。它与采样周期为 Δt 的实时采样等效，只不过在时间轴上放大了 $\frac{T+\Delta t}{\Delta t}$ 倍。设 K 为等效时间采样的放大倍数，则

$$K=\frac{T+\Delta t}{\Delta t} \tag{8.3.9}$$

由式(8.3.9) 可知，Δt 越小，放大倍数越大，信号的时间分辨率越高。若要求对应距离分辨率为 1.5mm，根据式(8.3.8)，Δt 最大为 10ps。

等效时间采样的实现方式有多种，例如设计同步步进采样脉冲电路，或直接采用数字可编程延时器件，如 AD9500 和 AD9501 ，其最小延时可达 10ps。此外，游标法也是常用方法，相对来说，实现更为简单。

游标法是通过两个频率非常接近的晶振来控制发射脉冲和采样脉冲的，振荡周期分别用 T_1 和 T_2 表示，且 $T_2=T_1+\Delta T$，其中，周期为 T_1 的晶振控制脉冲发射，周期为 T_2 的晶振控制

采样。在具体设计中，用几个时钟周期控制脉冲发射，要考虑所测最大距离对应的时间及测量分辨率的要求。例如，若测量距离为 30m，距离分辨率要求 1.5mm，实际采用的晶振分别为 8.000000MHz 和 8.000156MHz，则它们的周期差 ΔT 为 2.4ps，且 3m 对应的传播时间为 200ns。如图 8.3.9 所示，可以选择 4 个时钟周期控制 1 次脉冲发射，此时 $4T_1 = 500$ns，满足大于最大测量距离对应的时间，且 $4\Delta T = 9.6$ps，满足分辨率要求。

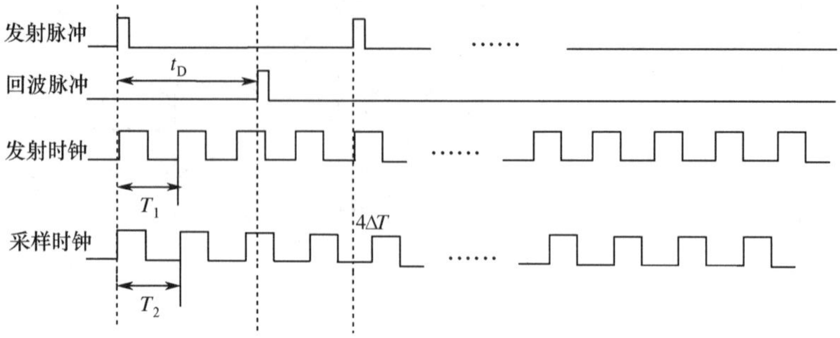

图 8.3.9　等效时间采样示例

经过等效时间采样后的信号就可以由单片机对其进行采样，并进行信号处理。

3. 电路组成和工作过程

导波式雷达物位计信号发射和接收以及处理电路由脉冲收发模块、等效时间采样模块、信号调理电路模块、单片机和液晶显示模块组成，如图 8.3.10 所示。首先，脉冲发射电路发射 447kHz 的电磁波脉冲信号至导波杆，该信号沿导波杆向下传播到空气和物料界面处，因相对介电常数突变而发生反射，反射回波沿导波杆向上传播，被回波信号接收电路接收。接着，信号被送至等效时间采样电路，完成时间上的放大处理，得到频率为 22.37GHz 的信号。然后，将信号送到信号调理电路。其调理过程为：首先将回波信号进行分压，降至原信号的 1/3；然后，对分压后的信号进行电压放大处理，抬高电压值；再将信号经过一个跟随电路进行阻抗变换，实现前后级的阻抗匹配。经过调理后，信号进入 MSP430F5418 单片机，完成对回波信号的处理和计算，具体包括信号预处理、物位回波判断、定位点确定和传播时间计算，然后，将传播时间值代入物位 - 时间函数关系式，得到物位值，并通过液晶显示。

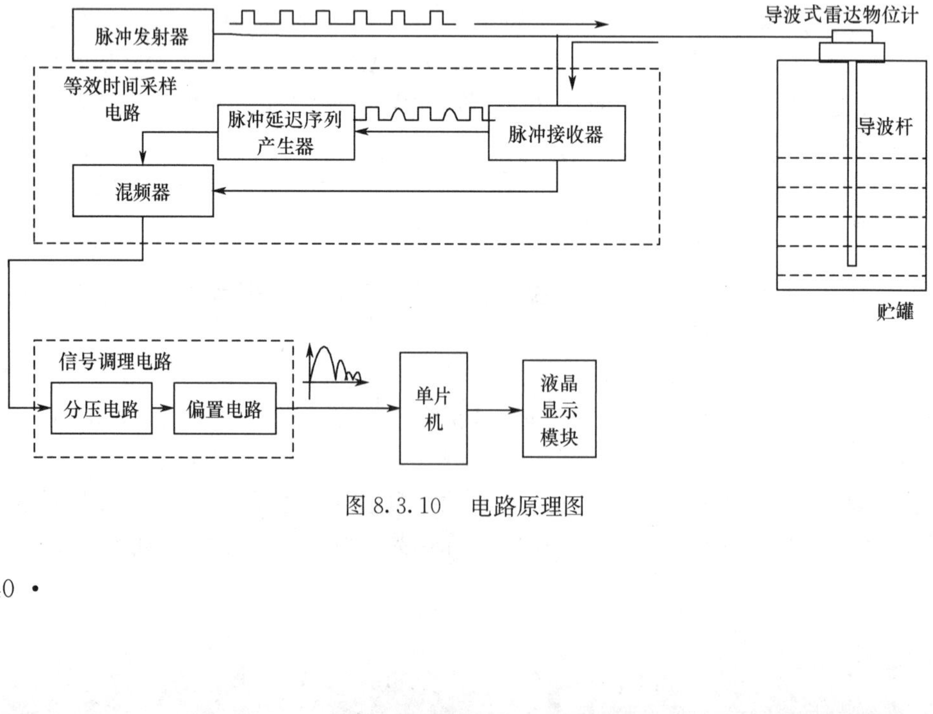

图 8.3.10　电路原理图

思考题与习题 8

1. 液位、料位、相界面测量各有什么特点?
2. 常用液位测量有哪些方法?各有什么特点?
3. 为什么液位测量可以转化为压力的测量?
4. 电容式液位计测量导电液体和非导电液体有什么区别?
5. 简述超声波液位计的构成和原理,特点有哪些?
6. 简述雷达物位计的种类,分析导波式雷达物位计的组成、原理和特点。
7. 利用液位计计算贮罐内液体的体积或重量贮量时,分别必须知道哪些数据?
8. 请选用一种物位计来设计水箱水位测量系统,试画出原理框图,并简单介绍其工作过程。

第9章　成分检测

成分分析仪器是专门用来测定物质化学成分的一类仪器。成分分析仪器的种类很多，为了对成分检测知识有系统的了解，本章首先介绍成分检测技术中的一些共性问题，对成分分析仪器的基本组成及主要性能指标等共性问题建立总体的知识框架；其次，重点讨论工业现场广泛使用的热导式分析仪、红外线气体分析仪、氧化锆氧量分析仪、气相色谱仪的工作原理及其应用，并适当地介绍近年来这些仪器发展的新技术。

9.1　概　　述

9.1.1　成分分析仪器简介

成分分析仪器是专门用来测定物质化学成分的一类仪器。所谓物质的化学成分，是指一种化合物或混合物是由哪些种类的分子、原子或原子团所组成，以及这些分子、原子或原子团的含量是多少。

成分分析一般包括两方面内容：一是确定物质的化学组成，即物质是由哪些分子、原子或原子团所组成，这是定性分析的内容；二是确定物质中各种成分的相对含量，这是定量分析的内容。不论是定性分析还是定量分析，都是利用物质所含的组分在物理或化学性能方面的差异进行的，如光学、声学、力学、电学、磁学等方面的差异，以便比较精确地测量这些组分的含量。

9.1.2　成分分析仪器的分类

成分分析仪器按照使用场合的不同，可分为实验室分析仪器和过程分析仪器两大类。两者的重要区别在于：过程分析仪器具有连续、可靠、精确地向操作人员或自控装置及时提供工艺过程质量信息的功能，在结构上具有能够自动地连续采样、对试样进行预处理(抽吸、过滤、干燥等)、自动地进行分析、信号的处理和远传及抗干扰等装置或部件，其结构比实验室分析仪器复杂，精度通常比实验室分析仪器略低。

成分分析仪器按照测量原理不同可分为以下8类：

① 电化学式分析仪器，如电导式、电量式、电位式等；

② 热学式分析仪器，如热导式、热化学式、热谱式等；

③ 磁学式分析仪器，如磁性氧量分析仪、核磁共振波谱仪等；

④ 光学式分析仪器，如吸收式光学分析仪、发射式光学分析仪等；

⑤ 射线式分析仪器，如 X 射线分析仪、γ 射线分析仪、同位素分析仪等；

⑥ 色谱分析仪器，如气相色谱仪等；

⑦ 电子光学和离子光学式分析仪器，如电子探针、质谱仪、离子探针等；

⑧ 物性测量仪器，如水分计、黏度计、湿度计、密度计、电导率测量仪等。

9.1.3 成分分析仪器的组成

1. 成分分析仪器的基本组成

各类成分分析仪器尽管工作原理不同、结构复杂程度也不完全一致，但都是由一些共同的基本环节组成的。图 9.1.1 所示是成分分析仪器的基本组成框图，它包括取样装置、预处理系统、分离装置、检测系统、信号处理系统、显示环节等。

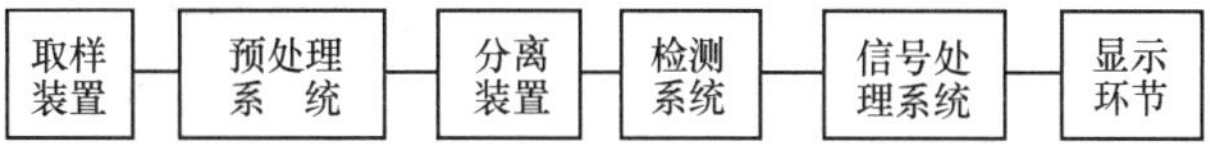

图 9.1.1　成分分析仪器的基本组成框图

2. 取样装置

取样装置的任务是将待分析的样品引入到成分分析仪器。根据被分析的对象不同，样品可分为气体、液体、熔融金属、固体散状物料等几种情况。过程分析仪器大多为气体分析仪器，如果样品为液体，也往往使其汽化。所以本书介绍以气体为主要对象的取样装置。

对于过程取样装置，首先要求能够承受生产过程的恶劣条件，如高温、高压、腐蚀等；其次，所取的样品应有代表性，没有被测量组分的损失；再次，不应与待分析样品中任何组分起化学反应，以防止失真。

在取样装置设计时，应注意取样点选取、取样探头及探头清洗几个方面。

(1) 取样点选择

取样点选择应满足下列要求：

① 能正确地反映被测组分变化的地点；

② 不存在泄漏；

③ 试样含尘雾容量少，不致发生堵塞现象；

④ 试样不处于化学反应过程中。

(2) 探头

探头的功能是直接与被测物流接触取得试样，并初步净化试样。要求探头有足够的机械强度，不与试样起化学反应和催化作用，不造成过大的取样滞后，易于安装、清洗等。

敞开式探头结构如图 9.1.2 所示，其中图 9.1.2(a) 为一般取样探头，为了得到相对清洁的气样，采用法兰安装，需要清洗时，打开塞子，用杆刷插入清洗；当气体中带有较大颗粒灰尘时，可用带取样管调整的探头，如图 9.1.2(b) 所示，取样管的倾斜位置可以按需要调整；图 9.1.2(c) 为过滤式取样探头，适合于气样中含有较多灰尘的场合；在需要取得气样温度及气流速度的场合，可采用如图 9.1.2(d) 所示的取样探头，清洗过滤可采用惰性气体反吹式。

对于含尘量较高的气样，可采用外过滤式及水洗型探头，其结构可参阅有关参考文献。

(3) 探头清洗

有些分析仪器的探头或检测元件经常被介质中污染物污染，导致探头或检测元件反应迟钝，需要定期清洗。清洗时，先用阀门将探头或检测元件与工艺流程隔离，自动清洗装置采用增压的流体喷射，或加热、化学法及超声波清洗。

3. 预处理系统

预处理是针对过程分析仪器而言的。预处理的任务是将取样装置从生产过程中提取的样

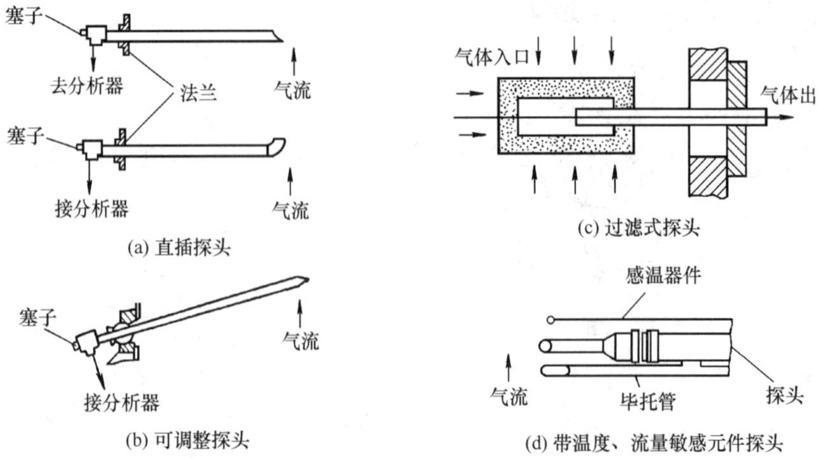

图 9.1.2　敞开式探头结构

品加工处理，以满足检测器对样品状态的要求。如除尘、除湿、过滤有害物质、稳压稳流调节、流路及管线的合理布局等。

4. **分离装置**

在成分分析仪器中，分离是进行定性或定量分析的基本手段之一。例如在气相色谱仪中，待分析的气样在载气(输送样品的气体) 带动下进入充有吸附剂的色谱柱时，各组分经过连续地分配、吸附及吸收作用，便可被分离成单一的组分，此后各组分依次通过检测器，即可实现多组分气体的含量分析。

5. **检测器或检测系统**

检测器是成分分析仪器的核心部分，它能够把待分析的含量信息转变为相应的输出信号，输出信号大多数是电参数。

6. **信号处理系统**

由于检测器输出的信号多数是电信号，所以信号处理系统也是以电信号处理为主。检测器输出的信号一般是很微弱的，所以信号处理系统一般都包括放大环节和一些运算环节等。

7. **显示环节**

显示环节主要是显示成分分析的最终结果。显示装置有模拟显示装置、数字显示装置、图像显示装置等。

9.1.4　成分分析仪器的主要性能指标

成分分析仪器的主要性能指标有：灵敏度、精度、重复性、噪声、线性范围、选择性、分辨率和响应时间等。成分分析仪器的各项性能指标除选择性和分辨率外，与其他仪器相似。

选择性和分辨率是表示仪器区分特性相近组分的能力，选择性一般用于单组分成分分析仪器，分辨率多用于多组分成分分析仪器，分辨率的问题比较复杂，往往不同仪器表示形式也不同，这个问题将在后面介绍有关具体仪器时讨论，这里着重介绍选择性问题。

选择性的好坏一般用选择系数 k 来表示

$$k = \frac{\Delta\varphi_k}{\Delta\varphi_m} \tag{9.1.1}$$

式中，$\Delta\varphi_k$ 为干扰组分的含量变化；$\Delta\varphi_m$ 为与干扰组分等价的待测组分的含量变化。

这里所说的等价，是就仪器的输出信号而言的，即 $\Delta\varphi_k$ 和 $\Delta\varphi_m$ 可以引起仪器有同样大小的输出。很明显，一台仪器的选择性系数越大，仪器的区分能力就越强。例如，一台仪器当干扰组分含量变化 50% 时，仪器的输出为 50mV，而当待测组分含量变化 1% 时，仪器有同样大小的输出，则该仪器的选择性系数为

$$k = \frac{0.50}{0.01} = 50$$

说明仪器对待测组分的灵敏度比对干扰组分的灵敏度高 50 倍。

9.2 热导式气体分析仪

9.2.1 基本原理

热导式气体分析仪，是热学式成分分析仪器的一种。对于多组分气体，由于组分含量不同，混合气体导热能力将会发生变化。根据混合气体导热能力的差异，就可以实现气体组分的含量分析。如果要测量混合气体中某一种组分的含量，这个组分称为待测组分。

根据传热学理论，在温场中的介质传导的热流量为

$$dQ = -\lambda \frac{dt}{dn} dS \tag{9.2.1}$$

式中，dQ 为单位时间内通过介质微元等温面传导的热量；dS 为介质微元等温面的面积；$\frac{dt}{dn}$ 为所考虑微元等温面处的温度梯度；λ 为介质的导热系数。

由式(9.2.1)可以看到，通过介质微元等温面传导的热流量，不仅与等温面处的温度梯度有关，而且与介质的导热系数成正比。介质的导热系数越大，在同样的温度梯度情况下，通过单位微元等温面传导的热流量越多。可见，导热系数标志着物质的导热能力。式中的负号说明热流量的传导方向与温度梯度的方向相反(即沿温度下降的方向)。

对于不同的介质，导热系数的大小是不同的。一般来说，固体和液体的导热系数比较大，气体的导热系数比较小。气体的导热系数通常与温度有关。当温度升高时，分子运动加剧，导热系数随之增大。导热系数与温度的关系，在温度变化范围不是很大时，可近似写为

$$\lambda = \lambda_0(1 + \beta t) \tag{9.2.2}$$

式中，λ 为温度为 t 时介质的导热系数；λ_0 为温度为 0℃ 时介质的导热系数；t 为摄氏温度；β 为介质导热系数的温度系数。

表 9.2.1 给出了常见气体相对导热系数(气体导热系数与相同条件下空气的导热系数之比)及其温度系数的数据。

表 9.2.1 常见气体相对导热系数及其温度系数

气体名称	相对导热系数(0℃ 时)	温度系数 /$℃^{-1}$(0 ～ 100℃)
空气	1.000	0.00253
氢	7.130	0.00261
氘	1.991	0.00256
氧	1.015	0.00303

（续表）

气体名称	相对导热系数(0℃时)	温度系数/℃$^{-1}$(0～100℃)
氮	0.998	0.00264
一氧化碳	0.964	0.00262
氨	0.897	—
氩	0.685	0.00311
氧化亚氮	0.646	—
二氧化碳	0.614	0.00495
硫化氢	0.538	—
二氧化硫	0.344	—
氯	0.322	—
甲烷	1.318	0.00655
乙烷	0.807	0.00583
乙烯	0.735	0.00763
二乙醚	0.543	0.00700
丙酮	0.406	0.00720
汽油	0.370	0.00980
二氯甲烷	0.273	0.00530
水蒸气	0.973(100℃时)	0.00455(100℃时)

以烟气中 CO_2 气体含量分析为例，对于大多数烟气，一般都是由多种气体组成的混合体，除含有 CO_2 外，还可能含有 SO_2，N_2，O_2 及 H_2O(水蒸气)等。混合气体的导热系数是由所含组分气体的导热系数共同决定的。对于彼此之间无相互作用的多组分气体，其导热系数可近似地认为是各组分导热系数按组成含量的加权平均值，即

$$\lambda_m = \sum_{i=1}^{n} \lambda_i C_i \tag{9.2.3}$$

式中，λ_m 为混合气体的平均导热系数；λ_i 为混合气体中第 i 组分的导热系数；C_i 为混合气体中第 i 组分的体积百分比含量。

根据混合气体导热系数与各组分导热系数之间的关系，就可以实现多组分气体的含量分析。由式(9.2.3)可见，尽管各组分导热系数 $\lambda_i(i=1,2,\cdots,n)$ 是已知的，但各组分的含量都是未知的，试图通过上面方程来确定所有组分的含量，实际上是不可能的。严格地讲，热导式气体成分分析仪只能解决双组分气体的含量分析，此时式(9.2.3)的具体形式为

$$\lambda_m = \lambda_1 C_1 + \lambda_2 C_2$$

设下标1的组分为待测组分，下标2的组分为背景组分。由于 $C_1 + C_2 = 100\%$，于是

$$\lambda_m = \lambda_1 C_1 + \lambda_2 (1 - C_1) \tag{9.2.4}$$

或

$$C_1 = \frac{\lambda_m - \lambda_2}{\lambda_1 - \lambda_2} \tag{9.2.5}$$

可见，只要测出混合气体的导热系数 λ_m，就可以根据两个组分的导热系数(λ_1 和 λ_2)求得待测组分的含量。

对式(9.2.4)微分,可得

$$\frac{d\lambda_m}{dC_1} = \lambda_1 - \lambda_2 \tag{9.2.6}$$

由式(9.2.6)可见,仪器的灵敏度与两个组分导热系数之差成正比,即两组分导热系数相差越大,仪器的灵敏度就越高。

对于烟气和大多数多组分混合气体,若各组分之间满足以下两个关系。

① 除待分析的组分外,其余组分的导热系数相等或接近,即 $\lambda_2 \approx \lambda_3 \approx \cdots \approx \lambda_n$。接近的程度越高,仪器的测量精度越高。若个别气体的 λ 值与其他背景气体的 λ 值相差较远时,则被视为干扰成分,在分析之前要去掉。

② 待分析组分与其余组分的导热系数相差很大,以保证仪器有较高的灵敏度。

9.2.2 热导池(检测器)

1. 热导池的工作原理

实现将混合气体导热系数的变化转换成电阻值变化的部件,称为热导池或检测器,它是热导式气体分析仪的核心组成部件。图 9.2.1 所示为热导池结构示意图。它包括圆柱形腔体(由铜、铝或不锈钢制造)和悬在热导池中央的电阻元件(细长电阻丝)组成。电阻丝材料为铂、钨或铼钨等。电阻丝通过引线与电源连接,为了防止引线与腔体短路,引线与腔体之间加有绝缘。

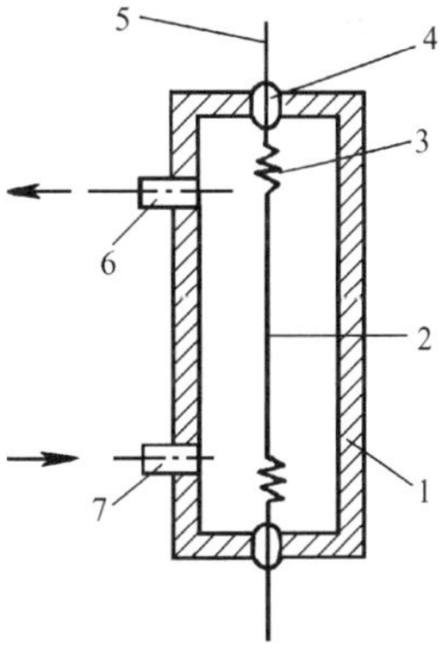

图 9.2.1 热导池结构示意图

1— 腔体 2— 电阻丝 3— 支撑架 4— 绝缘 5— 引线 6— 气体出口 7— 气体入口

当电阻元件通过电流 I 时,电阻从电源吸收的功率将全部转换成热量,即

$$dQ = I^2 R \tag{9.2.7}$$

式中,dQ 为电流通过电阻元件时单位时间内产生的热量;I 为流过电阻元件的电流值;R 为电阻元件的阻值。

此热流量一方面使电阻元件本身温度升高,另一方面也向周围散失。当热导池内通入待分析气体(如烟气),而气流的流量又很小时,电阻元件向外散失的热量主要是靠气体的导热。当通过电阻元件的电流、气体成分及热导池壁面温度一定时,电阻元件温度上升到某一数值后,便会出现电源供给的热量与气体的导热量相平衡的情况,以后电阻元件的温度及热导池内的温场分布都将保持不变。

由于结构的对称性,在忽略边缘效应的情况下,热平衡时热导池内的温度场为一系列同轴圆柱等温面。对于半径为 r 的等温面,单位时间内气体的导热量 dQ 为

$$dQ = -\lambda \frac{dt}{dr} S \tag{9.2.8}$$

式中,dQ 为单位时间气体的导热量;λ 为混合气体的导热系数;$\frac{dt}{dr}$ 为半径为 r 等温处的温度梯度;S 为半径为 r 等温面的面积,$S = 2\pi r l$(l 为电阻丝的长度)。

热平衡时各等温面的导热量相当,dQ 值与 r 无关,则式(9.2.8)变为

$$\lambda dt = -\frac{dQ}{2\pi l} \frac{dr}{r} \tag{9.2.9}$$

考虑到气体导热系数与温度的关系，将式(9.2.2)代入式(9.2.9)并积分得

$$\lambda_0 t(1+\beta t) = -\frac{dQ}{2\pi l}\ln r + C \tag{9.2.10}$$

式中，λ_0 为混合气体在 0℃ 时的导热系数；β 为混合气体导热系数的温度系数；C 为积分常数。

对于热导池壁，当 $r = r_c$，$t = t_c$ 时，代入式(9.2.10)，可得积分常数 C 为

$$C = \lambda_0 t_c(1+\beta t_c) + \frac{dQ}{2\pi l}\ln r_c \tag{9.2.11}$$

式中，r_c 为热导池内壁半径。

假定电阻丝表面 $r = r_w$ 处的温度 $t = t_w$，将这一关系代入式(9.2.10)，并考虑积分常数得

$$dQ = \lambda_m K(t_w - t_c) \tag{9.2.12}$$

式中，λ_m 为混合气体的平均导热系数，$\lambda_m = \lambda_0[1+\beta(t_c+t_w)](t_w-t_c)$；$K$ 为与热导池尺寸有关的常数，$K = \dfrac{2\pi l}{\ln\dfrac{r_c}{r_w}}$，称为热导池常数。

电阻丝的阻值是温度的函数，其函数关系为

$$R = R_0(1+\alpha t_w) \tag{9.2.13}$$

式中，R 为电阻丝在温度为 t_w 时的阻值；R_0 为电阻丝在温度为 0℃ 时的电阻值；α 为电阻丝材料的电阻温度系数。

将 $dQ = I^2R$ 代入式(9.2.12)，整理之后再代入式(9.2.13)得

$$R = \frac{R_0(1+\alpha t_c)}{1-\dfrac{\alpha I^2 R_0}{K\lambda_m}} \tag{9.2.14}$$

式(9.2.14)就是热导式气体分析仪热导池的特性方程。由上面分析可以看到：当电阻丝通过的电流 I 和热导池的壁面温度 t_c 固定时，电阻丝的阻值只与分析气体的导热系数 λ_m 有关。考虑到待测组分(如 CO_2)含量与混合气体(如烟气)导热系数关系式(9.2.4)，则通过对电阻丝阻值的测量，便可实现对多组分气体待测组分的含量分析。

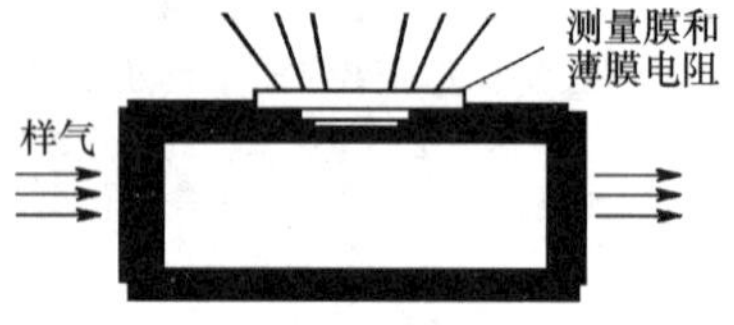

图 9.2.2　硅传感器热导池原理图

随着科学技术的发展，热导池也在不断地升级换代，图 9.2.2 所示是利用超微技术制造的硅传感器热导池原理图。硅传感器是利用超微技术制造的一种硅片，硅片带有测量膜和薄膜电阻。该薄膜电阻采用恒定温度调节方式，这就要求有与样气热导率有关的电流密度，然后将这个粗略数据处理后来计算气体的浓度。此传感器放置在一个绝热不锈钢腔室中，以防止外界环境温度变化对测量的影响。为了避免样气波动的影响，传感器不放置在主气路中。样气进入时，必须不含灰尘，同时还应避免在测量气室中出现水汽凝结。利用硅传感器的热导式分析仪的突出优点是响应时间非常短，在纯气体监测(如 Ar 中 0～1% 的 H_2)、保护气体监测(如 N_2 中 0～2% 的 He)、合成气体监测(N_2 中 2%～25% 的 H_2)等方面广泛应用。有关这种新型热导式分析仪的详细介绍可参阅有关文献。

2. 影响热导池特性的因素

前面讨论热导池工作特性时做了一些假定，如电阻元件的热量是由气体导热散失的、热导池的壁面温度是恒定的、电阻丝的边缘效应可以忽略等。显然，这些条件不能得到满足时，会影响热导池的工作特性。为了提高热导池的工作性能，在设计时应考虑以下几方面的内容。

(1) 电阻丝的参数

由式(9.2.14)可见,电阻丝的初始电阻R_0、电阻丝材料的电阻温度系数α的数值及其稳定性对检测器的灵敏度和精度都有很大的影响。一般R_0的数值取得大一些,有利于灵敏度的提高。增大R_0的方法一般有两个:一个是增大电阻丝的长径比;另一个是选用电阻率大的材料。

(2) 工作电流

由式(9.2.14)可见,工作电流I的大小与电阻丝阻值R的关系很大,电流的大小及稳定性将严重影响仪器的性能。一般在热导式分析仪器中都有保持电流恒定的稳流装置,电流值应与电阻丝的阻值R统一考虑,以保证热导池供给的热量(I^2R)符合工作要求。

(3) 腔壁温度的影响

由式(9.2.14)可见,腔壁温度的变化会直接影响测量精度。解决的办法有两种:一种方法是采用差值法(或称比较测量法),它是在同一块金属中加工两个参数完全一致的热导池,其中一个通入待分析气体,作为工作热导池;另一个通过(或封入)组分固定的参比气体,作为参比热导池。由于两个热导池经受大体相同的环境温度影响,当线路上采用差值测量时,二者所受温度的影响可以相互抵消。这种方法比较简单,在要求不高的场合可以使用。另一种方法是采用恒温法,把工作热导池和参比热导池都放在一个恒温装置中,使两者经受的环境温度完全一致且恒定。很明显,这种方法精度比较高,但需要一套恒温装置,结构复杂,造价较高。

(4) 其他散热的影响

在热导池内还存在其他散热损失,主要包括:① 辐射散热;② 引线导热损失;③ 气体对流散热;④ 气体带走的热量。减小这些散热影响的措施可参阅有关文献。

3. 热导池的结构

(1) 结构类型

热导池在结构上可分为4种,即直通式、对流式、扩散式和对流扩散式,如图9.2.3所示。直通式如图9.2.3(a)所示,气室与主气路并列,主气路与气室之间有节流孔,样气大部分从主气路通过。这种结构反应迅速,滞后小,但易受样气流量、压力波动的影响。对流式结构如图9.2.3(b)所示,气室与主气路下端连通,并不分流,气室与循环管形成一热对流回路,这种结构反应慢,滞后大,但气流波动小。扩散式结构如图9.2.3(c)所示,气体靠扩散方式进入气室,进入气室的气体与主气路气体进行热交换后再经过主气路排出,这种结构适用于测量质量小的气体,气体流量波动影响较小。对流扩散式结构如图9.2.3(d)所示,它是在扩散式结构的基础上增加一个支气路,形成分流以减小滞后,它综合了对流式和扩散式的优点,样气由主气路先扩散到气室中,然后由支气路排出,这样既避免了进入气室的气样产生倒流,又保证了气样有一定的流速。

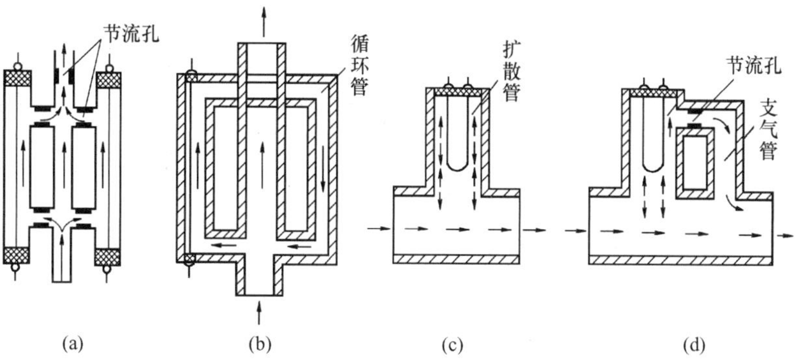

图9.2.3　热导池的4种结构形式

(2) 电阻丝的结构及支撑方法

电阻丝的结构和支撑方法有多种形式。若采用裸露的电阻丝，固定方式有弓形、V 形和直线形 3 种。采用覆盖玻璃膜的电阻丝具有抗腐蚀性能和便于清洗等特点，但玻璃膜的存在会使动态性能变差。电阻丝的支撑方式如图 9.2.4 所示。

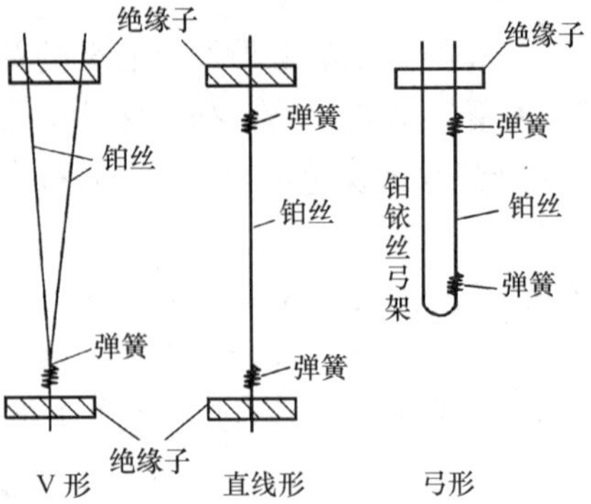

图 9.2.4　电阻丝的支撑方式

9.2.3　测量电路

被测气体浓度的变化，经过热导池变成了电阻丝阻值的变化，阻值的变化可采用电桥来进行测量。热导式气体分析仪实际常用的测量电路有下面两种。

(1) 直流单桥测量线路

图 9.2.5 所示为稳压器供电的直流单桥测量线路图。图中，R_1，R_2 为电桥参比臂；R_3，R_4 为电桥工作臂；RP_2 为量程调节电位器；RP_1 为零位调节电位器；R_{11}，R_{12} 为零位电阻；R_{13}，R_{14} 为量程电阻；M 为二次仪表。R_1，R_2，R_3，R_4 四臂采用恒温结构，可以避免环境温度变化对测量精度的影响。这种线路调整方便，灵敏度高。

(2) 交流双桥测量线路

交流双桥测量线路如图 9.2.6 所示。双桥检测电路中除了测量电桥 Ⅰ 外，还增加了参比电桥 Ⅱ，测量电桥 Ⅰ 是双臂串并联型不平衡电桥，R_1 和 R_3 为测量热导池中的电阻丝，R_2 和 R_4 为参比热导池中的电阻丝，参比热导池中密封着测量下限的气体。在参比电桥 Ⅱ 中，有电阻丝 R_5 和 R_7 的热导池内密封着测量上限气体，而有 R_6 和 R_8 电阻丝的热导池内密封着测量下限气

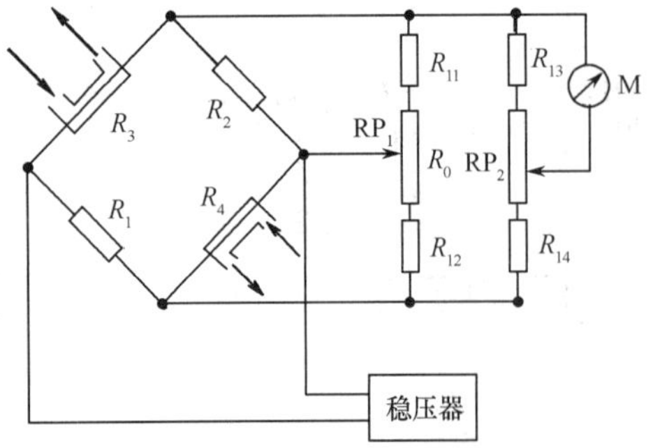

图 9.2.5　稳压器供电的直流单桥测量线路

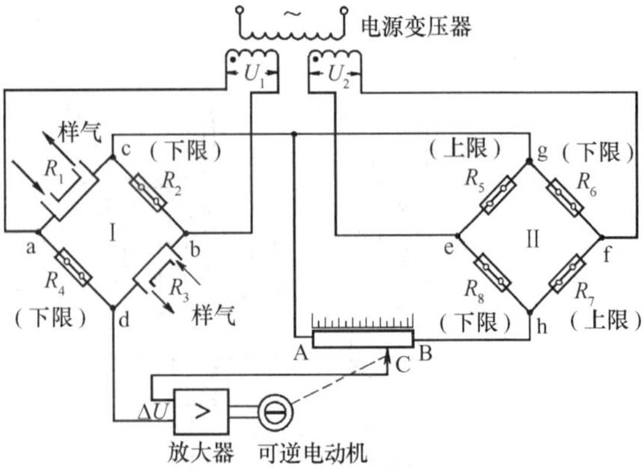

图 9.2.6　交流双桥测量线路

体。电源变压器两副边的输出电压相等，即 $U_1 = U_2$。U_1 和 U_2 分别作为测量电桥 Ⅰ 和参比电桥 Ⅱ 的工作电压 U_{ab} 和 U_{ef}。两电桥的输出端电压分别为 U_{cd} 和 U_{gh}。参比电桥 Ⅱ 由于4个桥臂是4个密封着的固定气体浓度的热导池，在电阻为 R_5 和 R_7 的热导池中密封着测量上限浓度的气体，所以气体浓度最大，导热换热最强，平衡温度最低，电阻值最小。在电阻为 R_6 和 R_8 的热导池中密封着测量下限浓度的气体，导热换热最弱，平衡温度最高，电阻值最大，且 $R_5 = R_7$，$R_6 = R_8$。在测量电桥 Ⅰ 中，R_2 和 R_4 是两个密封在测量下限气体的热导池中的电阻丝，而 R_1 和 R_3 的电阻值要随着被分析气体的浓度而变化，因此也使测量电桥 Ⅰ 的输出电压 U_{cd} 发生变化。U_{cd} 的极性和 U_{gh} 相反，U_{cd} 和 U_{gh} 的差值 ΔU 送到放大器中，带动可逆电机，推动滑线电阻 R_{AB} 上的滑点C左右滑动去寻找平衡点，滑线电阻 R_{AB} 上面的标尺可以直接刻度被测气体的浓度值。当样气中所含被测气体浓度为下限值时，测量电桥输出电压 U_{cd} 为零，参比电桥 Ⅱ 的输出电压 U_{gh} 全部加在滑线电阻 R_{AB} 上，则滑线电阻的滑点C会停在标尺的左端点A处，指针正对标尺的下限值。当样气中所含被测气体浓度为上限值时，$U_{cd} = U_{gh}$，滑线电阻的滑点C会停留在标尺最右端的B点处，指针正对标尺的上限值。当样气中所含气体浓度为测量范围中某一值时，滑线电阻的滑点C会停在标尺中间的某一位置上。当样气中所含气体的浓度再变化时，U_{cd} 变化，ΔU 差值变化，经过放大后，可逆电机会带动滑点C寻找新的平衡点，从而使指针指示新的浓度值。双桥检测由于采用了差动测量方式，可以有效地克服电源电压波动和环境温度变化给测量带来的影响。

9.2.4 热导式气体分析仪的应用

热导式气体分析仪能够测量的气体种类很多，如 H_2，CO_2，NH_3，Cl_2，Ar，He，SO_2，H_2 中的 O_2，O_2 中的 H_2，N_2 中的 H_2 等；测量范围宽，待测组分含量在 0 ～ 100% 测量范围内均可使用。

9.3 氧化锆氧量分析仪

在锅炉燃烧系统中，为了确定燃烧的状况，计算燃烧的效率，必须测量烟道中 O_2，CO_2，CO 等气体的含量，其中氧含量最为重要。虽然磁性氧量分析仪广泛应用于测定氧气的含量，但是，热磁式测氧仪结构复杂，使用不方便，而且准确度较低。20 世纪 60 年代出现了氧化锆（ZrO_2）氧量分析仪，具有结构简单、工作可靠、灵敏度高、稳定性好、响应速度快、安装维修方便等优点，是目前较为常用的氧量分析仪表。

9.3.1 工作原理

氧化锆氧量分析仪是根据浓差电池原理工作的，它由两个半电池组成，如图 9.3.1 所示。探头中间夹层由氧化锆（ZrO_2）晶体组成，晶体内掺杂有一定比例的氧化钙（CaO）杂质。在夹层两侧用涂敷和烧结的方法各制作一层金属铂电极。铂极板厚一般为几到几十微米，极板为多孔疏松结构。在极板外面各焊上一段铂丝作为引线。测试时，检测器一侧通参比气体，另一侧通待分析的被测气体。当待分析气体与参比气体含氧浓度不同时，测试探头便输出一个与两侧氧气浓度差

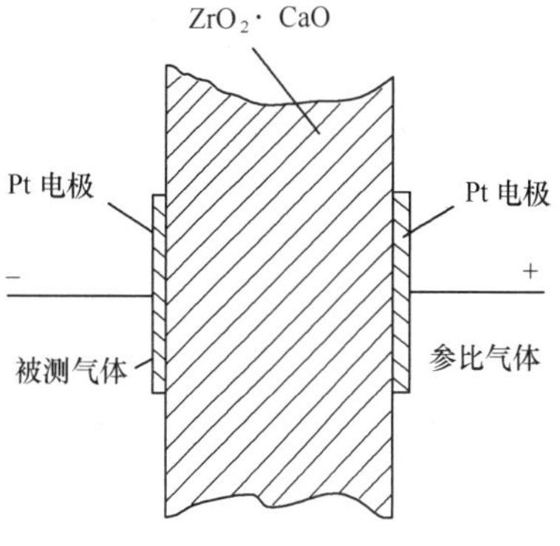

图 9.3.1　氧化锆浓差电池原理示意图

相关的输出电动势，称为浓差电动势。通过对浓差电动势的测量，即可测出待分析气体的氧气含量。

浓差电动势的大小可由涅恩斯特(Nernst) 公式计算

$$E = \frac{RT}{nF}\ln\frac{p_R}{p_x} \tag{9.3.1}$$

式中，E 为浓差电动势(V)；R 为理想气体常数($R = 8.314\text{J}/(\text{mol}\cdot\text{K})$)；$T$ 为氧化锆管所处的温度(K)；n 为迁移一个氧分子的电子数($n = 4$)；F 是法拉第常数($F = 96500\text{C/mol}$)；p_R 和 p_x 分别为参比气体和被测气体的氧分压(氧含量)。

由式(9.3.1) 可以看出，只要温度 T 较高(一般为 650℃ ～ 800℃) 且保持一定值，并选定一种已知氧浓度的气体作为参比气体(一般选用空气)，则测得氧浓差电动势 E，即可求被测气体的氧分压(氧含量)p_x。当参比气体用空气时，由于空气中氧含量约为 20.9%，根据道尔顿分压定律有

$$\frac{p_R}{p_x} = \frac{20.9}{x} \tag{9.3.2}$$

式中，x 为被测气体的氧百分含量。将 R,F,n 值及式(9.3.2) 代入式(9.3.1) 得此时浓差电动势 E 为

$$E = 4.961\times 10^{-5}T\ln\frac{20.8}{x} \tag{9.3.3}$$

利用氧化锆探头测氧含量应满足以下条件：

① 氧化锆浓差电动势与氧化锆探头的工作温度成正比，所以氧化锆探头应处于恒定温度下工作或采取温度补偿措施。

② 为了保证测量的灵敏度，探测器工作温度应适中，工作温度较低时，其灵敏度下降，工作温度过低时，氧化锆内阻过高，正确测量其电动势较困难。工作温度过高时，因烟气中的可燃物质就会与氧迅速化合形成燃料电池，使输出增大，对测量造成干扰。

③ 在使用过程中，应保持待测气体压力与参比气体压力相等，只有这样待测气体与参比气体氧分压之比才能代表上述两种气体的含量之比。同时，要求参比气体的氧含量远高于被测气体的氧含量，才能保证检测器具有较高的输出灵敏度。

④ 由于氧浓差电池有使两侧氧浓度趋于一致的倾向，因此，必须保证待测气体和参比气体都要有一定的流速，但流量不可过大，否则会引起热电偶测温不准和氧化锆温度不匀，造成测量误差。

9.3.2 氧化锆探头

氧化锆探头结构如图 9.3.2 所示，它的主要部件是氧化锆管。由于只有在高温下才能产生便于检测的浓差电动势，所以必须对其加温。可以利用被测的高温气体对氧化锆管直接加热，但这种加热方式难以恒定温度，且有时被测气体无法将氧化锆探头加热到所需的温度。因此，一般在探头内附有电加热丝，并配有测温元件(常用热电偶) 和温度控制装置。

9.3.3 氧化锆氧量分析仪的应用

氧化锆氧量分析仪已经应用于需要进行氧量分析的各个领域，如根据废气和烟气中的氧含量确定燃烧的燃烧率，以便进行各种燃烧炉的燃烧控制，如热风炉、回转窑的热工控制等；或者通过对炼钢转炉烟气成分分析，检测与监控钢水的质量；此外，在化工过程、空气分离、汽车

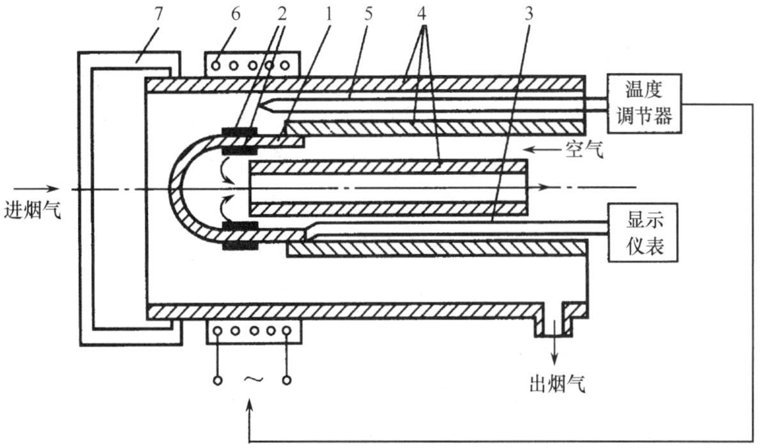

图 9.3.2　氧化锆探头结构

1— 氧化锆管　2— 内外铂电极　3— 电极引线　4—Al_2O_3 管　5— 热电偶　6— 加热电丝　7— 陶瓷过滤器

排放物污染监控等需要知道氧含量的场合，也常用到氧化锆氧量分析仪。图 9.3.3 示出氧化锆氧量分析仪在轧钢加热炉烟气氧量在线监控中的应用。由于炉膛排出的烟气在烟道内成负压，且温度较高，因此检测器不能直接插入上升烟道，一般采用压缩空气喷射泵抽引烟气。被抽引的烟气经过水冷管，使烟气温度降低，在经过取样器取样检测出氧含量后，由喷射泵排出系统外。采用此系统，可实时监控转炉烟气中氧含量，对控制燃烧时的空燃比，调节炉内气氛，实现合理燃烧，提高产品质量，降低能耗等有着非常重要的意义。

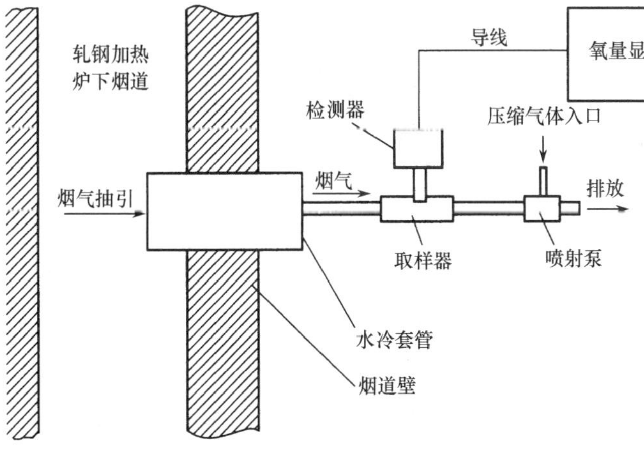

图 9.3.3　轧钢加热炉氧量在线分析系统示意图

9.4　红外线气体分析仪

9.4.1　测量原理

红外线一般指波长从 0.76 ～ 1000μm 范围内的电磁幅射。红外线气体分析仪是利用不同气体对红外波长的电磁波能量具有特殊吸收特性的原理而进行气体成分和含量分析的仪器。

在红外线气体分析仪器中，实际使用的红外线波长大约在 1 ～ 50μm。所谓吸收，是指红外线通过某些物质时，其中一些频率的光强度大为减弱甚至消失。近代物理学研究证明，吸收现象的实质在于光辐射的能量转移到物质的分子或原子中去。这样，某些频率的光能减少，而物质的分子或原子则由最低能级 E_0（基态）跃迁到较高能级 E_1（激发态）。一般激发态的分子或原子是不稳定的，经过极短的时间就要以某种形式（如热或光）释放出能量而回复到基态。

量子理论指出，原子、分子或离子具有不连续的、数目有限的量子化能级。因此，物质仅能吸收与两个能级之差 $E_1 - E_0$ 相同或为其整数倍的能量，即

$$E_1 - E_0 = h\nu = \frac{hc}{\lambda} \tag{9.4.1}$$

式中，h 为普朗克常数；ν 为光频率；c 为光速。

由于各种原子或分子所具有的能级数目和能级间的能量差不同，所以它们对光辐射的吸收情况也各不相同，从而形成不同的特征吸收峰。

大部分的有机和无机气体在红外波段内都有其特征吸收峰，有的气体还有两个或多个特征吸收峰。部分气体的红外线特征吸收峰如图 9.4.1 所示。

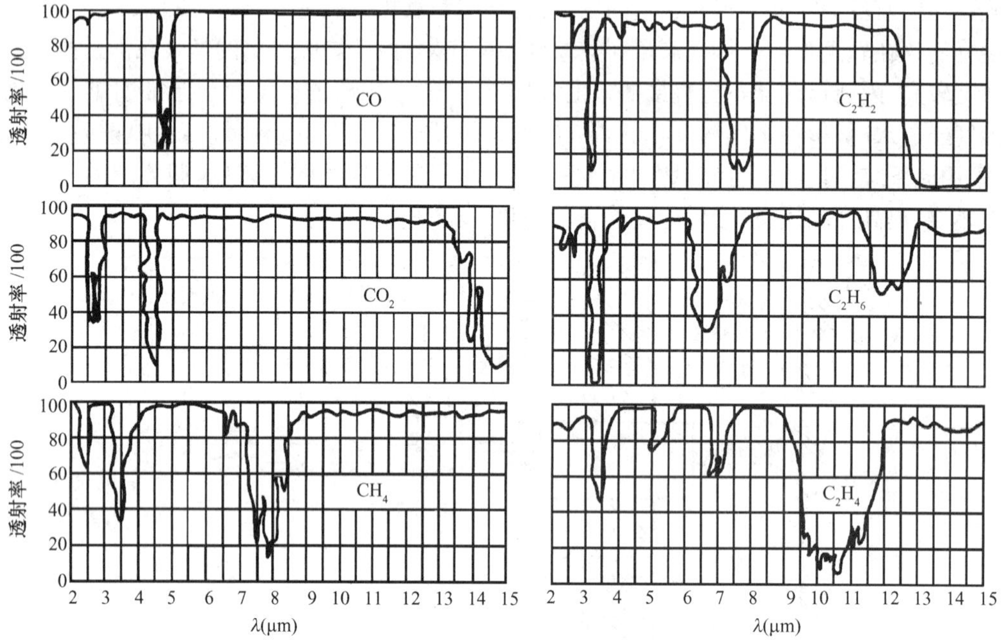

图 9.4.1　部分气体的红外线特征吸收峰图

朗伯 - 比耳（Lambert-Beer）定律描述了单色平行光通过均匀介质时能量被介质吸收的规律，即光的吸收定律，其表达式为

$$I = I_0 e^{-kbl} \tag{9.4.2}$$

式中，I_0 为射入被测组分的光强度；I 为通过被测组分的剩余光强度；k 为被测组分的吸收系数；b 为被测组分的摩尔百分浓度；l 为光线通过被测组分的长度。

由式(9.4.2) 可见，光强度为 I_0 的单色平行光通过均匀介质后，剩余光强度的大小随着介质浓度 b 和光程 l 按指数规律衰减。吸收系数 k 的大小取决于介质的特性，不同介质有不同的 k 值，而同一种介质的 k 值又会随着光的波长 λ 值而变化。因此，对于不同的介质或不同波长的光，吸收的光强也是不同的。

红外线气体分析仪的工作原理是:用人工的方法制造一个包括被测气体特征吸收峰波长在内的连续光谱辐射源,让这个光谱通过固定长度的含有被测气体的混合组分,在混合组分的气体中,被测气体的浓度不同,吸收固定波长红外线的能量也不相同,继而转换成的热量也不同。在一个特制的红外检测器中,再将热量转换成温度或压力,测量这个温度和压力,就可以准确地测量被分析气体的浓度。

9.4.2 红外线气体分析仪结构

工业红外线气体分析仪主要用于测量混合气体中某种组分的浓度,它的种类很多,从物理特性出发可以分为分光式及非分光式两大类;从测量方法上可以分为直读式和补偿式两种;从光学结构上可分为单光束及双光束两种。由于非分光直读式双光束红外线分析仪具有灵敏度高、响应速度快、结构简单,可以测量微量和常量等优点,在生产中广泛应用。本节重点讨论双光束直读式红外线气体分析仪的结构,其他结构形式参阅有关文献。

1. 双光束直读式红外线气体分析仪测量过程

双光束直读式红外线气体分析仪(俗称不分光红外气体分析仪)的结构如图 9.4.2 所示。由不分光红外光源、薄膜微音型检测器(薄膜电容检测器)、测量池(包括分析气室和参比气室)及接收器(包括参比接收室和测量接收室)等组成。

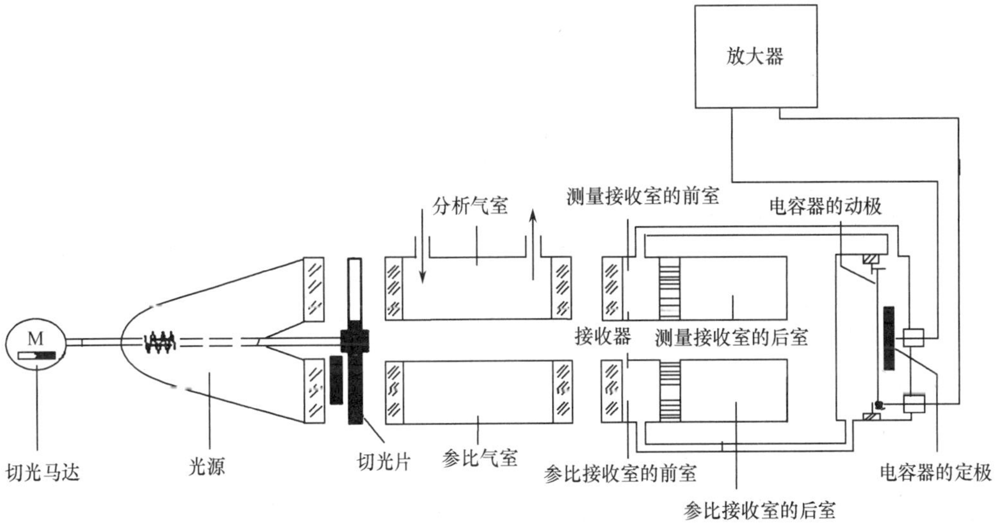

图 9.4.2 不分光红外气体分析仪的结构

红外光源发出两束波长及能量相同的红外线,经过由同步电机(切光马达)带动的切光片,调制成按照一定频率变化的平行光束,分别通过测量池的参比气室和分析气室。由于参比气室内封入的是不吸收红外线能量的氮气,红外线通过此气室后能量保持不变,而分析气室通入了被测气体,对红外线有吸收作用,从而使原来能量相等的两束红外线产生了能量差。这两束光再分别进入接收器的参比接收室和测量接收室。参比接收室和测量接收室都由前室和后室组成,前室和后室通过半透半反的光学镜片隔开,都充有吸收气体。吸收气体的吸收曲线近似于被测气体的消光曲线。由于进入接收器的两束红外线存在着能量差,所以,导致接收器的参比接收室和测量接收室中气体吸收红外辐射的能量不同,气体受热膨胀不同,产生的气压也不同,从而推动薄膜电容的动极板的移动,使得薄膜电容的容量发生变化。

在测量时,如果分析气室中没有通入被测气体,红外线经过分析气室后,能量不会衰减,两束红外线能量相同，薄膜电容的容量不会发生改变。如果分析气室中连续通过一定浓度的被测气体，红外光线经过分析气室时，其辐射能量就会被吸收一部分。这样，由接收器的参比接收室和测量接收室中吸收气体的能量不同而导致薄膜电容的容量变化就与分析气室中被测气体的浓度有关。通过放大器，将电容的变化转换成电压的变化，再经放大和滤波等处理，仪器就能输出一个与被测气体浓度变化相对应的信号，供显示或控制。

2. 双光束直读式红外线气体分析仪基本部件结构

(1) 光源和调制器

光源的任务是产生具有一定调制频率(2 ～ 12Hz)、两束能量相等且稳定的平行红外光束，其结构如图 9.4.3 所示。它是由光源、反射镜、切光片及同步电机组成。

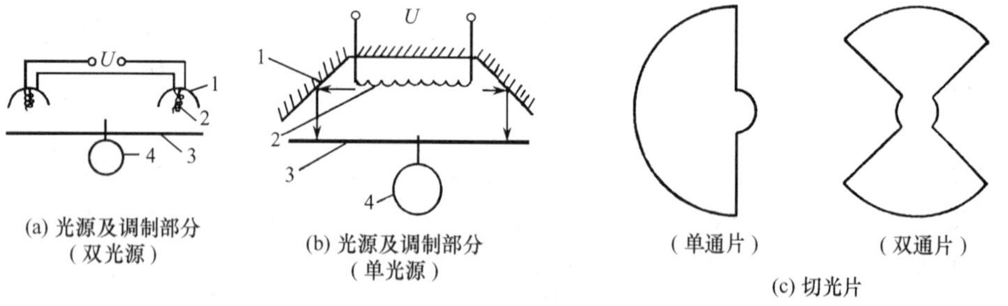

图 9.4.3　光源部件结构示意图

1— 反光镜　2 — 光源　3— 切光片　4— 同步电机

光源灯丝由镍铬丝制成，通上稳压或稳流电源，将灯丝加热到 750℃ ～ 850℃ 时，灯丝发出 3 ～ 15μm 的辐射能，经过反射镜反射后得到两束平行的红外辐射能，经过图 9.4.3(c) 所示的切光片调制成频率为 3 ～ 25Hz 的断续光束。

由于双光源不易制成两束辐射强度完全相等的光源，还需要设置调整两束光能相等的电路，才能达到两束光平衡，因此采用图 9.4.3(b) 所示的单光源双光束结构，这种结构只要严格调整两个 45° 的反射镜，就能获得两束能量相等的平行光源。

(2) 气室和滤光器

气室包括分析气室、参比气室和滤光气室。其结构都制成圆筒形，除测量气室有气样进出口之外，参比气室和过滤气室都是密封的，所有气室内壁非常光洁，要求不吸收红外线，不能吸附气体，对气体不起任何化学作用。测量气室长度与浓度成反比。

滤光气室封入一定浓度的干扰组分，它的长度由封入干扰组分的浓度决定，有的红外线分析仪不采用滤光气室，而用滤光片将干扰组分特征吸收波长全部滤去，这种结构较简单。

气室两端用透光材料密封，它既保证气室的密封性，又具有良好的透光性，并且因各种透光材料允许透过光波长的不同，又起到了滤光作用，常用的透光材料有蓝宝石(Al_2O_3)、氟化锂(LiF) 等。

(3) 检测器

电容式薄膜微音检测器的结构如图 9.4.4 所示。图中，1 为窗口的光学玻璃，2 为壳体，3 为薄膜，在其下部带有电容传感器的动片，4 为电容传感器的定片，5 为绝缘体，6 为支架，7 和 8 为薄膜隔开的两个气室，9 为后盖，10 为密封垫圈。检测器两气室所充的气体就是需要测量的气体，一般用中性气体氮气(N_2) 或氩气(Ar) 与被测气体制成一定浓度的混合气体充入检测室中，被测气体的浓度不要太高。若浓度太高，红外线中某一波长的能量在检测气室窗口镜片附近就会全部被吸收，而不能深入到检测气室的下层，此时局部温度虽然相对高些，但窗口向四周的对流换热和检测气室壁的传导换热损失会加大，检测器的灵敏度就会下降。检测器的气室吸收红外线的能量，导致温度升高，压力变大，这些变化是极其微小的，所以检测气室的密封极为重要。另外，检测气室动片和定片之间要形成电容，就必须保持很高的绝缘性，因此对封入的气体要进行深度的干燥。检测器使用一段时间后，灵敏度会下降，需经过重新充气，方可继续使用。

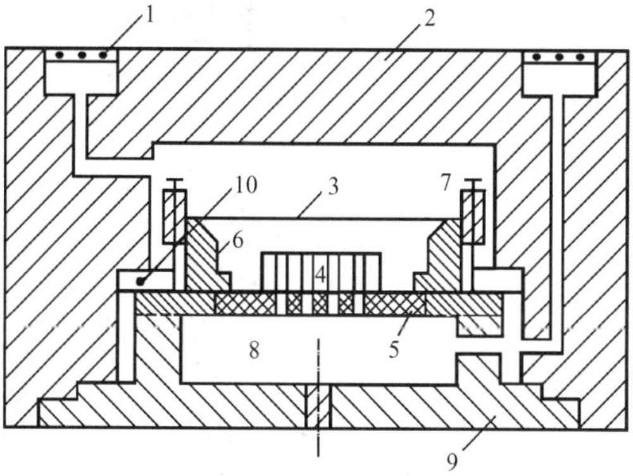

图 9.4.4　电容式薄膜微音检测器结构图

3. 具有双层检测气室和光耦合器红外线气体分析仪测量原理

前面已经讨论，对于不同的气体，虽然其吸收波长各不相同，但也可能有部分重叠，这导致产生交叉干扰。可采用以下措施来最大限度地降低这种交叉干扰：① 使用滤波气室（分光器）；② 使用带有光耦合器的双层检测气室；③ 使用滤光片。

图 9.4.5 所示为具有双层检测气室和光耦合器红外气体分析仪测量原理图。其基本原理是：一个红外光源 1 被加热到约 700℃。光源发出的光经过光束分离器 3 被分成两路相等的光束（测量光束和参比光束）。红外光源可左右移动，以平衡光路系统。分光器同时也起到滤波气室的作用。参比光束通过充满 N_2（非吸收红外光气体）的参比气室 8，然后未经衰减到达右侧检测器 11。测量光束通过流动着样气的测量气室，并根据样气浓度的不同而产生或多或少的衰减后到达左侧检测器 10。检测气室内充满了特定浓度的待测气体组分。检测气室被设计成双层检测气室。光谱吸收波段的中间位置的光优先被上层检测气室吸收，边缘波段的光几乎同样程度地被上层检测气室和下层检测气室吸收，上层检测气室和下层检测气室通过微流量传感器 12 连接在一起。这种耦合意味着吸收光谱的带宽很窄。光耦合器 13 延长了下层检测气室的光程长度。改变光耦合器旋杆的位置 14，可以改变下层检测气室的红外光吸收。因此，最大限度地减少某个干扰组分的影响是可能的。斩波器 5 在分光器和气室之间旋转，交替地、周期性地斩断两束光线。如果在测量气室有红外光被吸收，那么就将有一个脉冲气流被微流量传感器 12 转换成一个电信号。微流量传感器中有两个被加热到大约 120℃ 的镍格栅，这两个镍格栅和两个补充电阻形成惠斯顿电桥。脉冲气流流过紧密排列的镍格栅将导致电阻发生变化，这使电桥产生输出，该输出数值的大小取决于样气浓度的大小。需要指出的是：样气在进入分析仪器中时必须是无尘的，而且样气室中必须避免含有冷凝气。因此，在大多数应用中，样气的预处理是很有必要的。

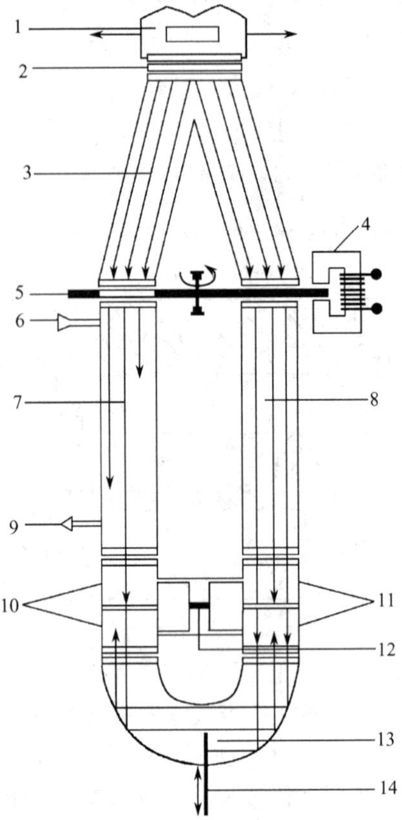

图 9.4.5　双层检测气室和光耦合器红外线气体分析仪测量原理图

1— 红外光源(可调)　2— 光学过滤器　3— 光束分离器(气体过滤器)　4— 旋转电流驱动器
5— 斩光器　6— 样气入口　7— 样气室　8— 参比气室　9— 样气出口　10— 检测器(左)
11— 检测器(右)　12— 微流量传感器　13— 光耦合器　14— 滑动触头(可调)

9.4.3　红外线分析仪的应用

工业过程红外线分析仪选择性好,灵敏度高,测量范围广,精度较高,一般为 1 ～ 2.5 级,低浓度(10^{-6})为 2 ～ 5 级,响应速度快。能吸收红外线的 CO,CO_2,CH_4,SO_2 等气体、液体都可以进行分析。它广泛应用于大气检测、大气污染、燃烧过程、石油及化工过程、热处理气体介质、煤炭及焦炭生产过程等工业生产过程中气体检测。此外,还可以用红外线分析仪测定水中微量油分、医学中肺功能的测定,以及在水果、粮食的储藏和保管等农业生产中应用。

9.5　气相色谱仪

气相色谱仪是基于色谱法原理工作的成分分析仪器,它是一种高效、快速、灵敏的物理式分离分析方法,它可以定性、定量地把几十种组分一次全部分析出来。

9.5.1　色谱分析方法的由来

色谱法也称色层法或层析法,它本是一种混合物分离技术。"色谱"这一术语是 20 世纪初俄国植物学家茨维特(M. Tswett)引用的。当初他想研究植物中叶绿素的组成,于是用一支竖直玻璃试管，如图 9.5.1 所示，试管里面装满 $CaCO_3$ 颗粒，把植物叶绿素的浸取液加到试管的顶端，此时浸取液中的叶绿素就被吸附在试管顶端的 $CaCO_3$ 颗粒上。然后用纯净的石油醚倒入试管中加以冲洗，试管内叶绿素慢慢地被分离成几个具有不同颜色的谱带，按谱带的颜色对混合物进行鉴定，发现果然是叶绿素所含的不同成分。在试验中，分离所用的玻璃试管称为色谱柱，冲洗剂石油醚称为流动相，作为吸附剂的 $CaCO_3$ 称为固定相。近百年来，色谱分离鉴定技术有了很大的发展，被分离的对象已远远不限于有色物质，但色谱法这一名称一直沿用下来。

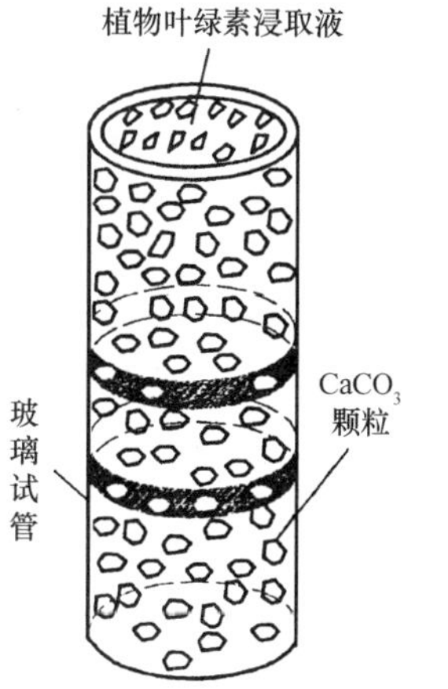

图 9.5.1　色谱分离试验示意图

色谱法是一种物理分离方法，其原理是：不同物质在两相 —— 固定相和流动相之间具有不同的分配系数，这些物质同流动相一起运动时，在两相间进行反复多次的分配，使分配系数不同的物质在移动速度上产生显著差别，从而使各组分达到完全分离。如果再配上适当的检测器对分离物进行定性定量鉴定，就成为色谱分析法，简称色谱法。

色谱法依流动相不同可分为气相色谱法和液相色谱法。同样，固定相也可以是固体或者液体，因而色谱法又可分为气 - 液色谱法、气 - 固色谱法、液 - 液色谱法和液 - 固色谱法。

气相色谱法是一种以气体为流动相，采用柱色谱的分离分析技术。气相色谱法的突出优点是：

① 分离效能高。对物理化学性能很接近的复杂混合物质都能很好地分离，进行定性、定量检测。有时在一次分析时，可同时解决几十甚至上百个组分的分离测定。

② 灵敏度高。能检测出 10^{-6} 级甚至 10^{-9} 级的杂质含量，而只需要不足 1mL 的气体样品或不足 1μL 的液体样品。

③ 分析速度快。由于计算机的应用，甚至在几秒钟内即可获得精确的分析结果。

④ 应用范围广。气相色谱法可以分析气体、易挥发的液体和固体样品。就有机物分析而言，应用最为广泛，可以分析约 20% 的有机物。此外，某些无机物通过转化也可以进行分析。

9.5.2　气相色谱法的分离原理

1. 气相色谱仪的一般流程

图 9.5.2 所示是气相色谱仪的简化流程图。在气相色谱分析中，流动相为载气，多数使用 N_2，H_2，He 等气体。载气由高压气瓶供给，经干燥净化装置除去杂质和水分，再经过计量、调节仪表使之以稳定的压力和精确的流量先后进入汽化室、色谱柱、检测器，然后放空。被分析试样常用微量注射器打进汽化室，当试样为液体时，要经汽化室加热使之瞬间汽化，成为气体试样。试样被载气带进色谱柱进行分离，其不同组分将按顺序依次进入检测器（如热导池）。色谱炉是为色谱柱提供恒定或按顺序改变温度环境的装置。检测器将载气中组分含量的多少转换为电信号，经放大后由记录仪绘制出如图 9.5.3 所示的色谱图。图中每一个色谱峰对应于一种组分。一般来说，出峰时间的先后可作为定性分析的依据，峰的面积或峰高可作为定量分析的依据。

2. 柱色谱的分离原理

图 9.5.3 所示是试样在色谱柱中分离过程的示意图。色谱柱中填充固定相，样品中各组分

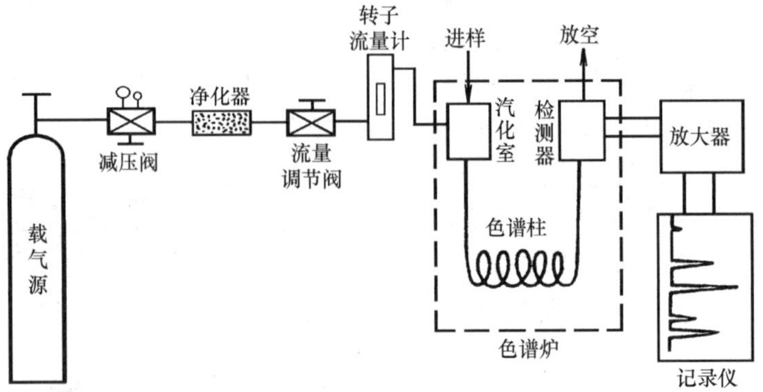

图 9.5.2　气相色谱仪的简化流程示意图

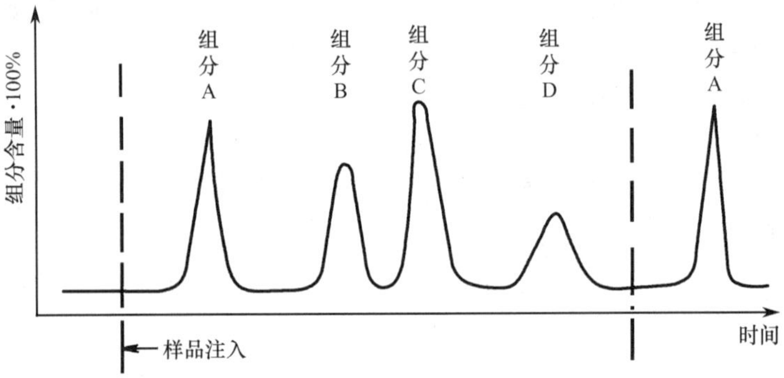

图 9.5.3　色谱图

在固定相和流动相之间的分配情况是不同的。以气 - 液色谱法为例，在一定温度、压力下，组分在气液两相间分配达到平衡时的质量浓度比称为分配系数，即

$$k_i = \frac{\rho_{si}}{\rho_{mi}} \tag{9.5.1}$$

式中，ρ_{si} 为组分 i 在固定相中的质量浓度；ρ_{mi} 为组分 i 在流动相中的质量浓度。

在各个组分随流动相移动的过程中，分配系数较大的组分受到的阻滞力也较大，在固定相中停留的时间较多，移动较慢。这种分配在柱管中要进行 $10^3 \sim 10^6$ 次。这就使得那些分配系数只有微小差别的物质在移动速度上产生差别，只要有足够的分配次数和足够的时间，最终都可以使各组分达到完全分离。图 9.5.4 表示两个组分 A 和 B 的混合物经过一定长度的色谱柱后，在不同时间流出色谱柱，进入检测器产生信号，于是在记录仪中出现色谱峰。我们可以根据色谱峰出现的不同时间 t_4 和 t_5 来进行定性分析，同时还可以根据色谱峰的高度或峰面积进行定量分析。

3. 色谱图及其主要参数

由记录仪得到的色谱图又称流出曲线。它是被分析样品在载气的带动下经过色谱柱分离后进入检测器得到的信号图形，是进行成分定性分析和定量分析的依据，由若干个色谱峰组成。一个典型的色谱峰如图 9.5.5 所示。典型的色谱峰很接近正态分布曲线形状，所以又称为高斯峰。下面结合图 9.5.5 来介绍色谱图的几个主要技术参数。

(1) 基线

色谱仪启动后，只有载气通过而没有样气注入时所记录的曲线叫基线。基线一般不取零

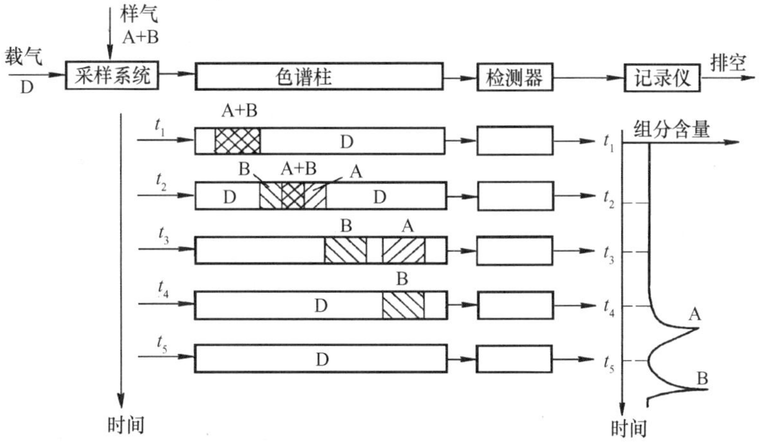

图 9.5.4　色谱分析过程示意图

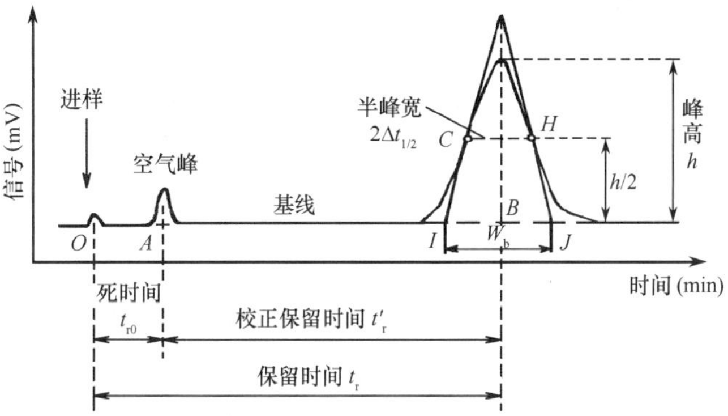

图 9.5.5　色谱图的主要参数

值，仪器性能稳定时，它应当是平行于时间轴的直线，如图 9.5.5 所示。基线的漂移是衡量色谱仪优劣的主要指标。

(2) 保留时间

以下提到的几个时间参数都是从进样开始计算的，所以必须准确地确定进样时刻。当试样注入时，由于压力的突然变化或液体瞬间汽化切断气流，都会使检测器产生一个不大的输出信号，称为进样信号，如图 9.5.5 中的 O 点。

死时间 t_{r0} 指不能被固定相吸附或溶解的惰性组分(如空气、惰性气体等)从进样到出峰的时间，如图 9.5.5 中的 OA 段，此峰也叫空气峰。t_{r0} 反映色谱柱中空隙体积的大小。

保留时间 t_r 是指被分析组分从进样到出峰的时间，如图 9.5.5 中的 OB 段。

校正保留时间 t'_r 是指保留时间扣除死时间的数值，即 $t'_r = t_r - t_{r0}$，它表示该组分在固定相中停留的时间。

(3) 保留体积

死体积 V_{r0}、保留体积 V_r、校正保留体积 V'_r 分别指相应的死时间 t_{r0}、保留时间 t_r 和校正保留时间 t'_r 内通过色谱柱载气的体积。如果载气的体积流量 q_V 恒定不变，则体积保留值等于时间保留值与流量 q_V 之积。

(4) 区域宽度和分离度

色谱峰所占区域宽度反映了分离条件的优劣。通常区域宽度有两种表示方法：

① 半峰宽 $2\Delta t_{1/2}$。指色谱峰在峰高一半处的宽度，如图 9.5.5 中的 CH 段。

② 基线宽 W_b。指通过流出曲线的拐点所作的切线在基线上的截距，如图 9.5.5 中的 IJ 段。

从色谱图上可以看出，只有相邻的色谱峰能明显分开时，才能实现两组分的有效分离。衡量分离效能的指标用分离度(或分辨率) 来表示，如图 9.5.6 所示。分离度的定义为：相邻两色谱峰保留值(保留时间或保留体积) 之差与两峰宽度平均值之比，即

$$R = \frac{t_{rb} - t_{ra}}{(W_a + W_b)/2} \tag{9.5.2}$$

或

$$R = \frac{t_{rb} - t_{ra}}{\Delta t_{b1/2} + \Delta t_{a1/2}} \tag{9.5.3}$$

显然，分离度 R 越大，分散效果越好，$R < 1$ 时两峰有部分重叠；$R = 1$ 时，两个等面积的高斯峰分离效率达 98%；$R = 1.5$ 时，其分离效率达 99.7%，可以认为完全分离。R 若再大，则会加长分析时间。在工业气相色谱分析中，一般要求有很大的分离度，以便程序的安排和维持较长的柱寿命，所以 R 的取值可高达 5 ～ 10。

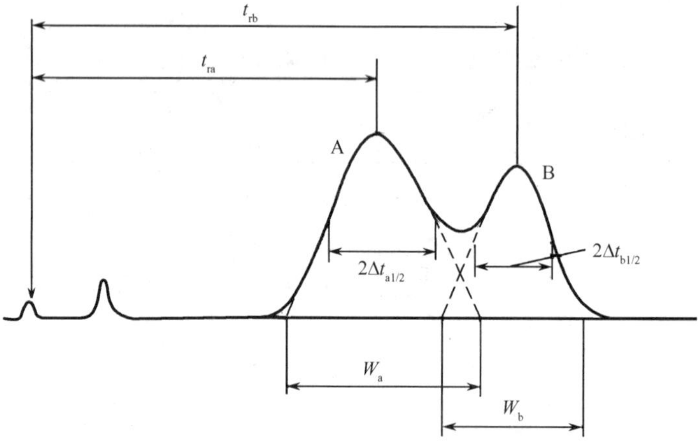

图 9.5.6　重叠峰的色谱图

9.5.3　定性分析和定量分析

1. 定性分析

气相色谱法的定性分析就是如何确定每个色谱峰代表何种组分。下面介绍几种常用的定性分析方法。

(1) 相对保留值法

某种物质的校正保留值 t'_{ri} 和基准物质的校正保留值 t'_{rc} 之比称为相对保留值，记为 a_{is}，即

$$a_{is} = \frac{t'_{ri}}{t'_{rc}} = \frac{V'_{ri}}{V'_{rc}} \tag{9.5.4}$$

a_{is} 仅与柱温与固定相性质有关，而与其操作条件无关，用 a_{is} 就可以定性消除这些操作条件的影响。在色谱手册中，给出一定条件下某些物质的 a_{is} 值，可供使用者用来进行定性分析。

(2) 加入已知物质增加峰高法

如果样品成分比较复杂，出峰时间接近或操作条件不易控制稳定时，可采用此方法定性。首先，通过色谱图初步定性，把可能范围缩小到某几种物质，然后用纯物质核对。其方法是把一

种或几种纯物质依次加入到样品中，如果加入某种纯物质时有一色谱峰相对增高，那么该峰就代表这种物质。

2. **定量分析**

气相色谱分析的主要目的是对物料进行定量分析，即测出混合物中各组分的质量分数或质量浓度。

(1) 定量分析原理

在气相色谱仪中，用检测器将组分质量浓度或质量转换为易于测量的电信号。响应与质量浓度成正比的检测器称为浓度型检测器，例如热导池，其响应方程为

$$R = K_1 \rho_i \tag{9.5.5}$$

式中，R 为检测器输出；ρ_i 为组分 i 的质量浓度，即载气与样气的混合气体中组分 i 的质量浓度；K_1 为比例系数。

若响应与质量流量成正比，则称为质量型检测器，如氢焰离子化检测器，此时

$$R = K_2 \frac{\mathrm{d}m_i}{\mathrm{d}t} \tag{9.5.6}$$

式中，m_i 为检测器中组分 i 的瞬时质量；K_2 为比例系数。

在一定的操作条件下，被测组分 i 的质量 m_i 与其在色谱图上表现出的面积 S_i 成正比，用公式表达为

$$m_i = f_{si} S_i \tag{9.5.7}$$

式中，f_{si} 为定量校正因子。

显然，进行定量分析必须准确测出峰面积，求出定量校正因子，并选用合适的计算方法把测量值换算成被测组分在试样中的质量分数。

(2) 峰面积的测量方法

① 峰高乘半峰宽法。

$$S = h \cdot 2\Delta t_{1/2} \tag{9.5.8}$$

此方法适用于对称性好的正常峰，其真实峰面积是上述计算值的 1.065 倍。

② 峰高乘平均峰宽法。在峰高的 15% 和 85% 处分别测得峰宽，如图 9.5.7 中的 $2\Delta t_{0.15}$ 和 $2\Delta t_{0.85}$，取两者平均值作为峰宽，这样

$$S = h(\Delta t_{0.15} + \Delta t_{0.85}) \tag{9.5.9}$$

此法可用于带前伸或拖尾的不对称峰。

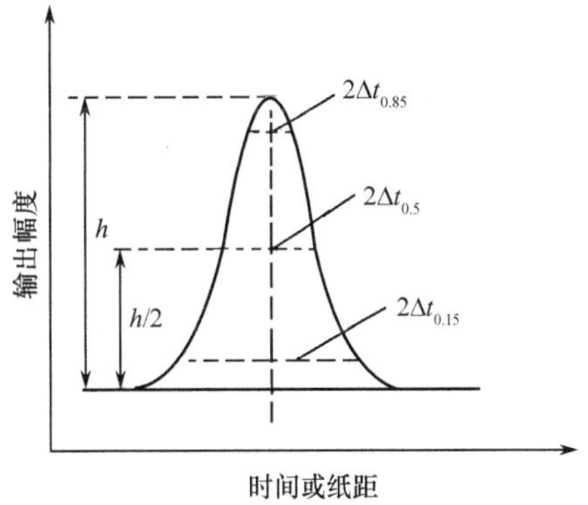

图 9.5.7　计算平均峰宽示意图

③ 峰高乘以保留值法。在一定的操作条件下，结构相近的同类物质的半峰宽与保留值基本上成正比关系。因此，在相对测量中可用此方法。此方法方便，保留值也容易测准确，适用于工厂分析。

④ 自动积分仪法。配备电子自动积分仪，直接测出色谱峰面积，精确度达到 0.2%～2%，但测量小峰时误差较大。

(3) 定量校正因子

式(9.5.7) 中的 f_{si} 不仅因不同组分而异，而且还取决于检测器的灵敏度及某些操作条

件，给实际应用带来困难，所以在定量分析中都使用相对校正因子。相对校正因子与操作条件无关，它可由实验确定，其详细介绍可查阅有关技术文献。

(4) 两种常用的定量计算方法

① 归一化法。当样品中所有组分都能出峰时，同时也得知各组分的校正因子，则可求出各组分的含量 C_i，即

$$C_i = \frac{f_i S_i}{\sum f_i S_i} \tag{9.5.10}$$

式中，C_i 为组分 i 的百分含量；f_i 为组分 i 的相对校正因子；S_i 为第 i 组分的峰面积。

归一化定量计算法的优点是：计算方便、准确，进样量的波动不影响分析结果的准确性。仪器的操作条件及其波动对分析结果的影响比较小。

使用归一化定量法的条件是必须保证样品中所有组分在一定时间内必须全部出峰，且峰形无重叠现象。

② 外标法，又称定量样品校正法，是工厂控制分析中常用的绝对定量方法。首先，用已知组分的纯样品加稀释剂，配成一系列不同质量浓度的标准样，在一定条件下进行色谱分析，做出峰面积（或峰高）对质量浓度的关系曲线，称为工作曲线。然后在同样的操作条件下，取同量被分析试样注入色谱仪，测得待分析组分的峰面积（或峰高），由工作曲线查出被测组分含量。这种方法的优点是操作简单，使用方便，分析的准确度主要取决于进样量的重复性和操作条件的稳定性。

9.5.4　工业气相色谱仪的基本组成

工业气相色谱仪和一般实验室用气相色谱仪（见图 9.5.2）相比，主要是增加了取样系统，采用柱切技术，而且程序控制和信息处理完全是自动化的。图 9.5.8 所示是其基本组成，包括取样系统、载气流路、进样装置、色谱柱、检测器、色谱炉、温度控制系统、程序控制器、信息处理和显示记录装置等。下面详细介绍各部分的结构和性能。

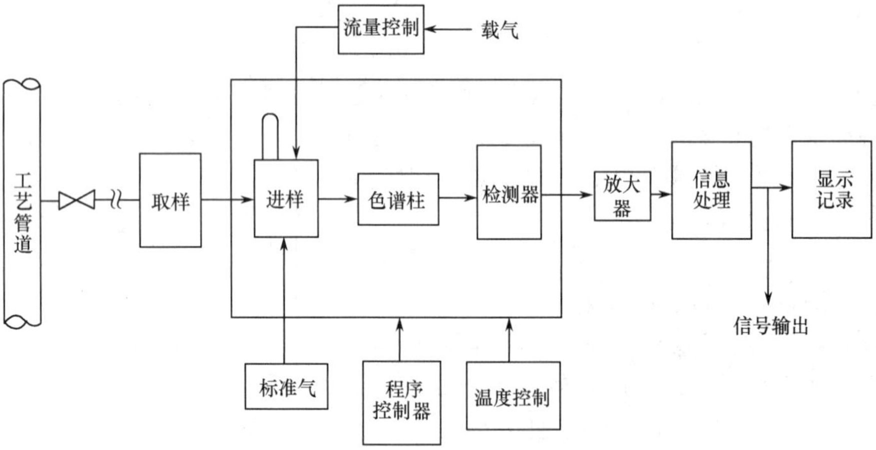

图 9.5.8　工业气相色谱仪的基本组成

1. 取样系统

取样系统完成取样和样品预处理任务，是生产装置和工业气相色谱仪的接口设备。实际上，在分析仪外部，就应对样品进行初步的预处理，如减压、除水、除尘等。分析仪内部取样及样品预处理系统应具有调压、流路切换、流量监视、大气平衡和标准气（或标准液）校正等功能。

取样及样品预处理系统设计时，还应考虑其他一些实际问题，例如，系统管路和部件的耐腐蚀性、防止泄漏、防爆、减少传输滞后时间及控制排空污染等。

2. 载气流路系统

载气流路系统包括载气源、净化器、压力与流量的稳定与调节装置(见图 9.5.2)。

通常使用钢瓶中的高压气体作为载气源。钢瓶出口要有减压阀，使压力降到 0.1 ～ 0.5MPa。为了避免污染色谱柱，要求载气纯度高，稳定性好。因此，多用硅胶、分子筛和活性炭等吸附载气中的水分和烃类化合物。可用作载气的气体有氢气、氮气、氩气等。

气相色谱分析仪要求载气流量保持恒定，其变化应小于 1%。所以在气路中，要配置流量计和调节阀，还要加装稳压阀来连续调整并稳定流路的气压，从而达到稳定流量的目的。

3. 进样装置

进样就是把气体、液体或经过转化的固体样品定量地加到色谱柱头上，以便进行色谱分离。进样数量的恒定性、进样时间的长短、试样汽化的速度等都会影响定量分析结果的重复性和准确性。

(1) 汽化室

汽化室外壁用金属块制成，工作温度可控制在 50℃ ～ 500℃ 之间。工作温度高于 250℃ 时，为防止催化效应，宜采用内插玻璃管结构。汽化室的功能是保证液体试样在其中瞬间汽化。载气进入汽化室前要预热，但硅橡胶垫应冷却，以避免发生多余的化学反应。

(2) 进样阀

定量进样是靠带有定量管的进样阀完成的。进样阀的原理如图 9.5.9 所示。从取样状态(见图 9.5.9(a))切换至进样状态(见图 9.5.9(b))，载气将充满定量管中的样品带入色谱柱。对进样阀的要求是气密性好，死体积小，可靠耐用，切换时间快，有的场合还要求能够耐腐蚀和在一定温度条件下工作。进样阀的性能将影响仪器的精度和稳定性。

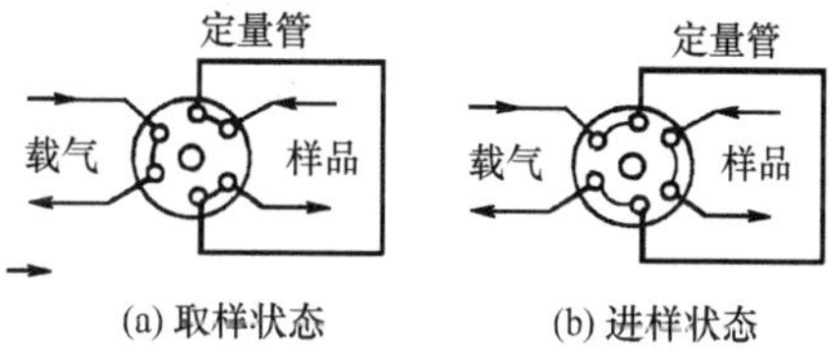

图 9.5.9　进样阀工作原理

4. 色谱柱

色谱柱是色谱分析仪的核心部件，其好坏对整个仪器指标具有重要影响。

色谱柱有填充柱及毛细管柱两种。填充柱中装有固体吸附物质或有固定液的担体，选择不同的填充物，能够分离 N_2，O_2，H_2，Ar 等高沸点的各种混合物。毛细管柱具有较高的分离效率，固定相液体涂在内径很细的毛细管内壁上。

固定相可分为固体固定相和液体固定相两种。固体固定相是一种吸附剂，对不同组分有不同的吸附能力，表 9.5.1 列出了一些具有不同吸附能力的吸附剂。

表 9.5.1　具有不同吸附能力的吸附剂

	弱吸附剂	中等吸附剂	强吸附剂
吸附作用增强↓	蔗糖 淀粉 菊淀粉 滑石粉 碳酸钾	碳酸钙 磷酸钙 碳酸镁 氧化镁 氢氧化钙	活性硅胶 活性硅酸镁 活性氧化铝 活性炭 黏土

固定液是一些高沸点的有机液体，选择固定液的原则是：在使用温度下完全不挥发或挥发性极小，而对各分析组分有一定溶解能力及分配系数的差别。当用固定液时，需要把它涂在称为担体的固定材料上，担体的作用是使固定液牢固地分布在上面。

5. 检测器

气相色谱仪检测器也称为鉴定器，也是仪器的关键部件，经过色谱柱分离的组分要用检测器把它们转化为电信号，从而进行定性和定量分析。

检测器分为浓度型和质量型两大类。浓度型检测器的响应取决于载气和组分在混合物中组分的质量浓度，即输出正比于质量浓度，如热导池检测器。质量型检测器的响应取决于单位时间里进入检测器的组分质量，而输出正比于质量流量，如氢焰离子化检测器。

(1) 热导池检测器

有关热导池的基本原理、结构、性能已在 9.2 节介绍，在此不再重复。这里只就气相色谱仪用热导池检测器的特点作简单补充说明。首先，一般希望热导池半径大，混合气体导热系数小，以提高灵敏度。其次，色谱仪用热导池趋于小型化，使用小热导池可以避免组分被“稀释”，有利于减小峰宽，提高分离度。再次，为了测量微量试样，对热导池壁温控制要求较高。因此，色谱仪用热导池多采用直通式结构，以便发挥其响应快、灵敏度高的优点。

(2) 氢焰离子化检测器

氢焰离子化检测器属于离子化检测器，其特点是灵敏度高，最小检测量低，响应时间短，线性范围宽，它常与毛细管连接作痕量分析与快速分析。又由于其结构简单、受操作条件影响小，所以多用于常规分析。在整个气相色谱法分析中，氢焰离子化检测器的应用最为普遍。

氢焰离子化检测器是根据物质的电离特性制成的，图 9.5.10 所示为其结构原理图。其基本原理是：带有样品组分的载气从色谱柱出来和氢气混合进入检测器，由喷嘴 2 喷出。喷嘴是一段内径为 0.5～0.6mm 的细管，该细管耐高温、化学稳定性好，热噪声小，常用铂、石英或高频陶瓷制成。点火丝 1 通电后把氢气点燃，空气从侧面进入检测器帮助氢焰燃烧。含有碳氢原子的化合物在氢气的火焰中燃烧，由于化学电离作用，生成了带电的离子对。在火焰的上方有一筒状的收集电极 3。下方为一圆环状的极化电极 4(也称为发射电极)。两电极之间施加一个恒定的电压，形成一个静电场。在没有样品组分进入检测器时，两电极之间的离子流很小，即基流很低，约为 10^{-14} A。当样品组分在载气的冲刷下进入检测器时，在氢焰的高温下产生电离反应，生成带电的离子对。在电场的作用下，这些带电离子向两极做定向移动，就形成所谓的离子流。经过高阻抗的量程变换器 5 后，在电阻的两端取出电压信号，经过放大器 6 处理，然后送记录仪 7，于是记录仪便记录了色谱峰的图形。

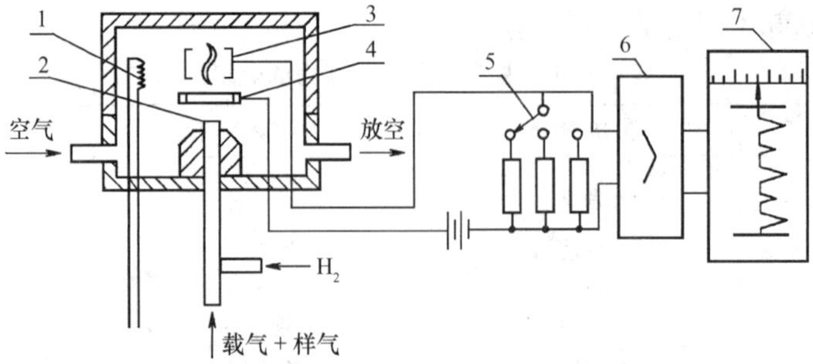

图 9.5.10　氢焰离子化检测器结构原理图

使用氢焰离子化检测器应注意以下几点：

① 整个系统应加电磁屏蔽，以避免外界的电磁干扰；

② 若使用氢气做载气，则无须再加入供燃烧使用的氢气；

③ 所有载气、氢气和空气均应纯净，若有灰尘颗粒则会产生较大的干扰，进入检测器的杂质将会严重影响测量的下限值；

④ 检测器对大气、水和 CO_2 没有响应，因此特别适合分析大气污染和含水样品；

⑤ 检测器对氢气的流速很敏感，在测量中应寻找最佳流速，使响应信号最大；

⑥ 检测器的响应还与收集电极和燃烧器喷嘴的几何形状有关。

氢焰离子化检测器只能分析碳氢化合物，对无机物及水、O_2、N_2、CO、CO_2、SO_2、NH_3 等都很少有反应。

(3) 其他类型检测器

除上述介绍的热导池检测器、氢焰离子化检测器外，在工业气相色谱仪中还使用电子捕获检测器、氮磷检测器、火焰光度检测器、光离子化检测器等，关于这些检测器的详细介绍可参阅有关文献。

6. 温度控制系统、程序控制器和数据处理与记录装置

(1) 温度控制系统

温度是气相色谱仪最重要的操作条件。由于汽化室、色谱柱和检测器 3 个重要部件对温度各有不同的要求，所以应设置不同的温度控制装置。控制温度的方法有多种形式，如用铂电阻做敏感元件的可控硅连续控温装置等。有关温度控制知识在本专业有关课程中已介绍，在此不再重述。

(2) 程序控制器

工业气相色谱仪的测量是按周期重复进行的。在一个完整的分析周期中，应包括取样、进样、反吹或前吹、柱切换、组分开关门、零位调整、谱峰记录和数据处理等环节。这些工作都是由程序控制器按一定时间顺序自动控制。在一个周期结束后，经复位后又开始下一个测量周期。

程序控制器有凸轮式、光电式、电子延时式和数字分频式等，其详细介绍可参阅有关文献。

(3) 数据处理与记录装置

在工业气相色谱仪中，数据处理和记录主要是由计算机软件来完成的，其软件主要包括：数据的采集、数字滤波、峰的检测、各种峰形的判别处理、计算峰面积和百分比含量及图形显示等。随着计算机技术的发展，软件功能越来越强大。

9.5.5 气相色谱仪的新发展

由于硅微机械元件技术的发展，容许同时进行产品小型化和增强性能，使气相色谱仪体积小而结实，使用简单，能够安装在采样点的旁边。图 9.5.11 所示为基于硅微机械元件的防爆型在线过程检测气相色谱仪，其主要特点如下：

① 降低了循环时间，给工艺提供更好的信息；

② 无法实现采样注入和色谱柱切换；

③ 多种检测器来验证测量结果；

④ 多个分析仪可并行连接多个采样流路，使单

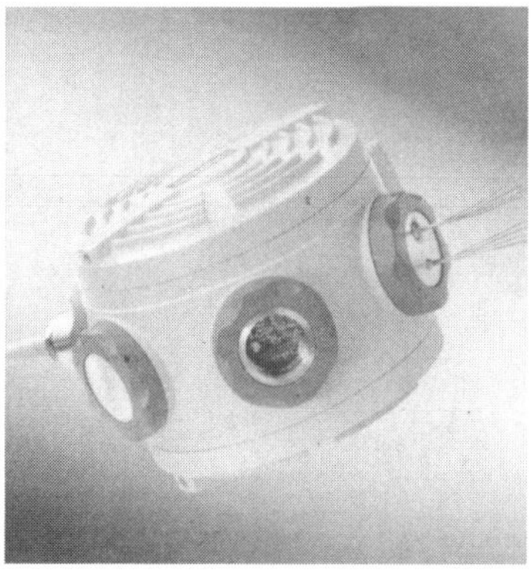

图 9.5.11 基于硅微机械元件的气相色谱仪

位时间内可获得更多的信息，即使存在一个系统故障，仍能保持高的可靠性，容易实现冗余系统；

⑤ 专用空间小，节省安装、维护费用。

思考题与习题 9

1. 简述成分分析仪器的基本组成。

2. 热导池的结构和工作原理是什么？双桥检测电路怎样把热导池电阻丝的信号转换为被测气体含量的信号？

3. 简述氧化锆氧量分析仪的工作原理。

4. 简述双光束直读式红外线气体分析仪的工作原理。

5. 在红外气体分析仪中，为什么要对光源进行调制？

6. 气相色谱仪的分析原理和工作流程是什么？

7. 气相色谱仪的定性和定量分析方法有哪些？

8. 在气相色谱仪输出的色谱图中，每个色谱峰代表的是什么？色谱峰的面积说明了什么？流出时间又有什么含义？

9. 在色谱图中，为什么出现基线漂移和重叠峰？

第10章　自动检测的共性技术及新发展

近年来，随着计算机技术、信号处理技术和通信技术的发展和应用，使得自动检测系统和仪表的功能得到很大的提升，性能指标得到很大的提高。本章简要介绍一些自动检测的共性技术和新发展，分别是误差修正技术、MEMS技术及其微型传感器、虚拟仪器、无线传感器网络、多传感器数据融合及软测量技术。

10.1　误差修正技术

自动检测的目的是要得到外界客观事物准确的数量概念，但是，在检测过程中不可避免地存在误差。误差来源有以下几方面。

1. 检测系统本身的误差

工作原理上，如传感器或测量电路的非线性输入、输出关系；机械结构上，如阻尼比太小等；制造工艺上，如加工精度不高、贴片不准、装配偏差等；功能材料上，如热胀冷缩、迟滞、非线性等。

2. 外界环境影响

例如，温度、压力和湿度等的影响。

3. 人为因素

操作人员在使用仪表之前，没有调零、没有校正；读数误差等。

为了消除或减少测量误差，必须研究误差的特点和修正方法。可以从不同的角度对误差进行分类。我们从时间角度，把误差分为静态误差和动态误差。静态误差包括通常所说的系统误差和随机误差。其中，系统误差是指在相同条件下，多次测量同一量时，其大小和符号保持不变或按一定规律变化的误差。动态误差是指检测系统输入与输出信号之间的差异。由于产生动态误差的原因不同，动态误差又可分为第一类和第二类。因检测系统中各环节存在惯性、阻尼及非线性等原因，动态测试时造成的误差，称为第一类动态误差。因各种随时间改变的干扰信号所引起的动态误差，称为第二类误差。针对不同的误差，有不同的修正方法；就是对同一误差，也有多种修正方法。本节介绍基于微处理器的、采用数字方法的误差修正技术，包括校正系统误差的静态误差修正方法、克服随机误差的数字滤波方法，以及解决第一类动态误差的动态补偿方法。

10.1.1　系统误差的数字修正方法

1. 利用校正曲线修正系统误差

在自动检测系统或仪器仪表中，由于环节较多，对大多数的误差来源往往不能充分了解，因此，难以从理论上建立准确的误差模型。这时，可以通过实验校准（或称标定）来获得系统的校准曲线（输入、输出关系曲线）。所谓校准，就是在标准状况下，利用一定等级的标准设备，为系统提供标准的输入量 $x_i(i=1,2,\cdots,n)$，测试系统的输出 $y_i(i=1,2,\cdots,n)$。在整个量程范围内，选多点测试；在每个点上，测试多次，由此得出系统的输入、输出数据 (x_i,y_i)，列成表格或绘出曲线。将曲线上各校准点的数据存入存储器的校准表格中，例如，将 y_i 作为存储器的一个地址，把对应的 x_i 值作为内容存在其中，这就建立了一张校准表格。在实际测量时，测一个 y_i 值，就到微处理器去访问这个地址，读出其内容 x_i，即为被测量经修正过的值。

对于 y 值介于两个校准点 y_i 与 y_{i+1} 之间时，可以按最邻近的一个值 y_i 或 y_{i+1} 去查找对应的 x 值，作为最后的结果。这个结果带有误差。此时，可以利用内插方法(分段直线拟合)来提高准确度。校准点之间的内插，最简单的是线性内插。当取 $y_i < y < y_{i+1}$ 时，有

$$x = x_i + \frac{(x_{i+1} - x)}{(y_{i+1} - y)}(y - y_i) \tag{10.1.1}$$

2. 用神经网络修正系统误差

用神经网络综合修正传感器静态误差的连接方法如图 10.1.1 所示。

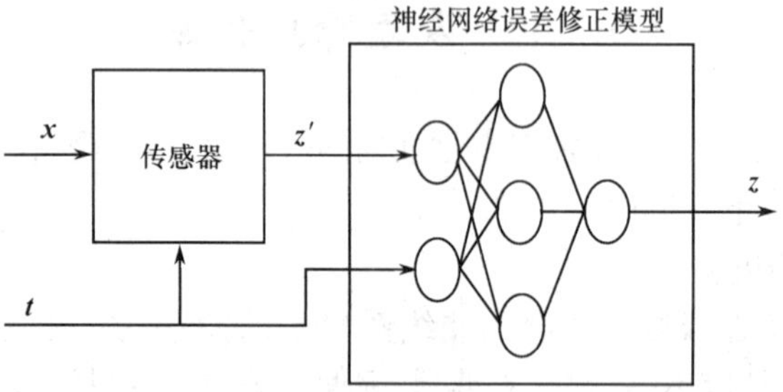

图 10.1.1　用神经网络综合修正原理图

传感器模型为 $\boldsymbol{z}' = f(\boldsymbol{x};\boldsymbol{t})$，其中，$\boldsymbol{x}$ 为被测非电量，$\boldsymbol{t} = (t_1, t_2, \cdots, t_k)^{\mathrm{T}}$ 为 k 个环境参数。若对不同的 $\boldsymbol{t}, \boldsymbol{z}'$ 都是 $\boldsymbol{x}$ 的单值函数，则有 $\boldsymbol{x} = f^{-1}(\boldsymbol{z}';\boldsymbol{t})$。作为误差修正模型的输出为 $\boldsymbol{z} = \varphi(\boldsymbol{z}';\boldsymbol{t})$。令 $\varphi(\boldsymbol{z}';\boldsymbol{t}) = f^{-1}(\boldsymbol{z}';\boldsymbol{t})$，可得

$$\boldsymbol{z} = \varphi(\boldsymbol{z}';\boldsymbol{t}) = f^{-1}(\boldsymbol{z}';\boldsymbol{t}) = \boldsymbol{x} \tag{10.1.2}$$

即误差修正模型的输出 $\boldsymbol{z}$ 与被测非电量 $\boldsymbol{x}$ 呈线性关系，且与各环境参数 $\boldsymbol{t}$ 无关。只要使误差修正模型 $\varphi(\boldsymbol{z}';\boldsymbol{t}) = f^{-1}(\boldsymbol{z}';\boldsymbol{t})$，即可实现传感器静态误差的综合修正。

通常传感器模型 $f(\boldsymbol{x};\boldsymbol{t})$ 及其反函数 $f^{-1}(\boldsymbol{z}';\boldsymbol{t})$ 是复杂的，难以用数学式子描述。但是，可以通过实验测得传感器的实验数据集 $\{(x_i;\boldsymbol{t}_i;\boldsymbol{z}') \in R^{k+2}: i = 1, 2, \cdots, n\}$，$\boldsymbol{t}_i = (t_{1i}, t_{2i}, \cdots, t_{ki})^{\mathrm{T}}$。根据前向神经网络具有很强的输入、输出非线性映射能力的特点，并考虑式(10.1.2)，以实验数据集的 $\boldsymbol{z}_i'$ 和 $\boldsymbol{t}_i$ 为输入样本及对应的 x_i 为输出样本，对神经网络进行训练，使神经网络逐步调节各个权值自动实现 $f^{-1}(\boldsymbol{z}';\boldsymbol{t})$。

因神经网络学习时，加在输入端的数据太大，会使神经元节点迅速进入饱和，导致网络出现麻痹现象。此外，由于在神经网络中采用 S 型函数，输出范围为(0,1)，且很难达到 0 或 1。故在学习之前，应对数据进行归一化处理，即

$$D_{\mathrm{i}}' = (D_{\mathrm{i}} - D_{\mathrm{imin}})/(D_{\mathrm{imax}} - D_{\mathrm{imin}}) \tag{10.1.3}$$

$$D_{\mathrm{o}}' = 0.9(D_{\mathrm{o}} - D_{\mathrm{omin}})/(D_{\mathrm{omax}} - D_{\mathrm{omin}}) + 0.05 \tag{10.1.4}$$

式中，$D_{\mathrm{i}}, D_{\mathrm{o}}$ 分别是欲作为神经网络输入、输出样本的原始数据。变换后，输入样本和输出样本的值分别在区间[0,1]和[0.05,0.95]内。有时虽然输入数据在[0,1]内，但数值很接近，学习很难达到高精度，经式(10.1.4)变换后还可使数据差别放大。

建立神经网络误差修正模型的步骤为：

① 取传感器原始实验数据。

② 由式(10.1.3)变换原始数据 z_i' 和 t_i，式(10.1.4)变换原始数据 x_i，得训练神经网络的输入、输出样本对。

③ 确定神经网络输入、输出端数量、各层节点数、学习率 η 和动量因子 α 的值。网络输入端数量与输入层节点数量相同，等于环境参数个数 k 加 1。输出端数量与输出层节点数均为 1。隐层节点数根据被测非电量、环境参数及传感器输出之间的关系的复杂程度而定，关系复杂取多些，反之取少些。η 和 α 一般取 $0 \sim 1$。

④ 训练神经网络得到误差修正模型。

3. 非线性特性的校正方法

传感器和自动检测系统的非线性误差(或称线性度)是一种系统误差，是用其输入、输出特性曲线与拟合直线之间最大偏差与其满量程输出之比来定义的。所谓拟合直线，是依据若干实验数据，利用一定的数学方法得到的直线。可见，当采用的数学方法不同时，拟合直线不同，以此为基准得出的线性度也不同。

传感器和自动检测系统的输入、输出关系呈线性的优点为：可用线性叠加原理，分析、计算方便；输出信号的处理方便，只要知道输出量的起始值和满量程值，就可确定其余的输出值，刻度盘可按线性刻度；在工业过程控制中常用的电动单元组合仪表，由于单元之间用标准信号联系，要求仪表具有线性特性。

非线性校正方法很多。例如，前面介绍的利用校准曲线用查表法进行修正；利用分段折线法进行校正；用整段高次多项式近似。此外，还有神经网络的方法。本书仅介绍整段校正法和神经网络校正法。

(1) 整段校正法

整段校正法也称整段多项式近似法，其核心问题是多项式的生成，即直接利用非线性方程进行校正。由标定传感器所得到的实测数据来推出反映输入、输出关系的多项式，并要求这个多项式的次数尽量低、与实际特性的误差尽量小。这实质上是个曲线拟合问题。下面介绍最小二乘意义下的多项式拟合。

对于 n 对实验数据 $(x_1, y_1), (x_2, y_2), \cdots, (x_n, y_n)$，构造 $(m-1)$ 次多项式

$$P(x) = a_1 + a_2 x + a_3 x^2 + \cdots + a_m x^{m-1} \quad (m < n) \tag{10.1.5}$$

使得

$$\xi = \sum_{i=1}^{n} [P(x_i) - y_i]^2 \rightarrow \min \tag{10.1.6}$$

根据最小二乘原理，要使 ξ 为最小，按通常求极值的方法，对 $a_i (i = 1, 2, \cdots, m-1)$ 求偏导数，并令其为零，得到正则方程组，解出 $a_i (i = 1, 2, \cdots, m)$。

拟合算法可以进一步参考有关数值计算方面的书籍，其计算机程序也可以在各种高级语言程序集中找到。

在实际修正中，预先把方程的系数存在存储器中。用微处理器进行校正时，将测量值与存储器中的系数进行运算，就可获得实际被测量 y。

(2) 神经网络校正法

传感器的静态输入、输出特性可用一个多项式表示

$$y = k_0 + k_1 x_i + k_2 x_i^2 + k_3 x_i^3 + k_4 x_i x_p + k_5 x_i x_o + \cdots \tag{10.1.7}$$

式中，y 为传感器的静态输出值；k_0 为零位偏值；k_1 为标度因子；k_2，k_3 分别为二次、三次非线性

系数；k_4，k_5 分别为交叉耦合系数；x_i 为输入非电量；x_p，x_o 分别为干扰输入量。一般情况下，$k_4x_ix_p$，$k_5x_ix_o$ 非常小，所以，式(10.1.7)可简化为

$$y = k_0 + k_1x_i + k_2x_i^2 + k_3x_i^3 \tag{10.1.8}$$

在实际应用中，往往需要根据所得的输出量 y，求出输入非电量 x_i。而由 y 表示的 x_i 表达式为

$$x_i = k'_0 + k'_1y + k'_2y^2 + k'_3y^3 \tag{10.1.9}$$

通过静态标定，事先得到一组传感器的输入、输出数据，然后用函数连接型神经网络，通过迭代得到 k'_0，k'_1，k'_2，k'_3 这些系数。

利用输入数据集$(1, x_i, x_i^2, x_i^3)$和输出 y_i，经神经网络的学习算法不断调整权值$W_n(n = 0,1,2,3)$。

估计输出为

$$\hat{y}_i(k) = \sum_{n=0}^{3} x_i^n W_n(k) \tag{10.1.10}$$

误差为

$$e_i(k) = y_i(k) - \hat{y}_i(k) \tag{10.1.11}$$

权值调整为

$$W_i(k+1) = W_i(k) + \alpha_i e_i(k) x_i^n \tag{10.1.12}$$

上述3式中，$y_i(k)$，$\hat{y}_i(k)$，$e_i(k)$，$W_n(k)$ 分别为第 i 个输入数据的期望输出、估计输出、误差及网络在第 k 步的第 n 个连接权；α_i 为学习因子。经过学习，当权值趋于稳定时，所得的 $W_n(n = 0,1,2,3)$ 就是系数 k'_0，k'_1，k'_2，k'_3。

10.1.2 随机误差的数字滤波方法

10.1.1节介绍了消除和减小系统误差的数字修正方法，在实际测量中，还存在着一些随机因素的干扰。为了提高测量的准确性和可靠性，经常采用数字滤波方法来消除信号中混入的无用成分，减小随机误差。所谓数字滤波，就是通过特定的计算程序处理，降低干扰信号在有用信号中的比例，故实质上是一种程序滤波。数字滤波可以对各种干扰信号，甚至极低频率的信号滤波。数字滤波由于稳定性高，滤波器参数修改方便，因此得到广泛应用。

与模拟滤波器相比，数字滤波器有以下优点：① 不需要增加任何硬设备，只要程序在进入数据处理和控制算法之前，附加一段数字滤波程序即可；② 不存在阻抗匹配问题；③ 可以对频率很低，如0.01Hz的信号滤波，而模拟RC滤波器由于受电容容量的影响，频率不能太低；④ 对于多路信号输入通道，可以公用一个滤波器，从而降低仪表的硬件成本；⑤ 只要适当改变滤波器程序或参数，就可以方便地改变滤波特性，这对于低频脉冲干扰和随机噪声的克服特别有效。

1. 限幅滤波

当采样信号由于随机干扰而引起严重失真时，可采用限幅滤波。根据经验，确定出两次采样信号可能出现的最大偏差 Δy。所谓限幅滤波，就是把两次相邻的采样值相减，求出其增量(以绝对值表示)，然后与两次采样允许的最大差值 Δy 进行比较。如果小于或等于 Δy，则取本次采样值；如果大于 Δy，则仍取上次采样值作为采样值。

这种滤波方法主要用于变化比较缓慢的参数测量，如温度、物位等。也可以在大电流、大电感负载切断时，即在干扰的特点为时间短，但幅值却很大的情况下使用。

2. 中位值滤波

中位值滤波是对某一被测量连续采样 N 次(一般 N 取为奇数),然后把 N 次采样值按大小排列,取中间值为本次采样值。中位值滤波能有效地克服偶然因素引起的波动。对于温度、液位等缓慢变化的被测量,采用此法能收到良好的滤波效果,但对于流量、压力等变化较快的被测量,一般不宜采用中位值滤波。

3. 平滑滤波

叠加在有用数据上的随机噪声在很多情况下可以近似地认为是白噪声。白噪声具有一个很重要的统计特性,即其统计平均值为零。因此,可以用求平均值的办法来消除随机误差,这就是所谓平滑滤波。平滑滤波有以下几种。

(1) 算术平均滤波法

算术平均滤波法适用于对一般的具有随机干扰的信号进行滤波。这种信号的特点是信号本身在某一数值范围附近上下波动,如测量流量、液位时经常遇到这种情况。

算术平均滤波是要按输入的 N 个采样数据 $x_i(i=1,2,\cdots,N)$,寻找这样一个 y,使 y 与各采样值之间的偏差的平方和最小,即使

$$E=\min\left[\sum_{i=1}^{N}(y-x_i)^2\right] \tag{10.1.13}$$

由一元函数求极值的原理可得

$$y=\frac{1}{N}\sum_{i=1}^{N}x_i \tag{10.1.14}$$

上式即为算术平均滤波的算式。

设第 i 次测量的测量值包含信号成分 S_i 和噪声成分 n_i,则进行 N 次测量的信号成分之和为

$$\sum_{i=1}^{N}S_i=N\cdot S \tag{10.1.15}$$

噪声的强度是用均方根来衡量的,当噪声为随机信号时,进行 N 次测量的噪声强度之和为

$$\sqrt{\sum_{i=1}^{N}n_i^2}=\sqrt{N}\cdot n \tag{10.1.16}$$

上述两式中,S,n 分别为进行 N 次测量后信号和噪声的平均幅度。这样,对 N 次测量进行算术平均后的信噪比为

$$\frac{N\cdot S}{\sqrt{N}\cdot n}=\sqrt{N}\cdot\frac{S}{n} \tag{10.1.17}$$

式中,S/n 是求算术平均值前的信噪比,因此采用算术平均值后,信噪比提高了 $\sqrt{N}$ 倍。

由式(10.1.17)可知,算术平均值法对信号的平滑滤波程度完全取决于 N。当 N 较大时,平滑度高,但灵敏度低,即外界信号的变化对测量计算结果的影响小;当 N 较小时,平滑度低,但灵敏度高。应按具体情况选取 N。如对一般流量测量,可取 $N=8\sim12$;对压力等测量,可取 $N=4$。

(2) 递推平均滤波法

算术平均滤波方法每计算一次数据,需测量 N 次,对于测量速度较慢或要求数据计算速率较高的实时系统,则无法使用。如果在存储器中,开辟一个区域作为暂存队列使用,队列的长

度固定为N，每进行一次新的测量，把测量结果放入队尾，而扔掉原来队首的那个数据，这样在队列中始终有个“最新”的数据，这就是递推平均滤波法。即

$$y(k)=\frac{x(k)+x(k-1)+x(k-2)+\cdots+x(k-N+1)}{N}$$
$$=\frac{1}{N}\sum_{i=0}^{N-1}x(k-i) \tag{10.1.18}$$

式中，$y(k)$为第k次滤波后的输出值，$x(k-i)$为依次向前递推i次的采样值，N为递推平均项数。

递推平均项数的选取是比较重要的环节，N选得过大，平均效果好，但是，对参数变化的反应不灵敏；N选得过小，滤波效果不显著。关于N的选择与算术平均滤波法相同。

(3) 加权移动平均滤波法

递推平均滤波法最大的问题是随着随机误差的消除，有用信号的灵敏度也降低了。因为假设对于N次内的所有采样值，在结果中所占比重是均等的。用这样的滤波算法，对于时变信号会引入滞后。N越大，滞后越严重。为了增加新的采样数据在滑动平均中的比重，以提高系统对当前采样值中所受干扰的灵敏度，可以对不同时刻的采样值加以不同的权，通常越接近现时刻的数据，权取得越大。然后再相加求平均，这种方法就是加权移动平均法。N项加权移动平均滤波算法为

$$y=\frac{1}{N}\sum_{i=0}^{N-1}C_i x_{N-i} \tag{10.1.19}$$

式中，y为第N次采样值经滤波后的输出；x_{N-i}为未经滤波的第$N-i$次采样值；$C_0,C_1,\cdots,C_{N-1}$为常数，且满足以下条件

$$C_0+C_1+\cdots+C_{N-1}=1 \tag{10.1.20}$$

$$C_0>C_1>\cdots>C_{N-1}>0 \tag{10.1.21}$$

常系数$C_0,C_1,\cdots,C_{N-1}$的选取有多种方法，其中最常用的是加权系数法。设τ为被测对象的纯滞后时间，且

$$\delta=1+e^{-\tau}+e^{-2\tau}+\cdots+e^{-(N-1)\tau} \tag{10.1.22}$$

则

$$C_0=\frac{1}{\delta},C_1=\frac{e^{-\tau}}{\delta},\cdots,C_{N-1}=\frac{e^{-(N-1)\tau}}{\delta} \tag{10.1.23}$$

因为τ越大，δ越小，则给予新的采样值的权系数就越大，而给予先前采样值的权系数就越小，从而提高了新的采样值在平均过程中的比重。所以，加权移动平均滤波适用于有较大纯滞后时间常数τ的被测对象和采样周期较短的测量系统；而对于纯滞后时间常数较小、采样周期较长、变化缓慢的信号，则不能迅速反映系统当前所受干扰的严重程度，滤波效果较差。

4. 一阶惯性滤波

在检测系统的电路中常常伴随有电源干扰及工业干扰，这些干扰的特点是频率很低(如频率为0.01Hz)。对这样低频的干扰信号，采用RC滤波显然是不适宜的，因为C太大，很难做到。但是，用数字滤波就很容易解决。假设一阶RC滤波器的输入电压为$x(t)$，输出为$y(t)$，则

$$RC\frac{dy(t)}{dt}+y(t)=x(t) \tag{10.1.24}$$

设采样时间间隔 Δt 足够小，将式(10.1.24)离散为

$$\tau\frac{y(n\Delta t)-y[(n-1)\Delta t]}{\Delta t}+y(n\Delta t)=x(n\Delta t) \tag{10.1.25}$$

式中，$\tau=RC$，为时间常数。即

$$\left(1+\frac{\tau}{\Delta t}\right)y_n=x_n+\frac{\tau}{\Delta t}y_{n-1} \tag{10.1.26}$$

整理后，得

$$y_n=(1-Q)y_{n-1}+Qx_n \tag{10.1.27}$$

式中，$Q=\dfrac{\Delta t}{\Delta t+\tau}$。

通过实际运行来确定时间常数 τ，不断地计算出 τ 值，当低频周期性噪声减至最弱时，即为该滤波器的 τ 值。一阶惯性滤波的缺点是造成信号的相位滞后，滞后相位的大小与 Q 值有关。如果相位滞后太大，还必须采取其他补救措施。

5. 复合滤波

在实际应用中，所受到的随机扰动往往不是单一的，有时既要消除脉冲扰动的影响，又要进行数据平滑。因此，在实际中往往把前面介绍的两种或两种以上的滤波方法结合在一起使用，形成所谓的复合滤波，例如，防脉冲扰动平均值滤波算法就是一种实例。这种算法的特点是先用中位值滤波算法滤掉采样值中的脉冲干扰，然后把剩下的各采样值进行滑动平均滤波。其基本算法为：

如果 $x_1\leqslant x_2\leqslant\cdots\leqslant x_N$，其中，$3\leqslant N\leqslant 14$，$x_1$ 和 x_N 分别是所有采样值中的最小值和最大值，则

$$y=\frac{x_2+x_3+\cdots+x_{N-1}}{N-2} \tag{10.1.28}$$

由于这种滤波方法兼容了滑动平均滤波算法和中位值滤波算法的优点，所以，无论是对缓慢变化的过程变量，还是快速变化的过程变量，都能起到较好的滤波效果。

上面介绍了几种使用较为普遍的克服随机干扰的软件算法，一个检测系统究竟应选用哪种滤波算法，取决于使用场合及过程中所含随机干扰的情况。

10.1.3 动态补偿方法与实现

随着科学技术和生产建设的发展，人们对自动检测和仪器仪表提出了更高要求，要求测量一些瞬变的非电量。同时，传感器广泛应用于生产过程的检测，作为控制系统中提供信息的单元，要能迅速反映被控参量的变化，否则，整个控制系统就无法正常工作。在许多生产工艺中，反应速度加快了，设备结构尺寸减小了，即控制对象的时间常数日益减小，这就需要选择快速的检测元件。而很多传感器的阻尼比太小，阶跃响应振荡剧烈，达到稳态的时间长。或者，由于传感器的工作频带窄，对被测信号中的高频分量没有反应，以致动态响应速度慢。

提高传感器动态响应的快速性，可以从两方面入手：一是在传感器本身想办法，改变传感器的结构、参数和设计；二是在传感器输出信号的后续处理方面想办法，设计用于动态补偿的模拟或数字滤波器(通常称为动态补偿器)，对传感器的信号进行校正，改善其动态性能。本节仅讨论后者，即采用零极点配置法和系统辨识法设计传感器动态补偿器，采用 DSP(数字信号处理器)芯片实现动态补偿器。

1. 零极点配置法

传感器的动态特性与其传递函数的极点位置密切相关。例如，对于一个属于二阶系统的传感器，其传递函数为

$$H(s)=\frac{k}{(s-a-\mathrm{j}b)(s-a+\mathrm{j}b)} \tag{10.1.29}$$

当其动态响应不满足要求时，可以在传感器后面串接一个补偿器。即

$$H_{\mathrm{b}}(s)=\frac{(s-a-\mathrm{j}b)(s-a+\mathrm{j}b)k_{\mathrm{m}}}{(s-a'-\mathrm{j}b')(s-a'+\mathrm{j}b')}=\frac{(s-a-\mathrm{j}b)(s-a+\mathrm{j}b)k_{\mathrm{m}}}{s^2+2\zeta\omega_{\mathrm{n}}s+\omega_{\mathrm{n}}^2} \tag{10.1.30}$$

式中，$k_{\mathrm{m}}=\omega_{\mathrm{n}}^2/(a^2+b^2)$。选择 ζ 和 ω_{n} 来调整新加入的极点位置，而原来的极点将被消去，使传感器的动态特性得以改善。

(1) 一阶模型的补偿器

AD590 集成温度传感器可以等效为一阶系统

$$H(s)=\frac{k}{Ts+1}=\frac{1}{6.75s+1} \tag{10.1.31}$$

式中，T 由实验测定。这种传感器的时间常数较大，响应速度在某些场合不能满足要求。设计动态补偿器为

$$H_{\mathrm{b}}(s)=\frac{Ts+1}{T's+1} \tag{10.1.32}$$

经过动态补偿后，等效系统(传感器和补偿器的组合) 为

$$H_{\mathrm{d}}(s)=\frac{k}{T's+1} \tag{10.1.33}$$

因为 $T'<T$，所以等效系统的响应速度比原传感器的快。

(2) 二阶模型的补偿器

设传感器为二阶系统，其传递函数为

$$H(s)=\frac{b_1s+b_2}{s^2+a_1s+a_2} \tag{10.1.34}$$

有两种方法构造补偿器。第一种是将传感器的零极点全部消去，换上合适的极点。此时，补偿器为

$$H_{\mathrm{b}}(s)=\frac{b_2\omega_{\mathrm{n}}^2(s^2+a_1s+a_2)}{a_2(s^2+2\zeta\omega_{\mathrm{n}}s+\omega_{\mathrm{n}}^2)(b_1s+b_2)} \tag{10.1.35}$$

等效系统为

$$H_{\mathrm{d}}(s)=\frac{k\omega_{\mathrm{n}}^2}{(s^2+2\zeta\omega_{\mathrm{n}}s+\omega_{\mathrm{n}}^2)} \tag{10.1.36}$$

式中，$k=b_2/a_2$。对 $H_{\mathrm{b}}(s)$ 进行变换，得

$$H_{\mathrm{b}}(s)=\frac{B_1s^2+B_2s+B_3}{s^3+A_1s^2+A_2s+A_3} \tag{10.1.37}$$

式中，$A_1=(b_2+2\zeta\omega_n b_1)/b_1$，$A_2=(2\zeta\omega_n b_2+\omega_n^2 b_1)/b_1$，$A_3=\omega_n^2 b_2/b_1$，$B_1=\omega_n^2 b_2/(a_2 b_1)$，$B_2=\omega_n^2 a_1 b_2/(a_2 b_1)$，$B_3=\omega_n^2 b_2/b_1$。

根据需要确定 ζ 和 ω_n，代入式(10.1.37)，即可求出补偿器的模型。

第二种方法是替换传感器的极点，不动零点。补偿器为

$$H_b(s)=\frac{\omega_n^2(s^2+a_1 s+a_2)}{a_2(s^2+2\zeta\omega_n s+\omega_n^2)}=\frac{B_0 s^2+B_1 s+B_2}{s^2+A_1 s+A_2} \tag{10.1.38}$$

式中，$A_1=2\zeta\omega_n$，$A_2=\omega_n^2$，$B_0=\omega_n^2/a_2$，$B_1=a_1\omega_n^2/a_2$，$B_2=\omega_n^2$。

当确定 ζ 和 ω_n 后，同样可以得到补偿器的模型。

这两种方法的效果相当。但是，第一种方法得出的补偿器是三阶非齐次模型；第二种是二阶齐次模型，较易实现，更为可靠。用零极点配置法设计补偿器，要依据传感器的模型，所以对传感器建模精度有一定要求，但并不严格。由于人为控制极点，补偿效果非常明显。对于高阶系统，一可以用降阶的方法进行近似处理；二可以用低阶补偿器进行校正。

2. 系统辨识设计方法

(1) 理想的动态响应

设等效系统为一阶系统

$$H_d(s)=\frac{k}{Ts+1} \tag{10.1.39}$$

式中，k 为传感器的静态灵敏度。调整时间常数 T，使阶跃响应的上升时间满足要求，就得到了等效系统的理想动态响应。

设等效系统为二阶系统

$$H_d(s)=\frac{k\omega_n^2}{s^2+2\zeta\omega_n s+\omega_n^2} \tag{10.1.40}$$

式中，取 ζ 为 0.707，选取不同的 ω_n，展宽等效系统的工作频带。

(2) 设计步骤

把传感器的阶跃响应作为补偿器的输入，把等效系统的理想阶跃响应作为补偿器的输出，用最小二乘辨识方法建立补偿器的模型。如果对传感器做阶跃响应法标定不方便，没有传感器的阶跃响应数据，可以依据其他标定方法的数据建立传感器的模型，再计算出传感器的阶跃响应。

无论等效系统构造成一阶或二阶，均可用系统辨识方法求出动态补偿器的模型。通过比较发现，用二阶等效系统构造理想动态响应得出的补偿器效果更好些。当传感器可做阶跃标定时，无需知道其模型，就可构造出补偿器模型。当传感器为一、二阶系统时，用系统辨识方法设计补偿器，效果较佳。当传感器是高阶系统时，可用降阶的方法处理。

3. 基于 DSP 的实时实现

DSP(Digital Signal Processor，数字信号处理器) 是继 MCU(Micro Control Unit，俗称单片机) 之后出现的新型单片集成芯片，非常适用于测量仪表。与单片机相比，由于 DSP 采用了数据总线和程序总线分离的哈佛(Harvard) 结构、流水线操作、硬件乘法器 / 累加器等，所以，具有更快的运算速度和更强的处理能力。下面简单介绍采用 DSP 芯片研制的机器人六维腕力传感器的动态补偿系统。

该传感器安装于机器人的手臂和手爪之间，可以感知三维力和三维力矩信号，为机器人的

操作和控制提供信息。随着机器人速度的加快和一些特殊应用领域的需要，对传感器的动态性能提出了较高要求，要求它能够准确迅速地反映被测量的变化。但是，腕力传感器的固有频率较低，阻尼比太小，从而动态响应速度慢，到达稳态时间长。为了提高腕力传感器的动态性能指标，设计了动态补偿器，并用 DSP 芯片研制了实时动态补偿系统。

六维腕力传感器的弹性体是一体化的浮动十字梁结构，其上贴了 32 片应变片，组成 8 个电桥；电桥输出信号经过一级放大，输入我们研制的实时动态补偿系统。该系统对 8 路信号进行采集、静态解耦，变成代表 F_x，F_y，F_z，M_x，M_y 和 M_z 的 6 路信号输出；同时对这 6 路信号进行动态补偿，以提高腕力传感器响应的快速性。动态补偿系统由采样 / 保持器、多路转换器、放大器、模数转换器、数字信号处理器(DSP)、数模转换器、滤波器和逻辑控制电路等组成，如图 10.1.2 所示。软件流程包括数据采集、数据处理和结果输出等几个步骤。该系统完成对腕力传感器多路数据的实时采集、解耦、动态补偿和输出任务。实验结果表明，腕力传感器各个转换通道的阶跃响应，需要 20ms 至 80ms 的时间才能达到稳态(±10% 误差)；经过动态补偿，各个转换通道的响应时间均小于 5ms，使动态性能指标得到很大提高，如图 10.1.3 所示。

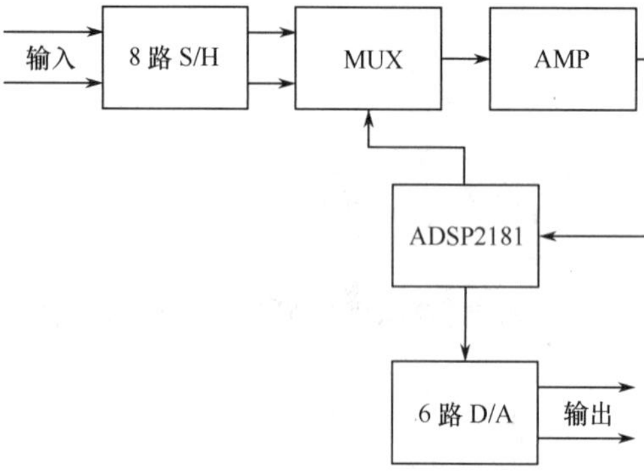

图 10.1.2　动态实时校正系统框图

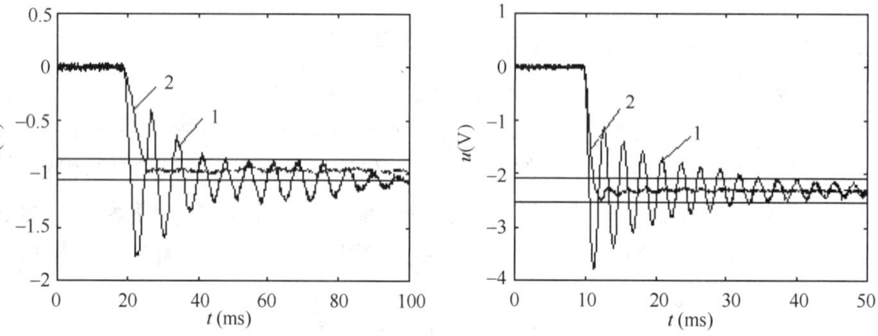

(a)F_x 动态补偿结果　　(b)M_z 动态补偿结果

图 10.1.3　动态补偿结果

1— 腕力传感器输出信号　2— 动态补偿结果

10.2　MEMS 技术与微型传感器

微小型化始终是当代科学技术发展的主要方向。近几十年来，虽然微电子技术获得了飞速发展，但一直与传感器的制造无太大关系，这种状况由于微电子机械系统 MEMS(Micro

Electro-Mechanical System）的出现而改观。MEMS技术一举将传感器（甚至检测系统）带入了微型化、集成化和智能化的时代。MEMS 的出现打破了传感器与系统的界限和传统概念，它不仅改变了传感器的尺寸，而且也很大程度地改变了传感器的原理。

10.2.1 MEMS 技术

MEMS 技术始于 20 世纪 60 年代，加利福尼亚大学和贝尔实验室开发出微型硅压力传感器，20 世纪 70 年代开发出硅片色谱仪、微型继电器。20 世纪 70 ～ 80 年代利用微机械技术制作出多种微小尺寸的机械零部件。1988 年 ucMuller 小组制作了硅静电电动机，1989 年 NSF（The National Science Foundation，国家科学基金会）召开研讨会，提出了“微电子技术应用于电（子）机系统”。自此，MEMS 成为一个世界性的学术用语。

MEMS 技术是多学科交叉的新兴领域，涉及精密机械、微电子材料科学、微细加工、系统与控制等技术学科和物理、化学、力学、生物学等基础学科。包含微传感器、微执行器及信号处理、控制电路等，利用三维加工技术制造微米或纳米尺度的零件、部件或集光机于一体，完成一定功能的复杂微细系统，是实现“片上系统”的发展方向。MEMS 固有的低成本、微型化、可集成、多学科综合、广阔的应用前景等特点，使其成为当今高科技发展的热点之一。

1. 微电子机械系统

MEMS（Micro Electro-Mechanical System）通常称微机电系统。在欧洲和日本又常称微系统（Micro System）和微机械（Micro Machine System）。原联邦德国教研部（BMBF）1994 年给出的定义为：若将传感器、信号处理器和执行器以微型化的结构形式集成为一个完整的系统，而该系统具有“敏感”、“决定”和“反应”的能力，则称这样一个系统为微系统或微机电系统。

信息技术的飞速发展正在对仪器仪表中的两类器件 —— 传感器和执行器产生深刻的影响。传感器是一种简单的转换器，可把能量从一种形式转换成另一种形式（如从机械能到电能），并提供给测量仪器或监视器。执行器使传感器主动与现实世界相互作用。把传感器和执行器集成在一个有效、可靠和经济的系统中是MEMS研究的主要动力，MEMS将成为促进机械、化学和生物学“智能系统”发展的核心技术。

MEMS系统主要包括微型传感器、微执行器和相应的处理电路3个部分。作为输入信号的自然界中的各种信息，首先通过传感器转换成电信号，经过信号处理后（包括 A/D、D/A 转换）再通过微执行器对外部世界发生作用。图 10.2.1 给出了 MEMS 系统与外界相互作用示意图。

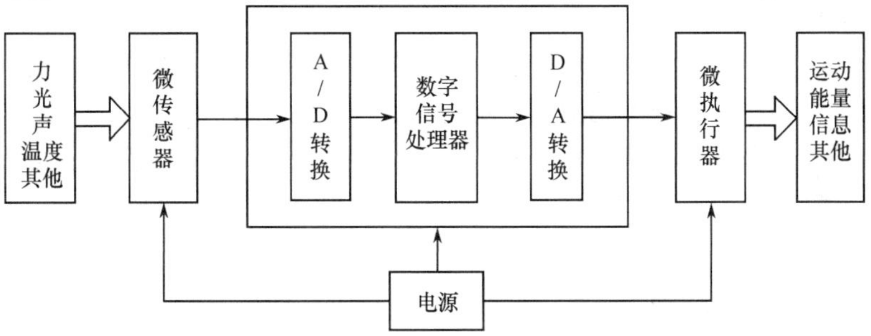

图 10.2.1　MEMS 系统与外界相互作用示意图

2. **MEMS 技术的特点**

MEMS 是以微电子技术为基础，以单晶硅为主要基底材料，辅以硅加工、表面加工、X 射线深层光刻电铸成形(LIGA) 及电镀、电火花加工等技术手段，进行毫米和亚毫米级的微零件、微传感器和微执行器的三维或准三维加工，并利用硅 IC 工艺的优势，制作出集成化的微型机电系统。

与传统的微电子技术和机械加工技术相比，MEMS 技术具有以下特点。

① 微型化。传统的机械加工技术是在厘米量级，但 MEMS 技术主要为微米量级加工，这就使得利用 MEMS 技术制作的器件在体积、重量、功耗方面大大减小，可携带性大大提高。

② 集成化。微型化的器件更加利于集成，从而组成各种功能阵列，甚至可以形成更加复杂的微系统。

③ 硅基材料。MEMS 的器件主要是以硅作为加工材料，这就使制作器件的成本大幅度下降，大批量低成本的生产成为可能，而且硅的强度、硬度与铁相当，密度近似铝，热传导率接近钼和钨。

④ 制作工艺与 IC 产品的主流工艺相似。

⑤ MEMS 中的机械不限于力学中的机械，它代表一切具有能量转化、传输等功能的效应，包括力、热、光、磁、化学、生物等效应。

⑥ MEMS 的目标是“微机械” 与 IC 结合的微系统，并向智能化方向发展。

3. **MEMS 的理论基础**

MEMS 与宏观机电系统相比，不是单纯的几何尺寸的缩小，其自身还必然有传统理论难于做出解释和预测的特定规律。在这一方面的基础性研究，对于促进 MEMS 的发展是非常重要的。

尺寸效应是 MEMS 中许多物理现象不同于宏观现象的一个重要原因，其主要特征表现在以下几个方面。

① 微构件材料的物理特性的变化。

② 力的尺寸效应和微结构的表面效应。在微小尺寸领域，与特征尺寸的高次方成比例的惯性力、电磁力等的作用相对减弱，而在传统理论中常常被忽略了的、与尺寸的低次方成比例的黏性力、弹性力、表面张力、静电力等的作用相对增强。

③ 微摩擦与微润滑机制对微机械尺度的依赖性及传热与燃烧对微机械尺度的制约。此外，随着尺寸的减小，表面积(L^2) 与体积(L^3) 之比相对增大，因而热传导、化学反应等的速度将加快。

目前在 MEMS 理论基础研究方面已取得了一些进展，但尚不系统。除了微摩擦学等分支外，大多是结合具体材料和器件的研制过程进行的。T. Fukuda 等人给出的各物理量的尺度变化规律及对应的微型机构的典型指数有一定的参考作用。

随着微电子机械技术的发展，应该注重力的尺寸效应、微结构表面效应、微观摩擦机理、热传导、误差效应和微构件材料性能等的研究，而且随着尺寸的减小，需要进一步研究微动力学、微结构学等。

10.2.2　微型传感器

随着 MEMS 技术的迅速发展，作为微机电系统的一个构成部分或者作为一个独立的元件，微型传感器也得到了长足的发展。

敏感元件与传感器的性能除由其材料决定外，与其加工技术也有着非常密切的关系。采用新的加工技术，如集成技术、薄膜技术、微机械加工技术、离子注入技术、静电封接技术等，能制作出质地均匀、性能稳定、可靠性高、体积小、重量轻、成本低、易集成化的敏感元件。以集成制造技术为基础的微机械加工技术可使被加工的半导体材料尺寸达到光的波长级，且可大量生产，从而可以制造出超小型且价格便宜的传感器。然而与微机电系统一样，随着传感器系统尺寸的变化，它的结构、材料、特性乃至所依据的物理作用原理均可能发生变化。与各种类型的常规传感器一样，微型传感器根据不同的作用原理也可被制成不同的种类，具有不同的用途。下面介绍几种常见的微型传感器。

1. 硅压力传感器

硅压力传感器是最早用微机械加工工艺制造的传感器，主要有硅压阻式和电容式两种，其中应用最广的是硅压阻式。硅压阻式压力传感器是利用硅的压阻效应、集成电路工艺和微机械加工技术，在硅单晶膜片适当部位扩散形成力敏电阻而构成的(详见 2.2.3 节)。

硅压阻式压力传感器因其独特的优点，现在已经广泛用作高灵敏度、高精度的微型真空计、绝对压力计、流速计、流量计、声传感器、气动过程控制器等，在航天、海洋工程、原子能等各种尖端科技和工业领域等都有广泛的用途。特别是硅压阻式压力传感器的微型化、可集成化、高灵敏度、稳定性及植入生物体后的抗腐蚀性，使得其在生物医学研究上具有诱人的应用前景。

硅电容式压力传感器近年来也得到了迅速发展，和硅压阻式压力传感器相比，它具有灵敏度高、稳定性好、压力量程低等优点，弥补了硅压阻式压力传感器的不足。

硅电容式压力传感器的核心部件是对压力敏感的电容器，其基本结构如图 10.2.2(a) 所示。电容器的一个极板位于支撑玻璃上，用各项异性腐蚀技术在几百微米厚的硅片上从正反两面腐蚀形成。电容器的间隙由硅片正面腐蚀深度决定，可以做得很小，一般为 1 ～ 5μm，这是硅电容式压力传感器灵敏度高的重要原因。硅膜片和玻璃用静电封接技术合在一起，形成具有一定间隙的硅膜片微型电容器。

另一种形式的敏感电容器结构如图 10.2.2(b) 所示。在硅片上首先淀积一个二氧化硅岛作为牺牲层，再淀积一层一定厚度的多晶硅或氮化硅，除掉岛区的二氧化硅，就可以形成一多晶硅或氮化硅的微型薄膜腔，制作上电极，就形成了敏感电容器。电容器间隙由二氧化硅和多晶硅层的厚度决定。目前，薄膜淀积技术已经比较成熟，膜的厚度和质量都能严格控制。所以这种结构的敏感电容器避免了硅的各向异性腐蚀加工的复杂性，省去了膜片和支撑玻璃间的静电封接工艺，节省了设备，是一种很有发展前途的硅电容式压力传感器结构。

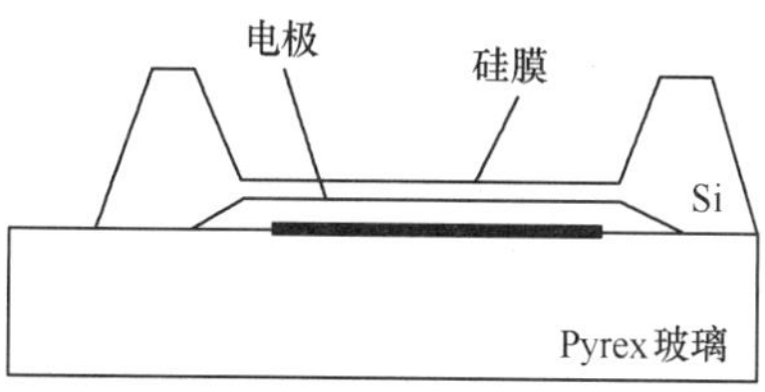

(a) 硅膜片结构

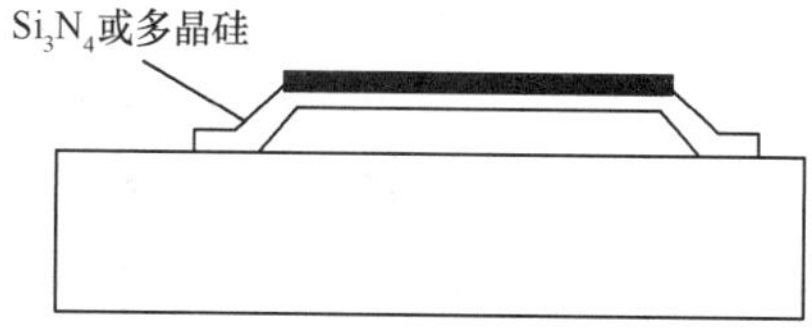

(b) 薄膜腔结构

图 10.2.2 硅电容式压力传感器结构

敏感电容器的电容量由电极面积和两个电极间的距离决定。当硅膜片两边存在压力差时，硅膜片产生形变，电容器极板间的距离发生变化，从而引起电容器的电容量变化。电容的变化量与压力差有关，可以作为压力检测元件。电容量的变化通过测量电路转换为电压或频率的变化输出。硅膜片式压力敏感电容器与机械式压力敏感电容器的工作方式相同。但是，利用硅材料、集成电路技术和硅膜片加工的各向异性腐蚀技术，可以把压力敏感电容器的间隙做得很小，使得传感器灵敏度大大提高。由于电容式微型传感器所产生的电容量和电容变化量很小(一般为皮法(pF)到飞法(fF)量级)，因而常要求用蚀刻法集成与之相连的信号处理电路。

图 10.2.3 示出一种电容式微硅压力传感器实例。

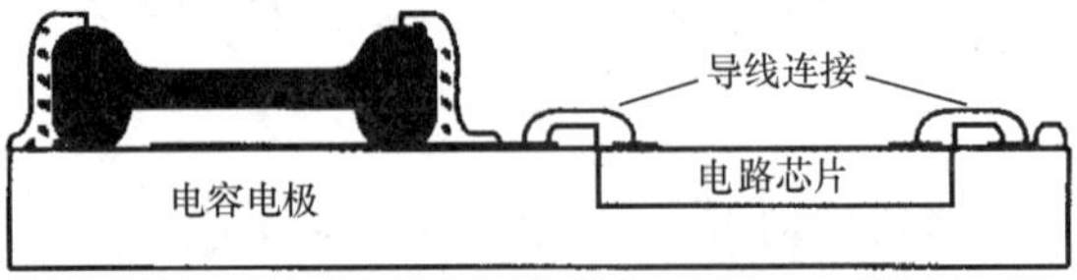

图 10.2.3　电容式微硅压力传感器实例

2. **硅微加速度传感器**

硅微加速度传感器是继硅压力传感器之后，另一种技术成熟并得到实际应用的硅微机械传感器。它广泛应用于工业自动控制、汽车及其他车辆、振动及地震测试、科学测量、军事和空间系统等方面。

绝大多数加速度计由一个有质量的弹性系统构成。在恒定加速度的作用下，质量块将偏离平衡位置(零加速度位置)，直至弹性力足以使质量块产生加速度为止。在这个过程中，弹性力和加速度均与质量块的位置偏移成正比。

3 种常用于检测质量块偏移的物理效应是电容效应、压电效应和压阻效应。下面介绍几种典型的硅微加速度传感器的原理、结构和特性。

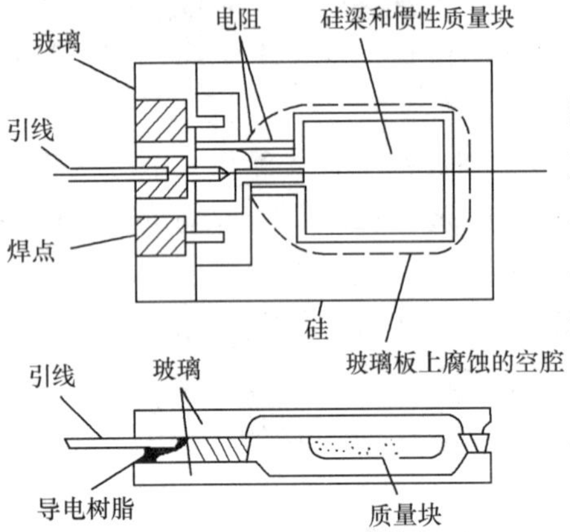

图 10.2.4　硅微压阻式加速度传感器

(1) 硅微压阻式加速度传感器

硅微压阻式加速度传感器是最早开发的硅微加速度传感器。其原理参见 2.2.4 节，图 10.2.4 是这种加速度传感器的结构示意图。这种传感器是为测量心脏壁的运动研制的，它的外形尺寸为 2mm × 3mm ×0.6mm，质量为 0.02g，测量范围为 ± 200g，最大过载量为 600g，灵敏度为 0.05mV/(g · V)，一阶共振频率为 2.33kHz，线性度为 ± 1%，横向灵敏度为 10%。

硅微压阻式加速度传感器的另一个典型应用是用作汽车的气囊和安全带装置中的加速度敏感元件。

(2) 硅微电容式加速度传感器

硅微电容式加速度传感器在灵敏度、分辨率、精度、线性、动态范围和稳定性等方面都优于硅微压阻式加速度传感器。二者的制造成本也非常接近，常用于微应力研究和汽车等领域。

硅微电容式加速度传感器的基本结构如图 10.2.5 所示。作为惯性质量和电容极板的动板由一个或两个悬臂梁支撑，由加速度产生的惯性力引启动板位移，通过测量动板与其上、下两个固定电极间电容量的变化可以测出加速度。电容式加速度传感器的测量范围一般为 0.1 ～ 20g，频率响应范围从直流到数百赫兹，测量精度为 1% ～ 0.1%。硅微电容式加速度传感器的缺点是频率响应范围窄和需要复杂的信号处理电路。

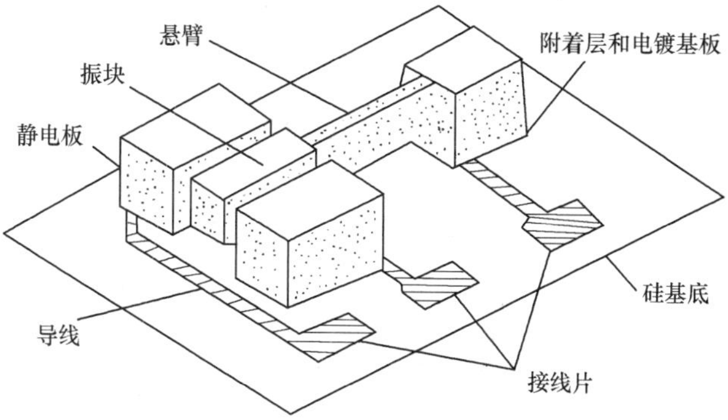

图 10.2.5　硅微电容式加速度传感器

3. 微型流量传感器

(1) 压阻式微型流量传感器

利用半导体材料的压阻效应还可测量流量。所依据的测量原理是：利用流体在流动过程中产生的黏滞力或流体通道进出口之间的压力差，带动传感器中敏感元件运动或产生变形，这种运动或变形引起上面的压敏电阻的阻值发生变化，通过检测这种阻值的变化即可测量流体的速度和流量。

图 10.2.6 是一种基于流体黏滞力的微型流量计的结构示意图。图中的主要敏感元件为一配置有压敏电阻的悬臂梁构件。当有流体流入时，流体流经通道所产生的黏滞力将带动悬臂梁运动，从而使压敏电阻受拉伸或压缩，引起阻值的变化。

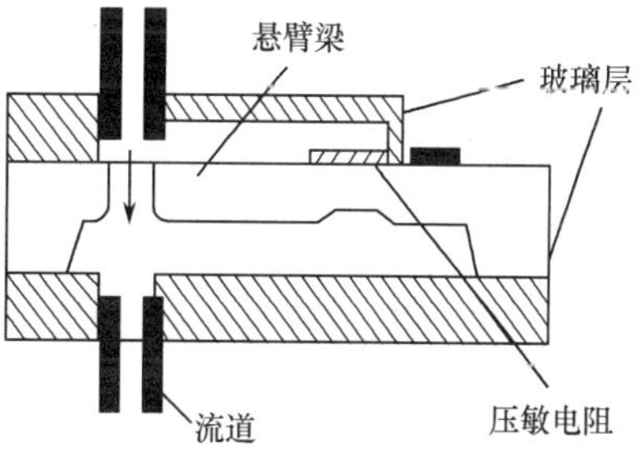

图 10.2.6　基于黏滞力的微型流量计结构

流体在流动过程中受到障碍物作用时，由于流体的黏滞作用，会在平行于流动方向上产生黏滞力为

$$F_v = K_1 l v \eta \tag{10.2.1}$$

式中，l 为障碍物长度；v 为流速；η 为流体黏滞度；K_1 为比例系数，与障碍物的形状有关。

悬臂梁在黏滞力 F_v 的作用下发生形变，产生的表面应力为

$$\sigma = \frac{6F_v l_b}{bh^2} \tag{10.2.2}$$

式中，l_b 为障碍物长度；b 为梁的根部宽度；h 为梁的根部厚度。

由此引起梁的压敏电阻阻值的相对变化为

$$\frac{\Delta R}{R} = K_2\sigma = K_2\frac{6K_1 l v \eta l_b}{bh^2} = Kv \tag{10.2.3}$$

式中，K_2，K 为相应的比例系数。由上式可知，电阻变化率与流速成正比。

(2) 电容式微型流量传感器

利用流体流动过程中形成的压力差促使电容传感器极板间距的改变来达到测量流量的目的。图 10.2.7 是一种基于压差作用原理的电容式微型流量计的示意图。在传感器壳体的基底和上膜片上分别有一金属电极，两者形成电容器的两极板。由于流体流入的作用，入流和出流

端会形成压差，该压差会改变膜片电极相对于固定电极的位置，从而改变电容器的电容。通过测量电容量或极板间距的变化便可知道流体的流速和流量。

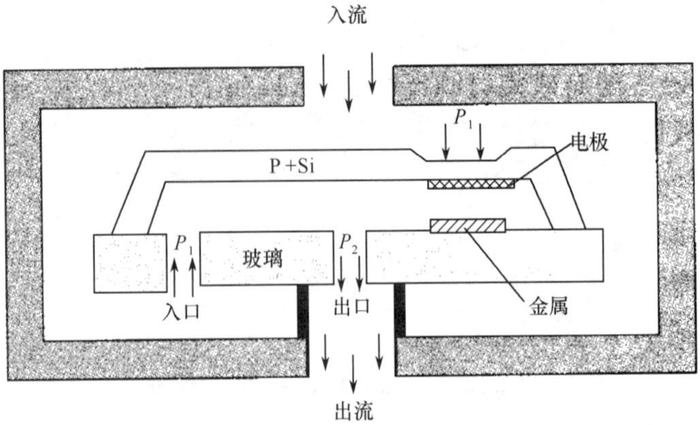

图 10.2.7　基于压差作用的电容式微型流量计的示意图

(3) 小型单片硅压力-流量传感器

同时测量压力和流量往往能获得一些新的信息，如流体的动能及路径的阻力等。将这样的传感器组合在一起，就可使传感器的尺寸缩小，从而大大节省安装空间和降低测量成本。

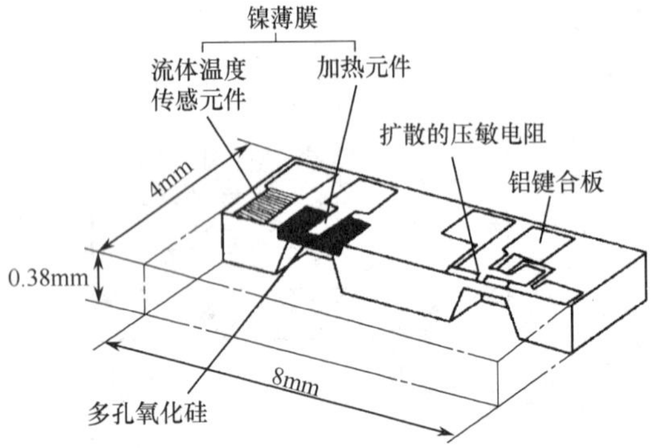

图 10.2.8　小型单片硅压力-流量传感器结构

小型单片压力-流量传感器主要由一个带绝热结构的热流量传感器和一个压力传感器组成，图 10.2.8 所示为其基本结构。利用蚀刻技术在硅片中形成两个厚度为 10μm 的传感器，右边部分为压力传感器，而左边为流量传感器。用于压力测量的膜片是利用 0.4mm × 1mm 的单晶硅制成的，其上有 4 个硅扩散电阻；而测量流量的部分有一个 0.4mm^2 的多孔 SiO_2 膜片，在该膜片上形成镍薄膜电阻加热单元。通过给加热单元提供一定的电能，将加热单元的温度维持在高于流体温度的一个给定数值上，因电能的消耗直接与流量的数值成正比，通过测量所消耗的电功率就能够推知流体的流量；而流体温度的测量则是通过检测芯片表面顶端形成的镍薄膜加热电阻元件的阻值变化来实现的。利用由电桥及运算放大器组成的内部反馈电路，能将流体及镍薄膜电阻加热元件之间的温差(ΔT)维持在一个给定的水平上。

该芯片在 0 ～ 40kPa 的范围内，灵敏度为 62μV/kPa，而流量测量精度为满量程的 ±10%。

4. 微型氧传感器

二氧化锆氧传感器(其工作原理见 9.3 节) 广泛用于各种体育运动中的精确实时耗氧测量、医疗含氧量测量及食物或气体燃烧后所消耗的氧量测量。

图 10.2.9 所示为一个薄膜限制电流型的氧传感器结构。以多孔铝氧化物为基底，采用喷溅技术将铂阴极膜、二氧化锆电解质膜及铂阳极膜逐层淀积在一起，构成传感器的测量部分。薄膜铂加热器做在铝氧化物基底的背面。传感器体积仅为 1.7mm × 1.7mm × 0.3mm，其响应时间为 0.2s，能耗小于 1W。由于其体积小，使用方便，可应用于许多领域。

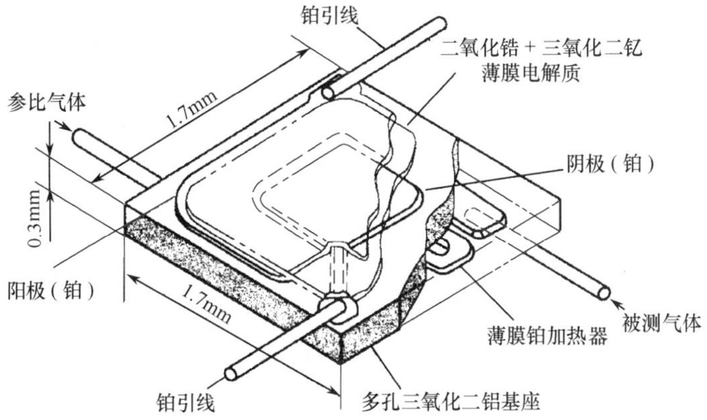

图 10.2.9　薄膜限制电流型的氧传感器结构

5. 气相色谱仪

应用微机械加工技术可在硅片上制作一集成气相色谱仪，如图 10.2.10 所示。采用光刻技术和硅腐蚀技术将 1.5m 长的毛细管、气体控制阀和探测仪集成制造在 2 英寸的硅片上。利用各向同性腐蚀技术在硅片表面腐蚀出 1.5μm 长、200μm 宽、40μm 深的弧形槽，将硅片与一个平板玻璃静电封接在一起。静电封接使槽间密封，这样槽与玻璃平板就形成了一个长 1.5m 的毛细管，它作为色谱仪的气体分离器。气体输入控制阀也制造在硅片上，并且与毛细管一端相连。

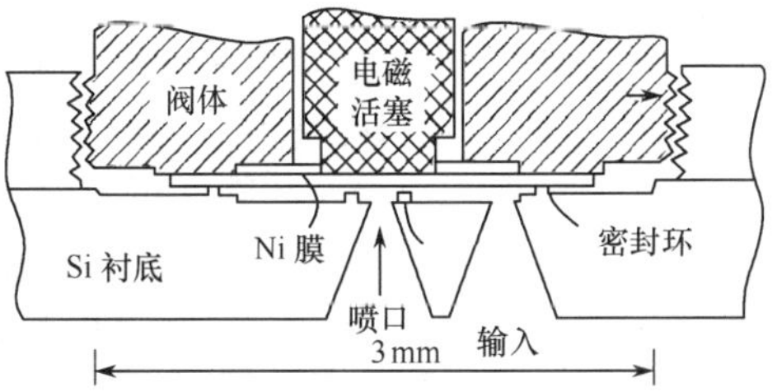

图 10.2.10　气相色谱仪

在使用集成气相色谱仪前，首先用惰性气体进行清洗，再以高于清洗气体的压强将待测气体泵入毛细管道。清洗气体携带着待测气体流过毛细管，因为不同气体在毛细管中有不同的运动速度，在流出系统后各种气体产生分离，被分离的气体经过传感器后流出。当气体通过集成在芯片上的传感器时，气体将带走热量，不同热导率的气体带走的热量不同。一个高热导率的气体脉冲将会比低热导率的惰性气体带走更多的热量，从而产生一个小的电压脉冲。

10.3　虚拟仪器

10.3.1　定义和特点

随着计算机技术、大规模集成电路技术和通信技术的飞速发展，美国国家仪器公司(National Instruments) 于 1986 年首先提出基于计算机技术的虚拟仪器(Virtual Instruments，VI) 的概念，研制了基于多种总线系统的虚拟仪器。虚拟仪器就是通过软件将计算机硬件资源与仪器硬件有机地融合为一体，把计算机强大的计算处理能力和仪器硬件的测量、控制能力结合在一起，通过软件实现对数据的显示、存储和分析处理。换句话说，虚拟仪器就是在通用的计算机上加上了软件和硬件，使得使用者在操作这台计算机时，就像在操作一台由他本人设计的专用的传统的电子仪器。它可以代替传统的测量仪器，如信号发生器、示波器、频率计和逻辑分析仪等；可以集成自动控制系统；可以构建专用仪器系统。总之，虚拟仪器由计算机、应用软件和仪器硬件组成。

虚拟仪器与传统仪器的比较如表10.3.1所示。

表 10.3.1　虚拟仪器与传统仪器的比较

虚 拟 仪 器	传 统 仪 器
用户自己定义	仪器厂商定义
软件是关键	硬件是关键
仪器的功能和规模可通过软件来修改或增减	仪器的功能和规模已固定
技术更新快	技术更新慢
可以用网路连接周边各仪器	只可以连接有限的设备

10.3.2　产生和分类

电子测量仪器发展至今，大体可以分为4代：模拟仪器、数字化仪器、智能仪器和虚拟仪器。第一代模拟仪器，如指针式万用表、晶体管电压表等。其基本结构是电磁机械式的，借助指针显示最终结果。第二代数字化仪器，这类仪器目前应用相当普及，如数字式电压表、数字频率计等。这类仪器将模拟信号的测量转化为数字信号测量，并以数字方式输出最终结果。第三代智能仪器，这类仪器内置微处理器，既能进行自动检测，又具有一定的数据处理能力，其功能块以硬件或者固化的软件形式存在。第四代虚拟仪器，是由计算机硬件资源、模块化仪器硬件和用于数据采集、信号分析、接口通信及图形用户界面的软件组成的检测系统。它是一种完全由计算机来操纵控制的模块化仪器系统。

随着微机的发展和采用总线方式的不同，虚拟仪器分为5种类型。

① PC总线-插卡式虚拟仪器。这种方式借助于插入计算机内的数据采集卡与专用的软件相结合，组建各种仪器。但是，受PC机箱和总线的限制，插卡尺寸比较小，插槽数目有限。此外，机箱内部的噪声电平较高。

② 并行口式虚拟仪器。最新发展的一系列可以连接到计算机并行口的测量装置，它们把仪器硬件集成在一个采集盒内。仪器的软件安装在计算机上，完成各种测量仪器的功能，以组成任意波形发生器、数字万用表、数字存储示波器、频率计和逻辑分析仪等。它们的最大好处是可以与笔记本电脑相连，方便现场作业。

③ GPIB总线式虚拟仪器。GPIB(通用仪器接口总线)技术是IEEE488标准的虚拟仪器早期的发展阶段。它的出现使电子测量独立的单台手工操作向大规模自动测试系统发展。典型的GPIB系统由一台PC、一块GPIB接口卡和若干台GPIB形式的仪器通过GPIB电缆连接而成。在标准情况下，一块GPIB接口可以带14台仪器，电缆长度可达20m。GPIB测量系统的结构和命令简单，主要应用于台式仪器，适合于精确度要求高但传输速率要求不高的场合。

④ VXI总线式虚拟仪器。VXI总线是一种高速计算机总线——VME总线在仪器领域的扩展(VME Extension for Instrumentation)。由于它的标准开放、结构紧凑、具有数据吞吐能力强、定时和同步精确、模块可重复利用、众多仪器厂家支持等优点，很快得到了广泛的应用。经过十多年的发展，VXI系统的组建和使用越来越方便，尤其是在组建大、中规模自动测试系

统，以及对速度、精度要求较高的场合，有着其他系统无法比拟的优点。然而，组建 VXI 总线要求有机箱、嵌入式控制器等，造价比较高。

⑤ PXI(PCI Extensions for Instrumentation) 总线式虚拟仪器。PXI 总线方式在 PCI 总线内核技术上增加了成熟的技术规范和要求，增加了多板同步触发总线的技术规范和要求，增加了多板触发总线，以及使用与相邻模块进行高速通信的局部总线。PXI 具有很好的可扩展性。PXI 具有 8 个扩展槽，而台式 PCI 系统只有 3 ～ 4 个扩展槽。通过使用 PCI-PCI 桥接器，可以扩展到 256 个扩展槽。

10.3.3 体系结构

虚拟仪器的基本构成包括计算机、虚拟仪器软件及硬件接口模块等。其中，硬件接口模块可以包括插入式数据采集卡(DAQ)、串 / 并口、GPIB 接口卡、VXI 控制器及其他接口卡。目前较为常用的虚拟仪器系统是数据采集卡系统、GPIB 仪器系统、VXI 仪器系统及这三者的任意组合，如图 10.3.1 所示。

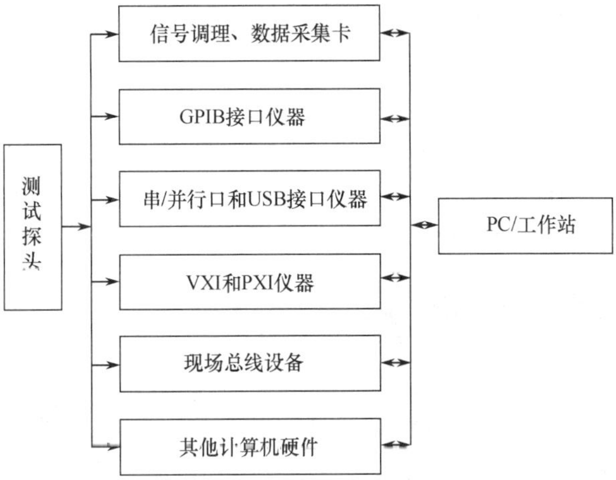

图 10.3.1　虚拟仪器系统的构成

1. 虚拟仪器的硬件系统

虚拟仪器的硬件系统一般可以分为计算机硬件平台和仪器硬件。计算机硬件平台可以是各种类型的计算机，如普通台式计算机、便携式计算机、工作站和嵌入式计算机等。计算机管理虚拟仪器的硬、软件资源，是虚拟仪器硬件的基础。计算机技术在显示、存储能力、处理性能、网络及总线标准方面的发展，直接导致了虚拟仪器的飞速发展。仪器硬件与计算机硬件一起工作，用来采集数据、提供源信号和控制信号。

按仪器硬件的不同，虚拟仪器可以分为 PC 插卡式、GPIB、VXI、PXI 和并行口式等标准体系结构。其中，对大多数用户来说，PC 插卡式虚拟仪器既实用又有较高的性价比。PC 插卡是基于计算机标准总线的内置(如 ISA 和 PCI 等) 或者外置(如 USB 等) 功能插卡，其核心主要是数据采集卡。

2. 虚拟仪器的软件系统

虚拟仪器技术最核心的思想就是利用计算机的硬、软件资源，使本来需要硬件实现的技术软件化(虚拟化)，从而最大限度地降低系统的成本，增强系统的功能和灵活性。所以，软件是虚拟仪器的关键。

(1) 软件开发平台

构造一个虚拟仪器系统，基本硬件确定以后，就可以通过不同的软件实现不同的功能。因为利用计算机技术来实现可扩展传统仪器的功能，既然是使用计算机，当然离不开计算机编程。所以，提高计算机软件编程效率也就成了一个非常现实的问题。计算机专家认为，采用面向对象的编程技术可以提高软件编程效率。但是，仅有面向对象的编程技术还是不够的，因为不可能让所有的人都去学习 C++，同时成为行业专家和编程专家。可视编程语言环境 Visual C，Visual Basic 的推出，为简化计算机编程迈出了可喜的一步。但是，对于一般计算机用户来说，这一步是远远不够的。为此，NI 公司推出 LabVIEW 和 LabWindows/CVI、HP 公司推出了 VEE、Tektronix 公司推出了 TekTMS 等，在简化计算机编程技术方面做出贡献。下面简要介绍 NI 公司的 LabVIEW 软件开发平台。

LabVIEW 是一种基于 G 语言的图形化开发语言，是一种面向仪器的图形化编程环境，用来进行数据采集和控制、数据分析和数据表达、测试和测量、实验室自动化及过程监控。其目的是简化程序的开发工作，以使用户能快速、简便地完成自己的工作。使用 LabVIEW 开发平台编制的程序称为虚拟仪器程序，简称为 VI。VI 包括 3 个部分：程序前面板、框图程序和图标 / 连接器。

程序前面板用于设置输入数值和观察输出量，用于模拟真实仪表的前面板。在程序前面板上，输入量被称为控制，输出量被称为显示。控制和显示是以各种图标形式出现在前面板上，如旋钮、开关、按钮、图表、图形等，这使得前面板直观易懂。图 10.3.2 所示为一个信号发生器的前面板，图 10.3.3 所示为一个频谱分析仪的前面板，图 10.3.4 所示为一个温度计的前面板。

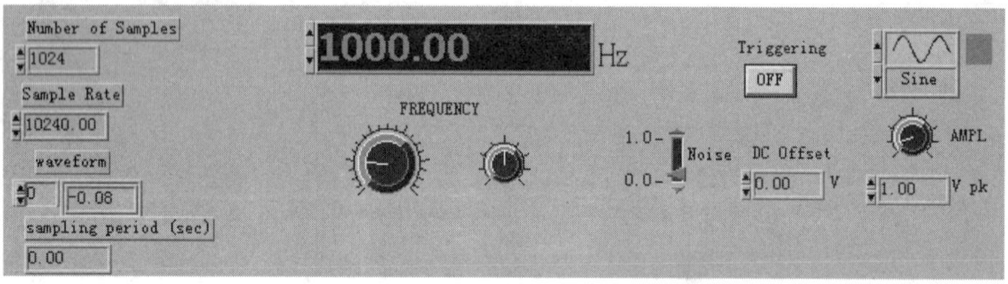

图 10.3.2　信号发生器前面板

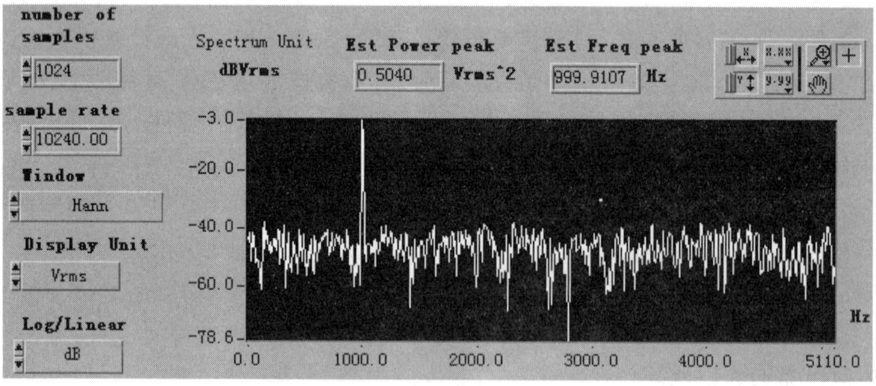

图 10.3.3　频谱分析仪前面板

每一个程序前面板都对应着一段框图程序。框图程序用 LabVIEW 图形编程语言编写，可以把它理解成传统程序的源代码。框图程序由端口、节点、图框和连线构成。其中，端口被用来

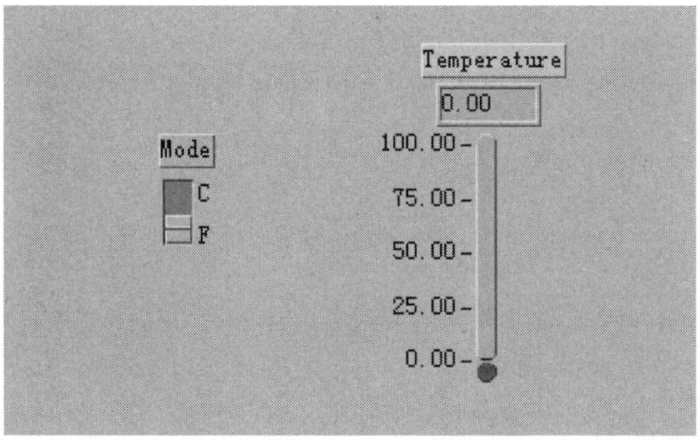

图 10.3.4　温度计前面板

同程序前面板的控制和显示传递数据，节点被用来实现函数和功能调用，图框被用来实现结构化程序控制命令，而连线代表程序执行过程中的数据流，定义了框图内的数据流动方向。上述温度计的框图程序如图 10.3.5 所示。

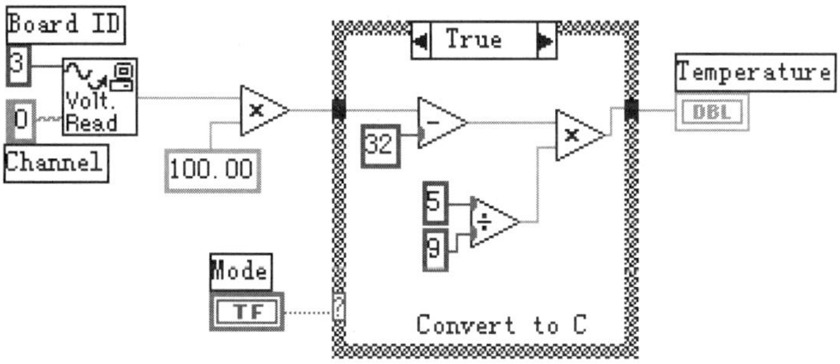

图 10.3.5　温度计显示框图程序

图标 / 连接器是子 VI 被其他 VI 调用的接口。图标是子 VI 在其他程序框图中被调用的节点表现形式；而连接器则表示节点数据的输入 / 输出口，就像函数的参数。用户必须指定连接器端口与前面板的控制和显示一一对应。图 10.3.6 所示为温度计的图标和连接器。连接器一般情况下隐含不显示，除非用户选择打开观察它。

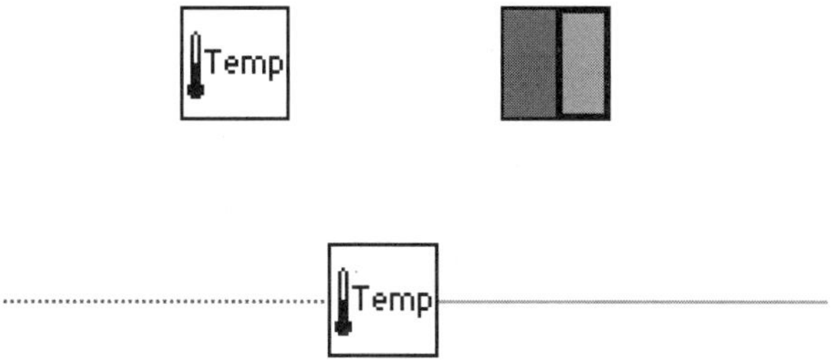

图 10.3.6　温度计显示连接器

LabVIEW 具有多个图形化的操作模板，用于创建和运行程序。这些操作模板可以随意在屏幕上移动，并可以放置在屏幕的任意位置。操纵模板共有 3 类，分别为工具模板、控制模板和功能模板，分别如图 10.3.7、图 10.3.8 和图 10.3.9 所示。

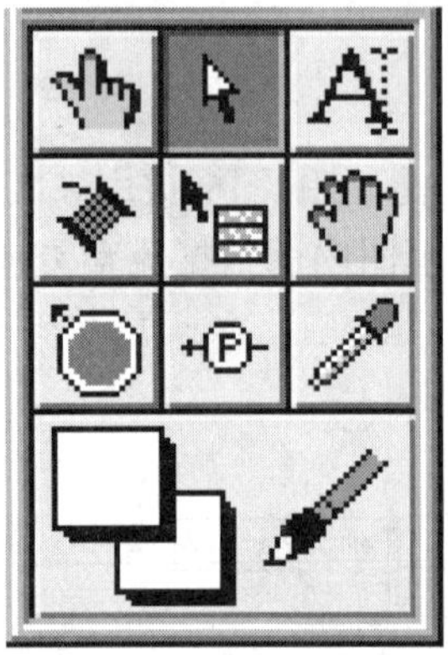

图 10.3.7　工具模板

图 10.3.8　控制模板

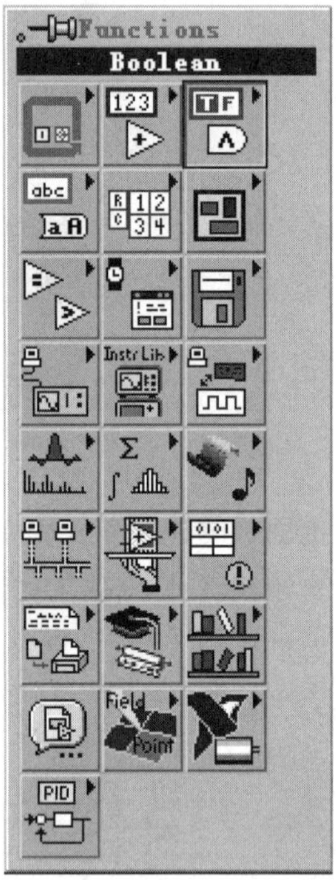

图 10.3.9　功能模板

（2）仪器驱动程序

仪器驱动程序用来实现仪器硬件的通信和控制功能。传统的仪器驱动程序由仪器硬件厂商随硬件提供，由于不同厂家仪器硬件的差异，使得在更换仪器硬件的同时不得不修改测量代码，用户使用起来比较麻烦。为了能自由互换仪器硬件而无须修改测量程序，即解决仪器的互操作问题，1999 年 NI 公司提出了可互换虚拟仪器标准 IVI，使程序的开发完全独立于硬件。IVI 驱动器通过一个通用的类驱动器来实现对一种仪器类（如函数发生器、数字电压表和示波器等）的控制。应用程序调用类驱动器，类驱动器再通过专用的驱动器与物理的仪器通信。采用 IVI 技术，可以降低软件的维护费用，减少系统停运时间，提高测量代码的可重用性，使仪器编程直接面对操作用户。通过提供友好的测控操作界面和丰富的数据分析与处理功能，来完成自动检测任务。

（3）I/O 接口软件

I/O 接口软件是虚拟仪器系统软件的基础，用于处理计算机与仪器硬件之间连接的底层通信协议。当今优秀的虚拟仪器测量软件都建立在一个标准化 I/O 接口软件组件的通用内核之上，为用户提供一个一致的、跨计算机平台的应用编程接口（API），使用户的测量系统能够选择不同的计算机平台和仪器硬件。

（4）通用数字处理软件

虚拟仪器的应用软件还包括通用数字处理软件，这主要是来对数字信号进行处理的功能函数，例如，用于时域分析的相关分析、卷积运算和差分运算等，用于频域分析的 FFT 和功率谱估计等，以及数字滤波。这些功能函数为广大虚拟仪器用户进一步扩展其测量功能提供了必要的基础。

10.4　无线传感器网络

现代科技发展越来越快，人类已经完全置身于信息时代。在许多场合，要求信号采集的范围大、采集的点数多，若采用有线的方式将传感器组成网络，则存在布线等方面的困难，在一些特殊应用场合，这是根本不可能的。无线传感器网络正是在这种需求的推动下产生的一种新型网络。它是集传感器技术、计算机技术和通信技术而发展起来的一种全新的信息获取和处理技术，在国防安全、工农业生产、城市管理、生物医疗、环境监测和抢险救灾等领域都有着十分广阔的应用前景。

10.4.1　定义和组成

无线传感器网络是由大量体积小、成本低、具有无线通信和数据处理能力的传感器节点组成的。传感器节点一般由传感器、微处理器、无线收发器和电源组成，有的还包括定位装置和移动装置，如图 10.4.1 所示。

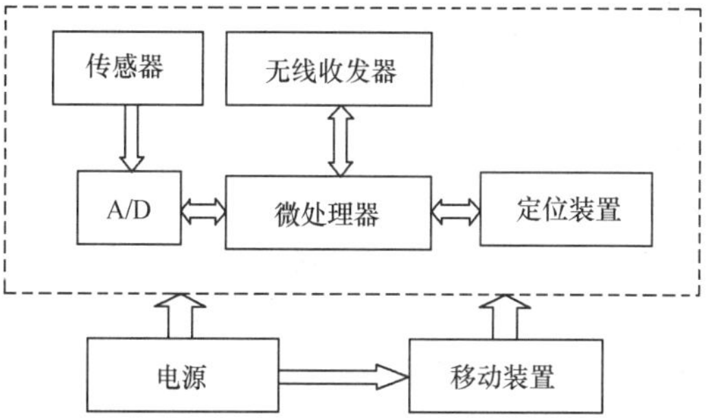

图 10.4.1　典型传感器节点结构图

在传感器网络中，每个节点的功能都是相同的，它们通过无线通信的方式自适应地组成一个无线网络。各个传感器节点将自己所探测到的有用信息，通过多跳中转的方式向指挥中心（主机）报告。指挥中心也可以通过基站（又称为汇聚节点）以无线通信的方式对各传感器节点进行远程监控，以便向需要控制的传感器节点发布命令。基站是一个中转站，它将传感器的数据发送到主机上；同时，又将主机的命令通过无线通信模块发送到目标节点。典型的无线传感器网络结构图如图 10.4.2 所示。图中，A，B，C，D 和 E 是随机分布在监测区域中的一部分传感器节点，通过自组织协议组成一个网络后，将采集的环境数据通过无线跳传的方式传送给基站，基站将所得到的信息报告给指挥中心，指挥中心根据实际情况做出判断，并通过基站对传感器网络进行配置和管理，发布监测任务及收集监测数据等。

10.4.2　特点和局限

无线传感器网络与传统网络相比有着一些独有的特点，同时，也存在一些新的问题。

(1) 节点数量大、密度高

为了获取精确的信息，在监测区域通常部署大量的传感器节点，数量可能达到成千上万。传感器网络的大规模性包括两方面含义：一方面是传感器节点分布在很大的地理区域内，如在原始大森林采用传感器网络进行森林防火和环境监测；另一方面，传感器节点部署得很密集，即在一个面积不大的空间内，部署了大量的传感器节点。这是由于传感器网络节点的微型化，

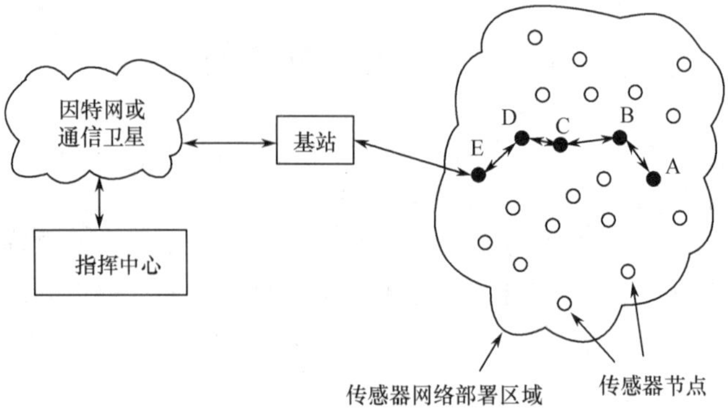

图 10.4.2　典型无线传感器网络结构图

每个节点的通信和传感半径有限，一般为十几米至几十米范围之内，而且为了节能，传感器节点大部分时间处于睡眠状态，所以，往往通过铺设大量的传感器节点来保证网络的质量。

传感器节点的大规模性具有如下优点：通过不同空间视角获得的信息具有更大的信噪比；通过分布式处理大量的采集信息能够提高监测的精确度，降低对单个节点的精度要求；大量冗余节点的存在，使得系统具有很强的容错性能；大量节点能够增大覆盖的监测区域，减少盲区。

（2）多跳路由

网络中节点通信距离有限，所以节点只能与它的邻居直接通信。如果希望与其射频覆盖范围之外的节点进行通信，则需要通过中间节点进行路由。固定网络的多跳路由使用网关和路由器来实现，而无线传感器网络中的多跳路由是由普通网络节点来完成的，没有专门的路由设备。这样每个节点既是信息的发起者，也是信息的转发者。

（3）自组织网络

这包括网络自动配置和节点自动识别。在传感器网络应用中，通常情况下传感器节点被放置在没有基础结构的地方。传感器节点的位置不能预先精确设定，节点之间的邻居关系预先也不知道，如通过飞机播撒大量传感器节点到面积广阔的原始森林中，或随意放置到人不可到达或危险的区域。这样就要求传感器节点具有自组织的能力，能够自动进行配置和管理，通过拓扑控制机制和网络协议自动形成转发监测数据的多跳无线网络系统。

在传感器网络使用过程中，部分传感器节点由于能量耗尽或环境因素造成失效；也有一些节点为了弥补失效节点、增加监测精度而补充到网络中。这样在传感器网络中的节点个数就动态地增加或减少，从而使网络的拓扑结构随之动态地变化。传感器网络的自组织性要求能够适应这种网络拓扑结构的动态变化。

（4）以数据为中心

在传感器网络中，人们只关心某个区域的某个观测指标的值，而不会去关心具体某个节点的观测数据。例如，人们可能希望知道"监测区域的东南角上温度是多少"，而不会关心"节点 28 所探测到的温度是多少"。这就是传感器网络以数据为中心的特点。而传统网络传送的数据是和节点的物理地址联系在一起的。以数据为中心的特点要求传感器网络能够脱离传统网络的寻址过程，快速有效地组织起各个节点的信息，并融合提取出有用的信息直接传送给用户。

（5）在电池能量、计算能力和存储容量等方面有限制

电源能量有限。传感器节点体积微小，通常携带能量十分有限的电池。由于传感器节点个数多、成本低，分布区域广，而且部署区域环境复杂，有些区域甚至人员不可到达，所以，试图通

过更换电池来补充传感器节点的能量是不现实的。如何高效利用有限的能量，尽可能地延长网络的生命周期是传感器网络面临的首要挑战。传感器节点消耗能量的模块包括传感器模块、处理器模块和无线通信模块。随着集成电路工艺的进步，处理器和传感器模块的功耗变得很低，绝大部分的能量消耗在无线通信上。无线通信模块有发送、接收、空闲和睡眠 4 种状态。无线通信模块在发送状态的能量消耗最大，在空闲状态和接收状态的能量消耗接近，少于发送状态的能量消耗，在睡眠状态的能量消耗最少。如何让网络通信更有效率，减少不必要的转发和接收，不需要通信时尽快进入睡眠状态，是传感器网络协议设计需要重点考虑的问题。

传感器节点的计算和存储能力有限，使得其不能进行复杂的计算，传统 Internet 上成熟的协议和算法对传感器网络而言开销太大，难以使用，必须重新设计简单有效的协议和算法。

10.4.3 路由协议

任何网络的数据传输都离不开路由协议。路由协议负责将数据分组从源节点通过网络转发到目的节点。它主要包括两个方面的功能：寻找源节点和目的节点的优化路径；将数据分组沿着优化路径正确转发。无线传感器网络与其他单跳、有基础设施的无线传感器网络，如 3G 移动通信网络、IEEE 802.11 WLAN 和 Bluetooth 等有着不同的网络结构和目的。前者是多跳的，每个节点都可以作为路由器使用，主要目标是通过高效的路由算法和数据融合及其压缩技术尽量降低系统功耗，延长系统的生命周期。而后者是单跳的，主要目标是为移动用户提供优质的服务，同时获得最大的带宽利用率。因此，这些网络的路由协议不能完全满足无线传感器网络的要求。此外，同 PC 或者高端嵌入式系统平台相比，无线传感器网络节点有限的系统资源和能源限制及其独特的底层通信传述媒介，是传统的 TCP/IP 协议难以满足其需求。因此，设计无线传感器网络路由协议要遵循的原则是：不能执行太复杂的计算、不能在节点保存太多的状态信息、节点间不能交换太多的路由信息等。

目前，已经提出了多种路由协议，可以归纳为以下几个类别。

(1) 以数据为中心的路由协议

在这类协议中，汇聚节点向特定区域的节点发出查询命令。该区域内的节点收到查询命令后，向汇聚节点发送数据。典型代表有泛洪 (Flooding)、Gossiping、SPIN (Sensor Protocols for Information Via Negotiation) 和定向扩散(Directed Diffusion) 协议。

在泛洪协议中，节点向它所有的邻居节点广播接收到的数据，如此反复，直到数据达到目的节点或者达到数据报的最大跳数。这个协议存在的问题是内爆和重叠。为此，提出了 Gossiping 协议，节点随机选择一个邻居节点转发分组，而不是向所有邻居节点转发数据。但是，这个协议增加了端到端的数据传输延时。

在定向扩散模型中，节点用一组属性值来命名它所生成的数据，汇聚节点发出的查询业务也用属性的组合表示，逐级扩散，最终遍历全网，找到所有匹配的原始数据。

(2) 基于簇(Cluster) 的路由协议

这类协议将所有的节点分为若干簇，每个簇选举出一个首领。由首领实现数据融合，达到节约功耗的目的。簇的划分依据是节点现有的电量和它与首领的距离。这类路由协议的典型代表有 LEACH(Low Energy Adaptive Clustering Hierarchy，低功耗自适应集群构架）) 和 TEEN(门限敏感的节能型协议)。

LEACH 协议将所有节点分为若干个簇，每个簇选举一个首领，簇首领还可以组成更高层次的簇。簇首领接收本簇中节点发送的数据，实现数据融合功能，并向基站发送数据。由于向基站发送数据要消耗很大的电能，每隔一段时间需要重新选举首领，以保证功耗在所有节点的平均分配。该协议具有两个运行阶段：簇建立阶段和稳定运行阶段。

TEEN 协议对 LEACH 协议进行了改进，设立了软、硬件门限值。只有在同时满足两个门限值时，节点才发送数据。当测量数据第一次达到硬门限时，节点在随后到来的时隙发送数据，并把它设为新的硬门限值。此后，只有当测量数据与硬门限的差值大于软门限值时，节点才发送数据，并把这个差值设为新的软门限值。通过设定门限值，可以调节系统的测量精度和功耗。

(3) 基于位置信息的协议

这类路由协议利用节点的位置信息把查询或者数据转发给需要的地域，从而缩短数据的传送范围。即利用位置信息将数据中转到目标区域，从而不必为了找到目标节点向全网广播数据。

(4) 基于数据流模型和服务质量要求的路由协议

这类协议力图在提供数据路由功能的同时满足通信服务质量要求。其中，有的协议通过计算各节点的剩余能量、发送数据报所需能量，来为数据流仔细选择发送路线，以求延长全网的寿命。

10.4.4 传感器的应用

1. 军事方面

传感器网络最初来源于美国国防高级研究计划局(Defense Advanced Research Projects Agency，DARPA) 的一个研究项目。当时处于冷战时期，为了监测对方潜艇的活动情况，需要在海洋中布置大量的传感器，使用这些传感器所监测的信息来实时监测海水中潜艇的行动。由于无线传感器网络是由密集型、低成本、随机分布的节点组成的，自组织性和容错能力使其不会因为某些节点在恶意攻击中的损坏而导致系统的崩溃。这一点是传统的传感器技术所无法比拟的，也正是这一点，使无线传感器网络非常适合应用于恶劣的战场环境中。例如，军方可以通过飞机空投等方式在预定区域散布大量微型廉价的传感器节点，通过这些传感器节点实时监测周围环境的变化，并将监测到的数据通过卫星通信等方式发送回基地。这样可以方便地监控我军布防阵地是否有敌军入侵，也可以将网络布置在敌方阵地上，以隐密的方式监测敌方阵地和敌军活动情况。

2. 环境科学

随着人们对于环境的日益关注，环境科学所涉及的范围越来越广泛。通过传统方式采集原始数据是一件困难的工作。无线传感器网络为野外随机性研究数据的获取提供了方便，比如，跟踪候鸟和昆虫的迁徙，研究环境变化对农作物的影响，监测海洋、大气和土壤的成分等。基于传感器网络的 ALERT 系统中就有数种传感器来监测降雨量、河水水位和土壤水分，并依此来预测爆发山洪的可能性。类似地，无线传感器网络对森林火灾准确、及时地预报也是有很大帮助的。此外，无线传感器网络也可以应用在精细农业中，以监测农作物中的害虫、土壤的酸碱度和施肥状况等。

传感器网络还有一个重要应用就是生态多样性的描述，能够进行动物栖息地生态监测。美国加州大学伯克利分校 Intel 实验室和大西洋学院联合在大鸭岛(Great Duck Island) 上部署了一个多层次的传感器网络系统，用来监测岛上海燕的生活习惯。

3. 医疗健康

传感器网络在医疗系统和健康护理方面的应用包括监测人体的各种生理数据，跟踪和监控医院内医生和患者的行动，医院的药物管理等。如果在住院病人身上安装特殊用途的传感器节点，如心率和血压监测设备，医生利用传感网络就可以随时了解被监护病人的病情，发现异常情况能够及时抢救。还可以利用传感器网络长时间地收集人体的生理数据，这些数据对了解人体活动机理和研究新药品都是非常有用的，而安装在被监测对象身上的微型传感器也不会给人的正常生活带来太多的不便。此外，在药物管理等诸多方面，它也有新颖而独特的应用。总之，传感器网络为未来的远程医疗提供了更加方便、快捷的技术实现手段。

4. 智能家居

传感器网络能够应用在家居中。嵌入家具和家电中的传感器与执行机构组成的无线网络与Internet 连接在一起，将会为人们提供更加舒适、方便和更具人性化的智能家居环境。利用远程监控系统，可完成对家电的远程遥控，例如可以在回家之前半小时打开空调，这样回家的时候可以直接享受适合的室温，也可以遥控电饭锅、微波炉、电冰箱、电话机、电视机、录像机等家电，按照自己的意愿完成相应的煮饭、烧菜、查收电话留言、选择录制电视和电台节目等工作。也可以通过图像传感设备随时监控家庭安全情况，如通过加装摄像头，可以监视房间周边环境和诸如婴儿房等特殊场所；通过烟气传感器、温度传感器、特殊气体传感器，预防房间失火和有害气体过量；通过加装红外传感器、门磁、薄膜窗花、无线微波等报警装置，可防止窃贼入侵等。

5. 其他方面

建筑物状态监控 SHM(Structure Health Monitoring)是利用传感器网络来监控建筑物的安全状态。由于建筑物不断修补，可能会存在一些安全隐患。虽然地壳偶尔的小震动可能不会带来看得见的损坏，但也许会在支柱上产生潜在的裂缝，这个裂缝可能会在下一次地震中导致建筑物倒塌。用传统方法检查往往要将大楼关闭数月。

作为 CITRIS(Center of Information Technology Research in the Interest of Society) 计划的一部分，美国加州大学伯克利分校的环境工程和计算机科学家们采用传感器网络，让大楼、桥梁和其他建筑物能够自身感觉并意识到它们本身的状况，使得安装了传感器网络的智能建筑自动告诉管理部门它们的状态信息，并且能够自动按照优先级来进行一系列自我修复工作。未来的各种摩天大楼可能就会装备这种类似红绿灯的装置，从而建筑物可自动告诉人们当前是否安全、稳固程度如何等信息。

10.5 多传感器数据融合

随着现代科学技术的发展，被测对象越来越复杂。人们不仅需要了解被测对象的某一被测量的大小，而且需要了解被测对象的综合信息或者某些内在的特征信息，单一的、孤立的传感器已经难以满足这种要求。为了获取被测对象的全面和完整的信息，必须采用多个传感器对同一对象进行多方位检测。数据融合就是为了解决多传感器信息处理的问题提出来的，首先应用于军事，近年来在机器人、智能检测系统、工业监控、航天、环保和气象等领域应用越来越广泛。

10.5.1 基本概念

1. 工作原理

多传感器数据融合是人类或者逻辑系统中常见的基本功能，从某种意义上讲，是模仿人脑综合处理复杂问题。各种传感器的信息具有不同的特征：实时的或者非实时的，快变的或者缓变的，模糊的或者确定的，互相支持的或者互相补充的，也可能是互相矛盾的。多传感器数据融合就是像人脑综合处理信息一样，充分利用多个传感器的资源，通过对这些传感器及其观测信息的合理支配和使用，把多个传感器在空间或者时间上的冗余或者互补信息以某种准则来进行组合，以获得被测对象的一致性解释和描述。

2. 基本定义

数据融合是一个具有广泛应用领域的概念，很难给出统一的定义。目前的数据融合是针对一个系统中使用多传感器这一特定问题而进行的新的信息处理方法。所以，数据融合又称为多传感器信息融合。比较全面的定义概括为：采用计算机技术，对不同时间与空间的多传感器信息资源，按照一定准则加以分析、综合、支配和使用，获得被测对象的一致性解释与描述，以完成所需的决策或者评估。

3. 发展过程

在第二次世界大战末期，高炮火控系统中同时使用了雷达和光学传感器。这两种传感器信息的组合，不仅有效地提高了系统的瞄准精度，也提高了抗恶劣气象和抗干扰能力。不过，当时这两种数据的综合评判是靠人工完成的，质量不高，速度缓慢。20 世纪 70 年代初，在军事领域的指挥、控制、通信和情报服务(C^3I)中，使用多个(种)传感器收集战场信息。C^3I 系统中信息的采集、假设的提出及决策的生成就是多传感器数据融合技术应用的典型例子。美国陆、海、空三军在战略和战术监视系统的开发中，采用数据融合技术进行目标跟踪、目标识别、态势评估和威胁估计，并研制出已广泛用于大型战略系统、海洋监视系统和小型战术系统的第一代数据融合系统。20 世纪 80 年代初，多传感器数据融合的研究受到更多学者的注意，相应的理论和技术也在孕育中。1984 年，美国成立了数据融合专家组，并把数据融合列为重点研究开发的 20 项关键技术之一。1998 年，在机器人领域颇有影响的一些国际学术会议、期刊都推出了传感器数据融合的专辑，自此，这一方向的研究变得十分活跃。

4. 主要作用

多传感器数据融合的主要作用可归纳为以下几点。

① 提高信息的准确性和全面性。与一个传感器相比，多传感器数据融合处理可以获得有关周围环境更准确、全面的信息。

② 降低信息的不确定性，一组相似的传感器采集的信息存在明显的互补性，这种互补性经过适当处理后，可以对单一传感器的不确定性和测量范围的局限性进行补偿。

③ 提高系统的可靠性，某个或某几个传感器失效时，系统仍能正常运行。

10.5.2 融合方法

1. 处理过程

图 10.5.1 所示为数据融合的全过程。由于被测对象多半为具有不同特征的非电量，如温度、压力、声音、色彩和灰度等，所以首先要将它们转换为电信号，然后经过 A/D 变换将它们转换为能由计算机处理的数字量。数字化后，电信号需经过预处理，以滤除数据采集过程中的干扰和噪声。对经处理后的有用信号做特征抽取，再进行数据融合；或者直接对信号进行数据融合。最后，输出融合的结果。

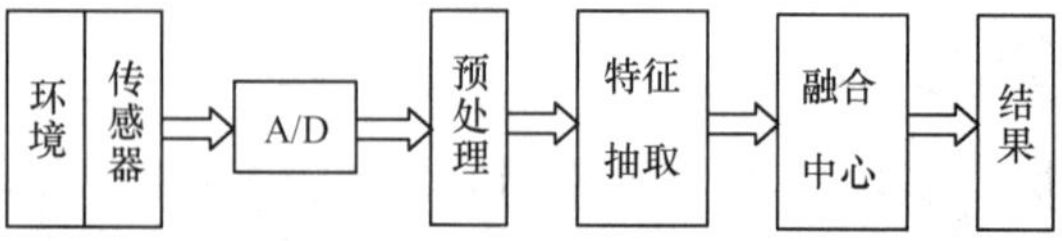

图 10.5.1　数据融合过程

2. **融合层次**

数据融合层次的划分主要有两种方法。第一种方法是将数据融合划分为低层(数据级或像素级)、中层(特征级)和高层(决策级)。另一种方法将是将传感器集成和数据融合划分为信号级、证据级和动态级。

数据级融合(或像素级融合)是对传感器的原始数据及预处理各阶段上产生的信息分别进行融合处理。它尽可能多地保持了原始信息,能够提供其他两个层次融合所不具有的细微信息。其局限性为:① 由于所要处理的传感器信息量大,故处理代价高;② 融合是在信息最低层进行的,由于传感器的原始数据的不确定性、不完全性和不稳定性,要求在融合时有较高的纠错能力;③ 由于要求各传感器信息之间具有精确到一个像素的配准精度,故要求传感器信息来自同质传感器;④ 通信量大。

特征级融合是利用从各个传感器原始数据中提取的特征信息,进行综合分析和处理的中间层次过程。通常所提取的特征信息应是数据信息的充分表示量或统计量,据此对多传感器信息进行分类、汇集和综合。特征级融合可分为目标状态信息融合和目标特性融合。特征级目标状态信息融合主要应用于多传感器目标跟踪领域。融合系统首先对传感器数据进行预处理,以完成数据配准。数据配准后,融合处理主要实现参数相关和状态矢量估计。特征级目标特性融合就是特征层联合识别,具体的融合方法仍是模式识别的相应技术,只是在融合前必须先对特征进行相关处理,对特征矢量进行分类组合。在模式识别、图像处理和计算机视觉等领域,已经对特征提取和基于特征的分类问题进行了深入的研究,有许多方法可以借用。

决策级融合是在信息表示的最高层次上进行的融合处理。不同类型的传感器观测同一个目标,每个传感器在本地完成预处理、特征抽取、识别或判断,以建立对所观察目标的初步结论,然后通过相关处理、决策级融合判决,最终获得联合推断结果,从而直接为决策提供依据。因此,决策级融合是直接针对具体决策目标,充分利用特征级融合所得出的目标各类特征信息,并给出简明而直观的结果。决策级融合除了实时性最好之外,还具有一个重要优点,即这种融合方法在一个或几个传感器失效时仍能给出最终决策,因此具有良好的容错性。

3. **主要方法**

(1) 加权平均

加权平均是最简单、最直观的数据融合方法。该方法将一组传感器提供的冗余信息进行加权平均,结果作为融合值。

(2) 卡尔曼滤波

卡尔曼滤波主要用于融合低层的实时动态多传感器冗余数据。该方法应用测量模型的统计特性递推地确定融合数据的估计,且该估计在统计意义下是最优的。如果系统可以用一个线性模型描述,且系统与传感器的误差均符合高斯白噪声模型,则卡尔曼滤波将为融合数据提供唯一的统计意义下的最优估计。滤波器的递推特性使得它特别适合在那些不具备大量数据存储能力的系统中使用。目前应用卡尔曼滤波进行多传感器融合的主要领域有:目标识别、机器人导航、多目标跟踪、惯性导航和遥感等。在其中的某些应用中,如果数值不稳定或系统模型为线性的假设不成立,则不再使用传统的卡尔曼滤波器,而采用单位上三角矩阵和对角矩阵协方差量化滤波器或扩展卡尔曼滤波器。如果开始不知道滤波器的参数,可以采用“自适应卡尔曼滤波器”。应用卡尔曼滤波器对 n 个传感器的测量数据进行融合后,既可以获得系统的当前状态估计,又可以预报系统的未来状态。所估计的系统状态可能表示移动机器人的当前位置、目标的位置和速度、从传感器数据中抽取的特征或实际测量值本身。

(3) 贝叶斯估计

贝叶斯估计是融合静态环境中多传感器低层信息的常用方法。它使传感器信息依据概率原则进行组合，测量不确定性以条件概率表示。当传感器组的观测坐标一致时，可以用直接法对传感器测量数据进行融合。但大多数情况下，传感器是从不同的坐标系对同一环境物体进行描述，这时传感器测量数据要以间接方式采用贝叶斯估计进行数据融合。

(4) 多贝叶斯方法

Durrant-Whyte 将任务环境表示为不确定几何物体集合的多传感器模型，提出了传感器信息融合的多贝叶斯估计方法。多贝叶斯估计把每个传感器作为一个贝叶斯估计，将各单独物体的关联概率分布组合成一个联合后验概率分布函数，通过使联合分布函数的似然函数最小，可以得到多传感器信息的最终融合值。

(5) 统计决策理论

与多贝叶斯估计不同，统计决策理论中的不确定性为可加噪声，从而不确定性的适应范围更广。不同传感器观测到的数据必须经过一个鲁棒综合测试，以检验数据的一致性，经过一致性检验的数据用鲁棒极值决策规则融合。

(6)Dempster-Shafer 证据推理法

Shafer-Dempster 证据理论是由 Dempster 首先提出，由 Shafer 一步发展起来的一种不精确推理理论，是贝叶斯方法的扩展。贝叶斯方法必须给出先验概率，而证据理论则能够处理这种由不知道引起的不确定性。

在多传感器数据融合系统中，每个信息源提供了一组证据和命题，并且建立了一个相应的质量分布函数。因此，每一个信息源就相当于一个证据体。在同一个鉴别框架下，将不同的证据体通过 Dempster 合并规则并成一个新的证据体，并计算证据体的似真度，最后用某一决策选择规则，获得最后的结果。

(7) 模糊逻辑法

模糊逻辑实质上是一种多值逻辑，在多传感器数据融合中，将每个命题及推理算子赋予 0 到 1 间的实数值，以表示其在融合过程中的可信程度，又被称为确定性因子，然后使用多值逻辑推理法，利用各种算子对各种命题(即各传感源提供的信息) 进行合并运算，从而实现信息的融合。

(8) 产生式规则法

产生式规则法是人工智能中常用的控制方法。产生式规则法中的规则一般要通过对具体使用的传感器的特性及环境特性进行分析后归纳出来，不具有一般性，即系统改换或增减传感器时，其规则要重新产生，所以这种方法的系统扩展性较差，但该方法的推理较明了，易于系统解释，所以也有广泛的应用范围。

(9) 神经网络方法

人工神经网络是模拟人类大脑而产生的一种信息处理技术，它采用大量以一定方式相互连接和相互作用的简单处理单元(即神经元) 来处理信息。神经网络具有较强的容错性和自组织、自学习、自适应能力，能够实现复杂的映射。神经网络的优越性和强大的非线性处理能力，能够很好地满足多传感器数据融合技术的要求。

基于神经网络的多传感器融合具有如下特点：具有统一的内部知识表示形式，通过学习方法可将网络获得的传感器信息进行融合，获得相关网络的参数(如连接权矩阵、节点偏移向量等)，并且可将知识规则转换成数字形式，便于建立知识库；利用外部环境的信息，便于实现知识自动获取及进行联想推理；能够将不确定环境的复杂关系，经过学习推理，融合为系统能理解的准确信号；神经网络具有大规模并行处理信息的能力，使得系统信息处理速度很快。由于神经网络本身所具有的特点，它为多传感器融合提供了一种很好的方法。

基于神经网络多传感器信息融合的一般结构如图 10.5.2 所示，其处理过程如下：

① 用选定的 N 个传感器检测系统状态；

② 采集 N 个传感器的测量信号并进行预处理；

③ 对预处理后的 N 个传感器信号进行特征选择；

④ 对特征信号进行归一化处理，为神经网络的输入提供标准形式；

⑤ 将归一化的特征信息与已知的系统状态信息作为训练样本，输入神经网络进行训练，直到满足要求为止。该训练好的网络作为已知网络，只要将归一化的多传感器特征信息作为网络输入输入该网络，则网络输出就是被测系统的状态。

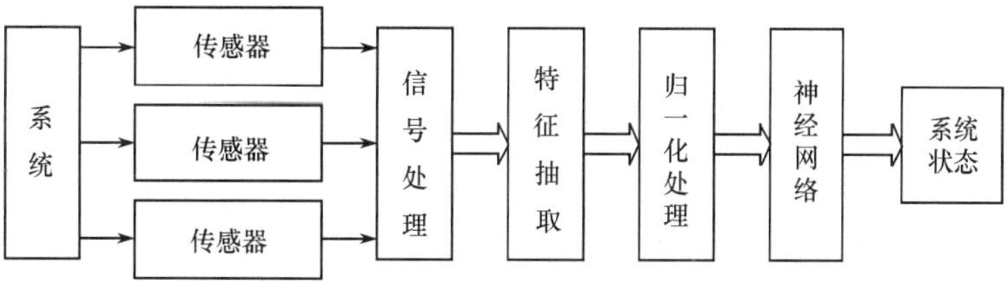

图 10.5.2　基于神经网络的多传感器信息融合

该结构将融合体系分为 4 级：信号级、模型级、特征级和融合级。在信号级使用多传感器检测过程中的状态，并转换成相应的物理量，此时还没有形成能充分描述过程特性的数学模型；在模型级将多传感器获得的信号进行处理，建立各自的过程模型，即能反映被监测对象特性或对被监测对象的表达式，如常用的功率谱估计、时间序列建模等；在特征级主要是对模型级提供的信息特征进行特征关联、特征抽取及归一化处理，为融合处理提供一致的特征数据；融合级通过神经网络进行融合处理，实现对监测对象的识别与估计。

神经网络模型有很多种，常见的有：BP 网络、径向基函数网络、自组织神经网络和 Hopfield 神经网络等。

10.5.3　应用举例

近年来，多传感器数据融合技术在工业机器人、智能检测系统、工业过程监控、智能交通、遥感和军事等领域得到应用。

工业机器人主要使用视频图像、声音和电磁等数据的融合来进行推理，以完成物料的搬运、零件制造、检验和装配等工作。智能检测系统利用多传感器的信息进行融合处理，可以消除单个或者单类传感器检测的不确定性，提高智能检测系统的可靠性，获得对检测对象更准确的认识和解释。工业过程监控主要包括各种加工机床、工具和材料传送装置、检测报警和试验装置及装配装置的工业生产过程的监控，目的是在制造系统中用传感器来代替人进行加工、状态监测和故障诊断。智能交通系统采用多传感器数据融合技术，实现无人驾驶交通工具的自主道路识别、速度控制、定位及交通事务管理、交通信号采集和交通信号控制等。多传感器数据融合在遥感领域中的应用，主要是通过高空间分辨率全色图像和低光谱分辨率图像的融合，融合多波段和多时段的遥感图像来提高分类的准确性。军事是多传感器数据融合应用最早的领域，涉及战术和战略上的信息监测、通信、情报和指挥等各个方面。

下面介绍空间机器人手爪采用多传感器数据融合技术来实现物体可靠抓取的例子。机器人手爪是机器人执行精巧和复杂任务的重要部件。为了使机器人能在存在不确定性因素的环境中进行灵巧操作，其手爪必须具有很强的感知能力，即在手爪上配置多种传感器，如接近觉传感器、力 / 力矩传感器、位置 / 姿态传感器、触觉 / 滑觉传感器等。手爪通过传感器获得外部环境的信息，以实现快速、准确、柔顺地抓取和操作工件。在同一环境下，多个传感器感知的信息中存在着内在的联系。但传统上对不同传感器采用单独孤立的处理方式，这存在两个缺陷：一是割断了信息之间的内在联系，丢失了信息有机组合后蕴含的进一步信息；二是单凭某个传感器的信息做判断，得出的决策可能是不充分的或不全面的。因此，采用多传感器信息融合方法，得到关于环境和目标对象的完整的、可靠的信息，是提高机器人操作能力和保障其安全的一条有效途径。以一种空间机器人 —— 舱外移动机器人为例，它的手爪在操作过程中抓取工件，完成机器人的各种操作任务；在行走过程中抓取工字梁，使机器人与实验平台之间实现安全可靠的连接。因此，机器人手爪与物体的安全连接具有非常重要的意义。若机器人手爪与实验平台或操作工件没有安全连接，操作工件或机器人就有可能脱离空间站，造成很大的危害。所以，我们有必要了解和监测机器人手爪的连接状态。

该机器人手爪由夹持机构和感觉系统两大部分组成。夹持机构是实现手爪开闭功能的单自由度执行机构。其中，8 个应变梁组成 4 个 V 形槽，最终形成 2 个单自由度开合的手指。感觉系统由力传感器、接近觉传感器和位移传感器等组成，提供手爪状态的信息。在机器人手指的每个夹持面(应变梁)上都安装有 1 个力传感器，共 8 个。它们能够检测沿夹持面法线方向的接触力，这是安全连接状态判别的一个重要参数。但如果出现手爪卡歪等情况，仅靠力的信息就无法反映出来了。在手指的上表面中各安装了 1 个接近觉传感器，共 4 个，用来检测夹持面与物体的相对位置，这也是安全状态判别的一个依据。机器人手爪上安装的位移传感器用于检测手指的开闭距离，为手爪控制器提供信息，该传感器还可测出工件在夹持方向上的尺寸，为感觉系统判断被抓物体定位情况提供依据。但是，仅靠位移传感器来判别机器人手爪的连接状态是不充分的。综上所述，手爪上的力信息、接近觉信息和位移传感器信息都可以用来判别手爪是否处于安全状态，但由于传感器的误差、工作环境的不确定性等原因，使得单独一种传感器的信息对安全状态的判别都是不充分的。因此，有必要对这 3 种传感器的信息进行融合以准确判断手爪的连接状态。融合后的信息可以有效地克服单个传感器信息之间的冗余性，能更有效、更全面地反映手爪的状态。

对手爪的多种传感器信息进行融合，首先要有传感器的输出数据，这就需要进行实验。根据各种传感器信息的冗余和互补的情况，实验设计了以下几种手爪夹持工件的连接状态：① 安全连接：手爪电机的驱动力达到预定值，手爪与工件完全接触且夹持到位，力觉传感器、接近觉传感器和位移传感器的输出均正常。② 虚抓：手爪与工件全接触，但是，电机驱动力较小，即手爪抓得不紧，力觉传感器输出值与预定值有较大误差，而接近觉和位移传感器输出正常。③ 抓一半：手爪的两指与工件完全接触，即抓住了工件，而手爪的另两指没有抓住工件，电机的驱动力达到了预定值，力觉传感器输出不正常，接近觉传感器输出与预定值存在较大误差，位移传感器输出正常。④ 卡歪：工件没有卡进手爪的 V 形槽内，而是斜夹在一个 V 形槽和下两个平面型指端之间，力觉传感器、接近觉传感器及位移传感器的输出均不正常。⑤ 表面损坏：手爪与工件完全接触，力觉传感器和位移传感器的输出均正常，但由于夹持面磨损，改变了光的反射特性，或接近觉传感器失效，导致接近觉传感器输出误差较大。⑥ 空载：手爪虽张开，或处于闭合状态，但未夹持工件，故力觉传感器、接近觉传感器的输出与系统初始状态一致，为非正常输出，位移传感器视手爪的张开或闭合有不同值输出。

分别采用基于BP神经网络和径向基函数网络的数据融合方法。其中，典型的BP网络是一种3层网络，包括输入层、隐含层和输出层。各层之间实行全连接。BP网络的学习由4个过程组成，即输入模式由输入层经中间层向输出层的“模式顺传播”过程；网络的希望输出与网络实际输出之差的误差信号由输出层经中间层向输入层逐层修正连接权的“误差逆传播”过程；由“模式顺传播”与“误差逆传播”的反复交替进行的网络“记忆训练”过程；网络趋向收敛即网络的全局误差趋向极小值的“学习收敛”过程。

将各个传感器的信息（共12路）作为BP网络的输入，将手爪的安全连接状态和不安全连接状态作为BP网络的输出。两个输出的取值范围都为0～1，预测结果中哪一个输出值大于0.5，而另一个输出值小于0.5，那么大于0.5的那个输出就是手爪的连接状态。隐层节点数为20，最大训练误差为0.001，初始学习率是0.01。

我们先对BP网络进行训练，将输入归一化到－1～1，将输出归一化到0.9或0.1，0.9表示该状态发生，0.1表示该状态不发生。训练完毕，用另外的数据进行预测。

在机器人实际工作中，实时地采集手爪上多传感器的输出数据，根据离线训练得出的权值和阈值进行运算，就可以推测出手爪与被抓物体的连接状态。

10.6　软测量技术

随着现代工业过程对控制、计算、节能增效和运行可靠性等要求的不断提高，各种测量要求日益增多。由于工业过程生产系统涉及物理、化学、物质转换、能量传递及系统的复杂性与不确定性，都将导致过程参数检测的困难。一般解决工业过程的测量问题有两条途径：一是沿袭传统检测技术发展思路，通过研制新型的过程检测仪表，以硬件形式实现过程参数的直接在线测量；另一种就是采用间接测量的思路，利用易于获取的其他测量信息，通过计算来实现对被测变量的估计。近年来，在过程检测领域出现的一种新技术——软测量技术就是这一思想的集中体现。

软测量就是依据可测、易测的过程变量（称为辅助变量，如温度和压力等）与难以直接检测的待测变量（称为主导变量，如产品分布和物料成分等）的数学关系，根据某种最优准则，采用各种计算方法，用软件实现对待测变量的测量或估计。软测量技术主要包括4个方面：① 辅助变量的选取；② 测量数据的处理；③ 软测量模型的建立；④ 软仪表的在线校正。

10.6.1　辅助变量的选取

辅助变量的选取非常重要，因为不可测的主导变量需要由这些辅助变量推断出来。这里包括变量的类型、数目及测点位置3个关键点。这3点是互相关联的，在实际中受到经济性、维护的难易等额外因素的制约。

1. 变量类型的选择

选择的方法往往从间接质量指标出发。例如，精馏塔产品的软测量一般采用塔板温度，化工反应器中产品的软测量采用反应器管壁温度等。

2. 变量数目的选择

从过程机理入手分析，从影响被估计变量的变量中去挑选主要因素，因为全部引入既不可能也没必要。如果缺乏机理知识，则可用回归分析的方法找出影响被估计变量的主要因素，这需要大量的观测数据。需要指出的是，受系统自由度的限制，辅助变量的个数不能小于被估计变量的个数。至于辅助变量的最优数量问题，目前尚无统一结论。

3. 测点位置的选择

对于许多工业过程，辅助变量的检测点的选择是十分重要的，因为可供选择的检测点很多。检测点的选择可以采用奇异值分解的方法确定，也可以采用工业控制仿真软件确定。这些确定的检测点往往需要在实际应用中加以调整。

一种辅助变量的选择原则如下：

① 灵敏性，能对过程输出（或不可测扰动）做出快速反应；

② 特异性，能对过程输出（或不可测扰动）之外的干扰不敏感；

③ 工程适应性，工程上易于获得并达到一定的测量精度；

④ 精确性，构成的估计器达到要求的精度；

⑤ 鲁棒性，构成的估计器对模型误差不敏感。

10.6.2 测量数据的处理

1. 误差处理

从现场采集的测量数据，由于受仪表精度和测量环境的影响，一般都不可避免地带有误差，有时甚至有严重的过失误差。如果将这些现场测量数据直接用于软测量，会导致软测量的精度降低，甚至完全失败。因此，测量数据必须经过误差处理。测量数据的误差分为随机误差、系统误差和过失误差。

（1）随机误差处理

随机误差符合统计规律。工程上多采用数字滤波算法，如中位值滤波、算术平均滤波和一阶惯性滤波等。随着计算机优化控制系统的使用，复杂的数值计算方法对数据的精确度提出了更高的要求，于是出现了数据一致性处理技术。其基本思想是：根据物料或能量平衡等建立精确的数学模型，以估计值与测量值的方差最小为优化目标，构造一个估计模型，为测量数据提供一个最优估计。

（2）过失误差处理

虽然含有过失误差的数据出现的概率较小，但一旦出现，则可能严重破坏数据的统计特性，导致软测量的失败。因此，及时侦测、剔除和校正含有过失误差的数据是提高测量数据质量的关键。侦测过失误差的方法有多种：① 对各种可能导致过失误差的因素进行理论分析；② 借助于多种测量手段对同一变量进行测量，然后进行比较；③ 根据测量数据的统计特性进行检验等。

2. 数据的变换

对数据的变换包括标度、转换和权函数 3 个方面。

工业过程中的测量数据有着不同的工程单位，变量之间在数值上可能相差几个数量级，直接使用这些数据进行计算，不仅不能得到准确结果，甚至会造成结果分散。利用合适的因子对数据进行标度，能够改善算法的精度和稳定性。

转换包含对数据的直接转换及寻找新的变量替换原变量两个含义。在高精度精馏塔的建模和控制中，对组分浓度取对数后进行计算，是相当成熟的技术。通过对数据的转换，可以有效地降低非线性特性。

权函数则可实现对变量动态特性的补偿。如果辅助变量和主导变量之间具有相同或相似的动态特性，那么，使用静态软仪表就足够了。合理使用权函数使我们有可能用稳态模型实现对过程的动态估计。

10.6.3 软测量模型的建立

1. 软仪表的描述

图 10.6.1 描述了过程对象的输入-输出关系。图中，y 为主导变量，θ 为可测的辅助变量，d，u 分别为可测的干扰和控制变量。软仪表的目的就是利用所有可获得的信息，求取主导变量的“最佳”估计值 $\hat{y}$，即构造从可测信息集 $\hat{\theta}$ 到 $\hat{y}$ 的映射。

一般来说，可测信息集包括所有的可测主导变量 y（主导变量 y 中可能部分是可测的）、辅助变量 θ、控制变量 u 和可测干扰 d。在此情况下，软仪表的性能依赖于过程的描述、噪声和扰动的特性，辅助变量 θ 的选取及“最佳”的含义，即给定的某种准则。

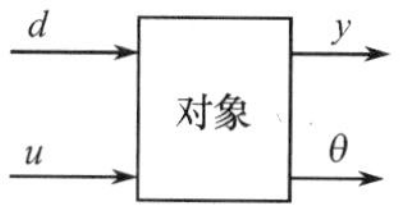

图 10.6.1　对象输入-输出关系

显然，建立软仪表的过程就是构造一个数学模型。在许多建立软仪表的方法中，要以一般意义下的数学模型为基础。但是，软仪表与一般意义下的数学模型有所不同。通常我们所指的数学模型主要反映 y 与 u 或 d 之间的动态（或稳态）关系，而软仪表则是通过 θ 求 y 的估计值。

2. 建模方法

过程建模方法主要有两大类：机理建模方法和实验建模方法。具体构造软仪表的方法有以下几种。

（1）机理分析方法

此类方法是建立在对过程工艺机理的深刻认识的基础上，运用物料平衡、热量平衡和化学反应动力学等原理，找出不可测主导变量与可测辅助变量之间的关系。对于过程机理较为清楚的工业过程，基于机理模型可以构造良好的软仪表。而对复杂工业过程，其内在机理往往不十分清楚，完全依赖机理分析建模比较困难，通常要选用其他方法，结合机理知识构造软仪表。

（2）系统辨识方法

辨识方法是将辅助变量和主导变量组成的系统看成“黑箱”，以辅助变量为输入，主导变量为输出，通过现场采集、流程模拟或实验测试，获得过程输入、输出数据，以此为依据建立软仪表模型。

（3）状态估计方法

如果已知系统的状态空间模型，而主导变量作为系统状态变量时辅助变量是可观测的，那么构造软仪表的问题可以转化为状态观测或状态估计问题。假设已知对象的状态空间模型为

$$\dot{x} = Ax = Bu + Ev \tag{10.6.1}$$

$$y = Cx \tag{10.6.2}$$

$$\theta = C_\theta x + w \tag{10.6.3}$$

式中，v 和 w 分别表示白噪声。如果系统的状态关于辅助变量 θ 完全可测，那么，软测量问题就转化为典型的状态观测和状态估计问题，估计值 $\hat{y}$ 就可以表示成 Kalman 滤波器的形式。Kalman 滤波器、Luenberger 观测器等是解决上述问题的有效方法。基于状态估计的软仪表可以反映辅助变量与主导变量之间的动态关系，有利于处理辅助变量与主导变量动态特性不同及系统存在滞后等情况。然而，对复杂的工业过程，取得系统的状态空间模型并非易事。

(4) 回归方法

基于最小二乘原理的一元、多元线性回归技术已经非常成熟。对于辅助变量较少的情况，利用多元线性回归中的逐步回归技术可以得到较理想的软仪表模型。对于辅助变量较多的情况，通常要借助机理方法，得到变量组合的基本假定，然后再采用逐步回归的方法，排除不重要的变量组合，得到软仪表模型。也可以采用主元分析等数学方法，对原问题进行降维处理，然后进行回归。

(5) 神经网络方法

以辅助变量为输入，待测变量为输出，形成足够多的理想样本，通过学习可以得到软仪表的神经网络模型。理论上，神经网络不需要有过程的先验知识，学习非线性特性的能力比较强，是解决软测量问题较为理想的方法。但是，在实际应用中，样本的数量和质量在一定程度上决定了网络的性能。另外，网络类型、结构和算法的选择对软仪表的性能也有重要影响。

(6) 模式识别方法

在缺乏系统先验知识的情况下，可以采用模式识别的方法对系统的操作数据进行处理，从中提取系统的特征，构成以模式描述分类为基础的模式识别模型。例如，分别采用空间超盒和多中心模聚类方法建立了某催化裂化装置粗汽油蒸汽压的软测量仪表；采用基于 Bayes 序列分类器的模式识别方法进行精馏塔板效率的估计等。

(7) 模糊数学方法

模糊数学是人们处理复杂系统的一种有效手段，在软测量中也有应用。此外，模糊数学还与神经网络或模式识别技术相结合，构成模糊神经网络和模糊模式识别方法。

10.6.4 软仪表的在线校正

由于装置操作条件及原料性质都会随时间而变化，前面各种方法得到的软测量模型只适用于一定的操作范围，因而需要不定期地对模型进行修正，以适应工况的变化。通常对软仪表的在线修正仅修正模型的参数，具体方法有自适应法、增量法和多时标法等。对模型结构的修正需要大量的样本数据和耗费较长时间，在线进行有些困难，可采用短期学习和长期学习的思路来解决。短期学习是指以某辅助变量的采样化验分析值与软测量值之差为依据，采用建模方法，修改模型系数。长期学习是指当软测量模型在线运行了一段时间以后，逐步积累了足够的新样本时，根据新样本采用建模方法，重建软测量模型。

在配备在线分析仪表的场合，系统的主导变量的真值可以连续得到(只是滞后了一段时间)，此时采用校正方法不会有太大问题。在主导变量的真值仅能来源于离线人工化验的场合，通常取样周期为数小时或更长，样本密度稀疏。此时，采用何种校正方法，就是值得研究的问题。

另一个值得注意的问题是样本数据与过程数据在时序上的配合，尤其在人工分析情况下，从辅助变量即时反映的产品质量状态到取样位置需要一定的取样时间，取样后直到产品质量数据返回现场又要耗费很长时间。因此，在利用分析值与辅助变量进行软仪表的校正时，应特别注意保持两者在时间上的对应关系。

10.6.5 软测量的工业应用

首先，软仪表在过程操作和监控方面有十分重要的作用。软仪表实现成分、物性等特殊变量的在线测量，而这些变量往往对过程评估和质量非常重要。没有仪表的时候，操作人员要主动收集温度、压力等过程信息，经过头脑中经验的综合，对生产情况进行判断和估算。有了软仪表，软件就部分地代替了人脑的工作，提供更直观的过程信息，并预测未来工况的变化，从而可以帮助操作人员及时调整生产条件，达到生产目标。

软仪表对过程控制也很重要，可以构成推断控制。所谓推断控制，就是利用模型由可测信息将不可测的被控输出变量推算出来，以实现反馈控制，或者将不可测的扰动推算出来，以实现前馈控制的一类控制系统。不失一般性，反馈控制系统如图 10.6.2 所示。这时软测量作为反馈信号。图中，所有的变量均可以是向量，y_r 为被控变量（即主导变量）的设定值，开关S代表成分分析仪的采样输出或长期的人工分析取样，这些数据将用于软仪表的在线校正。

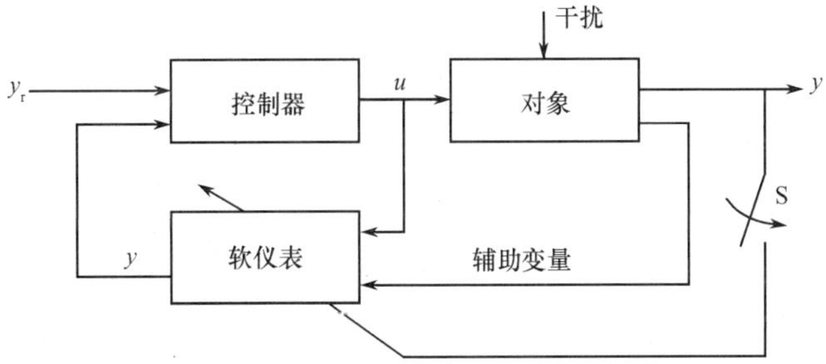

图 10.6.2　反馈控制系统框图

事实上，基于软仪表的反馈控制系统都可以表示为这种结构。在这样的框架下，控制器和软仪表是相互独立的，因而它们的设计可以独立进行。如果软仪表能够达到一定的精度，能够“代替”硬仪表实现某种参数的测量，那么，软仪表就能够与几乎所有的反馈控制算法结合，构成基于软仪表的控制。

软仪表在过程优化中也有应用。这时，软测量或者为过程优化提供重要的调优变量估计，成为优化模型的一部分；或者本身就是重要的优化目标，如质量等，直接作为优化模型使用。根据不同的优化模型，按照一定的优化目标，采取相应的优化方法，在线求出最佳操作参数条件，使系统运行在最优工作点处，实现自适应优化控制。

思考题与习题 10

1. 简述用数字方法修正系统误差的步骤。
2. 有哪几种校正非线性误差的方法？
3. 减少随机误差的数字滤波方法有几种？它们各自的特点是什么？
4. 解释传感器的动态响应慢的原因。
5. 简述几种传感器动态补偿滤波器的设计方法。
6. 什么是 MEMS 技术？有何特点？
7. 传感器是如何实现微型化的？与常规的传感器相比，微型传感器有何特点？
8. 虚拟仪器由哪几部分组成？与传统的仪表相比，虚拟仪器有何特点？
9. 与移动无线网络相比，无线传感器网络有什么特点？无线传感器网络的节点由哪几部分组成？无线传感器网络目前遇到的最大挑战是什么？
10. 多传感器数据融合技术的意义和作用是什么？有哪些常用的数据融合方法？
11. 试比较多传感器数据融合技术与本章和前面章节中介绍的单个传感器数据处理技术，说明其异同。
12. 简述软测量技术的定义和主要内容。

附录A　常用铂铑$_{10}$-铂热电偶(S型)$E(t)$分度表

分度号:S　　　　参考端温度:0℃

t(℃)	0	−1	−2	−3	−4	−5	−6	−7	−8	−9
					E(μV)					
−50	−236									
−40	−194	−199	−203	−207	−211	−215	−219	−224	−228	−232
−30	−150	−155	−159	−164	−168	−173	−177	−181	−186	−190
−20	−103	−108	−113	−117	−122	−127	−132	−136	−141	−146
−10	−53	−58	−63	−68	−73	−78	−83	−88	−93	−98
0	0	−5	−11	−16	−21	−27	−32	−37	−42	−48

t(℃)	0	1	2	3	4	5	6	7	8	9
					E(μV)					
0	0	5	11	16	22	27	33	38	44	50
10	55	61	67	72	78	84	90	95	101	107
20	113	119	125	131	137	143	149	155	161	167
30	173	179	185	191	197	204	210	216	222	229
40	235	241	248	254	260	267	263	280	286	292
50	299	305	312	319	325	332	338	345	352	358
60	365	372	378	385	392	399	405	412	419	426
70	433	440	446	453	460	467	474	481	488	495
80	502	509	516	523	530	538	545	552	559	566
90	573	580	588	595	602	609	617	624	631	639
100	646	653	661	668	675	683	690	698	705	713
110	720	727	735	743	750	758	765	773	780	788
120	795	803	811	818	826	834	841	849	857	865
130	872	880	888	896	903	911	919	927	935	942
140	950	958	966	974	982	990	998	1006	1013	1021
150	1029	1037	1045	1053	1061	1069	1077	1085	1094	1102
160	1110	1118	1126	1134	1142	1150	1158	1167	1175	1183
170	1191	1199	1207	1216	1224	1232	1240	1249	1257	1265
180	1273	1282	1290	1298	1307	1315	1323	1332	1340	1348
190	1357	1365	1373	1382	1390	1399	1407	1415	1424	1432
200	1441	1449	1458	1466	1475	1483	1492	1500	1509	1517
210	1526	1534	1543	1551	1560	1569	1577	1586	1594	1603
220	1612	1620	1629	1638	1646	1655	1663	1672	1681	1690
230	1698	1707	1716	1724	1733	1742	1751	1759	1768	1777
240	1786	1794	1803	1812	1821	1829	1838	1847	1856	1865
250	1874	1882	1891	1900	1909	1918	1927	1936	1944	1953
260	1962	1971	1980	1989	1998	2007	2016	2025	2034	2043
270	2052	2061	2070	2078	2087	2096	2105	2114	2123	2132

(续表)

t(℃)	0	1	2	3	4	5	6	7	8	9
	$E(\mu V)$									
280	2141	2151	2160	2169	2178	2187	2196	2205	2214	2223
290	2232	2241	2250	2259	2268	2277	2287	2296	2305	2314
300	2323	2332	2341	2350	2360	2369	2378	2387	2396	2405
310	2415	2424	2433	2442	2451	2461	2470	2479	2488	2497
320	2507	2516	2525	2534	2544	2553	2562	2571	2581	2590
330	2599	2609	2618	2627	2636	2646	2655	2664	2674	2683
340	2692	2702	2711	2720	2730	2739	2748	2758	2767	2776
350	2786	2795	2805	2814	2823	2833	2842	2851	2861	2870
360	2880	2889	2899	2908	2917	2927	2936	2946	2955	2965
370	2974	2983	2993	3002	3012	3021	3031	3040	3050	3059
380	3069	3078	3088	3097	3107	3116	3126	3135	3145	3154
390	3164	3173	3183	3192	3202	3212	3221	3231	3240	3250
400	3259	3269	3279	3288	3298	3307	3317	3326	3336	3346
410	3355	3365	3374	3384	3394	3403	3413	3423	3432	3442
420	3451	3461	3471	3480	3490	3500	3509	3519	3529	3538
430	3548	3558	3567	3577	3587	3596	3606	3616	3626	3635
440	3645	3655	3664	3674	3684	3694	3703	3713	3723	3732
450	3742	3752	3762	3771	3781	3791	3801	3810	3820	3830
460	3840	3850	3859	3869	3879	3889	3898	3908	3918	3928
470	3938	3947	3957	3967	3977	3987	3997	4006	4016	4026
480	4036	4046	4056	4065	4075	4085	4095	4105	4115	4125
490	4134	4144	4154	4164	4174	4184	4194	4204	4213	4223
500	4233	4243	4253	4263	4273	4283	4293	4303	4313	4323
510	4332	4342	4352	4362	4372	4382	4392	4402	4412	4422
520	4432	4442	4452	4462	4472	4482	4492	4502	4512	4522
530	4532	4542	4552	4562	4572	4582	4592	4602	4612	4622
540	4632	4642	4652	4662	4672	4682	4692	4702	4712	4722
550	4732	4742	4752	4762	4772	4782	4793	4803	4813	4823
560	4833	4843	4853	4863	4873	4883	4893	4904	4914	4924
570	4934	4944	4954	4964	4974	4984	4995	5005	5015	5025
580	5035	5045	5055	5066	5076	5086	8096	5106	5116	5127
590	5137	5147	5157	5167	5178	5188	5198	5208	5218	5228
600	5239	5249	5259	5269	5280	5290	5300	5310	5320	5331
610	5341	5351	5361	5372	5382	5392	5402	5413	5423	5433
620	5443	5454	5464	5474	5485	8495	5505	5515	5526	5536
630	5546	5557	5567	5577	5588	5598	5608	5618	5629	5639
640	5649	5660	5670	5680	5691	5701	5712	5722	5732	5743
650	5753	5763	5774	5784	5794	5805	5815	5826	5836	5846
660	5857	5867	5878	5888	5898	5909	5919	5930	5940	5950
670	5961	5971	5982	5992	6003	6013	6024	6034	6044	6055
680	6065	6076	6086	6097	6107	6118	6128	6139	6149	6160
690	6170	6181	6191	6202	6212	6223	6233	6244	6254	6265

（续表）

t(℃)	0	1	2	3	4	5	6	7	8	9
					$E(\mu V)$					
700	6275	6286	6296	6307	6317	6328	6338	6349	6360	6370
710	6381	6391	6402	6412	6423	6434	6444	6455	6465	6476
720	6486	6497	6508	6518	6529	6539	6550	6561	6571	6582
730	6593	6603	6614	6624	6635	6646	6656	6667	6678	6688
740	6699	6710	6720	6731	6742	6752	6763	6774	6784	6795
750	6806	6817	6827	6838	6849	6859	6870	6881	6892	6902
760	6913	6924	6934	6945	6956	6967	6977	6988	6999	7010
770	7020	7031	7042	7053	7064	7074	7085	7096	7107	7117
780	7128	7139	7150	7161	7172	7182	7193	7204	7215	7226
790	7236	7247	7258	7269	7280	7291	7302	7312	7323	7334
800	7345	7356	7367	7378	7388	7399	7410	7421	7432	7443
810	7454	7465	7476	7487	7497	7508	7519	7530	7541	7552
820	7563	7574	7585	7596	7607	7618	7629	7640	7651	7662
830	7673	7684	7695	7706	7717	7728	7739	7750	7761	7772
840	7783	7794	7805	7816	7827	7838	7849	7860	7871	7882
850	7893	7904	7915	7926	7937	7948	7959	7970	7981	7992
860	8003	8014	8026	8037	8048	8059	8070	8081	8092	8103
870	8114	8125	8137	8148	8159	8170	8181	8192	8203	8214
880	8226	8237	8248	8259	8270	8281	8293	8304	8315	8326
890	8337	8348	8360	8371	8382	8393	8404	8416	8427	8438
900	8449	8460	8472	8483	8494	8505	8517	8528	8539	8550
910	8562	8573	8584	8595	8607	8618	8629	8640	8652	8663
920	8674	8685	8697	8708	8719	8731	8742	8753	8765	8776
930	8787	8798	8810	8821	8832	8844	8855	8866	8878	8889
940	8900	8912	8923	8935	8946	8957	8969	8980	8991	9003
950	9014	9025	9037	9048	9060	9071	9082	9094	9105	9117
960	9128	9139	9151	9162	9174	9185	9197	9208	9219	9231
970	9242	9254	9265	9277	9288	9300	9311	9323	9334	9345
980	9357	9368	9380	9391	9403	9414	9426	9437	9449	9460
990	9472	9483	9495	9506	9518	9529	9541	9552	9564	9576
1000	9587	9599	9610	9622	9633	9645	9656	9668	9680	9691
1010	9703	9714	9726	9737	9749	9761	9772	9784	9795	9807
1020	9819	9830	9842	9853	9865	9877	9888	9900	9911	9923
1030	9935	9946	9958	9970	9981	9993	10005	10016	10028	10040
1040	10051	10063	10075	10086	10098	10110	10121	10133	10145	10156
1050	10168	10180	10191	10203	10215	10227	10238	10250	10262	10273
1060	10285	10297	10309	10320	10332	10344	10356	10367	10379	10391
1070	10403	10414	10426	10438	10450	10461	10473	10485	10497	10509
1080	10520	10532	10544	10556	10567	10579	10591	10603	10615	10626
1090	10638	10650	10662	10674	10686	10697	10709	10721	10733	10745
1100	10757	10768	10780	10792	10804	10816	10828	10839	10851	10863
1110	10875	10887	10899	10911	10922	10934	10946	10958	10970	10982

（续表）

t(℃)	0	1	2	3	4	5	6	7	8	9
					$E(\mu V)$					
1120	10994	11006	11017	11029	11041	11053	11065	11077	11089	11101
1130	11113	11125	11136	11148	11160	11172	11184	11196	11208	11220
1140	11232	11244	11256	11268	11280	11291	11303	11315	11327	11339
1150	11351	11363	11375	11387	11399	11411	11423	11435	11447	11459
1160	11471	11483	11495	11507	11519	11531	11542	11554	11566	11578
1170	11590	11602	11614	11626	11638	11650	11662	11674	11686	11698
1180	11710	11722	11734	11746	11758	11770	11782	11794	11806	11818
1190	11830	11842	11854	11866	11878	11890	11902	11914	11926	11939
1200	11951	11963	11975	11987	11999	12011	12023	12035	12047	12059
1210	12071	12083	12095	12107	12119	12131	12143	12155	12167	12179
1220	12191	12203	12216	12228	12240	12252	12264	12276	12288	12300
1230	12312	12324	12336	12348	12360	12372	12384	12397	12409	12421
1240	12433	12445	12457	12469	12481	12493	12505	12517	12529	12542
1250	12554	12566	12578	12590	12602	12614	12626	12638	12650	12662
1260	12675	12687	12699	12711	12723	12735	12747	12759	12771	12783
1270	12796	12808	12820	12832	12844	12856	12868	12880	12892	12905
1280	12917	12929	12941	12953	12965	12977	12989	13001	13014	13026
1290	13038	13050	13062	13074	13086	13098	13111	13123	13135	13147
1300	13159	13171	13183	13195	13208	13220	13232	13244	13256	13268
1310	13280	13292	13305	13317	13329	13341	13353	13365	13377	13390
1320	13402	13414	13426	13438	13450	13462	13474	13487	13499	13511
1330	13523	13535	13547	13559	13572	13584	13596	13608	13620	13632
1340	13644	13657	13669	13681	13693	13705	13717	13729	13742	13754
1350	13766	13778	13790	13802	13814	13826	13839	13851	13863	13875
1360	13887	13899	13911	13924	13936	13948	13960	13972	13984	13996
1370	14009	14021	14033	14045	14057	14069	14081	14094	14106	14118
1380	14130	14142	14154	14166	14178	14191	14203	14215	14227	14239
1390	14251	14263	14276	14288	14300	14312	14324	14336	14348	14360
1400	14373	14385	14397	14409	14421	14433	14445	14457	14470	14482
1410	14494	14506	14518	14530	14542	14554	14567	14579	14591	14603
1420	14615	14627	14639	14651	14664	14676	14688	14700	14712	14724
1430	14736	14748	14760	14773	14785	14797	14809	14821	14833	14845
1440	14857	14869	14881	14894	14906	14918	14930	14942	14954	14966
1450	14978	14990	15002	15015	15027	15039	15051	15063	15075	15087
1460	15099	15111	15123	15135	15148	15160	15172	15184	18196	15208
1470	15220	15232	15244	15256	15268	15280	15292	15304	15317	15329
1480	15341	15353	15365	15377	15389	15401	15413	15425	15437	15449
1490	15461	15473	15485	15497	15509	15521	15534	15546	15558	15570
1500	15582	15594	15606	15618	15630	15642	15654	15666	15678	15690
1510	15702	15714	15726	15738	15750	15762	15774	15786	15798	15810
1520	15822	15834	15846	15858	15870	15882	15894	15906	15918	15930

（续表）

t(℃)	0	1	2	3	4	5	6	7	8	9
					$E(\mu V)$					
1530	15942	15954	15966	15978	15990	16002	16014	16026	16038	16050
1540	16062	16074	16086	16098	16110	16122	16134	16146	16158	16170
1550	16182	16194	16205	16217	16229	16241	16253	16265	16277	16289
1560	16301	16313	16325	16337	16349	16361	16373	16385	16396	16408
1570	16420	16432	16444	16456	16468	16480	16492	16504	16516	16527
1580	16539	16551	16563	16575	16587	16599	16611	16623	16634	16646
1590	16658	16670	16682	16694	16706	16718	16729	16741	16753	16765
1600	16777	16789	16801	16812	16824	16836	16848	16860	16872	16883
1610	16895	16907	16919	16931	16943	16954	16966	16978	16990	17002
1620	17013	17025	17037	17049	17061	17072	17084	17096	17108	17120
1630	17131	17143	17155	17167	17178	17190	17202	17214	17225	17237
1640	17249	17261	17272	17284	17296	17308	17319	17331	17343	17355
1650	17366	17378	17390	17401	17413	17425	17437	17448	17460	17472
1660	17483	17495	17507	17518	17530	17542	17553	17565	17577	17588
1670	17600	17612	17623	17635	17647	17658	17670	17682	17693	17705
1680	17717	17728	17740	17751	17763	17775	17786	17798	17809	17821
1690	17832	17844	17855	17867	17878	17890	17901	17913	17924	17936
1700	17947	17959	17970	17982	17993	18004	18016	18027	18039	18050
1710	18061	18073	18084	18095	18107	18118	18129	18140	18152	18163
1720	18174	18185	18196	18208	18219	18230	18241	18252	18263	18274
1730	18285	18297	18308	18319	18330	18341	18352	18362	18373	18384
1740	18395	18406	18417	18428	18439	18449	18460	18471	18482	18493
1750	18503	18514	18525	18535	18546	18557	18567	18578	48588	48599
1760	18609	18620	18630	18641	18651	18661	18672	18682	18693	

附录 B　铂热电阻(Pt100 型)$R(t)$ 分度表

分度号:Pt100　　　　　　　　　　　　　　　　参考端温度:$R(0℃) = 100.00\Omega$

t(℃)	0	−1	−2	−3	−4	−5	−6	−7	−8	−9
					$R(\Omega)$					
−200	18.52									
−190	22.83	22.40	21.97	21.54	21.11	20.68	20.25	19.82	19.38	18.95
−180	27.10	26.67	26.24	25.82	25.39	24.97	24.54	24.11	23.68	23.25
−170	31.34	30.91	30.49	30.07	29.64	29.22	28.80	28.37	27.95	27.52
−160	35.54	35.12	34.70	34.28	33.86	33.44	33.02	32.60	32.18	31.76
−150	39.72	39.31	38.39	38.47	38.05	37.64	37.22	36.80	36.38	35.96
−140	43.88	43.86	43.05	42.63	42.22	41.80	41.39	40.97	40.56	40.14
−130	48.00	47.59	47.18	46.77	46.36	45.94	45.53	45.12	44.70	44.29
−120	52.11	51.70	51.29	50.88	50.47	50.06	49.65	49.24	48.83	48.42
−110	56.19	55.79	55.38	54.97	54.56	54.15	53.75	53.34	52.93	52.52
−100	60.26	59.85	59.44	59.04	58.63	58.23	57.82	57.41	57.01	56.60
−90	64.30	63.90	63.49	63.09	62.68	62.28	61.88	61.47	61.07	60.66
−80	68.33	67.92	67.52	67.12	66.72	66.31	65.91	65.51	65.11	64.70
−70	72.33	71.93	71.53	71.13	70.73	70.33	69.93	69.53	69.13	68.73
−60	76.33	75.93	75.53	75.13	74.73	74.33	73.93	73.53	73.13	72.73
−50	80.31	79.91	79.51	79.11	78.72	78.32	77.92	77.52	77.12	76.73
−40	84.27	83.87	83.48	83.08	82.69	82.29	81.89	81.50	81.10	80.70
−30	88.22	87.83	87.43	87.04	86.64	86.25	85.85	85.46	85.06	84.67
−20	92.16	91.77	91.37	90.98	90.59	90.19	89.80	89.40	89.01	88.62
−10	96.09	95.69	95.30	94.91	94.52	94.12	93.73	93.34	92.95	92.55
0	100.00	99.61	99.22	98.83	98.44	98.04	97.65	97.26	96.87	96.48
t(℃)	0	1	2	3	4	5	6	7	8	9
					$R(\Omega)$					
0	100.00	100.39	100.78	101.17	101.56	101.95	102.34	102.73	103.12	103.51
10	103.90	104.29	104.68	105.07	105.46	105.85	106.24	106.63	107.02	107.40
20	107.79	108.18	108.57	108.96	109.35	109.73	110.12	110.51	110.90	111.29
30	111.67	112.06	112.45	112.83	113.22	113.61	114.00	114.38	114.77	115.15
40	115.54	115.93	116.31	116.70	117.08	117.47	117.86	118.24	118.63	119.01
50	119.40	119.78	120.17	120.55	120.94	121.32	121.71	122.09	122.47	122.86
60	123.24	123.63	124.01	124.39	124.78	125.16	125.54	125.93	126.31	126.69
70	127.08	127.46	127.84	128.22	128.61	128.99	129.37	129.75	130.13	130.52
80	130.90	131.28	131.66	132.04	132.42	132.80	133.18	133.57	133.95	134.33
90	134.71	135.09	135.47	135.85	136.23	136.61	136.99	137.37	137.75	138.13
100	138.51	138.88	139.26	139.64	140.02	140.40	140.78	141.16	141.54	141.91
110	142.29	142.67	143.05	143.43	143.80	144.18	144.56	144.94	145.31	145.69
120	146.07	146.44	146.82	147.20	147.57	147.95	148.33	148.70	149.08	149.46

（续表）

t(℃)	0	1	2	3	4	5	6	7	8	9
					R(Ω)					
130	149.83	150.21	150.58	150.96	151.33	151.71	152.08	152.46	152.86	153.21
140	153.58	153.96	154.33	154.71	155.08	155.46	155.83	156.20	156.58	156.95
150	157.33	158.07	157.70	158.45	158.82	159.19	159.56	159.94	160.31	160.68
160	161.05	161.43	161.80	162.17	162.54	162.91	163.29	163.66	164.03	164.40
170	164.77	165.14	165.51	165.89	166.26	166.63	167.00	167.37	167.74	168.11
180	168.48	168.85	169.22	169.59	169.96	170.33	170.70	171.07	171.43	171.80
190	172.17	172.54	172.91	173.28	173.65	174.02	174.38	174.75	175.12	175.49
200	175.86	176.22	176.59	176.96	177.33	177.69	178.06	178.43	178.79	179.16
210	179.53	179.89	180.26	180.63	180.99	181.36	181.72	182.09	182.46	182.82
220	183.19	183.55	183.92	184.28	184.65	185.01	185.38	185.74	186.18	186.47
230	186.84	187.20	187.56	187.93	188.29	188.66	189.02	189.38	189.75	190.11
240	190.47	190.84	191.20	191.56	191.92	192.29	192.65	193.01	193.37	193.74
250	194.10	194.46	194.82	195.18	195.54	195.91	196.27	196.63	196.99	197.35
260	197.71	198.07	198.43	198.79	199.15	199.51	199.87	200.23	200.59	200.95
270	201.31	201.67	202.03	202.39	202.75	203.11	203.47	203.83	204.19	204.55
280	204.90	205.26	205.62	205.98	206.34	206.70	207.05	207.41	207.77	208.13
290	208.48	208.84	209.20	209.56	209.91	210.27	210.63	210.98	211.34	211.70
300	212.05	212.41	212.76	213.12	213.47	213.83	214.19	214.54	214.90	215.25
310	215.61	215.96	216.32	216.67	217.03	217.38	217.74	218.09	218.44	218.80
320	219.15	219.51	219.86	220.21	220.57	220.92	221.27	221.63	221.98	222.33
330	222.68	223.04	223.39	223.74	224.09	224.45	224.80	225.15	225.50	225.85
340	226.21	226.56	226.91	227.26	227.61	227.96	228.31	228.66	229.01	229.37
350	229.72	230.07	230.42	230.77	231.12	231.47	231.82	232.17	232.52	232.86
360	233.21	233.56	233.91	234.26	234.61	234.96	235.31	235.66	236.01	236.35
370	236.70	237.05	237.40	237.74	238.09	238.44	238.79	239.13	239.48	239.83
280	240.18	240.52	240.87	241.22	241.56	241.91	242.26	242.60	242.95	243.29
390	243.64	243.99	244.33	244.68	245.02	245.37	245.71	246.06	246.40	246.75
400	247.09	247.44	247.78	248.12	248.47	248.81	249.16	249.50	249.84	250.19
410	250.53	250.88	251.22	251.56	251.91	252.25	252.59	252.93	253.28	253.62
420	253.96	254.30	254.65	254.99	255.33	255.67	256.01	256.35	256.70	257.04
430	257.38	257.72	258.06	258.40	258.74	259.08	259.42	259.76	260.10	260.44
440	260.78	261.12	261.46	261.80	262.14	262.48	262.82	263.16	263.50	263.84
450	264.18	264.52	264.86	265.19	265.53	265.87	266.21	266.55	266.89	267.22
460	267.56	267.90	268.24	268.57	268.91	269.25	269.59	269.92	270.26	270.60
470	270.93	271.27	271.61	271.94	272.28	272.61	272.95	273.29	273.62	273.96
480	274.29	274.63	274.96	275.30	275.63	275.97	276.30	276.64	276.97	277.31
490	277.64	277.97	278.31	278.64	278.98	279.31	279.64	279.98	280.31	280.64

(续表)

t(℃)	0	1	2	3	4	5	6	7	8	9
					R(Ω)					
500	280.98	281.31	281.64	281.98	282.31	282.64	282.97	283.31	283.64	283.97
510	284.30	284.63	284.97	285.30	285.63	285.96	286.29	286.62	286.95	287.28
520	287.62	287.95	288.28	288.61	288.94	289.27	289.60	289.93	290.26	290.59
530	290.92	291.25	291.58	291.91	292.24	292.56	292.89	293.22	293.55	293.88
540	294.21	294.54	294.86	295.19	295.52	295.85	296.18	296.50	296.83	297.16
550	297.49	297.81	298.14	298.47	298.79	299.12	299.45	299.77	300.10	300.43
560	300.75	301.08	301.41	301.73	302.06	302.38	302.71	303.03	303.36	303.68
570	304.01	304.33	304.66	304.98	305.31	305.63	305.96	306.28	306.61	306.93
580	307.25	307.58	307.90	308.22	308.55	308.87	309.19	309.52	309.84	310.16
590	310.49	310.81	311.13	311.45	311.78	312.10	312.42	312.74	313.06	313.39
600	313.71	314.03	314.35	314.67	314.99	315.31	315.63	315.96	316.28	316.60
610	316.92	317.24	317.56	317.88	318.20	318.52	318.84	319.16	319.48	319.80
620	320.12	320.44	320.75	321.07	321.39	321.71	322.03	322.35	322.67	322.98
630	323.30	323.62	323.94	324.26	324.57	324.89	325.21	325.53	325.84	326.16
640	326.47	326.79	327.11	327.43	327.74	328.06	328.38	328.69	329.01	329.32
650	329.64	329.96	330.27	330.59	330.90	331.22	331.53	331.85	332.16	332.48
660	332.79	333.11	333.42	333.73	334.05	334.36	334.68	334.99	335.30	335.62
670	335.93	336.25	336.56	336.87	337.18	337.50	337.81	338.12	338.44	338.75
680	339.06	339.37	339.68	340.00	340.31	340.62	340.93	341.24	341.55	341.87
690	342.18	342.49	342.80	343.11	343.42	343.73	344.04	344.35	344.66	344.97
700	345.28	345.59	345.90	346.21	346.52	346.83	347.14	347.45	347.76	348.07
710	348.38	348.69	348.99	349.30	349.61	349.92	350.23	350.54	350.84	351.15
720	351.46	351.77	352.07	352.38	352.69	353.00	353.30	353.61	353.92	354.22
730	354.53	354.84	355.14	355.45	355.76	256.06	356.37	356.67	356.98	357.28
740	357.59	357.90	358.20	358.51	358.81	359.12	359.42	359.72	360.03	360.33
750	360.64	360.94	361.25	361.55	361.85	362.16	362.46	362.76	363.07	363.37
760	363.67	363.98	364.28	364.58	364.89	365.19	365.49	365.79	366.09	366.40
770	366.70	367.00	367.30	367.60	367.91	368.21	368.51	368.81	369.11	369.41
780	369.71	370.01	370.31	370.61	370.91	371.21	371.51	371.81	372.11	372.41
790	372.71	373.01	373.31	373.61	373.91	374.21	374.51	374.81	375.11	375.41
800	375.70	376.00	376.30	376.60	376.90	377.19	377.49	377.79	378.09	378.38
810	378.68	378.98	379.28	379.57	379.87	380.17	380.46	380.76	381.06	381.35
820	381.65	381.95	382.24	382.54	382.83	383.13	383.42	383.72	384.01	384.31
830	384.60	384.90	385.19	385.49	385.78	386.08	386.37	386.67	386.96	387.25
840	387.56	387.84	388.14	388.43	388.72	389.02	389.31	389.60	389.90	390.19
850	390.48	—	—	—	—	—	—	—	—	—

参考文献

[1] 王化祥，张淑英. 传感器原理及应用(第 3 版). 天津：天津大学出版社，2007.
[2] 常健生. 检测与转换技术. 北京：机械工业出版社，2001.
[3] 严钟豪，谭祖根. 非电量电测技术. 北京：机械工业出版社，2003.
[4] 强锡富. 传感器(第 3 版). 北京：机械工业出版社，2001.
[5] 贾伯年，俞朴. 传感器技术. 南京：东南大学出版社，1992.
[6] 王俊杰. 检测技术与仪表. 武汉：武汉理工大学出版社，2002.
[7] 郭振芹. 非电量的电测量. 北京：中国计量出版社，1986.
[8] 郁有文，常健，程继红. 传感器原理及工程应用. 西安：西安电子科技大学出版社，2003.
[9] 杜维. 过程检测技术及仪表. 北京：化学工业出版社，2001.
[10] 吴永生. 热工测量及仪表. 北京：中国电力出版社，1998.
[11] 师克宽. 过程参数检测. 北京：中国计量出版社，1990.
[12] 刘迎春. 传感器原理设计与应用. 长沙：国防科技大学出版社，1998.
[13] 张正伟. 传感器原理及应用. 北京：中央广播电视大学出版社，1997.
[14] 周春晖. 过程控制工程手册. 北京：化学工业出版社，1993.
[15] 陈守仁. 自动检测技术及仪表. 北京：机械工业出版社，1989.
[16] 刘元扬. 自动检测和过程控制. 北京：冶金工业出版社，2005.
[17] 张宏建，蒙建波. 自动检测技术与装置. 北京：化学工业出版社，2004.
[18] 费业泰. 误差理论与数据处理(第 7 版). 北京：机械工业出版社，2015.
[19] 黄俊钦. 静、动态数学模型的实用建模方法. 北京：机械工业出版社，1988.
[20] 马修水. 瑞士 SYLVAC 电容测量系统的发展. 工具技术，1989 (12)：36～40.
[21] 于静江，周春晖. 过程控制中的软测量技术. 控制理论与应用. 1996，13(2)：137～144.
[22] 骆晨钟，邵惠鹤. 软测量技术及其工业应用. 仪表技术及传感器. 1999，(1)：32～39.
[23] 徐科军. 容栅传感器的研究与应用. 北京：清华大学出版社，1995.
[24] 徐科军. 传感器动态特性的实用研究方法. 合肥：中国科学技术大学出版社，1999.
[25] 徐科军，陈荣保，张崇巍. 自动检测与仪表中的共性技术. 北京：清华大学出版社，2001.
[26] 刘存，李晖. 现代检测技术. 北京：机械工业出版社，2005.
[27] 王伯雄. 测试技术基础. 北京：清华大学出版社，2003.
[28] 彭军. 传感器与检测技术. 西安：西安电子科技大学出版社，2003.
[29] 徐科军. 流量传感器信号建模、处理及实现. 北京：科学出版社，2011.
[30] 杨双龙. 浆液型电磁流量计励磁控制与信号处理研究. 合肥工业大学硕士论文，2010.
[31] 梁利平. 电磁流量传感器浆液流量信号处理方法研究与实现. 合肥工业大学博士论文，2014.
[32] 张然. 电磁流量计数字信号处理软件系统研究与实现. 合肥工业大学硕士论文，2012.
[33] 汪伟. 基于可变阈值过零检测的气体超声波流量计信号处理方法与实现. 合肥工业大学硕士论文，2015.

[34] 方敏. 数字式气体超声波流量计信号激励、处理与系统研究. 合肥工业大学博士论文,2015.
[35] 徐行. 力学,呼和浩特:内蒙古人民出版社,1983.
[36] Qi-Li Hou, Ke-Jun Xu, Min Fang, Yan Shi, Bo-Bo Tao, and Rong-Wei Jiang. Gas-liquid two-phase flow correction method for digital CMF. IEEE Trans. on Instrumentation and Measurement, 2014, Vol. 63, No. 10, pp. 2396～2404.
[37] 叶旭. 导波式雷达物位计信号处理方法研究与实验. 合肥工业大学硕士论文,2012.
[38] Meng Wei, Ke-Jun Xu, and Zheng Liu. Signal processing method based on first-order derivative and multifeature parameters combined with reference curve for GWRLG, IEEE Trans. on Instrumentation and Measurement, 2015, Vol. 64, No. 12, pp. 3423～3433.
[39] 张玉超. 屏蔽门门控系统和红外分析仪数字处理系统硬件研制. 合肥工业大学硕士论文,2012.
[40] 陈桄红. 不分光红外气体分析仪信号处理与温度控制系统软件研制. 合肥工业大学硕士论文,2013.

反侵权盗版声明